U0176275

室内设计

场景工艺全书

熙地设计　编著

江苏凤凰科学技术出版社 · 南京

图书在版编目（CIP）数据

室内设计场景工艺全书 / 熙地设计编著. -- 南京 ：
江苏凤凰科学技术出版社，2022.3
ISBN 978-7-5713-2606-7

Ⅰ. ①室 Ⅱ. ①熙 Ⅲ. ①室内装饰设计 Ⅳ.
①TU238.2

中国版本图书馆CIP数据核字(2022)第025568号

室内设计场景工艺全书

编　　著　熙地设计
项目策划　凤凰空间／翟永梅
责任编辑　赵　研　刘屹立
特约编辑　翟永梅

出版发行　江苏凤凰科学技术出版社
出版社地址　南京市湖南路1号A楼，邮编：210009
出版社网址　http：//www.pspress.cn
总　经　销　天津凤凰空间文化传媒有限公司
总经销网址　http：//www.ifengspace.cn
印　　刷　河北京平诚乾印刷有限公司

开　　本　889 mm×1 194 mm　1／16
印　　张　15
字　　数　120 000
版　　次　2022年3月第1版
印　　次　2022年3月第1次印刷

标准书号　ISBN　978-7-5713-2606-7
定　　价　98.00元

图书如有印装质量问题，可随时向销售部调换（电话：022-87893668）。

前言

深化设计是室内设计行业的一个细分领域，是一个庞大的系统工程，是从设计概念到项目落地的整个过程中至关重要的一个环节，起着承上启下的作用。承上是对方案的再次深入完善和细化，对建筑结构原始状况、各专业间及相关规范的合理性的复核、把控和综合考量，对各个空间关系间的问题、细节等的深度考虑；启下是对项目落地、方案可实施性的专业判断和问题解决。中间平行于各个专业间对项目融合的管控协调，涉及各个配套专业，如机电、消防、建筑、结构等，以及各顾问专业（弱电、声学、艺术品、厨房、灯光、景观、标识等）。

长期以来，行业传统的学习方式基本上是通过实际参与项目进行经验的积累，即从参加工作初步对项目进行接触和了解，再到不断被动地、主动地自我学习，直至逐渐对相关知识融会贯通的过程。但在这个过程中，由于每个人的情况、机遇、所处环境，以及接触的项目类型、品质层次等千差万别，导致参与者对专业知识的认知、获取效率和专业度的提升等相差甚远。而工作环境、项目环境、项目经历等对一个设计师的专业性塑造至关重要，且还有非常多的初学者没有机会接触相关环境，或者不知该通过什么样的介质能在短期内高效地学习到有深度的、规范的专业知识。深化设计知识系统性较强、体系繁杂，行业的发展、社会的进步、材料工艺的更迭、设计方案的灵活性和多样化等，都需要参与者对材料工艺属性有扎实的学习和运用能力，而对各类材料、工艺的规范性掌握，对制图标准的准确理解是一个合格深化设计师的专业基础。

基于行业这一现象及学习需求，我们结合多年实践经验编著了本书，书中将专门对材质工艺类、制图类知识进行归纳梳理，弃繁从简，言简意赅，图文结合。读者还可通过扫描勒口的二维码添加作者微信，获取相关工艺的动画视频讲解，对各类材质的工艺标准做法、工序、节点图的绘制表达进行直观易懂的观摩学习。

本书结合相关规范经专业团队打造，希望能为读者在不断学习进取的道路上助力，节约宝贵的时间。由于时间及精力所限，书中难免有不足之处，望各位读者不吝指正！

编著者

2022 年 2 月

目录

1 天花饰面篇

2 地坪饰面篇

3 墙身饰面篇

4 墙体构造篇

1 天花饰面篇

场景工艺展示 + 施工图节点绘制

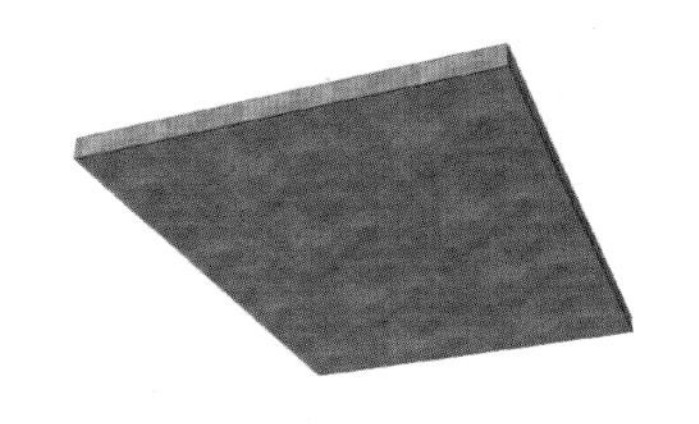

① 原建筑楼板

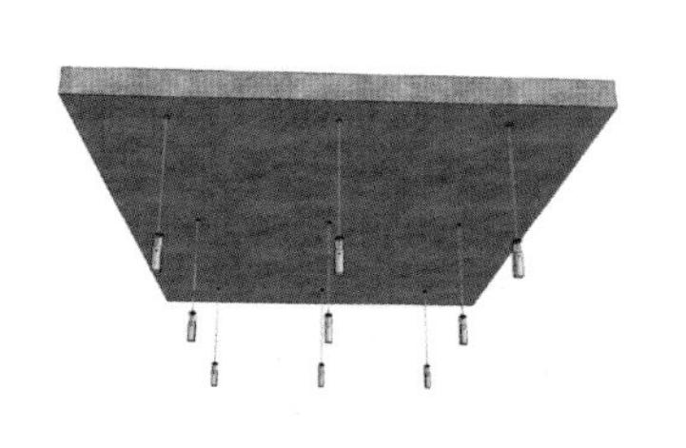

② M8 膨胀螺栓、Φ8 mm 全丝吊杆、吊件安装

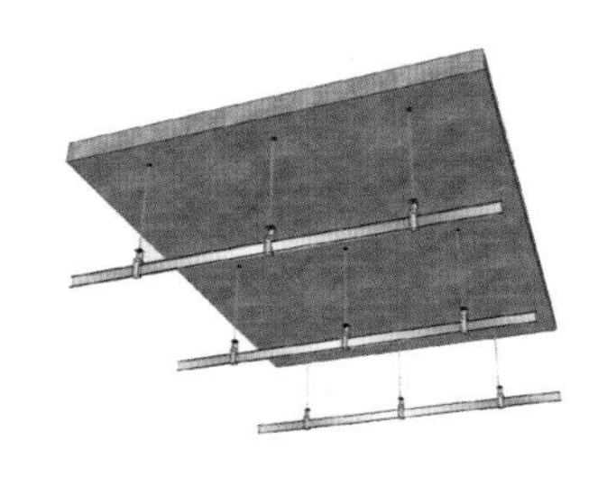

③ D50 mm 或 D60 mm 轻钢龙骨主龙骨安装，间距不大于 1200 mm

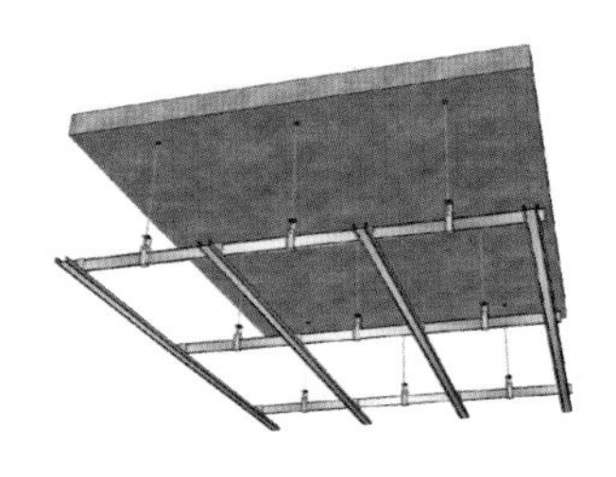

④ 50 mm 挂件安装，D50 mm 轻钢龙骨副龙骨安装，间距不大于 600 mm

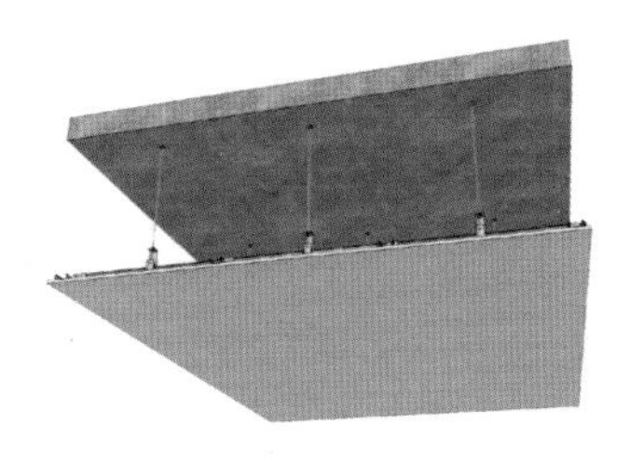

⑤ 单层 9.5 mm 厚纸面石膏板安装，石膏板长边沿纵向次龙骨铺设

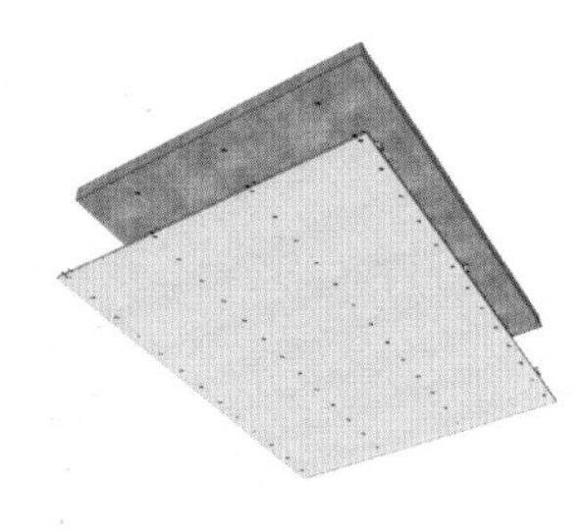

⑥ 自攻螺钉固定，螺钉间距 150 ~ 170 mm

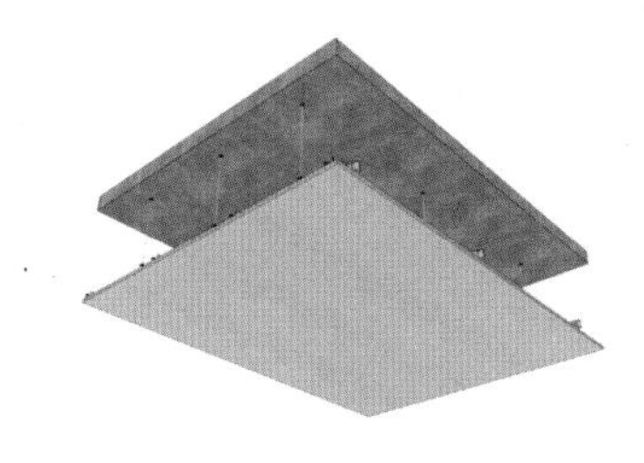

⑦ 双层 9.5 mm 厚纸面石膏板安装，面层板与基层板接缝需错开，不得设置在同一根龙骨上

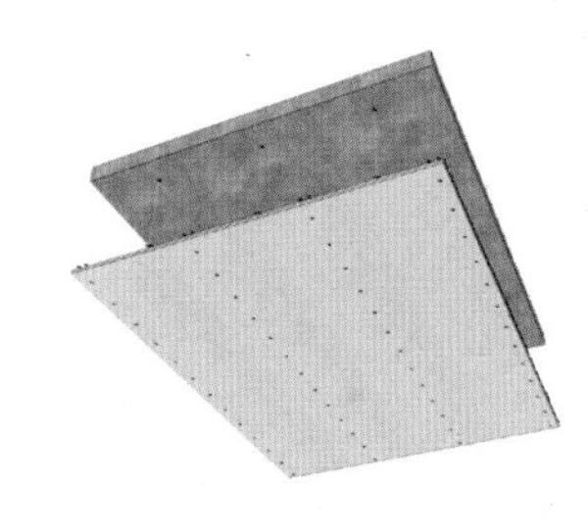

⑧ 自攻螺钉固定，螺钉间距 150 ~ 170 mm

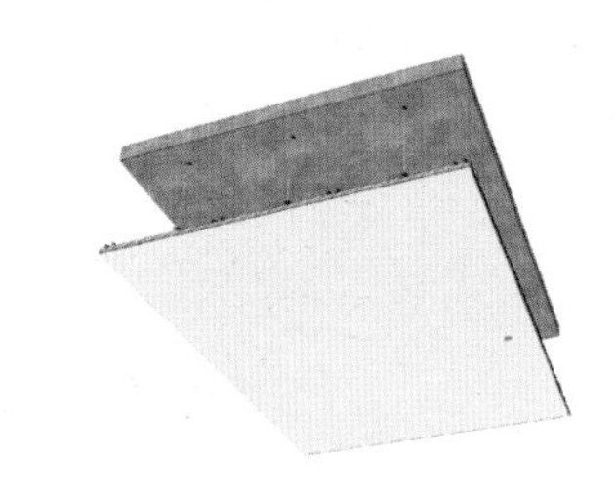

⑨ 石膏补缝、贴接缝网带，批嵌腻子、打磨、涂刷乳胶漆 2 ~ 3 遍

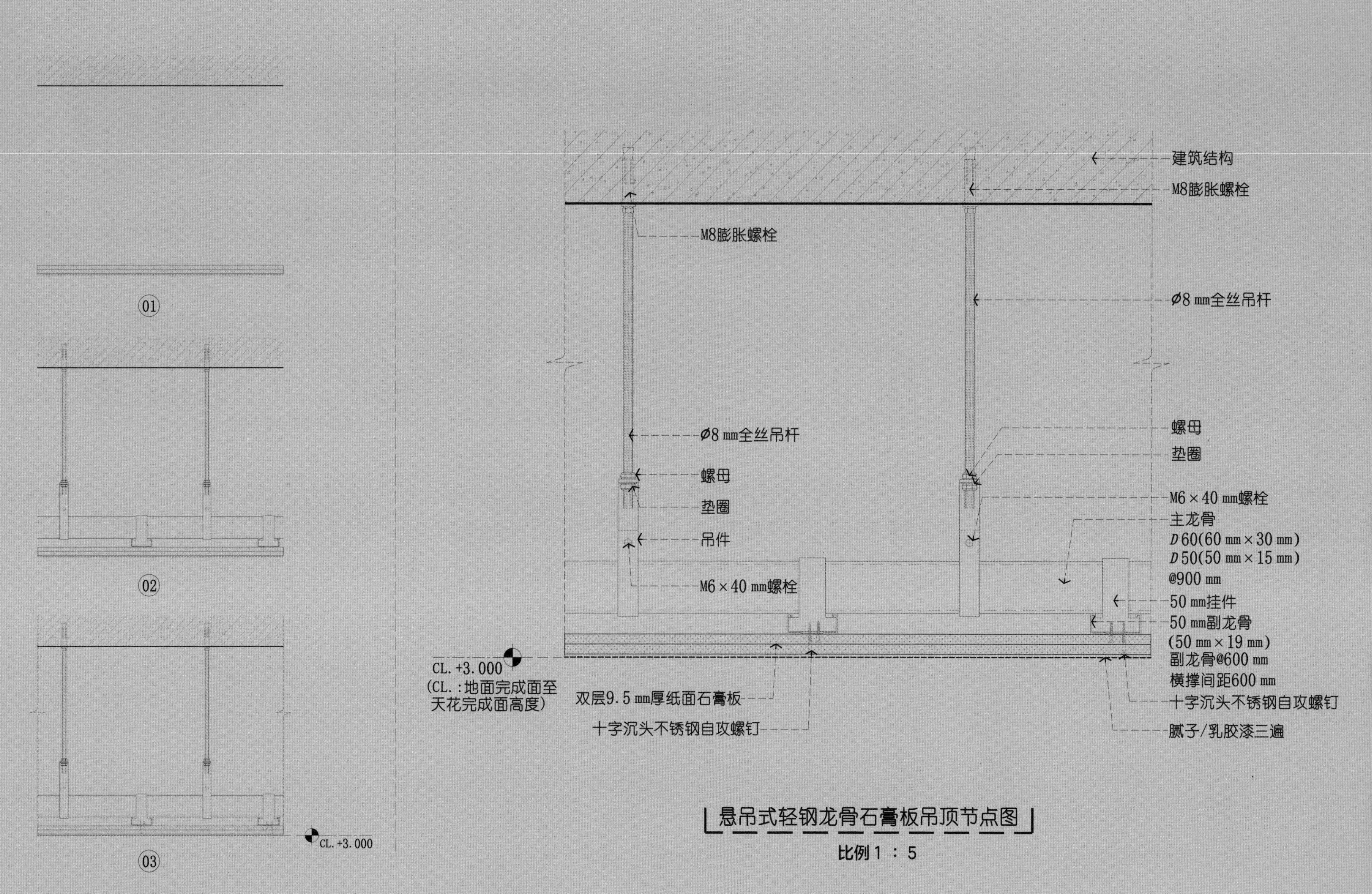
01
02
03
CL. +3.000
绘图步骤
建筑结构
M8膨胀螺栓
M8膨胀螺栓
Ø8 mm全丝吊杆
Ø8 mm全丝吊杆
螺母
垫圈
螺母
垫圈
吊件
M6×40 mm螺栓
M6×40 mm螺栓
主龙骨
D60(60 mm×30 mm)
D50(50 mm×15 mm)
@900 mm
50 mm挂件
50 mm副龙骨
(50 mm×19 mm)
副龙骨@600 mm
横撑间距600 mm
十字沉头不锈钢自攻螺钉
腻子/乳胶漆三遍
CL. +3.000
(CL.:地面完成面至
天花完成面高度)
双层9.5 mm厚纸面石膏板
十字沉头不锈钢自攻螺钉
悬吊式轻钢龙骨石膏板吊顶节点图
比例1 : 5

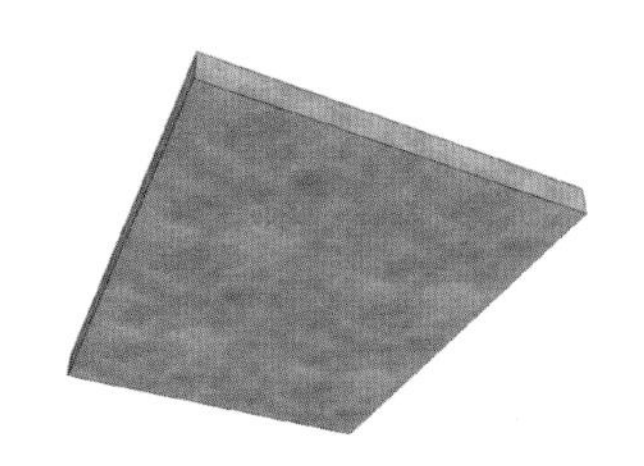

① 原建筑楼板

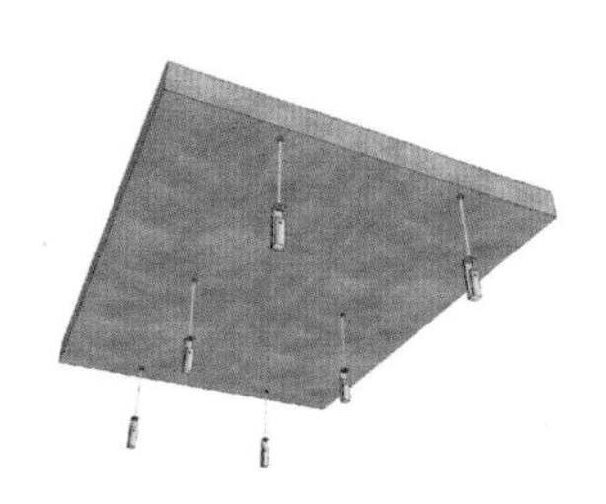

② M8 膨胀螺栓、Φ8 mm 全丝吊杆、吊件安装

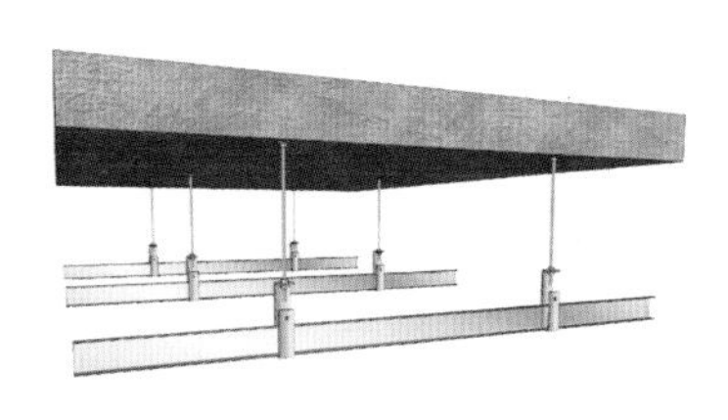

③ D50 mm 或 D60 mm 轻钢龙骨主龙骨安装，间距不大于 1200 mm

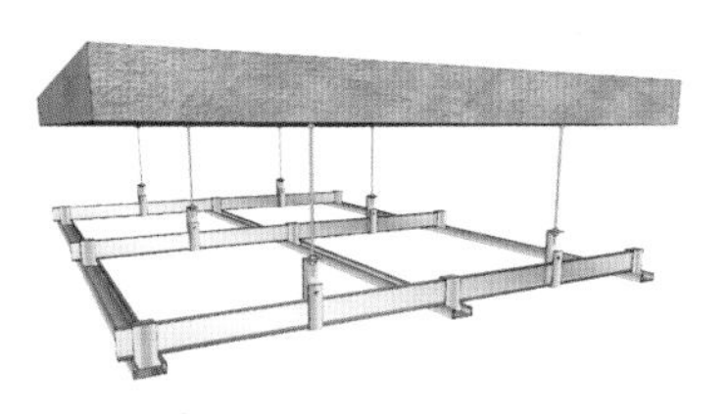

④ 50 mm 挂件安装，D50 mm 轻钢龙骨副龙骨安装，间距不大于 600 mm

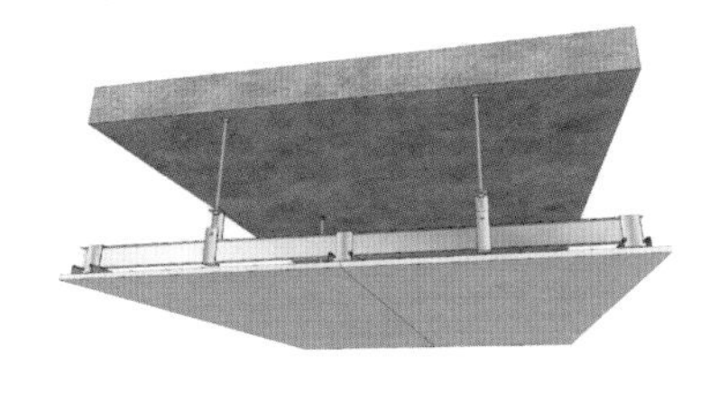

⑤ 单层 9.5 mm 厚纸面石膏板安装，石膏板长边沿纵向次龙骨铺设

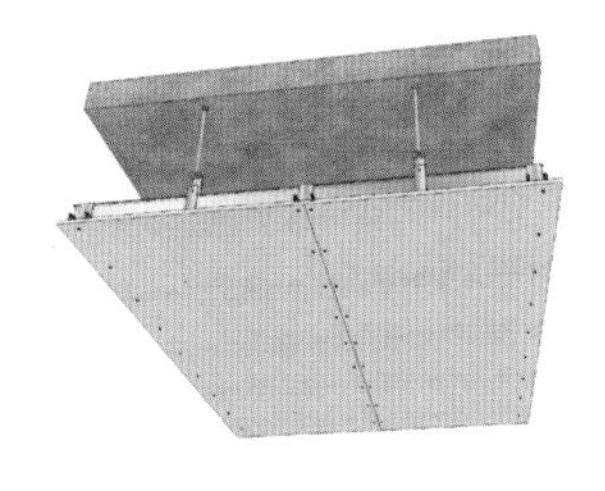

⑥ 自攻螺钉固定，螺钉间距 150 ~ 170 mm

⑦ 双层 9.5 mm 厚纸面石膏板安装，面层板与基层板接缝需错开，不得设置在同一根龙骨上

⑧ 自攻螺钉固定，螺钉间距 150 ~ 170 mm

⑨ 安装定制成品 U 形金属槽

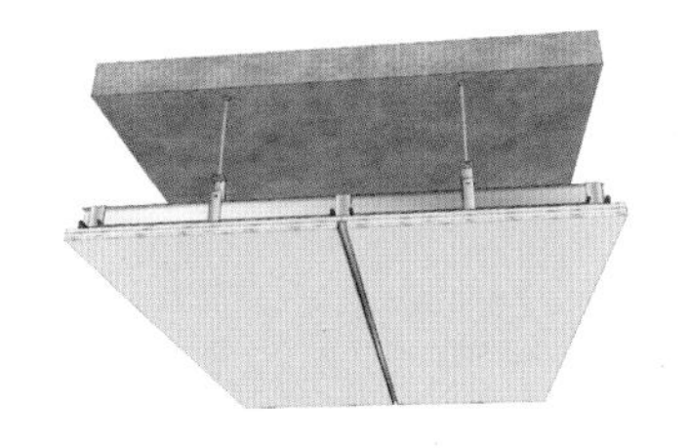

⑩ 石膏补缝、贴接缝网带，批嵌腻子、打磨、涂刷乳胶漆 2 ~ 3 遍

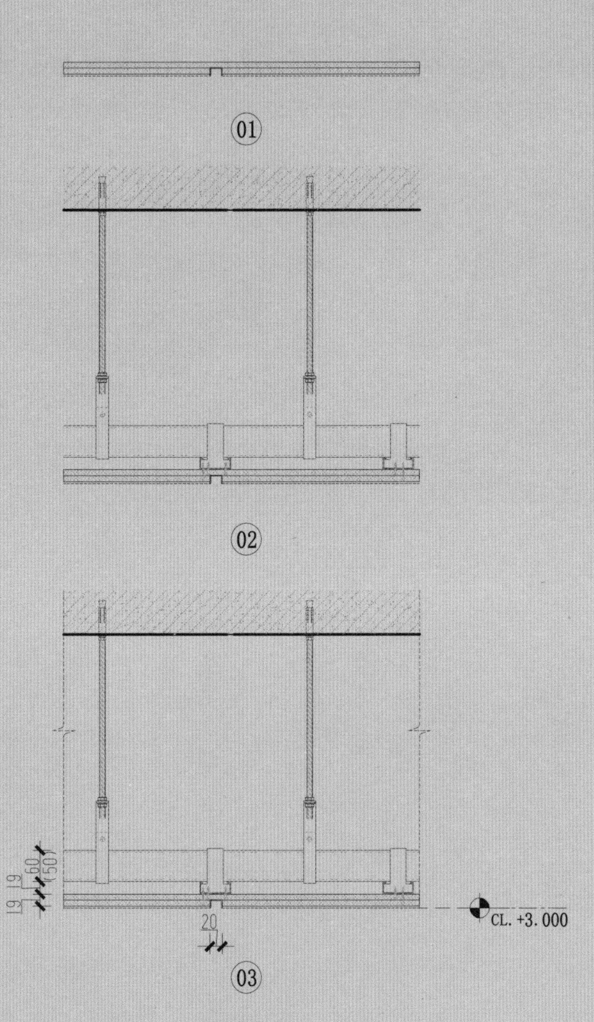
01
02
03
CL. +3.000
20

绘图步骤

建筑结构
M8膨胀螺栓
M8膨胀螺栓
Ø8 mm全丝吊杆
Ø8 mm全丝吊杆
螺母
螺母
垫圈
垫圈
M6×40 mm螺栓
吊件
M6×40 mm螺栓
主龙骨
D60(60 mm×30 mm)
D50(50 mm×15 mm)
@900 mm
50 mm挂件
50 mm副龙骨
(50 mm×19 mm)
副龙骨@600 mm
横撑间距600 mm
十字沉头不锈钢自攻螺钉
腻子/乳胶漆三遍
60
(50)
19
19
CL. +3.000
20
双层9.5 mm厚纸面石膏板
U形金属槽

吊顶工艺缝节点图

比例 1 ： 5

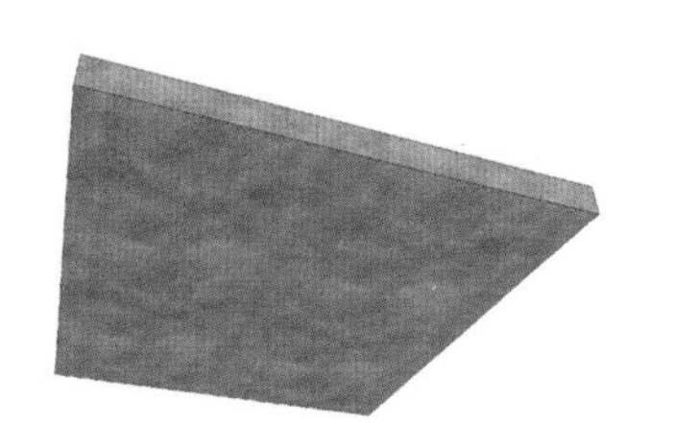

① 原建筑楼板

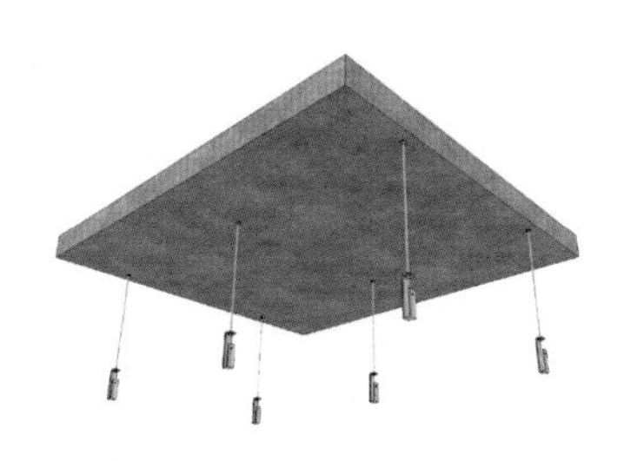

② M8 膨胀螺栓、Φ8 mm 全丝吊杆、吊件安装

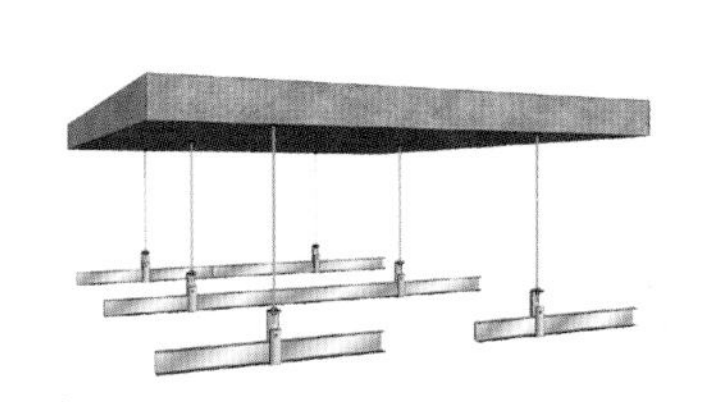

③ D50 mm 或 D60 mm 轻钢龙骨主龙骨安装，间距不大于 1200 mm

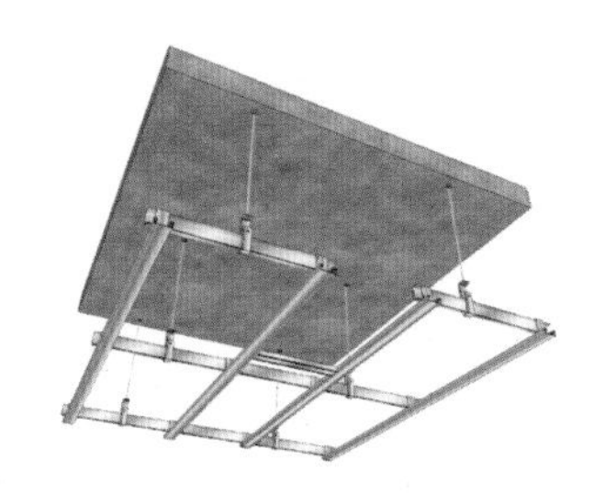

④ 50 mm 挂件安装，D50 mm 轻钢龙骨副龙骨安装，间距不大于 600 mm

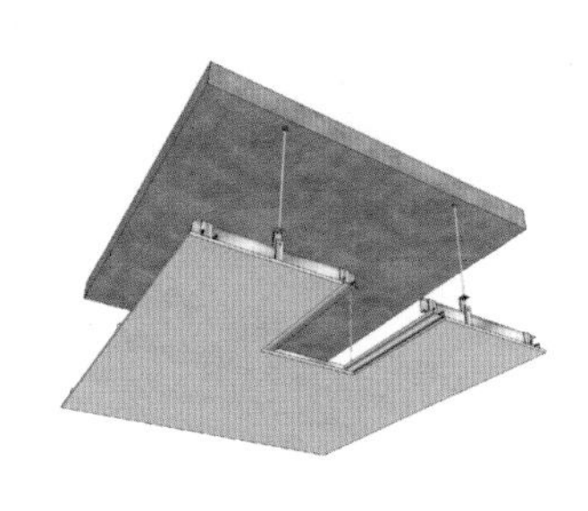

⑤ 单层 9.5 mm 厚纸面石膏板安装，石膏板长边沿纵向次龙骨铺设

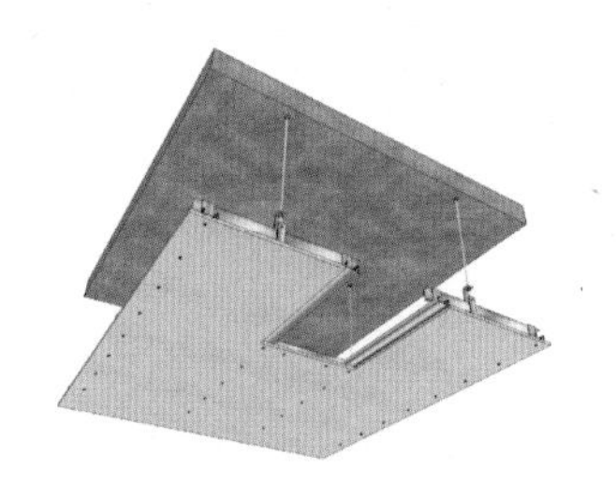

⑥ 自攻螺钉固定，螺钉间距 150 ~ 170 mm

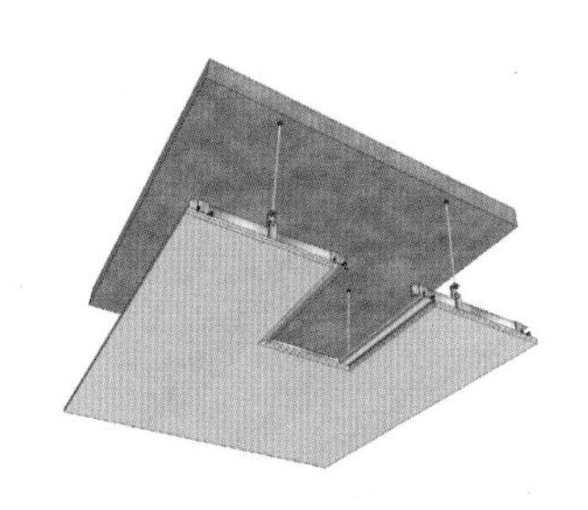

⑦ 双层 9.5 mm 厚纸面石膏板安装，面层板与基层板接缝需错开，不得设置在同一根龙骨上

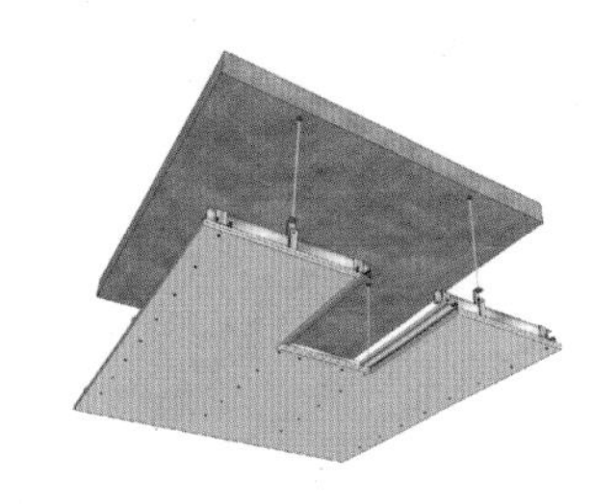

⑧ 自攻螺钉固定，螺钉间距 150 ~ 170 mm

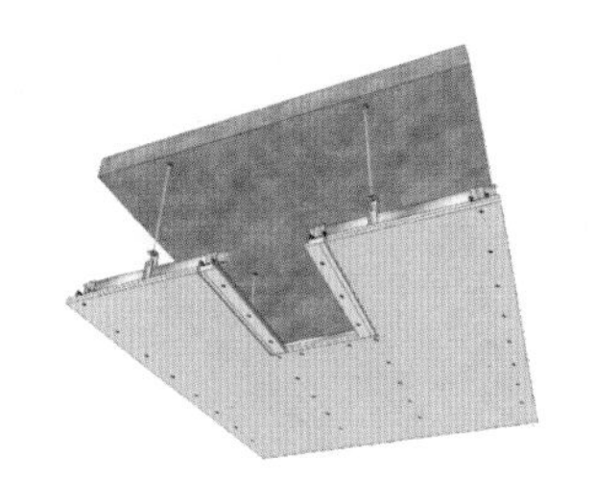

⑨ 安装定制成品检修口固定板，自攻螺钉固定

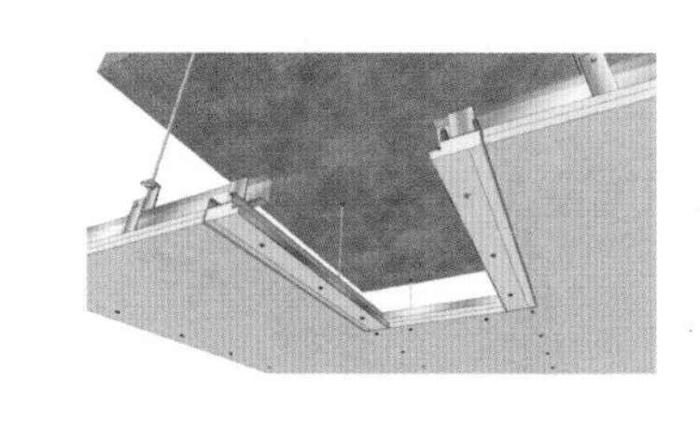

⑩ 安装金属边框

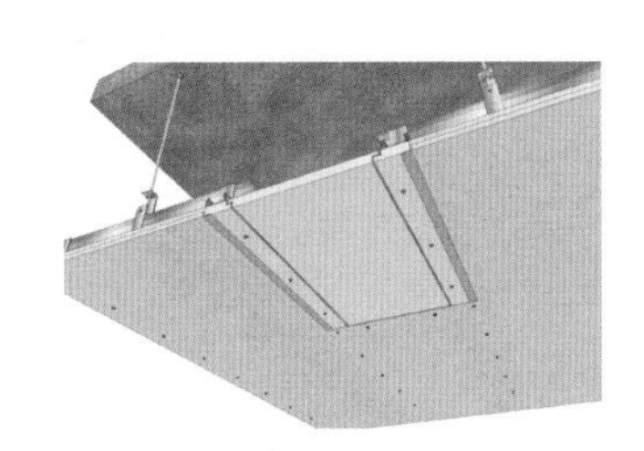

⑪ 安装定制成品检修口，石膏补缝

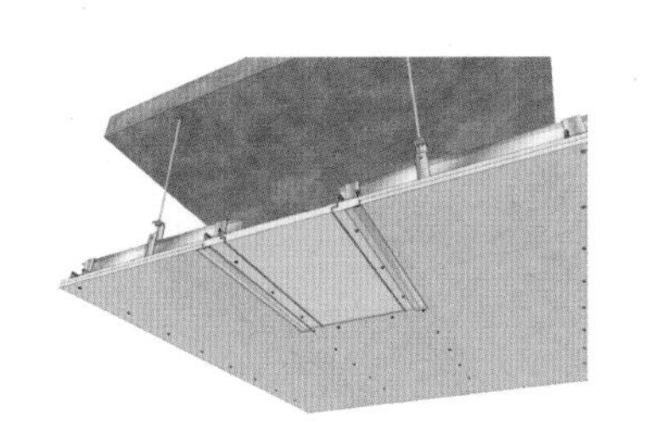

⑫ 粘贴接缝网带

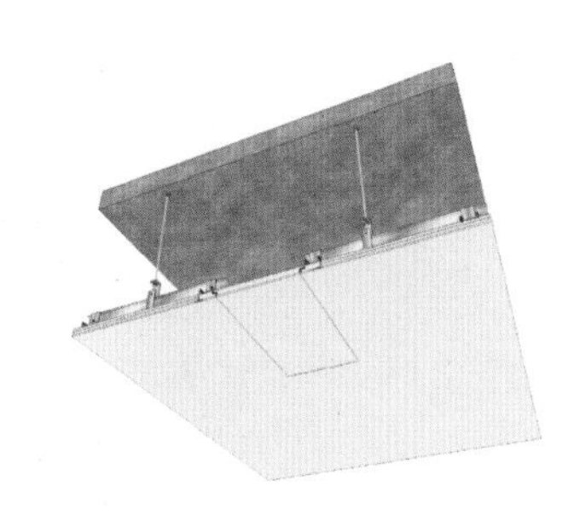

⑬ 石膏补缝、贴接缝网带，批嵌腻子、打磨、涂刷乳胶漆 2 ~ 3 遍

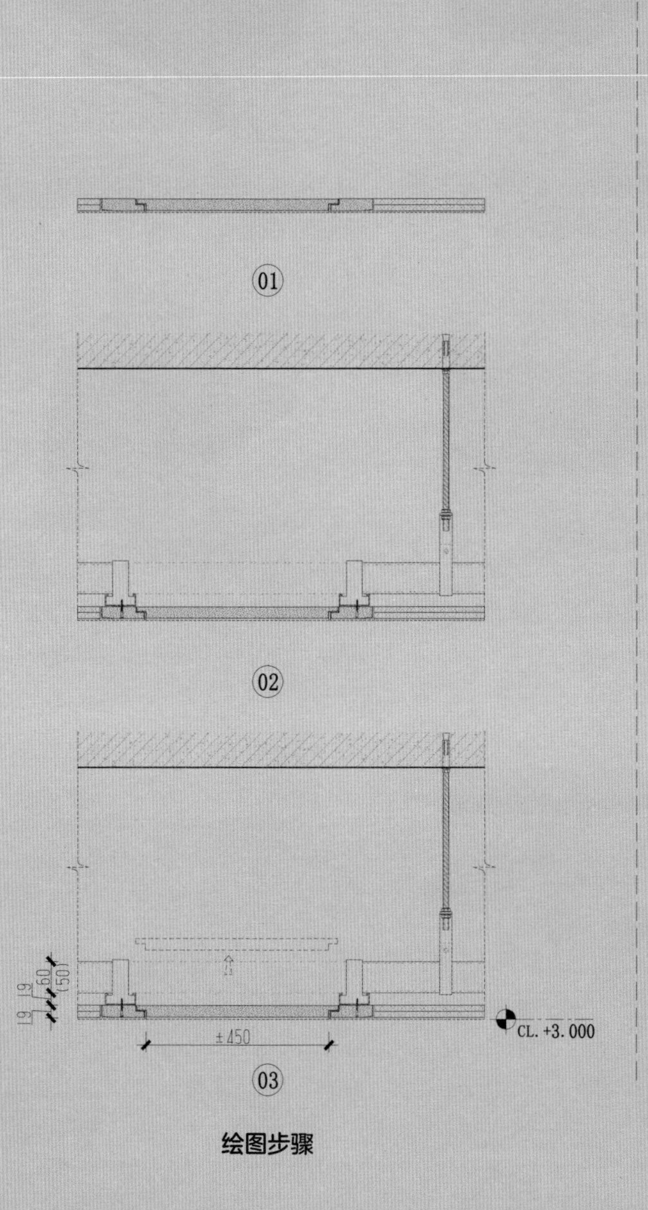
01
02
60
(50)
19
19
±450
CL. +3.000
03

绘图步骤

建筑楼板

M8膨胀螺栓

Ø8 mm全丝吊杆

主龙骨
D60(60 mm×30 mm)
D50(50 mm×15 mm)
@900 mm

可开启成品检修口

50 mm副龙骨
(50 mm×19 mm)
副龙骨@600 mm
横撑间距600 mm

50 mm挂件

M6×40 mm螺栓

吊件

60
(50)
19
19

CL. +3.000

±450

双层9.5 mm厚纸面石膏板
批嵌腻子/乳胶漆饰面

金属边框

定制成品检修口

补缝/粘贴接缝网带/批嵌腻子

吊顶检修口节点图

比例1 : 5

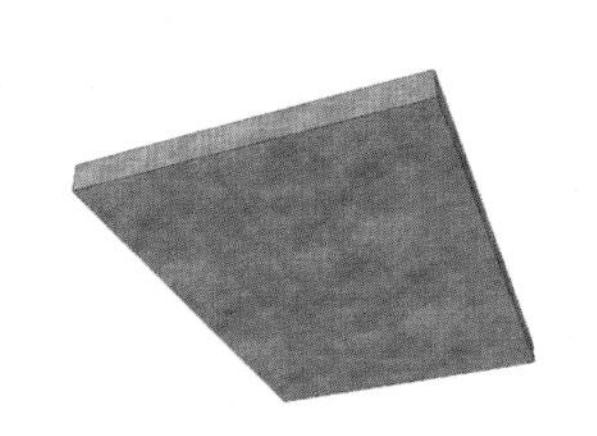

① 原建筑楼板

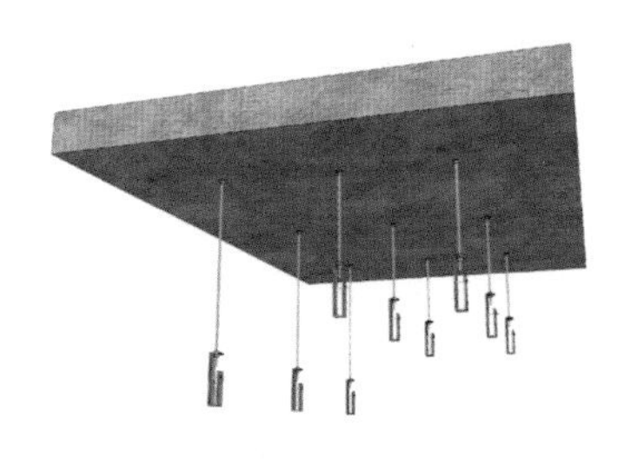

② M8 膨胀螺栓、Φ8 mm 全丝吊杆、吊件安装

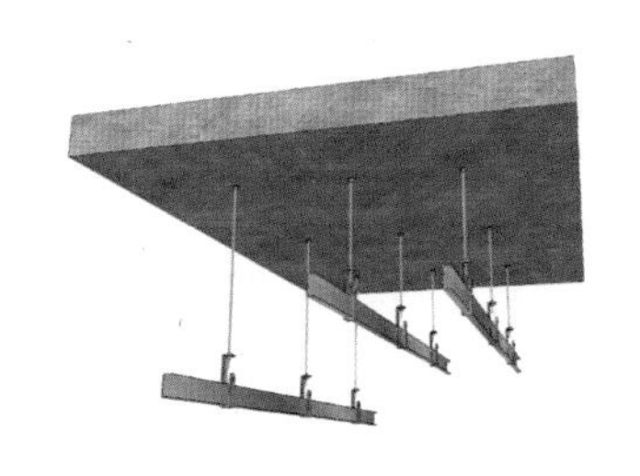

③ D50 mm 或 D60 mm 轻钢龙骨主龙骨安装，间距不大于 1200 mm

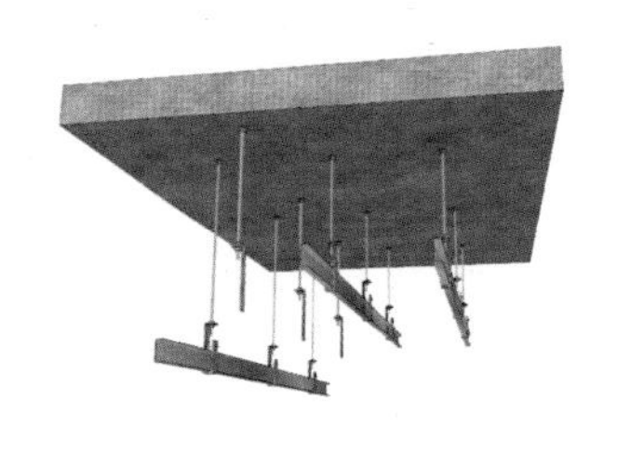

④ M8 膨胀螺栓、全丝吊杆安装，金属吊挂件间距 800 mm

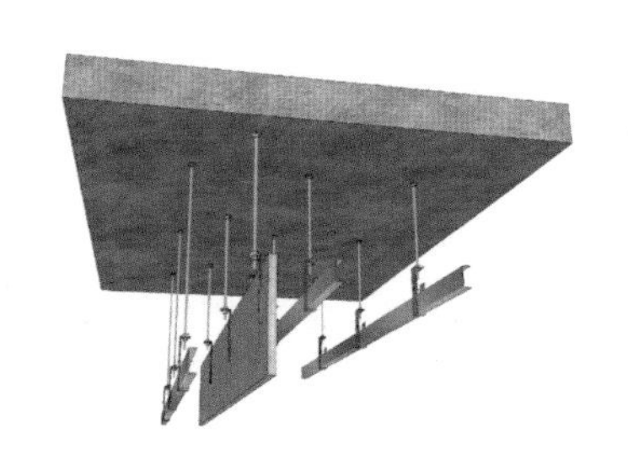

⑤ 18 mm 厚阻燃板基层安装，自攻螺钉固定

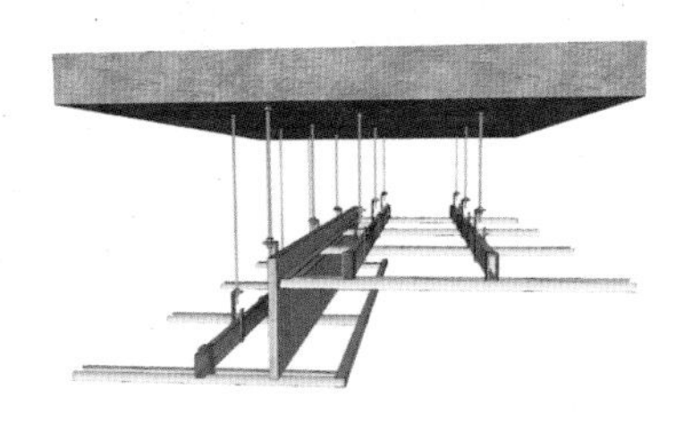

⑥ 50 mm 挂件安装，D50 mm 轻钢龙骨副龙骨安装，间距不大于 600 mm

⑦ 18 mm 厚阻燃板基层安装

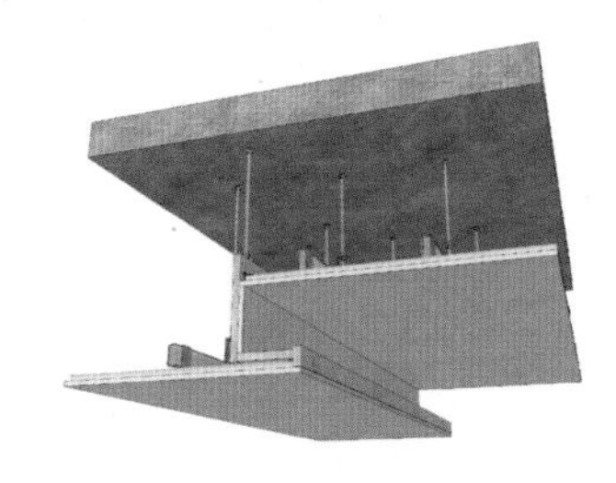

⑧ 单层 9.5 mm 厚纸面石膏板安装，石膏板长边沿纵向次龙骨铺设

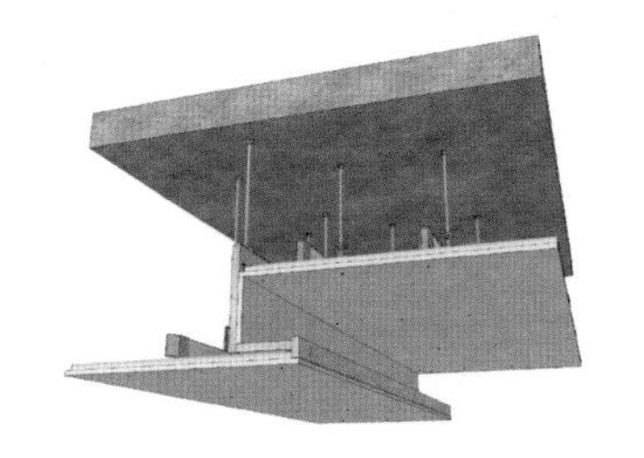

⑨ 自攻螺钉固定，螺钉间距 150 ～ 170 mm

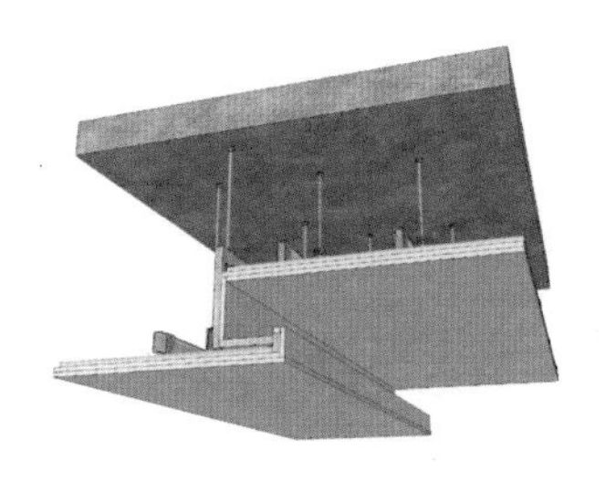

⑩ 双层 9.5 mm 厚纸面石膏板安装，面层板与基层板接缝需错开，不得设置在同一根龙骨上

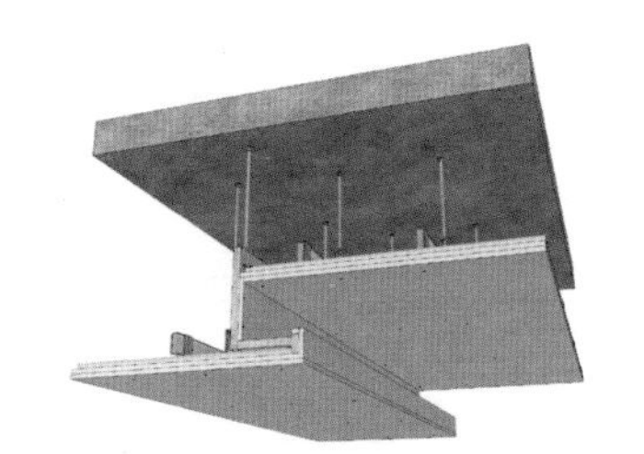

⑪ 自攻螺钉固定，螺钉间距 150 ～ 170 mm

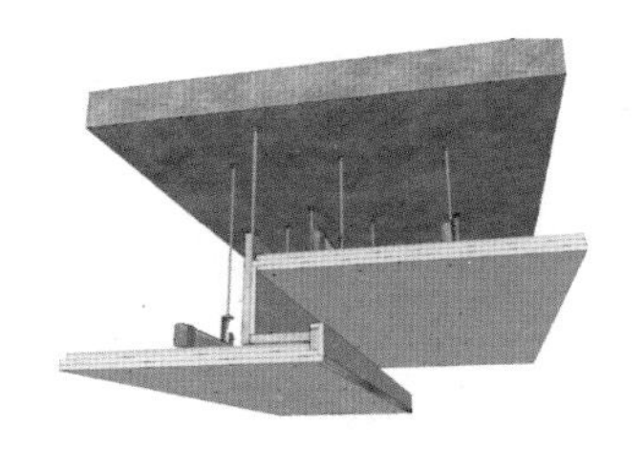

⑫ 安装金属护角条

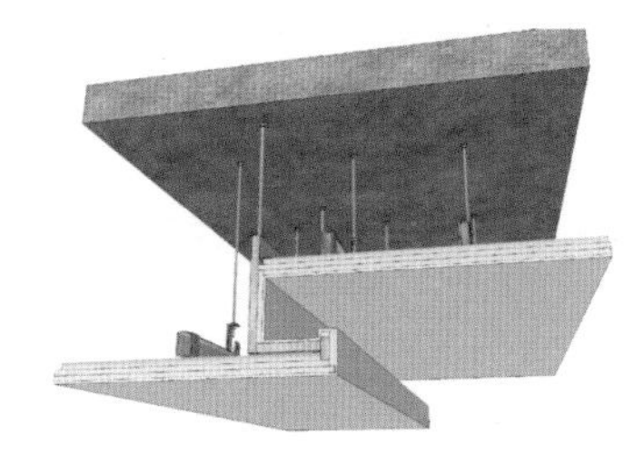

⑬ 石膏补缝、贴接缝网带，批嵌腻子、打磨、涂刷乳胶漆 2 ～ 3 遍

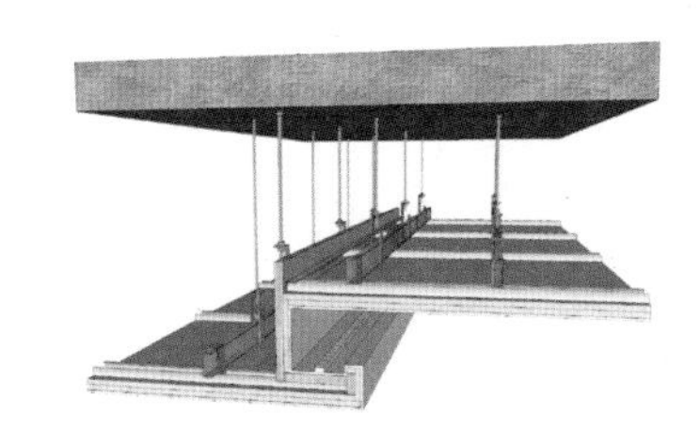

⑭ 安装 LED 灯带

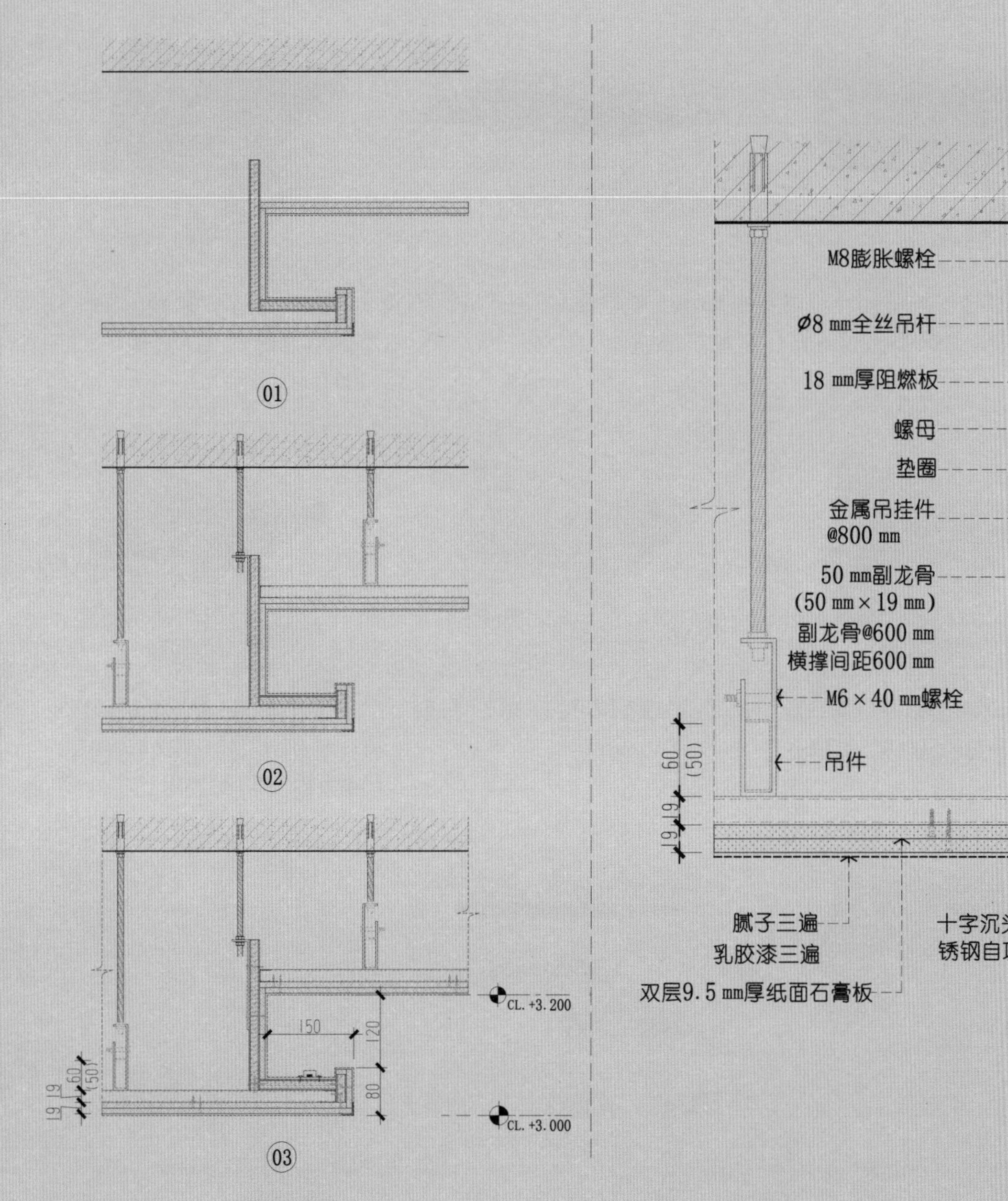
01
02
03
CL. +3.200
CL. +3.000
150
120
80
60
(50)
19
19
建筑楼板
M8膨胀螺栓
Ø8 mm全丝吊杆
18 mm厚阻燃板
螺母
垫圈
金属吊挂件
@800 mm
50 mm副龙骨
(50 mm×19 mm)
副龙骨@600 mm
横撑间距600 mm
M6×40 mm螺栓
吊件
主龙骨
D60(60 mm×30 mm)
D50(50 mm×15 mm)
@900 mm
双层9.5 mm厚纸面石膏板
9.5 mm厚纸面石膏板
L形铝护角
腻子三遍
乳胶漆三遍
十字沉头不
锈钢自攻螺钉
暗藏LED灯带
边龙骨

绘图步骤

吊顶灯槽造型节点图

比例1：5

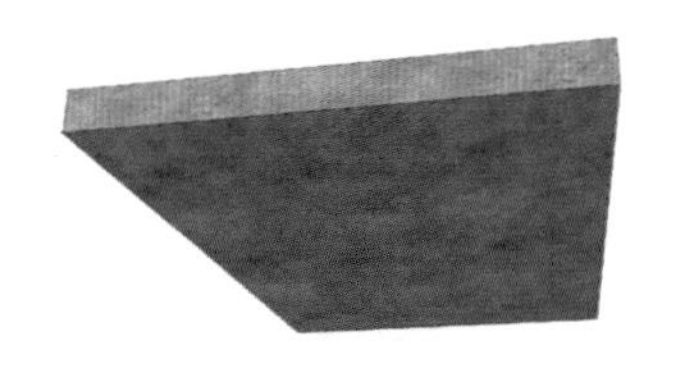

① 原建筑楼板

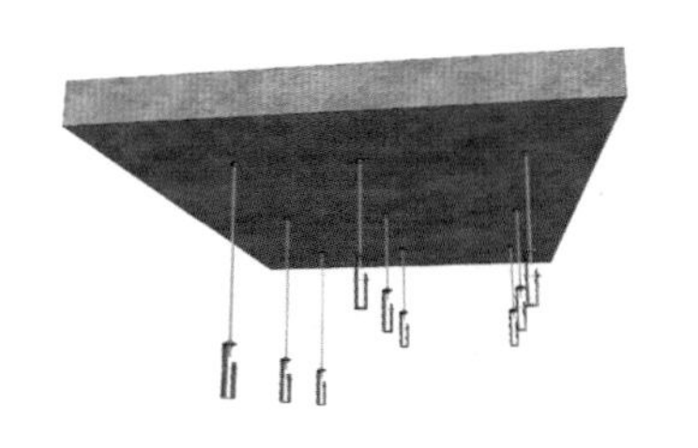

② M8 膨胀螺栓、Φ8 mm 全丝吊杆、吊件安装

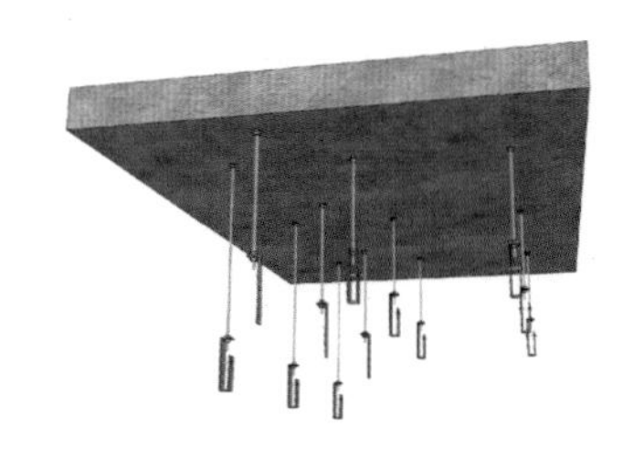

③ M8 膨胀螺栓、Φ8 mm 全丝吊杆安装，金属吊挂件间距 800 mm

④ 18 mm 厚阻燃板基层安装，自攻螺钉固定

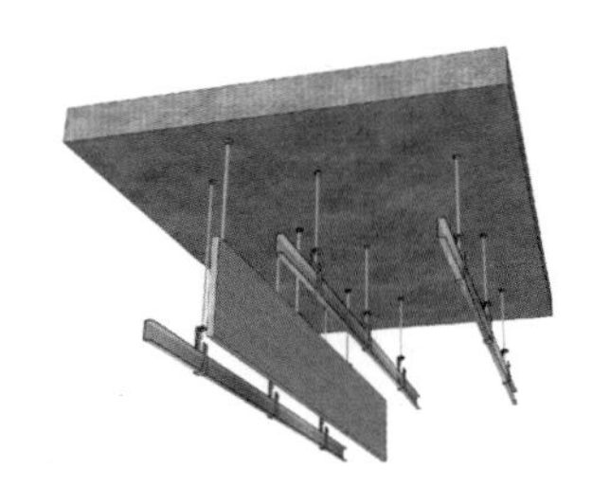

⑤ *D*50 mm 或 *D*60 mm 轻钢龙骨主龙骨安装，间距不大于 1200 mm

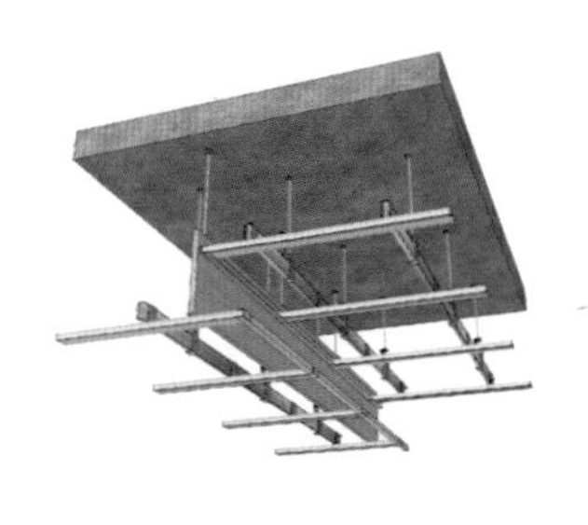

⑥ 50 mm 挂件安装，*D*50 mm 轻钢龙骨副龙骨安装，间距不大于 600 mm

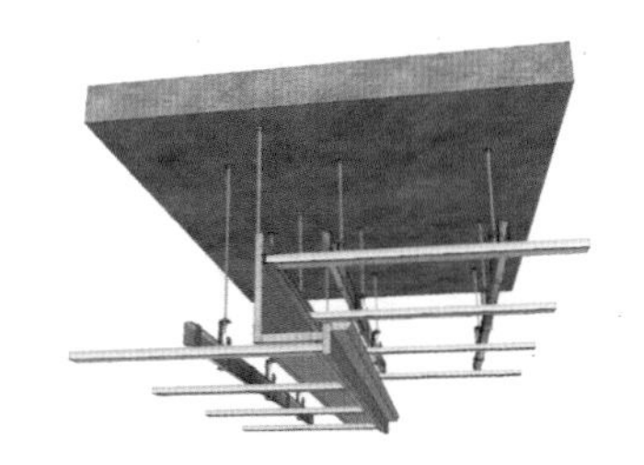

⑦ 18 mm 厚阻燃板基层安装

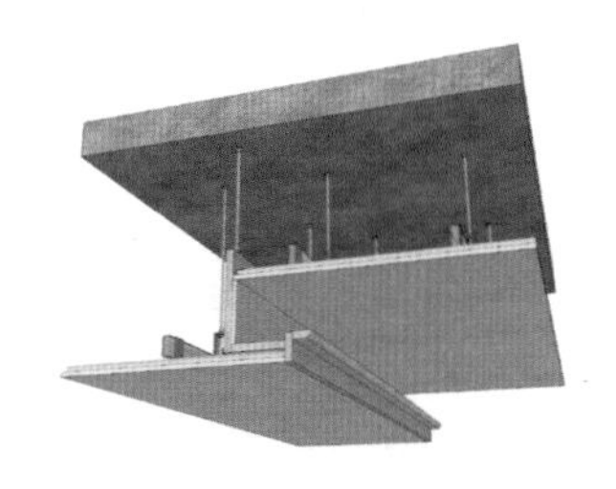

⑧ 单层 9.5 mm 厚纸面石膏板安装，石膏板长边沿纵向次龙骨铺设

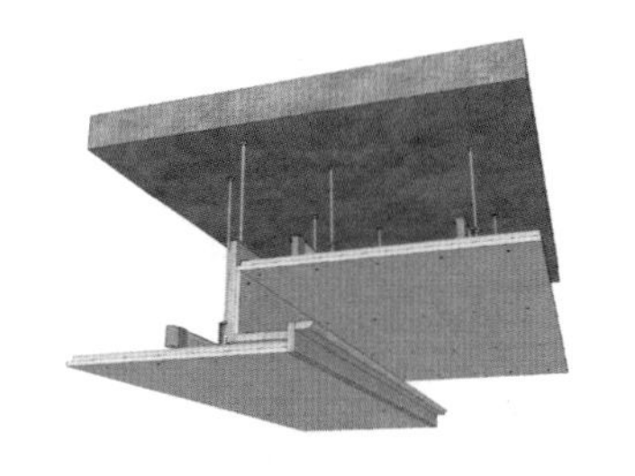

⑨ 自攻螺钉固定，螺钉间距 150 ~ 170 mm

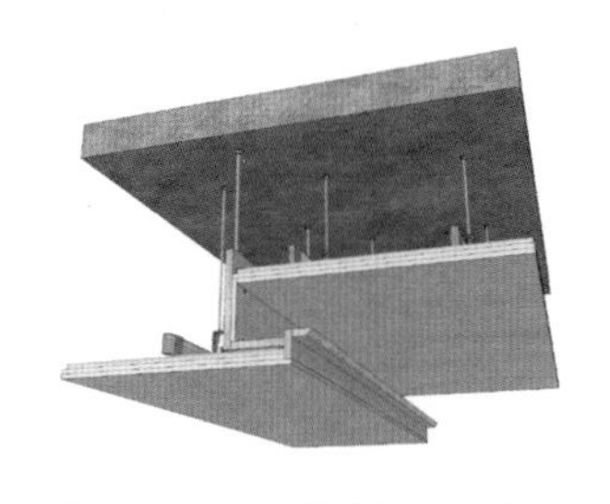

⑩ 双层 9.5 mm 厚纸面石膏板安装，面层板与基层板接缝需错开，不得设置在同一根龙骨上

⑪ 自攻螺钉固定，螺钉间距 150 ~ 170 mm

⑫ 石膏角线安装

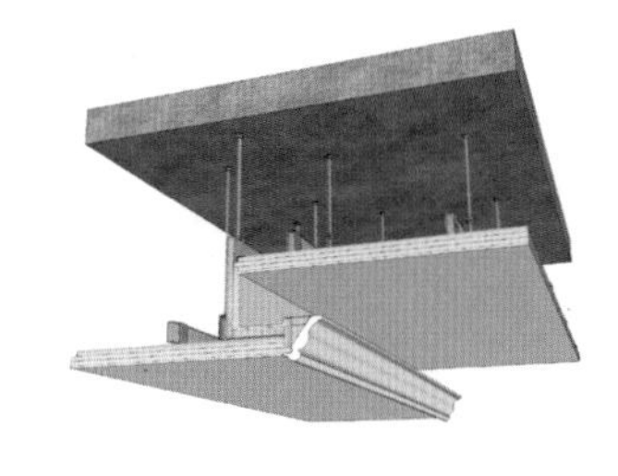

⑬ 批嵌腻子、涂刷乳胶漆 2 ~ 3 遍

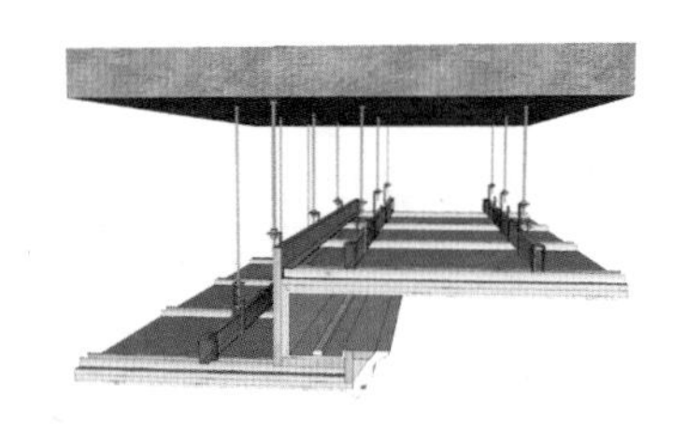

⑭ 石膏补缝、贴接缝网带，批嵌腻子、打磨、涂刷乳胶漆 2 ~ 3 遍，安装 LED 灯带

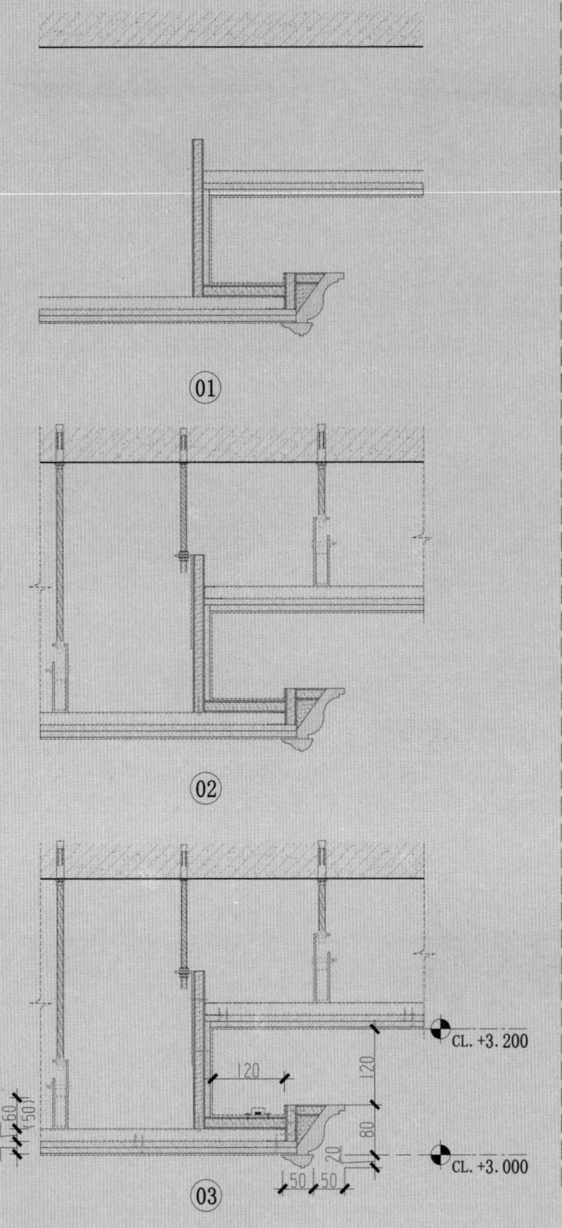

01
02
CL. +3.200
120
120
80
20
60
(50)
19
19
50
50
CL. +3.000
03

绘图步骤

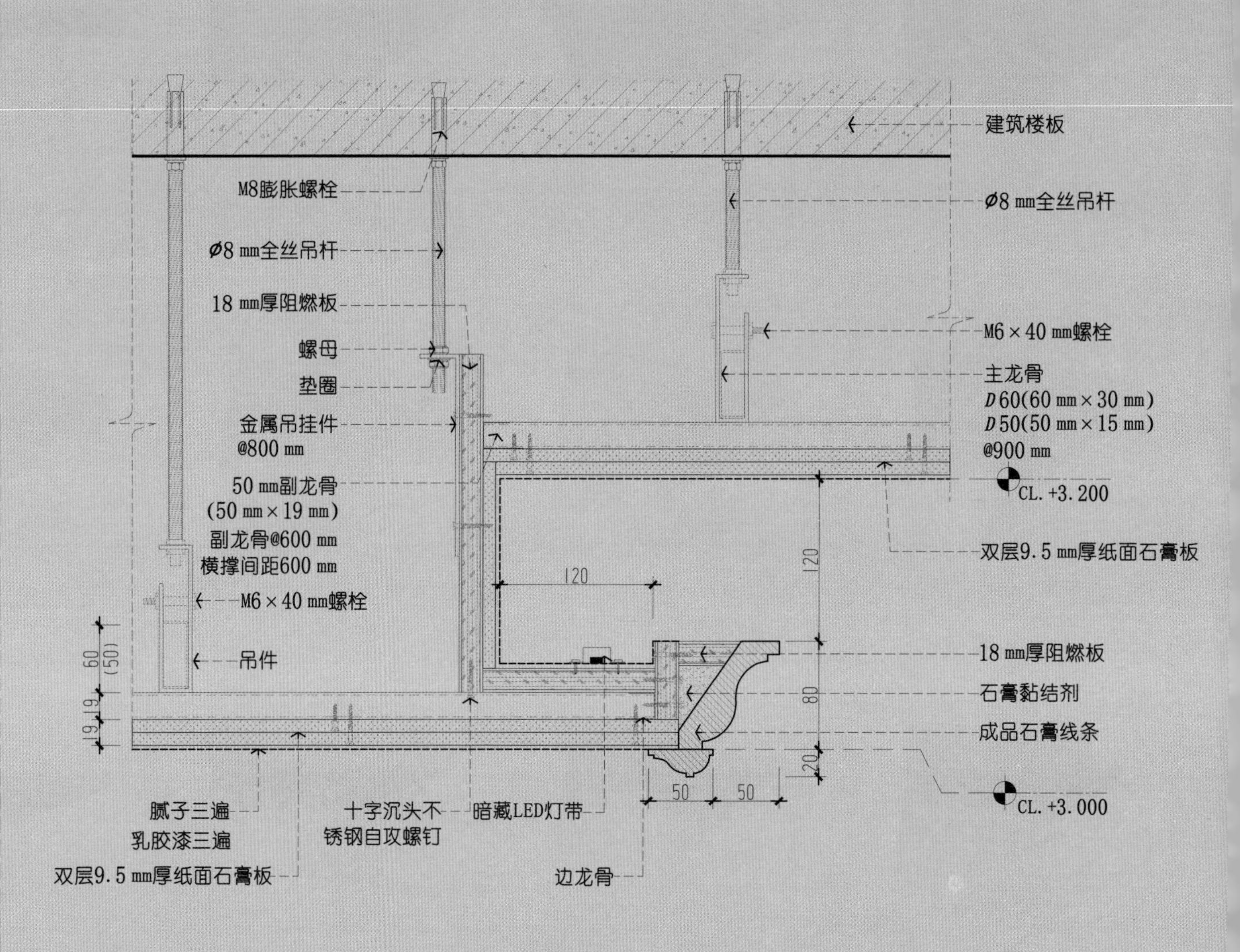

建筑楼板
M8膨胀螺栓
Ø8 mm全丝吊杆
Ø8 mm全丝吊杆
18 mm厚阻燃板
M6×40 mm螺栓
螺母
垫圈
主龙骨
D60(60 mm×30 mm)
D50(50 mm×15 mm)
@900 mm
金属吊挂件
@800 mm
50 mm副龙骨
(50 mm×19 mm)
副龙骨@600 mm
横撑间距600 mm
CL. +3.200
双层9.5 mm厚纸面石膏板
120
120
M6×40 mm螺栓
吊件
18 mm厚阻燃板
石膏黏结剂
成品石膏线条
60
(50)
19
19
80
20
50
50
CL. +3.000
腻子三遍
乳胶漆三遍
十字沉头不
锈钢自攻螺钉
暗藏LED灯带
双层9.5 mm厚纸面石膏板
边龙骨

石膏角线灯槽造型节点图

比例 1 : 5

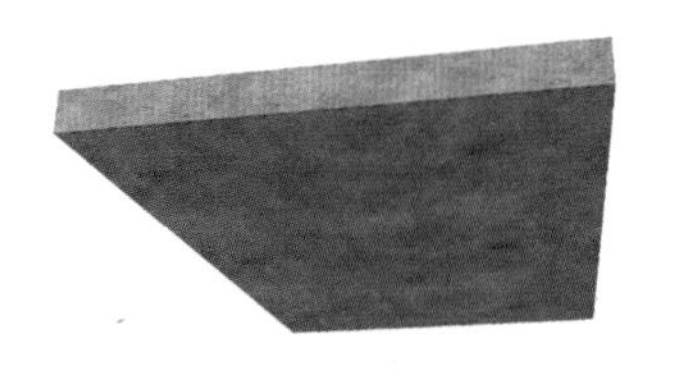

① 原建筑楼板

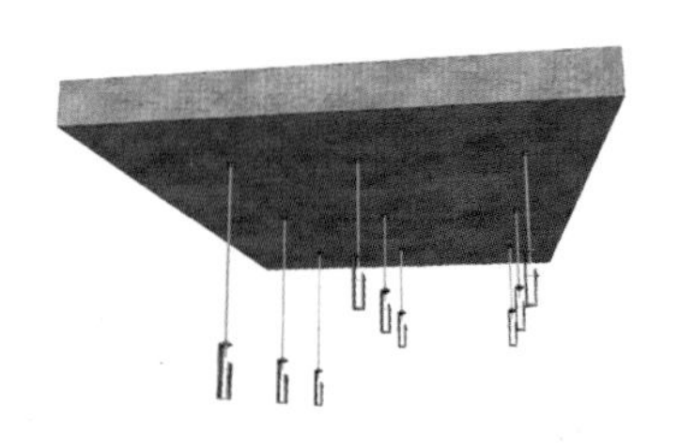

② M8 膨胀螺栓、Φ8 mm 全丝吊杆、吊件安装

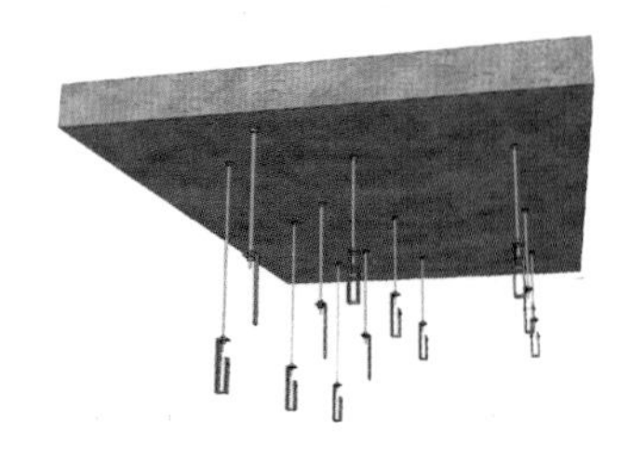

③ M8 膨胀螺栓、Φ8 mm 全丝吊杆安装，金属吊挂件间距 800 mm

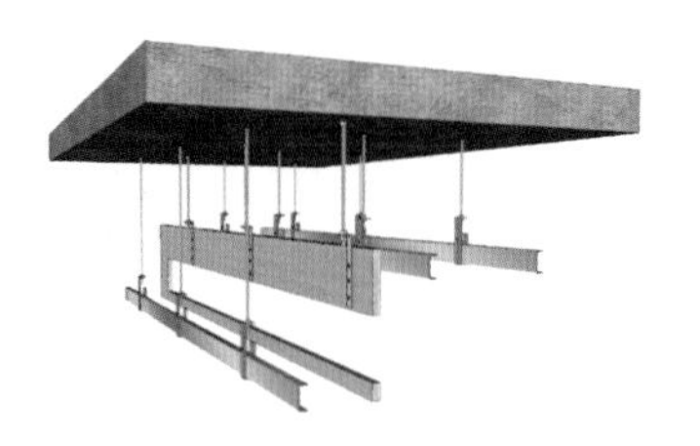

④ 18 mm 厚阻燃板基层安装，自攻螺钉固定；D50 mm 或 D60 mm 轻钢龙骨主龙骨安装，间距不大于 1200 mm

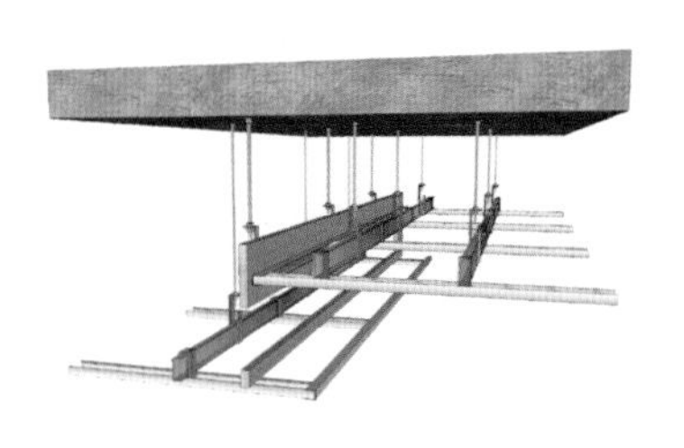

⑤ 50 mm 挂件安装，D50 mm 轻钢龙骨副龙骨安装，间距不大于 600 mm

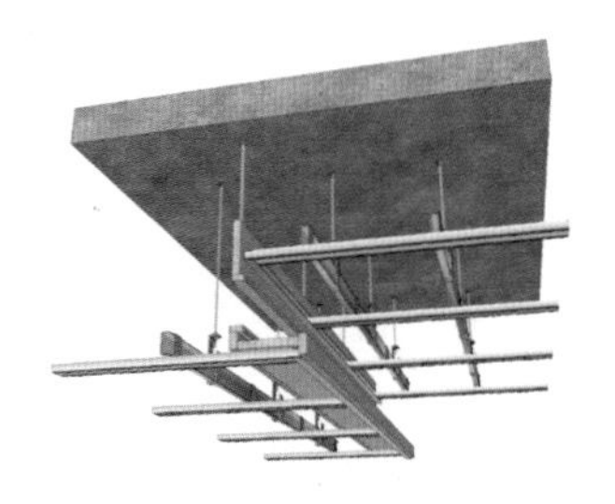

⑥ 18 mm 厚阻燃板基层安装

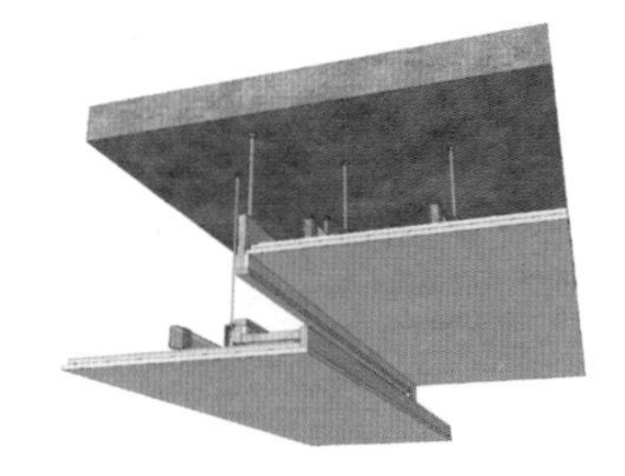

⑦ 单层 9.5 mm 厚纸面石膏板安装，石膏板长边沿纵向次龙骨铺设

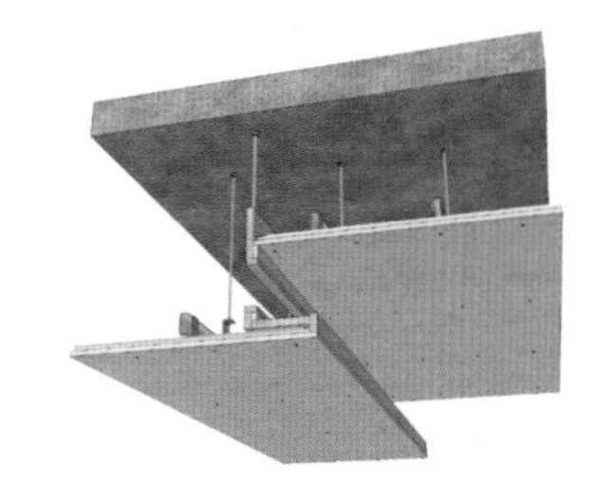

⑧ 自攻螺钉固定，螺钉间距 150 ～ 170 mm

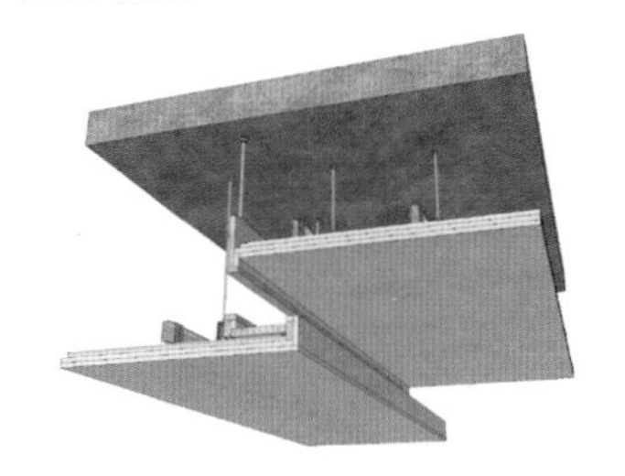

⑨ 双层 9.5 mm 厚纸面石膏板安装，面层板与基层板接缝需错开，不得设置在同一根龙骨上

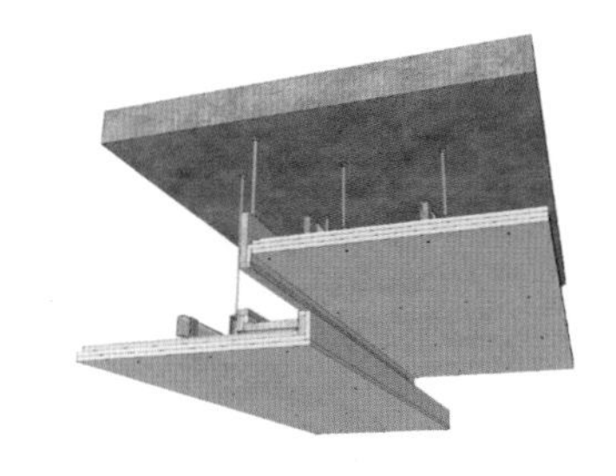

⑩ 自攻螺钉固定，螺钉间距 150 ～ 170 mm

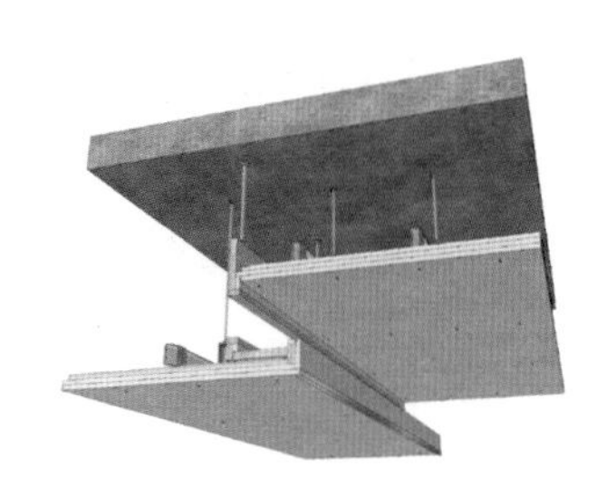

⑪ 金属护角条安装

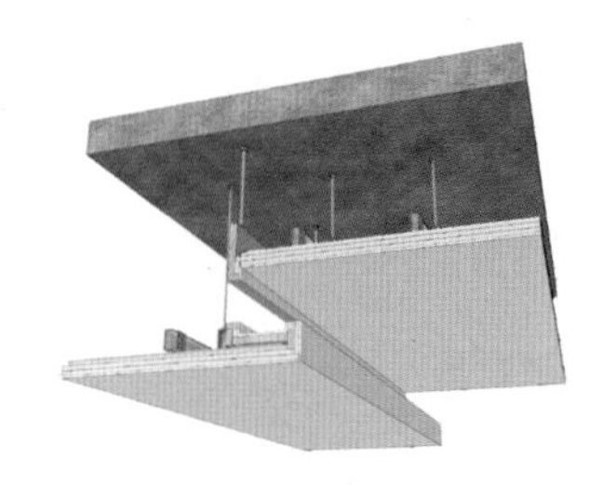

⑫ 石膏补缝、贴接缝网带，批嵌腻子、打磨、涂刷乳胶漆 2 ～ 3 遍

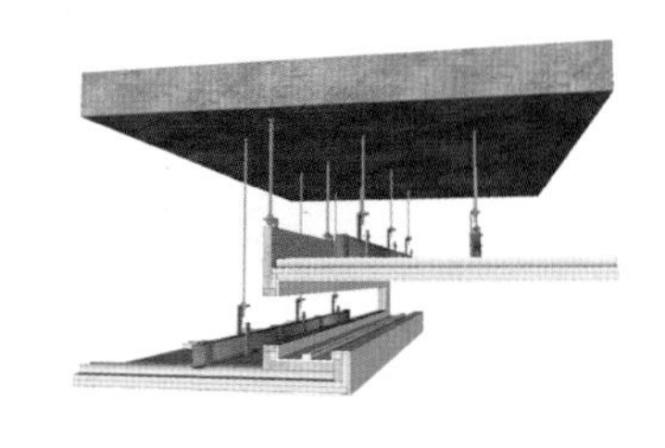

⑬ 安装 LED 灯带

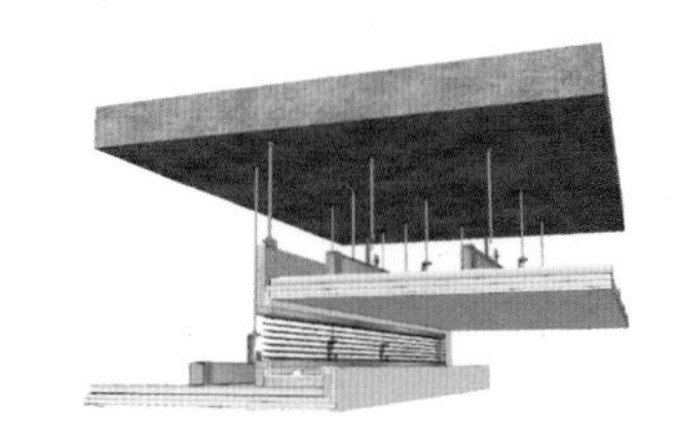

⑭ 空调风口安装

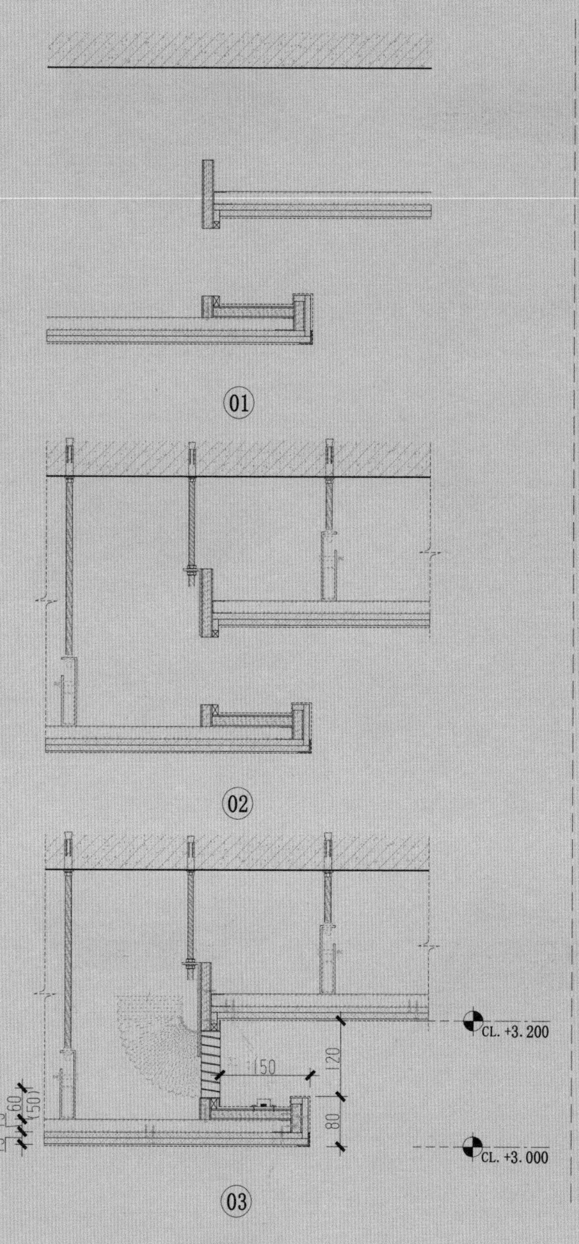
01
02
03
CL. +3.200
CL. +3.000
150
120
80
60
(50)
19 19

绘图步骤

建筑楼板
M8膨胀螺栓
Ø8 mm全丝吊杆
Ø8 mm全丝吊杆
18 mm厚阻燃板
M6 × 40 mm螺栓
螺母
垫圈
主龙骨
D60(60 mm × 30 mm)
D50(50 mm × 15 mm)
@900 mm
金属吊挂件
@800 mm
CL. +3.200
50 mm副龙骨
(50 mm × 19 mm)
副龙骨@600 mm
横撑间距600 mm
双层9.5 mm厚纸面石膏板
120
150
M6 × 40 mm螺栓
成品百叶风口
60
(50)
吊件
18 mm厚阻燃板
80
9.5 mm厚纸面石膏板
19 19
19 19
L形铝护角
CL. +3.000
腻子三遍
乳胶漆三遍
十字沉头不
锈钢自攻螺钉
暗藏LED灯带
双层9.5 mm厚纸面石膏板
边龙骨

吊顶灯槽加空调风口节点图

比例1 ： 5

① 原建筑楼板

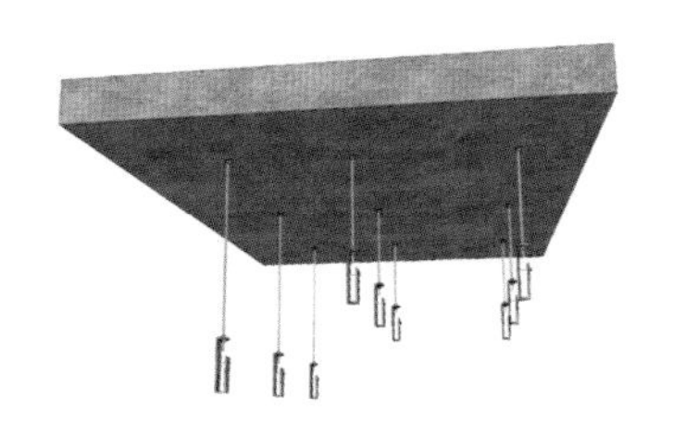

② M8 膨胀螺栓、Φ8 mm 全丝吊杆、吊件安装

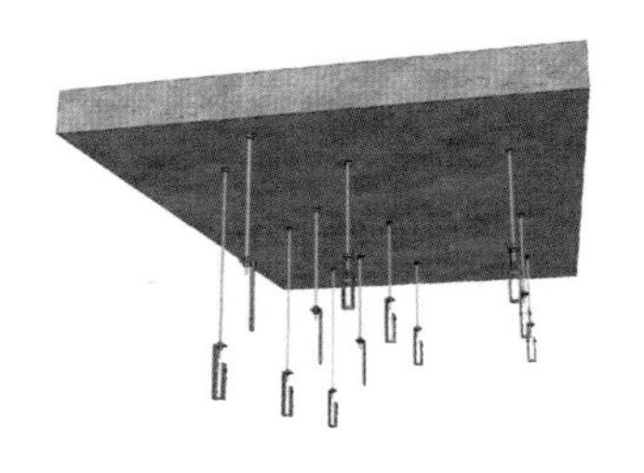

③ M8 膨胀螺栓、Φ8 mm 全丝吊杆安装，金属吊挂件间距 800 mm

④ 18 mm 厚阻燃板基层安装，自攻螺钉固定

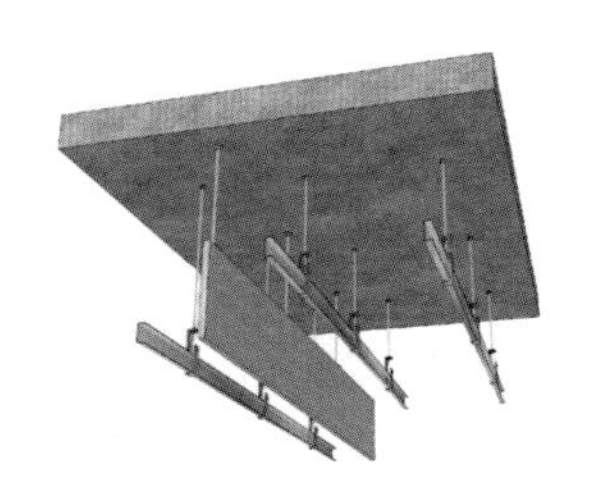

⑤ *D*50 mm 或 *D*60 mm 轻钢龙骨主龙骨安装，间距不大于 1200 mm

⑥ 50 mm 挂件安装，*D*50 mm 轻钢龙骨副龙骨安装，间距不大于 600 mm

⑦ 18 mm 厚阻燃板基层安装

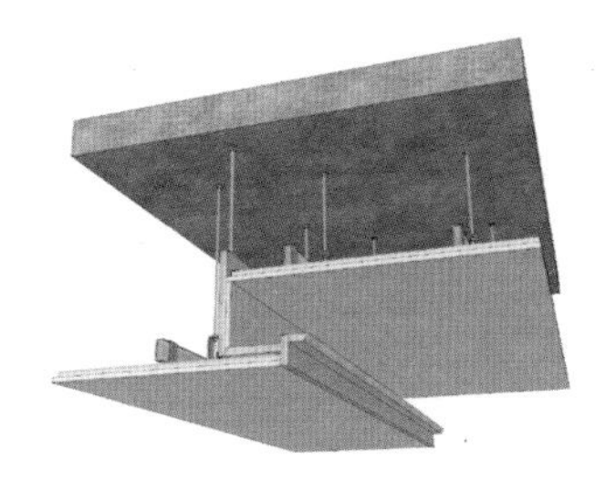

⑧ 单层 9.5 mm 厚纸面石膏板安装，石膏板长边沿纵向次龙骨铺设

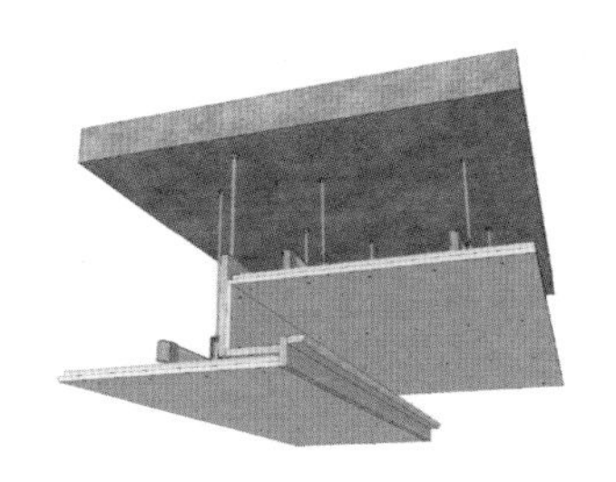

⑨ 自攻螺钉固定，螺钉间距 150 ~ 170 mm

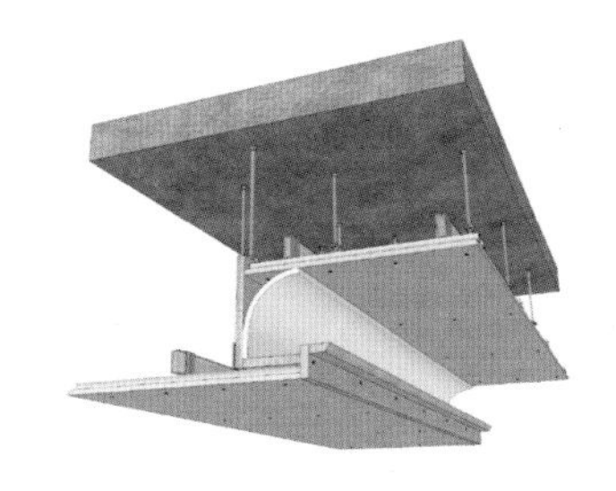

⑩ 安装成品石膏线条

⑪ 双层 9.5 mm 厚纸面石膏板安装，面层板与基层板接缝需错开，不得设置在同一根龙骨上

⑫ 自攻螺钉固定，螺钉间距 150 ~ 170 mm

⑬ 石膏角线安装

⑭ 石膏补缝、贴接缝网带，批嵌腻子、打磨、涂刷乳胶漆 2 ~ 3 遍

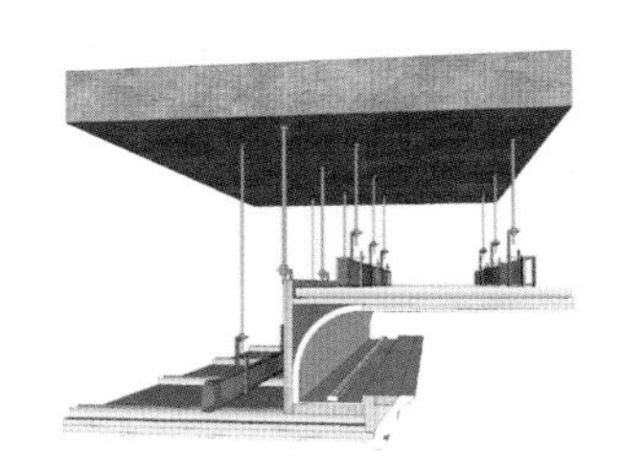

⑮ 安装 LED 灯带

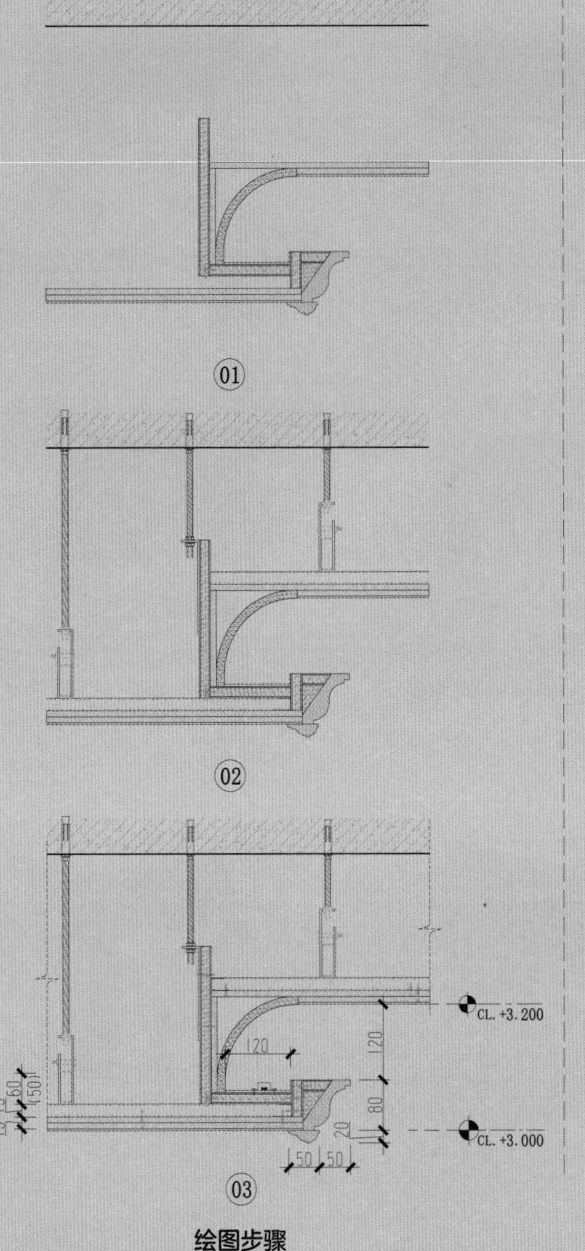
01
02
CL. +3.200
120
120
60
(50)
19
19
80
20
CL. +3.000
50
50
03
绘图步骤

建筑楼板
M8膨胀螺栓
Ø8 mm全丝吊杆
Ø8 mm全丝吊杆
18 mm厚阻燃板
螺母
垫圈
M6 × 40 mm螺栓
主龙骨
D60(60 mm × 30 mm)
D50(50 mm × 15 mm)
@900 mm
金属吊挂件
@800 mm
50 mm副龙骨
(50 mm × 19 mm)
副龙骨@600 mm
横撑间距600 mm
CL. +3.200
双层9.5 mm厚纸面石膏板
GRG或石膏线条
120
120
M6 × 40 mm螺栓
60
(50)
吊件
18 mm厚阻燃板
19
19
80
石膏黏结剂
成品石膏线条
20
50
50
CL. +3.000
腻子三遍
乳胶漆三遍
双层9.5 mm厚纸面石膏板
十字沉头不
锈钢自攻螺钉
暗藏LED灯带
边龙骨

吊顶灯槽加弧形角线节点图

比例1 ： 5

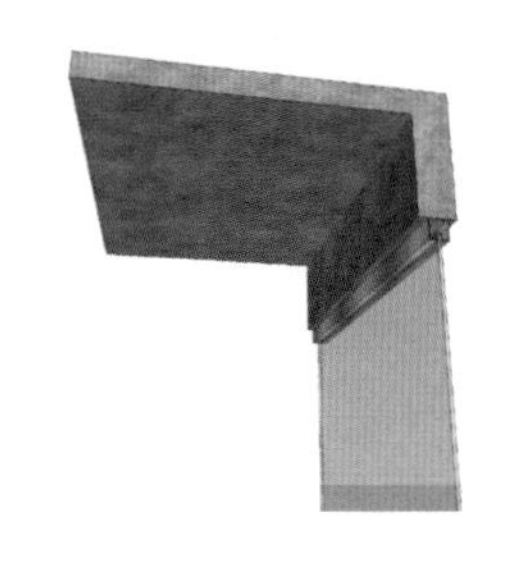
① 原建筑楼板、建筑幕墙 / 窗

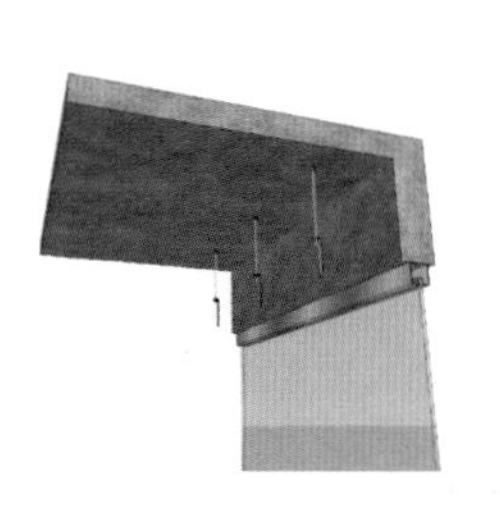
② M8 膨胀螺栓、*Φ*8 mm 全丝吊杆安装，金属吊挂件安装间距 800 mm

③ 18 mm 厚阻燃板基层安装，自攻螺钉固定

④ 40 mm × 40 mm 木方龙骨安装，阻燃处理，自攻螺钉、钢钉固定

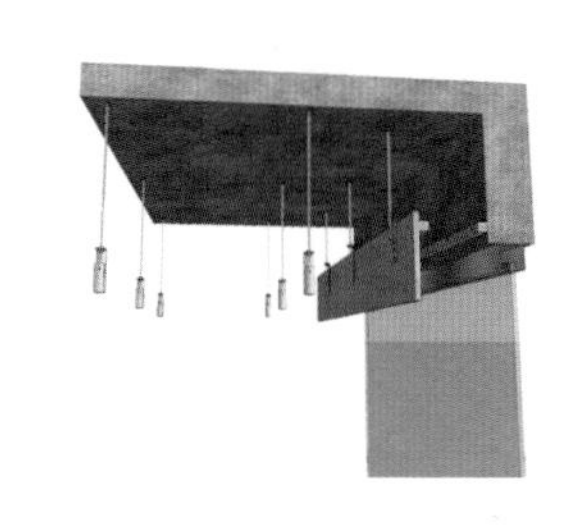
⑤ M8 膨胀螺栓、*Φ*8 mm 全丝吊杆、吊件安装

⑥ *D*50 mm 或 *D*60 mm 轻钢龙骨主龙骨安装，间距不大于 1200 mm

⑦ 50 mm 挂件安装，*D*50 mm 轻钢龙骨副龙骨安装，间距不大于 600 mm

⑧ 18 mm 厚阻燃板基层安装，自攻螺钉固定

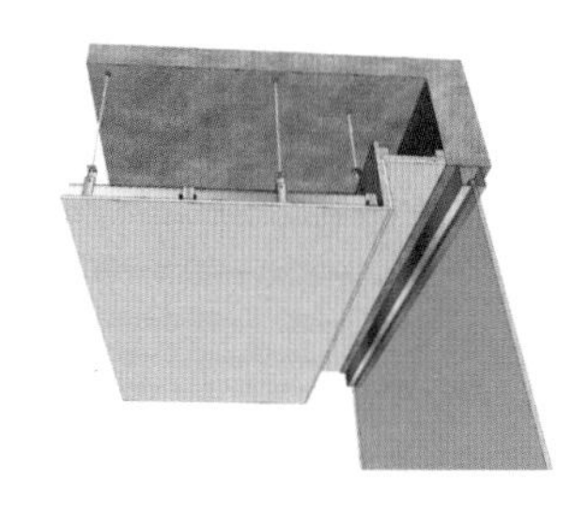
⑨ 单层 9.5 mm 厚纸面石膏板安装，石膏板长边沿纵向次龙骨铺设

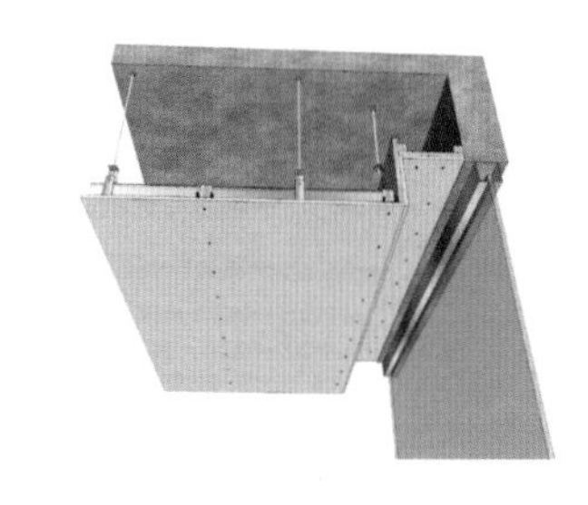
⑩ 自攻螺钉固定

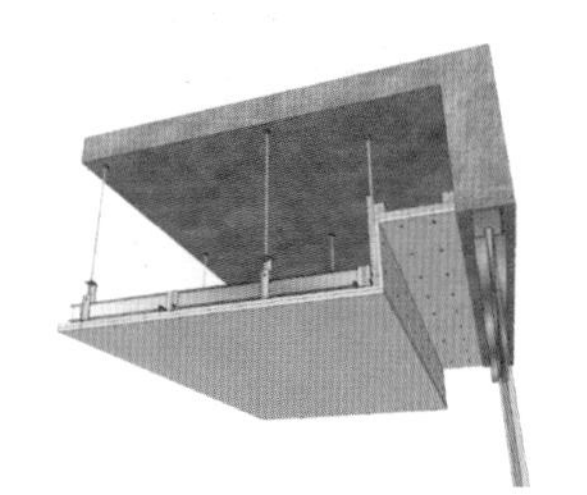
⑪ 双层 9.5 mm 厚纸面石膏板安装，面层板与基层板接缝需错开，不得设置在同一根龙骨上

⑫ 自攻螺钉固定

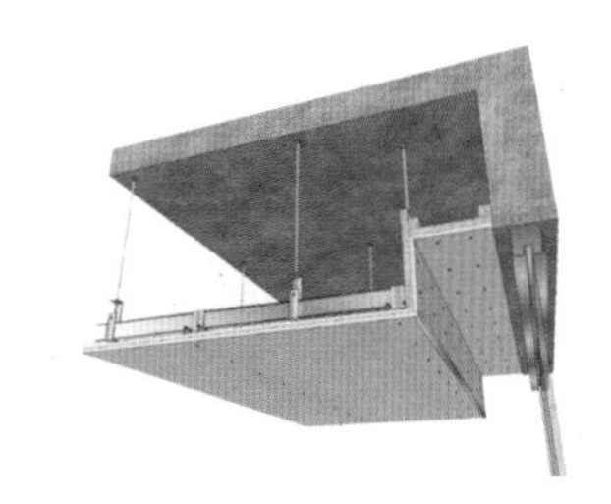
⑬ 安装金属护角条

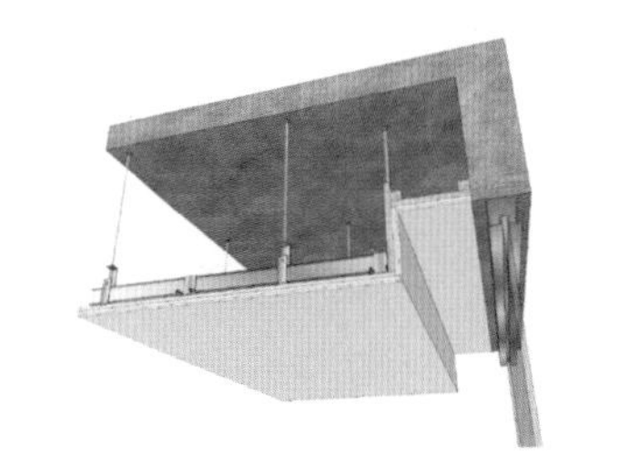
⑭ 石膏补缝、贴接缝网带，批嵌腻子、打磨、涂刷乳胶漆 2 ～ 3 遍

⑮ 安装窗帘

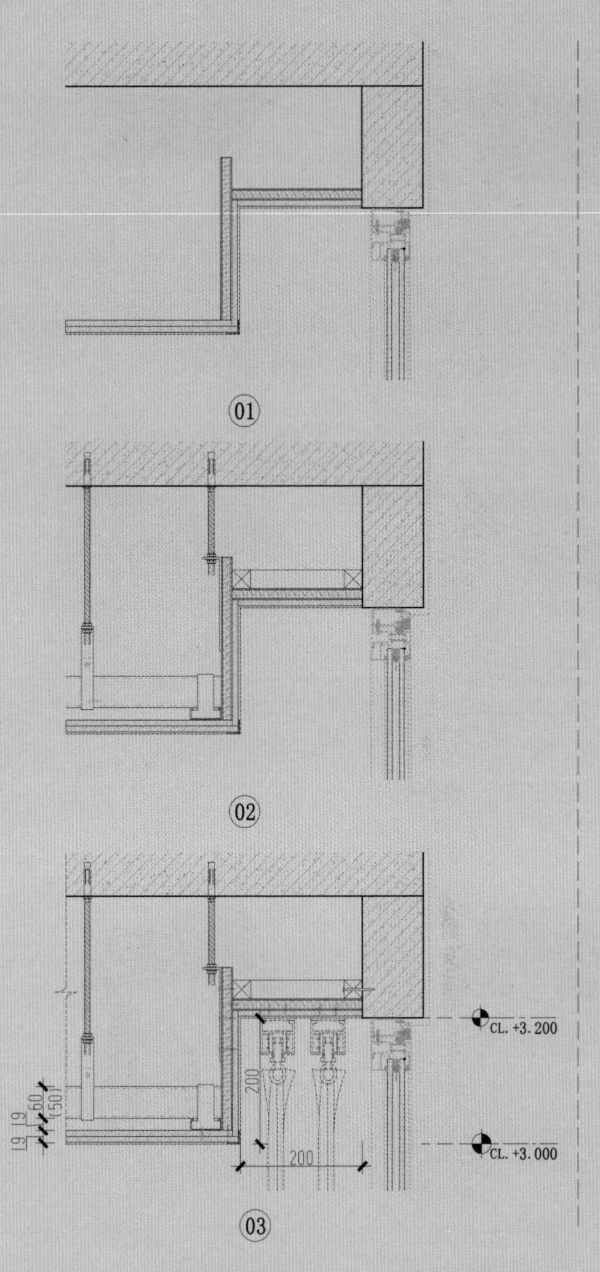
01
02
03
CL. +3.200
CL. +3.000
200
60
(50)
19 19

绘图步骤

M8膨胀螺栓

Ø8 mm全丝吊杆

18 mm厚阻燃板

螺母

垫圈

金属吊挂件
@800 mm间距

50 mm副龙骨
(50 mm × 19 mm)
副龙骨@600 mm
横撑间距600 mm

M6 × 40 mm螺栓

吊件　50 mm挂件

60
(50)
19 19

腻子三遍
乳胶漆三遍

双层9.5 mm厚纸面石膏板

十字沉头不
锈钢自攻螺钉

L形铝护角

200

200

建筑结构

40 mm × 40 mm木方龙骨
阻燃处理

18 mm厚阻燃板

CL. +3.200

9.5 mm厚纸面石膏板

窗帘轨道

建筑幕墙/窗

窗帘

主龙骨
D60(60 mm × 30 mm)
D50(50 mm × 15 mm)
@900 mm

CL. +3.000

吊顶暗藏式窗帘盒节点图

比例 1 ：5

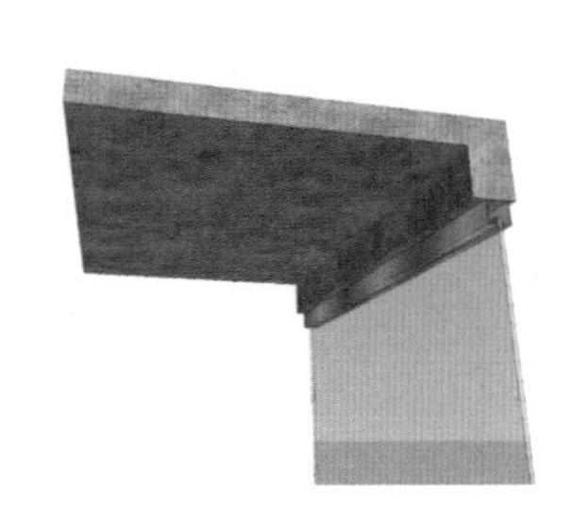

① 原建筑楼板、建筑幕墙 / 窗

② M8 膨胀螺栓、Φ8 mm 全丝吊杆安装，金属吊挂件安装间距 800 mm

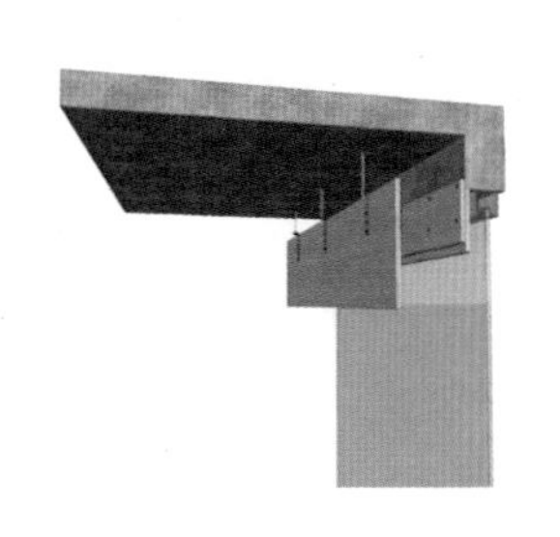

③ 18 mm 厚阻燃板基层安装，自攻螺钉固定

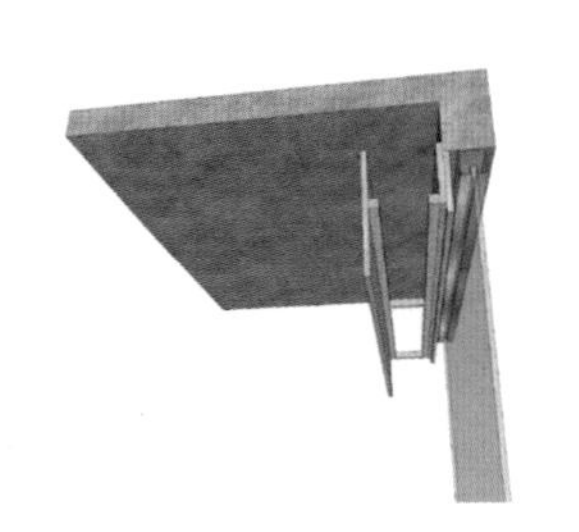

④ 40 mm × 40 mm 木方龙骨安装，阻燃处理，自攻螺钉、钢钉固定

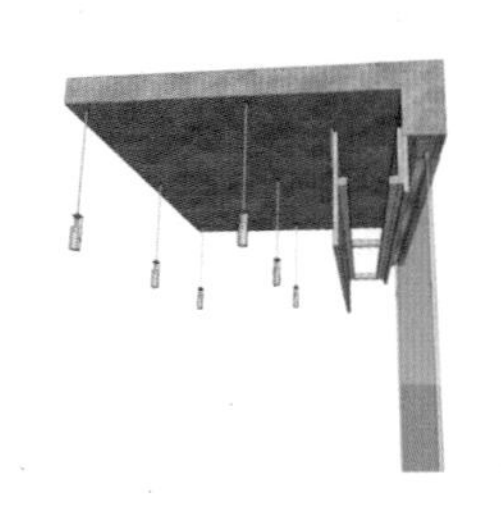

⑤ M8 膨胀螺栓、Φ8 mm 全丝吊杆、吊件安装

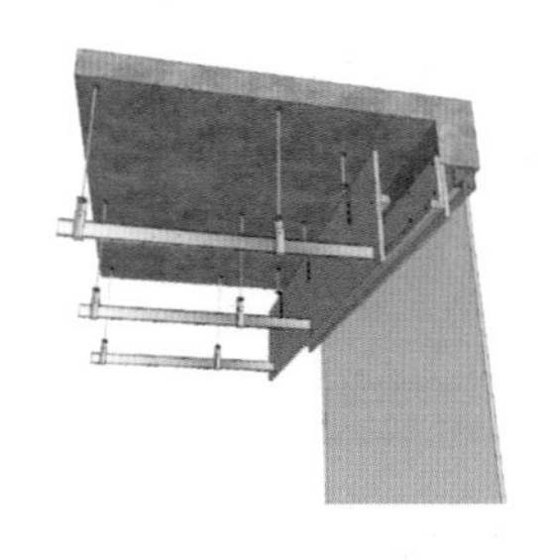

⑥ D50 mm 或 D60 mm 轻钢龙骨主龙骨安装，间距不大于 1200 mm

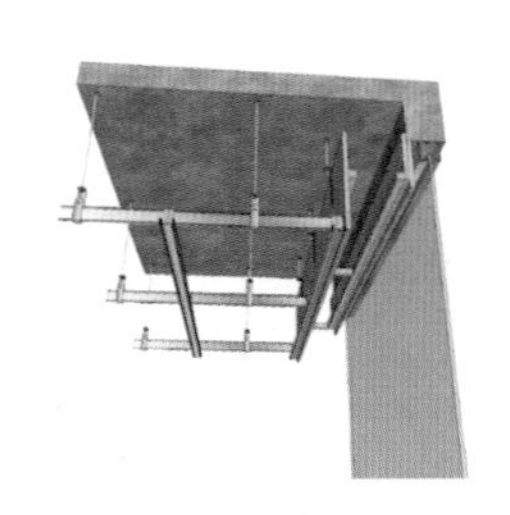

⑦ 50 mm 挂件安装，D50 mm 轻钢龙骨副龙骨安装，间距不大于 600 mm

⑧ 18 mm 厚阻燃板基层安装，自攻螺钉固定

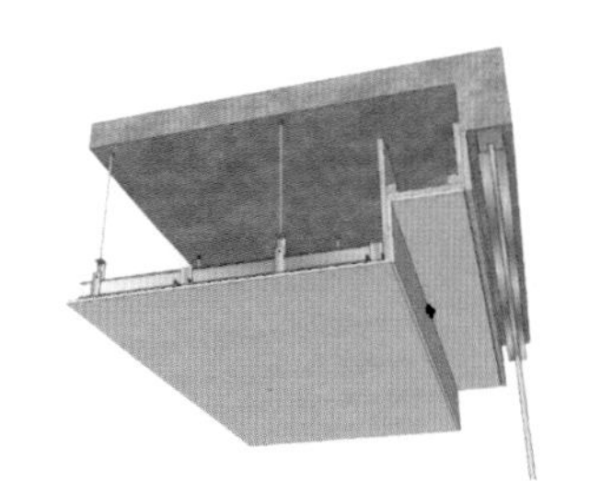

⑨ 单层 9.5 mm 厚纸面石膏板安装，石膏板长边沿纵向次龙骨铺设

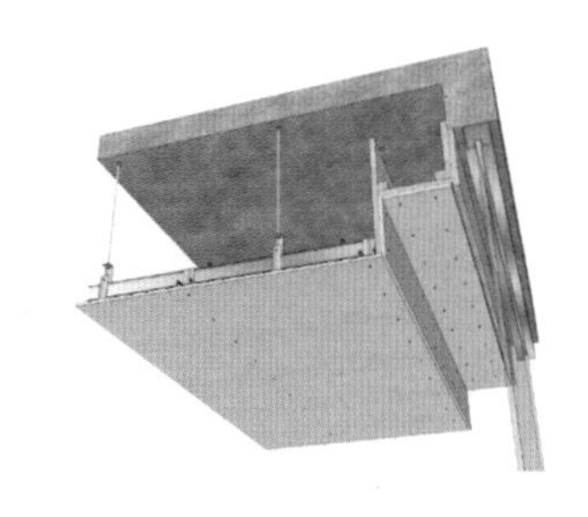

⑩ 自攻螺钉固定

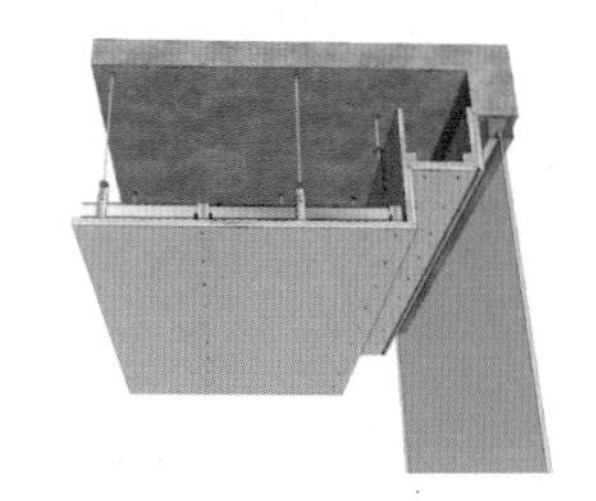

⑪ 双层 9.5 mm 厚纸面石膏板安装，面层板与基层板接缝需错开，不得设置在同一根龙骨上，自攻螺钉固定

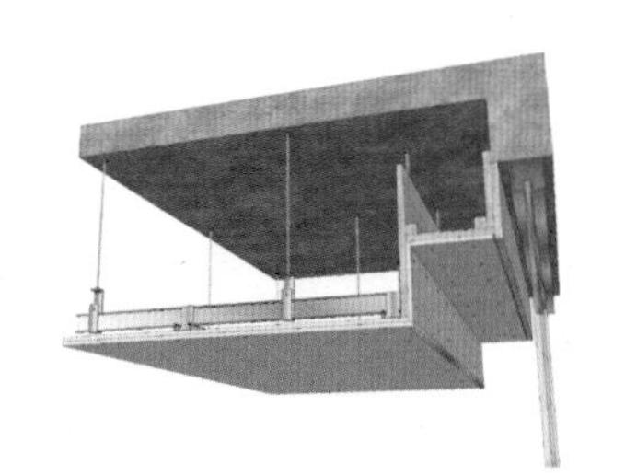

⑫ 安装金属护角条

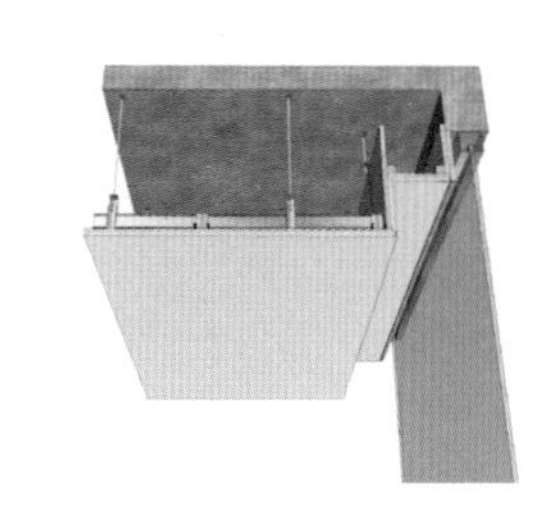

⑬ 石膏补缝、贴接缝网带，批嵌腻子、打磨、涂刷乳胶漆 2 ~ 3 遍

⑭ 安装铝板（专用胶黏剂固定）

⑮ 安装窗帘

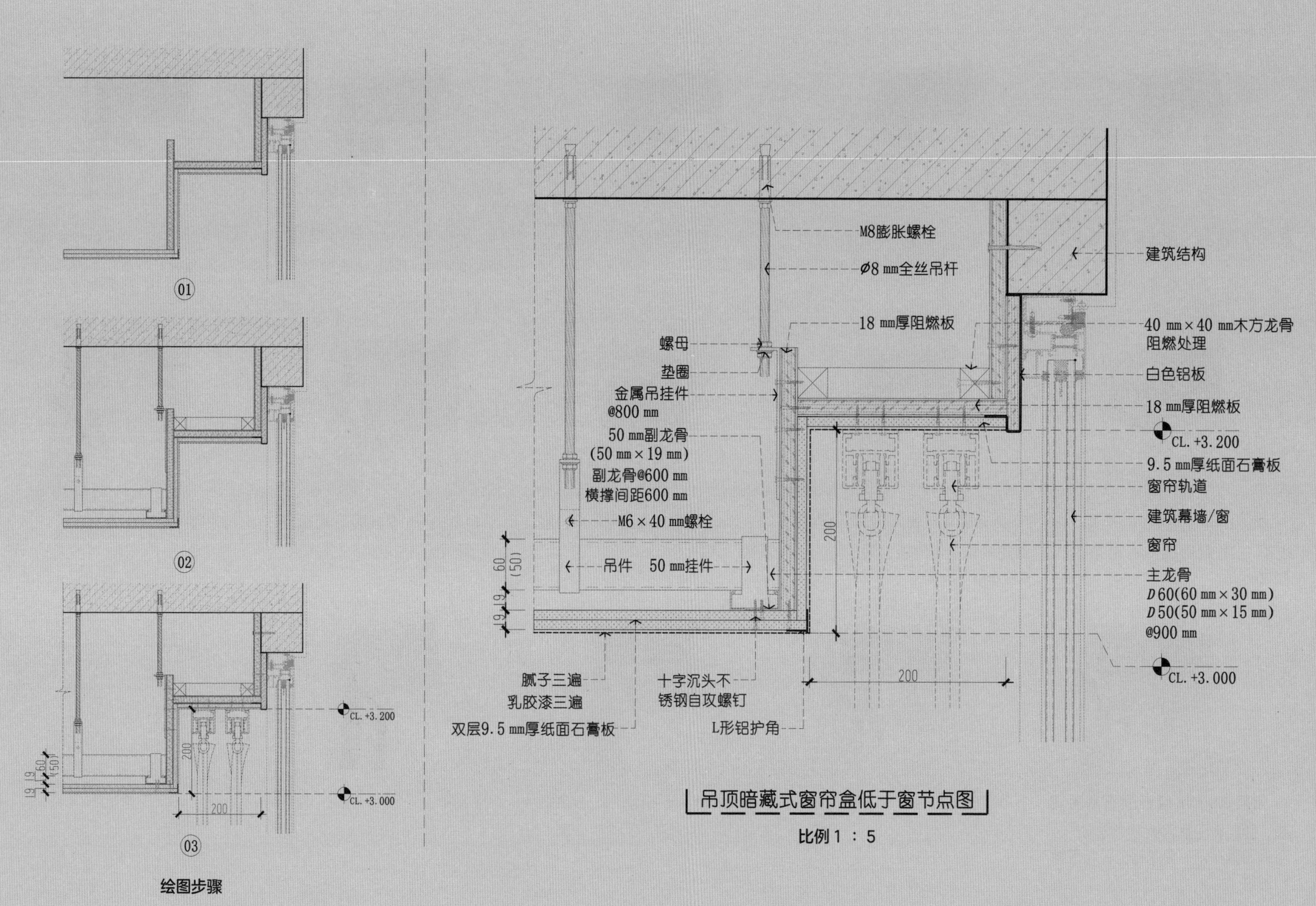

01
02
03
CL. +3.200
CL. +3.000
200
绘图步骤
M8膨胀螺栓
建筑结构
Ø8 mm全丝吊杆
18 mm厚阻燃板
40 mm×40 mm木方龙骨
阻燃处理
螺母
垫圈
白色铝板
金属吊挂件
@800 mm
18 mm厚阻燃板
50 mm副龙骨
(50 mm×19 mm)
9.5 mm厚纸面石膏板
副龙骨@600 mm
窗帘轨道
横撑间距600 mm
建筑幕墙/窗
M6×40 mm螺栓
窗帘
吊件 50 mm挂件
主龙骨
D60(60 mm×30 mm)
D50(50 mm×15 mm)
@900 mm
60
(50)
19
19
腻子三遍
乳胶漆三遍
十字沉头不
锈钢自攻螺钉
双层9.5 mm厚纸面石膏板
L形铝护角

吊顶暗藏式窗帘盒低于窗节点图

比例 1 : 5

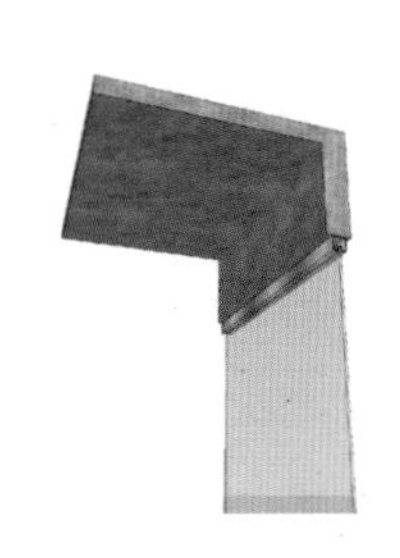

① 原建筑楼板、建筑幕墙 / 窗

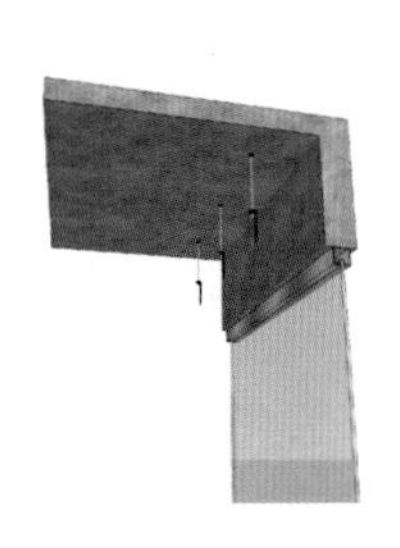

② M8 膨胀螺栓、Φ8 mm 全丝吊杆安装，金属吊挂件安装间距 800 mm

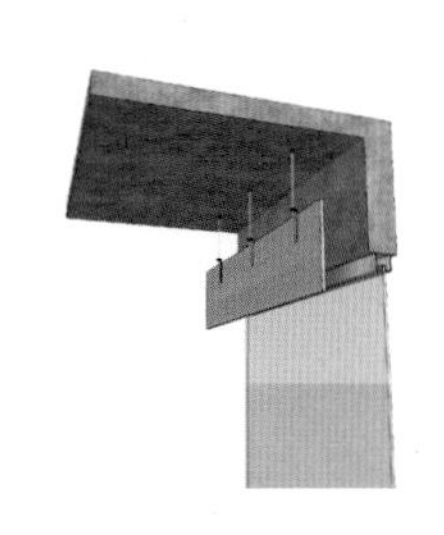

③ 18 mm 厚阻燃板基层安装，自攻螺钉固定

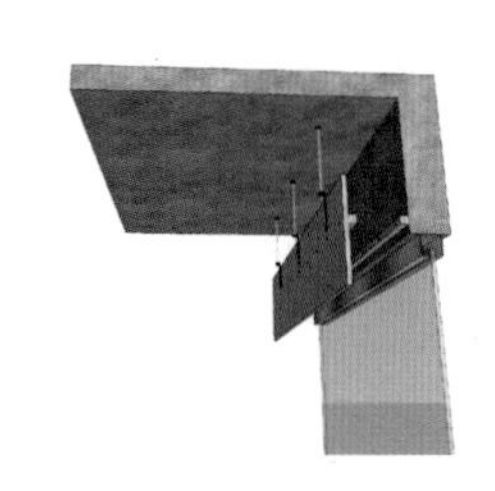

④ 40 mm × 40 mm 木方龙骨安装，阻燃处理，自攻螺钉、钢钉固定

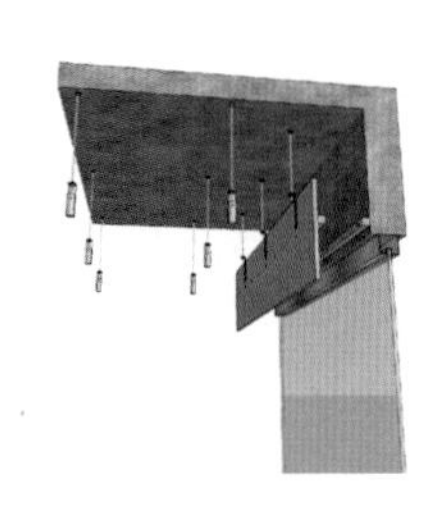

⑤ M8 膨胀螺栓、Φ8 mm 全丝吊杆、吊件安装

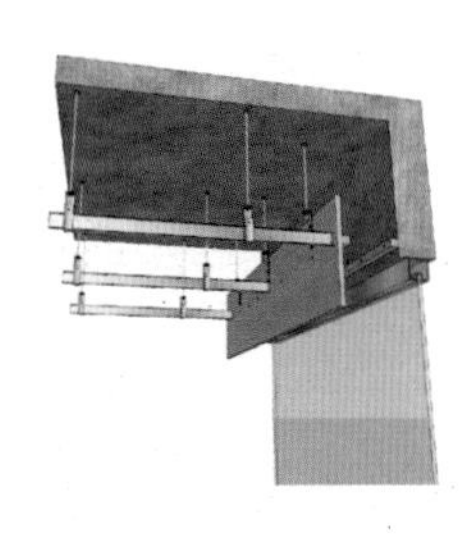

⑥ D50 mm 或 D60 mm 轻钢龙骨主龙骨安装，间距不大于 1200 mm

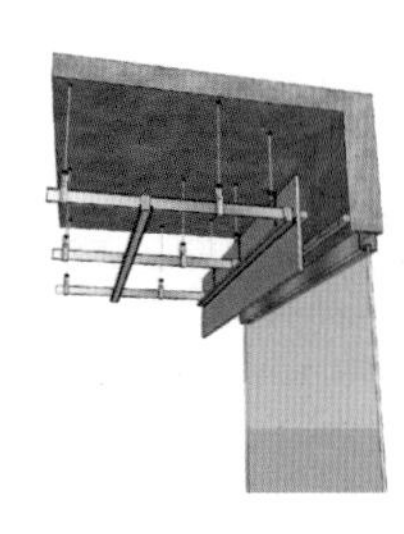

⑦ 50 mm 挂件安装，D50 mm 轻钢龙骨副龙骨安装，间距不大于 600 mm

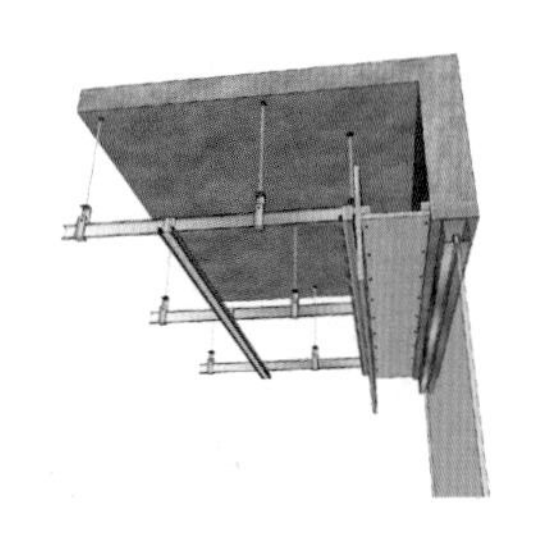

⑧ 18 mm 厚阻燃板基层安装，自攻螺钉固定

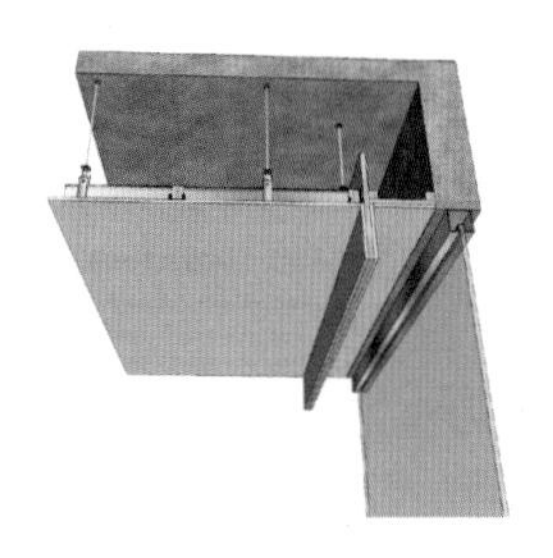

⑨ 单层 9.5 mm 厚纸面石膏板安装，石膏板长边沿纵向次龙骨铺设

⑩ 自攻螺钉固定

⑪ 双层 9.5 mm 厚纸面石膏板安装，面层板与基层板接缝需错开，不得设置在同一根龙骨上，自攻螺钉固定

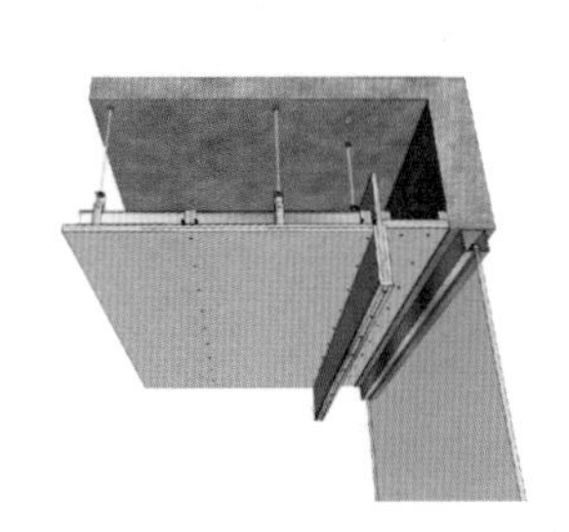

⑫ 安装金属护角条

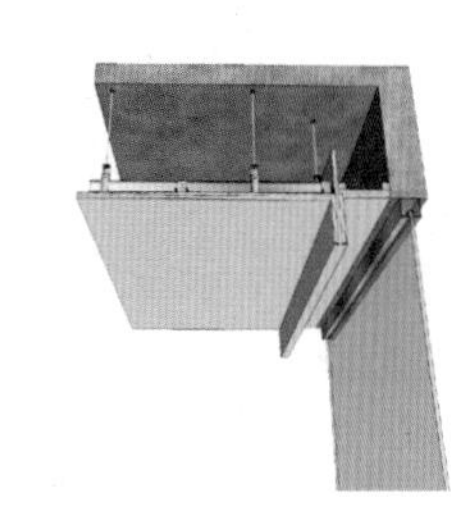

⑬ 石膏补缝、贴接缝网带，批嵌腻子、打磨、涂刷乳胶漆 2 ~ 3 遍

⑭ 安装窗帘

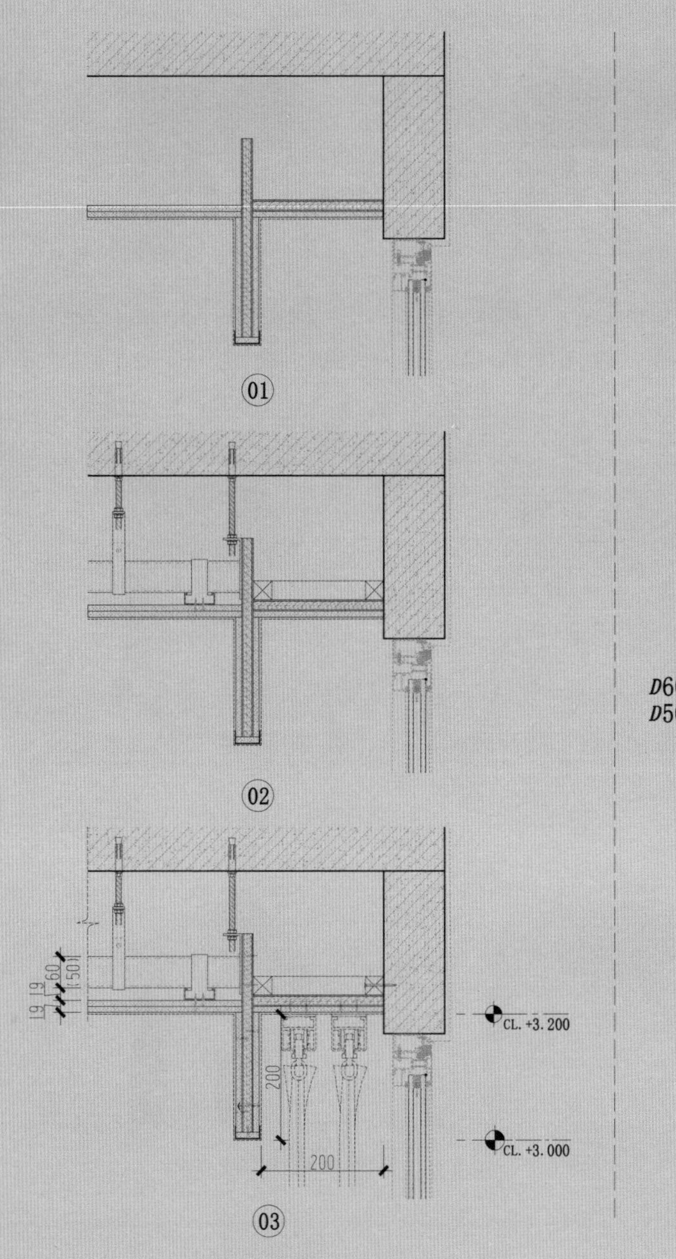
01
02
CL. +3.200
CL. +3.000
200
03

绘图步骤

螺母
垫圈
M6×40 mm螺栓
50 mm挂件
吊件
M8膨胀螺栓
ϕ8 mm全丝吊杆
金属吊挂件
@800 mm
18 mm厚阻燃板
建筑结构
40 mm×40 mm木方龙骨
阻燃处理
18 mm厚阻燃板
CL. +3.200
9.5 mm厚纸面石膏板
窗帘轨道
建筑幕墙/窗
窗帘
9.5 mm厚纸面石膏板
18 mm厚阻燃板
CL. +3.000
60
(50)
19
19
200
200
主龙骨
D60(60 mm×30 mm)
D50(50 mm×15 mm)
@900 mm
50 mm副龙骨
(50 mm×19 mm)
副龙骨@600 mm
横撑间距600 mm
双层9.5 mm厚纸面石膏板
腻子三遍，乳胶漆三遍
9.5 mm厚纸面石膏板
L形铝护角
双层9.5 mm厚纸面石膏板
腻子三遍，乳胶漆三遍

吊顶明装窗帘盒节点图

比例 1 ： 5

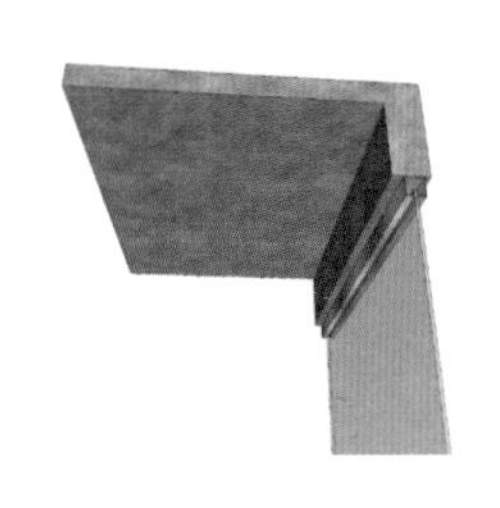

① 原建筑楼板，原建筑幕墙 / 窗

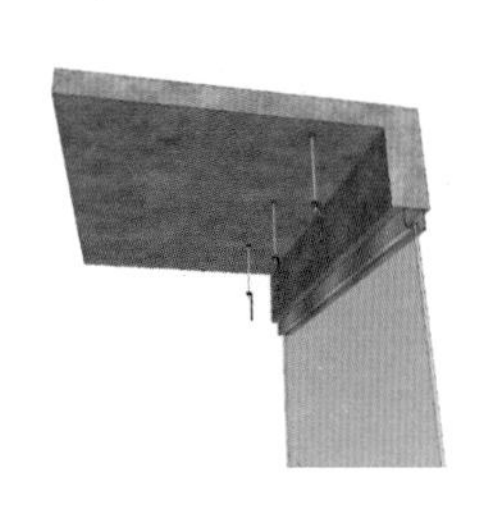

② M8 膨胀螺栓、Φ8 mm 全丝吊杆安装，金属吊挂件安装间距 800 mm

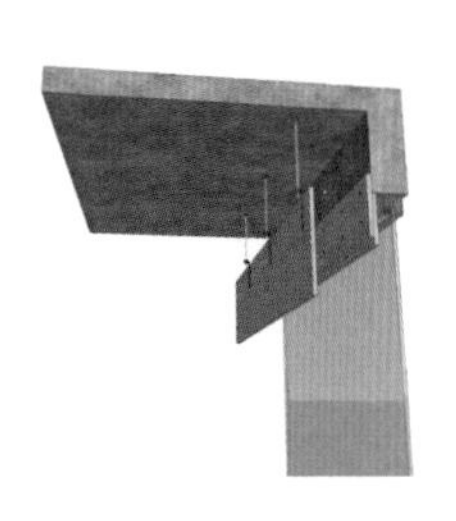

③ 18 mm 厚阻燃板基层安装，自攻螺钉固定

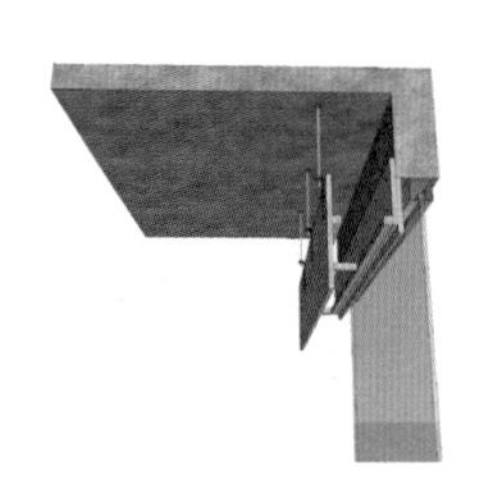

④ 40 mm × 40 mm 木方龙骨安装，阻燃处理，自攻螺钉、钢钉固定

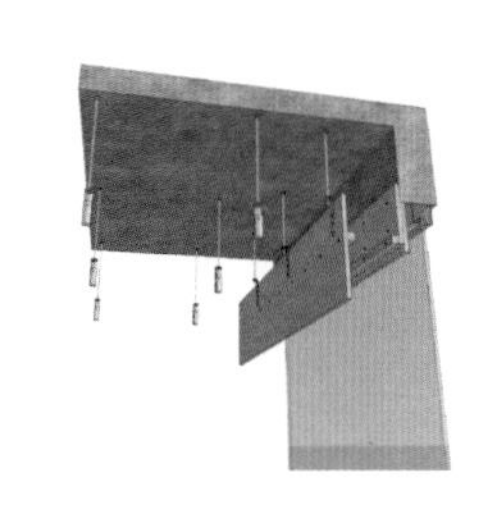

⑤ M8 膨胀螺栓、Φ8 mm 全丝吊杆、吊件安装

⑥ D50 mm 或 D60 mm 轻钢龙骨主龙骨安装，间距不大于 1200 mm

⑦ 50 mm 挂件安装，D50 mm 轻钢龙骨副龙骨安装，间距不大于 600 mm

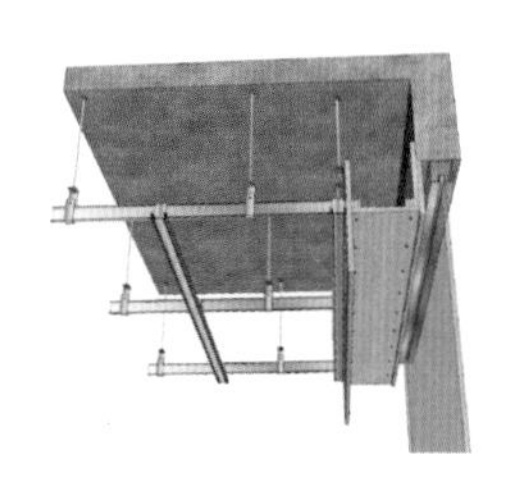

⑧ 18 mm 厚阻燃板基层安装，自攻螺钉固定

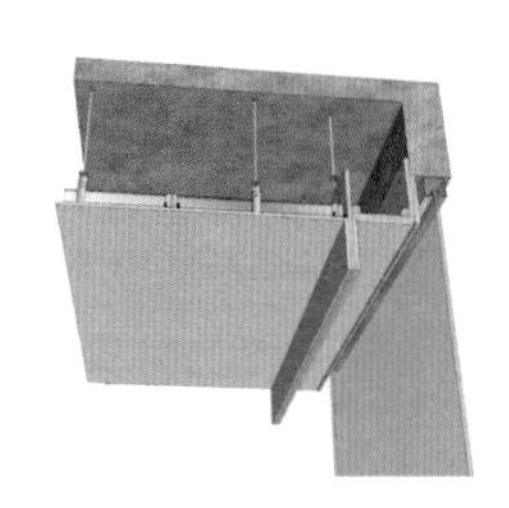

⑨ 单层 9.5 mm 厚纸面石膏板安装，石膏板长边沿纵向次龙骨铺设

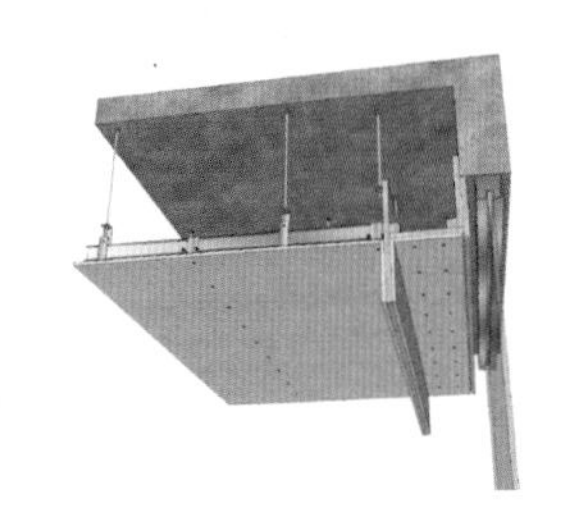

⑩ 自攻螺钉固定

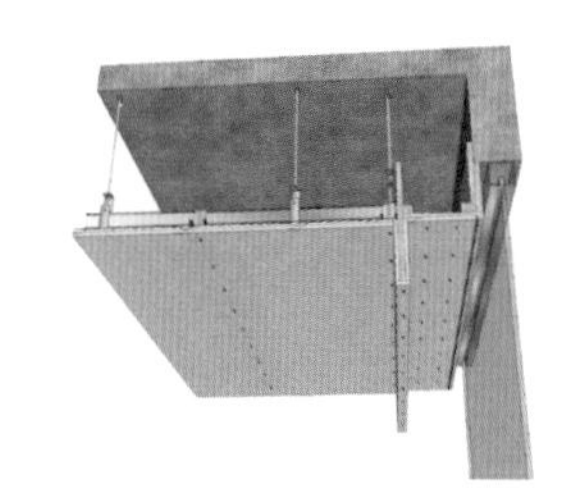

⑪ 双层 9.5 mm 厚纸面石膏板安装，面层板与基层板接缝需错开，不得设置在同一根龙骨上，自攻螺钉固定

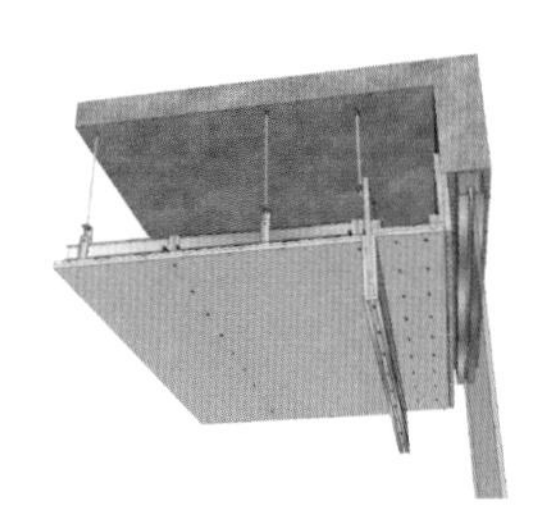

⑫ 安装金属护角条

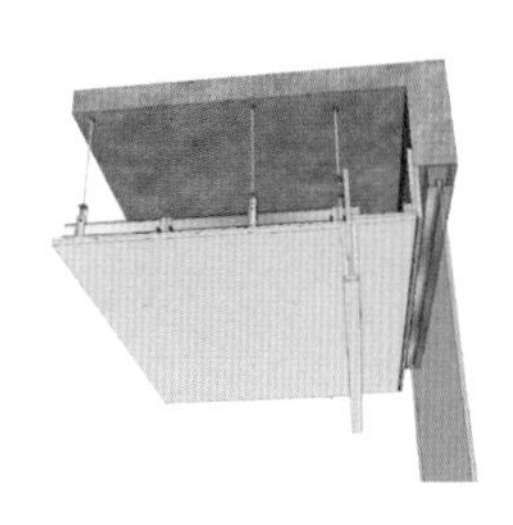

⑬ 石膏补缝、贴接缝网带，批嵌腻子、打磨、涂刷乳胶漆 2 ~ 3 遍

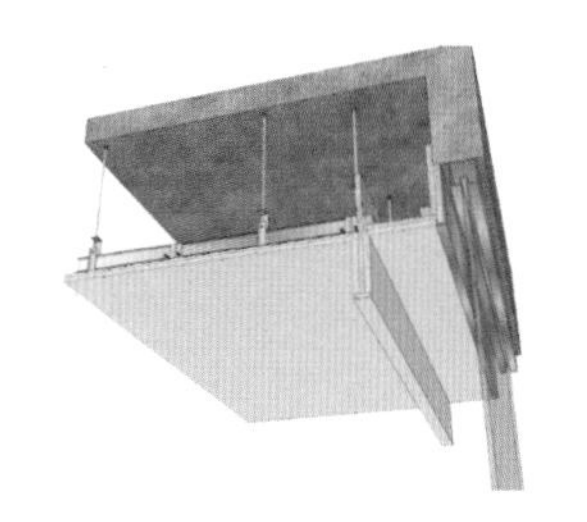

⑭ 安装铝板（专用胶黏剂固定）

⑮ 安装窗帘

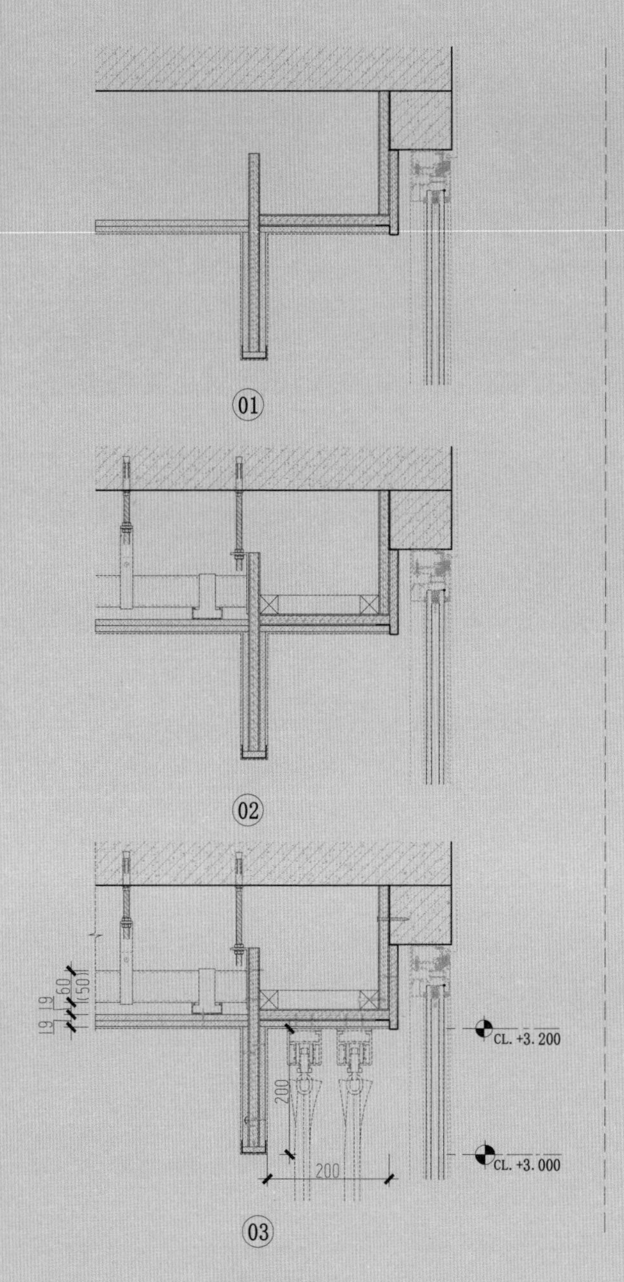
01
02
60
(50)
19
19
CL. +3.200
200
CL. +3.000
03

绘图步骤

建筑结构
螺母
垫圈
M8膨胀螺栓
M6×40 mm螺栓
Ø8 mm全丝吊杆
50 mm挂件
金属吊挂件
@800 mm
18 mm厚阻燃板
吊件
18 mm厚阻燃板
40 mm×40 mm木方龙骨
阻燃处理
白色铝板
18 mm厚阻燃板
60
(50)
19
19
CL. +3.200
9.5 mm厚纸面石膏板
主龙骨
D60(60 mm×30 mm)
D50(50 mm×15 mm)
@900 mm
50 mm副龙骨
(50 mm×19 mm)
副龙骨@600 mm
横撑间距600 mm
窗帘轨道
建筑幕墙/窗
窗帘
200
双层9.5 mm厚纸面石膏板
腻子三遍，乳胶漆三遍
9.5 mm厚纸面石膏板
18 mm厚阻燃板
十字沉头不锈钢自攻螺钉
CL. +3.000
L形铝护角
200
双层9.5 mm厚纸面石膏板
腻子三遍，乳胶漆三遍

吊顶明装式窗帘盒低于窗节点图

比例 1 ： 5

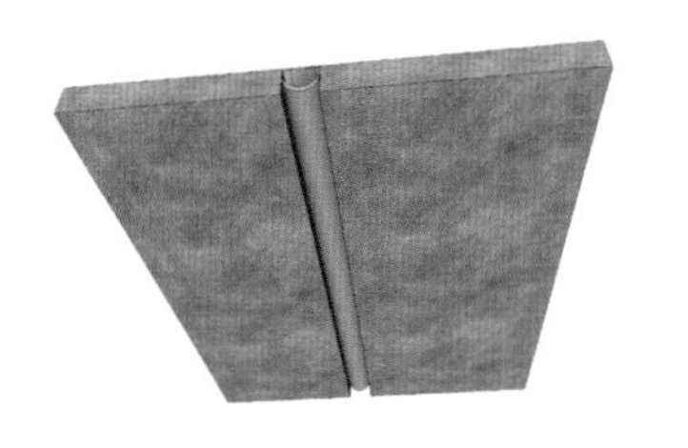

① 原建筑楼板、变形缝

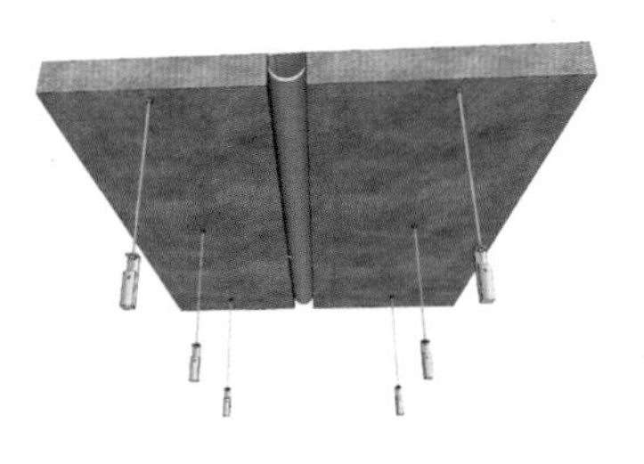

② M8 膨胀螺栓、Φ8 mm 全丝吊杆、吊件安装

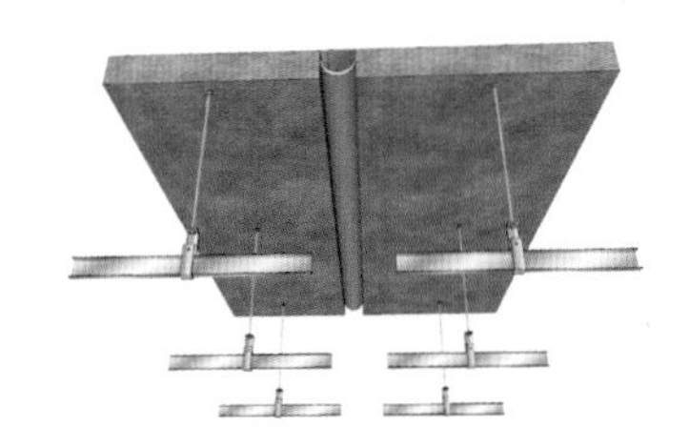

③ D50 mm 或 D60 mm 轻钢龙骨主龙骨安装，间距不大于 1200 mm

④ 50 mm 挂件安装，D50 mm 轻钢龙骨副龙骨安装，间距不大于 600 mm

⑤ 单层 9.5 mm 厚纸面石膏板安装，石膏板长边沿纵向次龙骨铺设

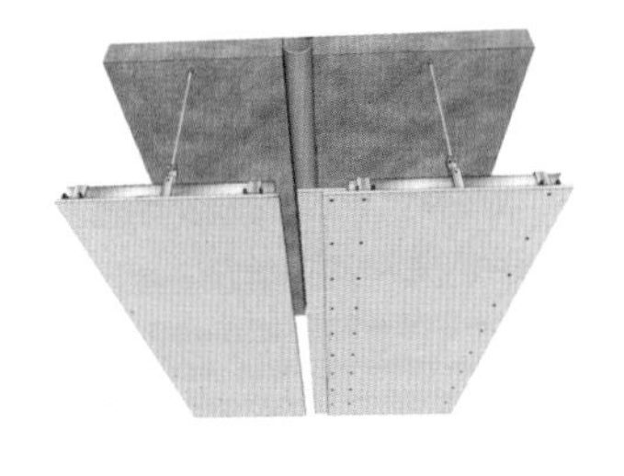

⑥ 自攻螺钉固定，螺钉间距 150 ~ 170 mm

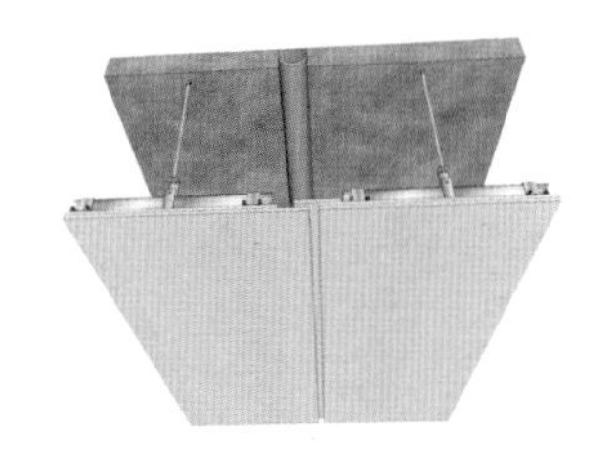

⑦ 双层 9.5 mm 厚纸面石膏板安装，面层板与基层板接缝需错开，不得设置在同一根龙骨上

⑧ 自攻螺钉固定，螺钉间距 150 ~ 170 mm

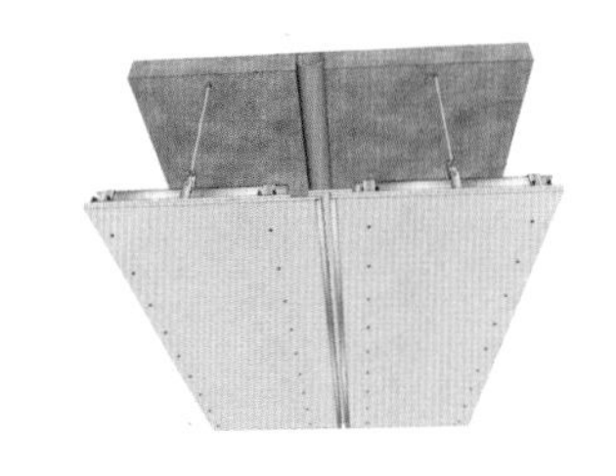

⑨ 安装金属护角条

⑩ 石膏补缝、贴接缝网带，批嵌腻子、打磨、涂刷乳胶漆 2 ~ 3 遍

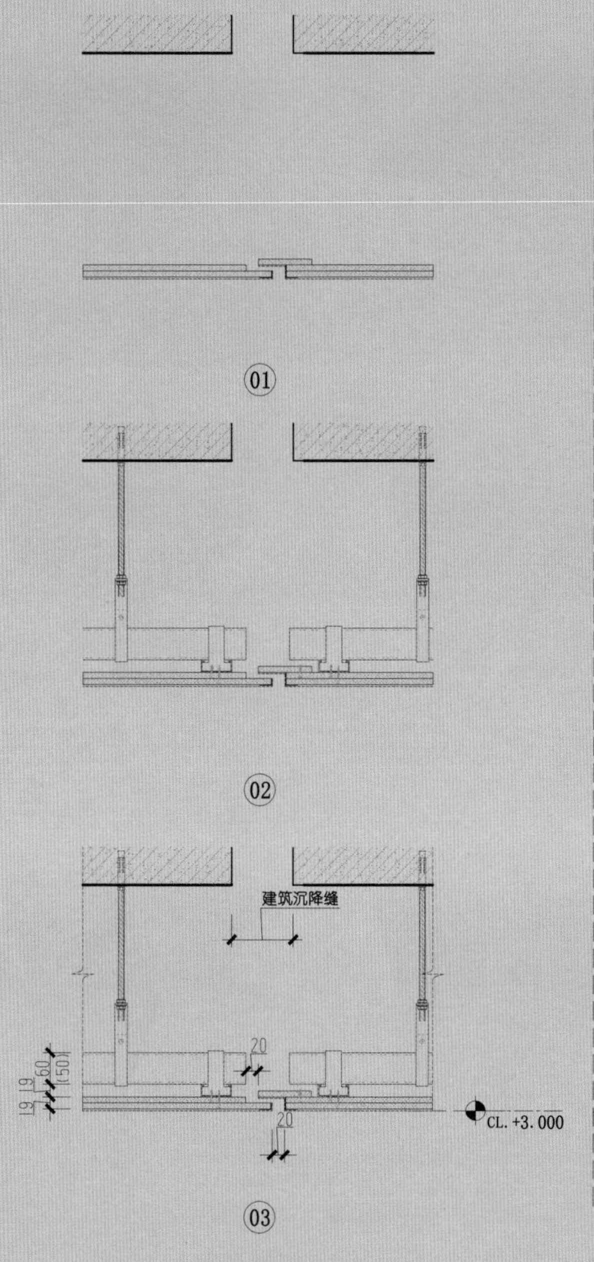
01
02
建筑沉降缝
20
60
(50)
19
19
20
CL. +3.000
03

绘图步骤

建筑结构
建筑沉降缝
M8膨胀螺栓
Ø8 mm全丝吊杆
螺母
垫圈
吊件
主龙骨
D60(60 mm×30 mm)
D50(50 mm×15 mm)
@900 mm
50 mm副龙骨
(50 mm×19 mm)
副龙骨@600 mm
横撑间距600 mm
50 mm挂件
60
(50)
19
19
20
20
CL. +3.000
十字沉头不
锈钢自攻螺钉
金属护角条
9.5 mm厚纸面石膏板
腻子三遍，乳胶漆三遍

吊顶沉降缝做法节点图

比例1 ： 5

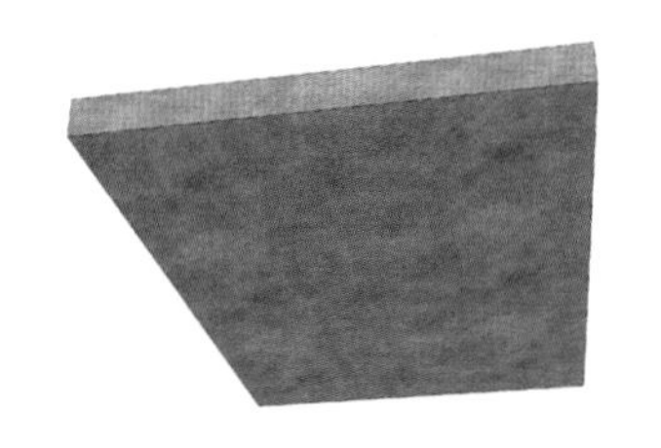

① 原建筑楼板

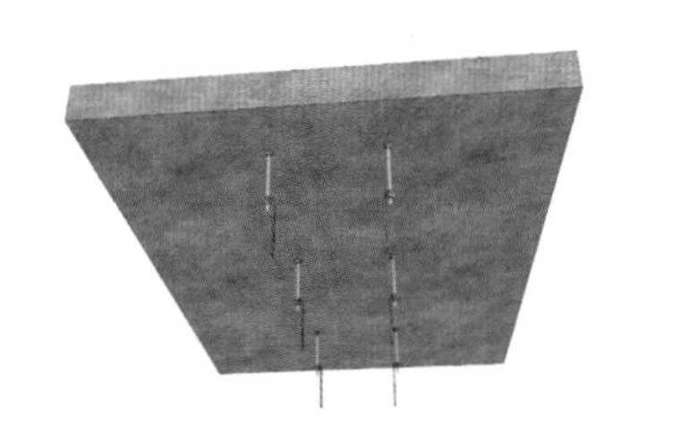

② M8 膨胀螺栓、Φ8 mm 全丝吊杆安装，金属吊挂件间距 800 mm

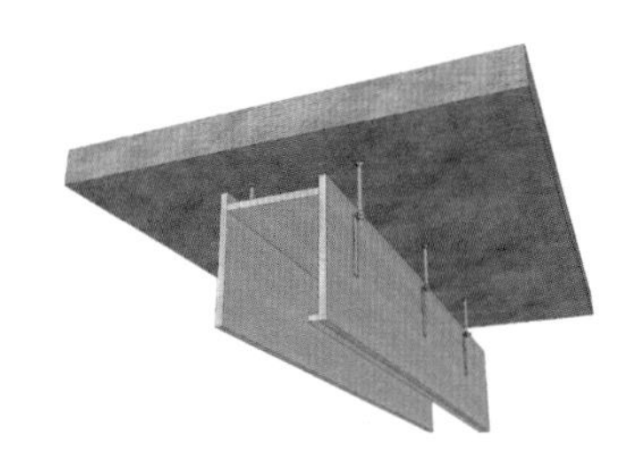

③ 18 mm 厚阻燃板基层安装

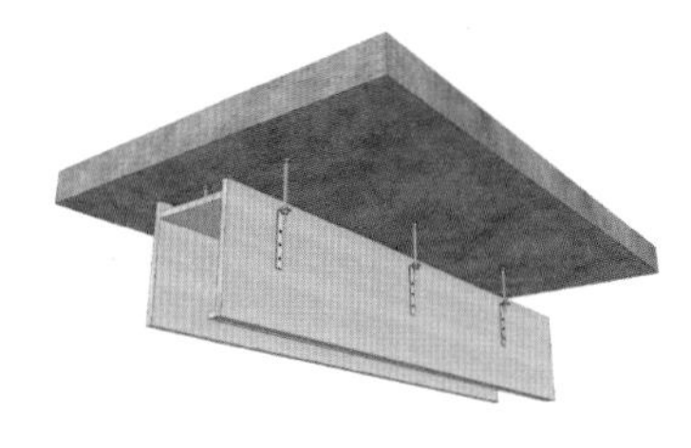

④ 自攻螺钉固定

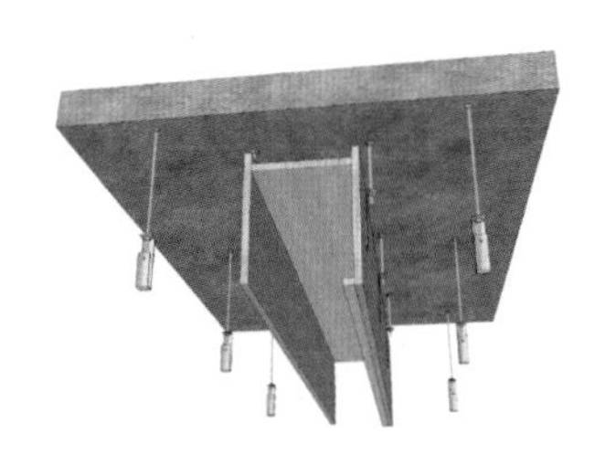

⑤ M8 膨胀螺栓、Φ8 mm 全丝吊杆、吊件安装

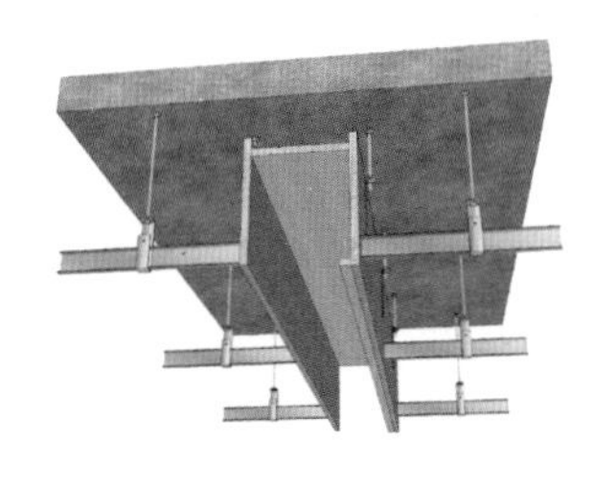

⑥ *D*50 mm 或 *D*60 mm 轻钢龙骨主龙骨安装，间距不大于 1200 mm

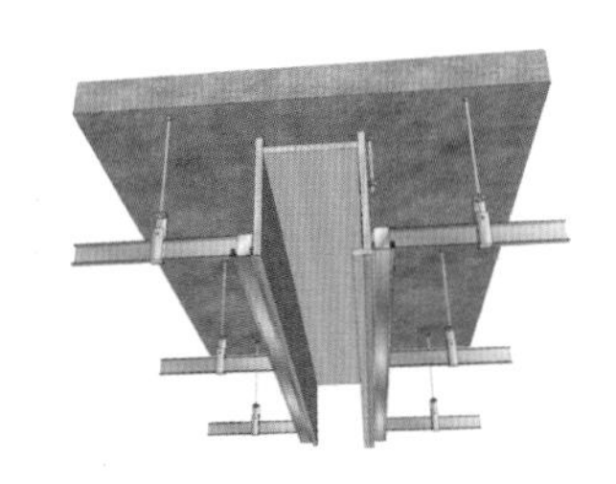

⑦ 50 mm 挂件安装，*D*50 mm 轻钢龙骨副龙骨安装，间距不大于 600 mm

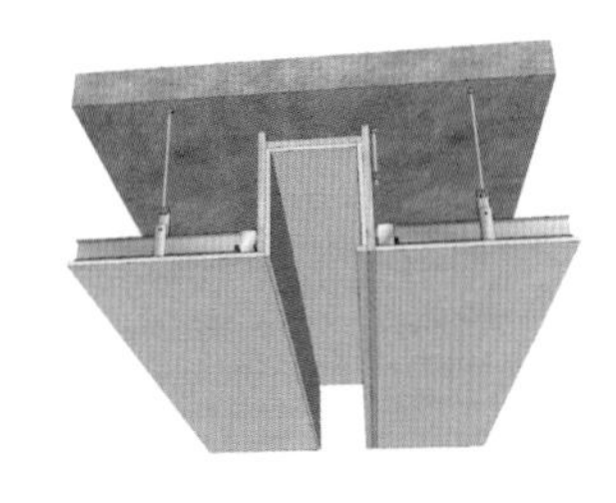

⑧ 单层 9.5 mm 厚纸面石膏板安装，石膏板长边沿纵向次龙骨铺设

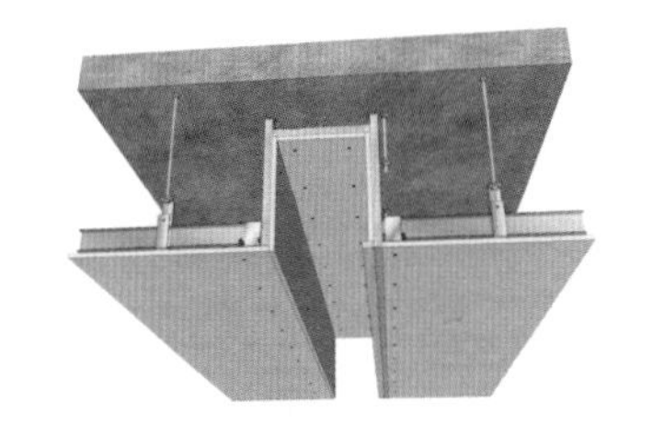

⑨ 自攻螺钉固定，螺钉间距 150 ~ 170 mm

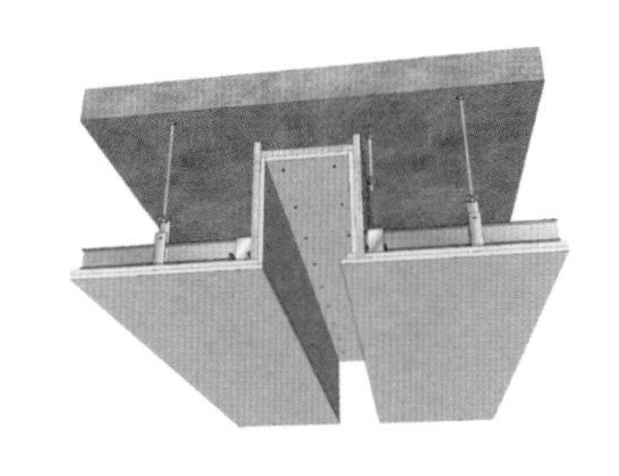

⑩ 双层 9.5 mm 厚纸面石膏板安装，面层板与基层板接缝需错开，不得设置在同一根龙骨上

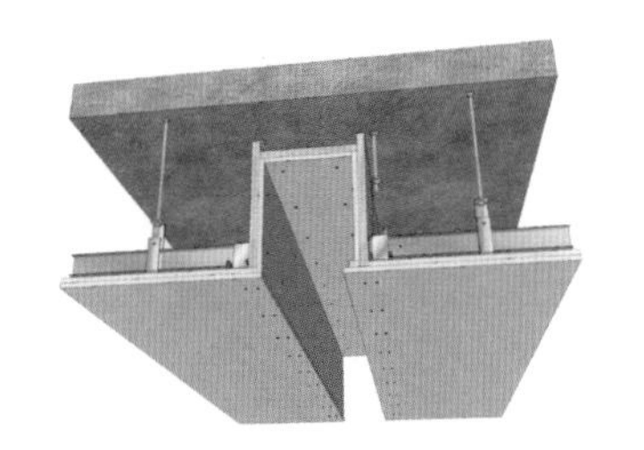

⑪ 自攻螺钉固定，螺钉间距 150 ~ 170 mm

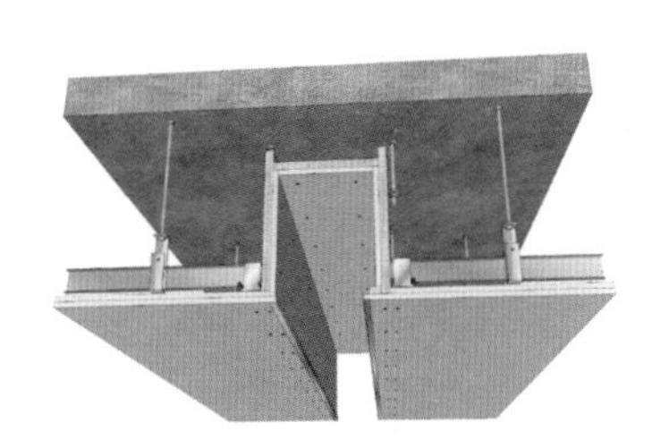

⑫ 安装金属护角条

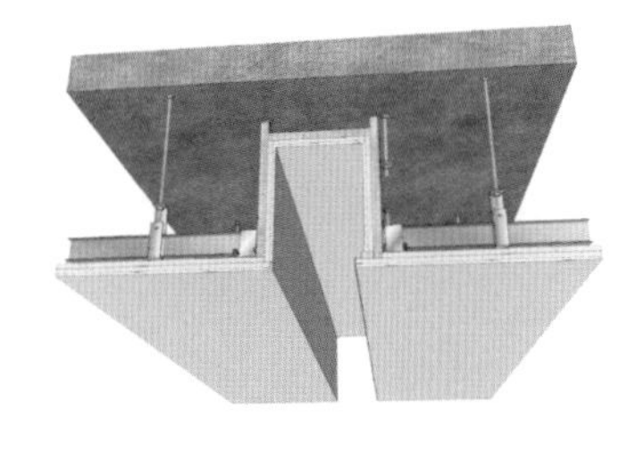

⑬ 石膏补缝、贴接缝网带，批嵌腻子、打磨、涂刷乳胶漆 2 ~ 3 遍

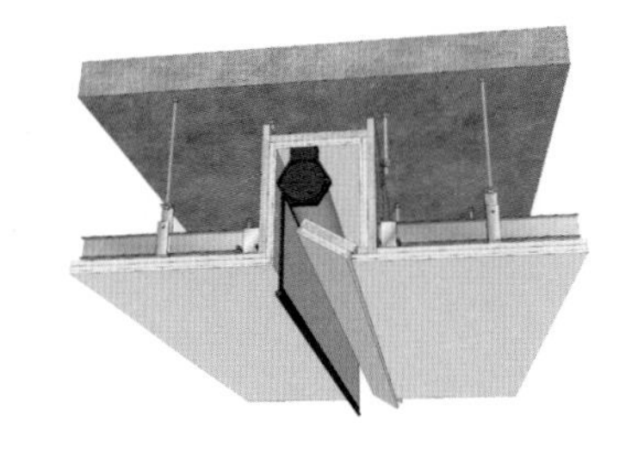

⑭ 安装投影幕，开启检修翻板

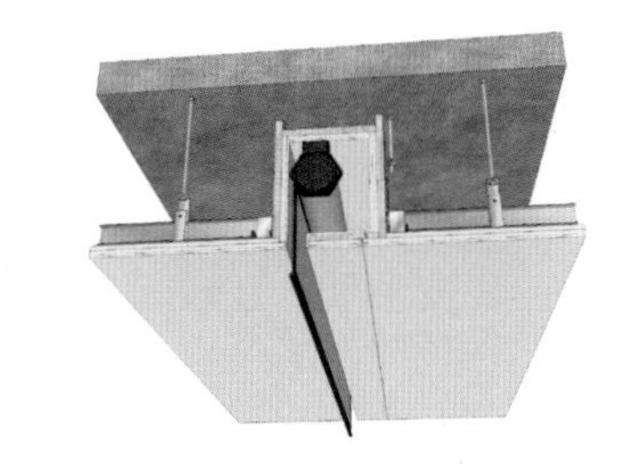

⑮ 最终效果

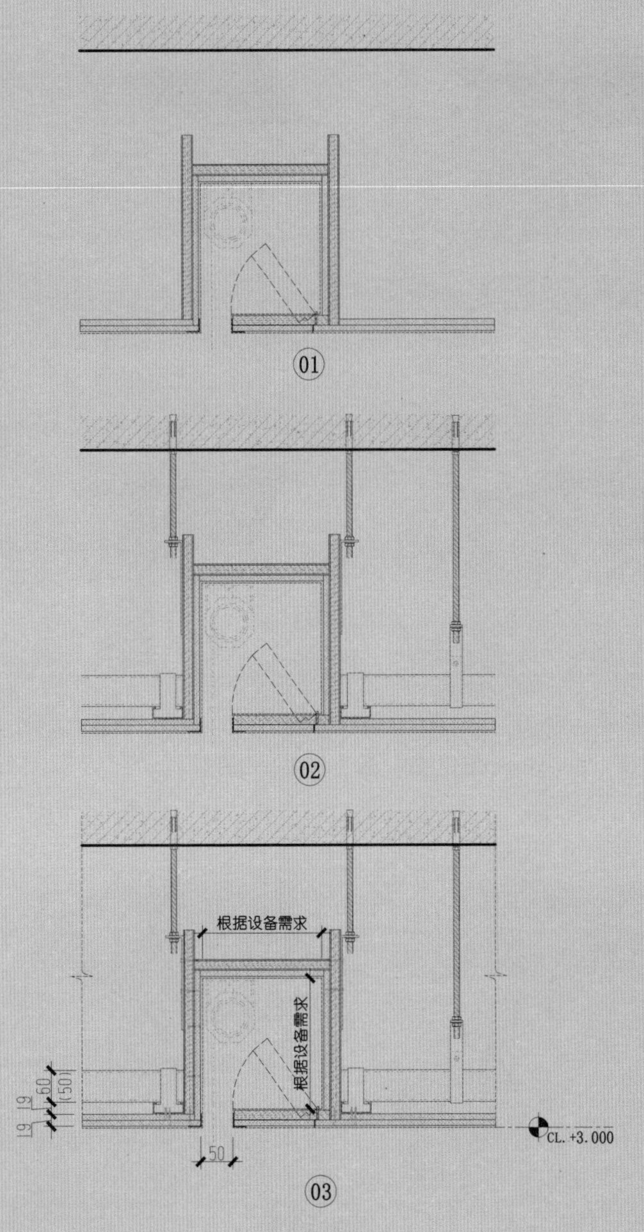
01
02
根据设备需求
根据设备需求
60
(50)
19
19
50
CL. +3.000
03

绘图步骤

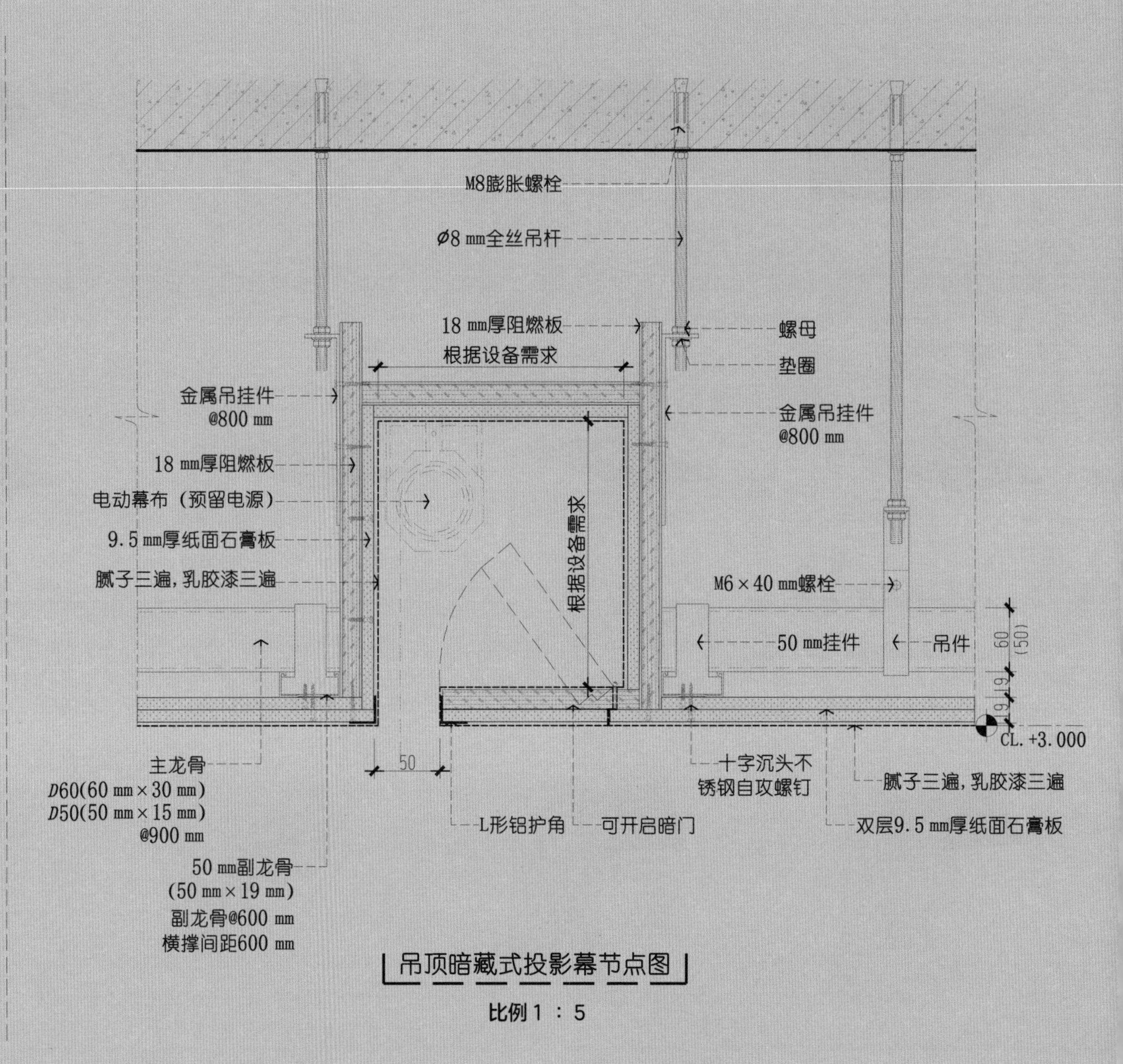
M8膨胀螺栓
∅8 mm全丝吊杆
18 mm厚阻燃板
根据设备需求
螺母
垫圈
金属吊挂件
@800 mm
金属吊挂件
@800 mm
18 mm厚阻燃板
电动幕布（预留电源）
9.5 mm厚纸面石膏板
腻子三遍，乳胶漆三遍
根据设备需求
M6×40 mm螺栓
50 mm挂件
吊件
60
(50)
19
9
CL. +3.000
50
主龙骨
D60(60 mm×30 mm)
D50(50 mm×15 mm)
@900 mm
50 mm副龙骨
(50 mm×19 mm)
副龙骨@600 mm
横撑间距600 mm
L形铝护角
可开启暗门
十字沉头不
锈钢自攻螺钉
腻子三遍，乳胶漆三遍
双层9.5 mm厚纸面石膏板

吊顶暗藏式投影幕节点图

比例 1 ： 5

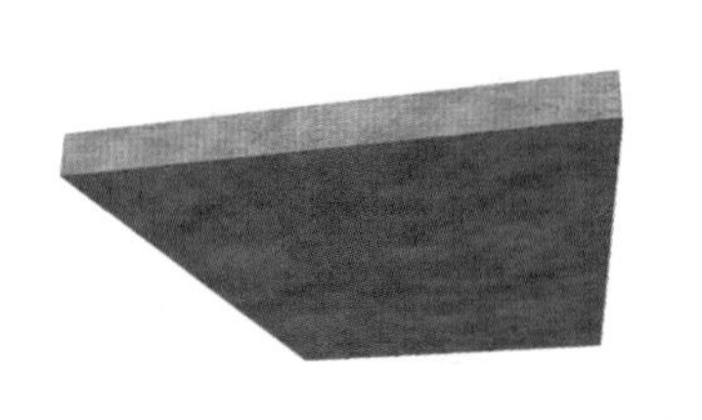

① 原建筑楼板通长设置 6 mm 厚橡胶垫片，75 mm 系列天地龙骨安装，M8 膨胀螺栓固定

② 75 mm 系列竖向龙骨安装，间距不大于 400 mm

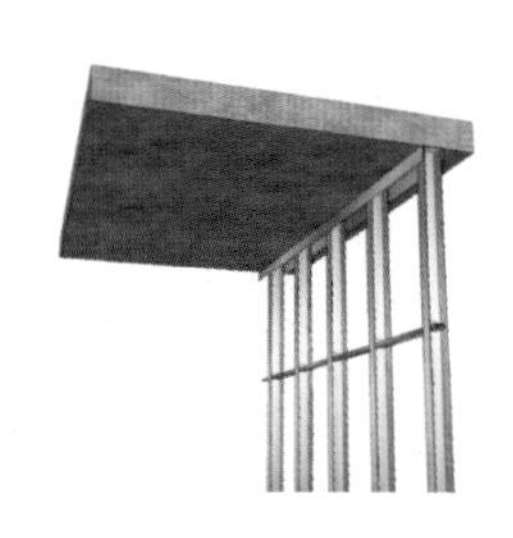

③ 38 mm 穿心龙骨安装，间距不大于 1000 mm

④ 安装防火隔声岩棉（容重需符合设计要求）

⑤ 首层 9.5 mm 厚纸面石膏板安装，石膏板长边沿纵向龙骨铺设

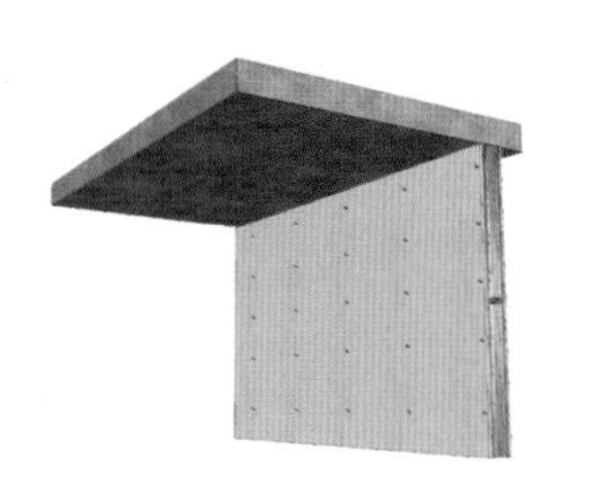

⑥ 自攻螺钉固定，首层石膏板板边螺钉间距不大于 400 mm，板中螺钉间距不大于 600 mm（注：单层石膏板隔墙钉距则不同）

⑦ 双层 9.5 mm 厚纸面石膏板安装，面层板与基层板接缝需错开，接缝不得设置在同一根龙骨上

⑧ 自攻螺钉固定，板边螺钉间距不大于 200 mm，板中螺钉间距不大于 300 mm，与内层错开铺钉

⑨ M8 膨胀螺栓、全丝吊杆安装，金属吊挂件间距 800 mm，自攻螺钉固定

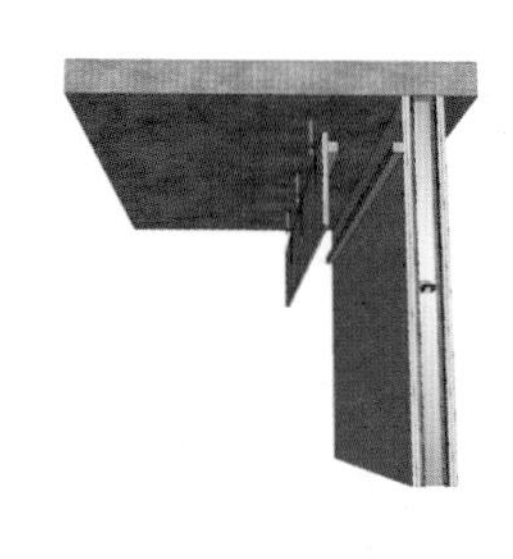

⑩ 40 mm × 40 mm 木方阻燃处理，自攻螺钉固定

⑪ M8 膨胀螺栓、Φ8 mm 全丝吊杆、吊件安装

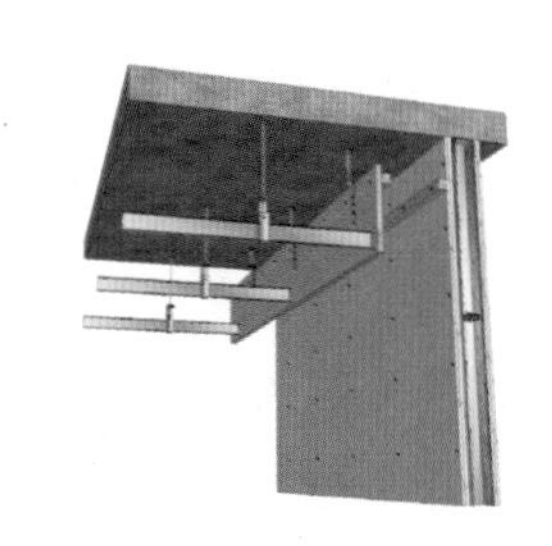

⑫ D50 mm 或 D60 mm 轻钢龙骨主龙骨安装，间距不大于 1200 mm

⑬ 50 mm 挂件安装，D50 mm 轻钢龙骨副龙骨安装，间距不大于 600 mm，18 mm 厚阻燃板基层安装，自攻螺钉固定

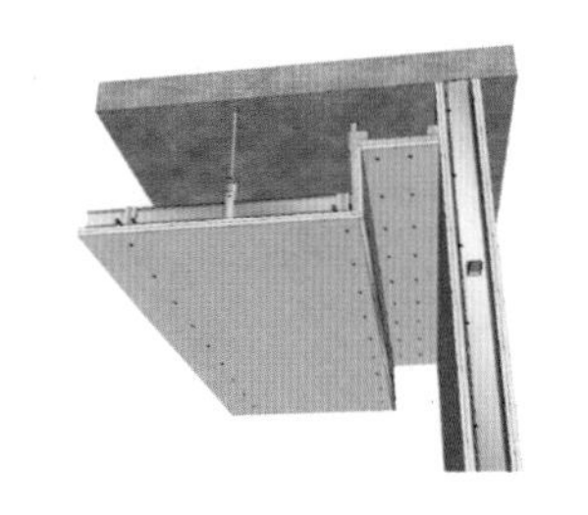

⑭ 双层 9.5 mm 厚纸面石膏板安装，面层板与基层板接缝需错开，自攻螺钉固定，螺钉间距 150 ~ 170 mm，安装金属护角条

⑮ 石膏补缝、贴接缝网带，批嵌腻子、打磨、涂刷乳胶漆 2 ~ 3 遍，安装投影幕

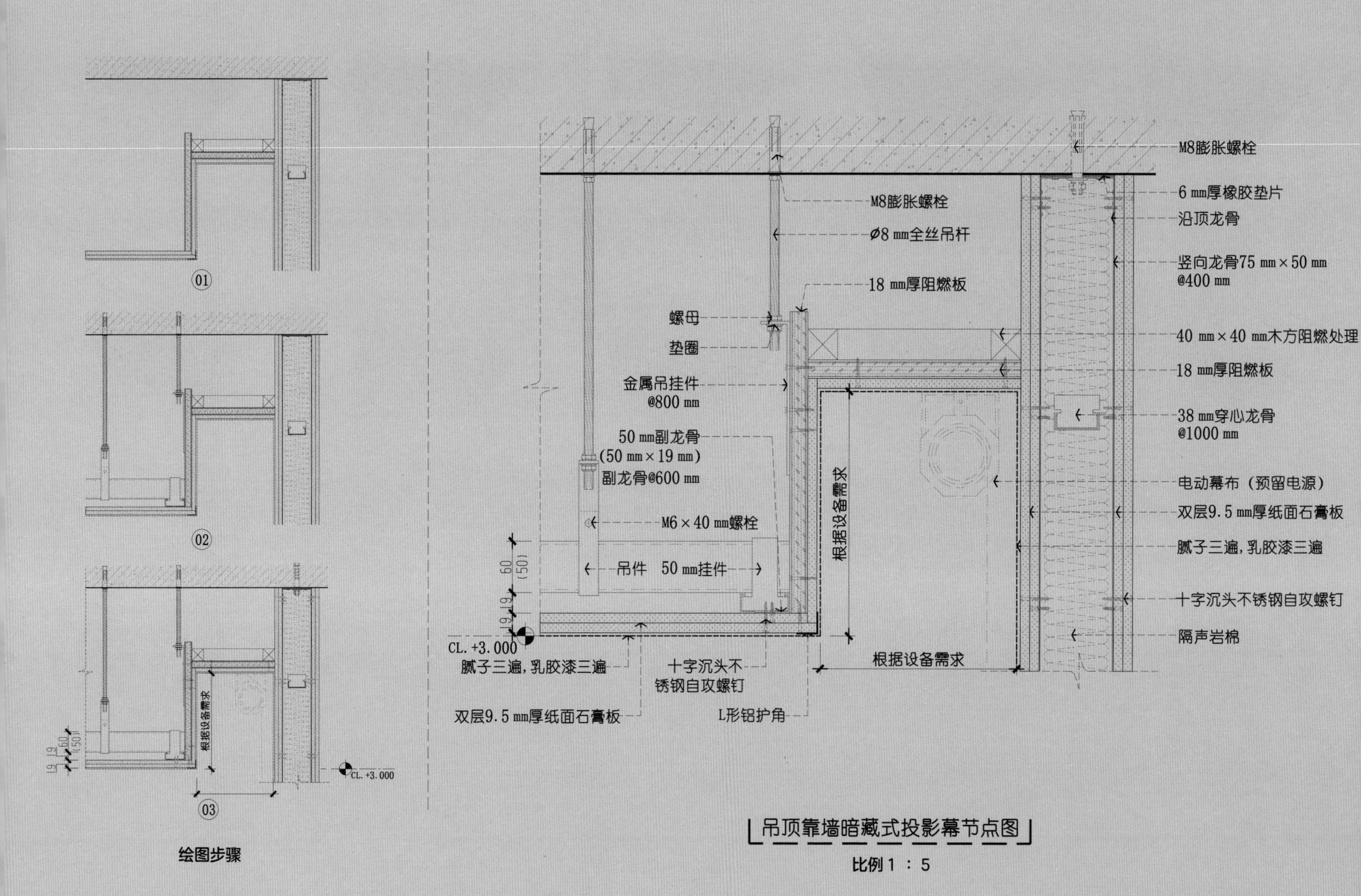

01
02
根据设备需求
60
(50)
19
19
CL. +3.000
03
绘图步骤
M8膨胀螺栓
6 mm厚橡胶垫片
沿顶龙骨
竖向龙骨75 mm×50 mm
@400 mm
M8膨胀螺栓
Ø8 mm全丝吊杆
18 mm厚阻燃板
螺母
垫圈
40 mm×40 mm木方阻燃处理
18 mm厚阻燃板
金属吊挂件
@800 mm
38 mm穿心龙骨
@1000 mm
50 mm副龙骨
(50 mm×19 mm)
副龙骨@600 mm
电动幕布（预留电源）
双层9.5 mm厚纸面石膏板
M6×40 mm螺栓
腻子三遍，乳胶漆三遍
吊件　50 mm挂件
十字沉头不锈钢自攻螺钉
隔声岩棉
CL. +3.000
腻子三遍，乳胶漆三遍
十字沉头不
锈钢自攻螺钉
根据设备需求
双层9.5 mm厚纸面石膏板
L形铝护角

吊顶靠墙暗藏式投影幕节点图

比例 1 : 5

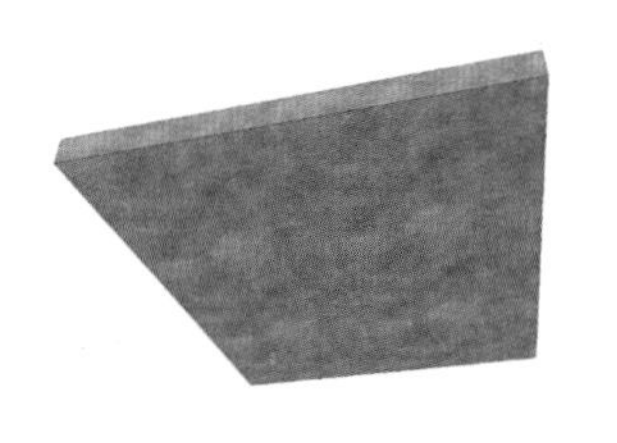

① 原建筑楼板

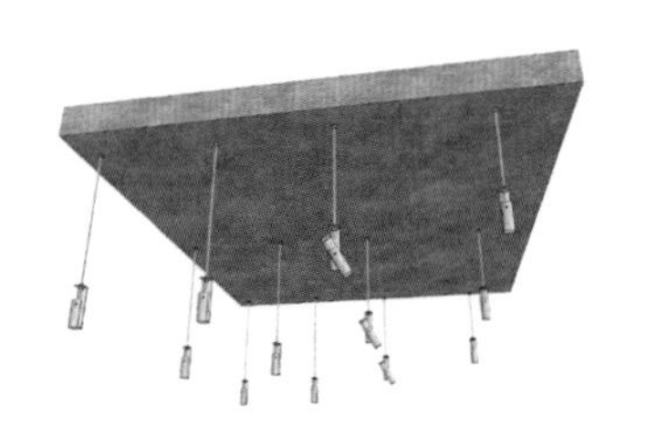

② M8 膨胀螺栓、Φ8 mm 全丝吊杆、吊件安装

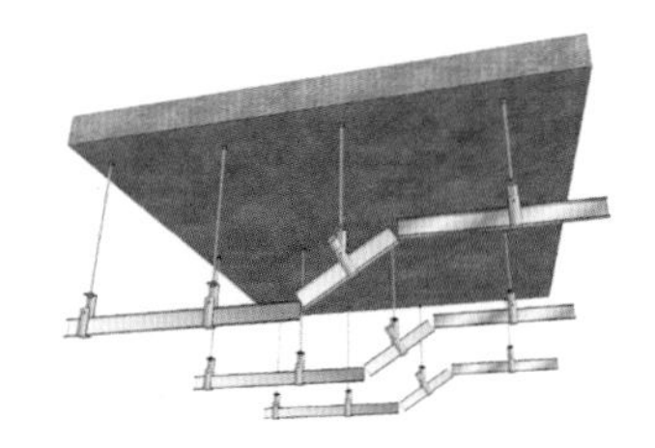

③ D50 mm 或 D60 mm 轻钢龙骨主龙骨安装，间距不大于 1200 mm

④ 50 mm 挂件安装，D50 mm 轻钢龙骨副龙骨安装，间距不大于 600 mm

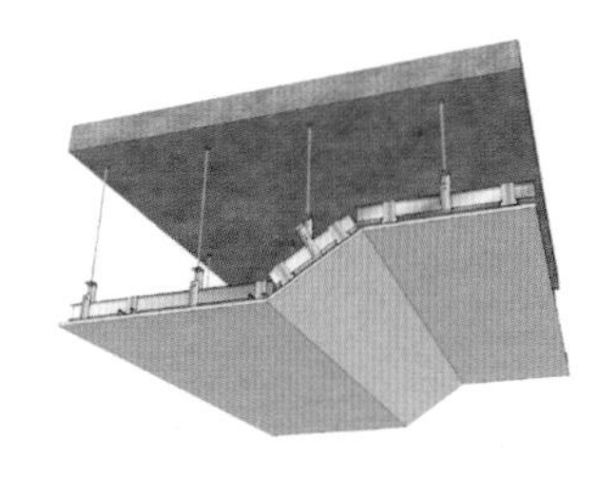

⑤ 单层 9.5 mm 厚纸面石膏板安装，石膏板长边沿纵向次龙骨铺设

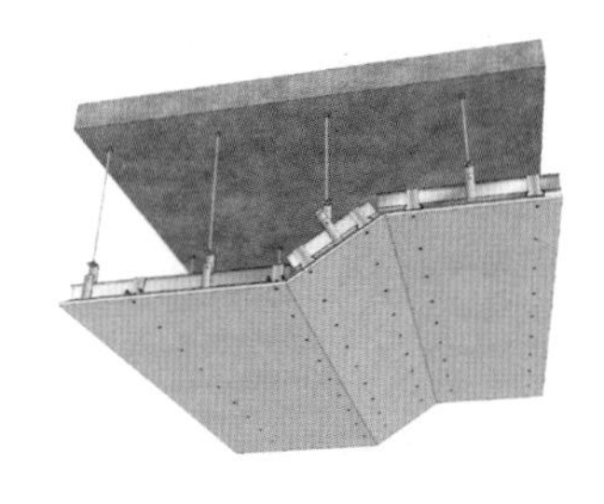

⑥ 自攻螺钉固定，螺钉间距 150 ~ 170 mm

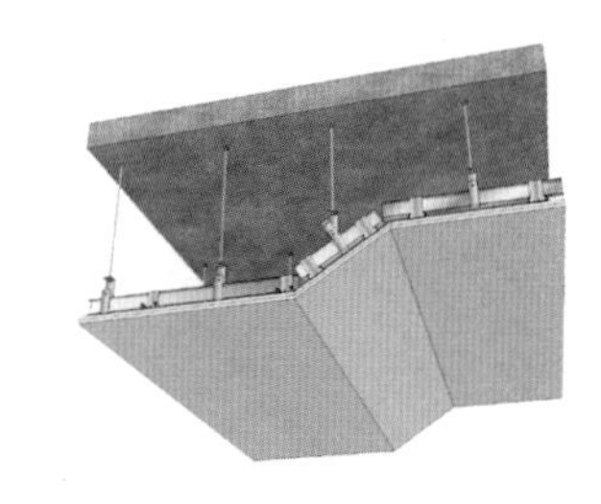

⑦ 双层 9.5 mm 厚纸面石膏板安装，面层板与基层板接缝需错开，不得设置在同一根龙骨上

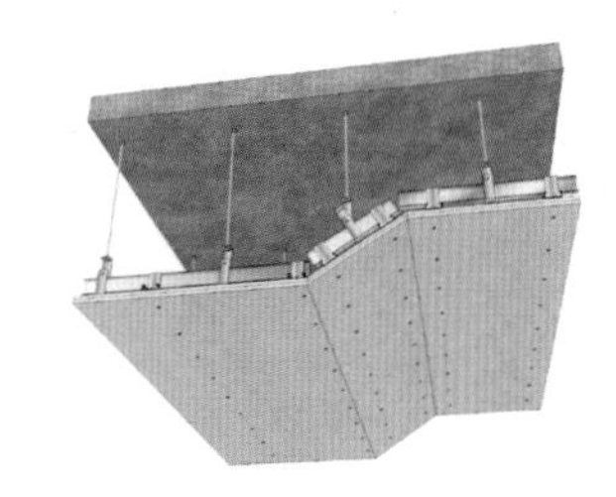

⑧ 自攻螺钉固定，螺钉间距 150 ~ 170 mm

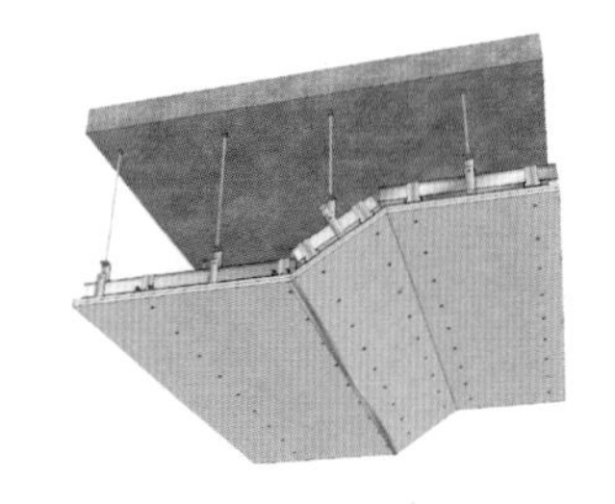

⑨ 安装护角条

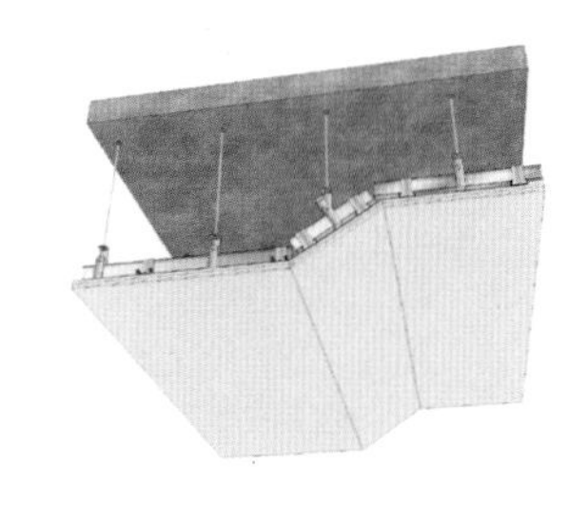

⑩ 石膏补缝、贴接缝网带，批嵌腻子、打磨、涂刷乳胶漆 2 ~ 3 遍

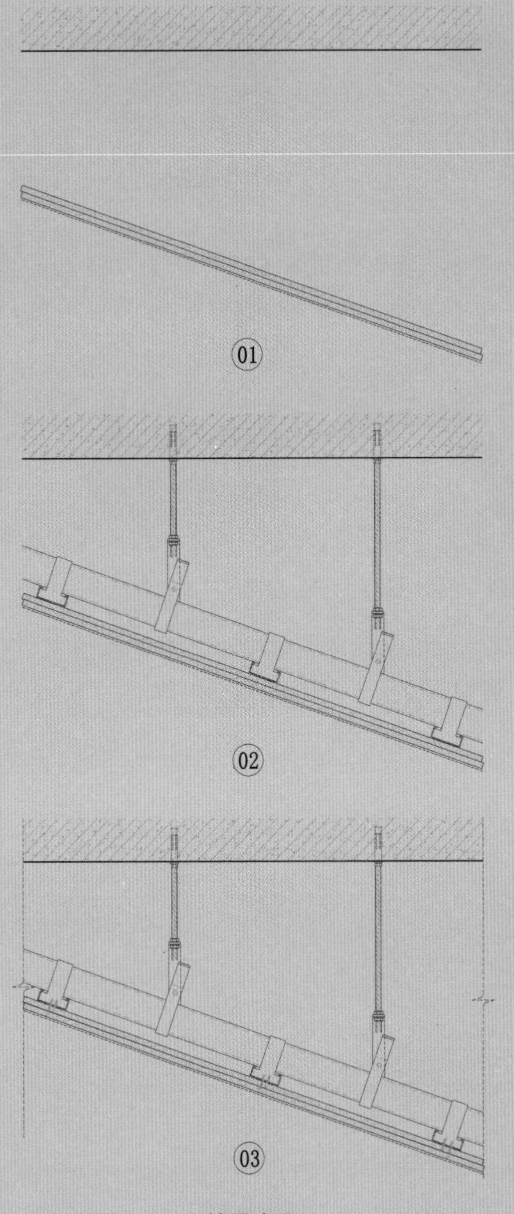
01
02
03

绘图步骤

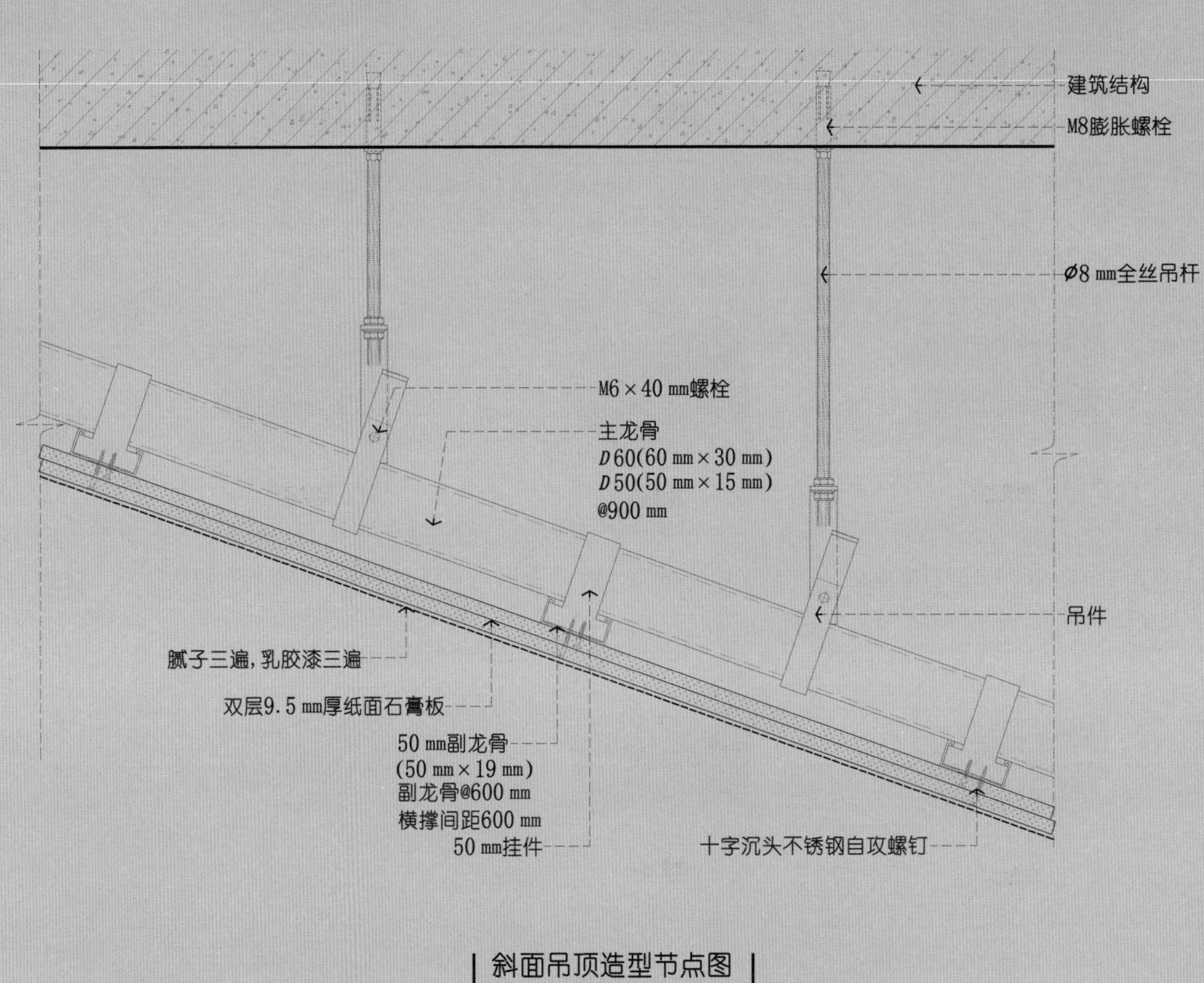
建筑结构
M8膨胀螺栓
Ø8 mm全丝吊杆
M6×40 mm螺栓
主龙骨
D60(60 mm×30 mm)
D50(50 mm×15 mm)
@900 mm
吊件
腻子三遍，乳胶漆三遍
双层9.5 mm厚纸面石膏板
50 mm副龙骨
(50 mm×19 mm)
副龙骨@600 mm
横撑间距600 mm
50 mm挂件
十字沉头不锈钢自攻螺钉

斜面吊顶造型节点图

比例1 ：5

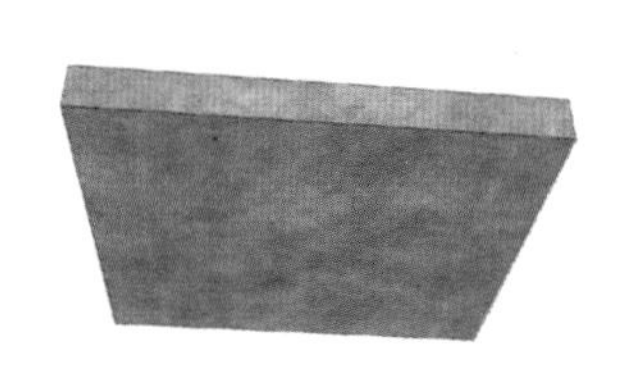

① 原建筑楼板

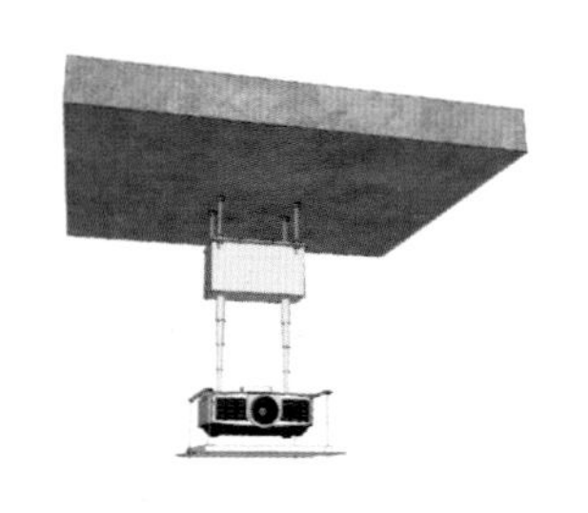

② M8 膨胀螺栓、Φ8 mm 全丝吊杆、吊装投影仪设备安装

③ M8 膨胀螺栓、Φ8 mm 全丝吊杆、吊件安装

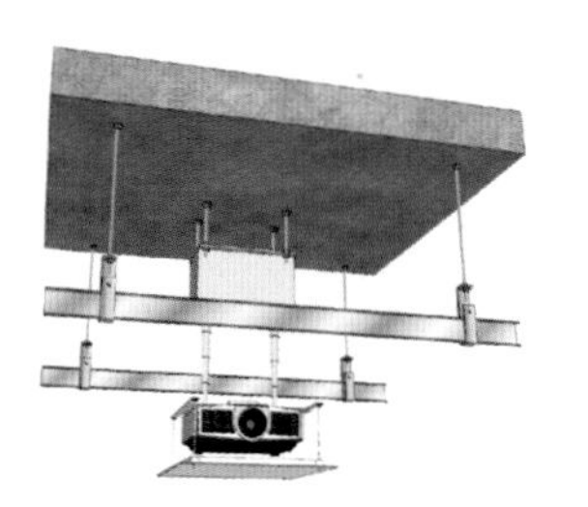

④ D50 mm 或 D60 mm 轻钢龙骨主龙骨安装，间距不大于 1200 mm

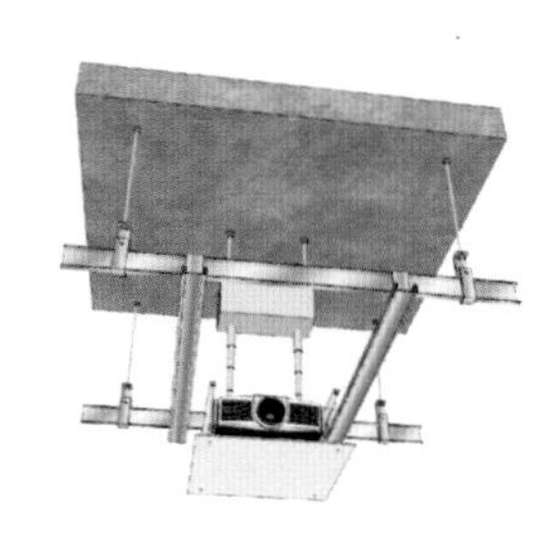

⑤ 50 mm 挂件安装，D50 mm 轻钢龙骨副龙骨安装，间距不大于 600 mm

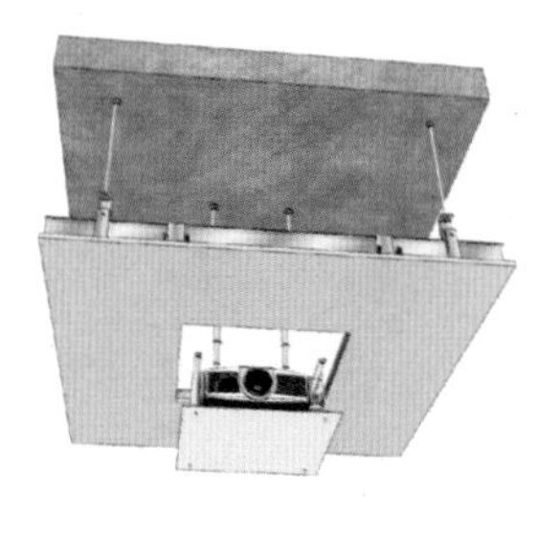

⑥ 单层 9.5 mm 厚纸面石膏板安装，石膏板长边沿纵向次龙骨铺设

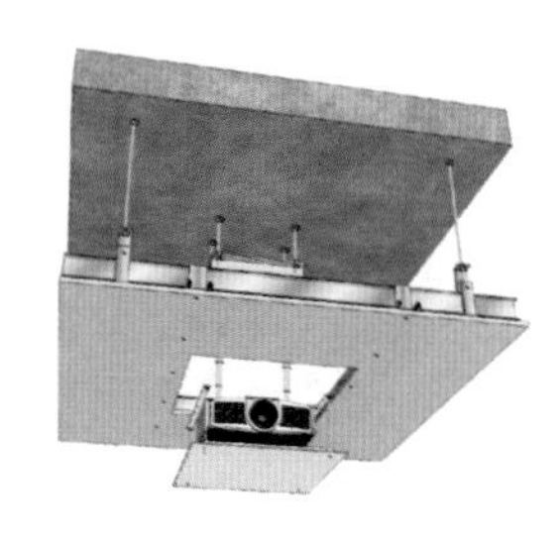

⑦ 自攻螺钉固定，螺钉间距 150 ~ 170 mm

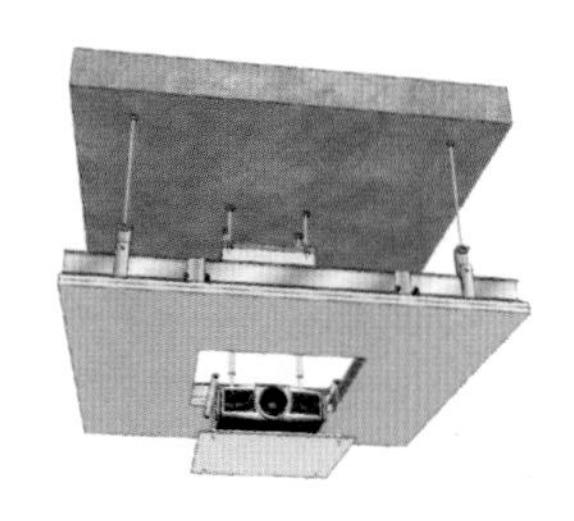

⑧ 双层 9.5 mm 厚纸面石膏板安装，面层板与基层板接缝需错开，不得设置在同一根龙骨上

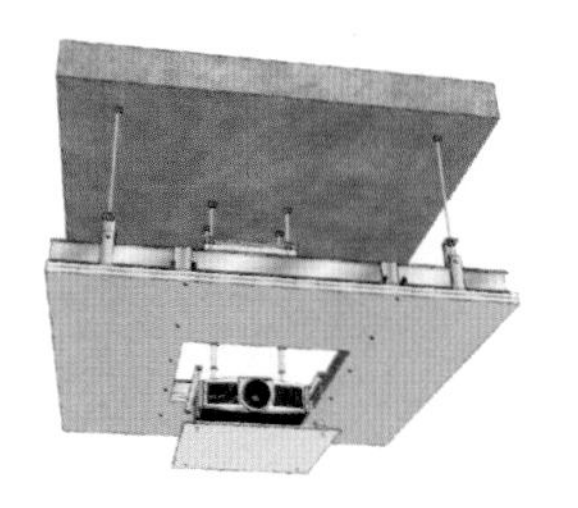

⑨ 自攻螺钉固定，螺钉间距 150 ~ 170 mm

⑩ 安装金属护角条

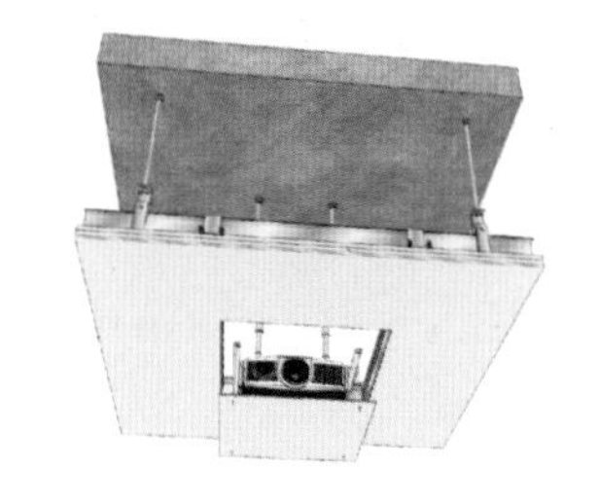

⑪ 石膏补缝、贴接缝网带，批嵌腻子、打磨、涂刷乳胶漆 2 ~ 3 遍

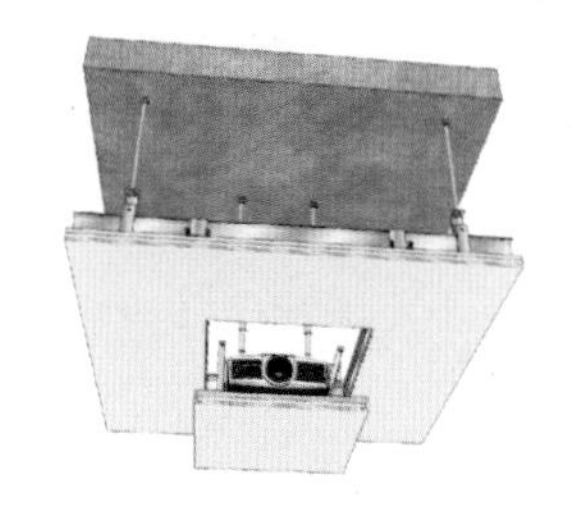

⑫ 12 mm 厚阻燃板基层、9.5 mm 厚纸面石膏板、乳胶漆饰面底板安装

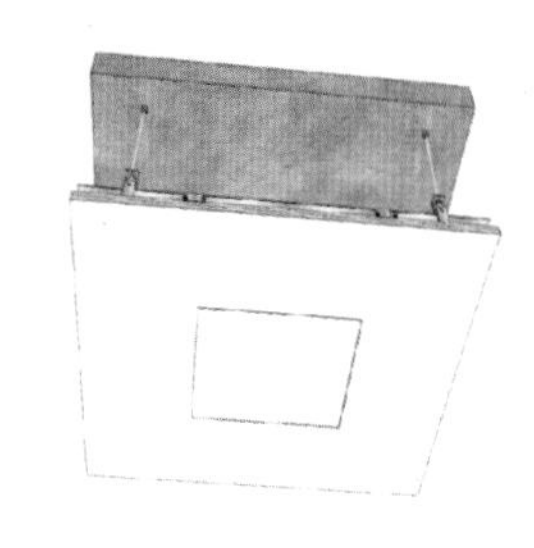

⑬ 升进吊顶内隐藏效果

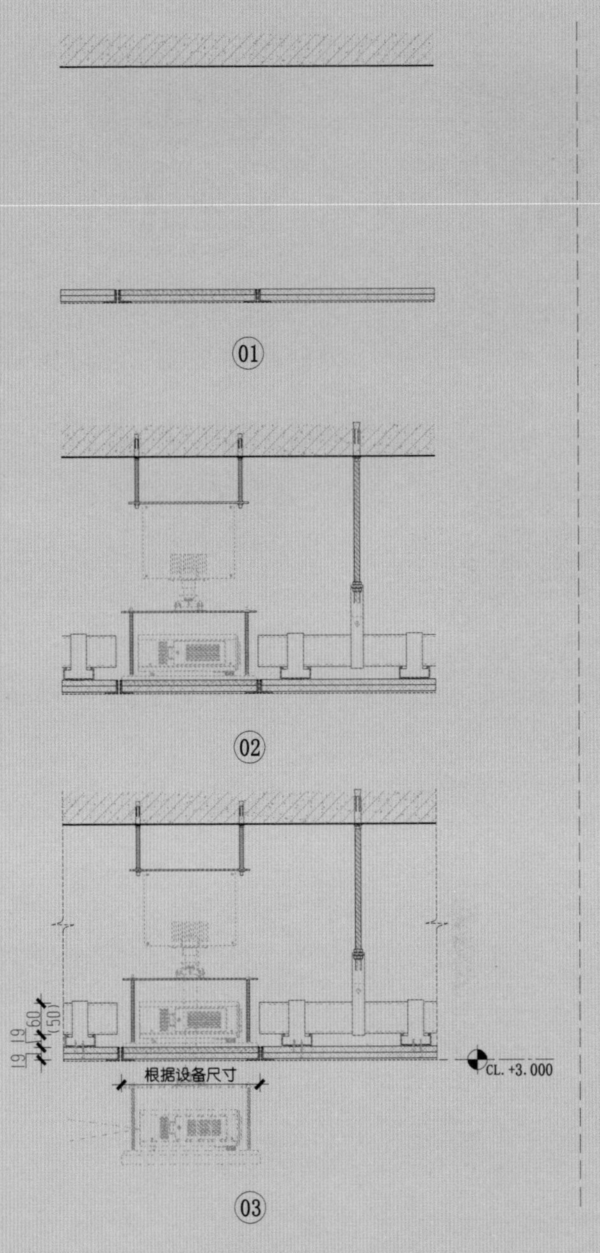

01
02
60
150
19
19
根据设备尺寸
CL. +3.000
03

绘图步骤

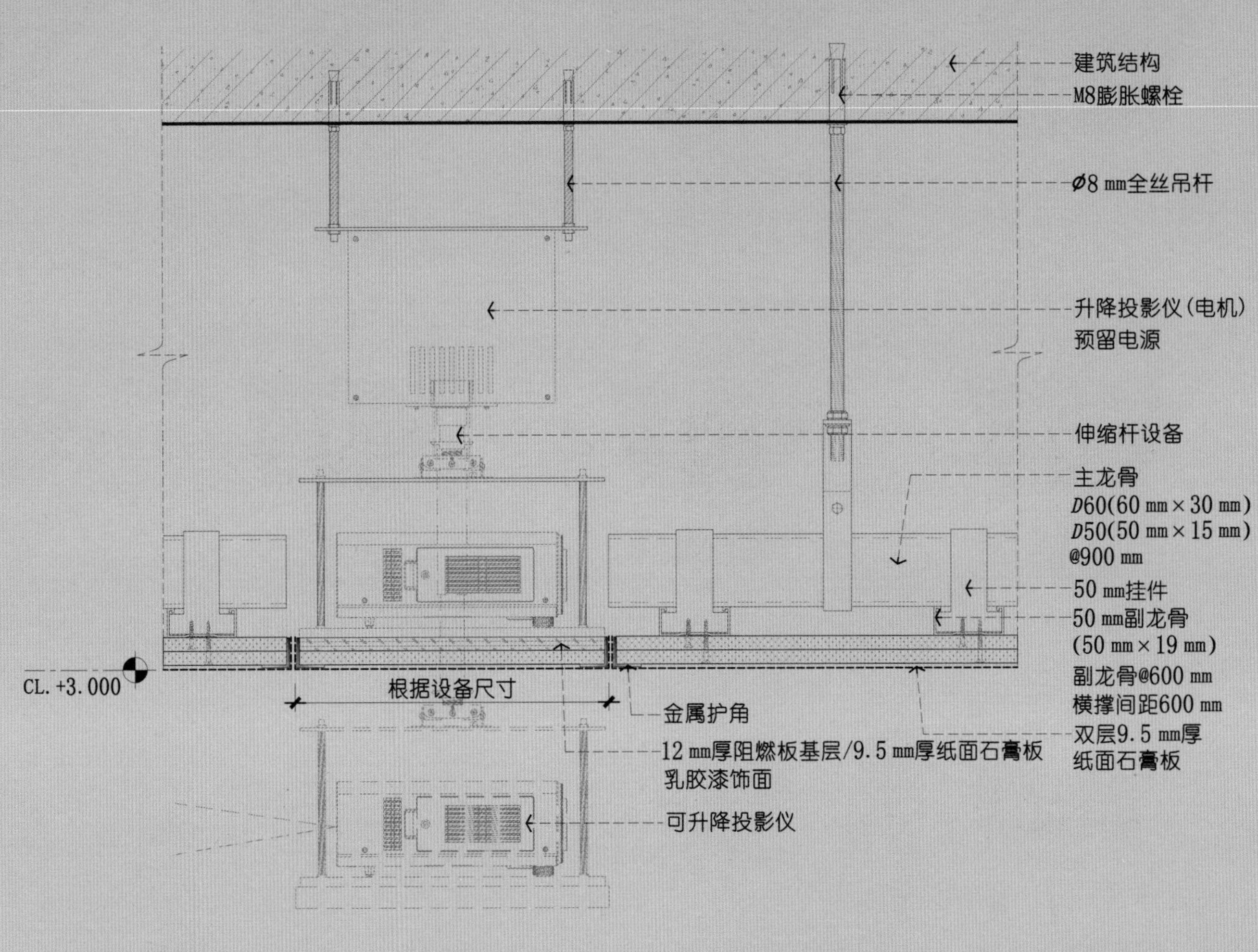

建筑结构
M8膨胀螺栓
Ø8 mm全丝吊杆
升降投影仪(电机)
预留电源
伸缩杆设备
主龙骨
D60(60 mm×30 mm)
D50(50 mm×15 mm)
@900 mm
50 mm挂件
50 mm副龙骨
(50 mm×19 mm)
副龙骨@600 mm
横撑间距600 mm
双层9.5 mm厚
纸面石膏板
CL. +3.000
根据设备尺寸
金属护角
12 mm厚阻燃板基层/9.5 mm厚纸面石膏板
乳胶漆饰面
可升降投影仪

吊顶暗藏升降式投影仪节点图

比例1 ： 5

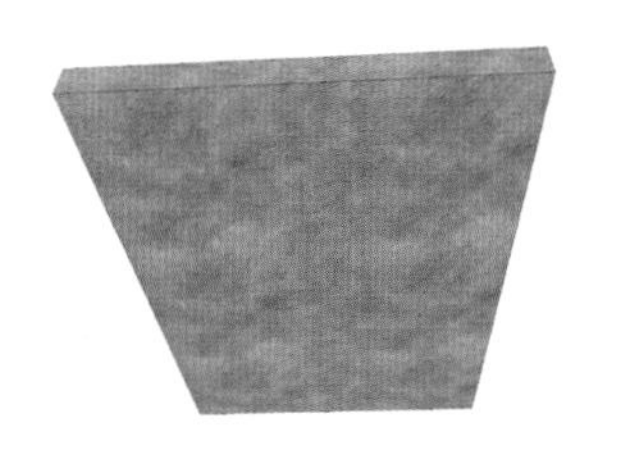

① 原建筑楼板

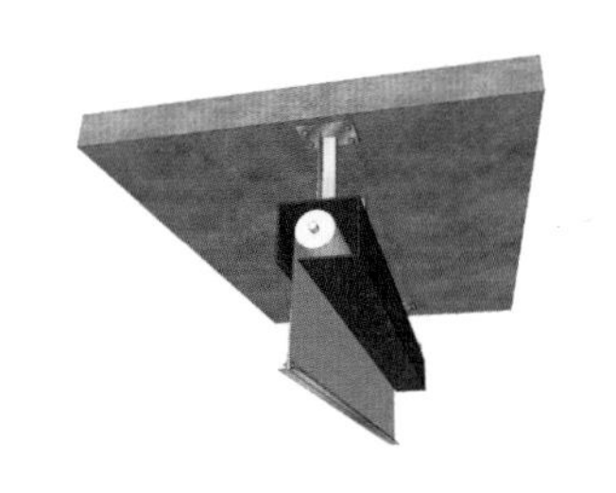

② 升降挡烟垂壁卷轴、卷帘防火布安装

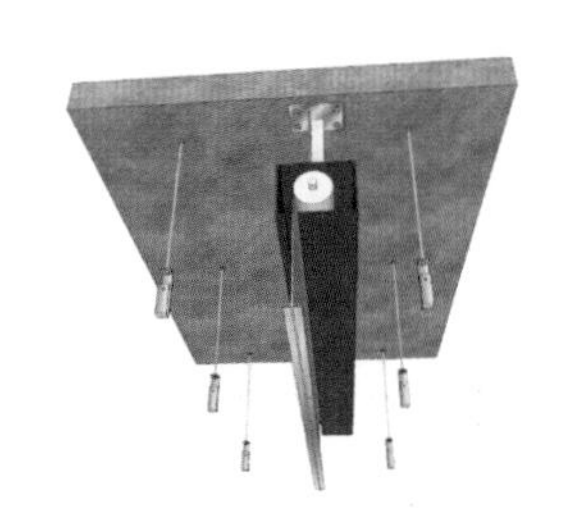

③ M8 膨胀螺栓、Φ8 mm 全丝吊杆、吊件安装

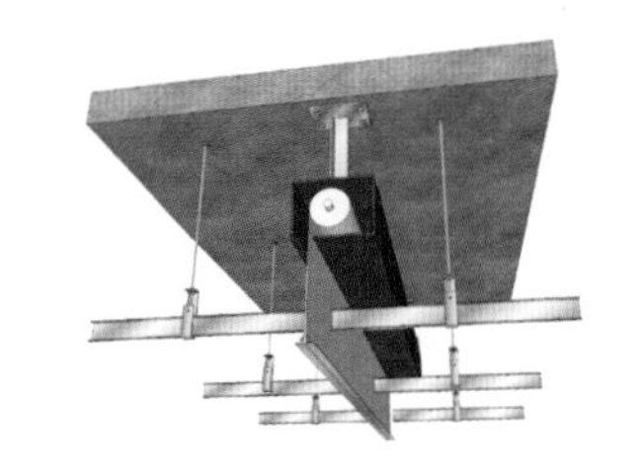

④ *D*50 mm 或 *D*60 mm 轻钢龙骨主龙骨安装，间距不大于 1200 mm

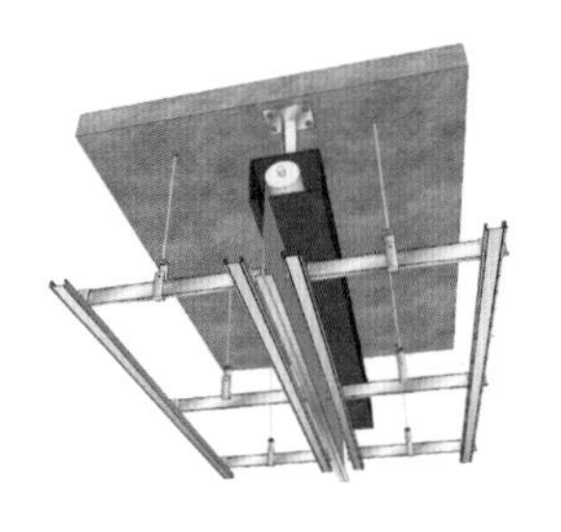

⑤ 50 mm 挂件安装，*D*50 mm 轻钢龙骨副龙骨安装，间距不大于 600 mm

⑥ 单层 9.5 mm 厚纸面石膏板安装，石膏板长边沿纵向次龙骨铺设

⑦ 自攻螺钉固定，螺钉间距 150 ~ 170 mm

⑧ 双层 9.5 mm 厚纸面石膏板安装，面层板与基层板接缝需错开，不得设置在同一根龙骨上

⑨ 自攻螺钉固定，螺钉间距 150 ~ 170 mm

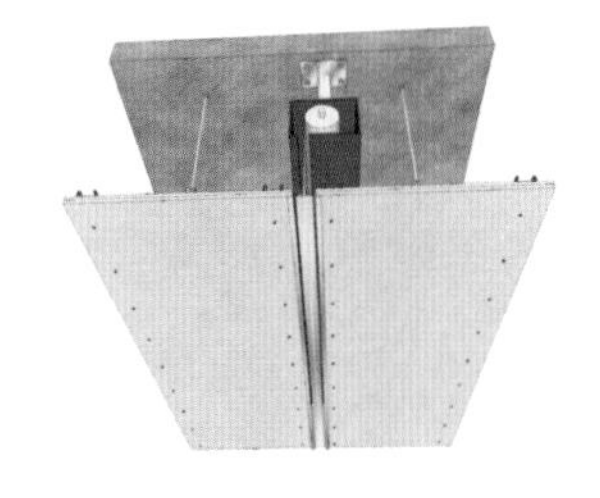

⑩ 安装金属护角条

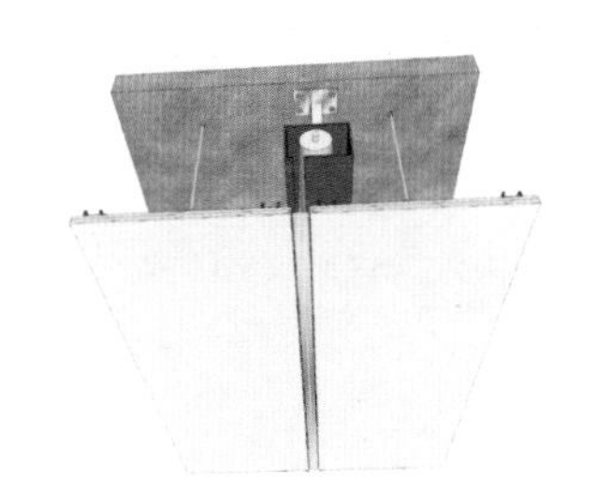

⑪ 石膏补缝、贴接缝网带，批嵌腻子、打磨、涂刷乳胶漆 2 ~ 3 遍

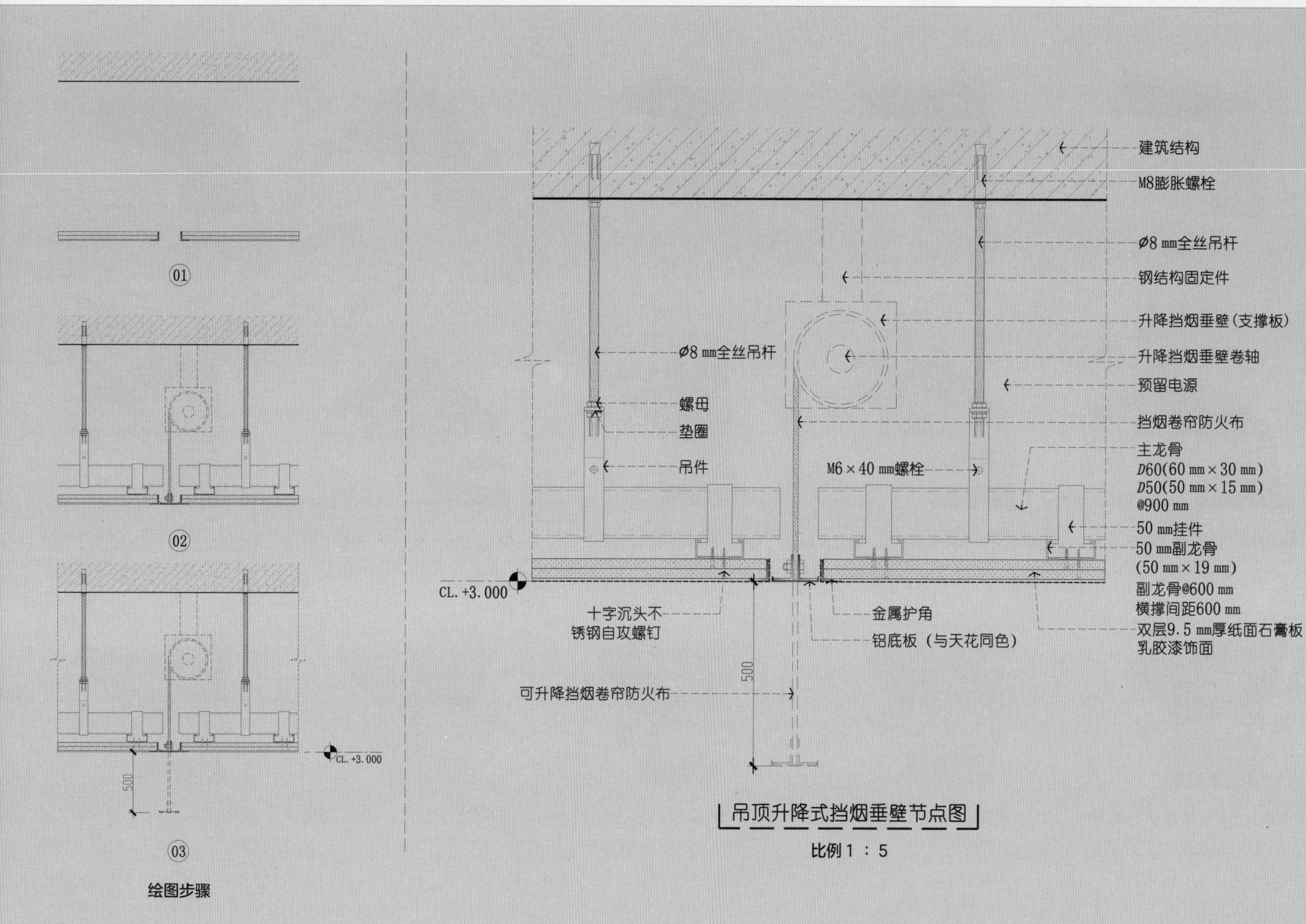

01
02
03
绘图步骤
CL. +3.000
500
建筑结构
M8膨胀螺栓
Ø8 mm全丝吊杆
钢结构固定件
升降挡烟垂壁(支撑板)
升降挡烟垂壁卷轴
预留电源
挡烟卷帘防火布
主龙骨
D60(60 mm×30 mm)
D50(50 mm×15 mm)
@900 mm
50 mm挂件
50 mm副龙骨
(50 mm×19 mm)
副龙骨@600 mm
横撑间距600 mm
双层9.5 mm厚纸面石膏板
乳胶漆饰面
Ø8 mm全丝吊杆
螺母
垫圈
吊件
M6×40 mm螺栓
CL. +3.000
十字沉头不
锈钢自攻螺钉
金属护角
铝底板（与天花同色）
500
可升降挡烟卷帘防火布

吊顶升降式挡烟垂壁节点图

比例1 ： 5

① 原建筑楼板。金属角码，以 M8 膨胀螺栓固定

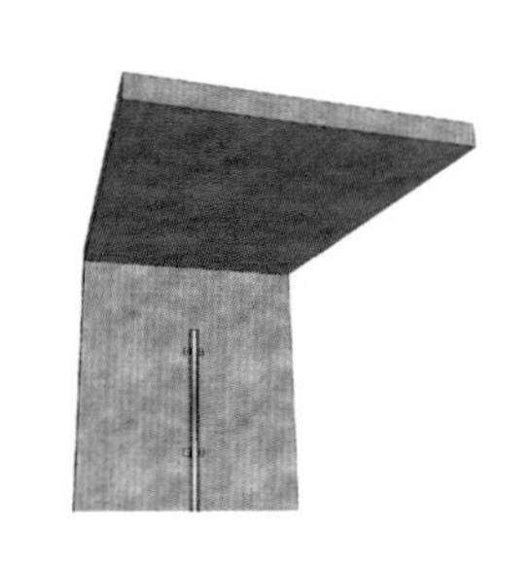
② 防火卷帘导轨固定

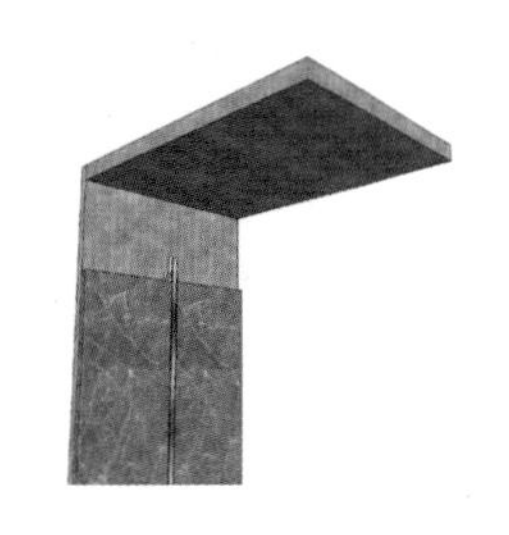
③ 墙体饰面

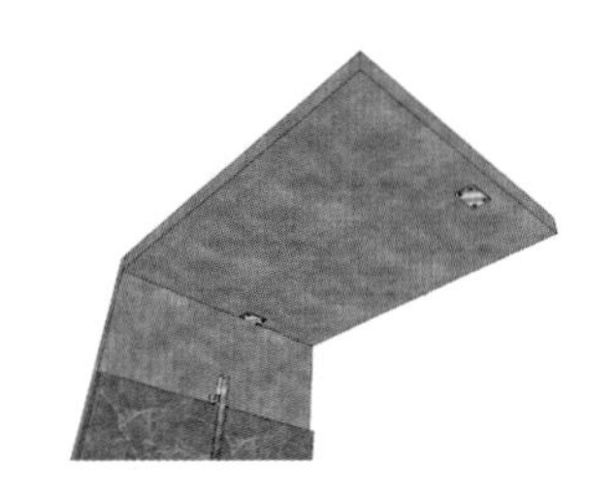
④ 150 mm × 150 mm × 8 mm 镀锌钢板埋件

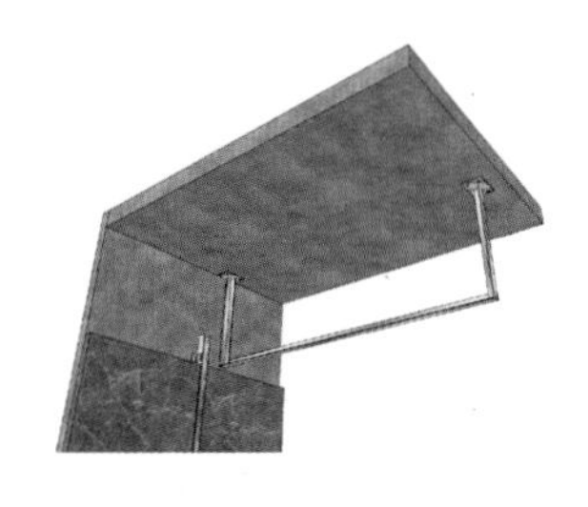
⑤ 5 号镀锌角钢固定

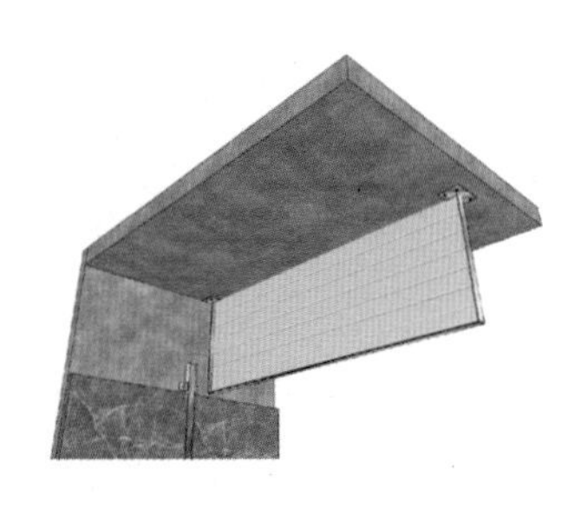
⑥ 钢制卷帘防火封堵固定安装

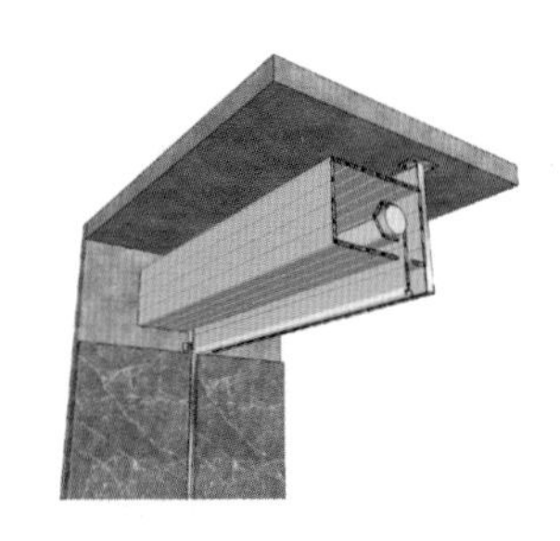
⑦ 防火卷帘箱固定安装

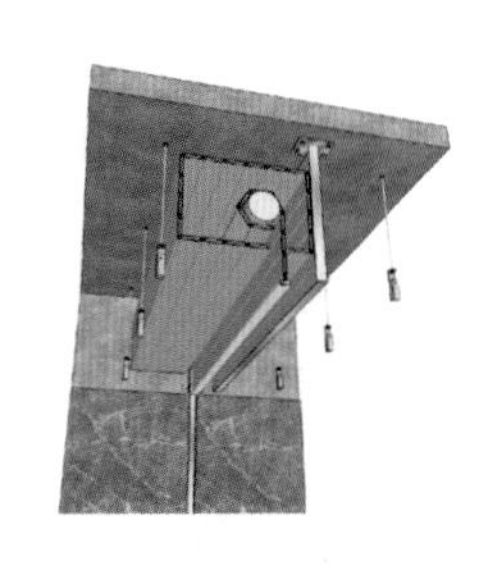
⑧ M8 膨胀螺栓、Φ8 mm 全丝吊杆、吊件安装

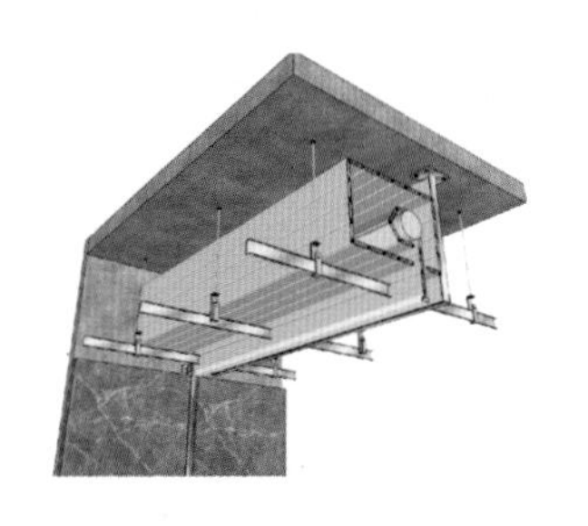
⑨ *D*50 mm 或 *D*60 mm 轻钢龙骨主龙骨安装，间距不大于 1200 mm

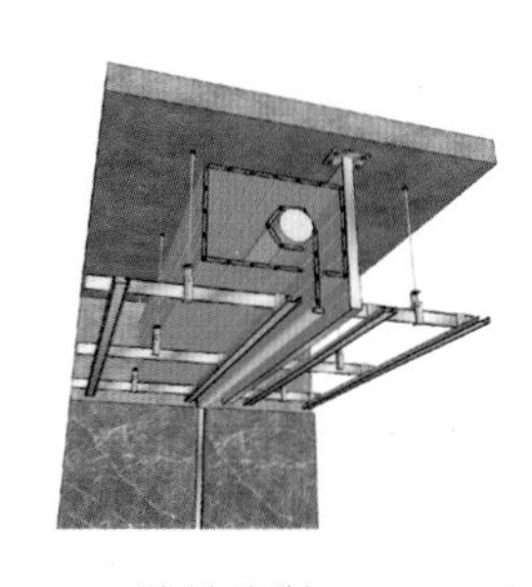
⑩ 50 mm 挂件安装，*D*50 mm 轻钢龙骨副龙骨安装，间距不大于 600 mm

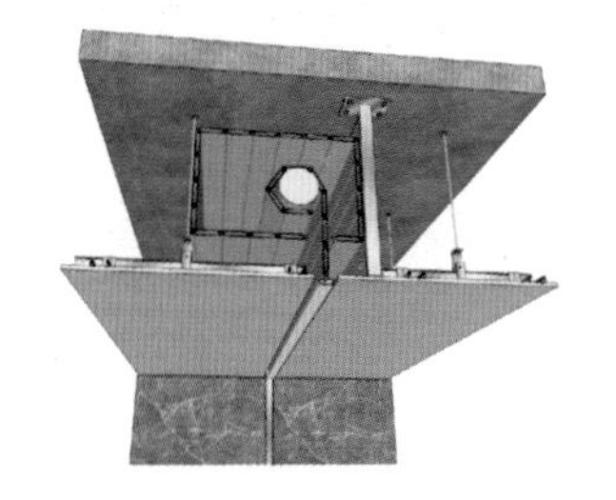
⑪ 单层 9.5 mm 厚纸面石膏板安装，石膏板长边沿纵向次龙骨铺设

⑫ 自攻螺钉固定，螺钉间距 150 ~ 170 mm

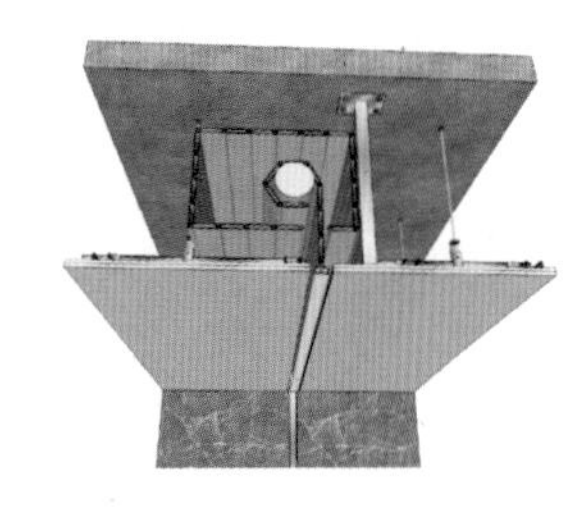
⑬ 双层 9.5 mm 厚纸面石膏板安装，面层板与基层板接缝需错开，不得设置在同一根龙骨上

⑭ 自攻螺钉固定，螺钉间距 150 ~ 170 mm

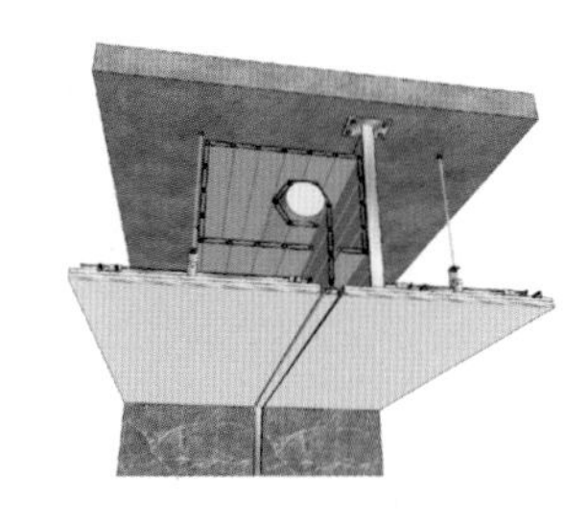
⑮ 金属护角条安装，石膏补缝、贴接缝网带，批嵌腻子、打磨、涂刷乳胶漆 2 ~ 3 遍

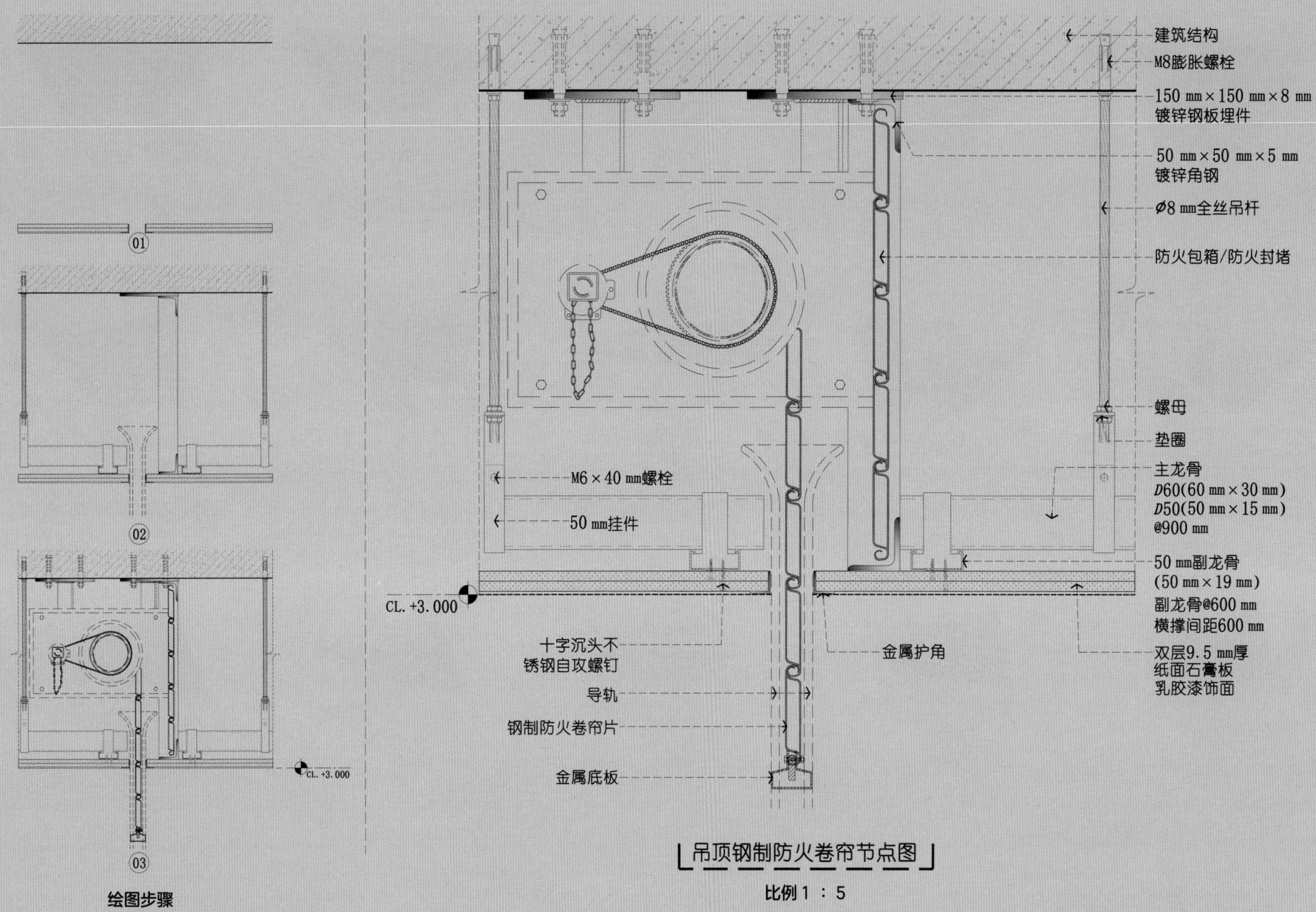
01
02
03
CL. +3.000
绘图步骤
建筑结构
M8膨胀螺栓
150 mm×150 mm×8 mm
镀锌钢板埋件
50 mm×50 mm×5 mm
镀锌角钢
Ø8 mm全丝吊杆
防火包箱/防火封堵
螺母
垫圈
主龙骨
D60(60 mm×30 mm)
D50(50 mm×15 mm)
@900 mm
M6×40 mm螺栓
50 mm挂件
50 mm副龙骨
(50 mm×19 mm)
副龙骨@600 mm
横撑间距600 mm
CL. +3.000
十字沉头不
锈钢自攻螺钉
金属护角
双层9.5 mm厚
纸面石膏板
乳胶漆饰面
导轨
钢制防火卷帘片
金属底板

吊顶钢制防火卷帘节点图

比例 1 ： 5

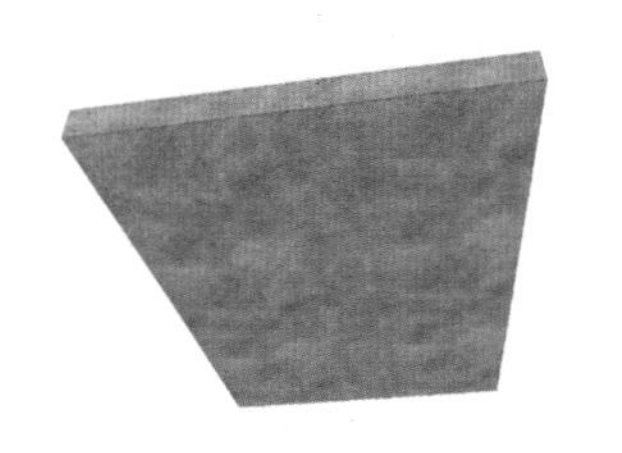

① 原建筑楼板

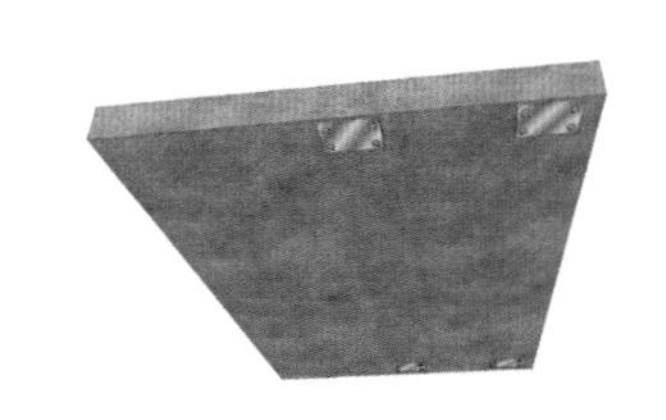

② M8 膨胀螺栓、150 mm × 150 mm × 8 mm 镀锌钢板埋件安装

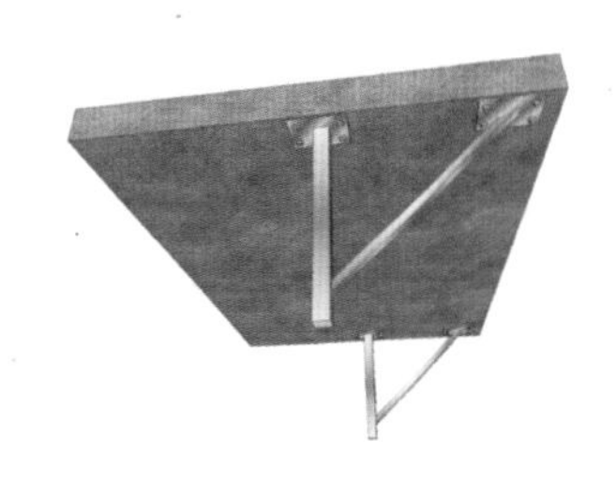

③ 竖向 40 mm × 40 mm × 5 mm 镀锌方钢、4 号镀锌角钢斜撑与镀锌钢板焊接固定

④ 4 号镀锌角钢横向焊接固定

⑤ M8 膨胀螺栓、Φ8 mm 全丝吊杆、吊件安装

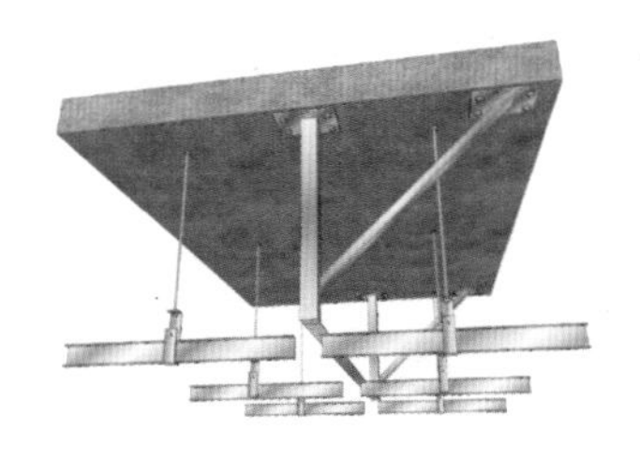

⑥ D50 mm 或 D60 mm 轻钢龙骨主龙骨安装，间距不大于 1200 mm

⑦ 50 mm 挂件安装，D50 mm 轻钢龙骨副龙骨安装，间距不大于 600 mm

⑧ 不锈钢 U 形槽横向焊接固定

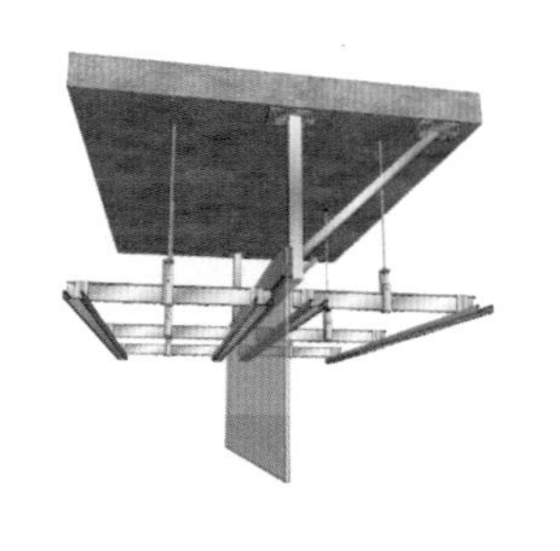

⑨ 12 mm 厚透明钢化玻璃安装

⑩ 设置橡胶垫，螺栓固定

⑪ 单层 9.5 mm 厚纸面石膏板安装，石膏板长边沿纵向次龙骨铺设

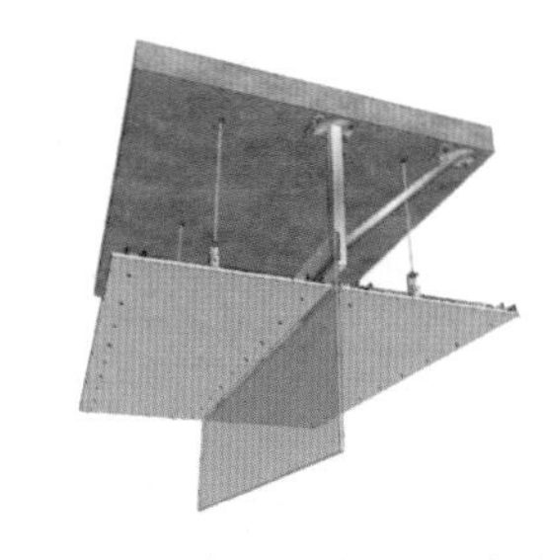

⑫ 自攻螺钉固定，螺钉间距 150 ~ 170 mm

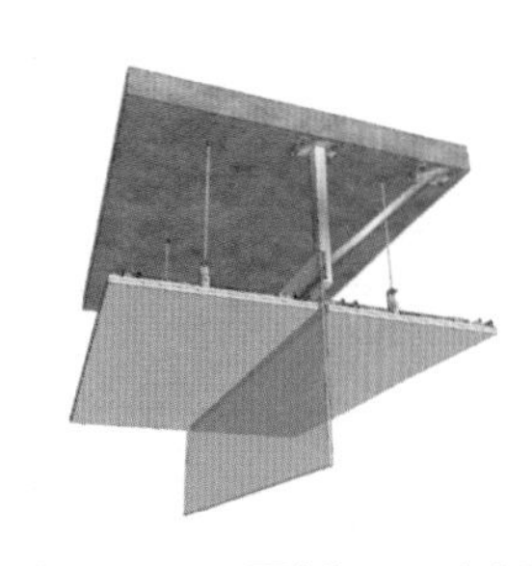

⑬ 双层 9.5 mm 厚纸面石膏板安装，面层板与基层板接缝需错开，不得设置在同一根龙骨上

⑭ 自攻螺钉固定，螺钉间距 150 ~ 170 mm，安装金属条

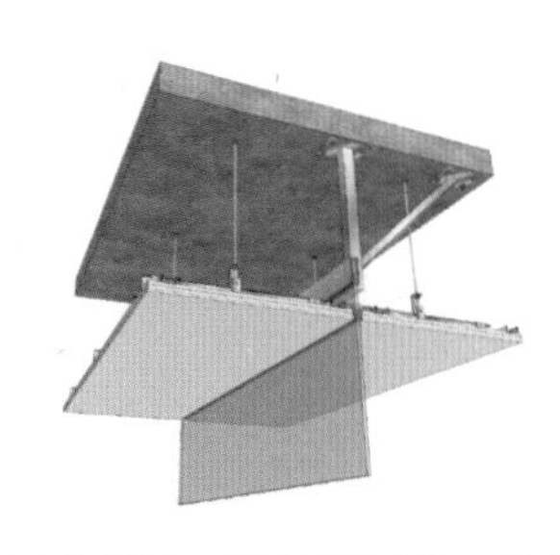

⑮ 石膏补缝、贴接缝网带，批嵌腻子、打磨、涂刷乳胶漆 2 ~ 3 遍

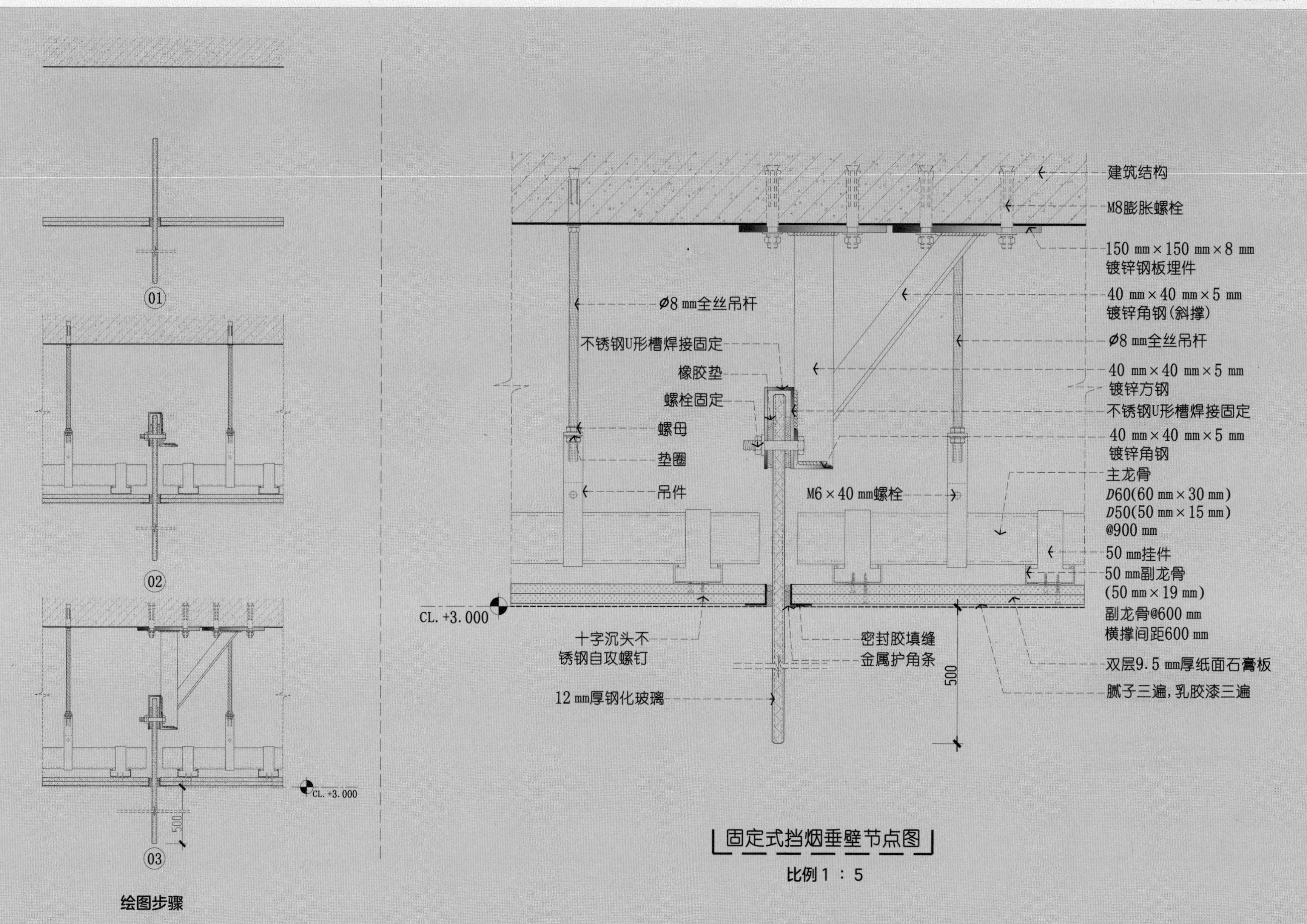
01
02
03
CL. +3.000
500
绘图步骤
建筑结构
M8膨胀螺栓
150 mm×150 mm×8 mm
镀锌钢板埋件
40 mm×40 mm×5 mm
镀锌角钢(斜撑)
Ø8 mm全丝吊杆
40 mm×40 mm×5 mm
镀锌方钢
不锈钢U形槽焊接固定
40 mm×40 mm×5 mm
镀锌角钢
主龙骨
D60(60 mm×30 mm)
D50(50 mm×15 mm)
@900 mm
50 mm挂件
50 mm副龙骨
(50 mm×19 mm)
副龙骨@600 mm
横撑间距600 mm
双层9.5 mm厚纸面石膏板
腻子三遍,乳胶漆三遍
Ø8 mm全丝吊杆
不锈钢U形槽焊接固定
橡胶垫
螺栓固定
螺母
垫圈
吊件
M6×40 mm螺栓
CL. +3.000
十字沉头不
锈钢自攻螺钉
密封胶填缝
金属护角条
12 mm厚钢化玻璃
500

固定式挡烟垂壁节点图

比例1 : 5

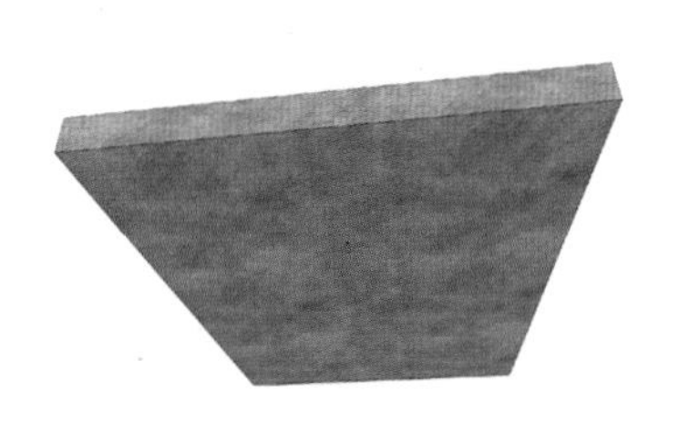

① 原建筑楼板

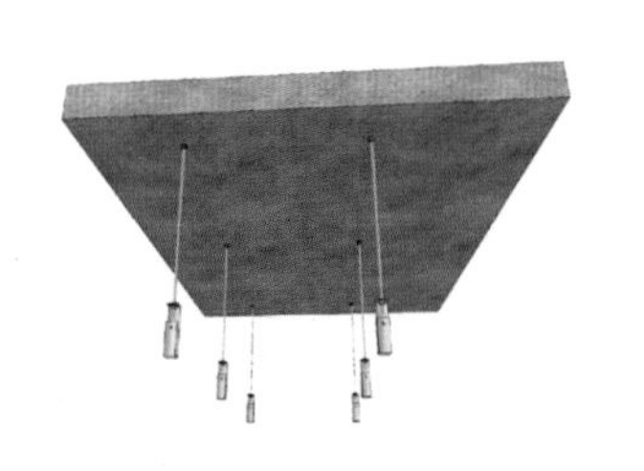

② M8 膨胀螺栓、Φ8 mm 全丝吊杆、吊件安装

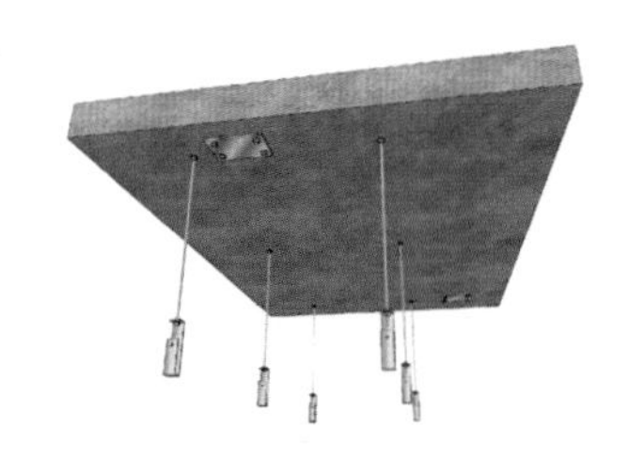

③ M8 膨胀螺栓、150 mm × 150 mm × 8 mm 镀锌钢板埋件安装

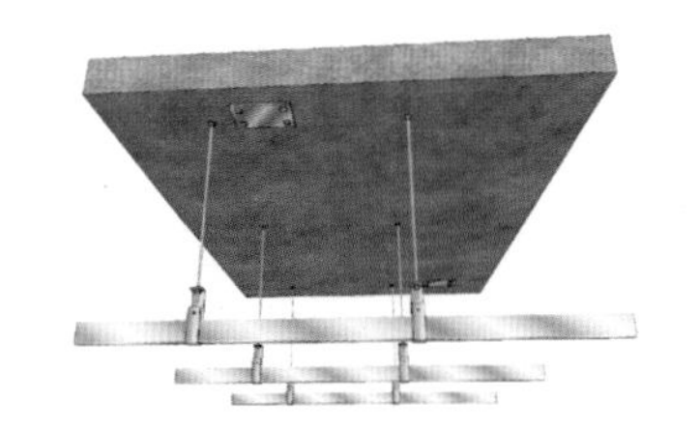

④ D50 mm 或 D60 mm 轻钢龙骨主龙骨安装，间距不大于 1200 mm

⑤ 50 mm 挂件安装，D50 mm 轻钢龙骨副龙骨安装，间距不大于 600 mm

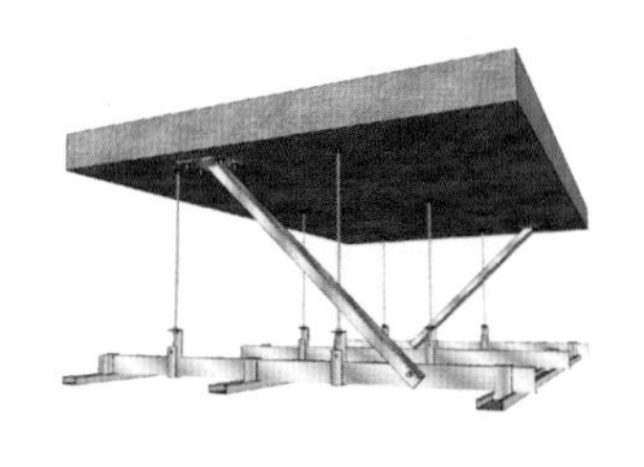

⑥ 5 号镀锌角钢（斜撑）与镀锌钢板焊接固定

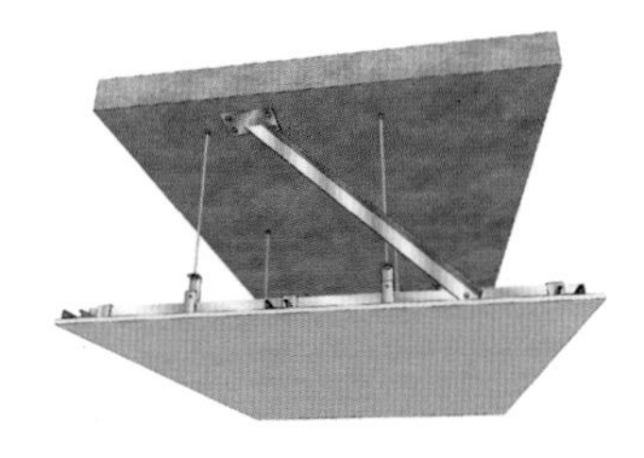

⑦ 单层 9.5 mm 厚纸面石膏板安装，石膏板长边沿纵向次龙骨铺设

⑧ 自攻螺钉固定，螺钉间距 150 ~ 170 mm

⑨ 双层 9.5 mm 厚纸面石膏板安装，面层板与基层板接缝需错开，不得设置在同一根龙骨上

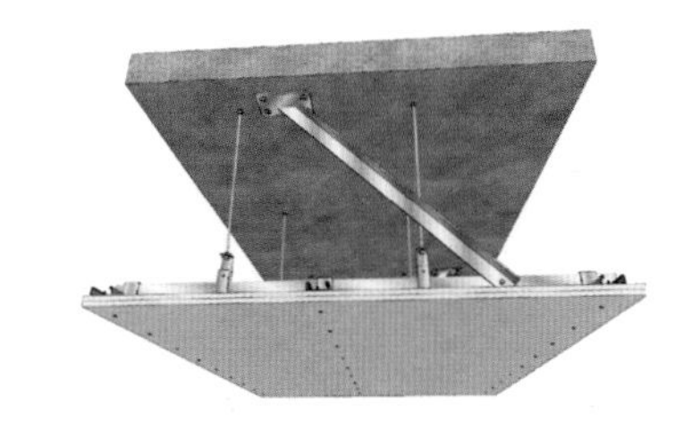

⑩ 自攻螺钉固定，螺钉间距 150 ~ 170 mm

⑪ 石膏补缝、贴接缝网带，批嵌腻子、打磨、涂刷乳胶漆 2 ~ 3 遍

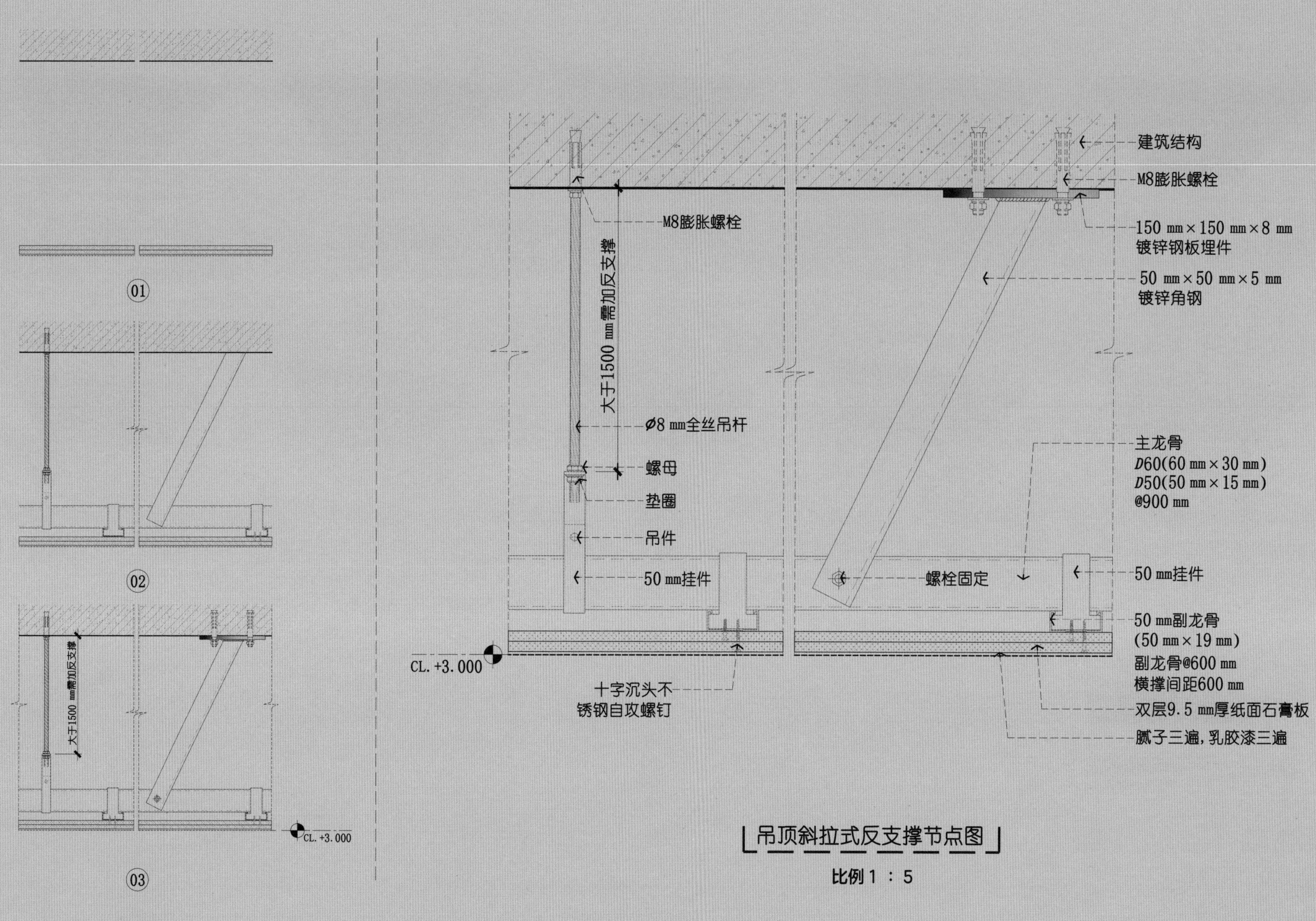

01
02
03
大于1500 mm需加反支撑
CL. +3.000
绘图步骤
建筑结构
M8膨胀螺栓
M8膨胀螺栓
150 mm×150 mm×8 mm
镀锌钢板埋件
50 mm×50 mm×5 mm
镀锌角钢
大于1500 mm需加反支撑
Ø8 mm全丝吊杆
螺母
垫圈
吊件
50 mm挂件
螺栓固定
主龙骨
D60(60 mm×30 mm)
D50(50 mm×15 mm)
@900 mm
50 mm挂件
50 mm副龙骨
(50 mm×19 mm)
副龙骨@600 mm
横撑间距600 mm
双层9.5 mm厚纸面石膏板
腻子三遍，乳胶漆三遍
CL. +3.000
十字沉头不
锈钢自攻螺钉

吊顶斜拉式反支撑节点图

比例 1 : 5

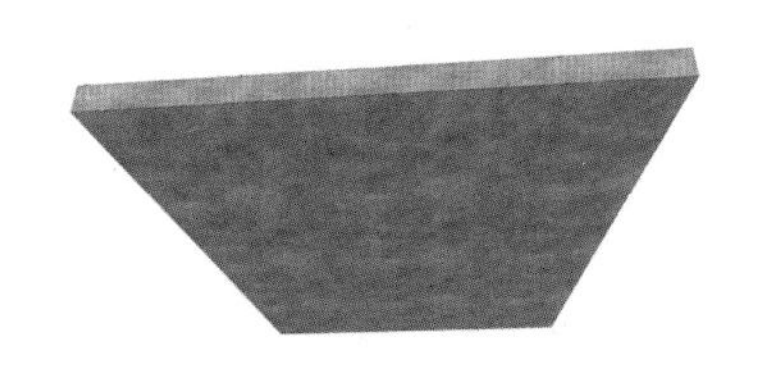

① 原建筑楼板

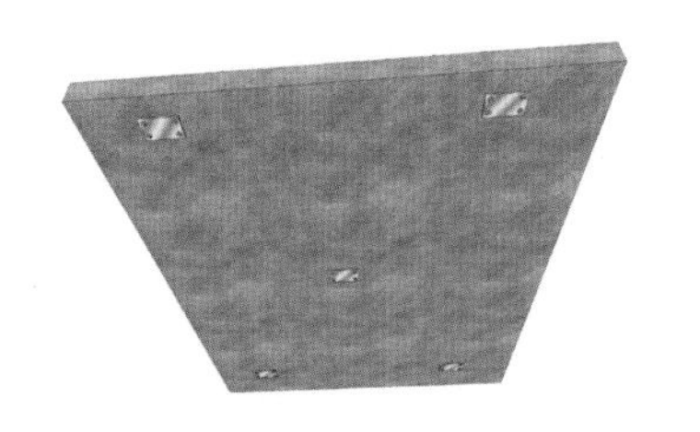

② M8 膨胀螺栓、150 mm × 150 mm × 8 mm 镀锌钢板埋件安装

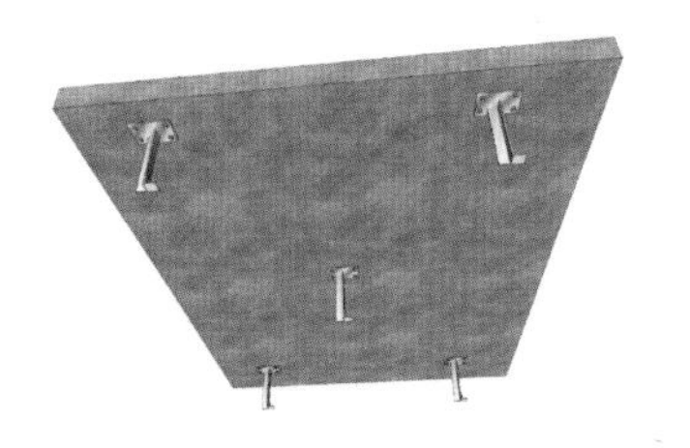

③ 5 号镀锌角钢焊接固定

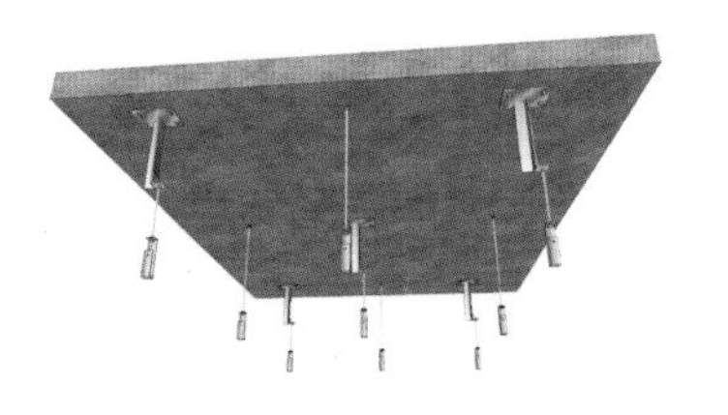

④ M8 膨胀螺栓、Φ8 mm 全丝吊杆、吊件安装

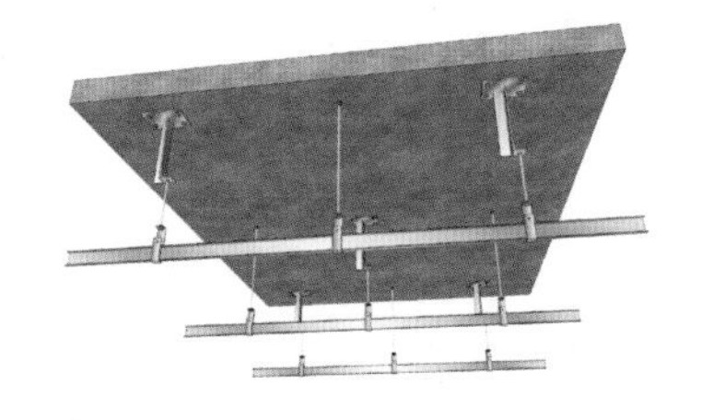

⑤ D50 mm 或 D60 mm 轻钢龙骨主龙骨安装，间距不大于 1200 mm

⑥ 50 mm 挂件安装，D50 mm 轻钢龙骨副龙骨安装，间距不大于 600 mm

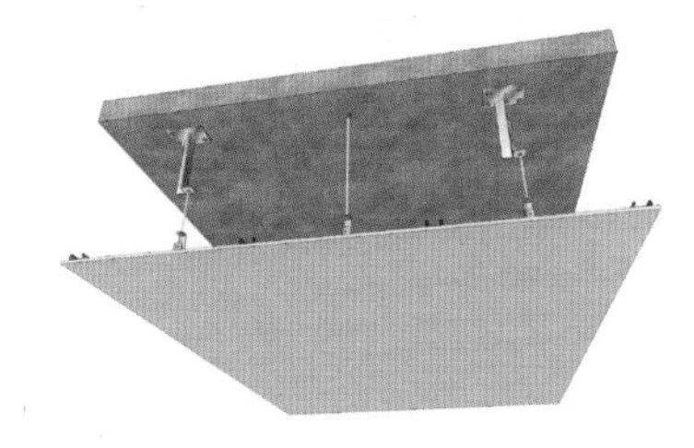

⑦ 单层 9.5 mm 厚纸面石膏板安装，石膏板长边沿纵向次龙骨铺设

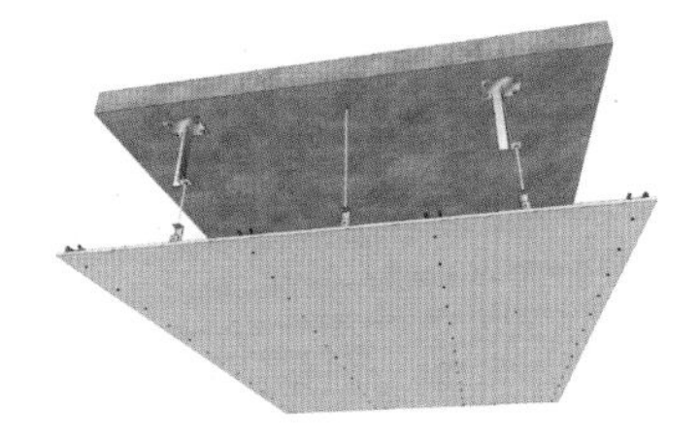

⑧ 自攻螺钉固定，螺钉间距 150 ~ 170 mm

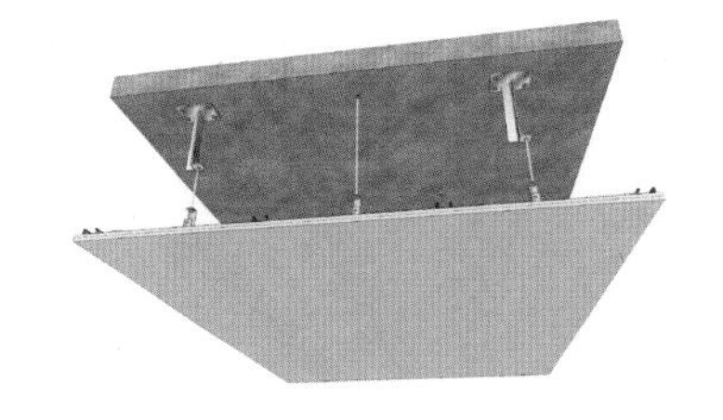

⑨ 双层 9.5 mm 厚纸面石膏板安装，面层板与基层板接缝需错开，不得设置在同一根龙骨上

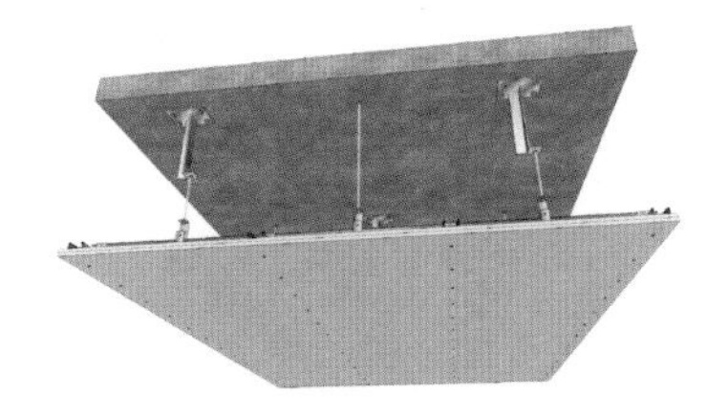

⑩ 自攻螺钉固定，螺钉间距 150 ~ 170 mm

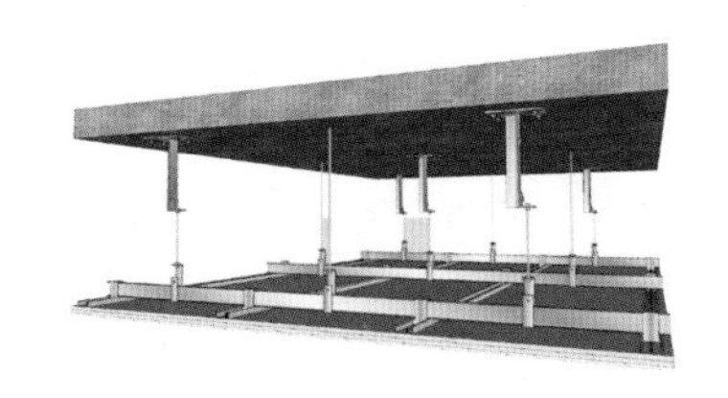

⑪ 石膏补缝、贴接缝网带，批嵌腻子、打磨、涂刷乳胶漆 2 ~ 3 遍

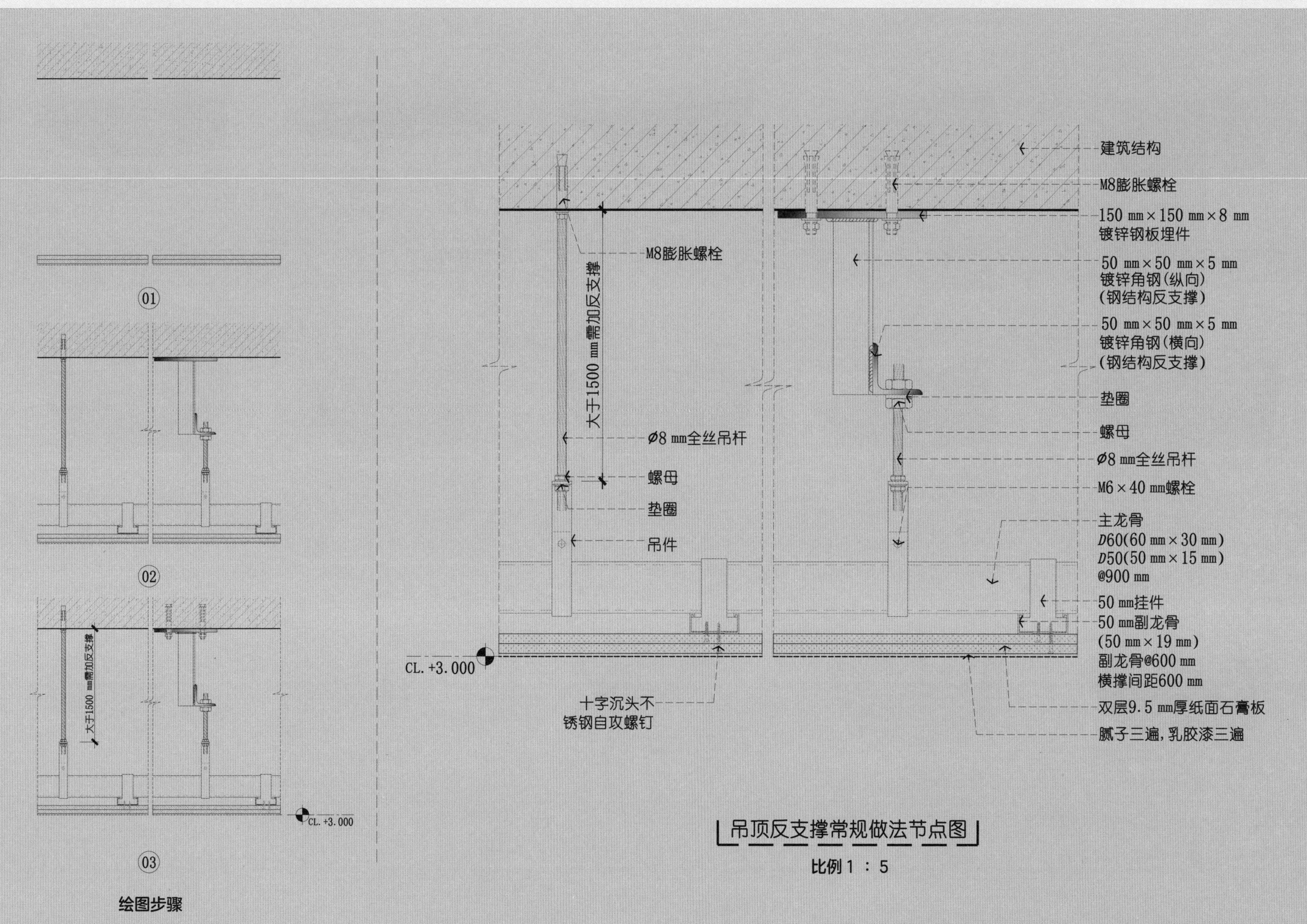
01
02
03
大于1500 mm需加反支撑
CL. +3.000
绘图步骤
建筑结构
M8膨胀螺栓
150 mm×150 mm×8 mm
镀锌钢板埋件
50 mm×50 mm×5 mm
镀锌角钢(纵向)
(钢结构反支撑)
50 mm×50 mm×5 mm
镀锌角钢(横向)
(钢结构反支撑)
垫圈
螺母
Ø8 mm全丝吊杆
M6×40 mm螺栓
主龙骨
D60(60 mm×30 mm)
D50(50 mm×15 mm)
@900 mm
50 mm挂件
50 mm副龙骨
(50 mm×19 mm)
副龙骨@600 mm
横撑间距600 mm
双层9.5 mm厚纸面石膏板
腻子三遍，乳胶漆三遍
M8膨胀螺栓
大于1500 mm需加反支撑
Ø8 mm全丝吊杆
螺母
垫圈
吊件
CL. +3.000
十字沉头不
锈钢自攻螺钉

吊顶反支撑常规做法节点图

比例 1 ：5

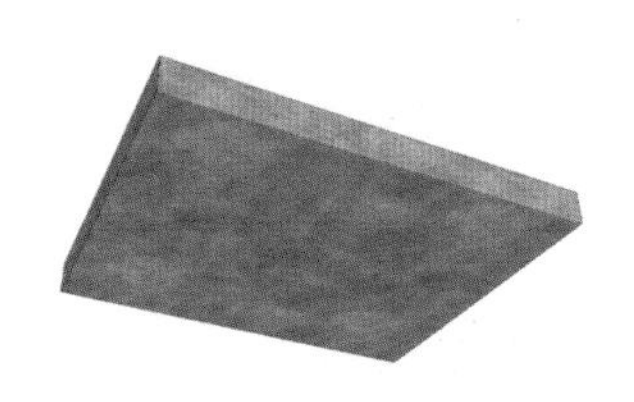

① 原建筑楼板

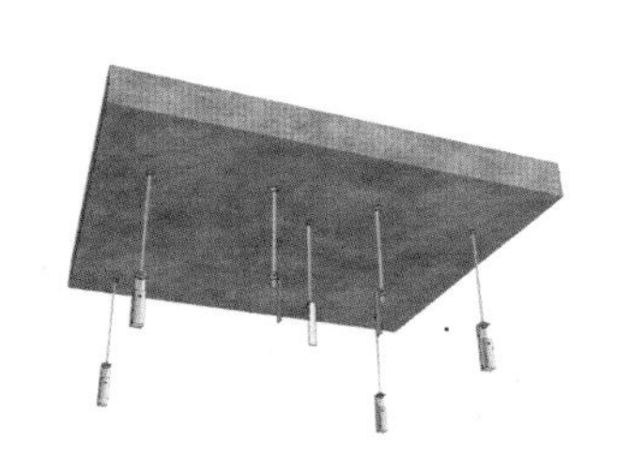

② M8 膨胀螺栓、Φ8 mm 全丝吊杆、吊件安装

③ 纤维水泥板基层安装

④ 自攻螺钉固定

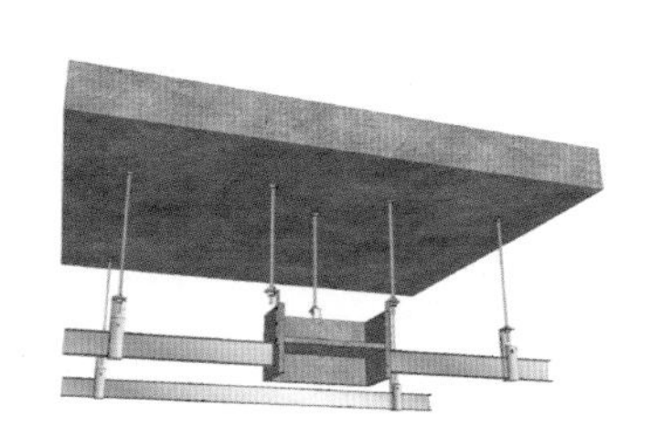

⑤ *D*50 mm 或 *D*60 mm 轻钢龙骨主龙骨安装，间距不大于1200 mm

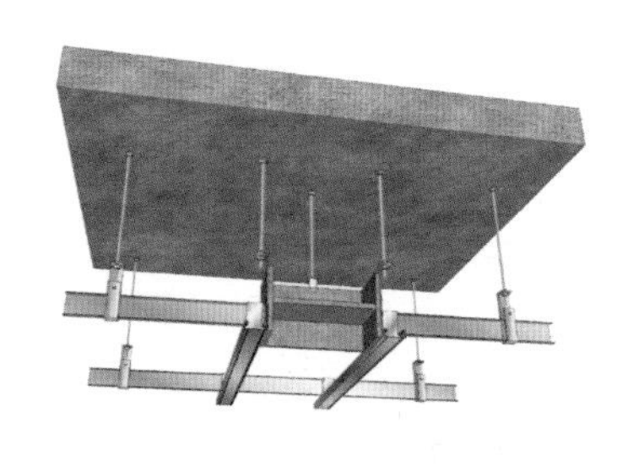

⑥ 50 mm 挂件安装，*D*50 mm 轻钢龙骨副龙骨安装，间距不大于600 mm

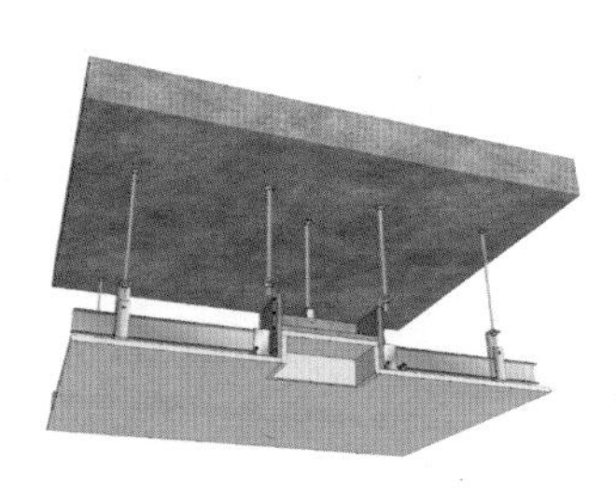

⑦ 单层 9.5 mm 厚纸面石膏板安装，石膏板长边沿纵向次龙骨铺设

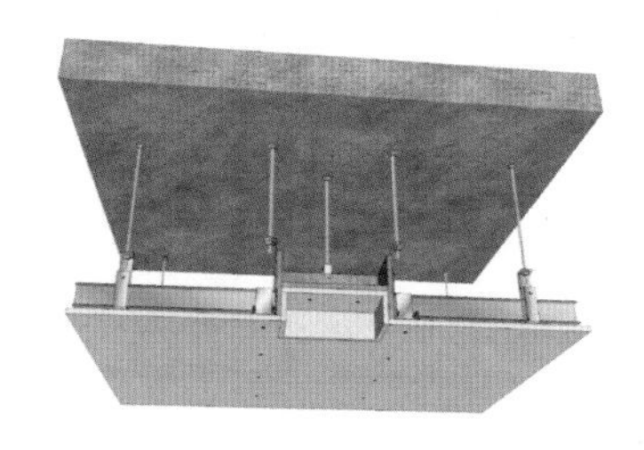

⑧ 自攻螺钉固定，螺钉间距150 ~ 170 mm

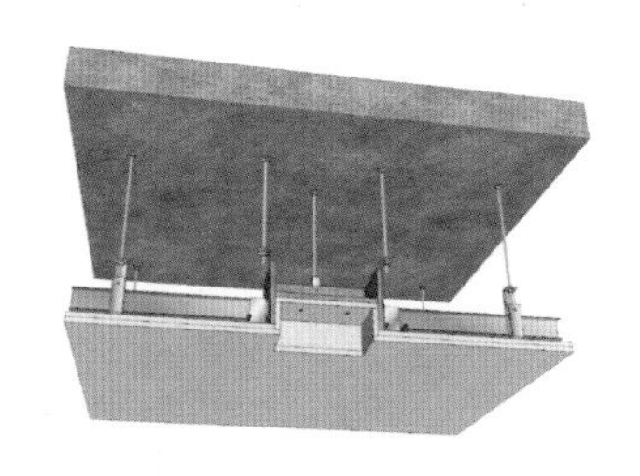

⑨ 双层 9.5 mm 厚防潮石膏板安装，面层板与基层板接缝需错开，不得设置在同一根龙骨上

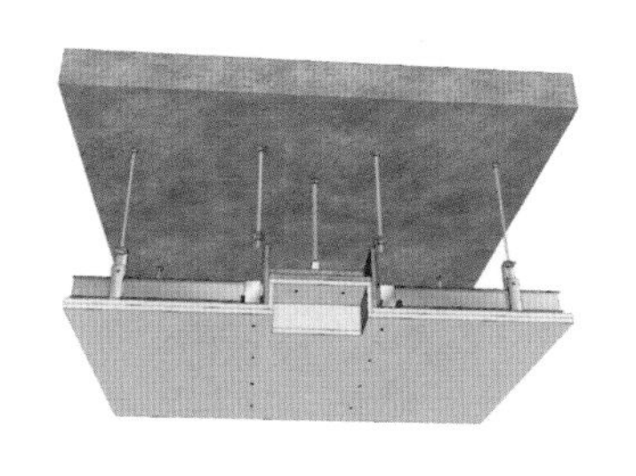

⑩ 自攻螺钉固定，螺钉间距150 ~ 170 mm

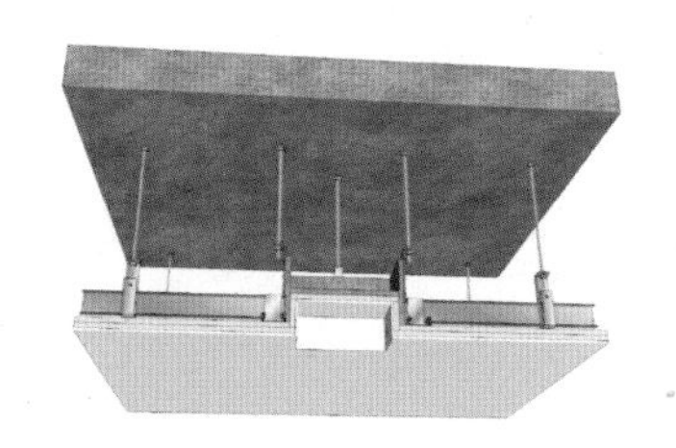

⑪ 石膏补缝、贴接缝网带，批嵌防水腻子、打磨、涂刷防水乳胶漆2 ~ 3 遍

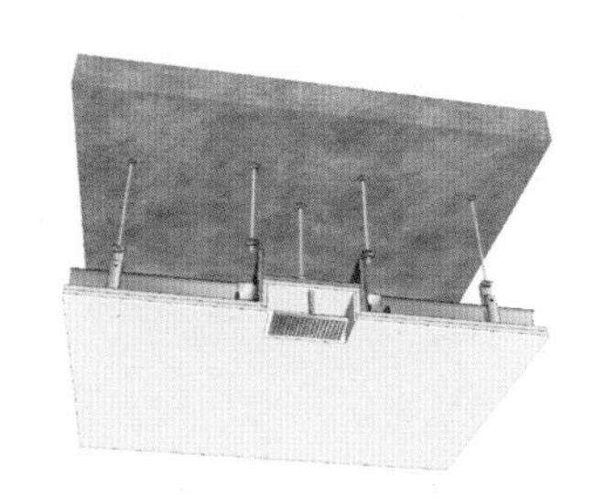

⑫ 安装花洒

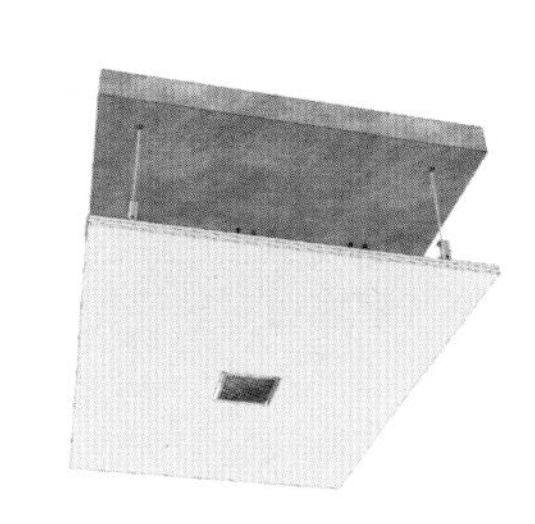

⑬ 最终效果

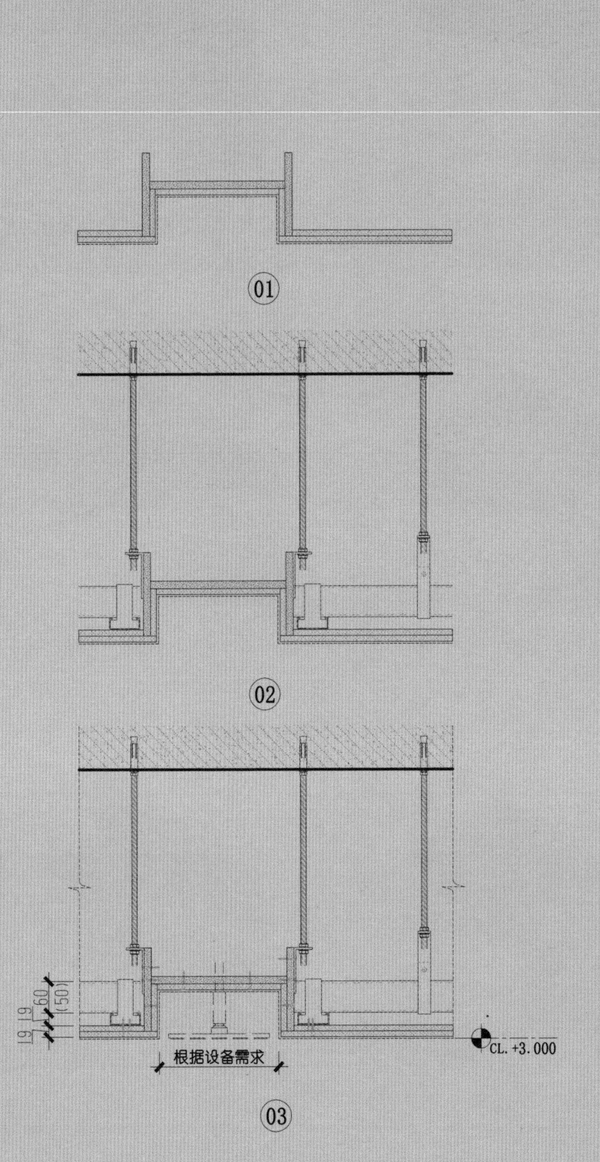
01
02
60
(50)
19
19
根据设备需求
CL. +3.000
03

绘图步骤

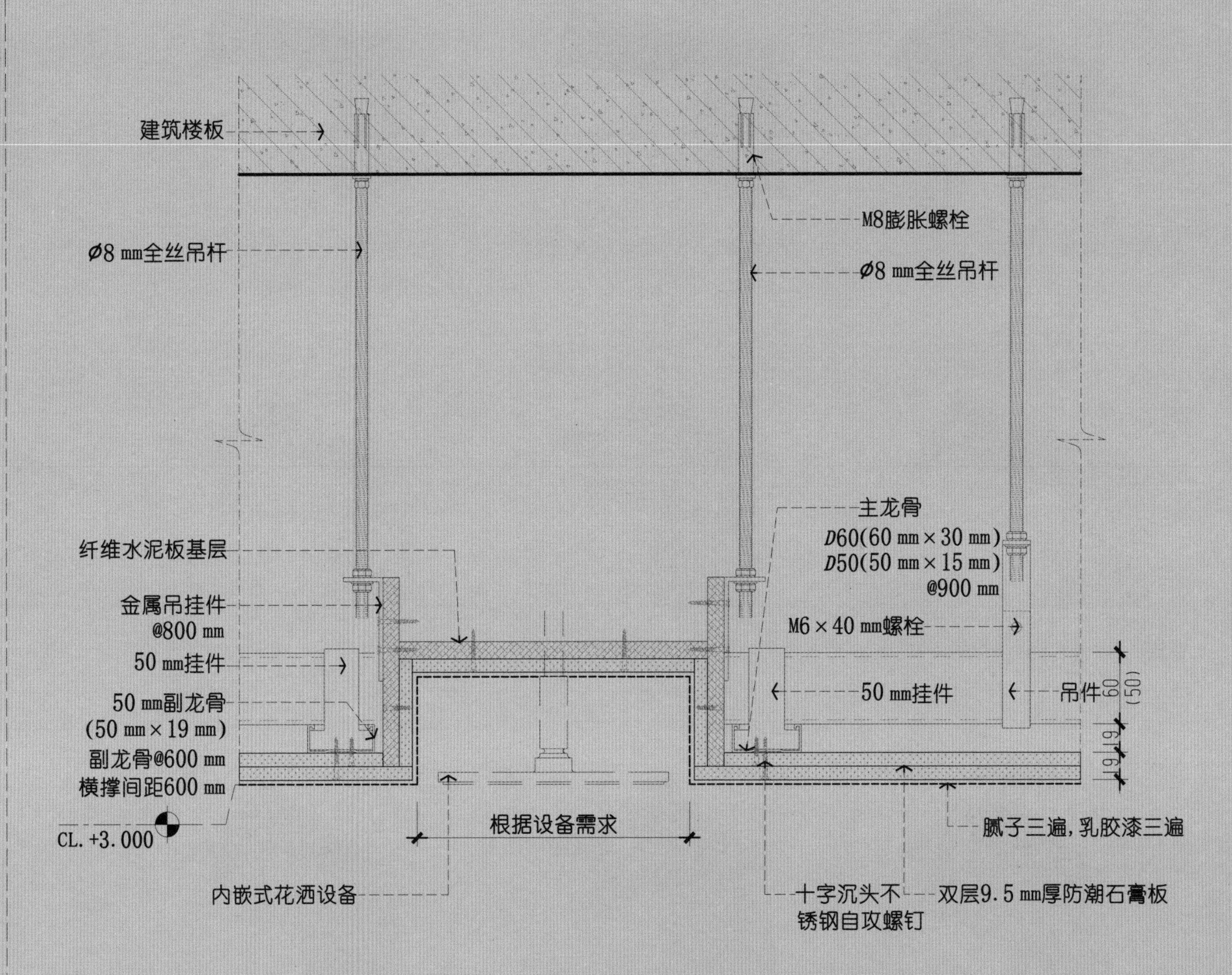
建筑楼板
M8膨胀螺栓
Ø8 mm全丝吊杆
Ø8 mm全丝吊杆
主龙骨
D60(60 mm × 30 mm)
D50(50 mm × 15 mm)
@900 mm
纤维水泥板基层
金属吊挂件
@800 mm
M6 × 40 mm螺栓
50 mm挂件
50 mm挂件
吊件
50 mm副龙骨
(50 mm × 19 mm)
副龙骨@600 mm
横撑间距600 mm
CL. +3.000
根据设备需求
腻子三遍，乳胶漆三遍
内嵌式花洒设备
十字沉头不
锈钢自攻螺钉
双层9.5 mm厚防潮石膏板
60
(50)
19
19

内嵌式花洒吊顶节点图

比例 1 ： 5

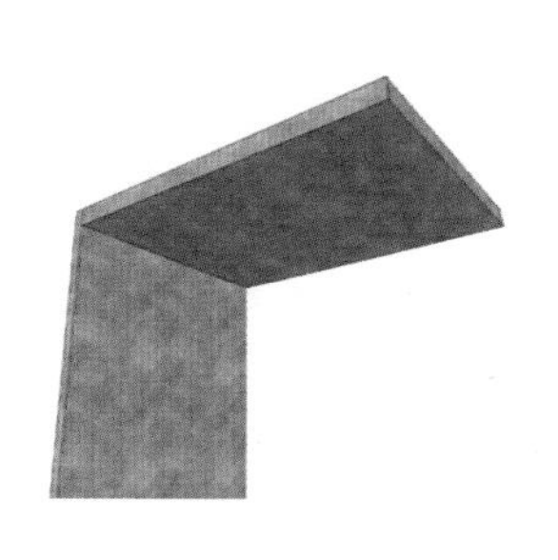

① 原建筑楼板、墙体

② 金属角码，以 M8 膨胀螺栓固定

③ 防火卷帘导轨固定

④ 墙体饰面

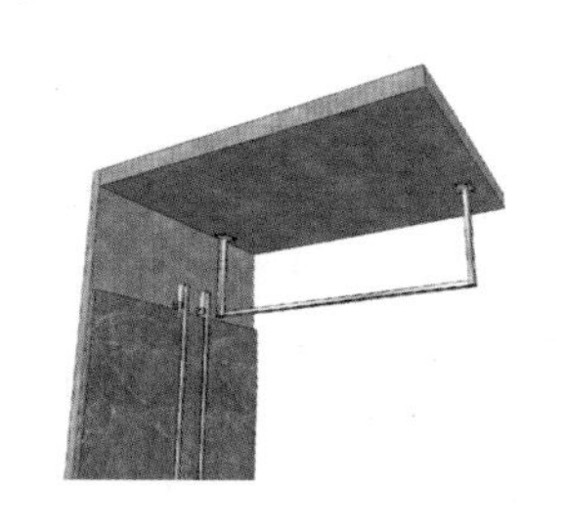

⑤ 150 mm × 150 mm × 8 mm 镀锌钢板埋件安装，5 号镀锌角钢焊接固定

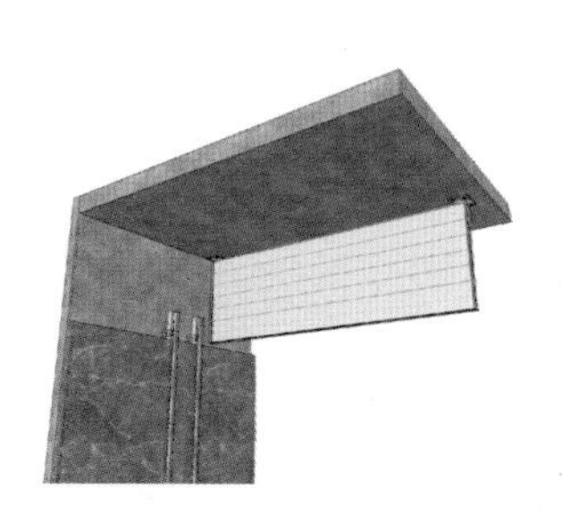

⑥ 钢制卷帘防火封堵安装固定

⑦ 无纺布防火卷帘安装固定

⑧ M8 膨胀螺栓、Φ8 mm 全丝吊杆、吊件安装

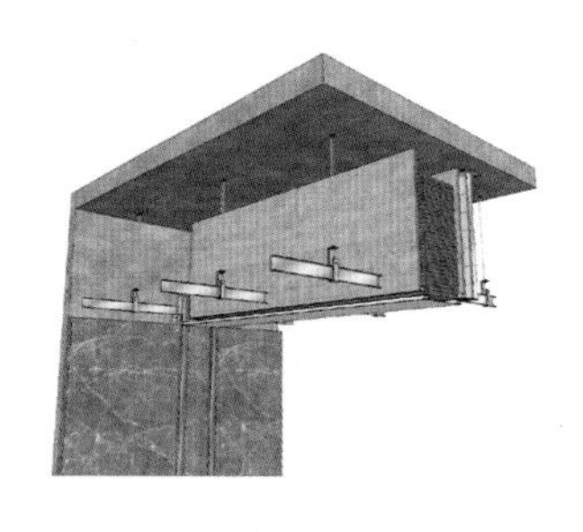

⑨ *D*50 mm 或 *D*60 mm 轻钢龙骨主龙骨安装，间距不大于 1200 mm

⑩ 50 mm 挂件安装，*D*50 mm 轻钢龙骨副龙骨安装，间距不大于 600 mm

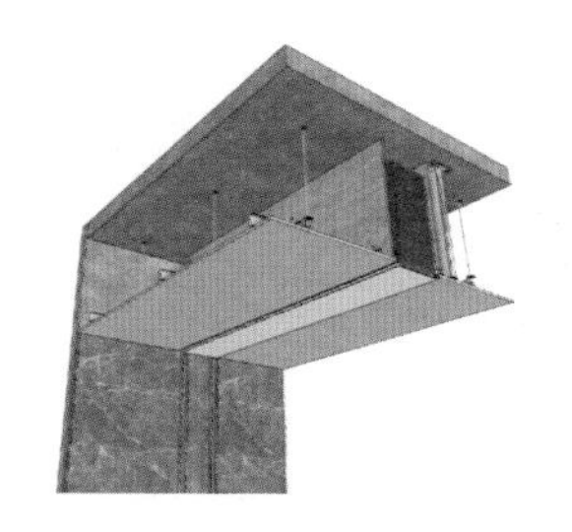

⑪ 单层 9.5 mm 厚纸面石膏板安装，石膏板长边沿纵向次龙骨铺设

⑫ 自攻螺钉固定，螺钉间距 150 ~ 170 mm

⑬ 双层 9.5 mm 厚纸面石膏板安装，面层板与基层板接缝需错开，不得设置在同一根龙骨上

⑭ 自攻螺钉固定，螺钉间距 150 ~ 170 mm，金属护角条安装

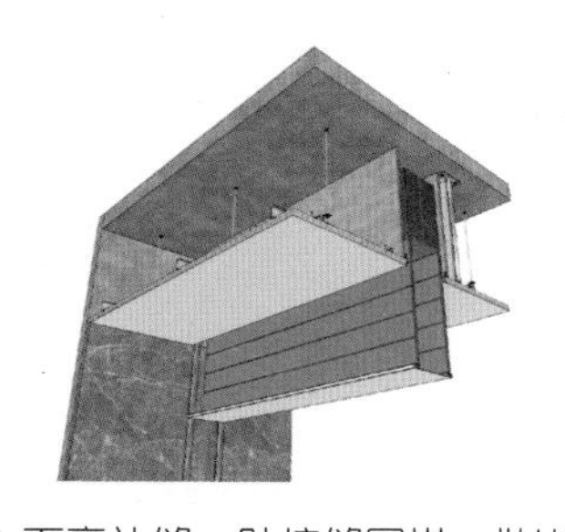

⑮ 石膏补缝、贴接缝网带，批嵌腻子、打磨、涂刷乳胶漆 2 ~ 3 遍

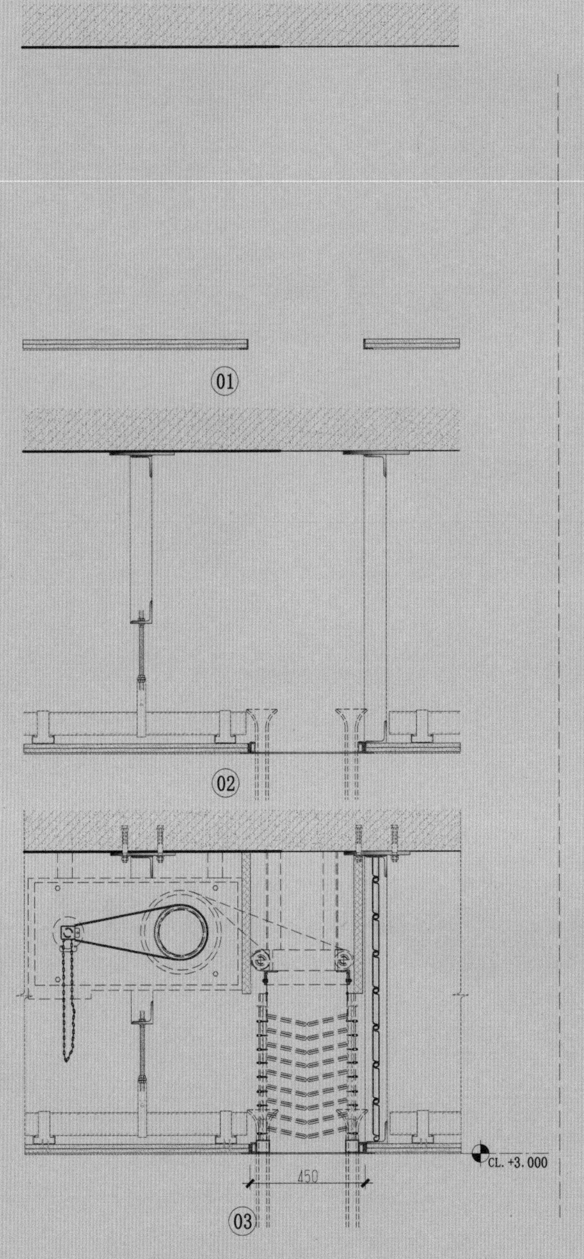
01
02
CL. +3.000
450
03

绘图步骤

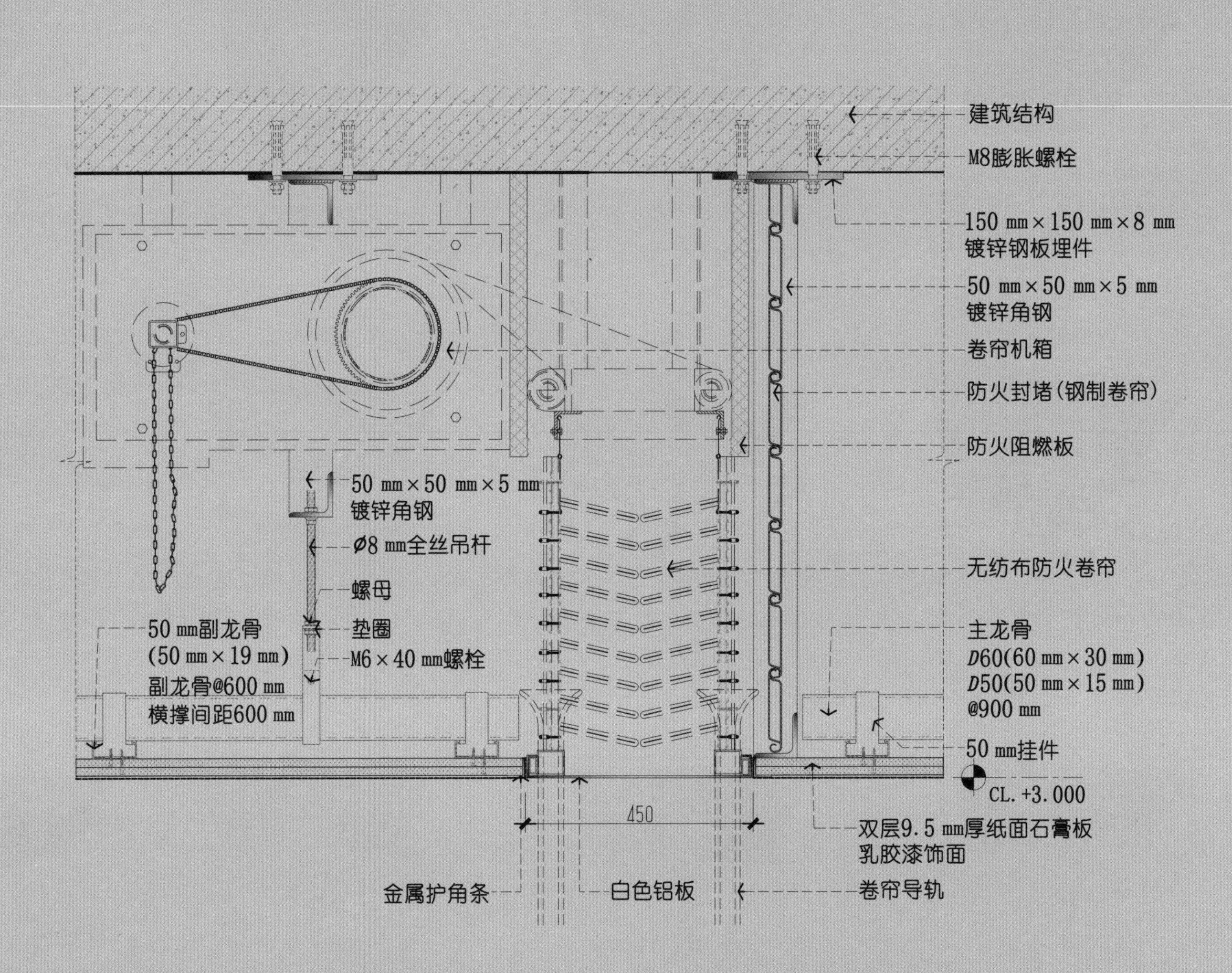
建筑结构
M8膨胀螺栓
150 mm×150 mm×8 mm
镀锌钢板埋件
50 mm×50 mm×5 mm
镀锌角钢
卷帘机箱
防火封堵(钢制卷帘)
防火阻燃板
50 mm×50 mm×5 mm
镀锌角钢
Ø8 mm全丝吊杆
螺母
垫圈
M6×40 mm螺栓
无纺布防火卷帘
50 mm副龙骨
(50 mm×19 mm)
副龙骨@600 mm
横撑间距600 mm
主龙骨
D60(60 mm×30 mm)
D50(50 mm×15 mm)
@900 mm
50 mm挂件
CL. +3.000
450
双层9.5 mm厚纸面石膏板
乳胶漆饰面
金属护角条
白色铝板
卷帘导轨

吊顶无纺布防火卷帘节点图

比例 1 ： 8

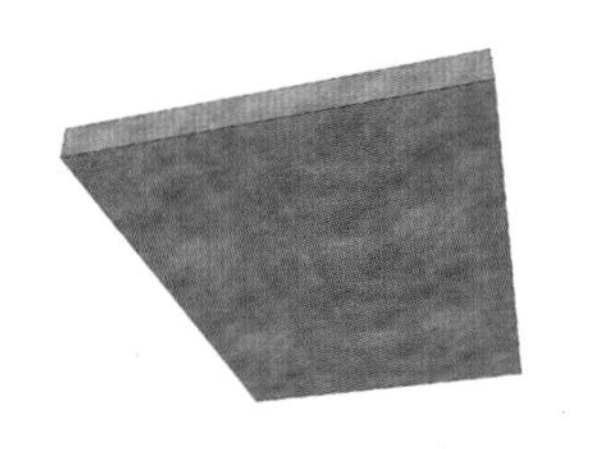

① 原建筑楼板

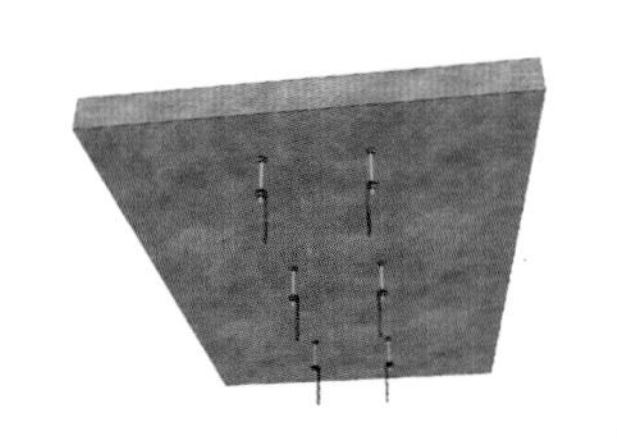

② M8 膨胀螺栓、Φ8 mm 全丝吊杆安装，金属吊挂件间距 800 mm

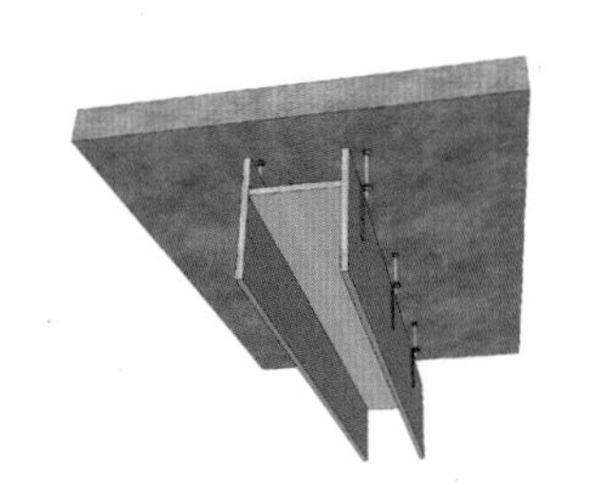

③ 18 mm 厚阻燃板基层安装，自攻螺钉固定

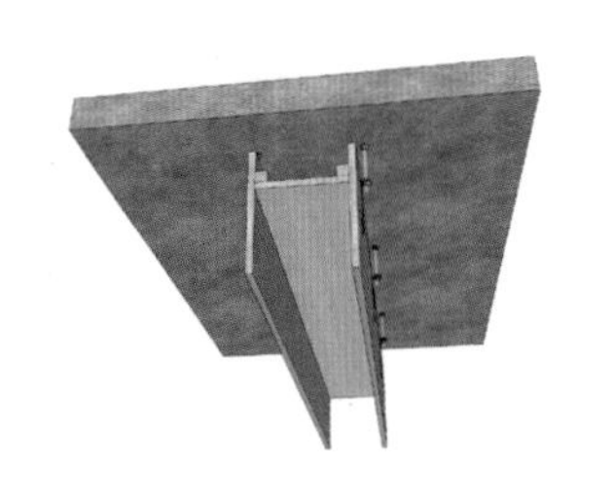

④ 30 mm × 30 mm 木方龙骨阻燃处理

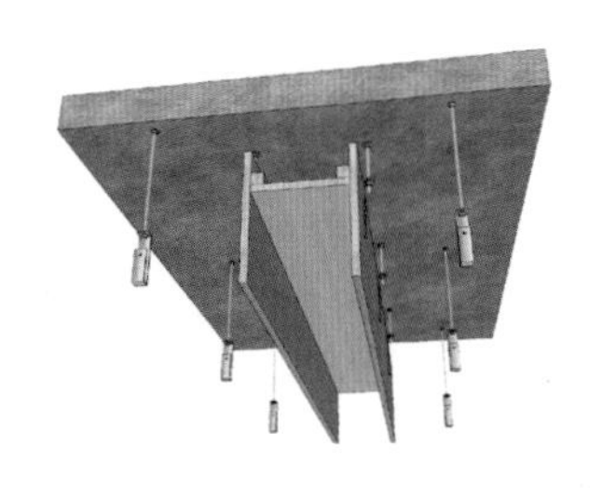

⑤ M8 膨胀螺栓、Φ8 mm 全丝吊杆、吊件安装

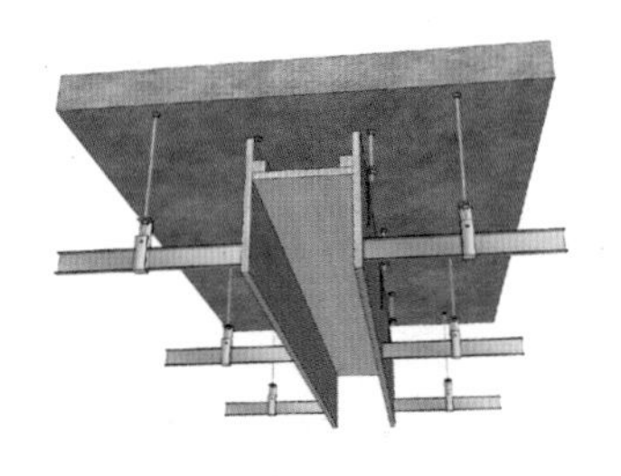

⑥ *D*50 mm 或 *D*60 mm 轻钢龙骨主龙骨安装，间距不大于 1200 mm

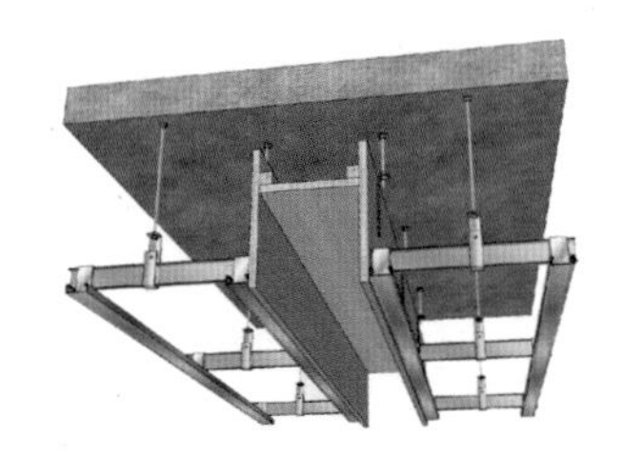

⑦ 50 mm 挂件安装，*D*50 mm 轻钢龙骨副龙骨安装，间距不大于 600 mm

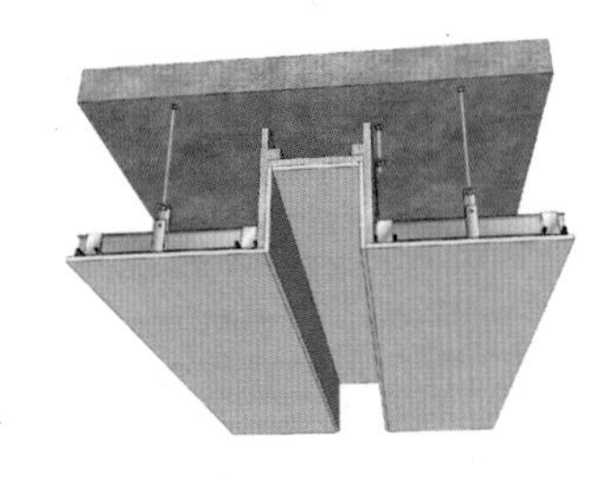

⑧ 单层 9.5 mm 厚纸面石膏板安装，石膏板长边沿纵向次龙骨铺设

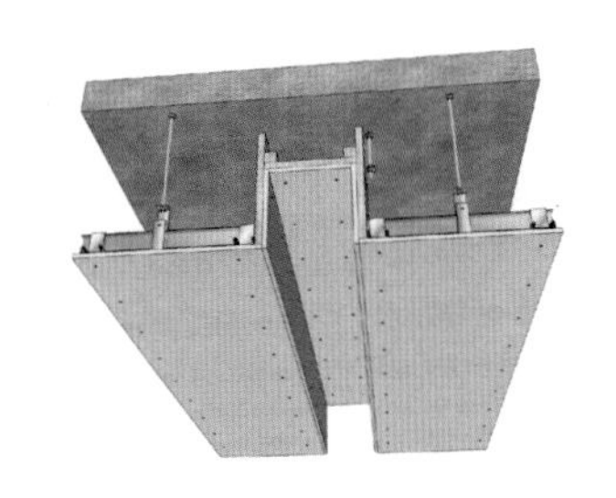

⑨ 自攻螺钉固定

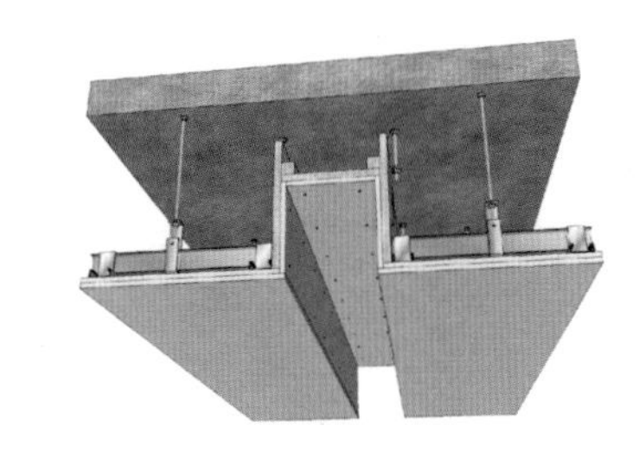

⑩ 双层 9.5 mm 厚纸面石膏板安装，面层板与基层板接缝需错开，不得设置在同一根龙骨上

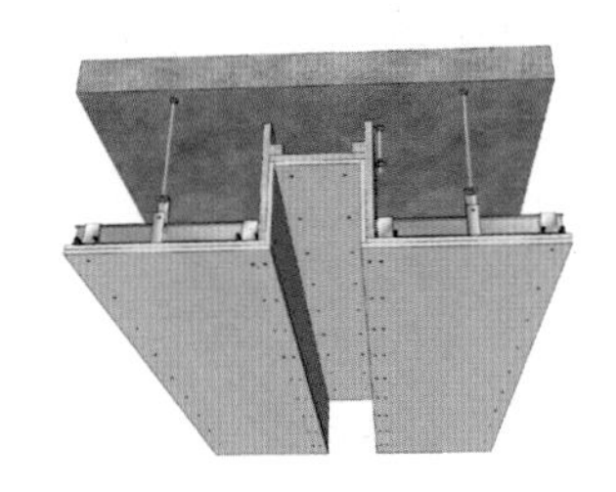

⑪ 自攻螺钉固定，螺钉间距 150 ~ 170 mm

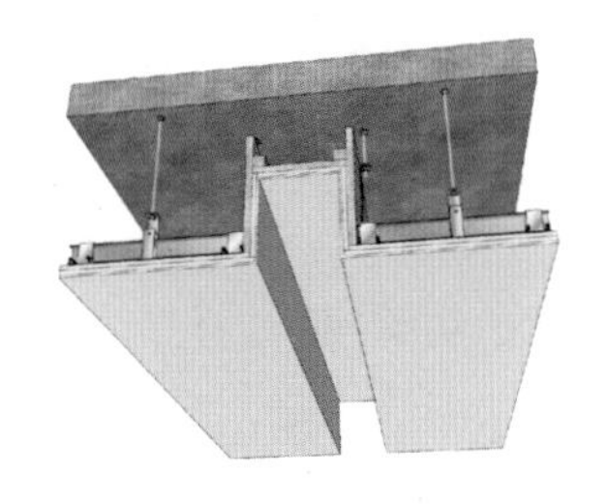

⑫ 石膏补缝、贴接缝网带，批嵌腻子、打磨、涂刷乳胶漆 2 ~ 3 遍

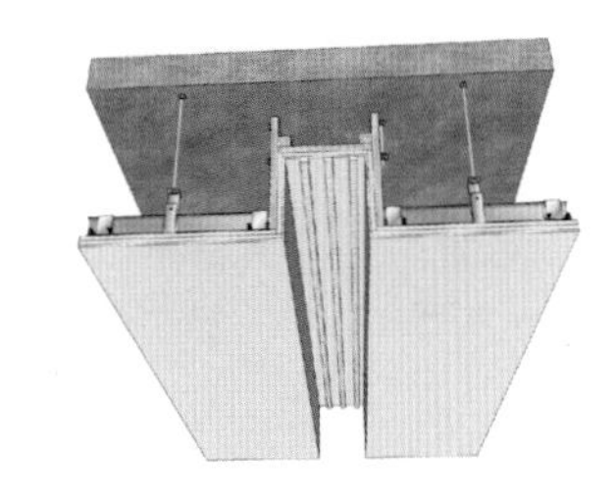

⑬ 安装 LED 灯带

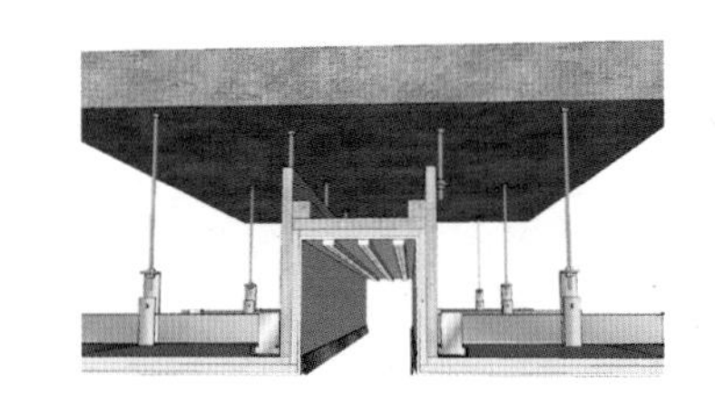

⑭ 安装软膜专用卡件

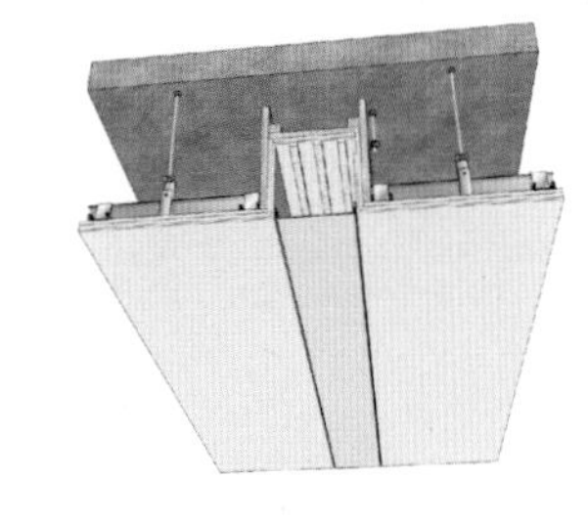

⑮ 安装透光软膜

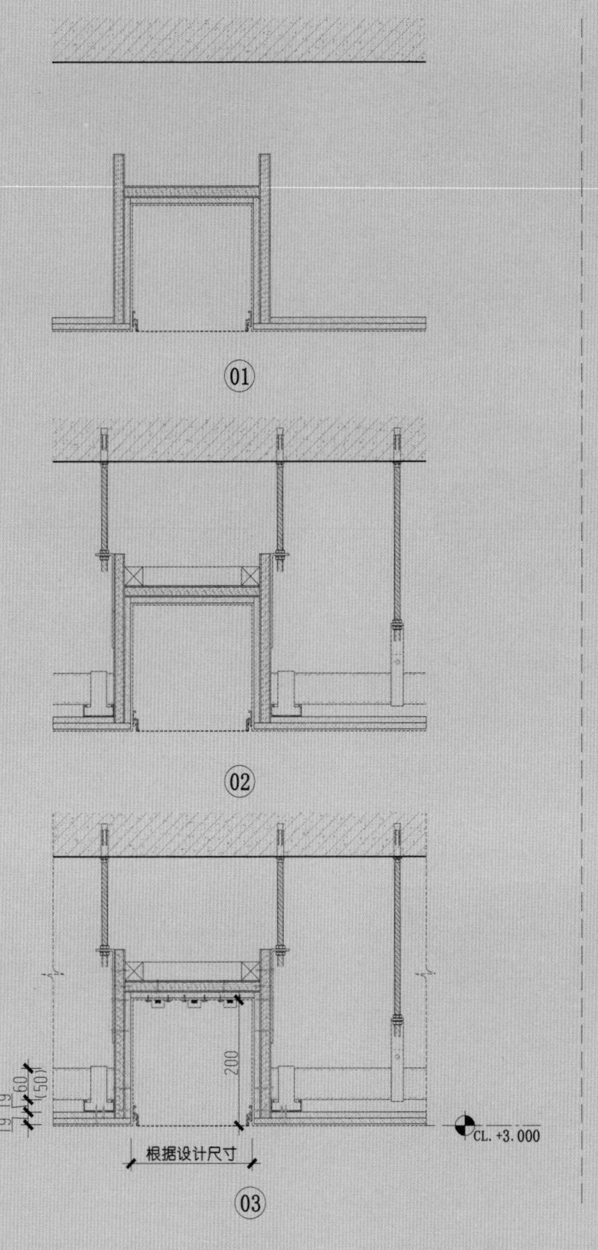
01
02
200
19 19 60 (50)
CL. +3.000
根据设计尺寸
03

绘图步骤

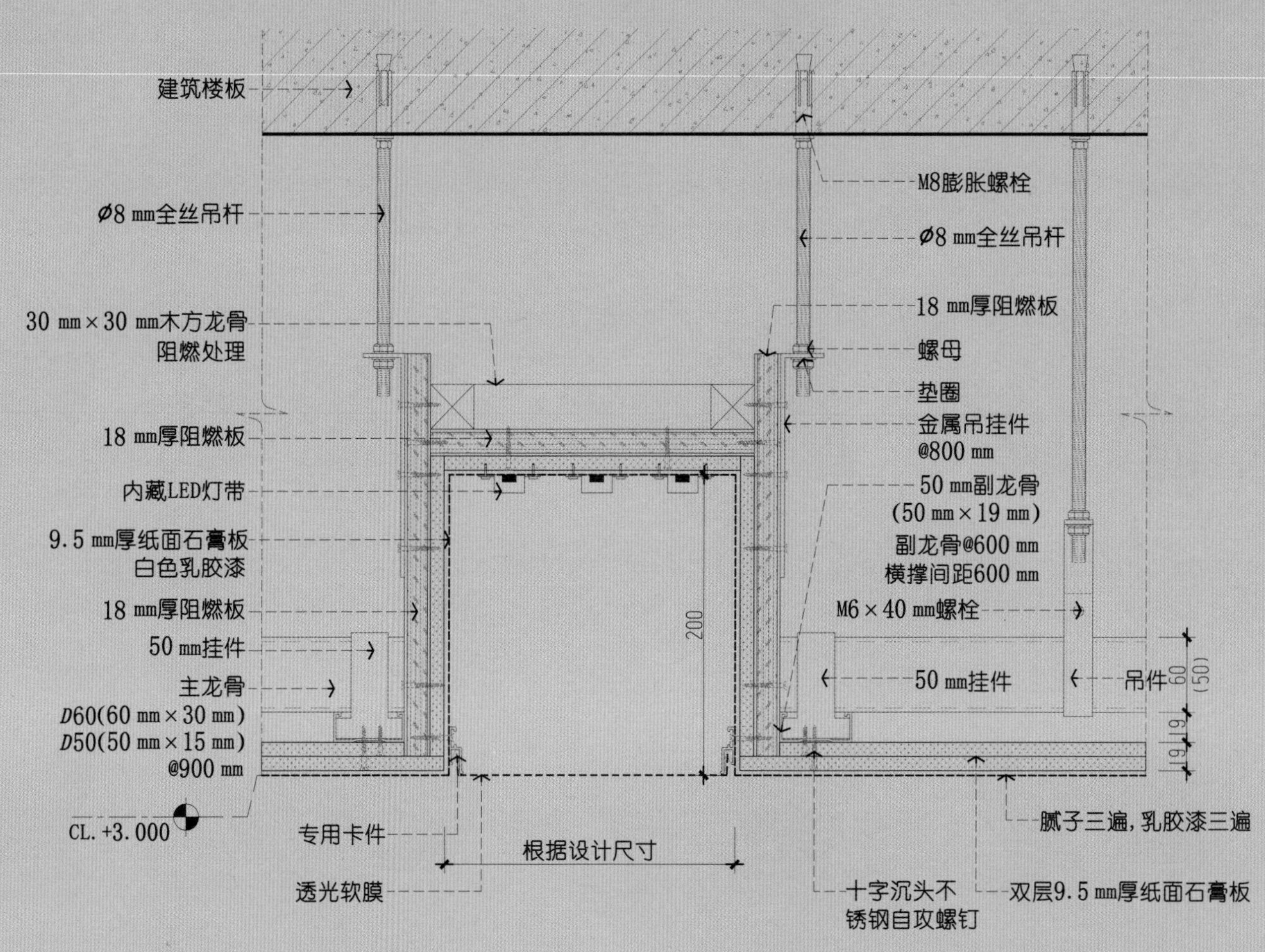
建筑楼板
Ø8 mm全丝吊杆
30 mm×30 mm木方龙骨
阻燃处理
18 mm厚阻燃板
内藏LED灯带
9.5 mm厚纸面石膏板
白色乳胶漆
18 mm厚阻燃板
50 mm挂件
主龙骨
D60(60 mm×30 mm)
D50(50 mm×15 mm)
@900 mm
CL. +3.000
专用卡件
透光软膜
根据设计尺寸
200
M8膨胀螺栓
Ø8 mm全丝吊杆
18 mm厚阻燃板
螺母
垫圈
金属吊挂件
@800 mm
50 mm副龙骨
(50 mm×19 mm)
副龙骨@600 mm
横撑间距600 mm
M6×40 mm螺栓
50 mm挂件
吊件
60 (50)
19
19
腻子三遍，乳胶漆三遍
十字沉头不
锈钢自攻螺钉
双层9.5 mm厚纸面石膏板

吊顶软膜天花灯箱节点图

比例 1 ： 5

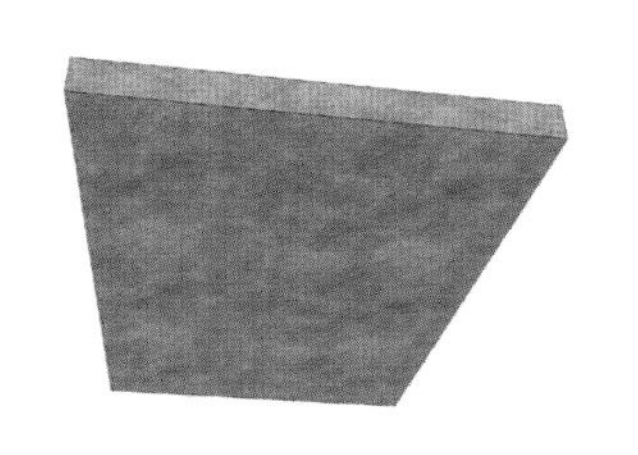

① 原建筑楼板

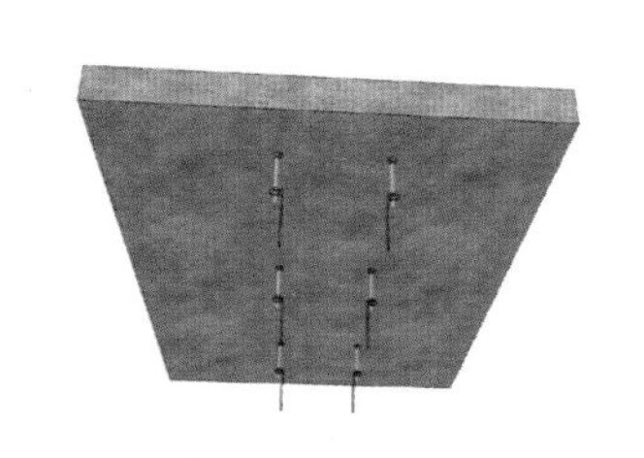

② M8 膨胀螺栓、Φ8 mm 全丝吊杆安装，金属吊挂件间距 800 mm

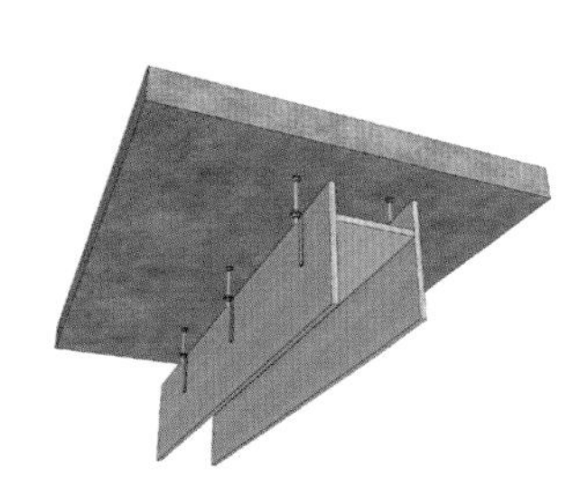

③ 18 mm 厚阻燃板基层安装

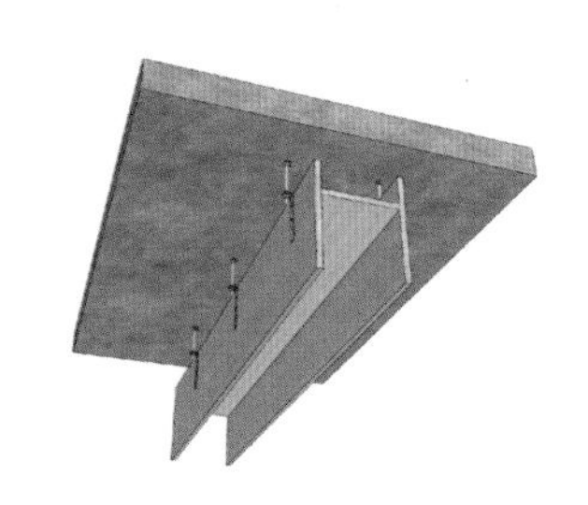

④ 自攻螺钉固定

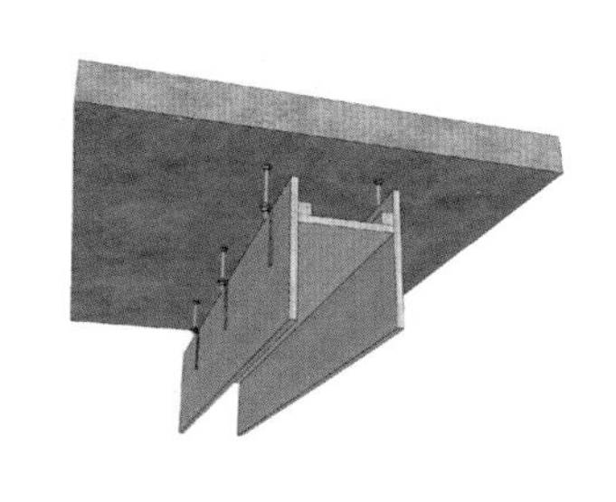

⑤ 30 mm × 30 mm 木方龙骨阻燃处理

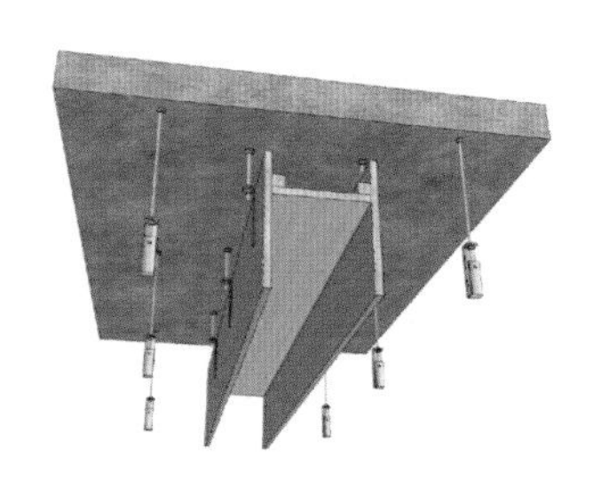

⑥ M8 膨胀螺栓、Φ8 mm 全丝吊杆、吊件安装

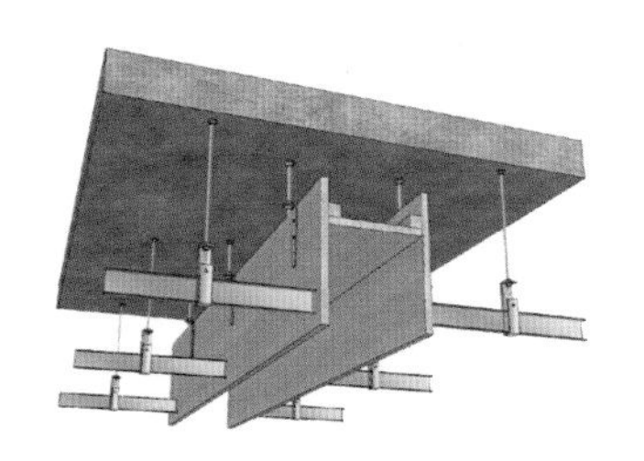

⑦ D50 mm 或 D60 mm 轻钢龙骨主龙骨安装，间距不大于 1200 mm

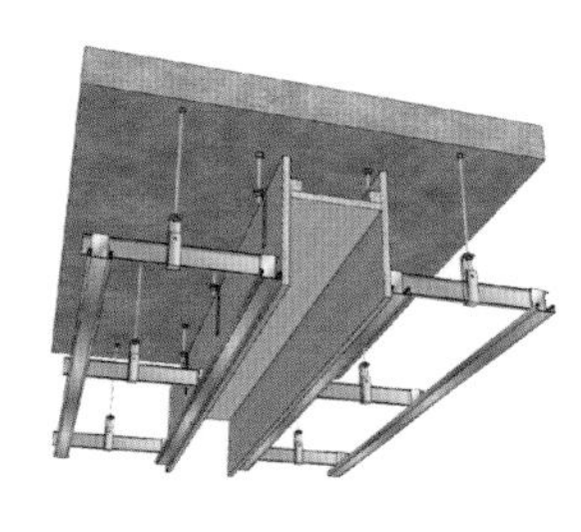

⑧ 50 mm 挂件安装，D50 mm 轻钢龙骨副龙骨安装，间距不大于 600 mm

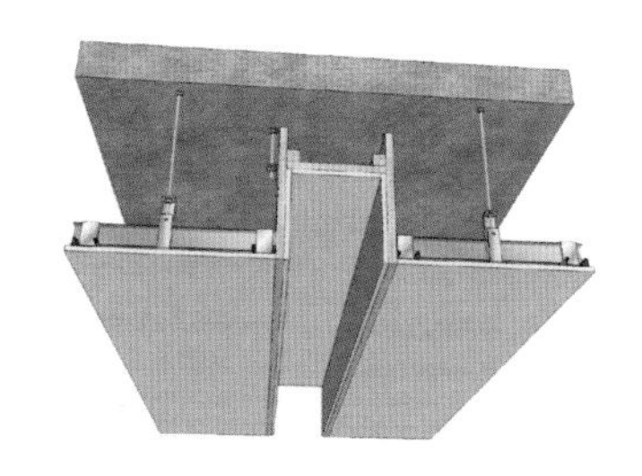

⑨ 单层 9.5 mm 厚纸面石膏板安装，石膏板长边沿纵向次龙骨铺设

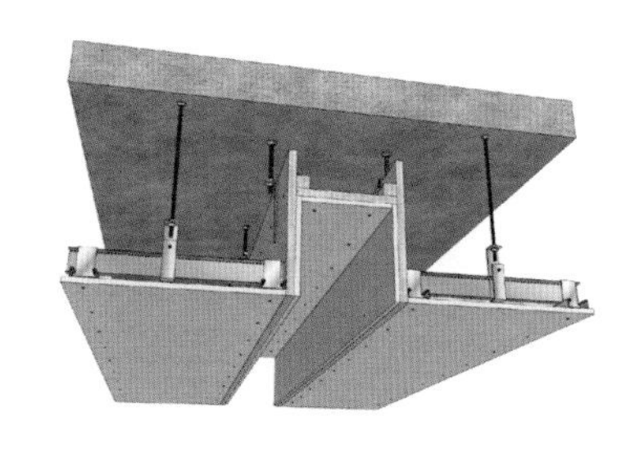

⑩ 自攻螺钉固定，螺钉间距 150 ~ 170 mm

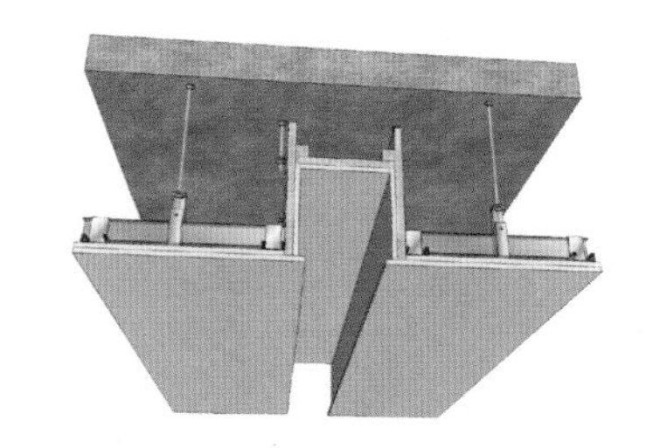

⑪ 双层 9.5 mm 厚纸面石膏板安装，面层板与基层板接缝需错开，不得设置在同一根龙骨上

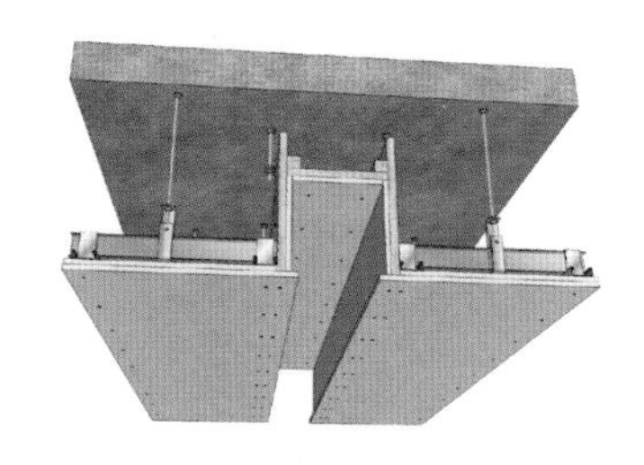

⑫ 自攻螺钉固定，螺钉间距 150 ~ 170 mm

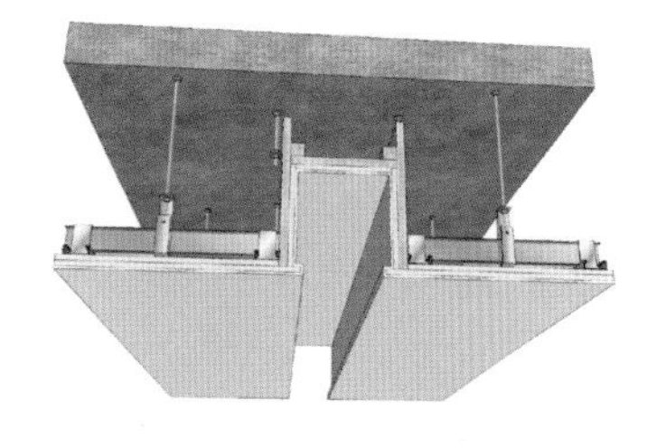

⑬ 石膏补缝、贴接缝网带，批嵌腻子、打磨、涂刷乳胶漆 2 ~ 3 遍

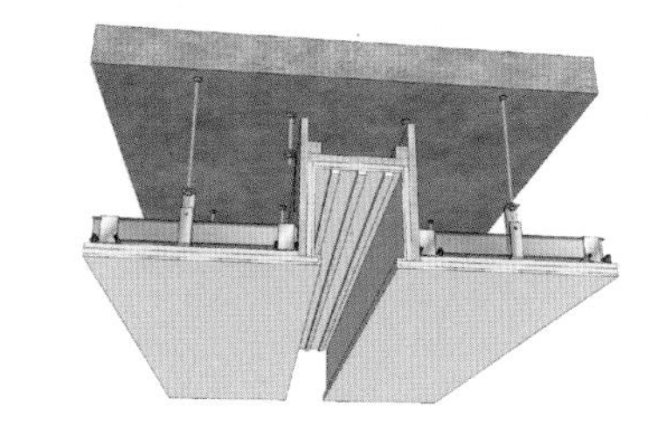

⑭ 安装 LED 灯带

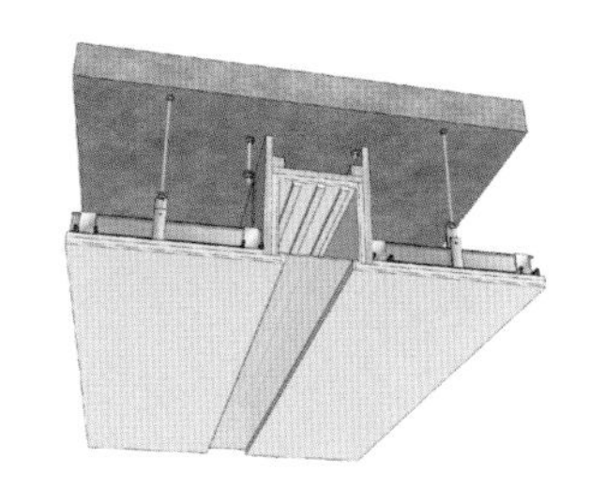

⑮ 安装亚克力透光板

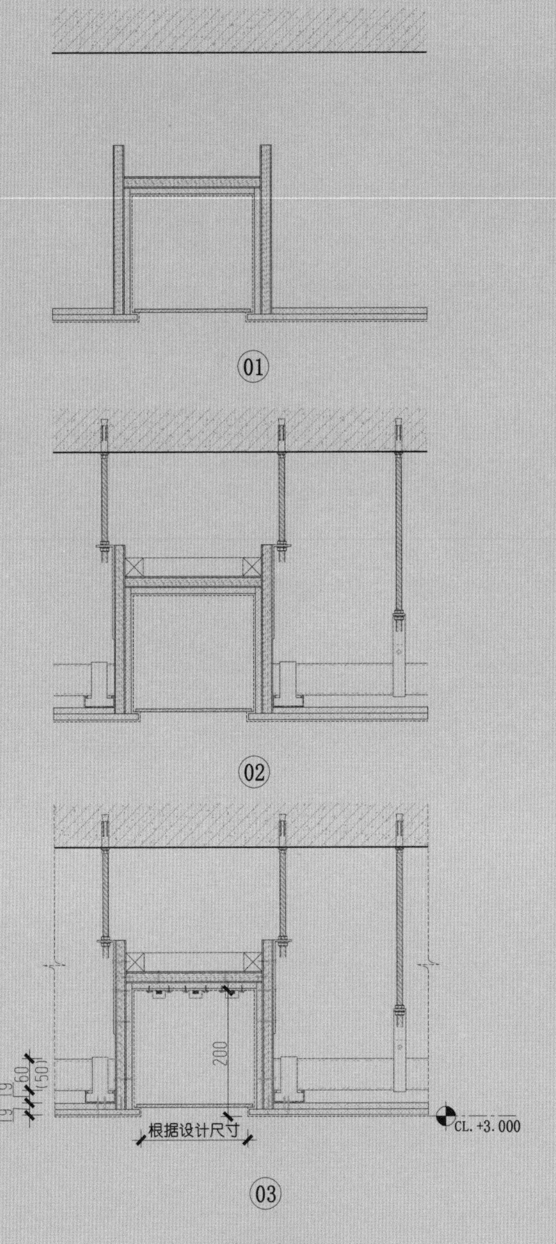

01
02
200
60
(50)
9
9
根据设计尺寸
CL. +3.000
03

绘图步骤

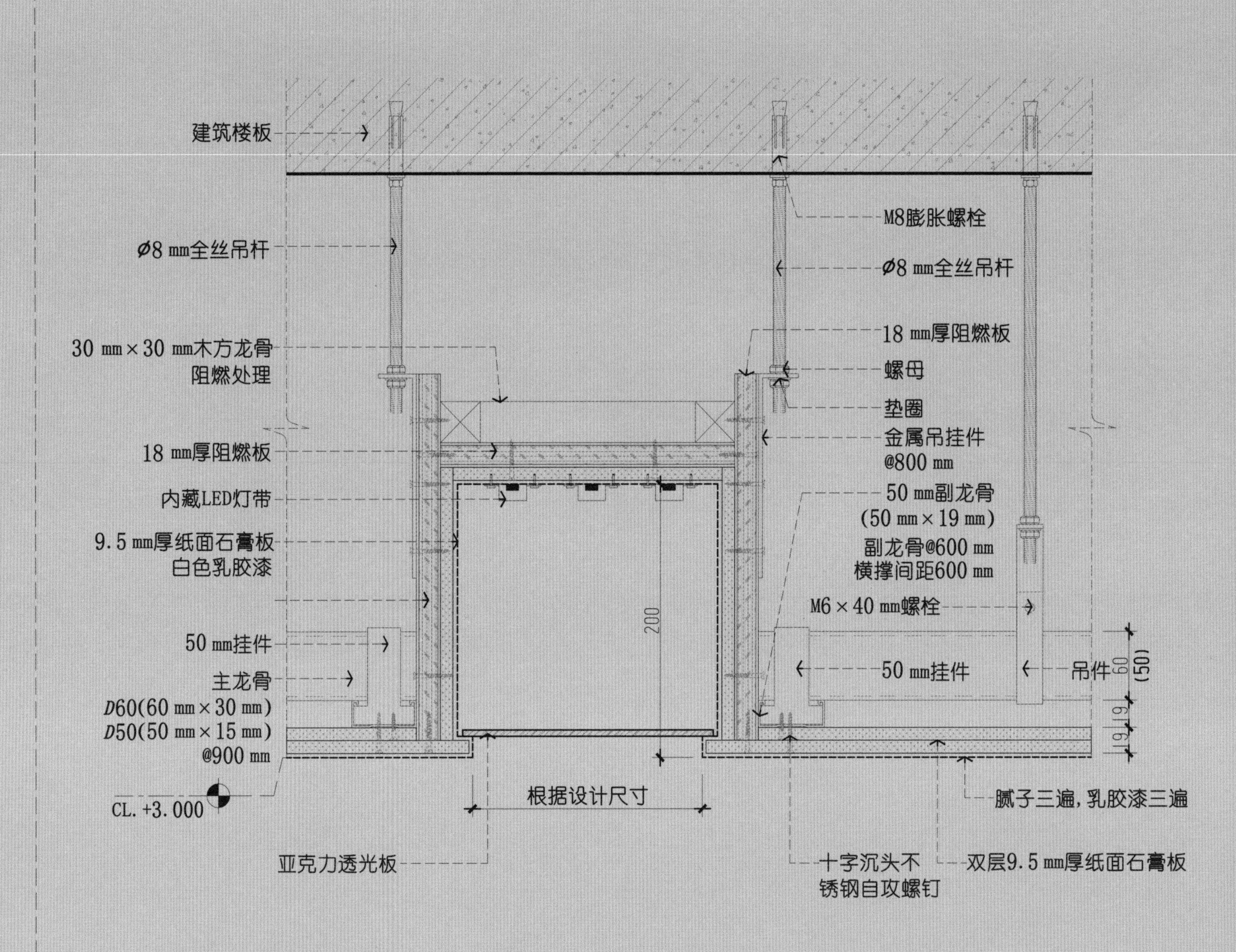

建筑楼板
Ø8 mm全丝吊杆
30 mm×30 mm木方龙骨
阻燃处理
18 mm厚阻燃板
内藏LED灯带
9.5 mm厚纸面石膏板
白色乳胶漆
50 mm挂件
主龙骨
D60(60 mm×30 mm)
D50(50 mm×15 mm)
@900 mm
CL. +3.000
M8膨胀螺栓
Ø8 mm全丝吊杆
18 mm厚阻燃板
螺母
垫圈
金属吊挂件
@800 mm
50 mm副龙骨
(50 mm×19 mm)
副龙骨@600 mm
横撑间距600 mm
M6×40 mm螺栓
50 mm挂件
吊件
200
60
(50)
9
9
根据设计尺寸
腻子三遍，乳胶漆三遍
亚克力透光板
十字沉头不
锈钢自攻螺钉
双层9.5 mm厚纸面石膏板

吊顶亚克力灯箱节点图

比例 1 ： 5

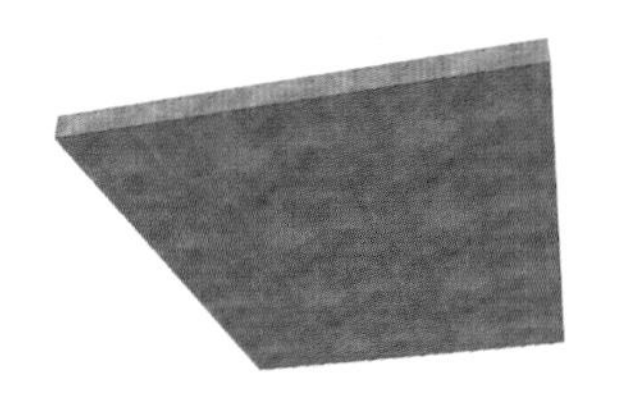

① 原建筑楼板

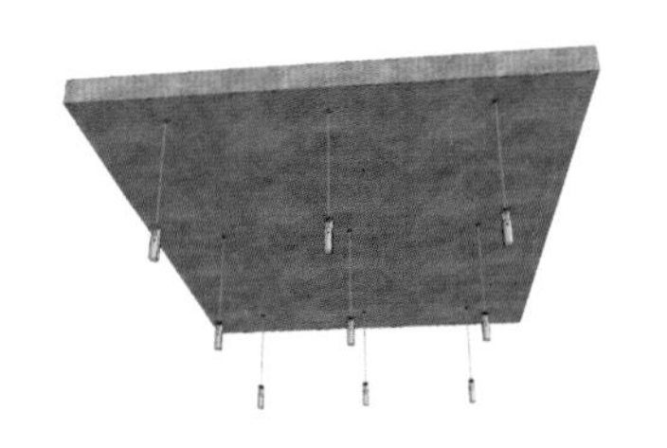

② M8 膨胀螺栓、Φ8 mm 全丝吊杆、吊件安装

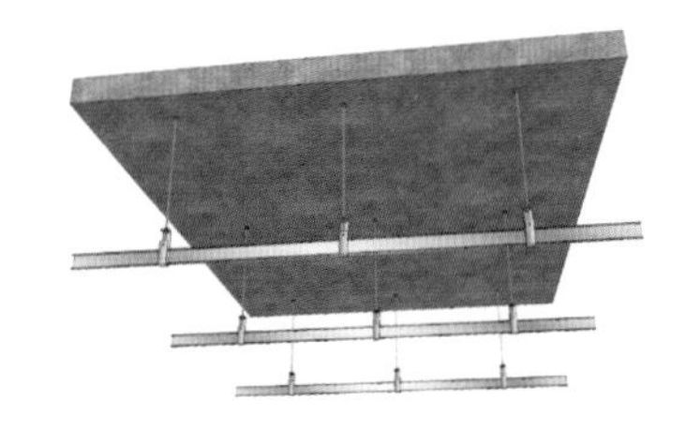

③ *D*50 mm 或 *D*60 mm 轻钢龙骨主龙骨安装，间距不大于 1200 mm

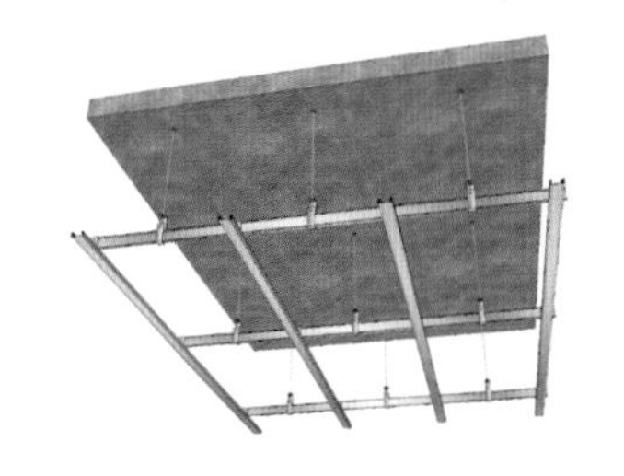

④ 50 mm 挂件安装，*D*50 mm 轻钢龙骨副龙骨安装，间距不大于 600 mm

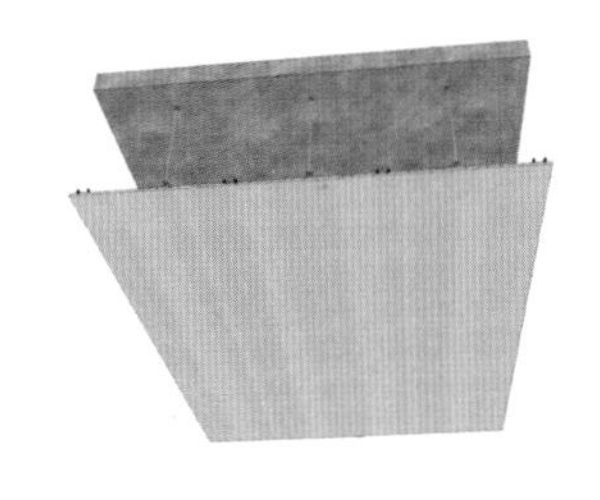

⑤ 12 mm 厚阻燃板基层安装

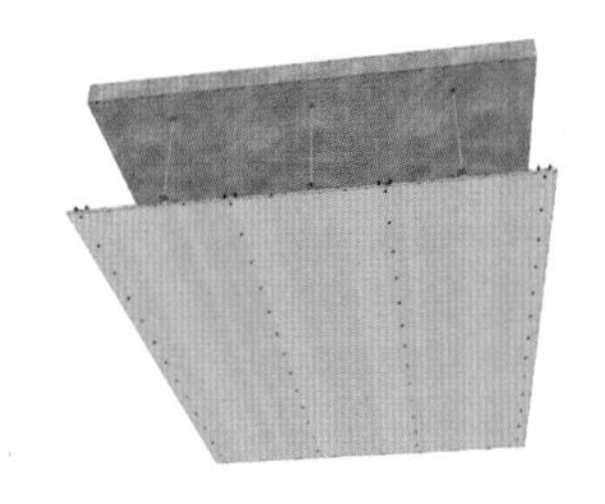

⑥ 自攻螺钉固定

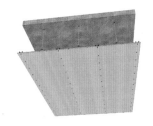

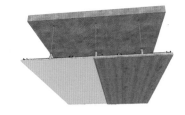

⑦ 专用胶黏剂固定

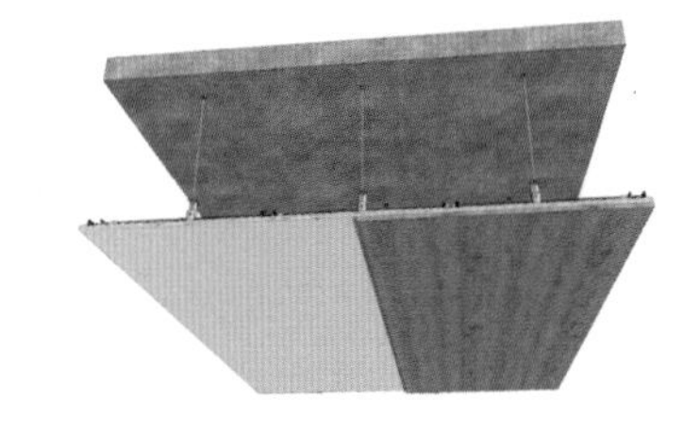

⑧ 成品木饰面板粘贴固定

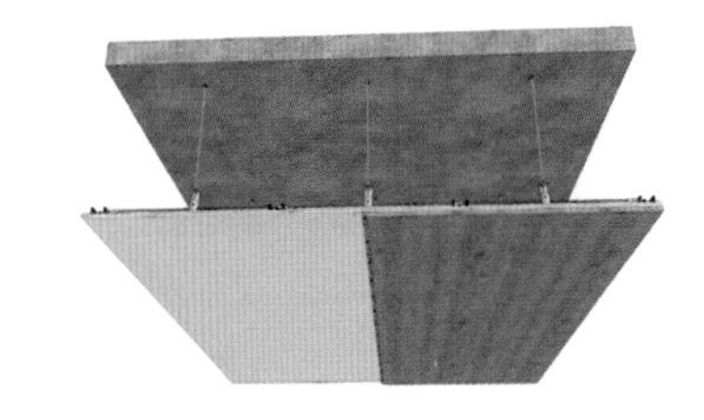

⑨ 自攻螺钉固定

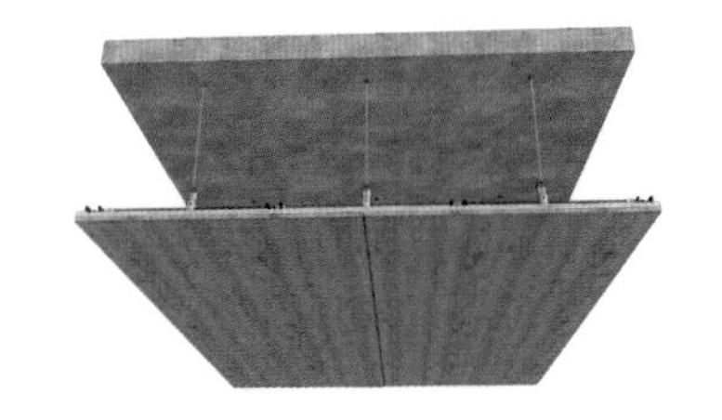

⑩ 木饰面分块以此安装固定

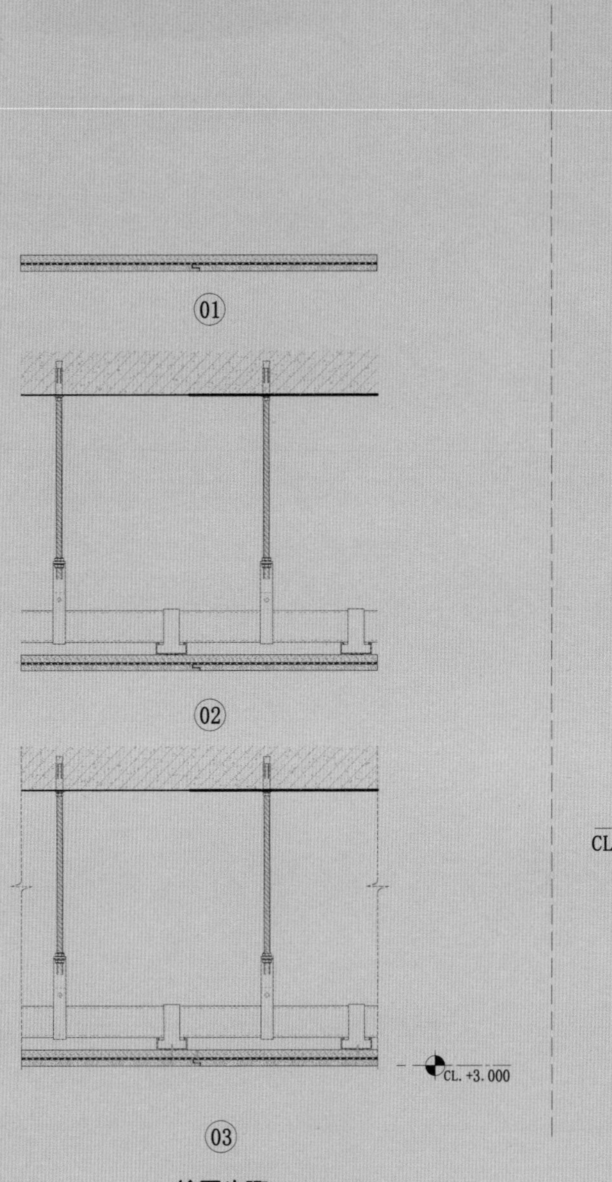

01
02
CL. +3.000
03

绘图步骤

建筑楼板

M8膨胀螺栓

M8膨胀螺栓

Ø8 mm全丝吊杆

Ø8 mm全丝吊杆

螺母

垫圈

螺母

垫圈

M6 × 40 mm螺栓

主龙骨
D60(60 mm × 30 mm)
D50(50 mm × 15 mm)
@900 mm

M6 × 40 mm螺栓

50 mm挂件

50 mm副龙骨
(50 mm × 19 mm)
副龙骨@600 mm
横撑间距600 mm

CL. +3.000

专用胶黏剂

十字沉头不锈钢自攻螺钉

12 mm厚防火阻燃夹板

木饰面企口缝

成品免漆木饰面

吊顶木饰面天花节点图

比例 1 : 5

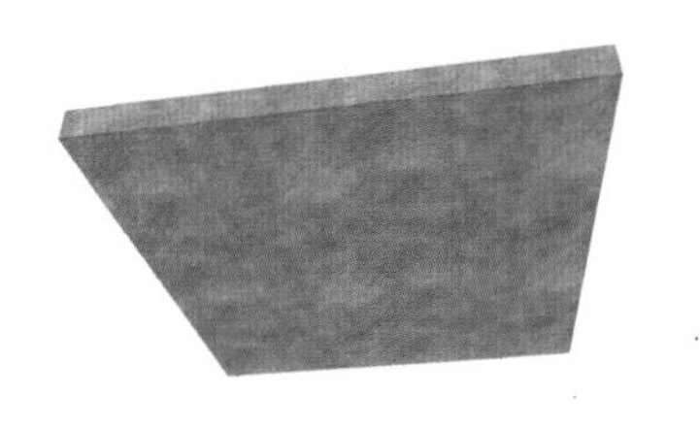

① 原建筑楼板

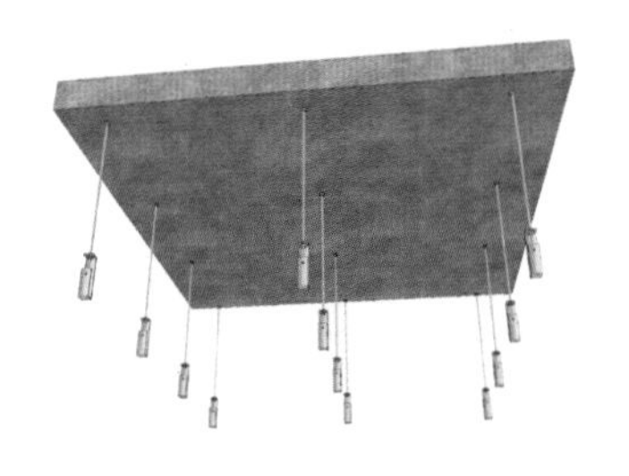

② M8 膨胀螺栓、Φ8 mm 全丝吊杆、吊件安装

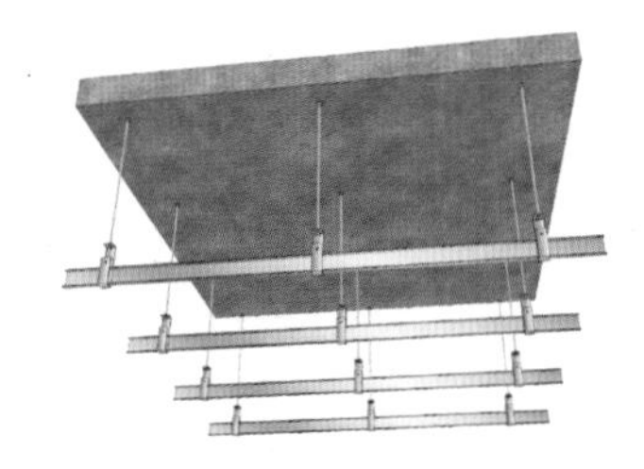

③ 50 mm 主龙骨安装，间距不大于 1200 mm

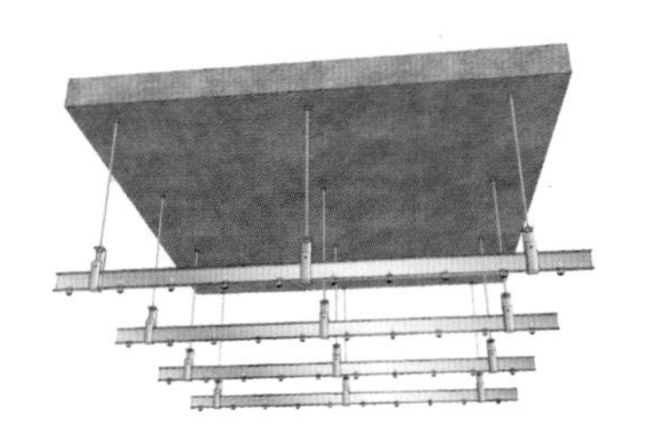

④ 6 mm 螺栓固定

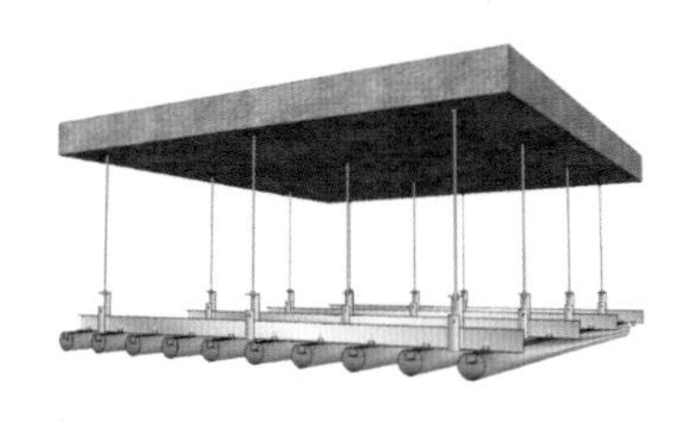

⑤ 金属圆管安装（间距根据设计要求布置）

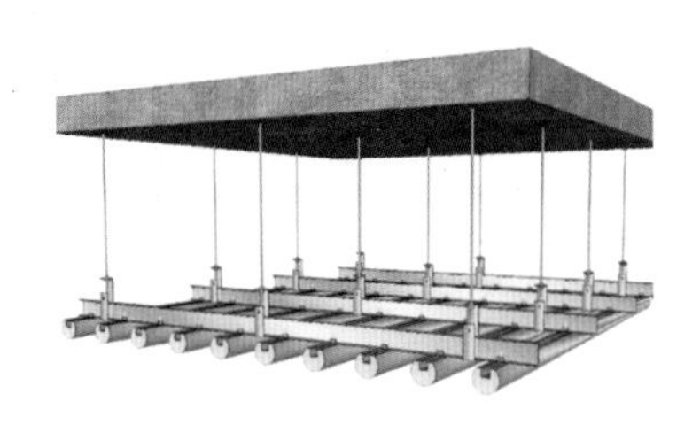

⑥ 安装端头盖板

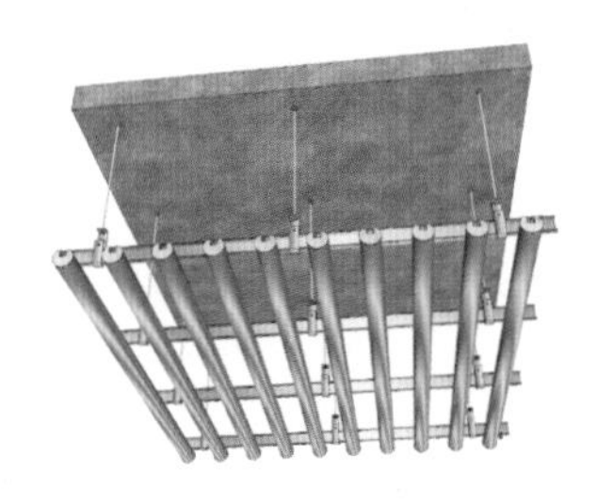

⑦ 完工效果

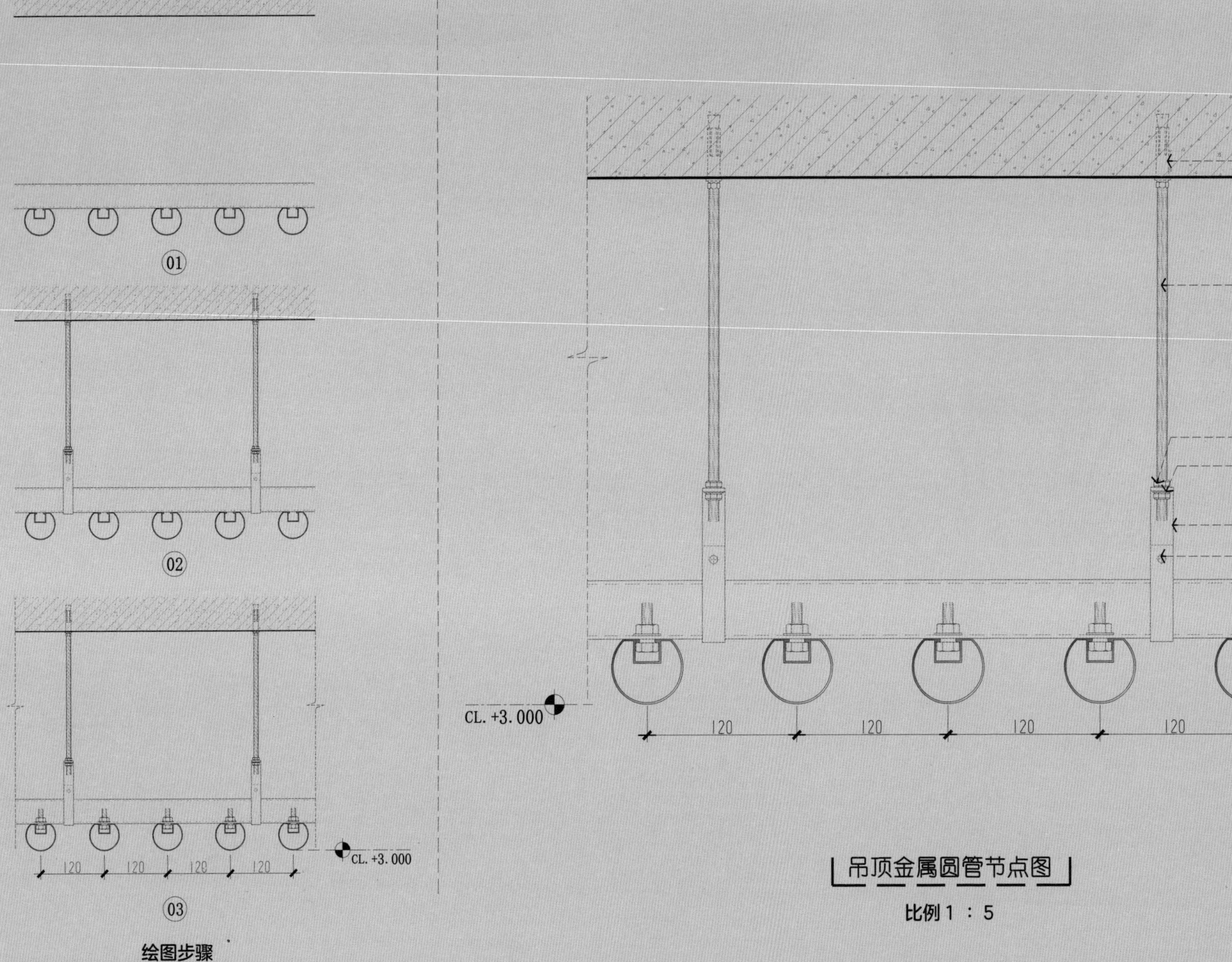
01
02
120
120
120
120
CL. +3.000
03
建筑结构
M8膨胀螺栓
Ø8 mm全丝吊杆
螺母
垫圈
50 mm主龙骨吊码
M6×40 mm螺栓
50 mm主龙骨
6 mm螺栓
金属圆管天花
CL. +3.000
120
120
120
120

绘图步骤

吊顶金属圆管节点图

比例1 ： 5

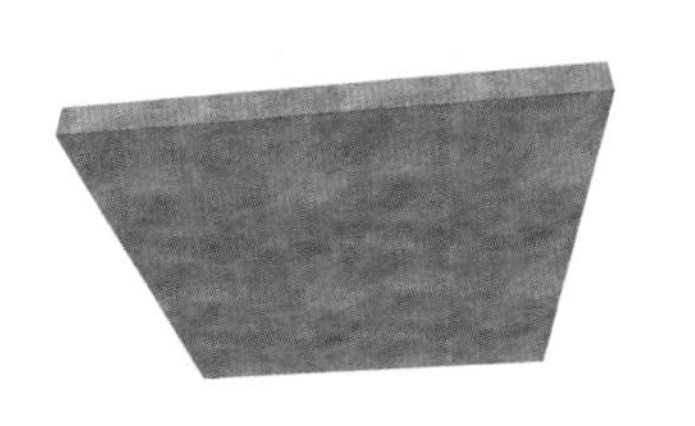

① 原建筑楼板

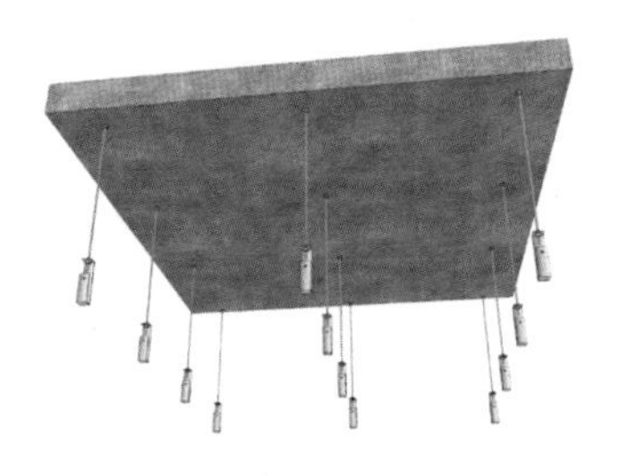

② M8 膨胀螺栓、Φ8 mm 全丝吊杆、吊件安装

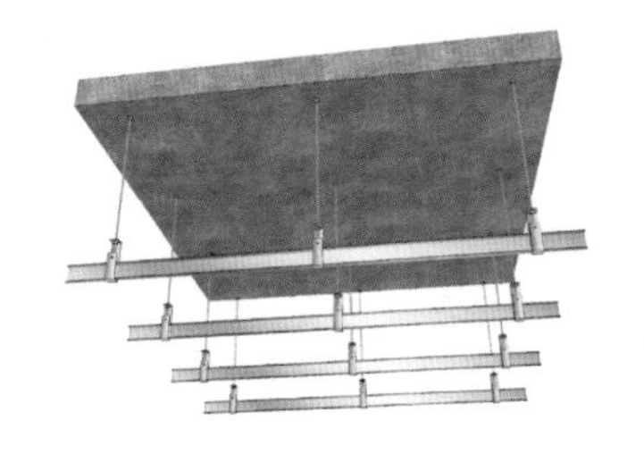

③ 50 mm 主龙骨安装，间距不大于 1200 mm

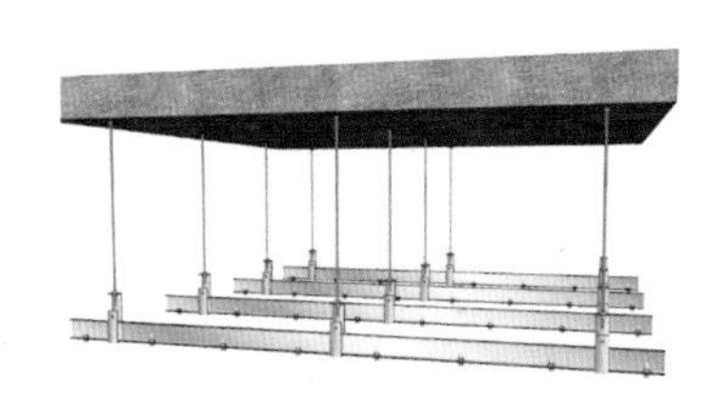

④ 6 mm 螺栓固定

⑤ 矩形金属管安装（间距根据设计要求布置）

⑥ 安装端头盖板

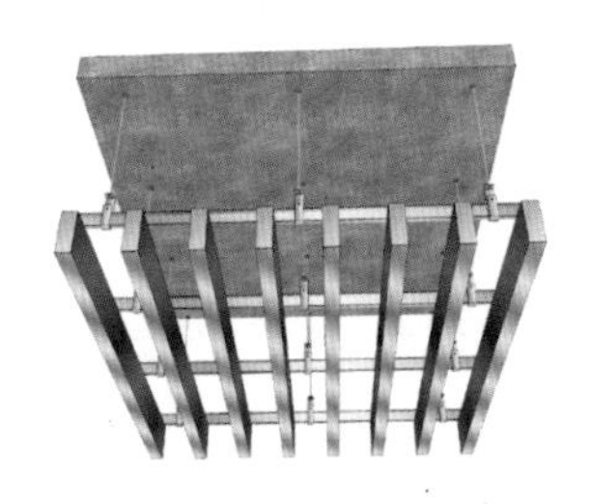

⑦ 完工效果

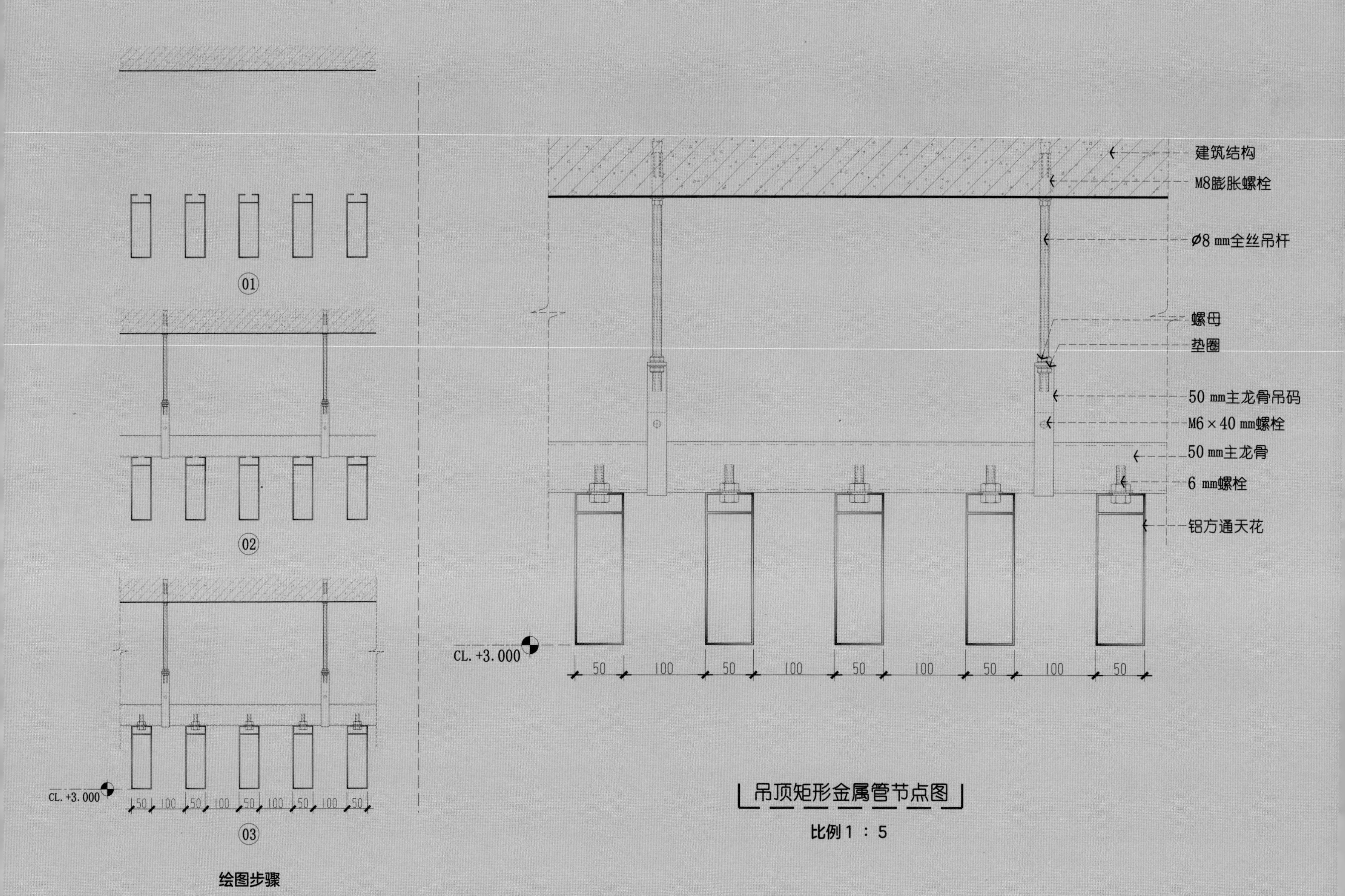
01
02
CL. +3.000
50
100
03
建筑结构
M8膨胀螺栓
Ø8 mm全丝吊杆
螺母
垫圈
50 mm主龙骨吊码
M6 × 40 mm螺栓
50 mm主龙骨
6 mm螺栓
铝方通天花

绘图步骤

吊顶矩形金属管节点图

比例 1 ：5

① 原建筑楼板通长设置 6 mm 厚橡胶垫片，75 mm 系列天地龙骨安装， M8 膨胀螺栓固定

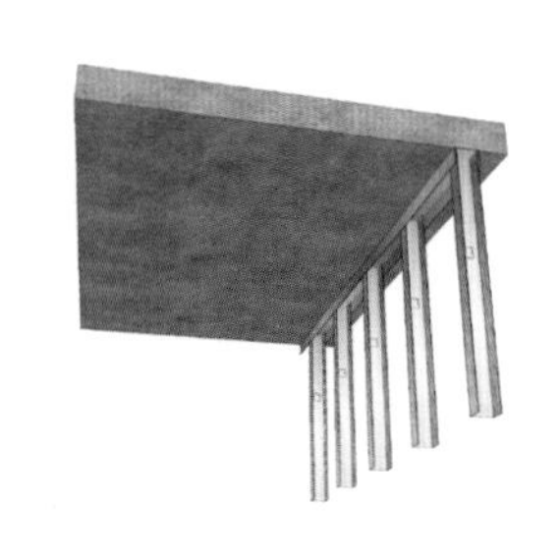

② 75 mm 系列竖向龙骨安装，间距不大于 400 mm

③ 38 mm 穿心龙骨安装，间距不大于 1000 mm

④ 安装防火隔声岩棉（容重需符合设计要求）

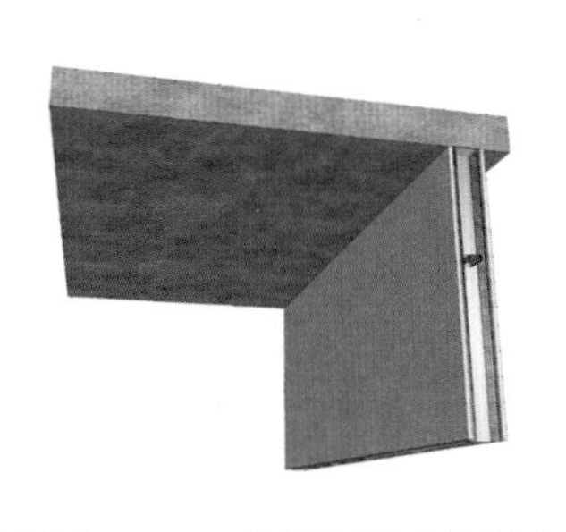

⑤ 单层 9.5 mm 厚纸面石膏板安装，石膏板长边沿纵向龙骨铺设

⑥ 自攻螺钉固定，首层石膏板板边螺钉间距不大于 400 mm，板中螺钉间距不大于 600 mm（注：若为单层石膏板隔墙，螺钉间距则不同）

⑦ 双层 9.5 mm 厚纸面石膏板安装，面层板与基层板接缝需错开，接缝不得设置在同一根龙骨上

⑧ 自攻螺钉固定，板边螺钉间距不大于 200 mm，板中螺钉间距不大于 300 mm，与内层错开铺钉

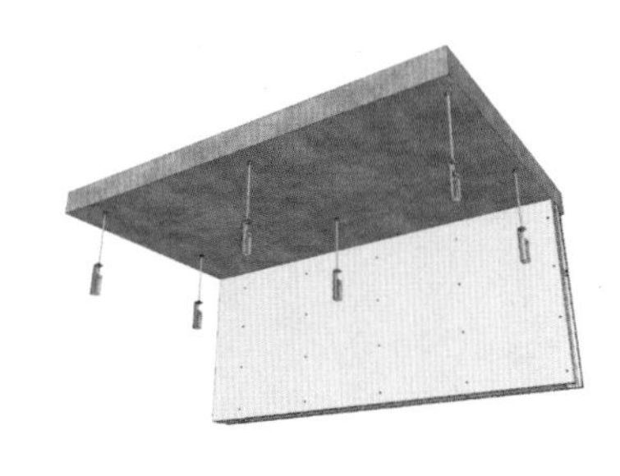

⑨ M8 膨胀螺栓、Φ8 mm 全丝吊杆、吊件安装

⑩ D50 mm 或 D60 mm 轻钢龙骨主龙骨安装，间距不大于 1200 mm

⑪ 50 mm 挂件安装，D50 mm 轻钢龙骨副龙骨安装，间距不大于 600 mm

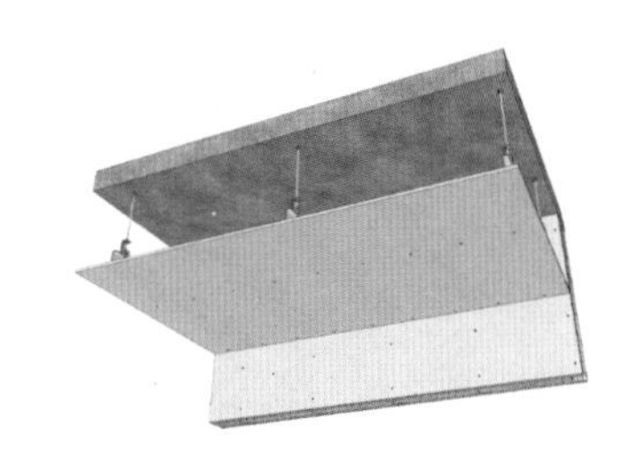

⑫ 单层 9.5 mm 厚纸面石膏板安装，石膏板长边沿纵向次龙骨铺设，自攻螺钉固定，螺钉间距 150 ~ 170 mm

⑬ 双层 9.5 mm 厚纸面石膏板安装，面层板与基层板接缝需错开，不得设置在同一根龙骨上

⑭ 自攻螺钉固定，螺钉间距 150 ~ 170 mm，安装金属护角条

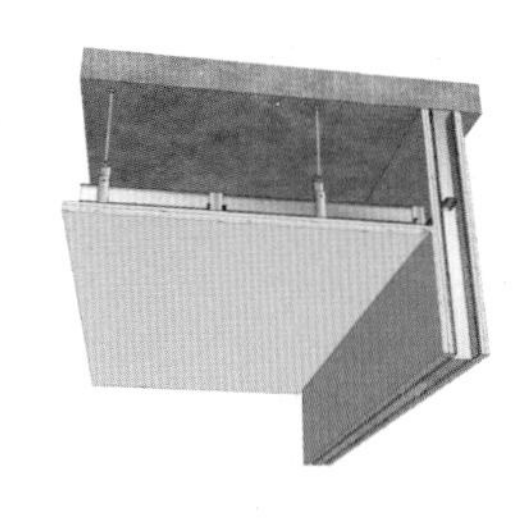

⑮ 石膏补缝、贴接缝网带，批嵌腻子、打磨、涂刷乳胶漆 2 ~ 3 遍

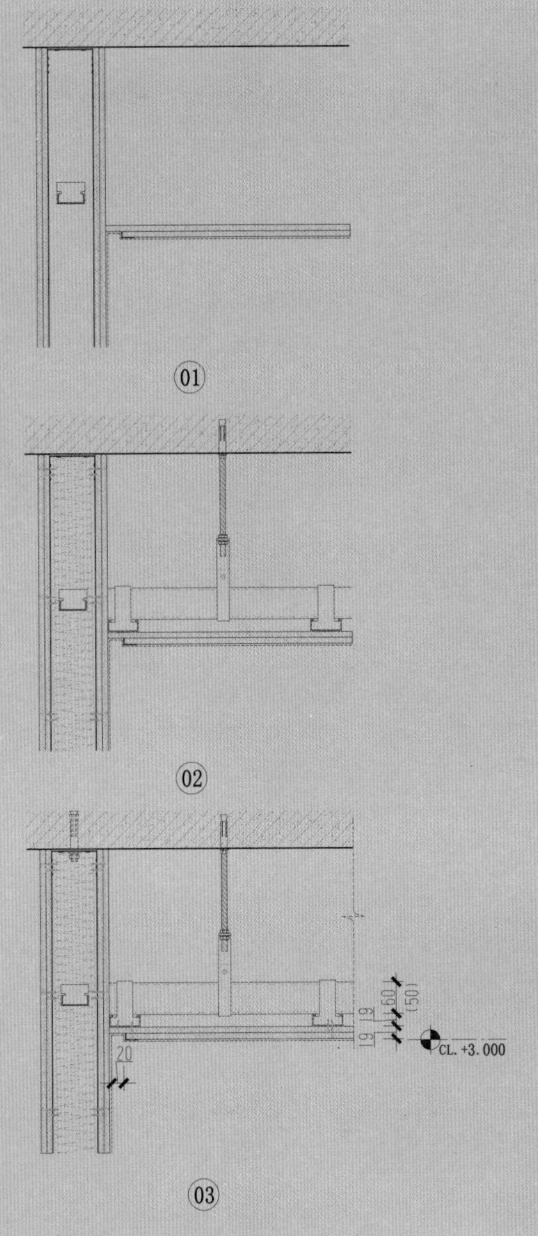

01
02
20
60
(50)
19
19
CL. +3.000
03

绘图步骤

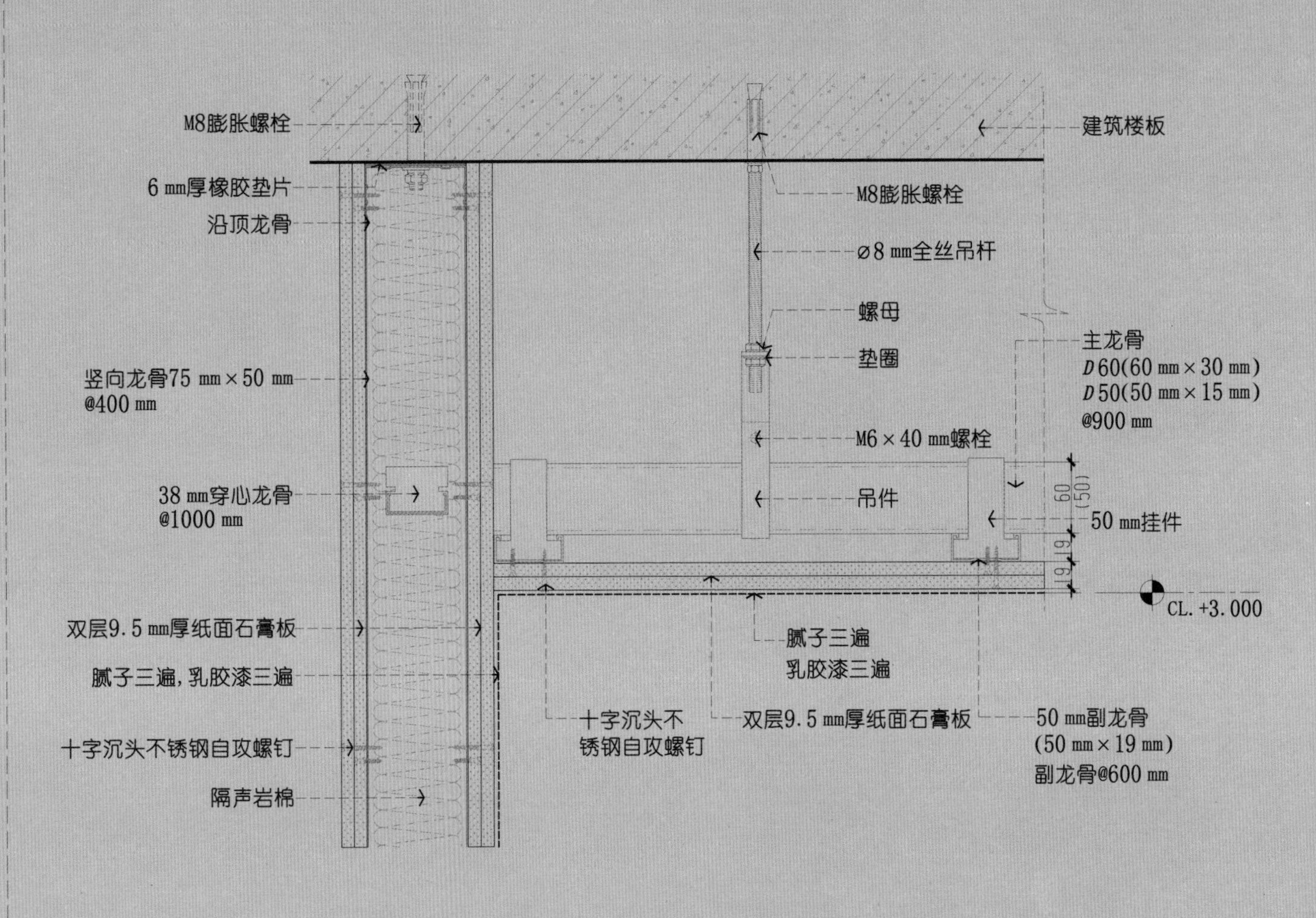

M8膨胀螺栓
6 mm厚橡胶垫片
沿顶龙骨
竖向龙骨75 mm×50 mm @400 mm
38 mm穿心龙骨 @1000 mm
双层9.5 mm厚纸面石膏板
腻子三遍，乳胶漆三遍
十字沉头不锈钢自攻螺钉
隔声岩棉
建筑楼板
M8膨胀螺栓
ø8 mm全丝吊杆
螺母
垫圈
主龙骨 D60(60 mm×30 mm) D50(50 mm×15 mm) @900 mm
M6×40 mm螺栓
吊件
50 mm挂件
60
(50)
19
19
CL. +3.000
腻子三遍
乳胶漆三遍
十字沉头不锈钢自攻螺钉
双层9.5 mm厚纸面石膏板
50 mm副龙骨 (50 mm×19 mm) 副龙骨@600 mm

轻钢龙骨墙顶交接节点图

比例1 : 5

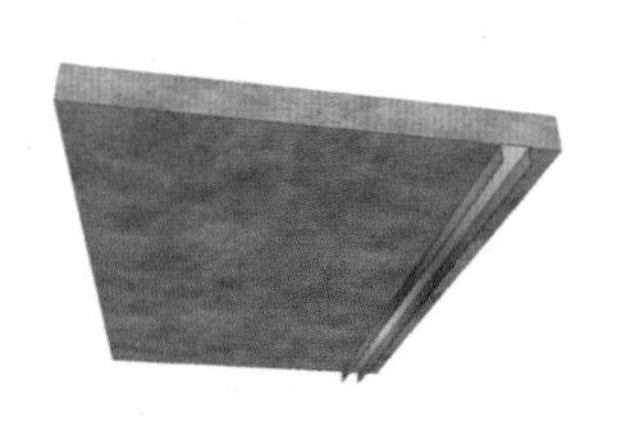

① 原建筑楼板通长设置 6 mm 厚橡胶垫片，75 mm 系列天地龙骨安装，M8 膨胀螺栓固定

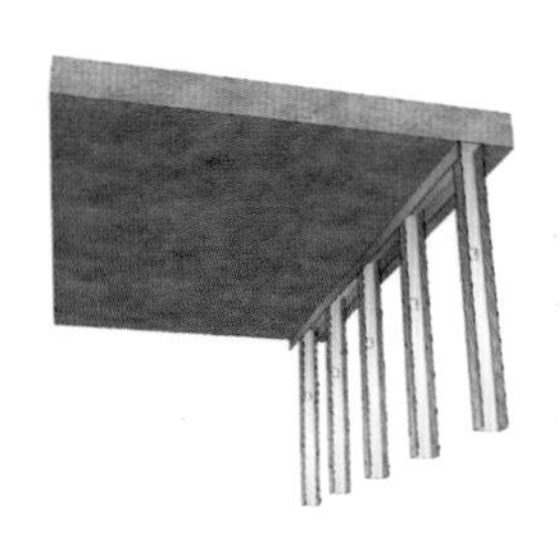

② 75 mm 系列竖向龙骨安装，间距不大于 400 mm

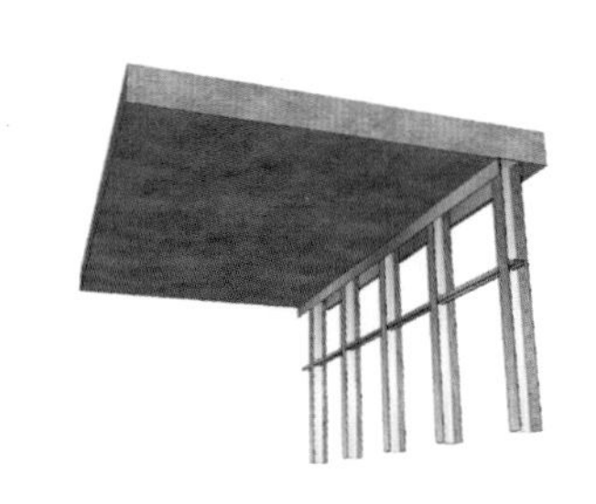

③ 38 mm 穿心龙骨安装，间距不大于 1000 mm

④ 安装防火隔声岩棉（容重需符合设计要求）

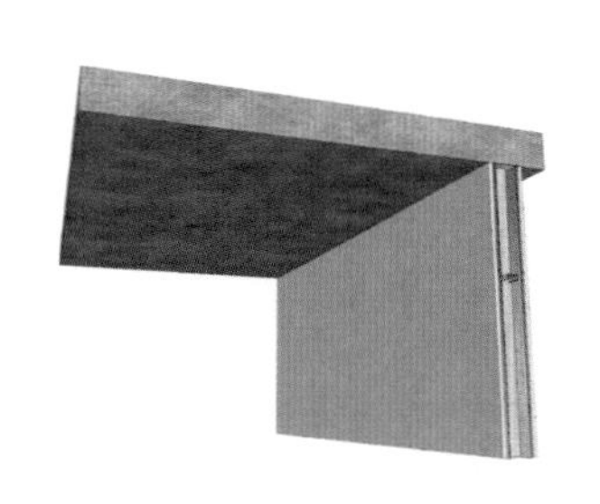

⑤ 单层 9.5 mm 厚纸面石膏板安装，石膏板长边沿纵向龙骨铺设

⑥ 自攻螺钉固定，首层石膏板板边螺钉间距不大于 400 mm，板中螺钉间距不大于 600 mm（注：若为单层石膏板隔墙，螺钉间距则不同）

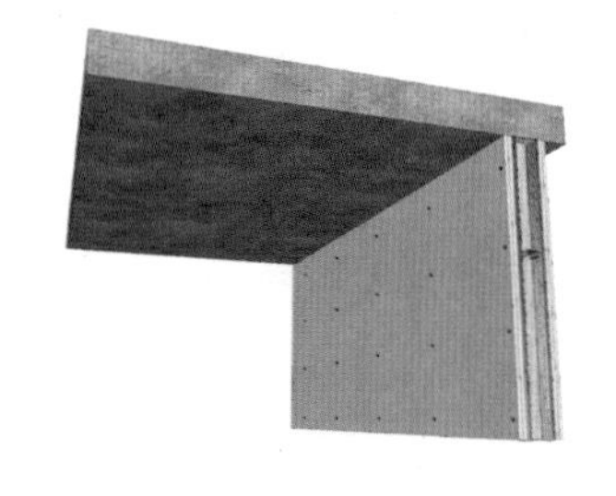

⑦ 双层 9.5 mm 厚纸面石膏板安装，面层与基层板接缝需错开，自攻螺钉固定，板中间距不大于 300 mm，与内层错开铺钉

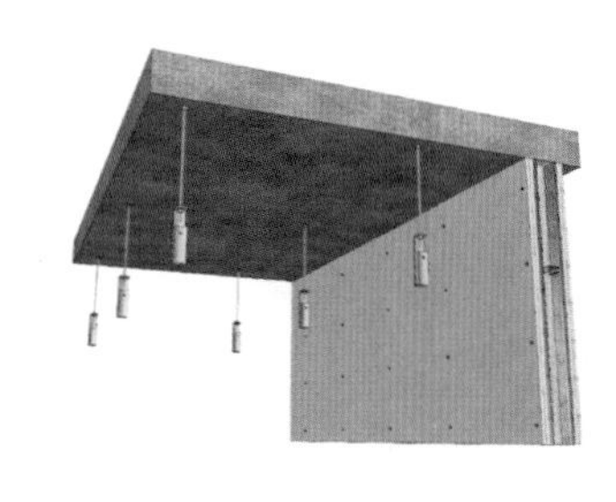

⑧ M8 膨胀螺栓、Φ8 mm 全丝吊杆、吊件安装

⑨ D50 mm 或 D60 mm 轻钢龙骨主龙骨安装，间距不大于 1200 mm

⑩ 50 mm 挂件安装，D50 mm 轻钢龙骨副龙骨安装，间距不大于 600 mm

⑪ 单层 9.5 mm 厚纸面石膏板安装，石膏板长边沿纵向次龙骨铺设，自攻螺钉固定，螺钉间距 150 ~ 170 mm

⑫ 双层 9.5 mm 厚纸面石膏板安装，面层板与基层板接缝需错开，不得设置在同一根龙骨上，自攻螺钉固定，螺钉间距 150 ~ 170 mm

⑬ 安装石膏角线

⑭ 石膏补缝、贴接缝网带，批嵌腻子、打磨、涂刷乳胶漆 2 ~ 3 遍

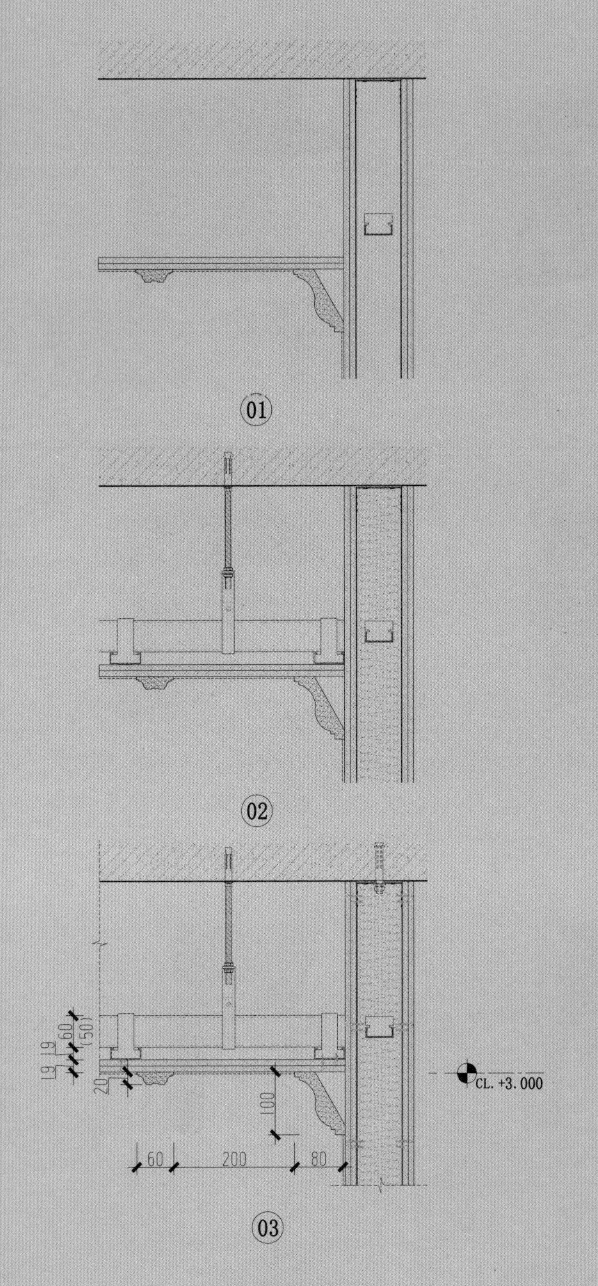
01
02
03
60
(50)
19 19
20
100
CL. +3.000
60
200
80

绘图步骤

建筑楼板
M8膨胀螺栓
M8膨胀螺栓
6 mm厚橡胶垫片
沿顶龙骨
Ø8 mm全丝吊杆
螺母
垫圈
主龙骨
D60(60 mm×30 mm)
D50(50 mm×15 mm)
@900 mm
M6×40 mm螺栓
60
(50)
吊件
50 mm挂件
38 mm穿心龙骨
@1000 mm
19 19
CL. +3.000
20
双层9.5 mm厚纸面石膏板
腻子三遍，乳胶漆三遍
50 mm副龙骨
(50 mm×19 mm)
副龙骨@600 mm
腻子三遍
乳胶漆三遍
100
石膏线条胶黏剂
成品石膏线
双层9.5 mm厚纸面石膏板
成品石膏线
十字沉头自攻螺钉
60
200
80
隔声岩棉

吊顶石膏角线节点图

比例1 ： 5

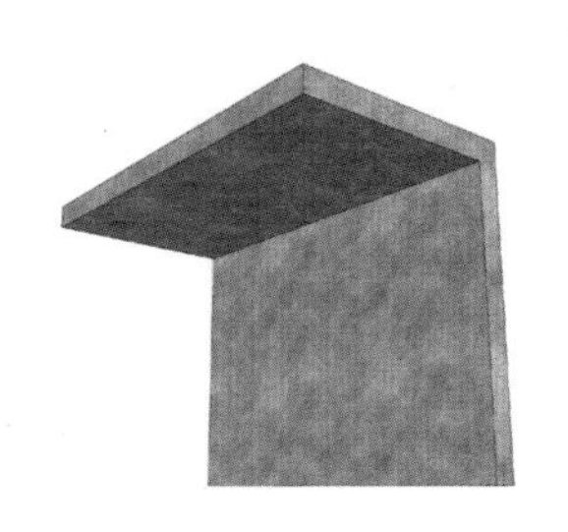
① 原建筑楼板、墙体

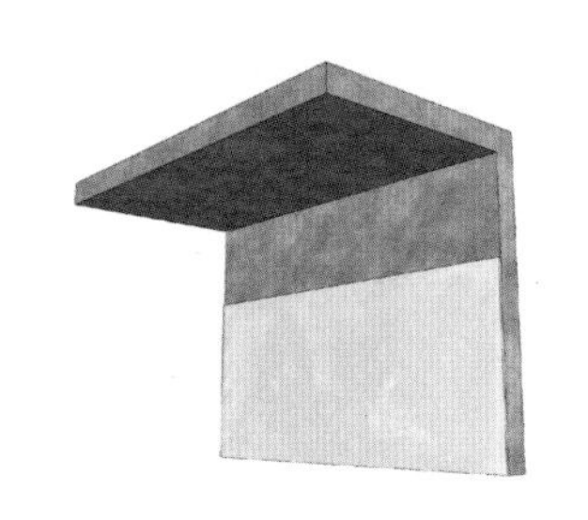
② 原建筑墙面清理，界面剂涂刷

③ 水泥砂浆找平层

④ 专用胶黏剂固定

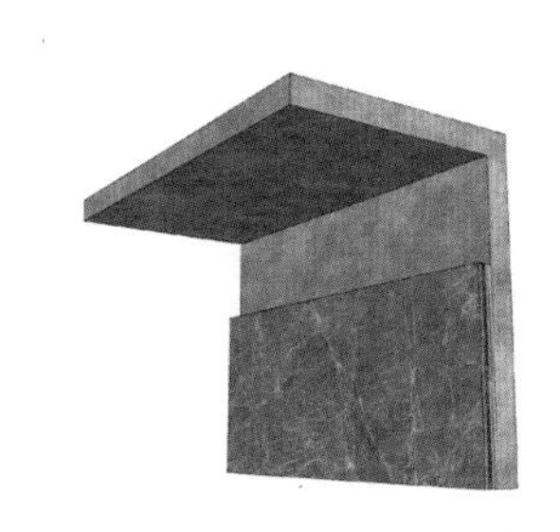
⑤ 粘贴石材 / 砖

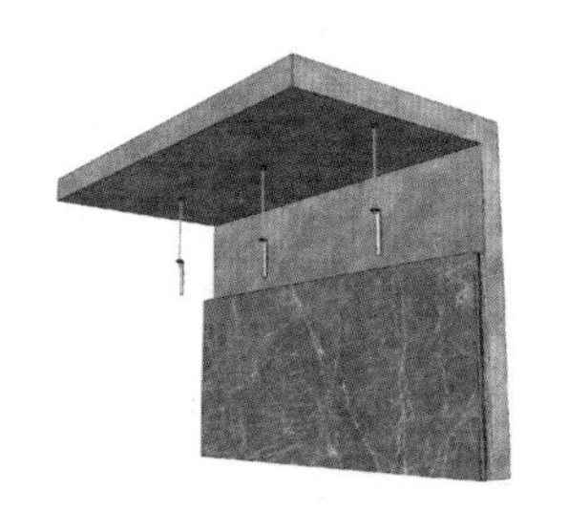
⑥ M8 膨胀螺栓、Φ8 mm 全丝吊杆、吊挂件安装（间距 800 mm）

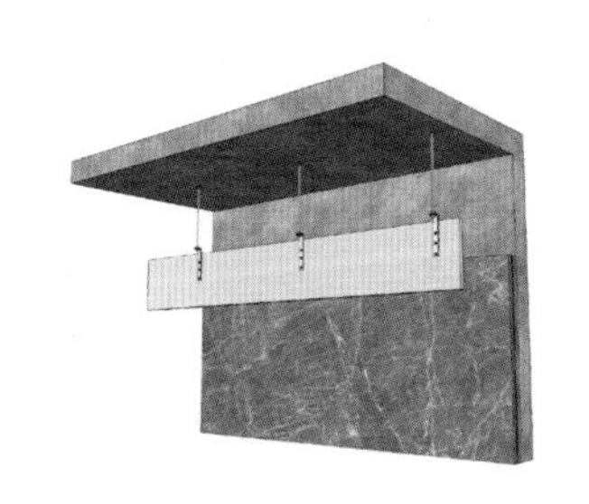
⑦ 18 mm 厚阻燃板基层安装，自攻螺钉固定

⑧ 40 mm×40 mm 木方固定，阻燃处理，18 mm 厚阻燃板基层安装

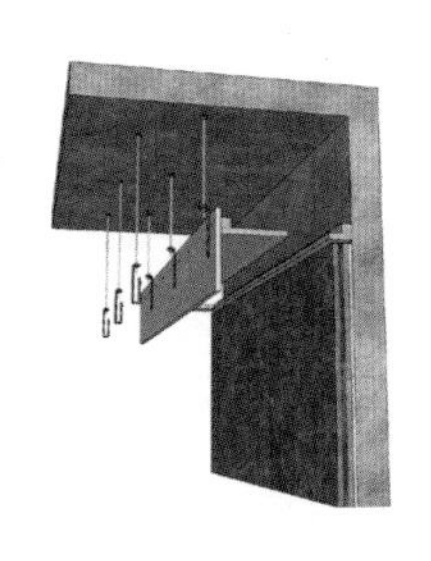
⑨ M8 膨胀螺栓、Φ8 mm 全丝吊杆、吊件安装

⑩ D50 mm 或 D60 mm 轻钢龙骨主龙骨安装，间距不大于 1200 mm

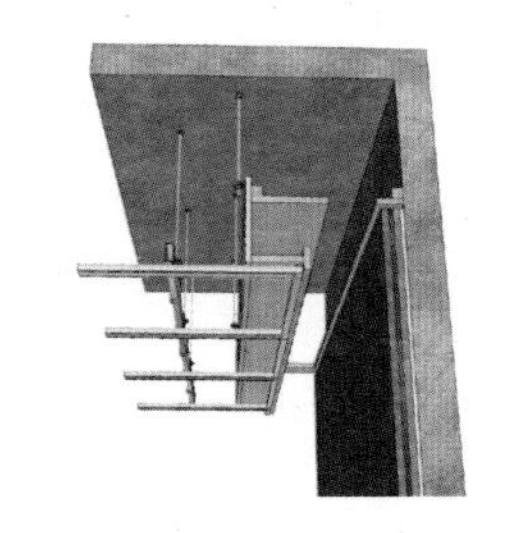
⑪ 50 mm 挂件安装，D50 mm 轻钢龙骨副龙骨安装，间距不大于 600 mm，18 mm 厚阻燃板基层安装

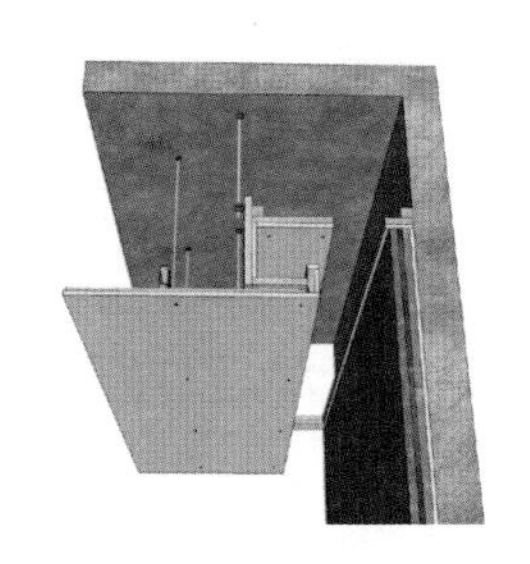
⑫ 单层 9.5 mm 厚纸面石膏板安装，石膏板长边沿纵向次龙骨铺设，自攻螺钉固定，螺钉间距 150 ~ 170 mm

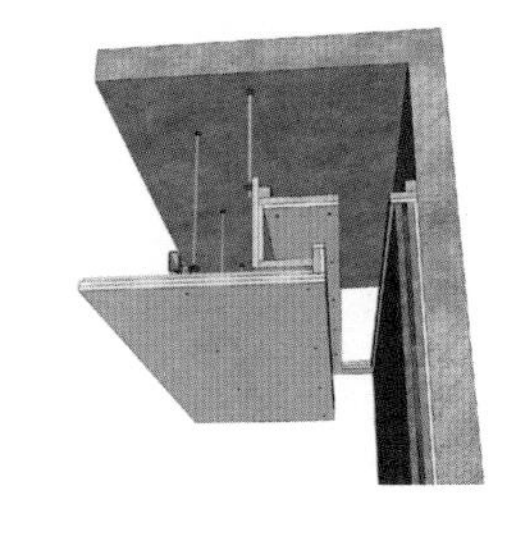
⑬ 双层 9.5 mm 厚纸面石膏板安装，面层板与基层板接缝需错开，自攻螺钉固定，螺钉间距 150 ~ 170 mm，安装金属护角条

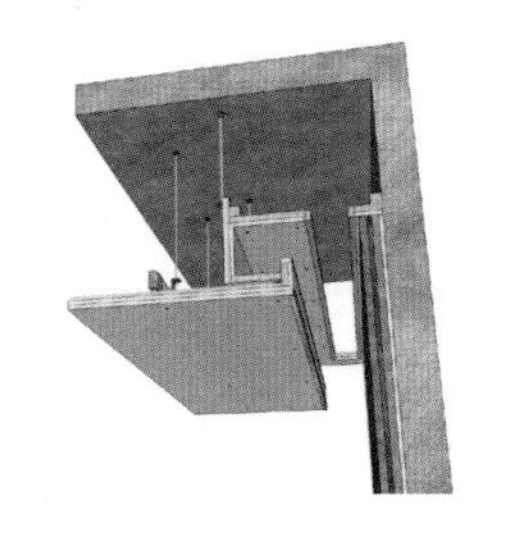
⑭ 石膏补缝、贴接缝网带，批嵌腻子、打磨、涂刷乳胶漆 2 ~ 3 遍

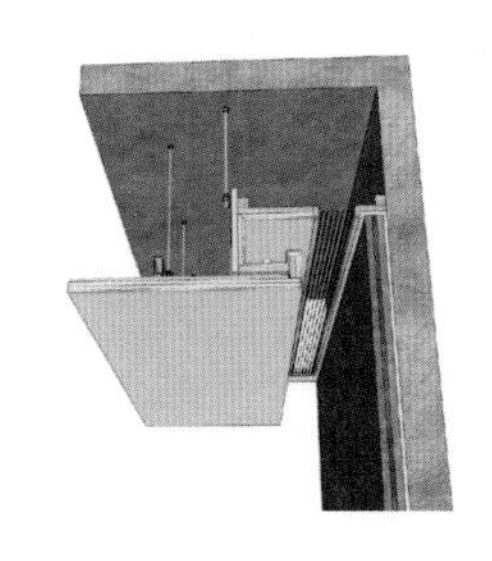
⑮ 安装 LED 灯带、空调风口

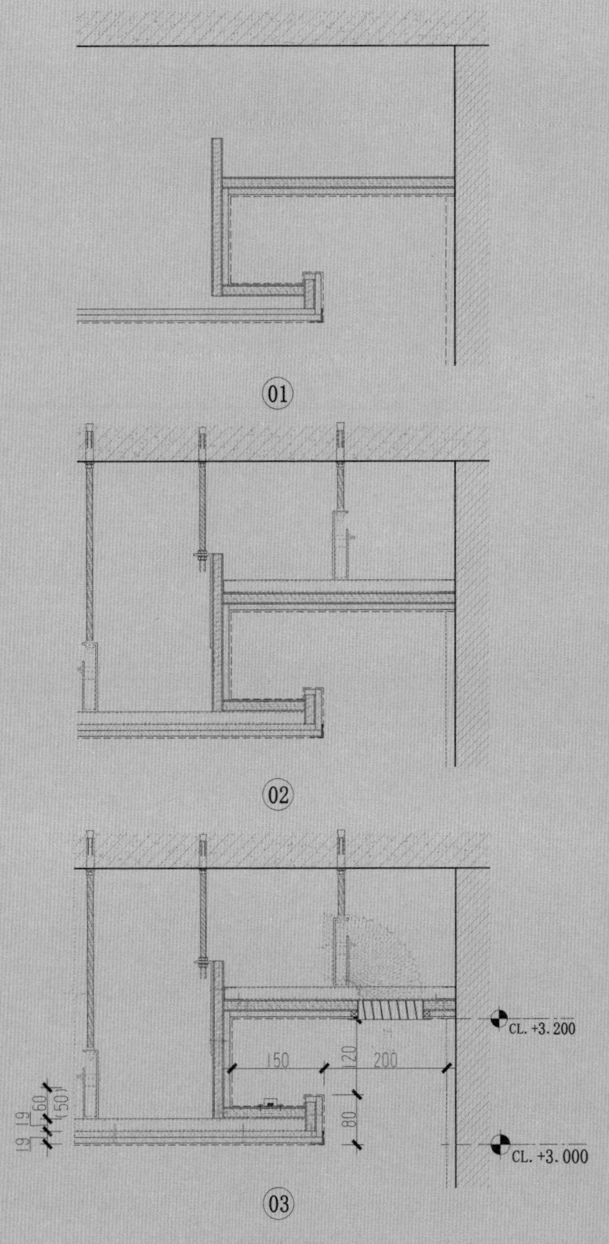
01
02
150
120
200
60
(50)
19
80
CL. +3.200
CL. +3.000
03

绘图步骤

建筑楼板
M8膨胀螺栓
ø8 mm全丝吊杆
18 mm厚阻燃板
螺母
垫圈
金属吊挂件
@800 mm间距
50 mm副龙骨
(50 mm × 19 mm)
副龙骨@600 mm
横撑间距600 mm
M6 × 40 mm螺栓
吊件
ø8 mm全丝吊杆
风口
主龙骨
D60(60 mm × 30 mm)
D50(50 mm × 15 mm)
间距@900 mm
CL. +3.200
成品百叶
风口
150
120
200
60
(50)
19
19
80
18 mm厚阻燃板
9.5 mm厚石膏板
L形铝护角
CL. +3.000
(CL.:地面完成面至
天花完成面高度)
腻子三遍
乳胶漆三遍
双层9.5 mm厚纸面石膏板
十字沉头不
锈钢自攻螺钉
暗藏LED灯带

吊顶灯槽加空调风口节点图

比例1 ：5

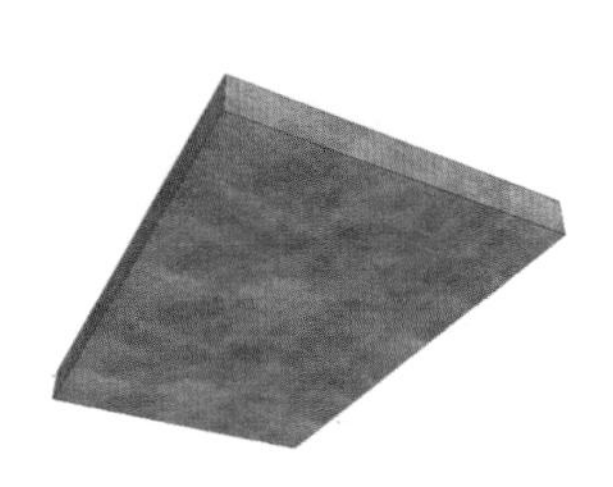

① 原建筑楼板

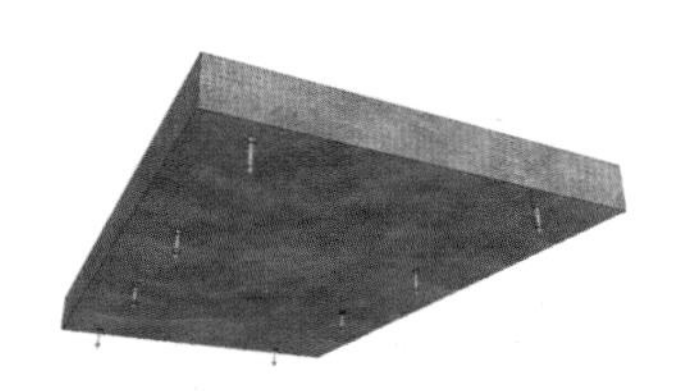

② M8 膨胀螺栓、Φ8 mm 全丝吊杆安装

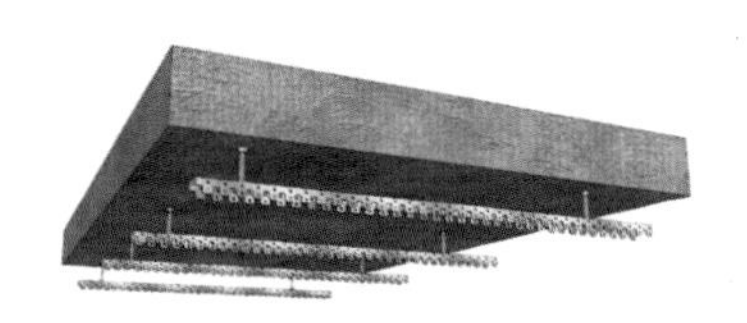

③ 卡式龙骨安装，间距 600 ~ 800 mm

④ D50 mm 轻钢龙骨副龙骨安装，间距 400 mm

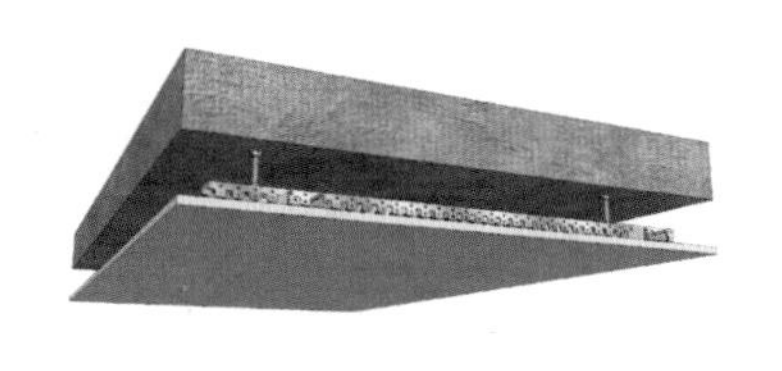

⑤ 单层 9.5 mm 厚纸面石膏板安装，石膏板长边沿纵向次龙骨铺设

⑥ 自攻螺钉固定，螺钉间距 150 ~ 170 mm

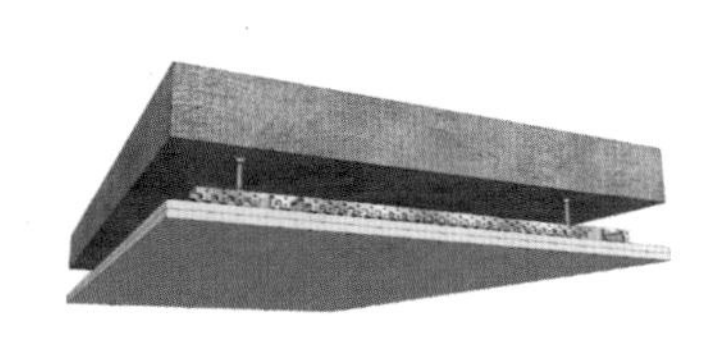

⑦ 双层 9.5 mm 厚纸面石膏板安装，面层板与基层板接缝需错开，不得设置在同一根龙骨上

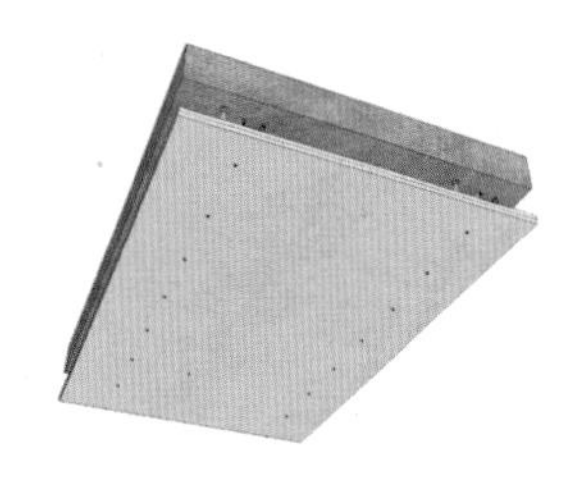

⑧ 自攻螺钉固定，螺钉间距 150 ~ 170 mm

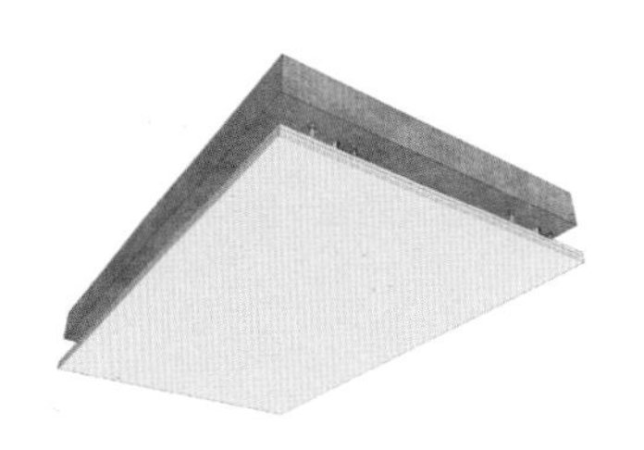

⑨ 石膏补缝、贴接缝网带，批嵌腻子、打磨、涂刷乳胶漆 2 ~ 3 遍

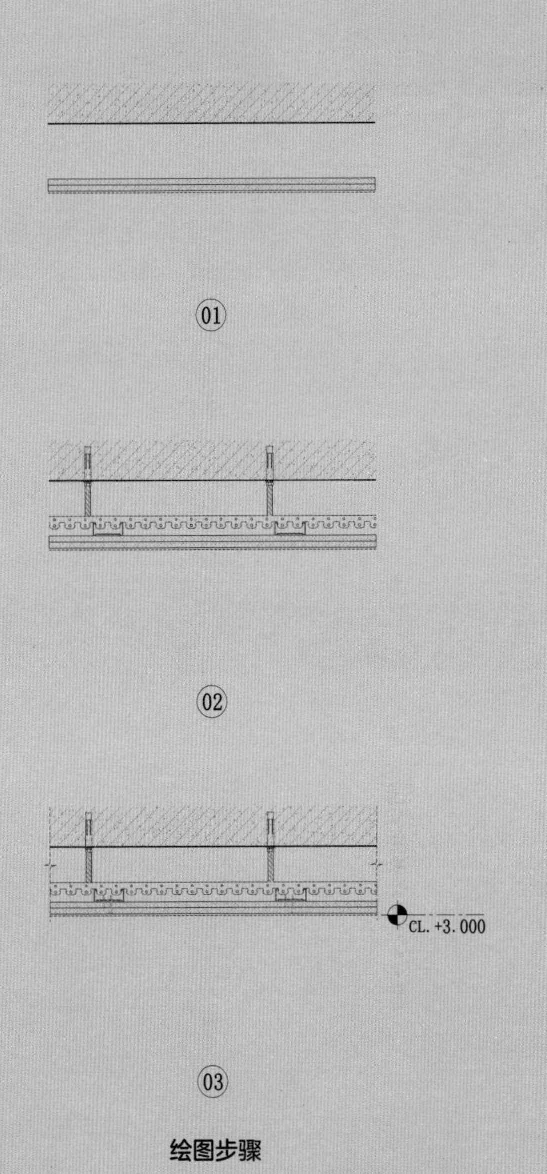
01
02
CL. +3.000
03

绘图步骤

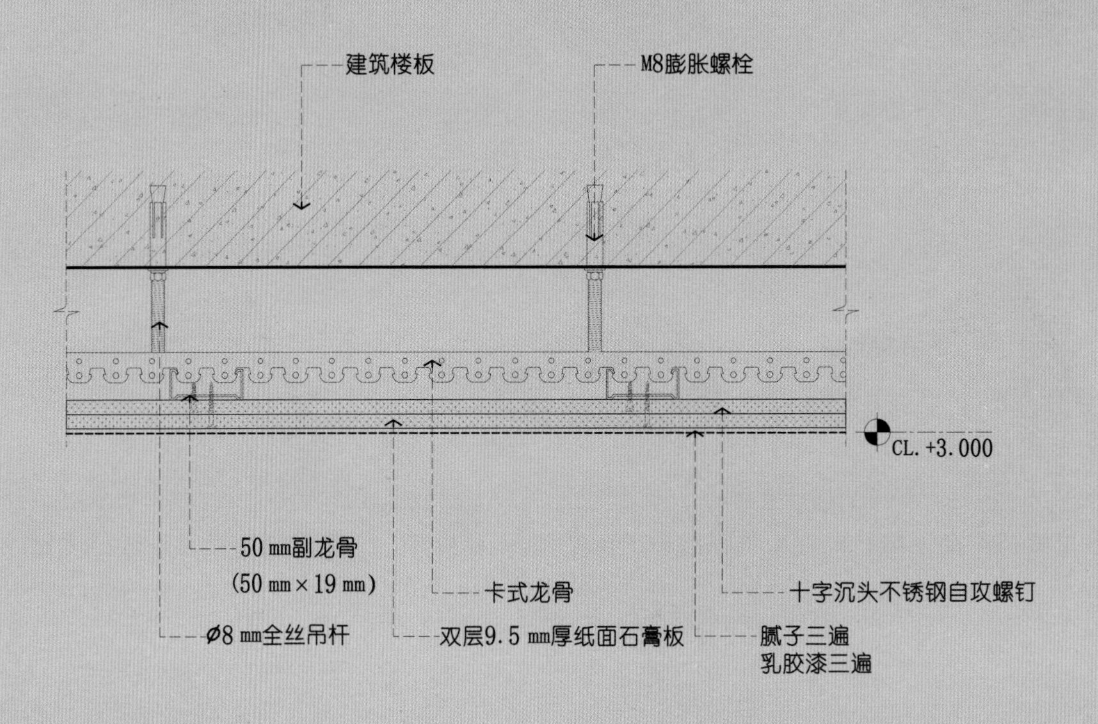
建筑楼板
M8膨胀螺栓
CL. +3.000
50 mm副龙骨
(50 mm × 19 mm)
卡式龙骨
十字沉头不锈钢自攻螺钉
Ø8 mm全丝吊杆
双层9.5 mm厚纸面石膏板
腻子三遍
乳胶漆三遍

卡式承载龙骨石膏板吊顶节点图

比例 1 ： 5

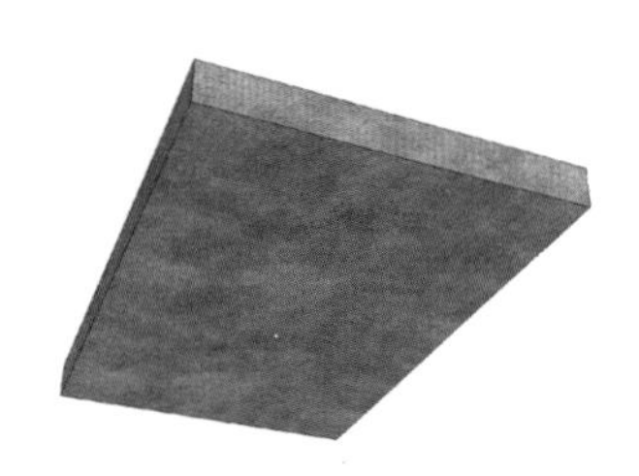

① 原建筑楼板

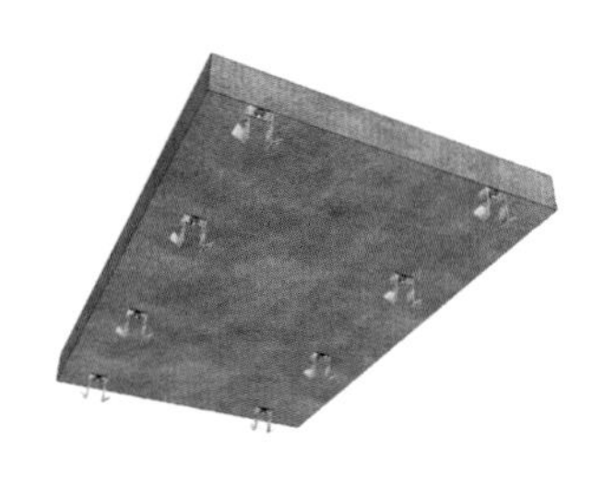

② 龙骨支撑卡件安装，纵向间距不大于 600 mm，M8 膨胀螺栓固定

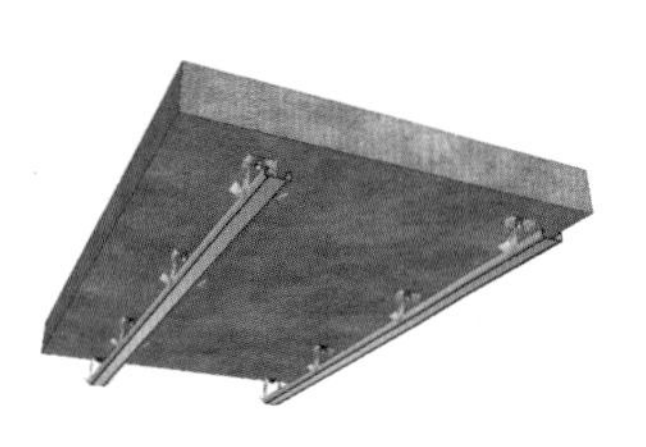

③ *D*50 mm 覆面龙骨安装

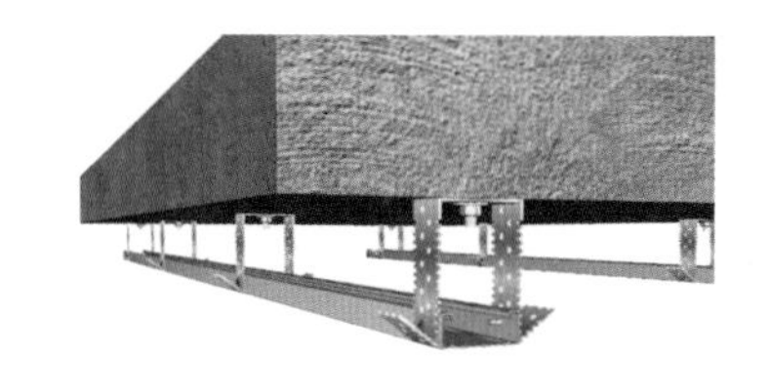

④ 自攻螺钉固定

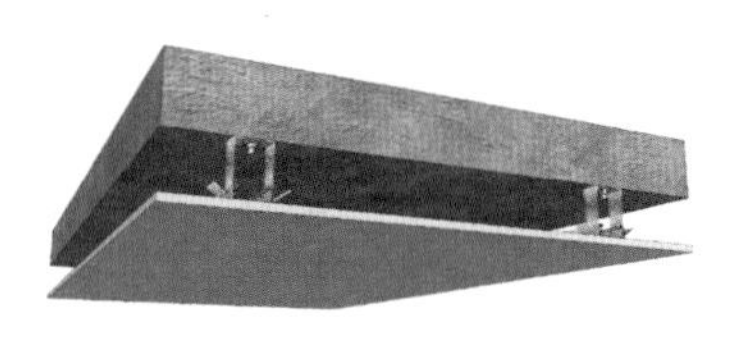

⑤ 单层 9.5 mm 厚纸面石膏板安装，石膏板长边沿纵向覆面龙骨铺设

⑥ 自攻螺钉固定，螺钉间距 150 ~ 170 mm

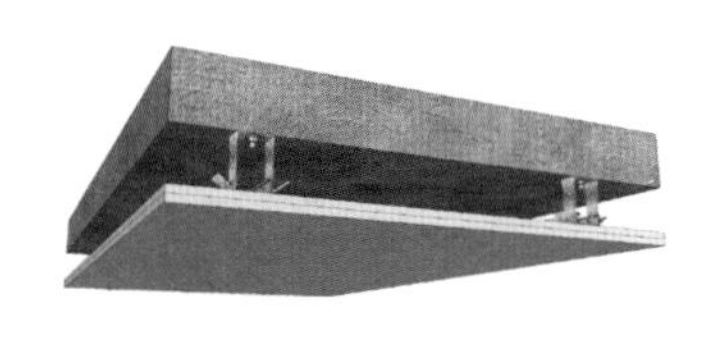

⑦ 双层 9.5 mm 厚纸面石膏板安装，面层板与基层板接缝需错开，不得设置在同一根龙骨上

⑧ 自攻螺钉固定，螺钉间距 150 ~ 170 mm

⑨ 石膏补缝、贴接缝网带，批嵌腻子、打磨、涂刷乳胶漆 2 ~ 3 遍

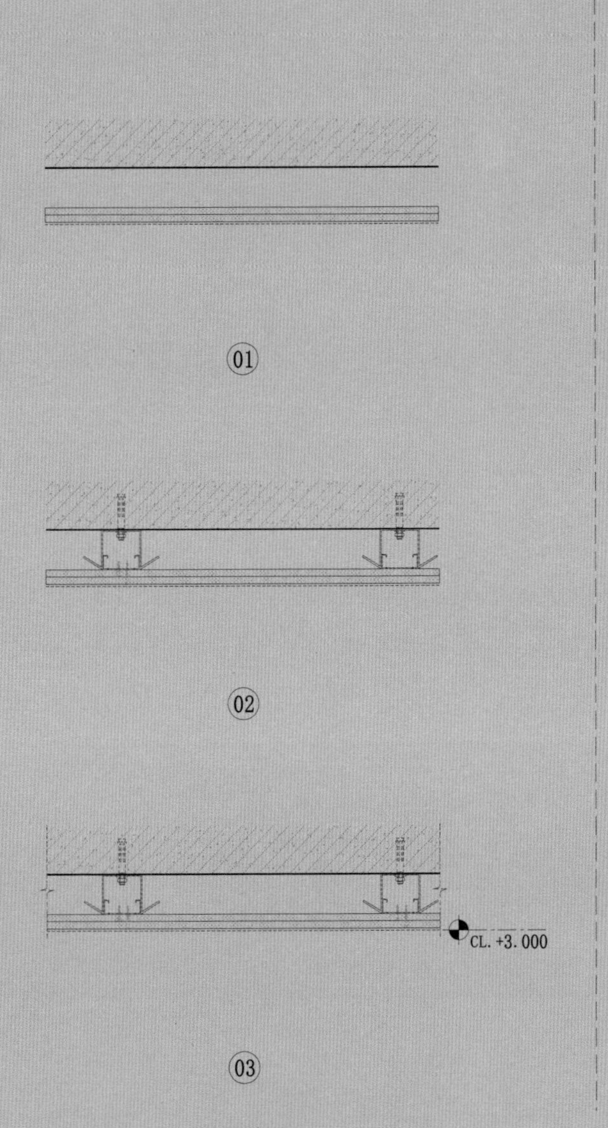
01
02
03
CL. +3.000

绘图步骤

M8膨胀螺栓

建筑楼板

CL. +3.000

龙骨支撑卡件

十字沉头不锈钢自攻螺钉

双层9.5 mm厚纸面石膏板

腻子三遍
乳胶漆三遍

贴顶式轻钢龙骨石膏板吊顶节点图

比例1 ： 5

2 地坪饰面篇

场景工艺展示 + 施工图节点绘制

① 原建筑楼板

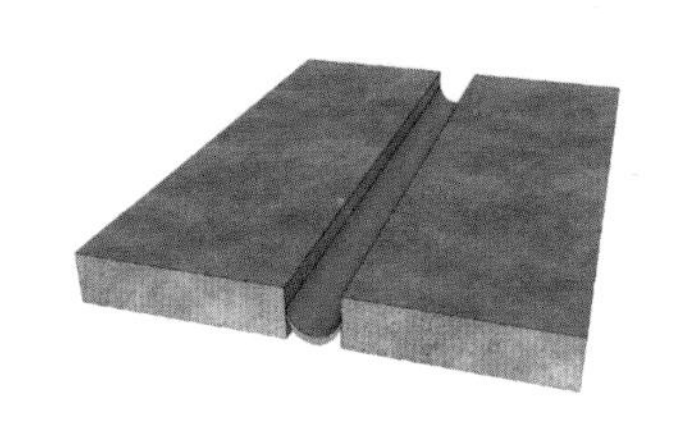

② 成品沉降缝阻火带、三元乙丙止水带

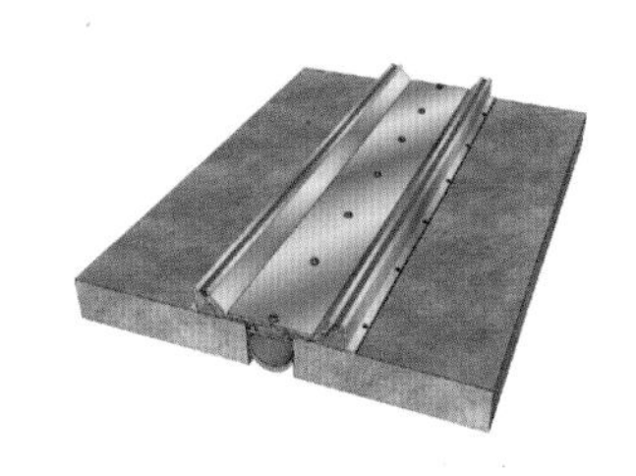

③ 成品变形缝金属盖板安装固定，内嵌橡胶伸缩条

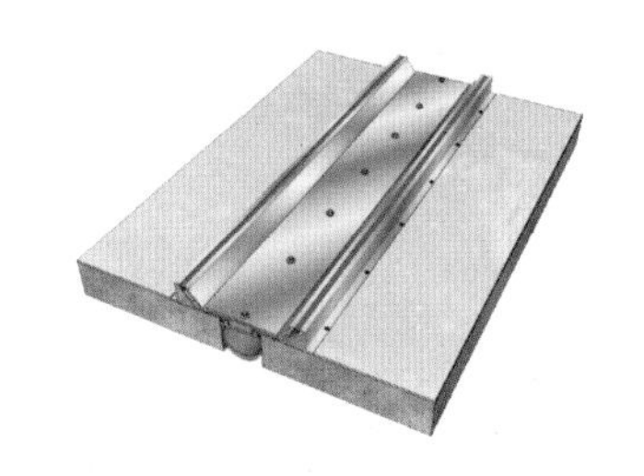

④ 清底、湿润，纯水泥浆扫底或专用界面剂涂刷

⑤ 1 ：3 干硬性水泥砂浆结合层铺设

⑥ 10 mm 厚素水泥黏结层或专用胶黏剂

⑦ 地面石材饰面

⑧ 变形缝盖板石材饰面

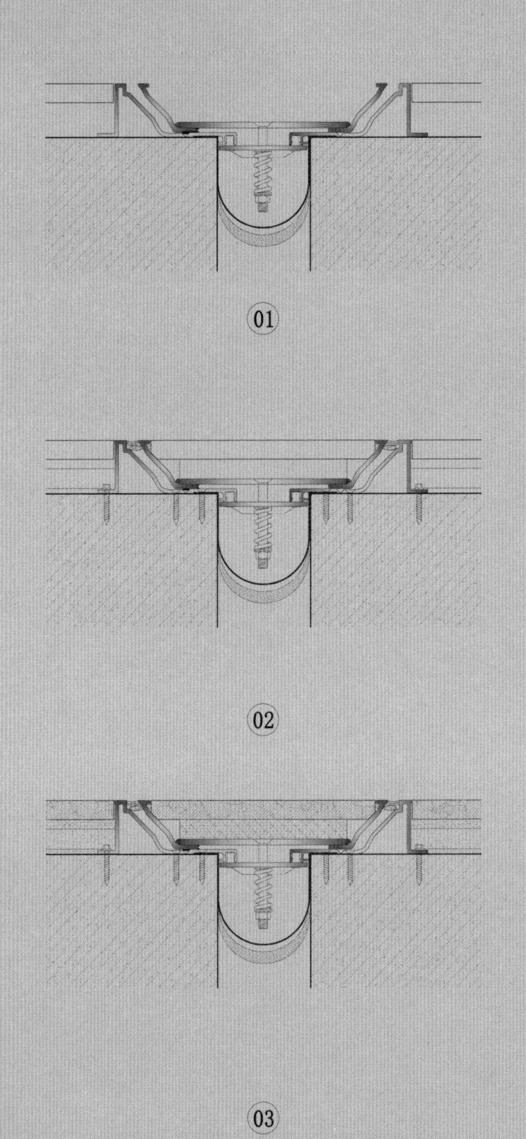
01
02
03

绘图步骤

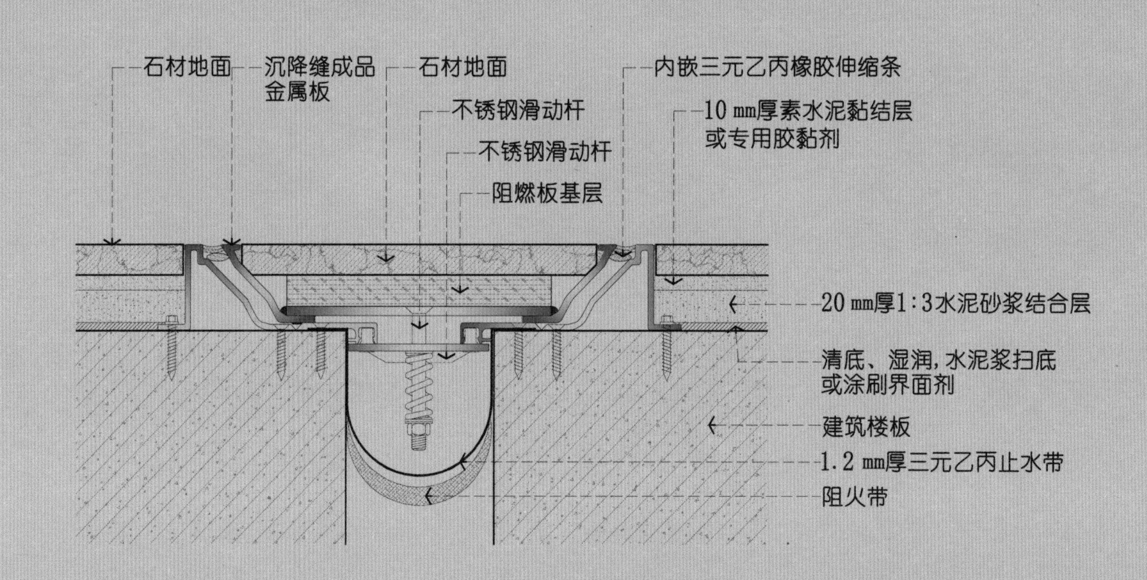
石材地面
沉降缝成品金属板
石材地面
内嵌三元乙丙橡胶伸缩条
不锈钢滑动杆
10 mm厚素水泥黏结层或专用胶黏剂
不锈钢滑动杆
阻燃板基层
20 mm厚1:3水泥砂浆结合层
清底、湿润，水泥浆扫底或涂刷界面剂
建筑楼板
1.2 mm厚三元乙丙止水带
阻火带

地面石材沉降缝节点图

比例 1 ： 5

① 原建筑楼板

② 清底、湿润，纯水泥浆扫底或专用界面剂涂刷

③ 细石混凝土找平层（厚度根据现场确定）

④ 铺设防潮膜

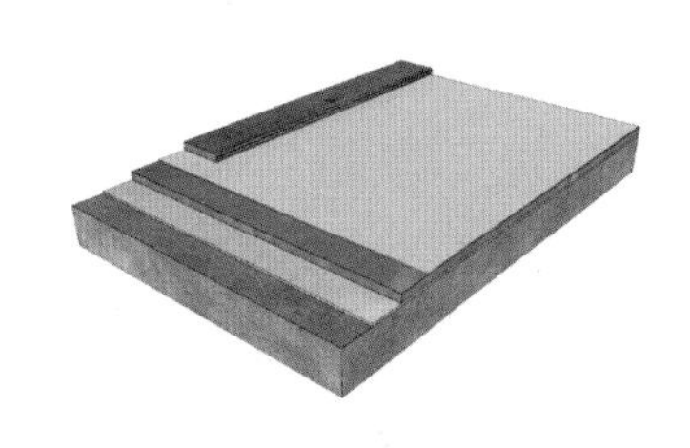

⑤ 木地板铺设（1）

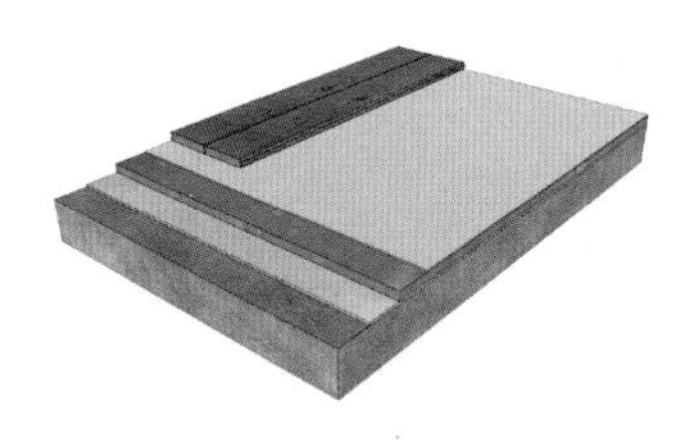

⑥ 木地板铺设（2）

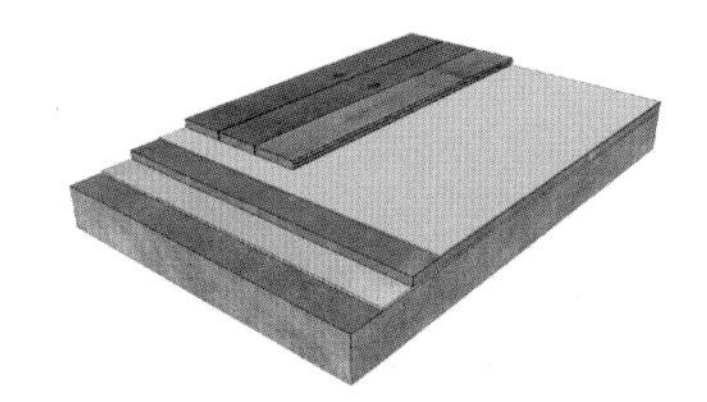

⑦ 木地板铺设（3）

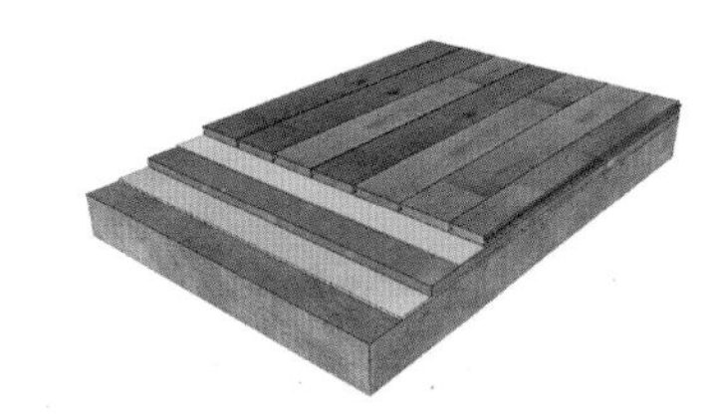

⑧ 木地板铺设完工效果

01

02

03

绘图步骤

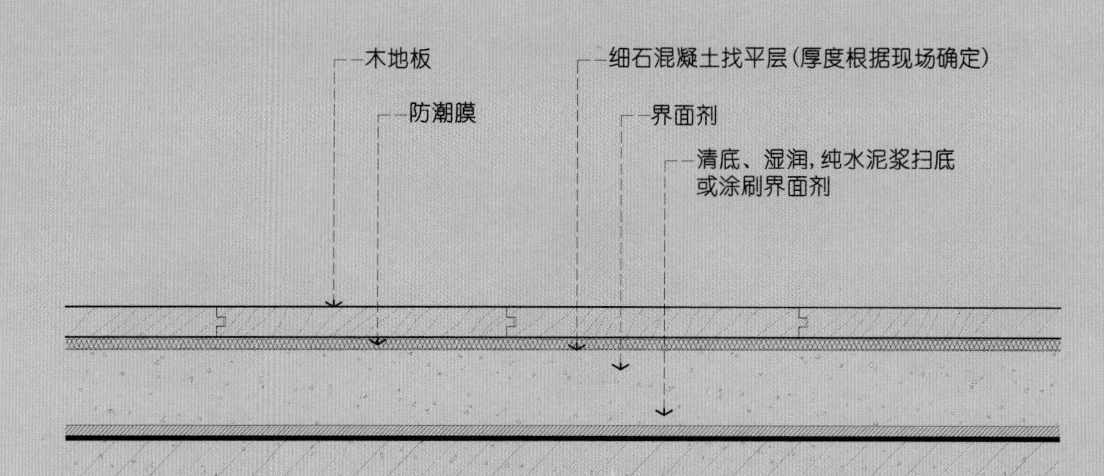
木地板
细石混凝土找平层（厚度根据现场确定）
防潮膜
界面剂
清底、湿润，纯水泥浆扫底
或涂刷界面剂

木地板地坪做法节点图

比例1：3

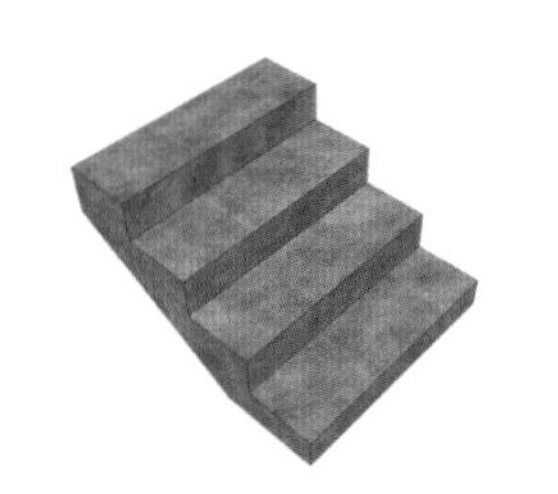

① 原建筑混凝土楼梯

② 钻孔固定木楔（防腐处理）

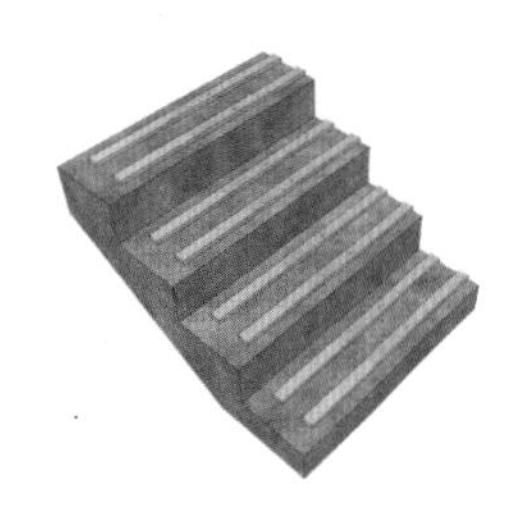

③ 木龙骨防腐阻燃处理

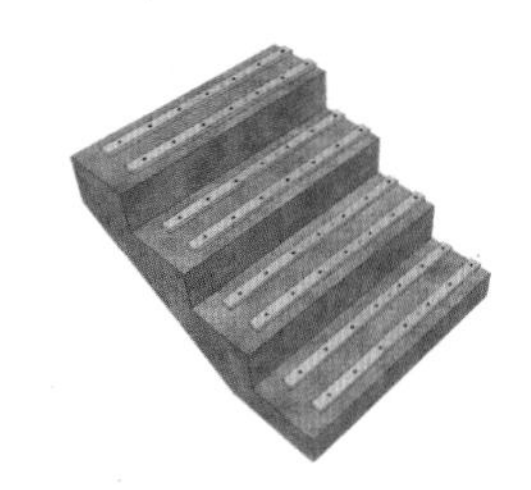

④ 钢钉固定

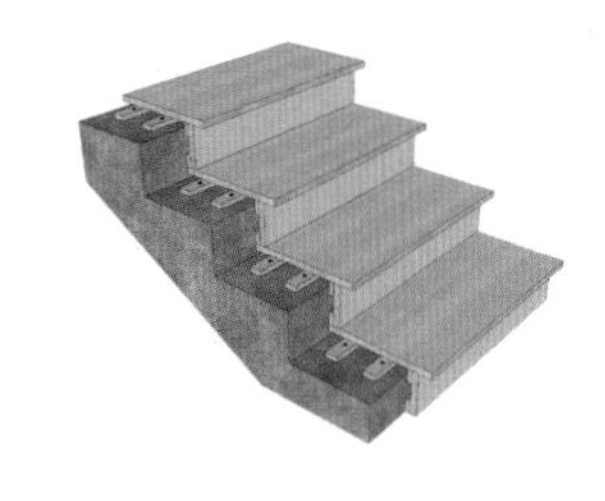

⑤ 18 mm 厚阻燃基层板铺设

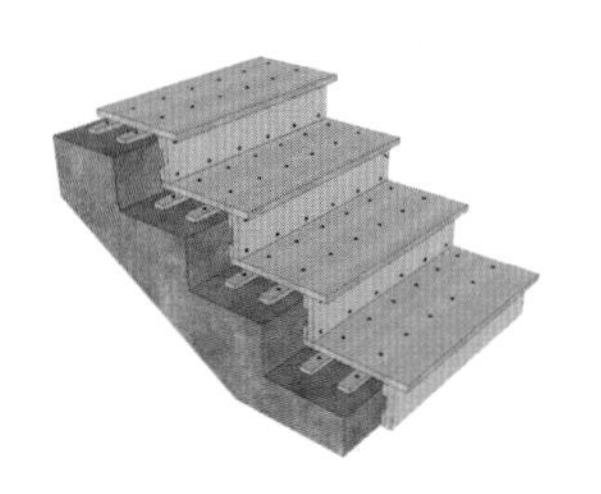

⑥ 自攻螺钉固定

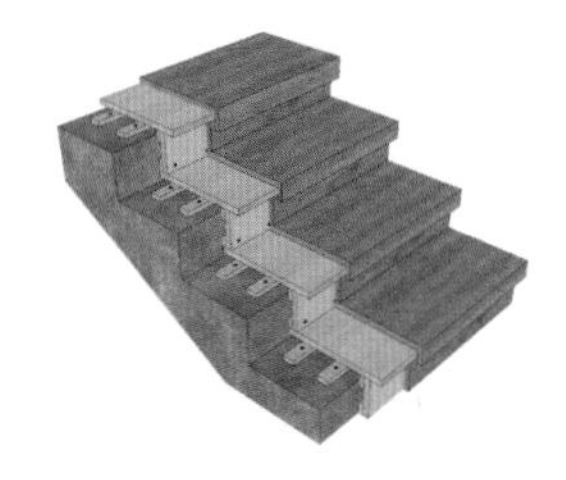

⑦ 实木踏步板铺装，专用胶黏剂固定

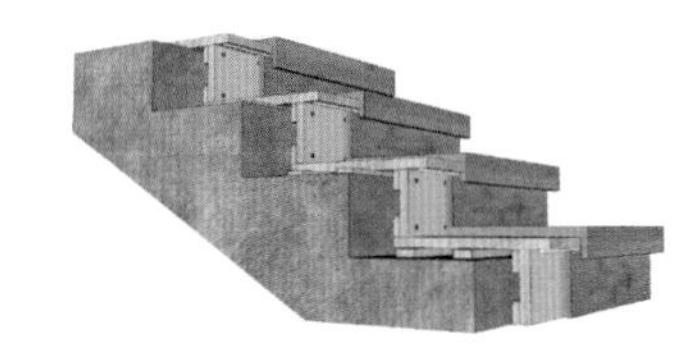

⑧ 安装 LED 灯带

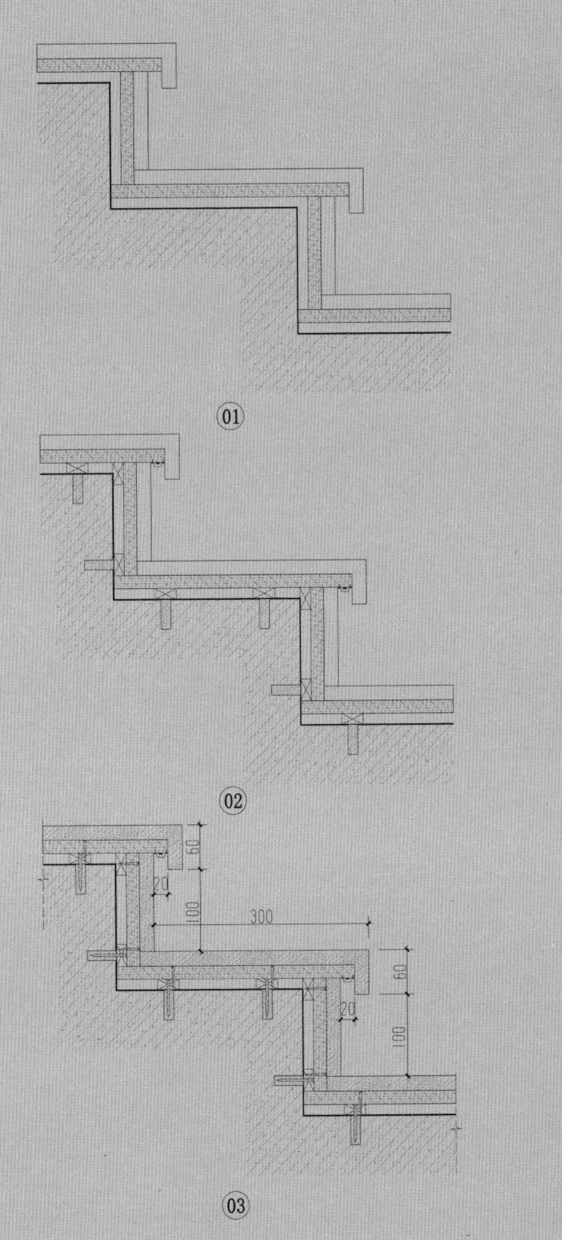
01
02
60
20
100
300
60
20
100
03

绘图步骤

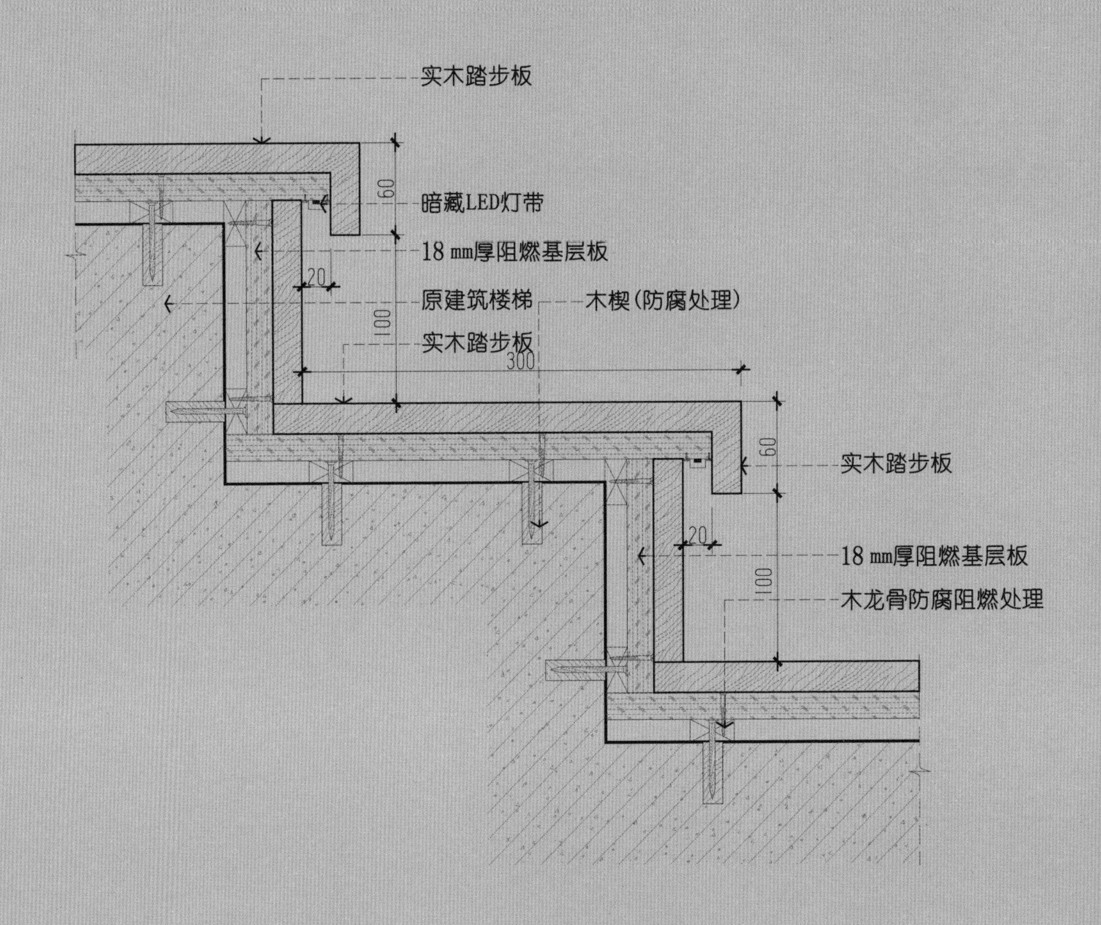
实木踏步板
60
暗藏LED灯带
18 mm厚阻燃基层板
20
原建筑楼梯
木楔(防腐处理)
100
实木踏步板
300
60
实木踏步板
20
18 mm厚阻燃基层板
100
木龙骨防腐阻燃处理

混凝土结构木地板踏步暗藏灯带节点图

比例1 : 5

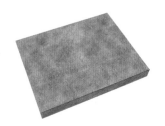

① 原建筑混凝土楼梯

② 钻孔固定木楔（防腐处理）

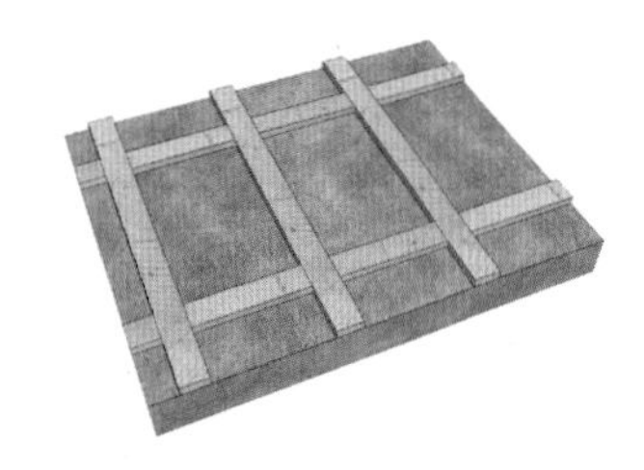

③ 木龙骨防腐阻燃处理

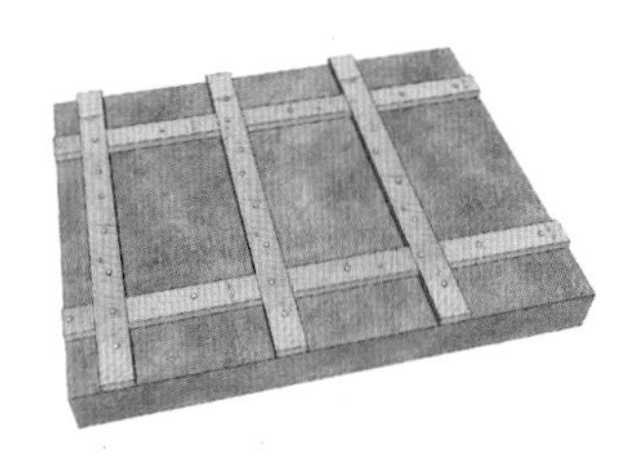

④ 钢钉固定

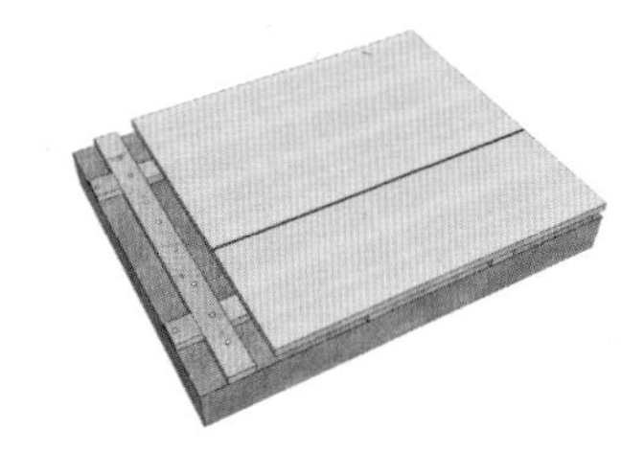

⑤ 18 mm 厚阻燃板基层铺设

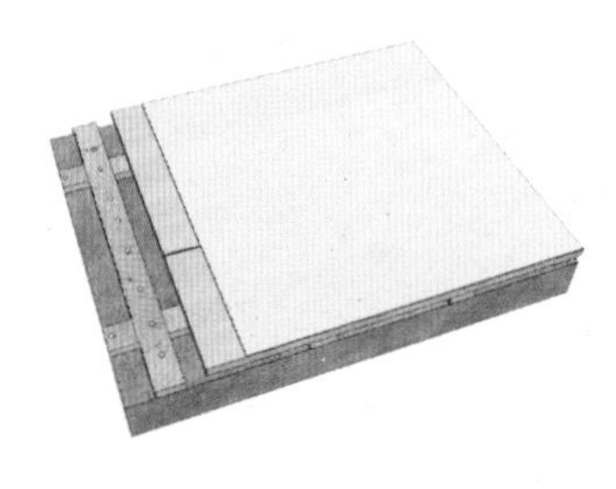

⑥ 防潮膜铺设

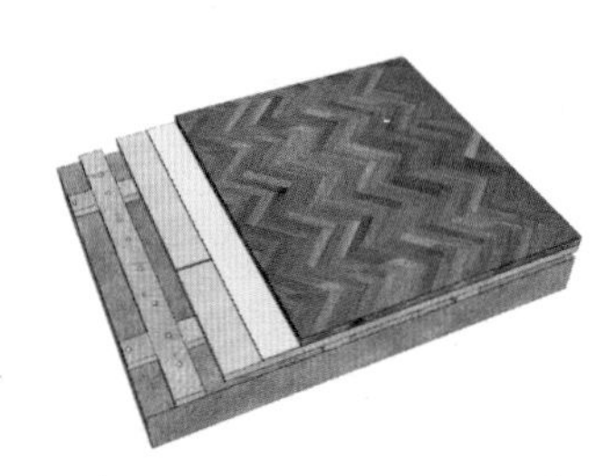

⑦ 木地板铺装

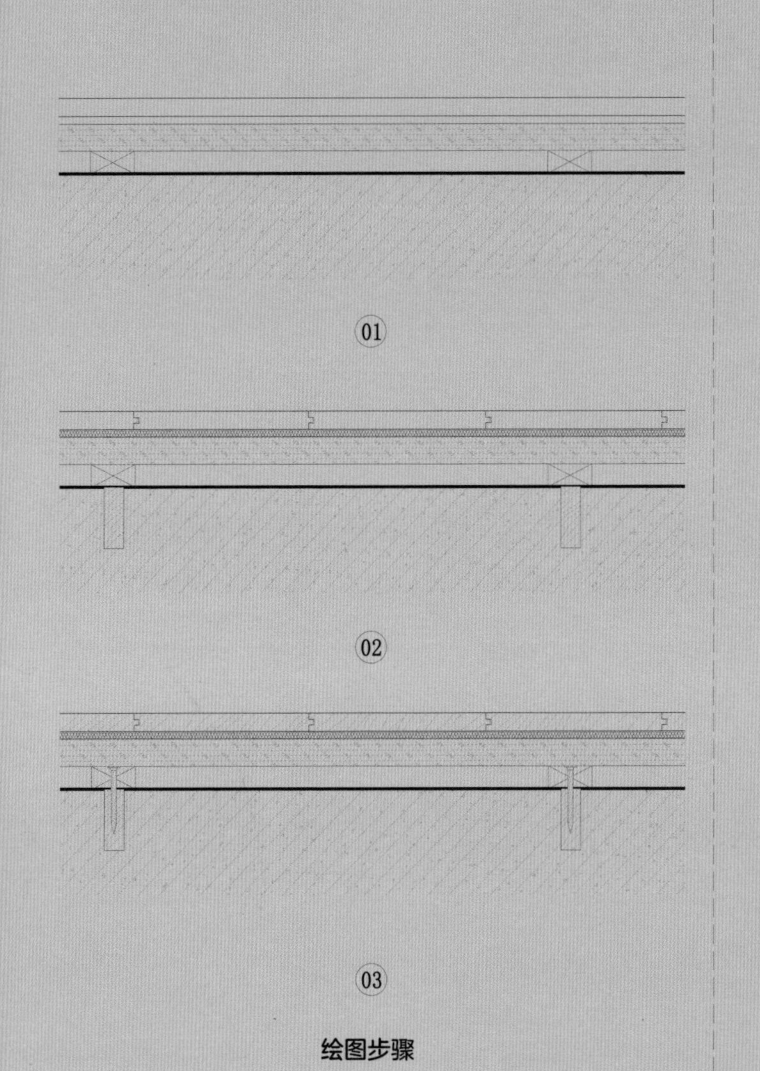
01
02
03

绘图步骤

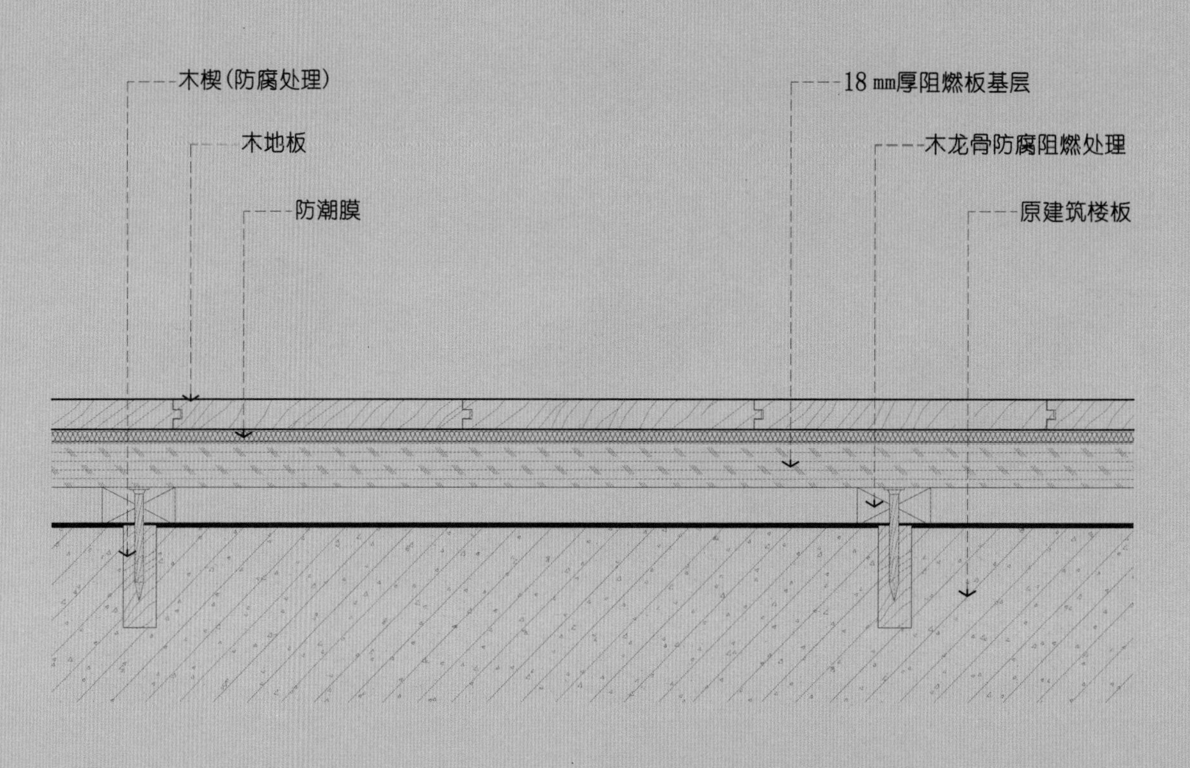
木楔(防腐处理)
木地板
防潮膜
18 mm厚阻燃板基层
木龙骨防腐阻燃处理
原建筑楼板

木地板地坪做法节点图

比例 1 ：3

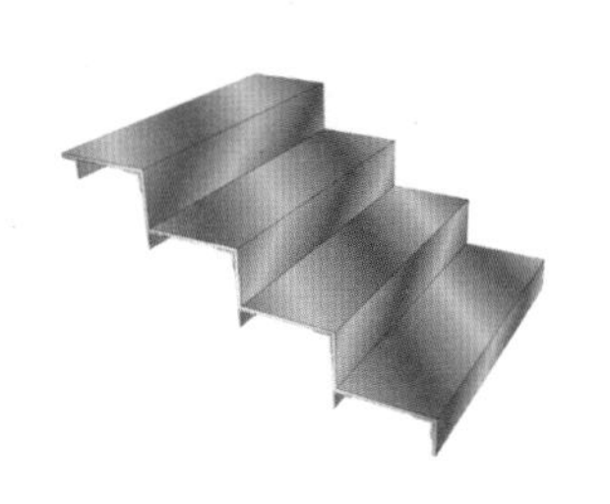

① 镀锌角钢、镀锌钢板钢结构楼梯

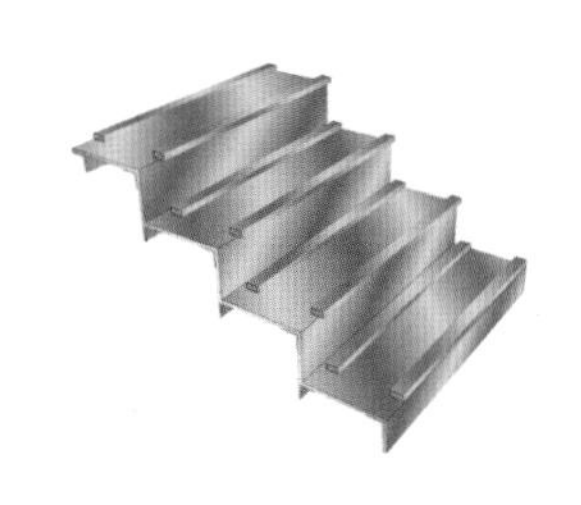

② 20 mm × 40 mm 镀锌方钢焊接固定

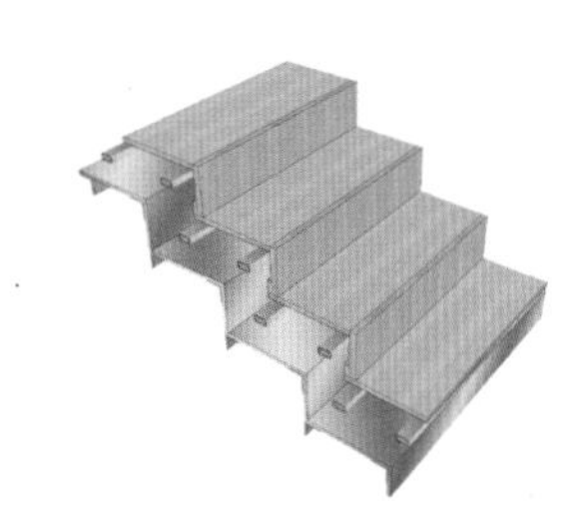

③ 18 mm 厚阻燃板基层、木方龙骨铺设

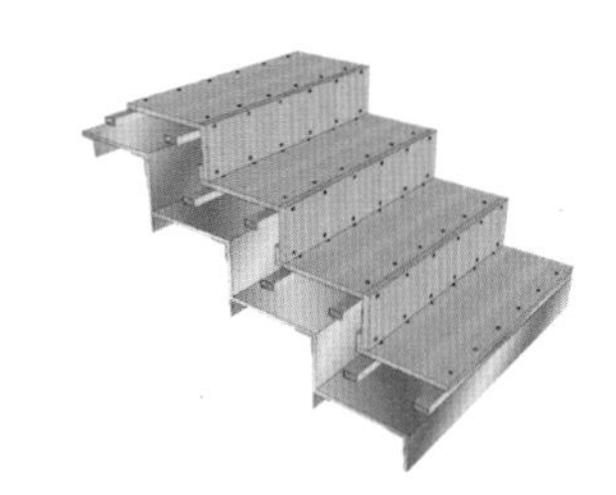

④ 自攻螺钉固定

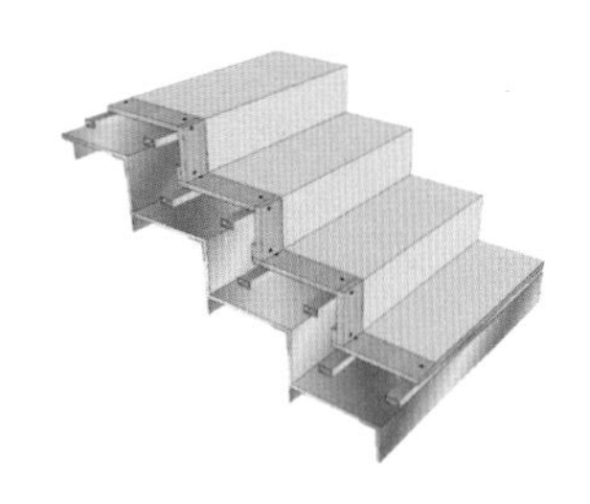

⑤ 专用胶黏剂涂刷

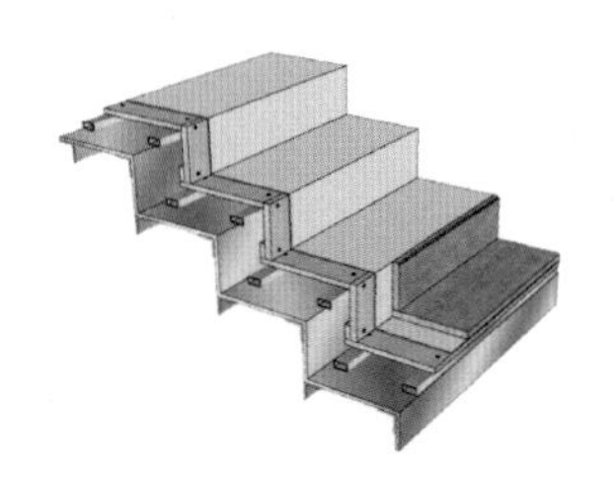

⑥ 实木踏步板铺装（1）

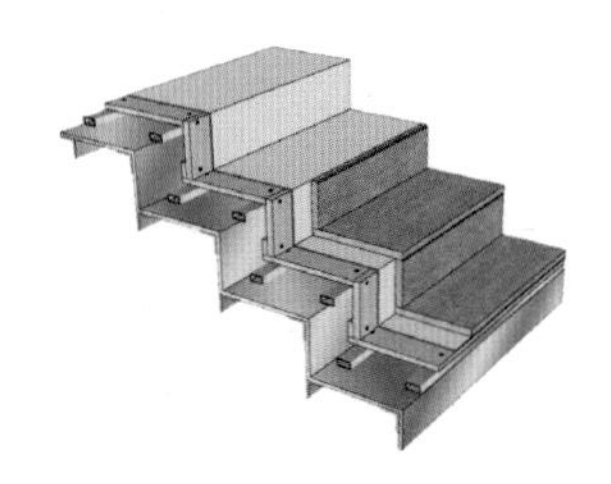

⑦ 实木踏步板铺装（2）

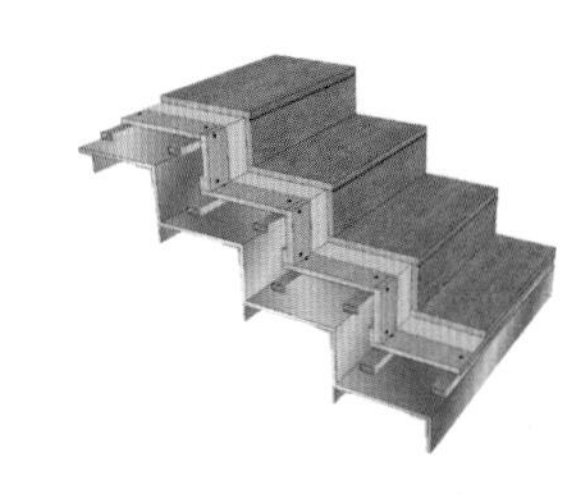

⑧ 实木踏步板铺装完工效果

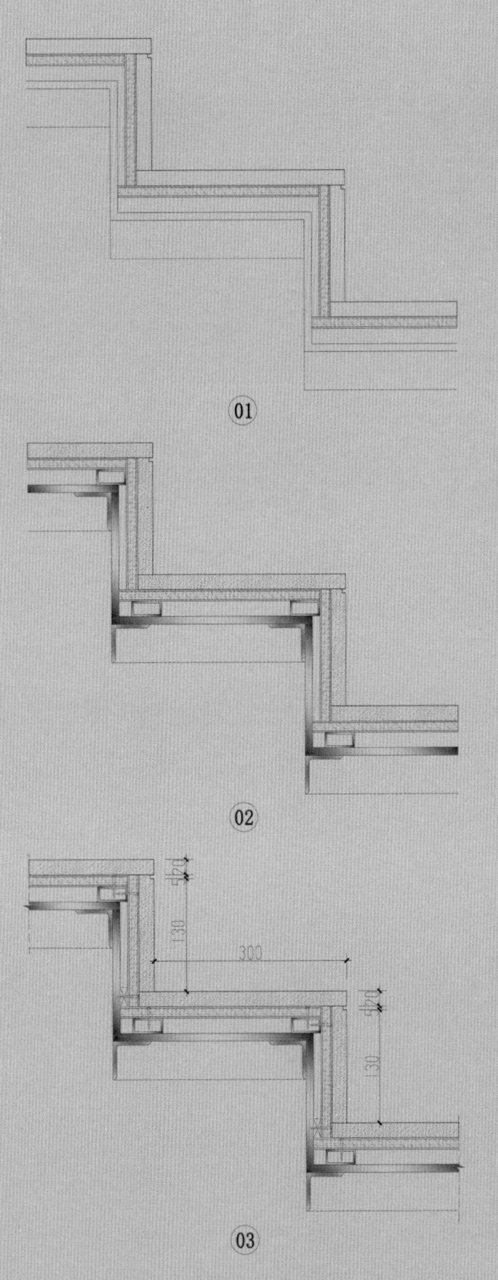
01
02
130
300
20
5
03

绘图步骤

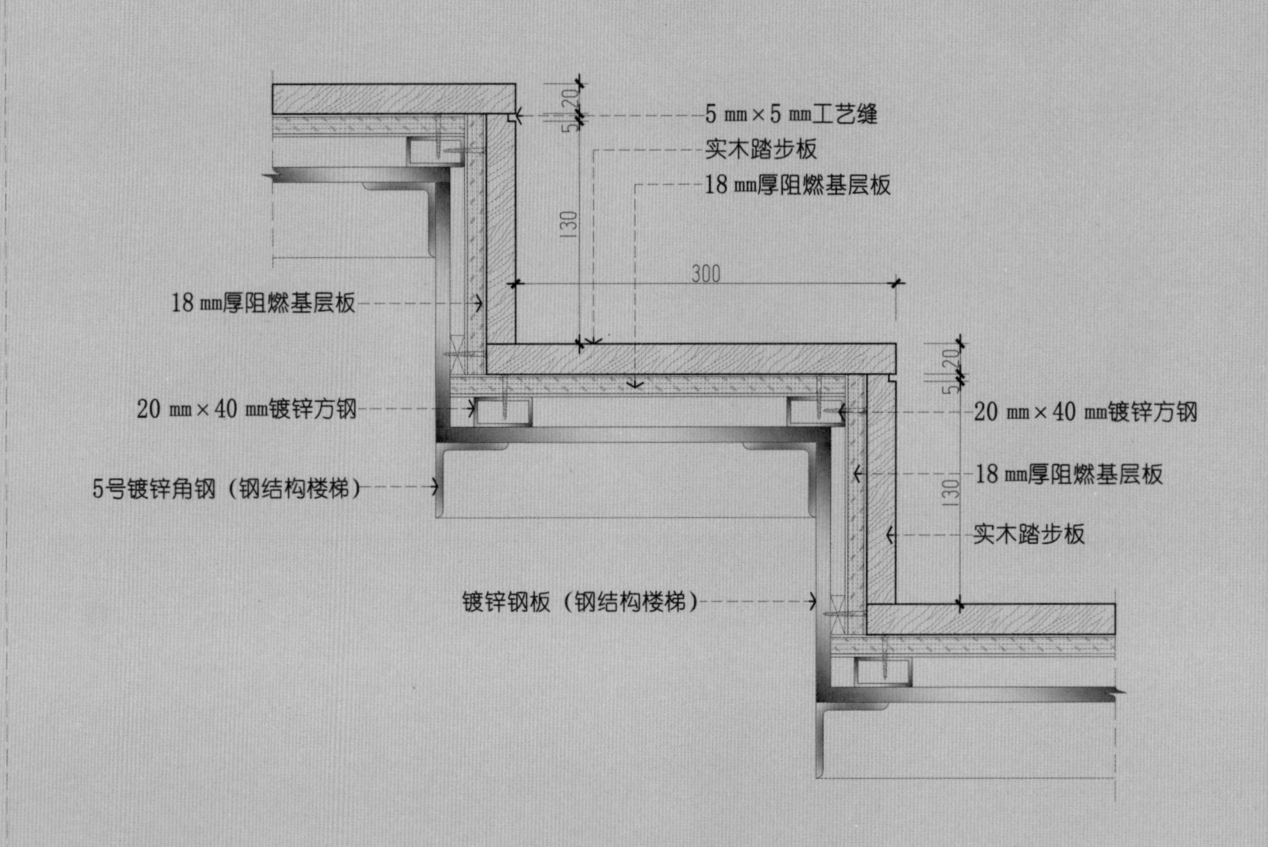
5 mm×5 mm工艺缝
实木踏步板
18 mm厚阻燃基层板
18 mm厚阻燃基层板
20 mm×40 mm镀锌方钢
5号镀锌角钢（钢结构楼梯）
20 mm×40 mm镀锌方钢
18 mm厚阻燃基层板
实木踏步板
镀锌钢板（钢结构楼梯）
20
5
130
300

钢结构木地板踏步节点图

比例 1 ：5

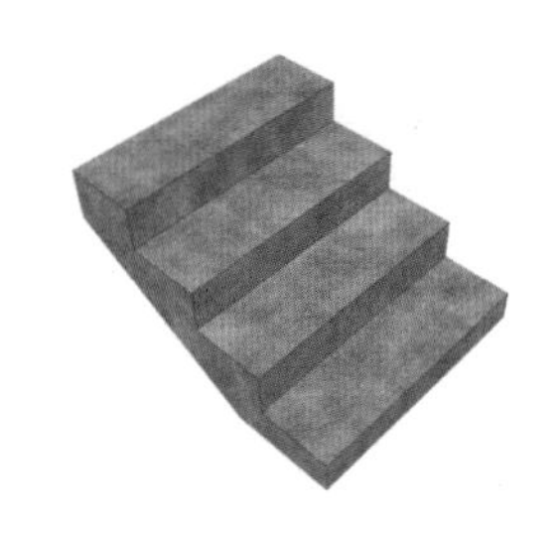

① 原建筑混凝土楼梯

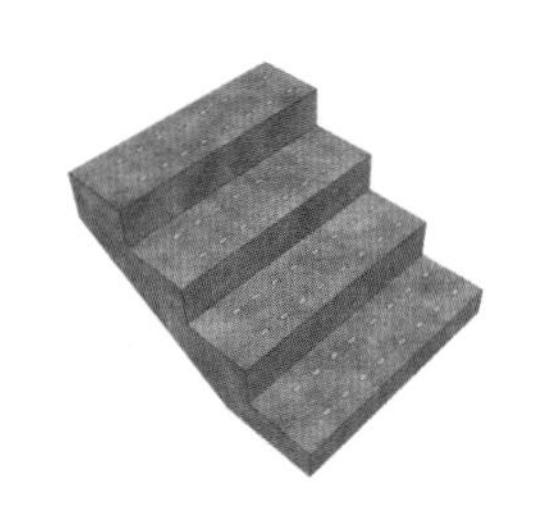

② 钻孔固定木楔（防腐处理）

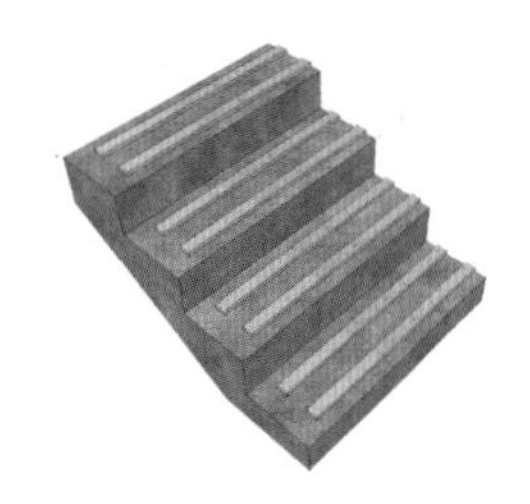

③ 木龙骨防腐阻燃处理

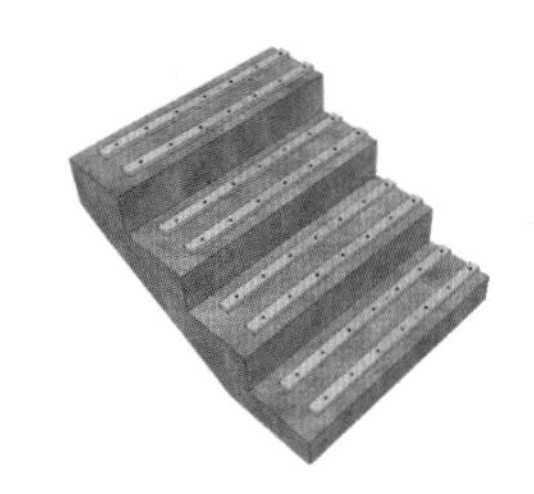

④ 钢钉固定

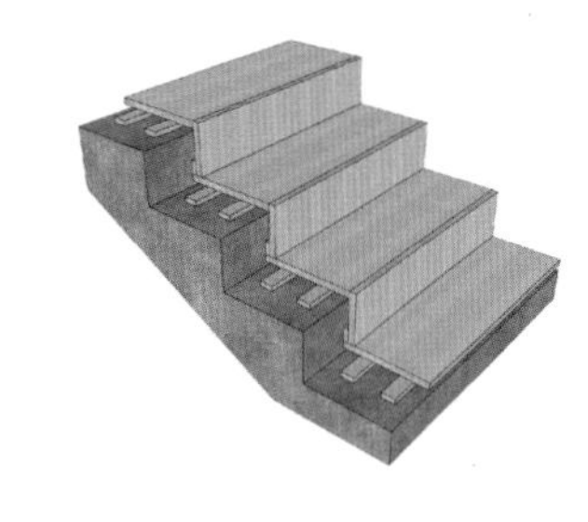

⑤ 18 mm 厚阻燃基层板铺设

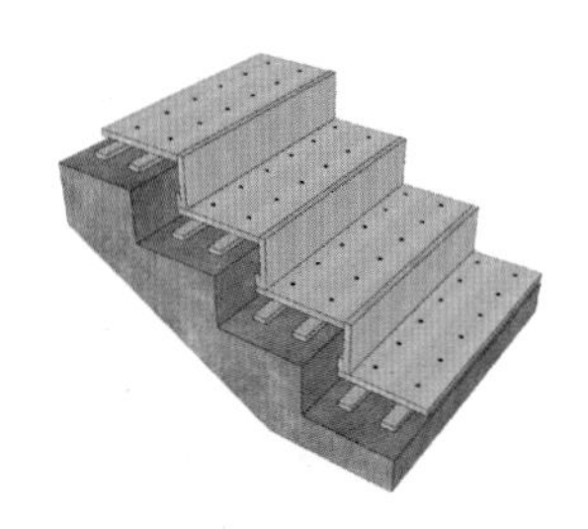

⑥ 自攻螺钉固定

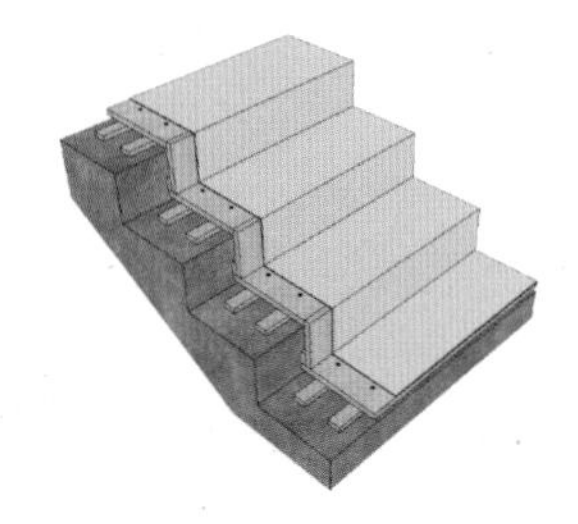

⑦ 专用胶黏剂涂刷

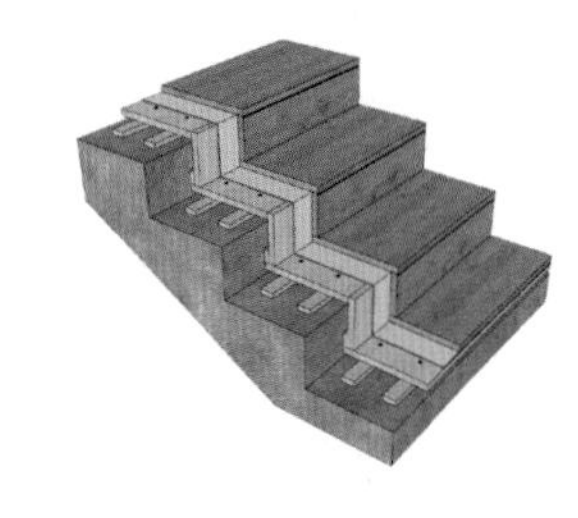

⑧ 实木踏步板铺装

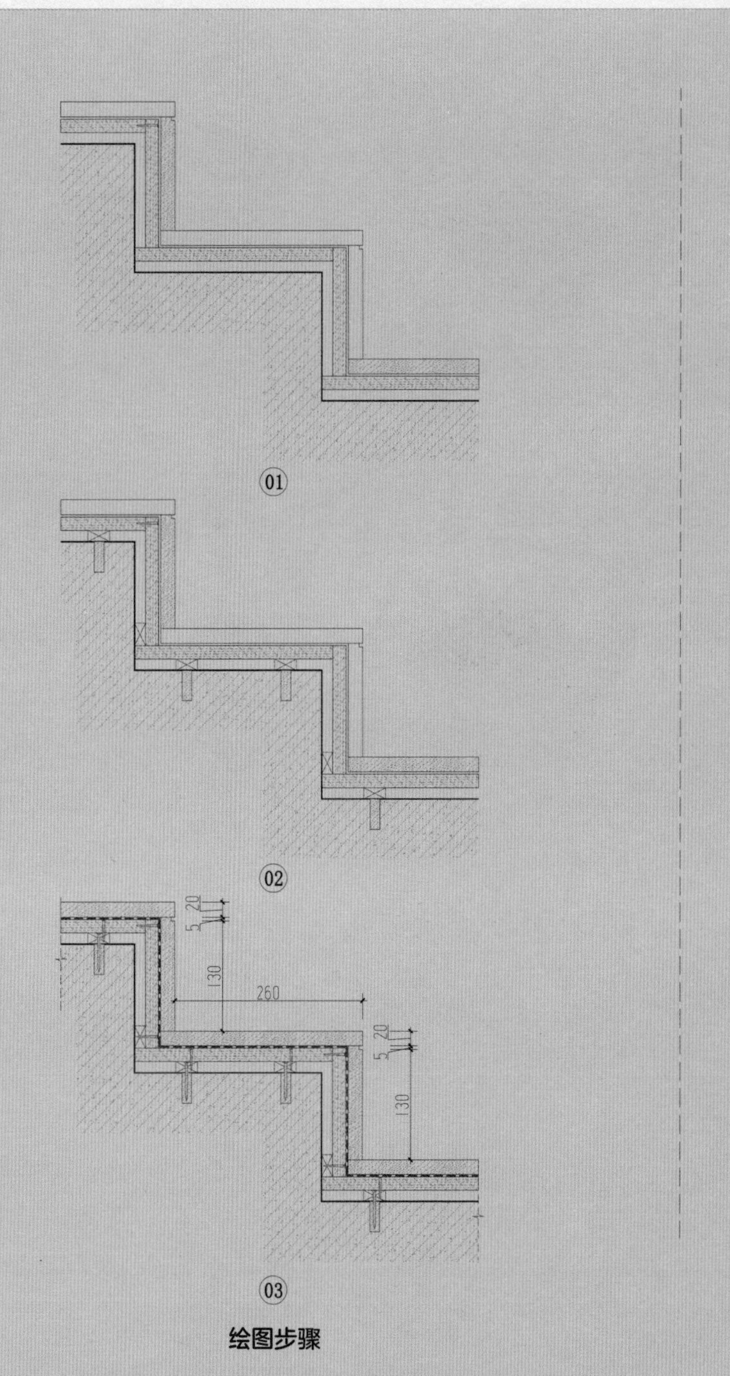
01
02
5
20
130
260
5
20
130
03

绘图步骤

5 mm×5 mm工艺缝

20

5

专用胶黏剂

18 mm厚阻燃基层板

130

原建筑楼梯

260

实木踏步板

木楔（防腐处理）

20

5

实木踏步板

18 mm厚阻燃基层板

130

木龙骨防腐阻燃处理

混凝土结构木地板踏步节点图

比例1 ：5

① 原建筑楼板清底、湿润

② 纯水泥浆扫底或专用界面剂涂刷

③ 细石混凝土找平层

④ 墙体饰面

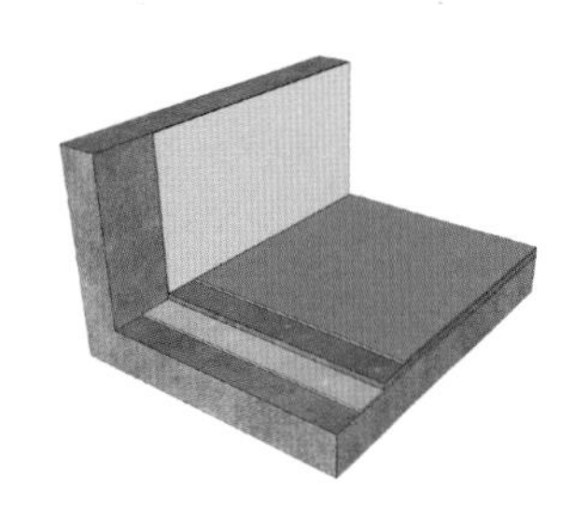

⑤ 地毯专用胶垫基层铺设

⑥ 块毯铺装

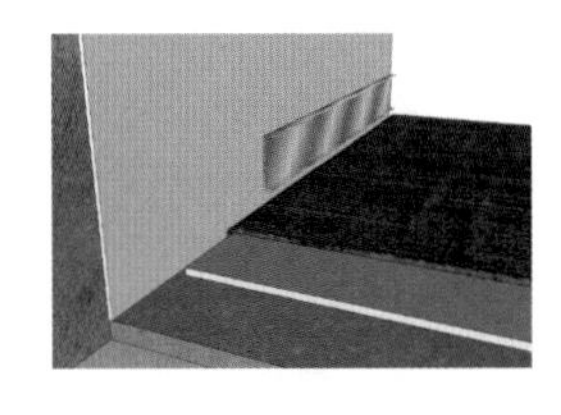

⑦ 成品金属踢脚线的底板安装

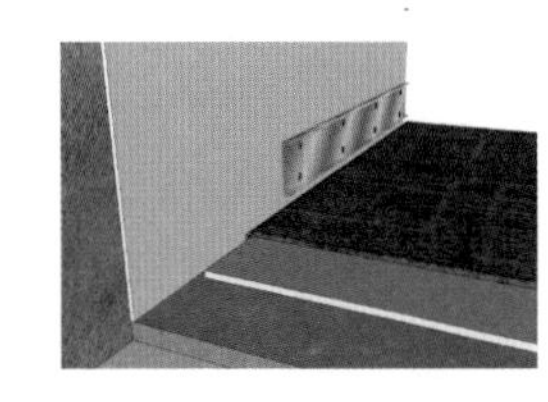

⑧ 塑料紧固件（膨胀管）、自攻螺钉固定

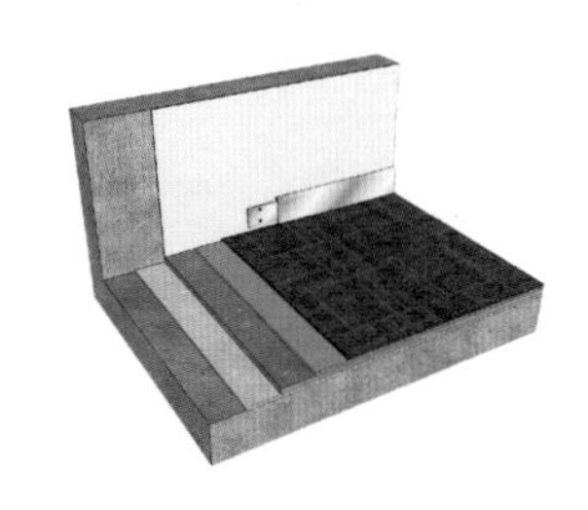

⑨ 金属踢脚线安装

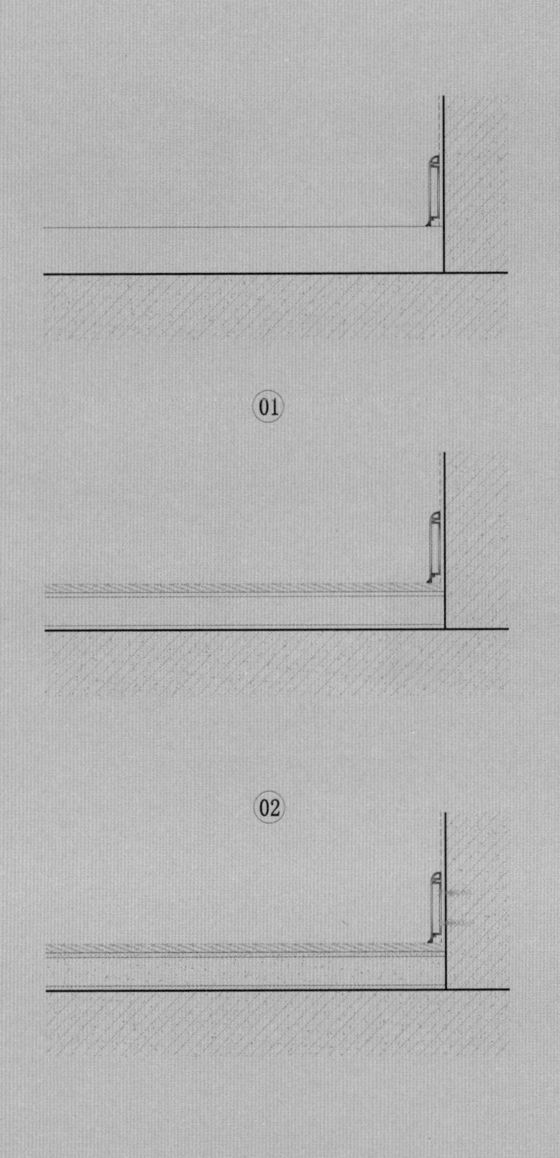
01
02
03

绘图步骤

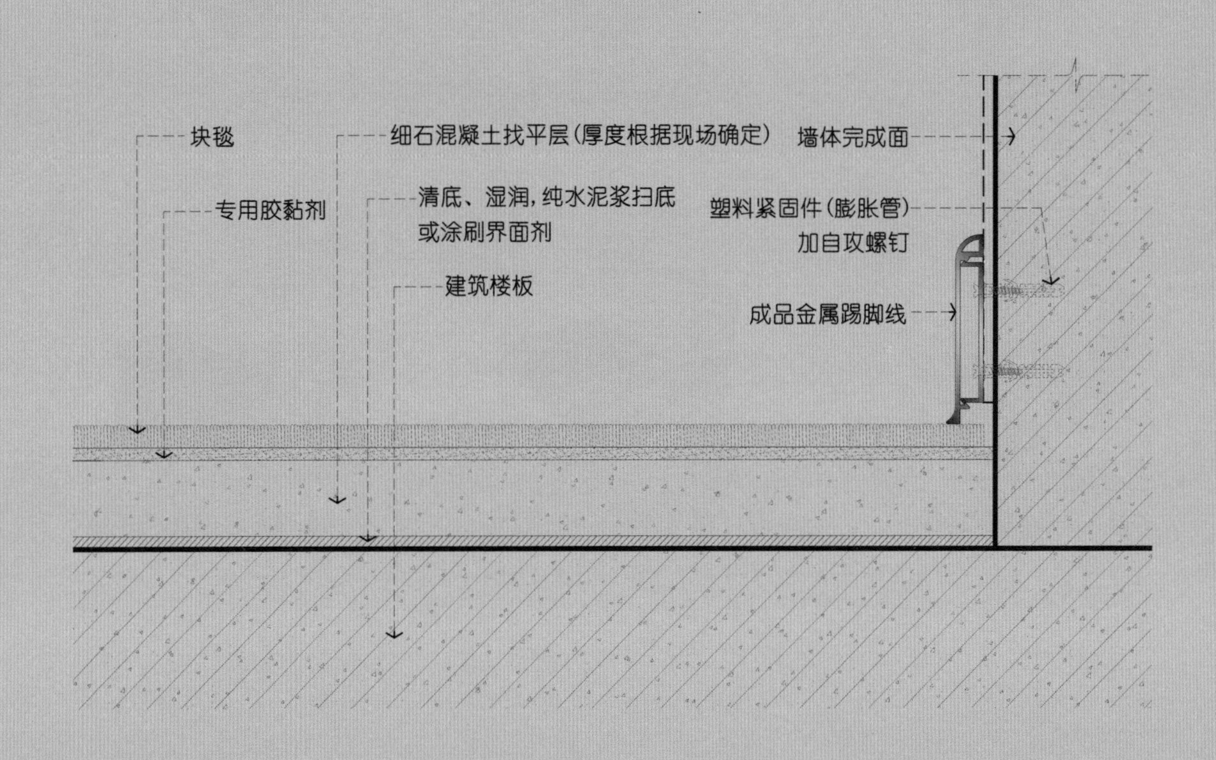
块毯
专用胶黏剂
细石混凝土找平层(厚度根据现场确定)
清底、湿润,纯水泥浆扫底
或涂刷界面剂
建筑楼板
墙体完成面
塑料紧固件(膨胀管)
加自攻螺钉
成品金属踢脚线

块毯地坪节点图

比例 1 : 3

① 原建筑楼板

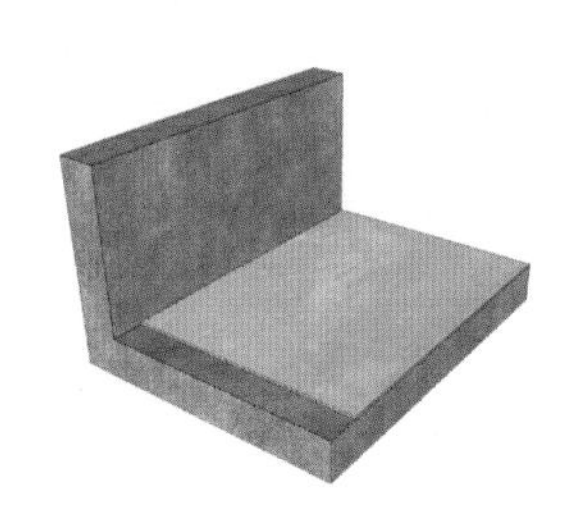

② 清底、湿润，纯水泥浆扫底或专用界面剂涂刷

③ 细石混凝土找平层

④ 墙体饰面

⑤ 倒刺条固定

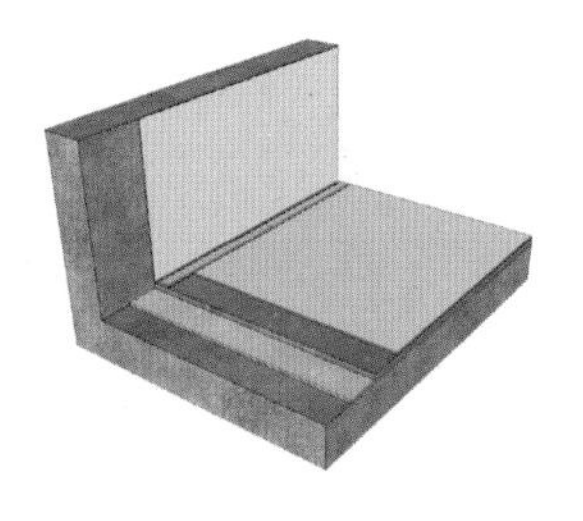

⑥ 地毯专用胶垫基层铺设

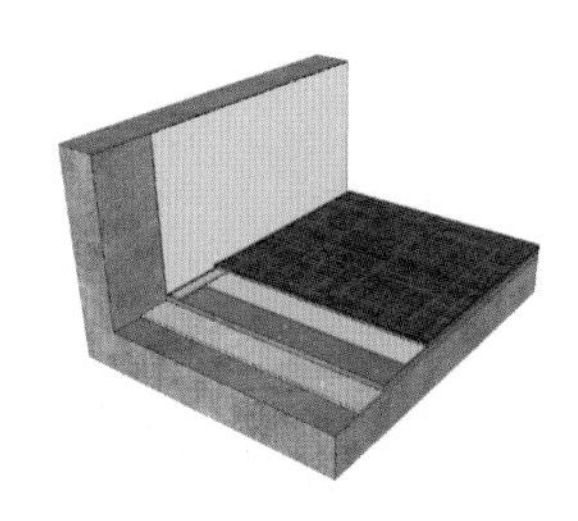

⑦ 卷材地毯铺装

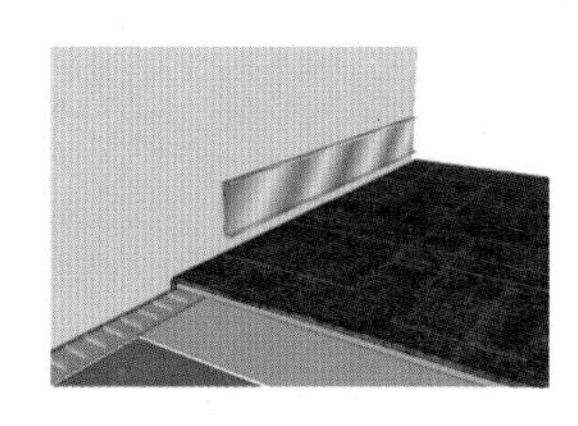

⑧ 成品金属踢脚线的底板安装

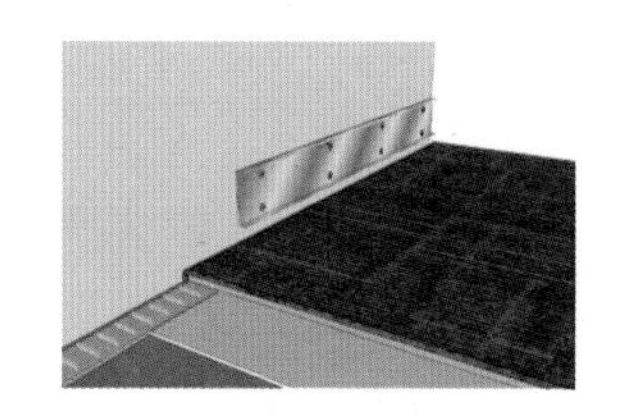

⑨ 塑料紧固件（膨胀管）、自攻螺钉固定

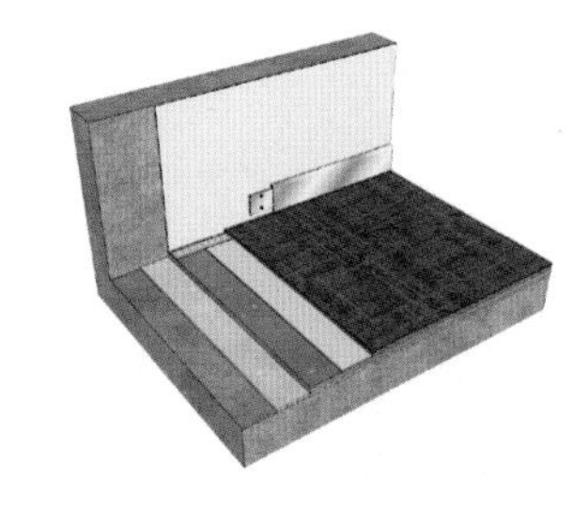

⑩ 金属踢脚线安装

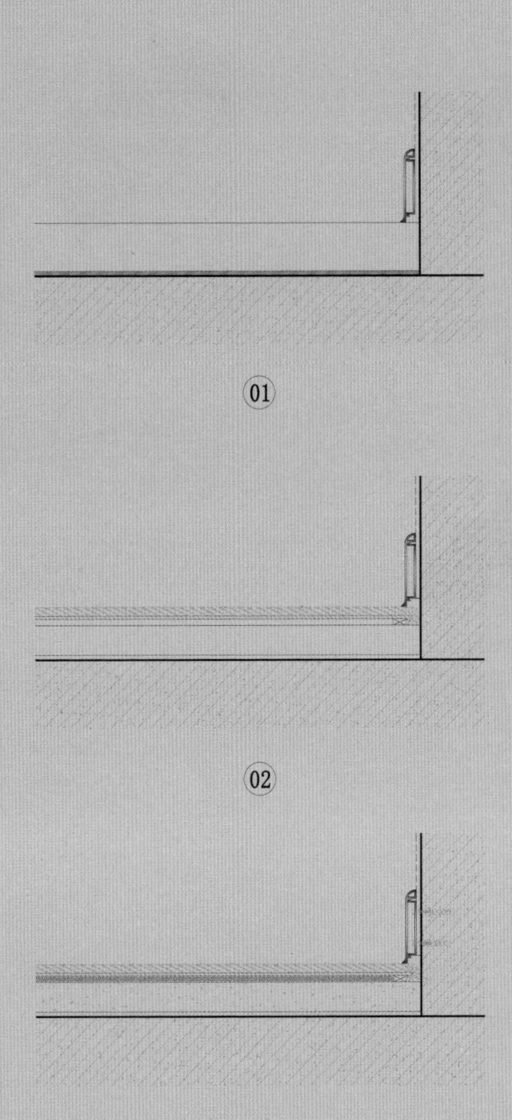

01
02
03

绘图步骤

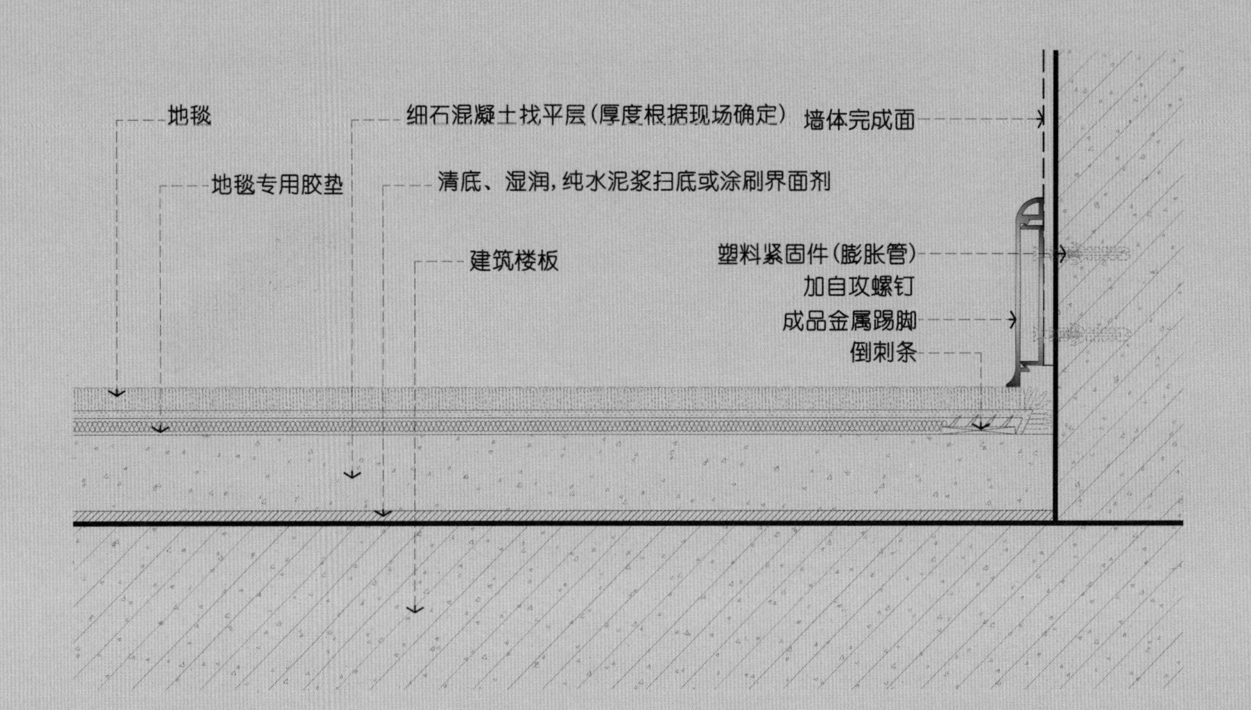

地毯
细石混凝土找平层(厚度根据现场确定)
墙体完成面
地毯专用胶垫
清底、湿润,纯水泥浆扫底或涂刷界面剂
建筑楼板
塑料紧固件(膨胀管)
加自攻螺钉
成品金属踢脚
倒刺条

满铺地毯地坪节点图

比例 1 ：3

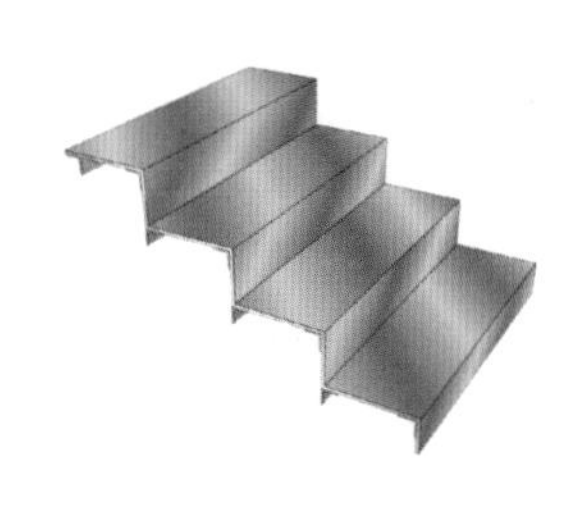

① 镀锌角钢、镀锌钢板钢结构楼梯

② 20 mm × 40 mm 镀锌方钢焊接固定

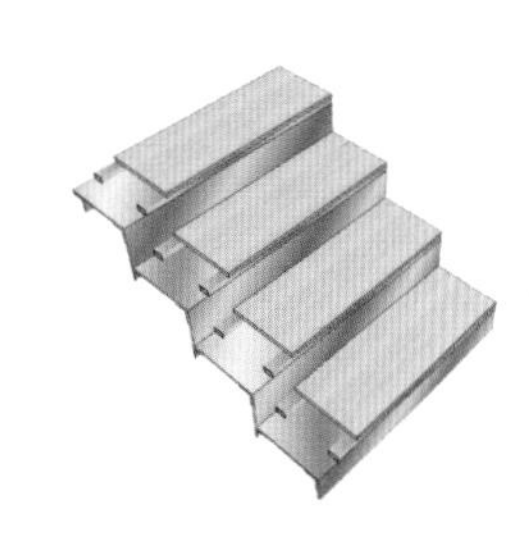

③ 18 mm 厚阻燃板基层铺设

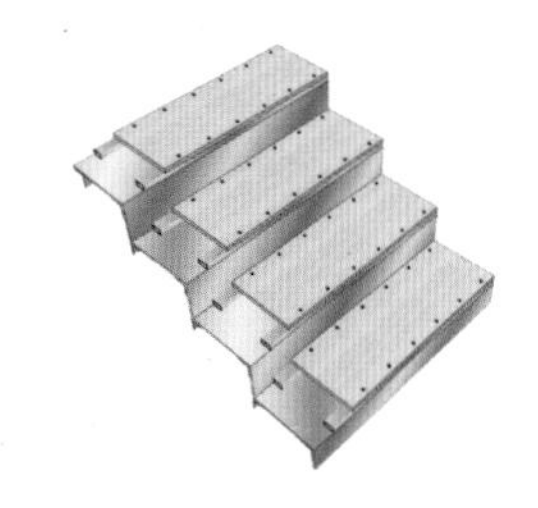

④ 自攻螺钉固定

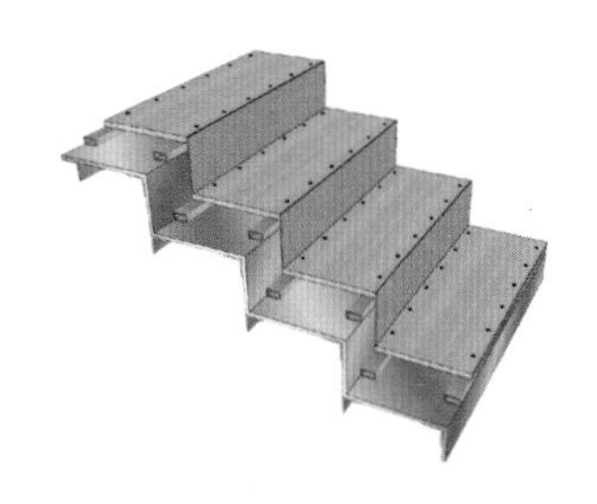

⑤ 专用胶黏剂涂刷

⑥ 倒刺条固定

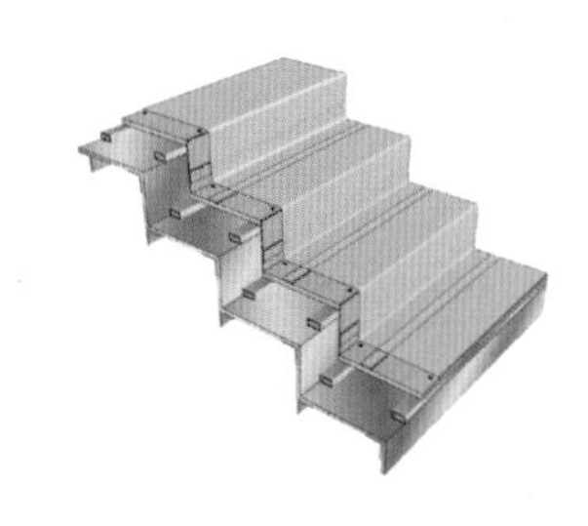

⑦ 地毯专用胶垫铺设

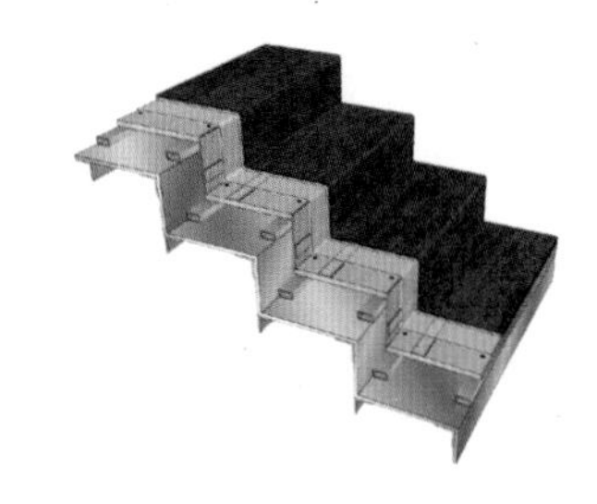

⑧ 地毯铺装

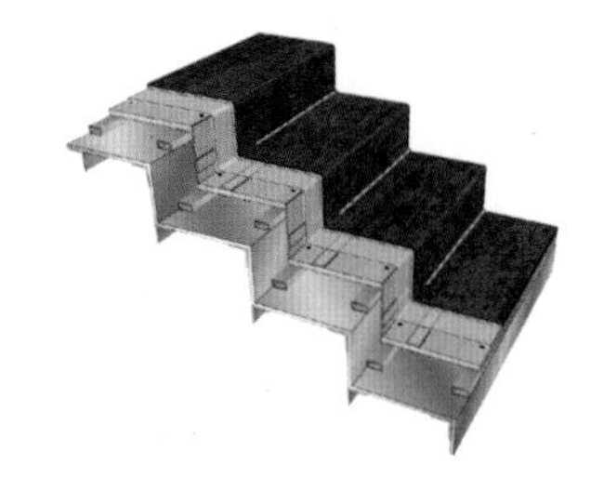

⑨ 金属压条

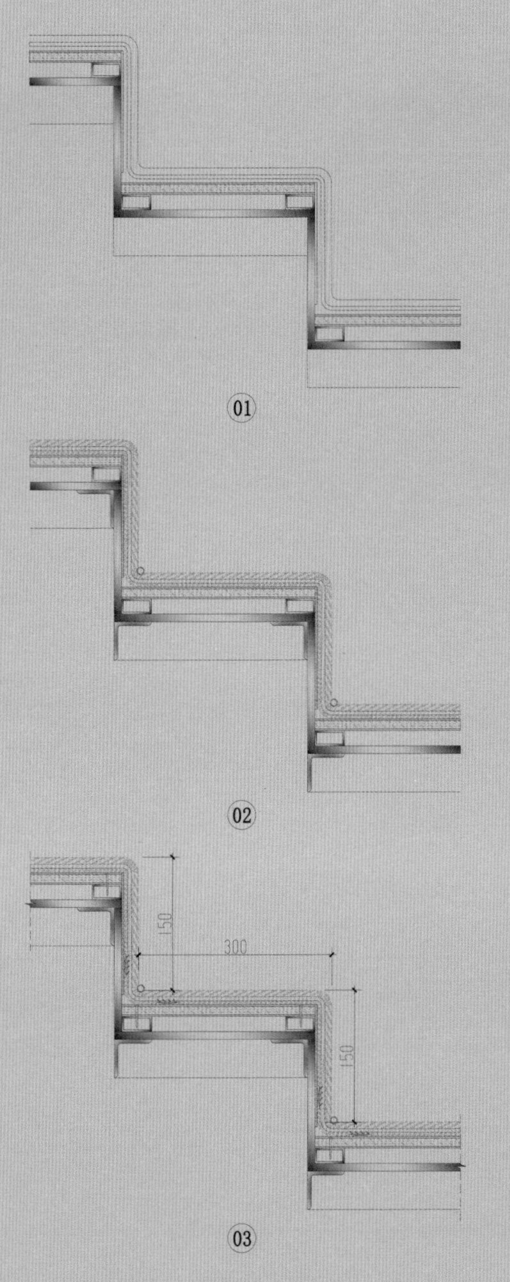
01
02
150
300
150
03

绘图步骤

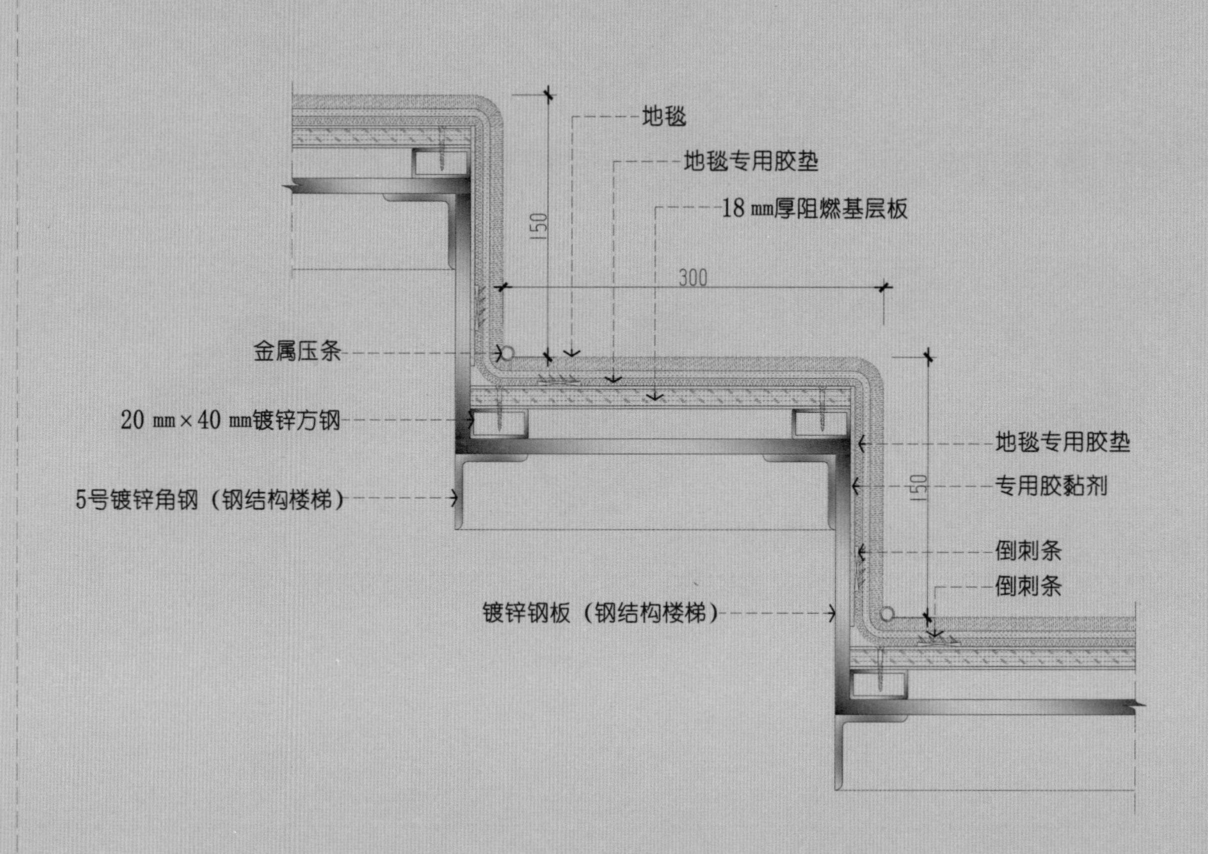
地毯
地毯专用胶垫
18 mm厚阻燃基层板
150
300
金属压条
20 mm×40 mm镀锌方钢
5号镀锌角钢（钢结构楼梯）
地毯专用胶垫
专用胶黏剂
150
倒刺条
倒刺条
镀锌钢板（钢结构楼梯）

钢结构楼梯地毯节点图

比例 1 ： 5

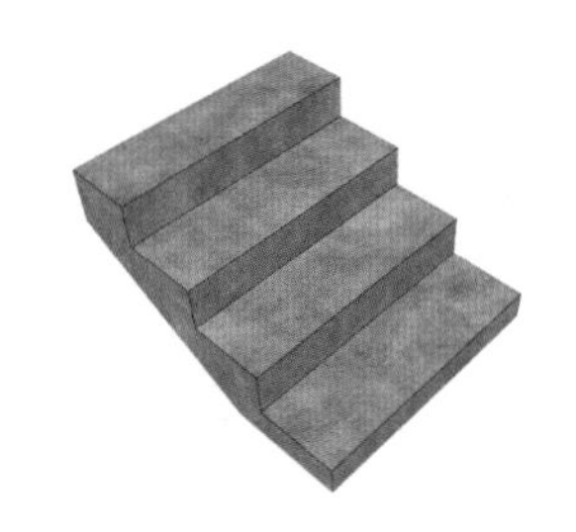

① 建筑混凝土楼梯清底、湿润

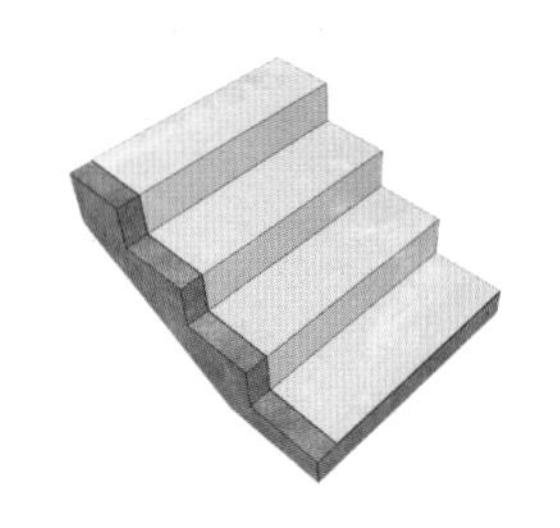

② 纯水泥浆扫底或专用界面剂涂刷

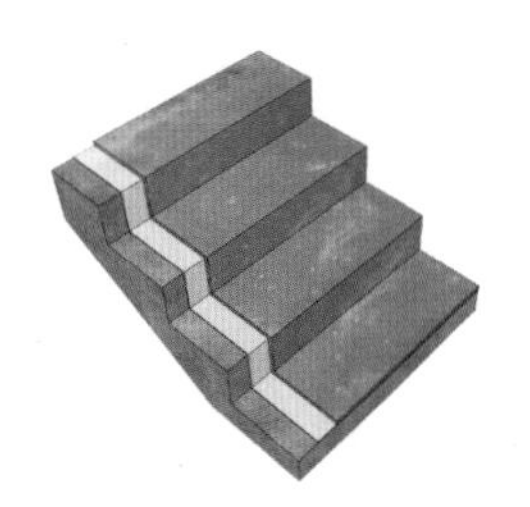

③ 水泥砂浆找平层

④ 专用胶黏剂涂刷

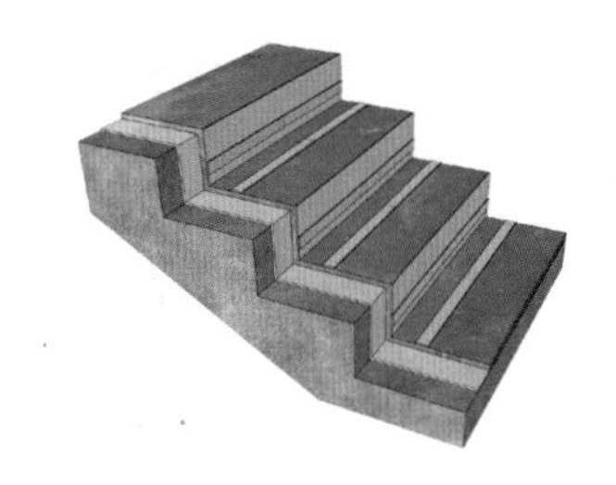

⑤ 倒刺条固定

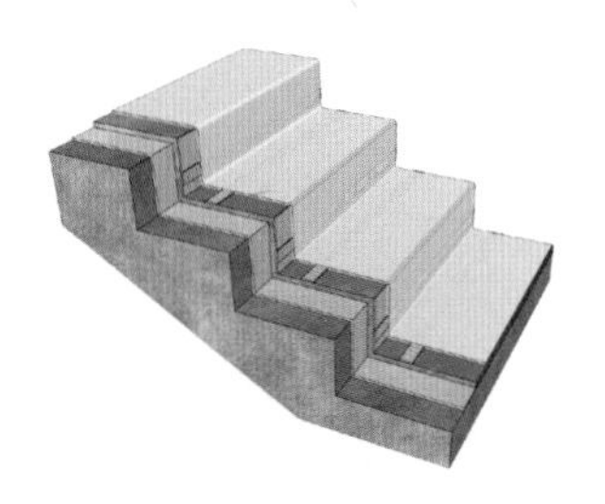

⑥ 地毯专用胶垫铺设

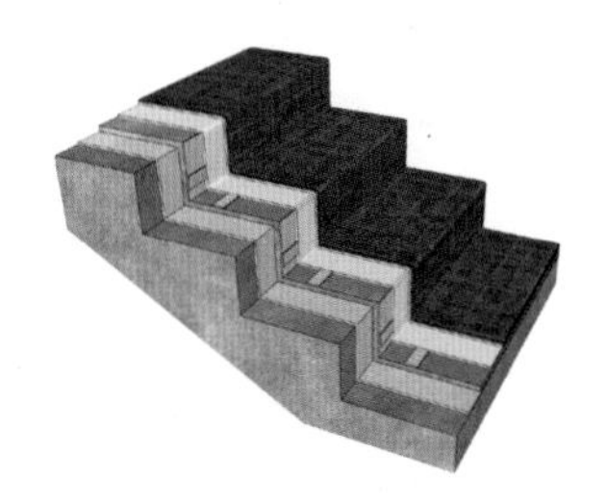

⑦ 地毯铺装

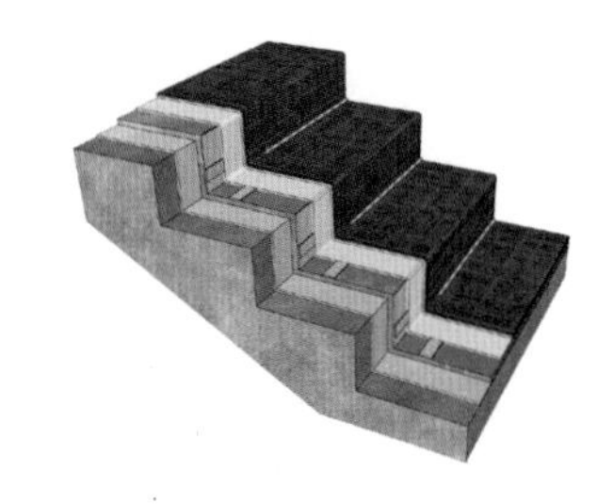

⑧ 金属压条

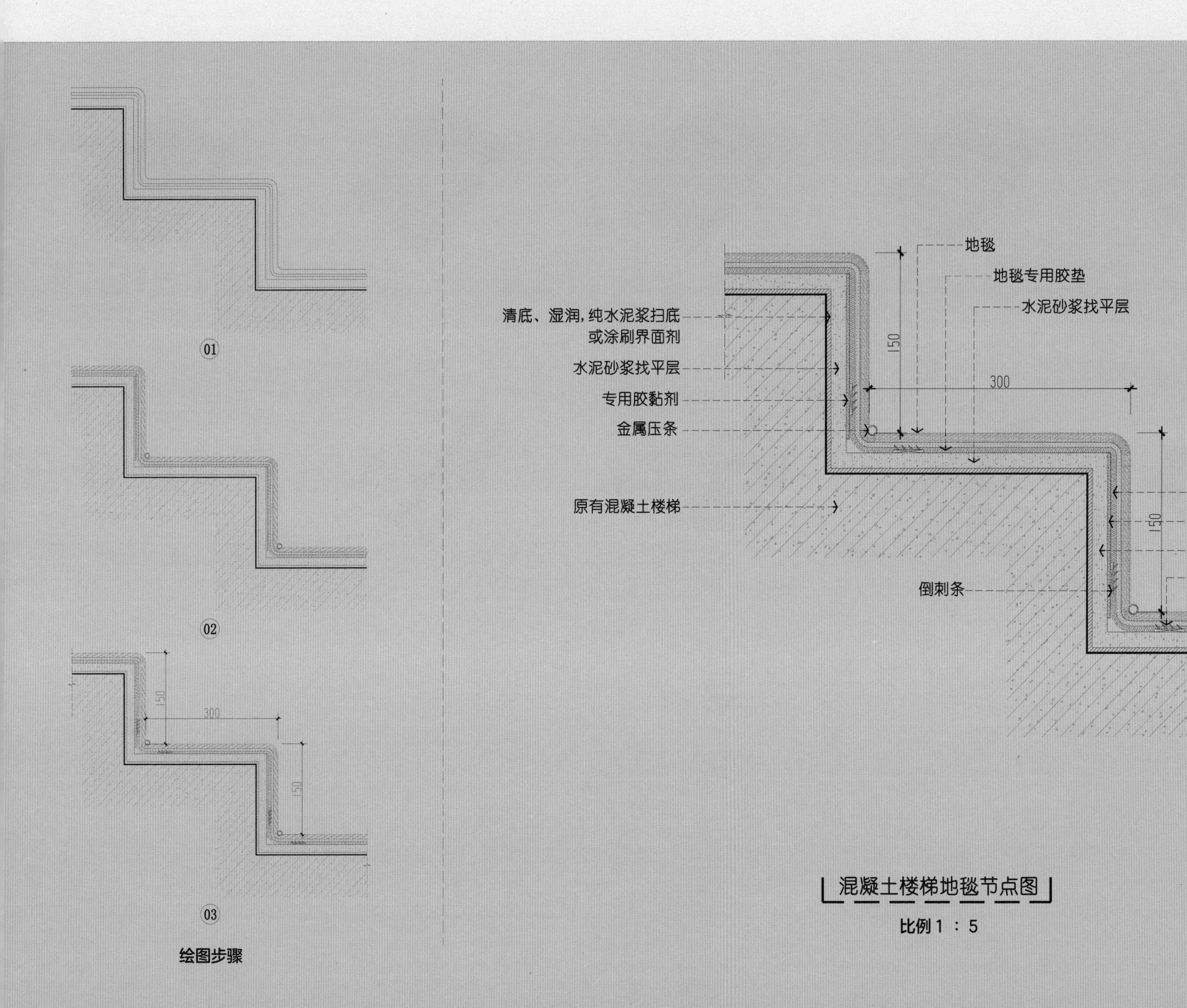
01
02
03
150
300
150
地毯
地毯专用胶垫
水泥砂浆找平层
清底、湿润，纯水泥浆扫底
或涂刷界面剂
水泥砂浆找平层
专用胶黏剂
金属压条
原有混凝土楼梯
150
300
150
地毯专用胶垫
专用胶黏剂
水泥砂浆找平层
倒刺条
倒刺条

绘图步骤

混凝土楼梯地毯节点图

比例 1 ： 5

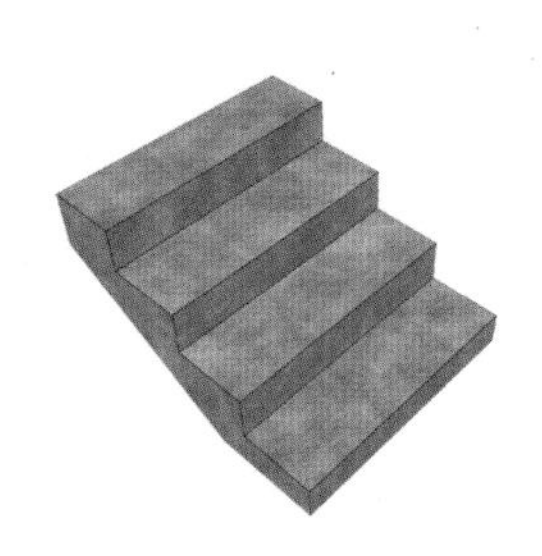

① 原建筑混凝土楼梯

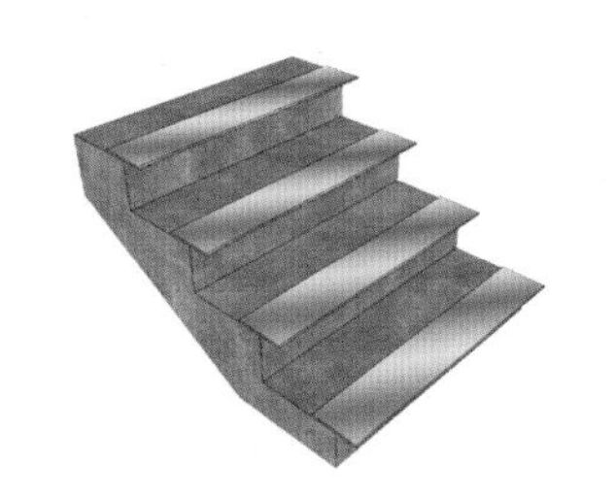

② 5 mm 厚镀锌钢板埋件

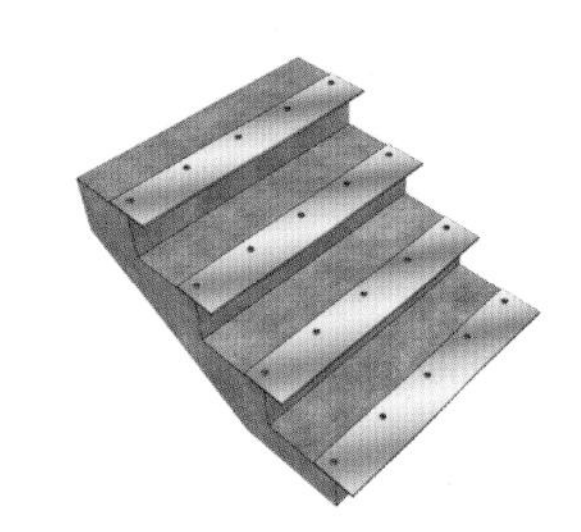

③ M8 膨胀螺栓固定

④ 清底、湿润，纯水泥浆扫底或专用界面剂涂刷

⑤ 20 mm 厚 1 ： 3 干硬性水泥砂浆结合层铺设

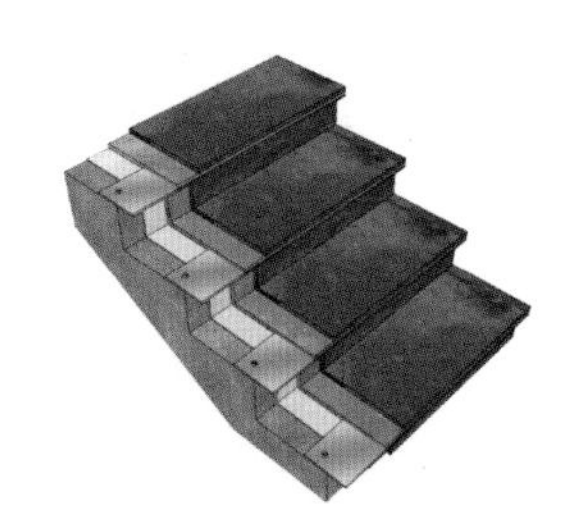

⑥ 10 mm 厚素水泥黏结层或专用胶黏剂

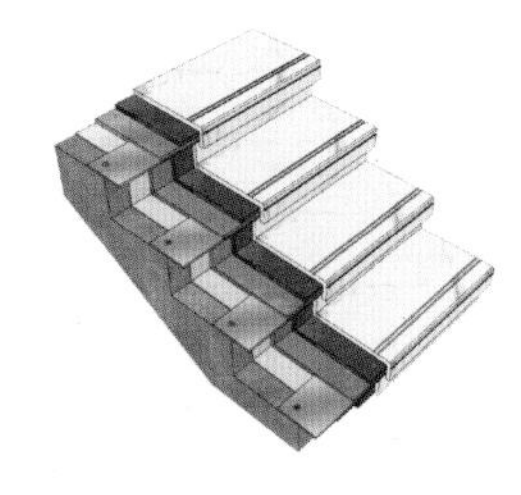

⑦ 石材饰面

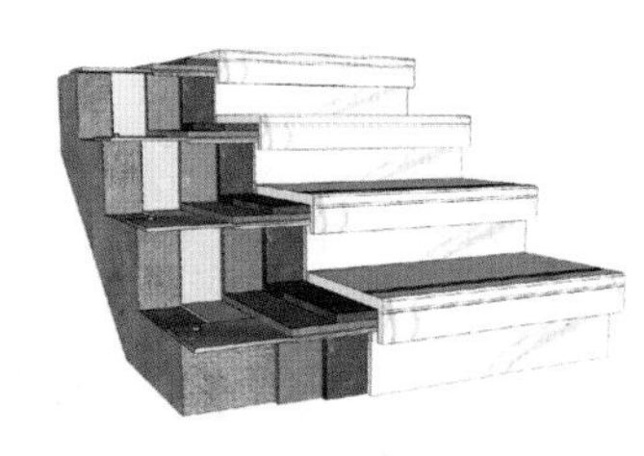

⑧ 安装 LED 灯带

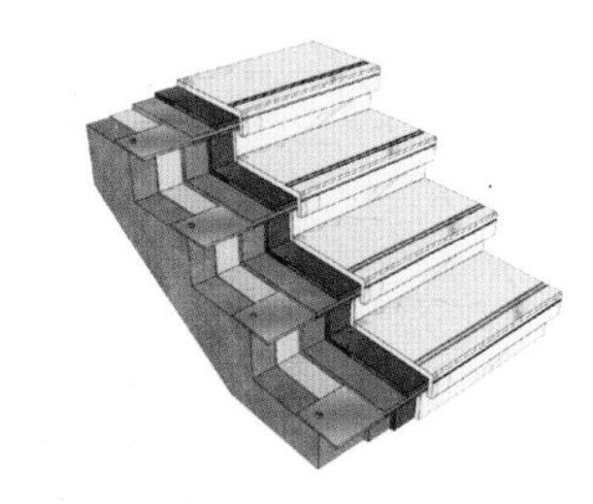

⑨ 最终效果

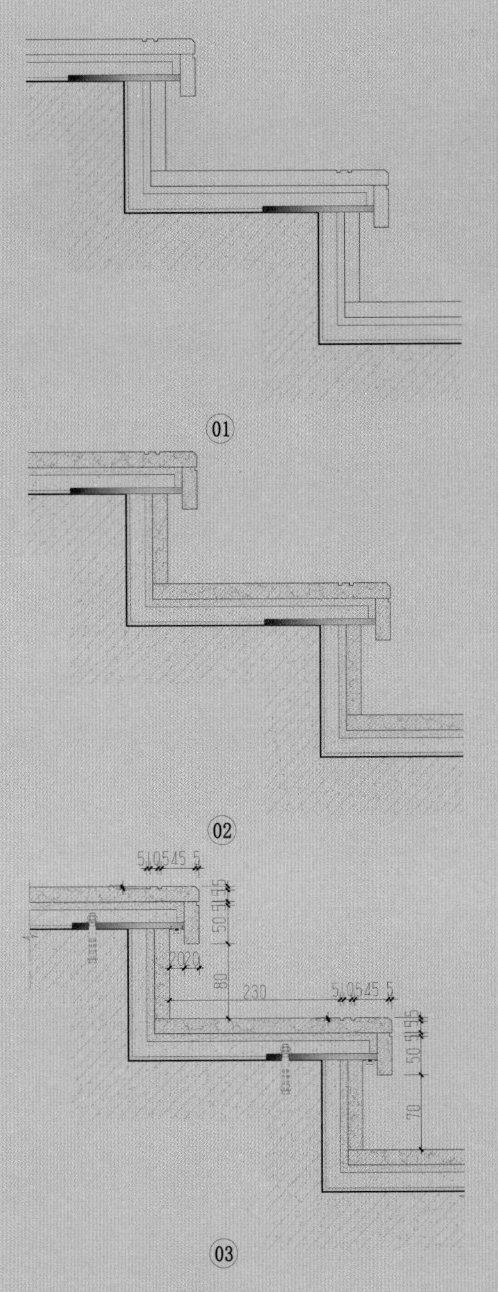
01
02
03

绘图步骤

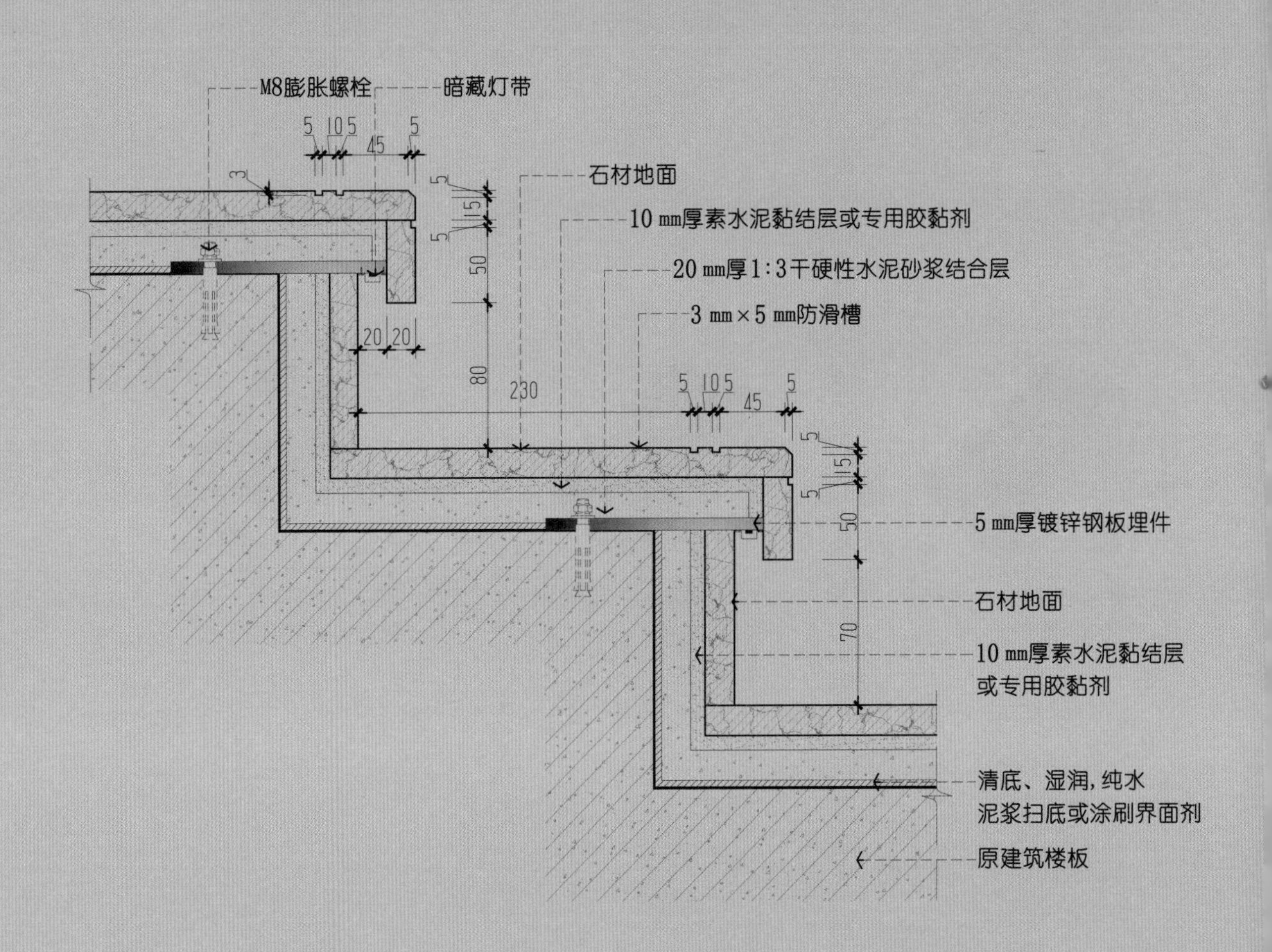
M8膨胀螺栓
暗藏灯带
石材地面
10 mm厚素水泥黏结层或专用胶黏剂
20 mm厚1∶3干硬性水泥砂浆结合层
3 mm×5 mm防滑槽
5 mm厚镀锌钢板埋件
石材地面
10 mm厚素水泥黏结层
或专用胶黏剂
清底、湿润，纯水
泥浆扫底或涂刷界面剂
原建筑楼板

石材踏步暗藏灯带节点图

比例 1 ： 5

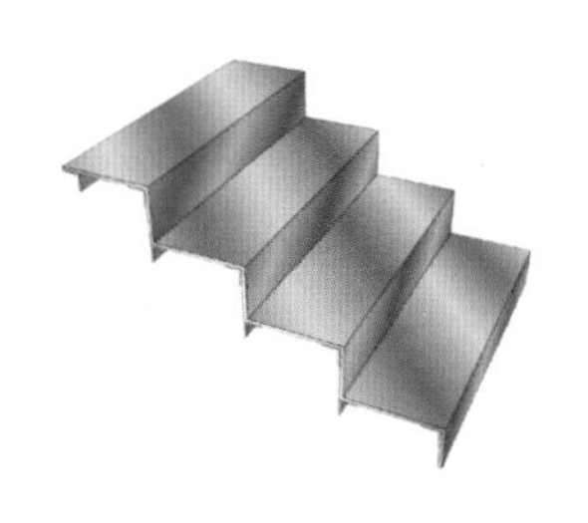

❶ 镀锌角钢、镀锌钢板钢结构楼梯

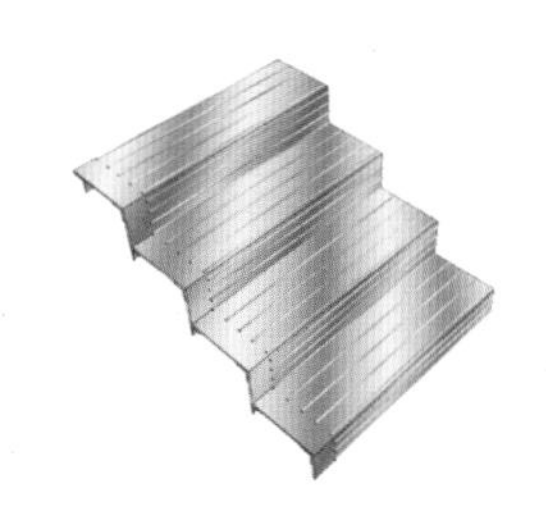

❷ Φ6 mm 圆筋，以焊栓钉焊接固定

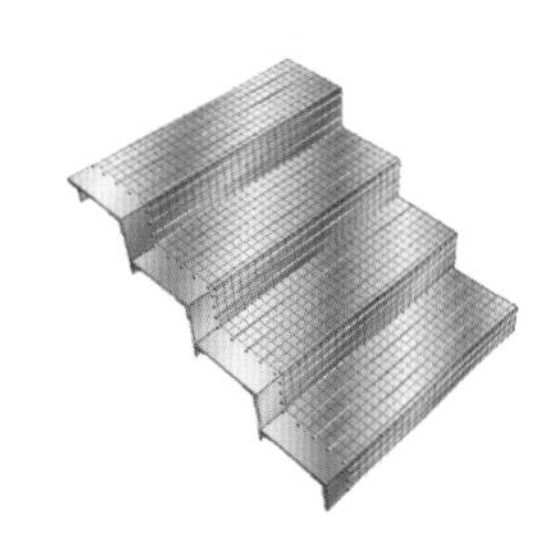

❸ 镀锌钢丝网固定

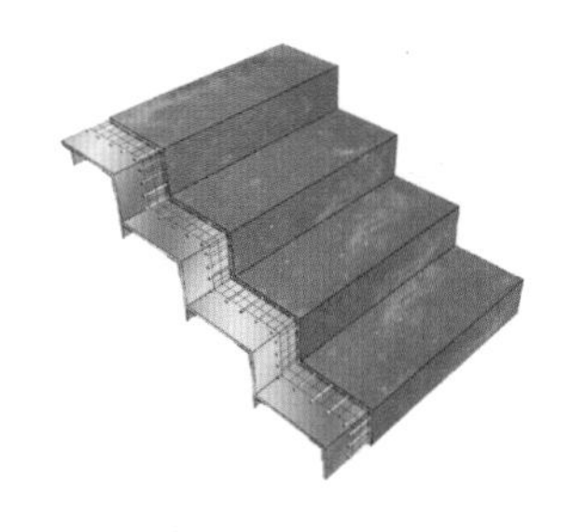

❹ 20 mm 厚 1 ： 3 干硬性水泥砂浆结合层铺设

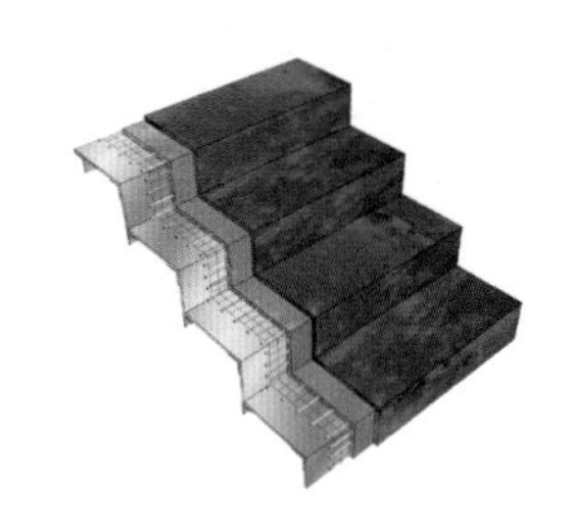

❺ 10 mm 厚素水泥黏结层或专用胶黏剂

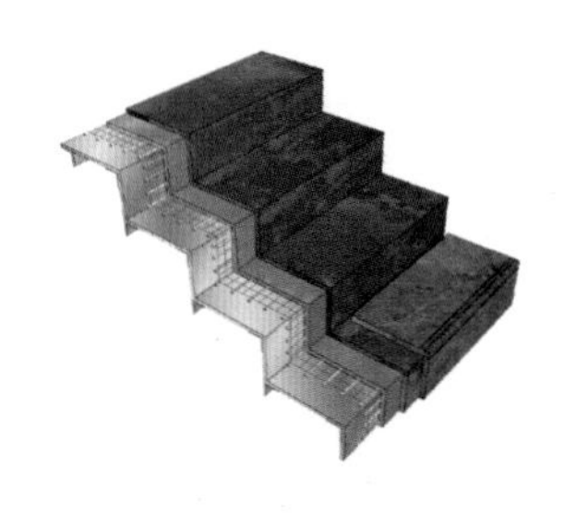

❻ 石材饰面铺贴（1）

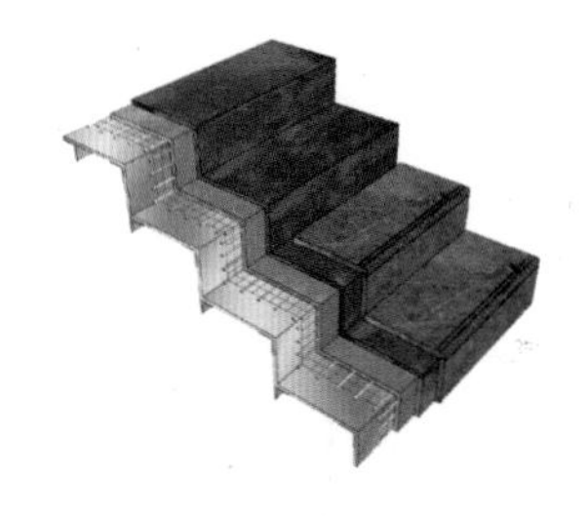

❼ 石材饰面铺贴（2）

❽ 石材饰面铺贴完工效果

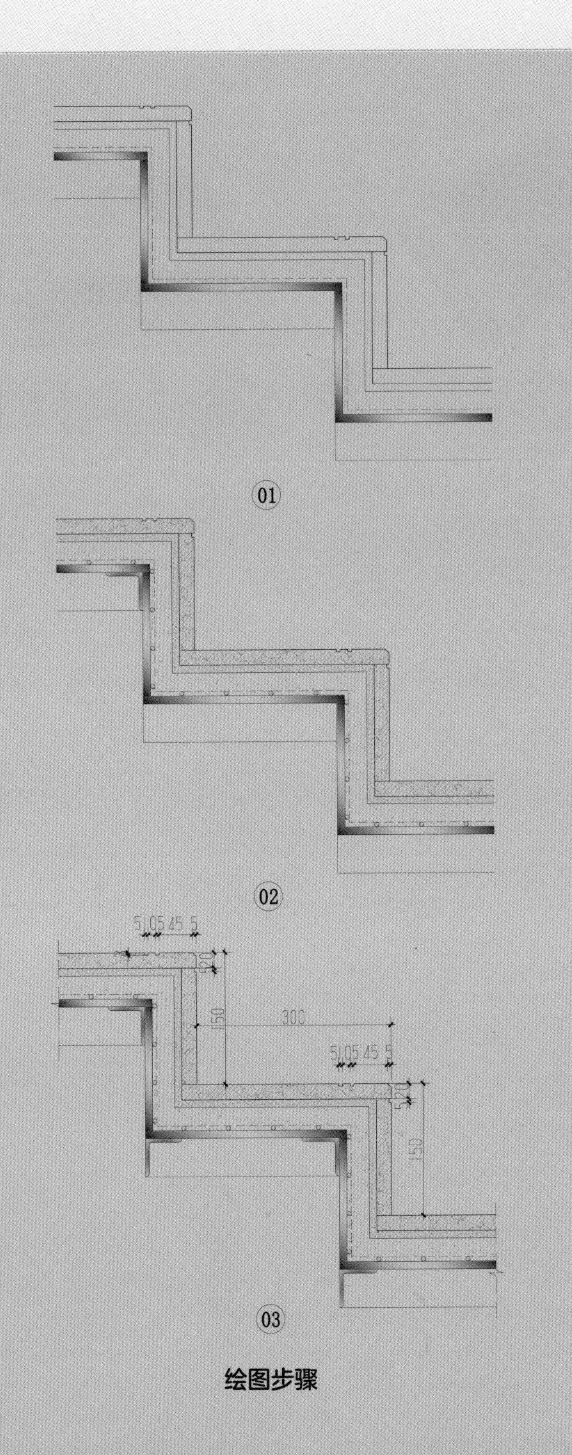
01
02
03

绘图步骤

镀锌钢丝网

石材地面

10 ㎜厚素水泥黏结层或专用胶黏剂

20 ㎜厚1:3干硬性水泥砂浆结合层

3 ㎜×5 ㎜防滑槽

Ø6 ㎜圆筋

5号镀锌角钢（钢结构楼梯）

镀锌钢板（钢结构楼梯）

钢结构楼梯石材踏步节点图

比例1 ： 5

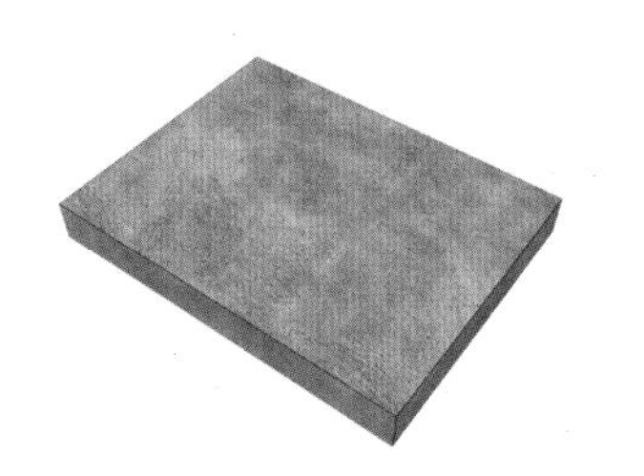

① 原建筑楼板

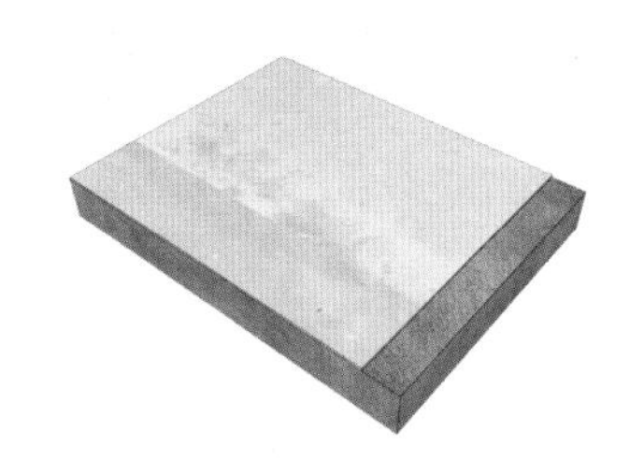

② 清底、湿润，纯水泥浆扫底或专用界面剂涂刷

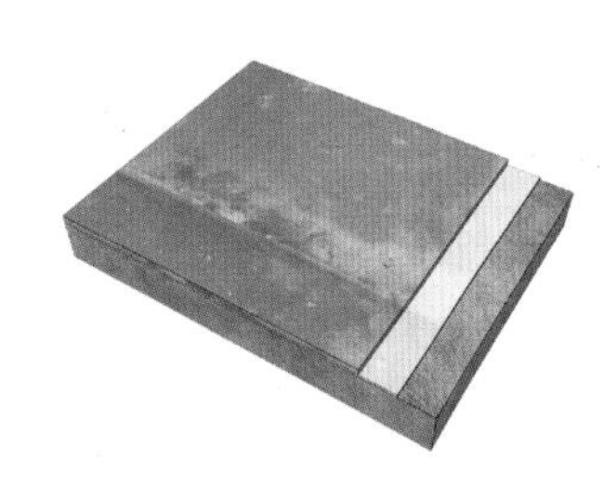

③ 20 mm 厚 1 ： 3 干硬性水泥砂浆结合层铺设

④ 10 mm 厚素水泥黏结层或专用胶黏剂

⑤ 防碱背涂专用处理剂

⑥ 石材饰面铺贴

⑦ 最终效果

01

02

03

绘图步骤

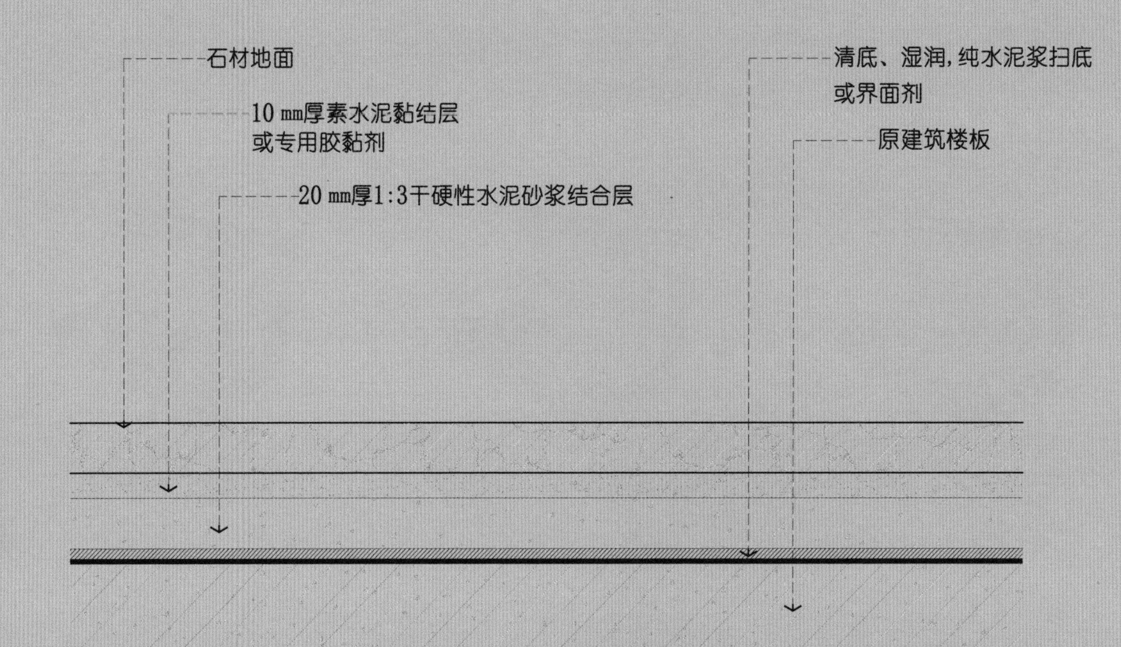
石材地面
10 mm厚素水泥黏结层
或专用胶黏剂
20 mm厚1:3干硬性水泥砂浆结合层
清底、湿润，纯水泥浆扫底
或界面剂
原建筑楼板

石材地坪干铺法节点图

比例1：3

① 原建筑楼板、墙以及排水管

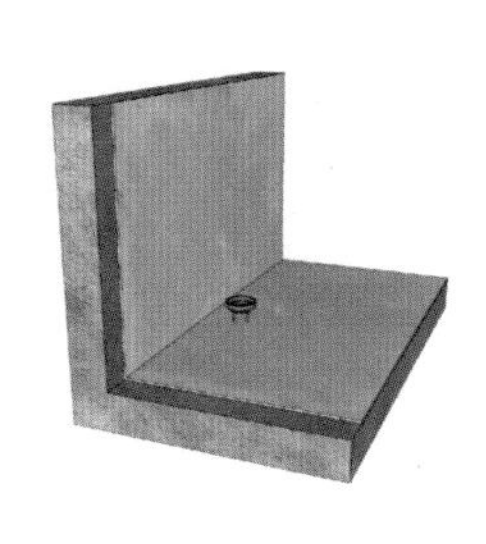

② 清底、湿润，纯水泥浆扫底或专用界面剂涂刷

③ 水泥倒角处理

④ 双层 JS 或聚氨酯涂膜防水层涂刷

⑤ 10 mm 厚 1 ： 3 水泥砂浆防水保护层铺设

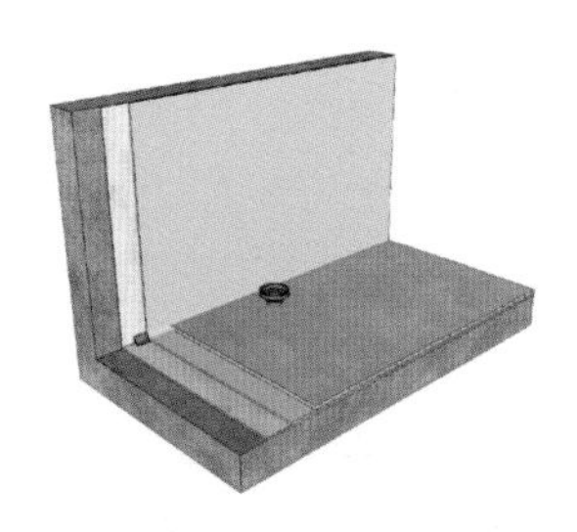

⑥ 20 mm 厚 1 ： 3 干硬性水泥砂浆结合层铺设

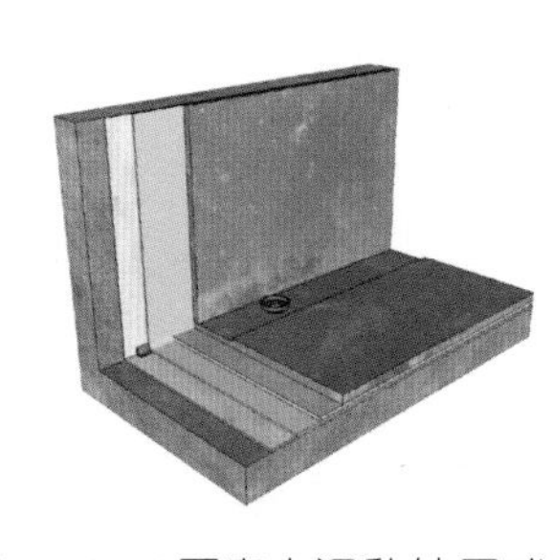

⑦ 10 mm 厚素水泥黏结层或专用胶黏剂

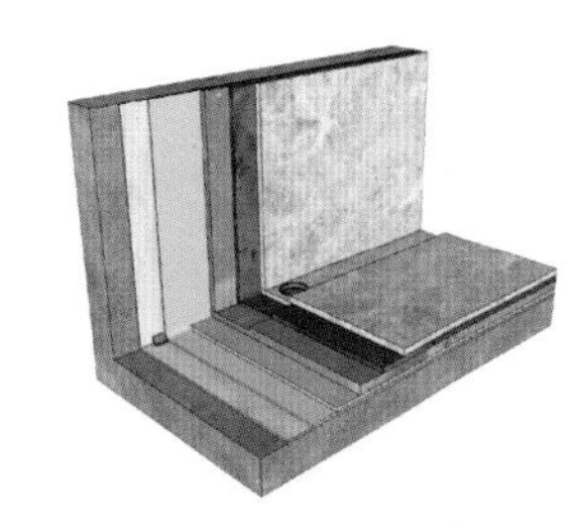

⑧ 石材饰面铺贴，地漏安装

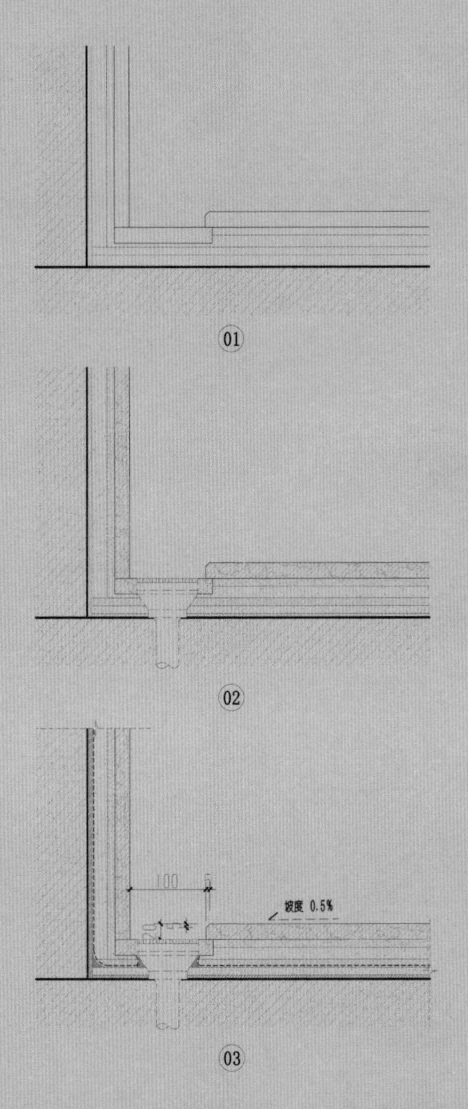
01
02
100
5
坡度 0.5%
03

绘图步骤

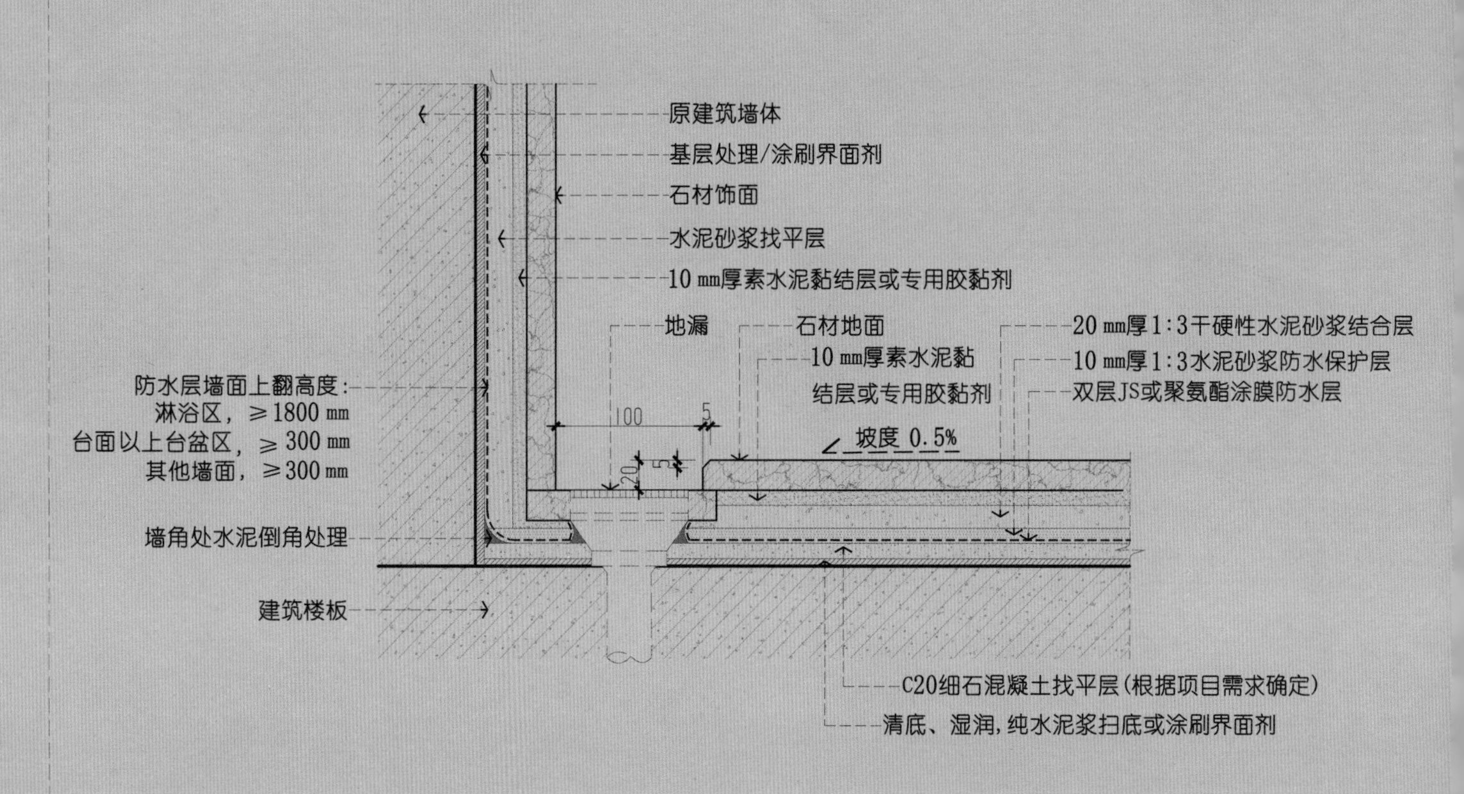
原建筑墙体
基层处理/涂刷界面剂
石材饰面
水泥砂浆找平层
10 mm厚素水泥黏结层或专用胶黏剂
地漏
石材地面
10 mm厚素水泥黏
结层或专用胶黏剂
20 mm厚1:3干硬性水泥砂浆结合层
10 mm厚1:3水泥砂浆防水保护层
双层JS或聚氨酯涂膜防水层
防水层墙面上翻高度:
淋浴区，≥1800 mm
台面以上台盆区，≥300 mm
其他墙面，≥300 mm
100
5
20
5
坡度 0.5%
墙角处水泥倒角处理
建筑楼板
C20细石混凝土找平层(根据项目需求确定)
清底、湿润，纯水泥浆扫底或涂刷界面剂

明装地漏节点图

比例1 : 5

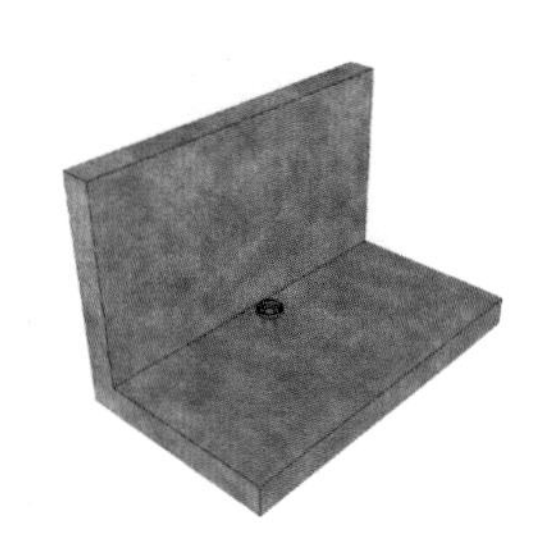

① 原建筑楼板、墙以及排水管

② 清底、湿润，纯水泥浆扫底或专用界面剂涂刷

③ 水泥倒角处理

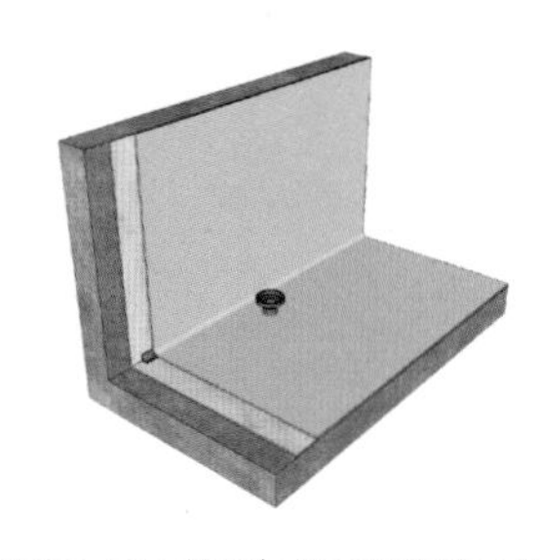

④ 双层 JS 或聚氨酯涂膜防水层涂刷

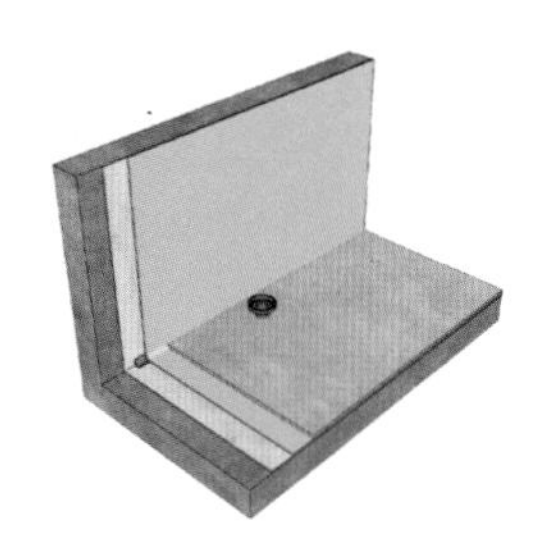

⑤ 10 mm 厚 1 ： 3 水泥砂浆防水保护层铺设

⑥ 20 mm 厚 1 ： 3 干硬性水泥砂浆结合层铺设

⑦ 10 mm 厚素水泥黏结层或专用胶黏剂

⑧ 石材饰面铺贴

⑨ 隐藏地漏及石材检修盖板安装

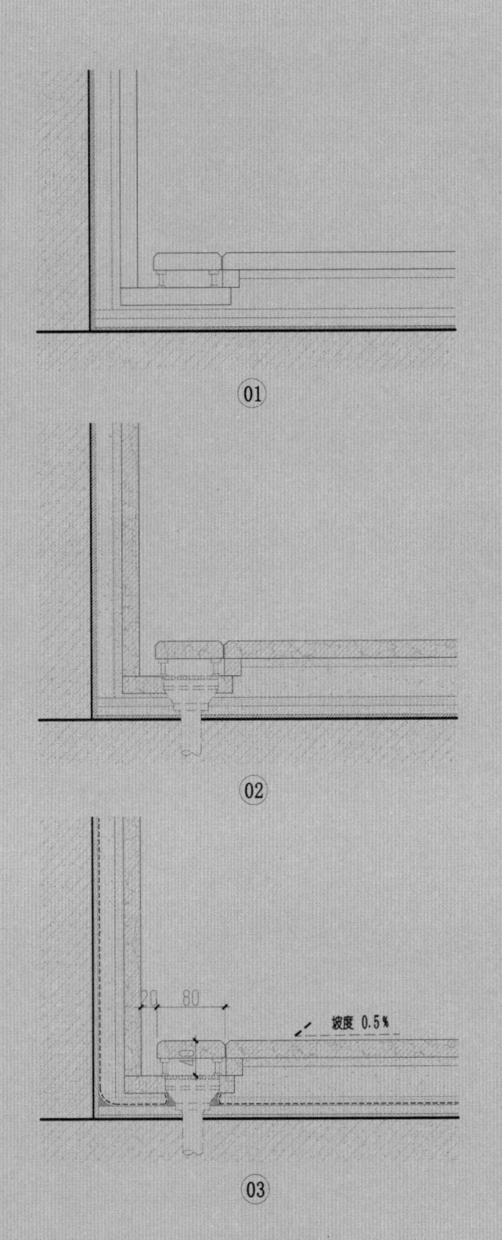
01
02
20
80
坡度 0.5%
03

绘图步骤

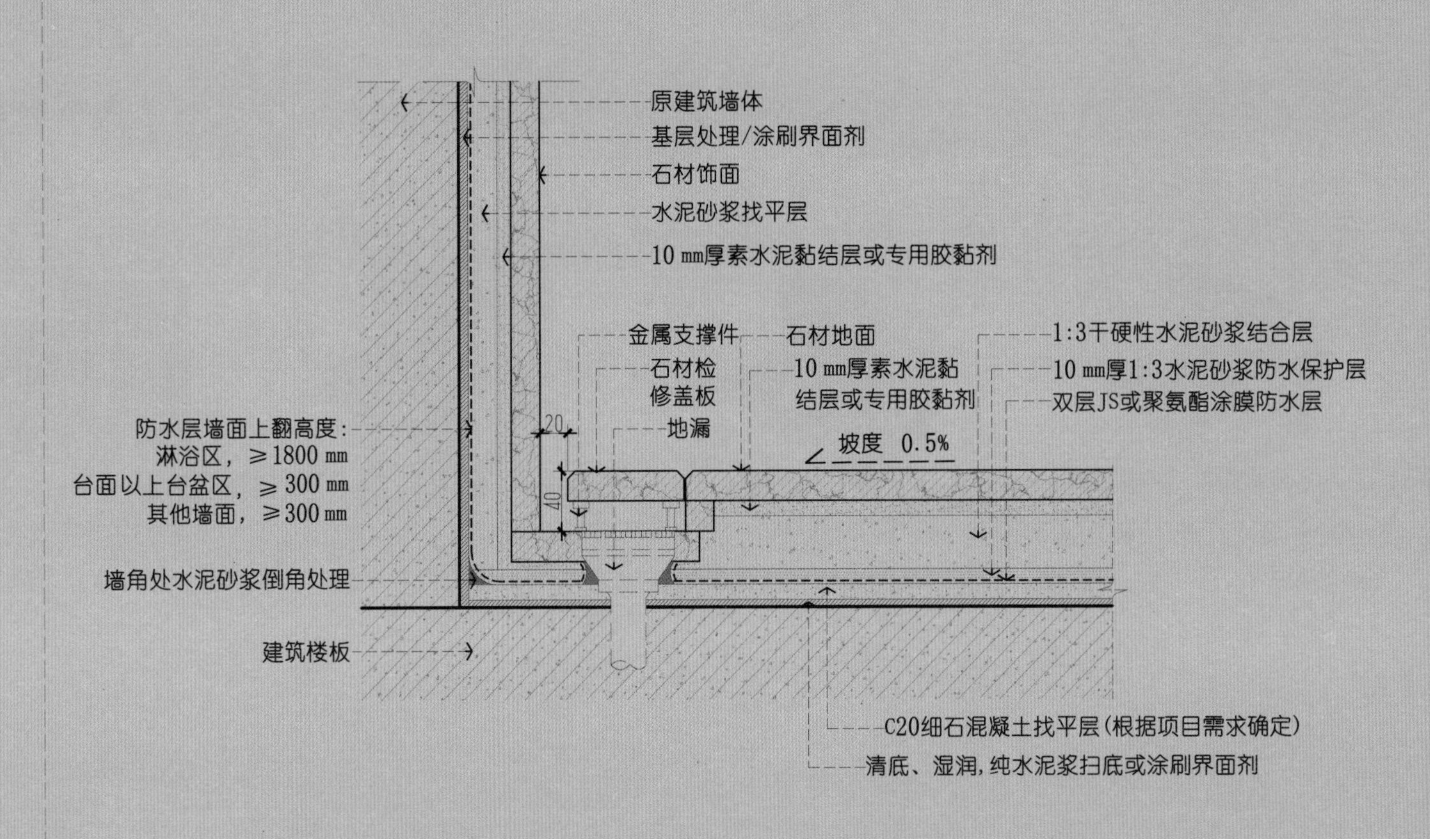
原建筑墙体
基层处理/涂刷界面剂
石材饰面
水泥砂浆找平层
10 mm厚素水泥黏结层或专用胶黏剂
金属支撑件
石材地面
1:3干硬性水泥砂浆结合层
石材检
修盖板
10 mm厚素水泥黏
结层或专用胶黏剂
10 mm厚1:3水泥砂浆防水保护层
双层JS或聚氨酯涂膜防水层
地漏
20
坡度 0.5%
40
防水层墙面上翻高度:
淋浴区，≥1800 mm
台面以上台盆区，≥300 mm
其他墙面，≥300 mm
墙角处水泥砂浆倒角处理
建筑楼板
C20细石混凝土找平层(根据项目需求确定)
清底、湿润，纯水泥浆扫底或涂刷界面剂

隐形地漏节点图

比例 1 : 5

① 原建筑楼板、墙以及排水管

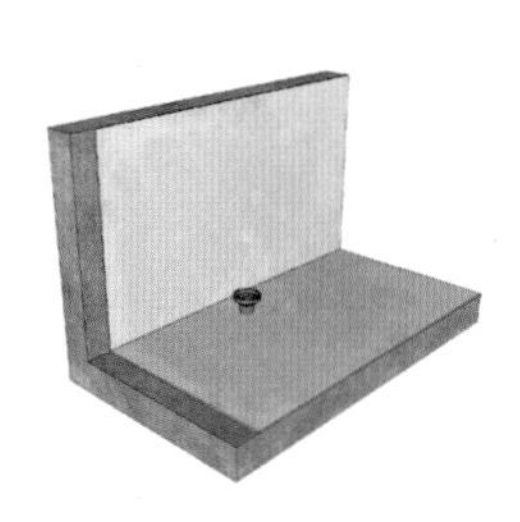

② 清底、湿润，纯水泥浆扫底或专用界面剂涂刷

③ 水泥倒角处理

④ 双层 JS 或聚氨酯涂膜防水层涂刷

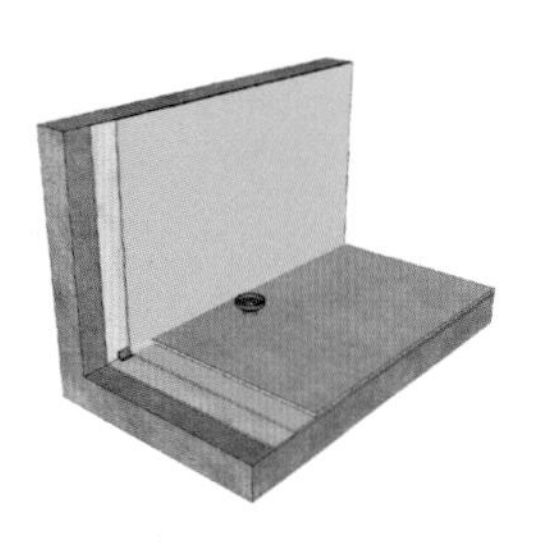

⑤ 10 mm 厚 1 ∶ 3 水泥砂浆防水保护层铺设

⑥ 20 mm 厚 1 ∶ 3 干硬性水泥砂浆结合层铺设

⑦ 10 mm 厚素水泥黏结层或专用胶黏剂

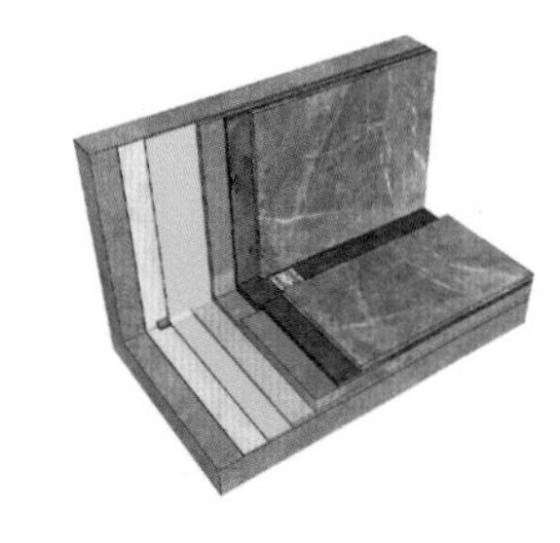

⑧ 石材饰面铺贴

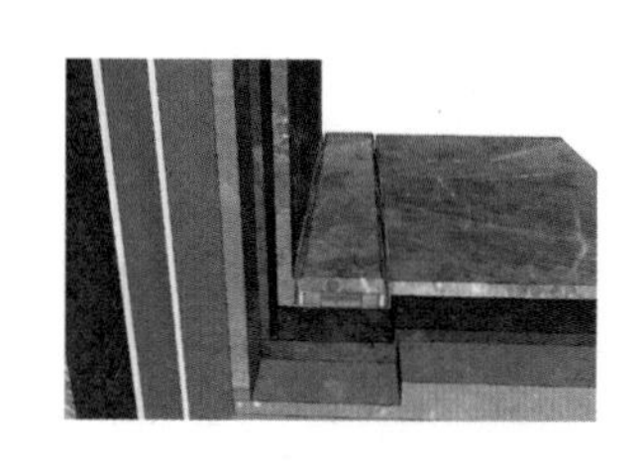

⑨ 隐藏地漏及石材检修盖板安装

⑩ 最终效果

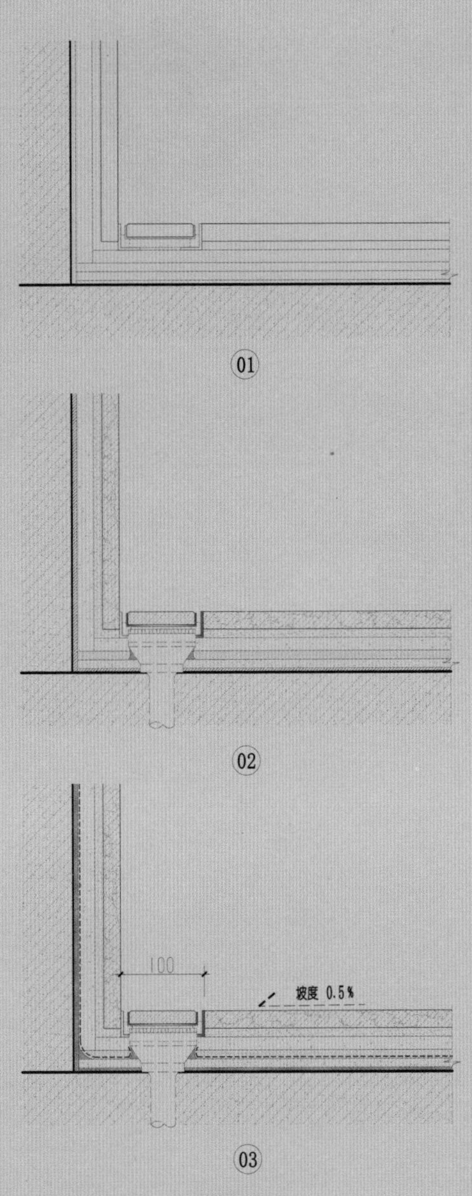

01
02
100
坡度 0.5%
03

绘图步骤

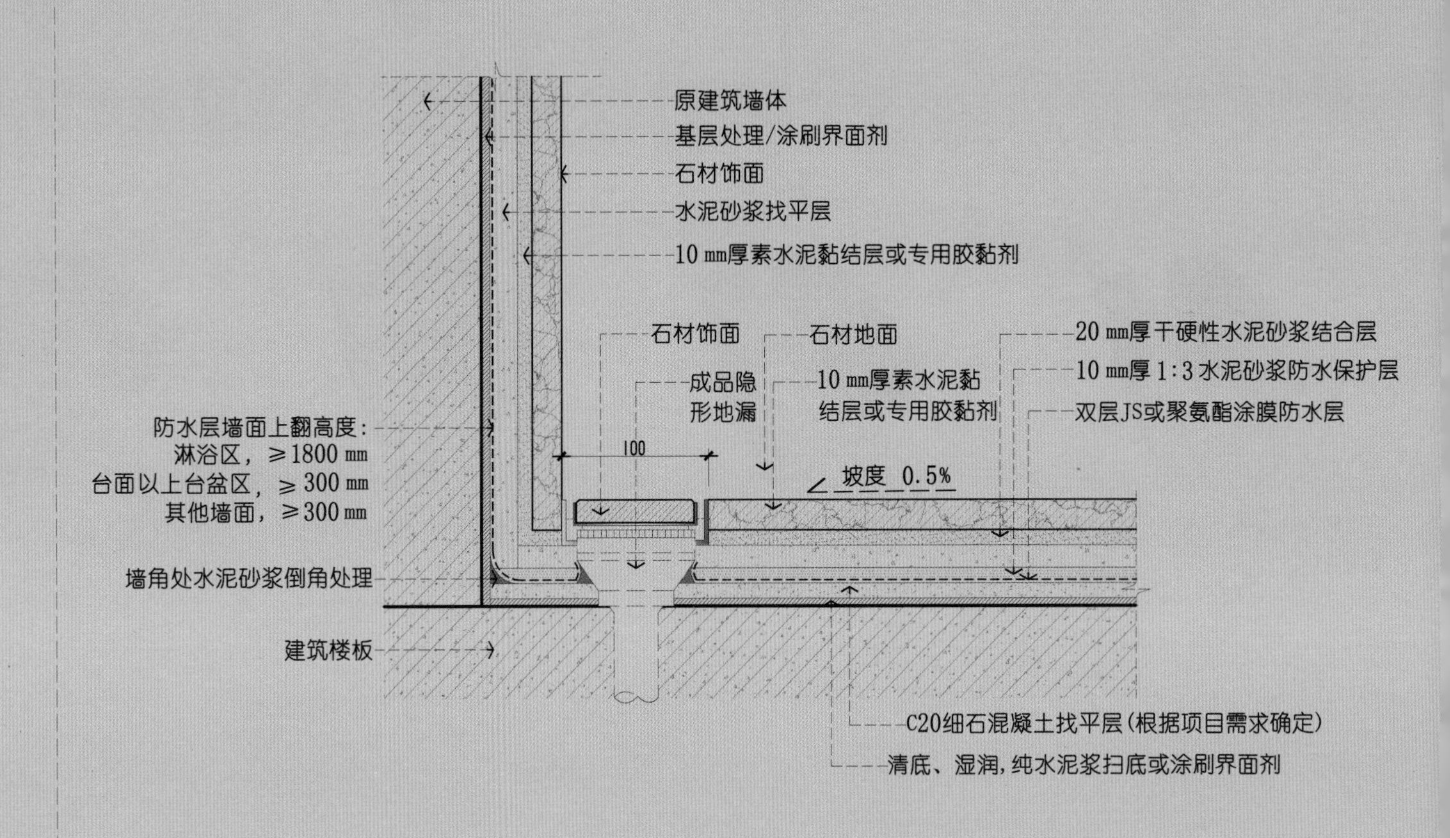

原建筑墙体
基层处理/涂刷界面剂
石材饰面
水泥砂浆找平层
10 mm厚素水泥黏结层或专用胶黏剂
石材饰面
石材地面
20 mm厚干硬性水泥砂浆结合层
成品隐形地漏
10 mm厚素水泥黏结层或专用胶黏剂
10 mm厚 1:3 水泥砂浆防水保护层
双层JS或聚氨酯涂膜防水层
防水层墙面上翻高度:
淋浴区，≥1800 mm
台面以上台盆区，≥300 mm
其他墙面，≥300 mm
100
坡度 0.5%
墙角处水泥砂浆倒角处理
建筑楼板
C20细石混凝土找平层(根据项目需求确定)
清底、湿润，纯水泥浆扫底或涂刷界面剂

定制型隐形地漏节点图

比例 1 : 5

① 原建筑楼板和排水管

② 清底、湿润，纯水泥浆扫底或专用界面剂涂刷

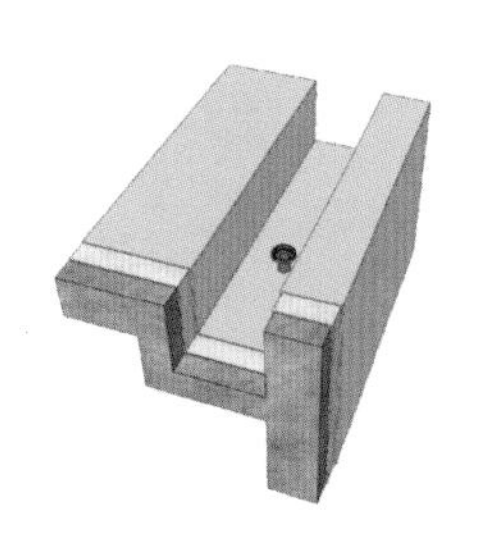

③ 双层 JS 或聚氨酯涂膜防水层涂刷

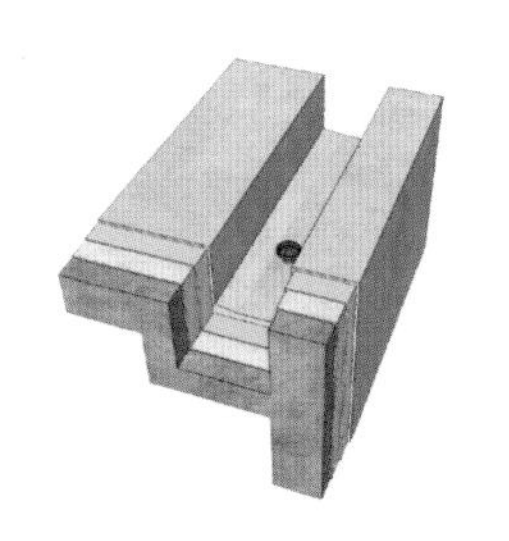

④ 水泥砂浆防水保护层铺设

⑤ 1 ∶ 3 干硬性水泥砂浆结合层铺设

⑥ 10 mm 厚素水泥黏结层或专用胶黏剂

⑦ 石材、地砖饰面铺贴

⑧ 不锈钢排水格栅盖板安装

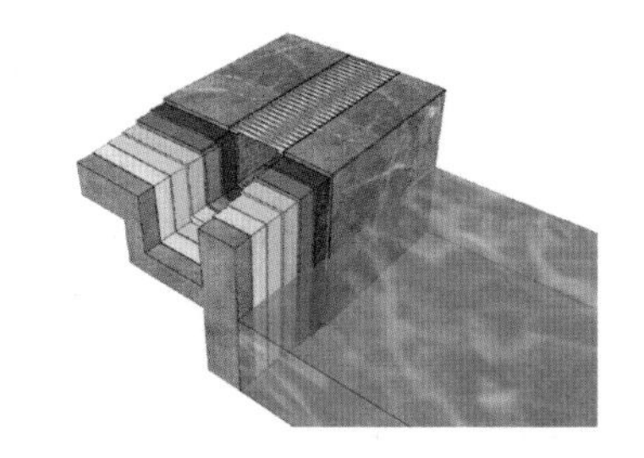

⑨ 最终效果

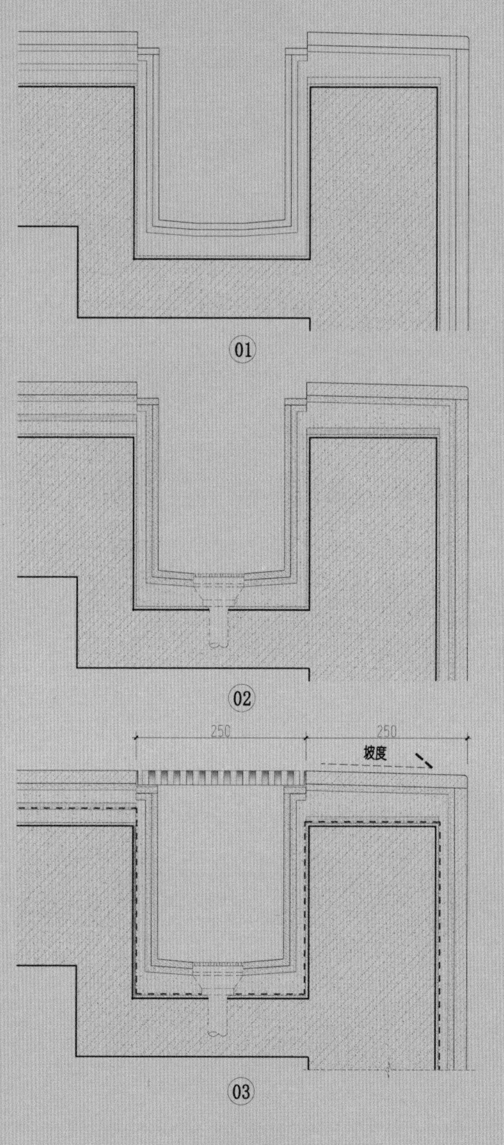
01
02
250
250
坡度
03

绘图步骤

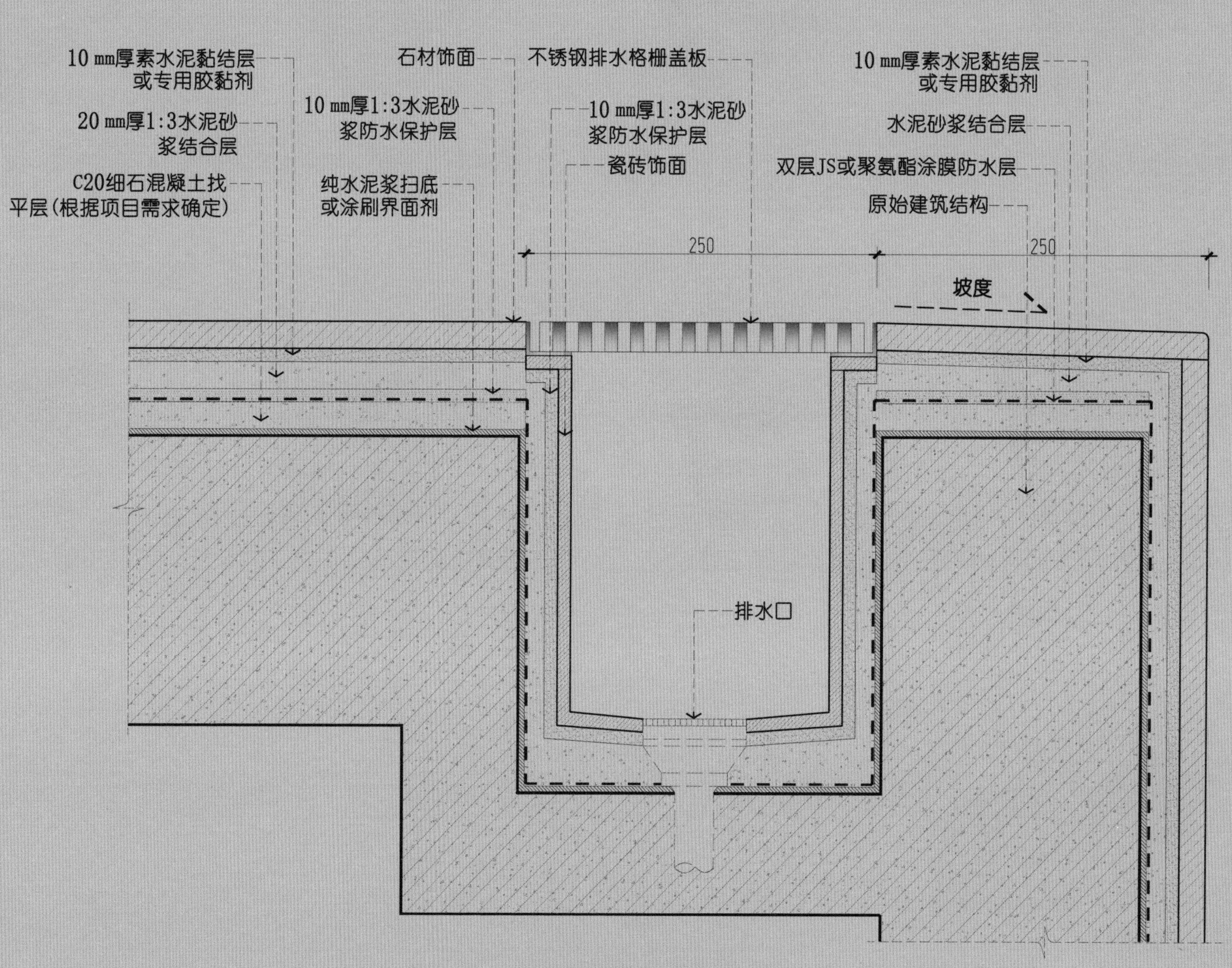
10 mm厚素水泥黏结层
或专用胶黏剂
20 mm厚1:3水泥砂
浆结合层
C20细石混凝土找
平层(根据项目需求确定)
10 mm厚1:3水泥砂
浆防水保护层
纯水泥浆扫底
或涂刷界面剂
石材饰面
不锈钢排水格栅盖板
10 mm厚1:3水泥砂
浆防水保护层
瓷砖饰面
10 mm厚素水泥黏结层
或专用胶黏剂
水泥砂浆结合层
双层JS或聚氨酯涂膜防水层
原始建筑结构
250
250
坡度
排水口

泳池排水槽节点图

比例 1 ： 5

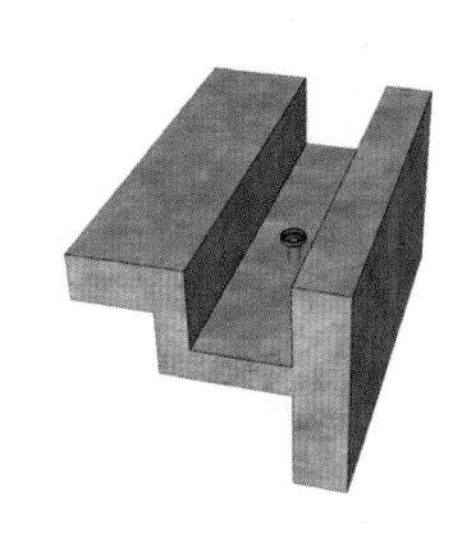

① 原建筑楼板和排水管

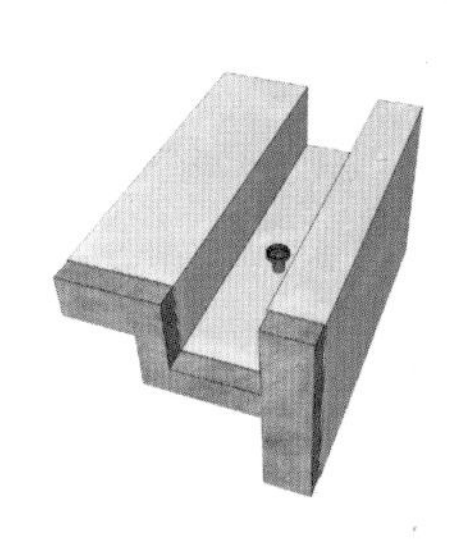

② 清底、湿润，纯水泥浆扫底或专用界面剂涂刷

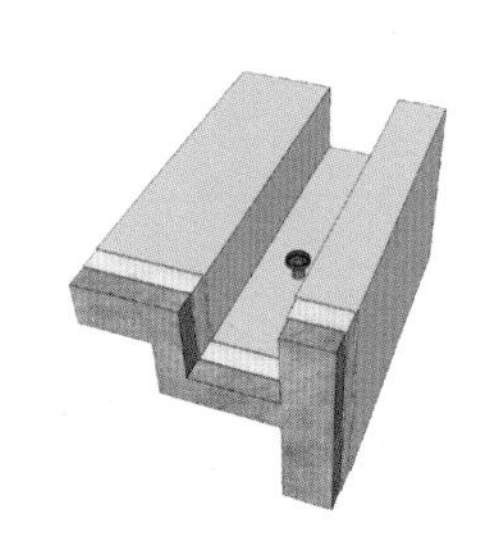

③ 双层 JS 或聚氨酯涂膜防水层涂刷

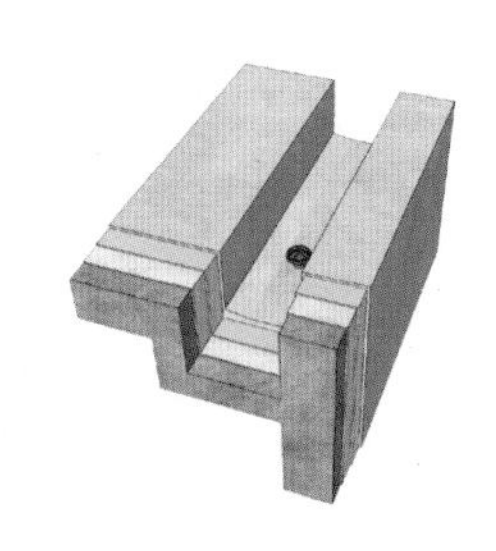

④ 10 mm 厚 1 ：3 水泥砂浆防水保护层铺设

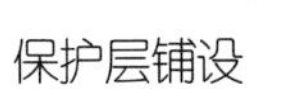

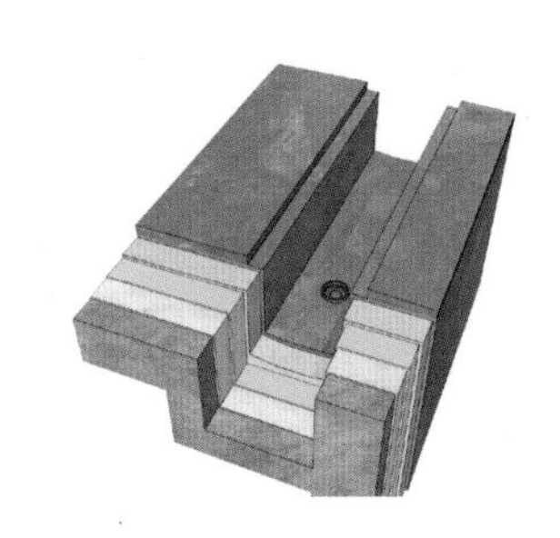

⑤ 20 mm 厚 1 ：3 干硬性水泥砂浆结合层铺设

⑥ 10 mm 厚素水泥黏结层或专用胶黏剂

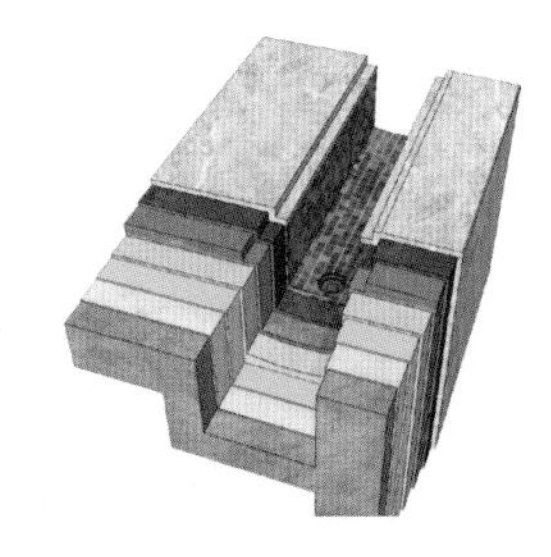

⑦ 石材、地砖饰面铺贴

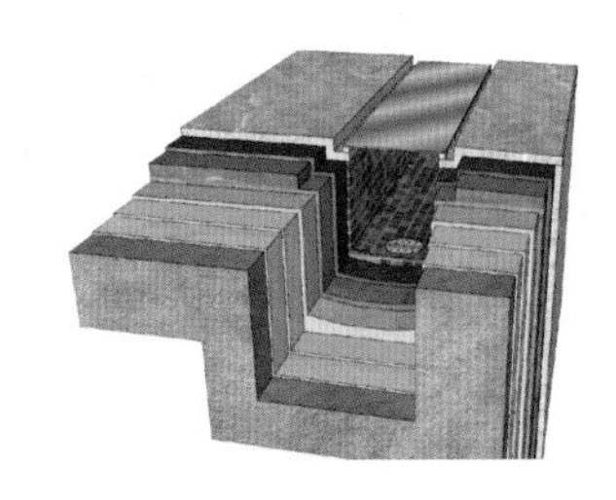

⑧ 金属托架安装

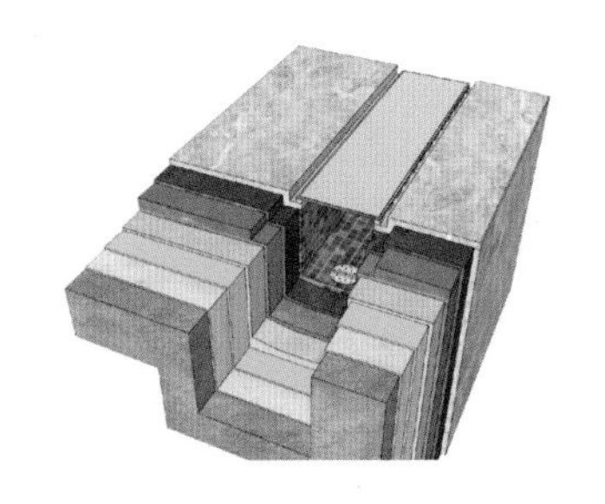

⑨ 专用粘贴剂涂刷

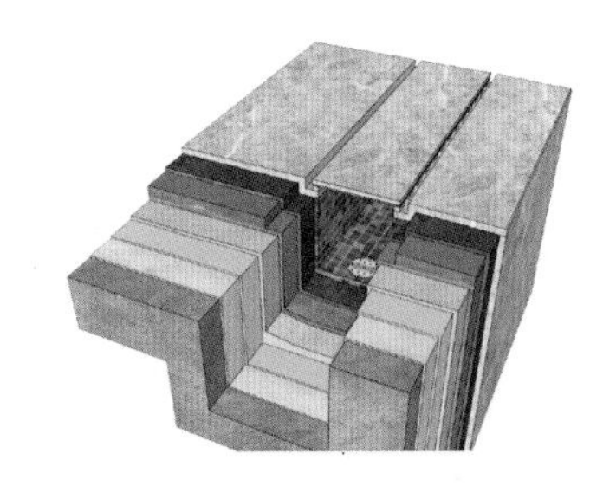

⑩ 石材饰面盖板安装

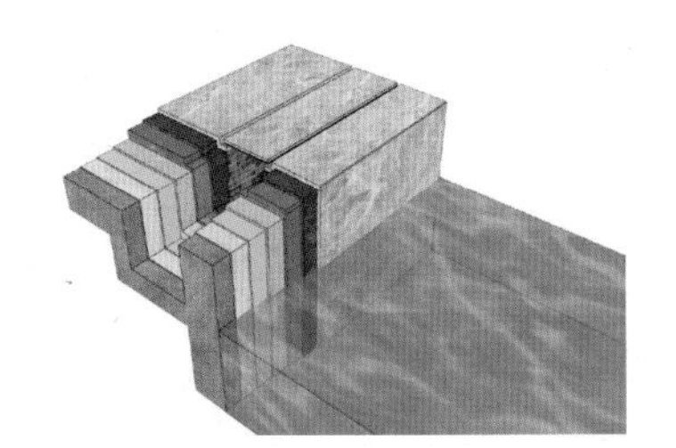

⑪ 最终效果

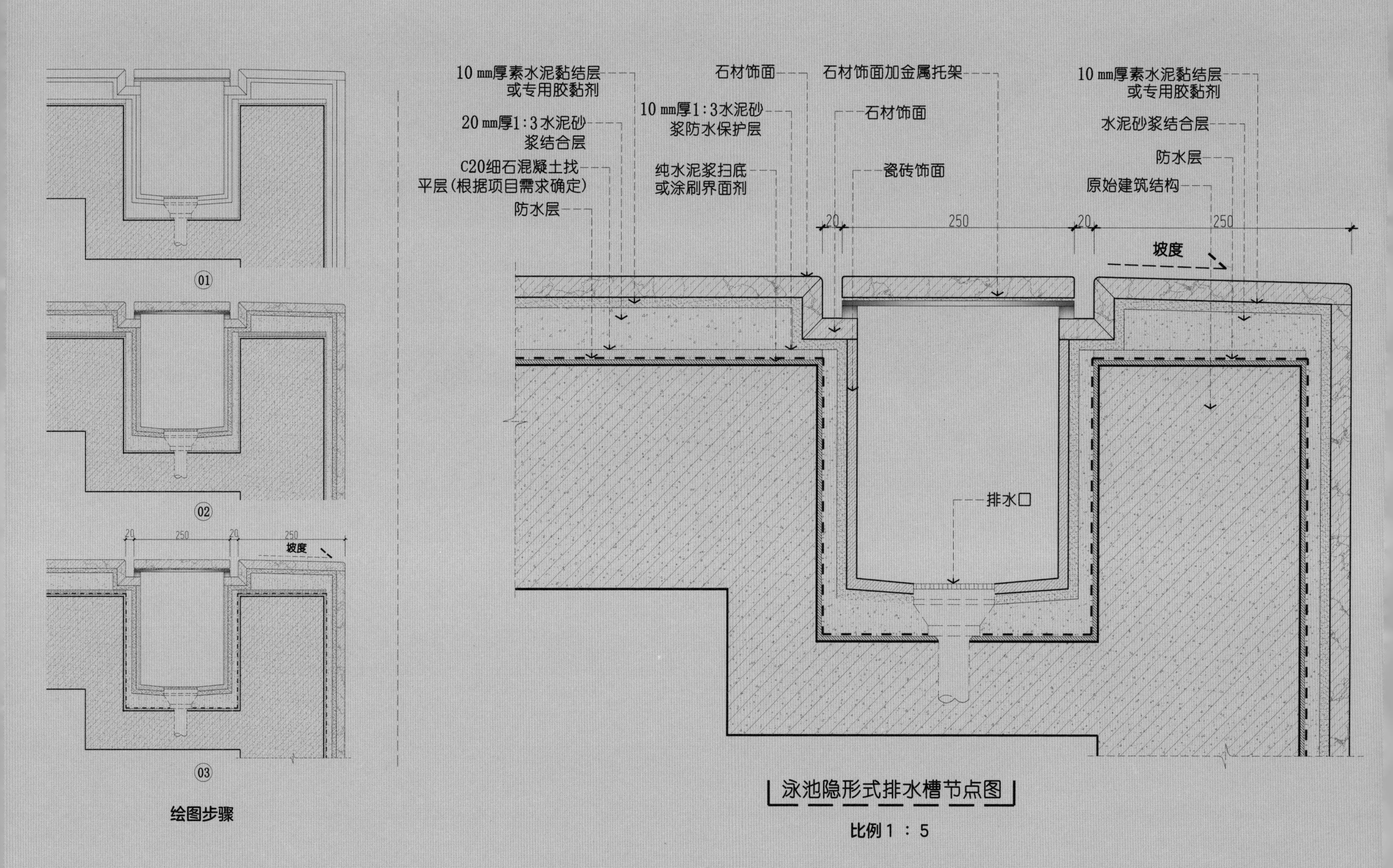

01
02
20
250
20
250
坡度
03
绘图步骤
10 mm厚素水泥黏结层
或专用胶黏剂
20 mm厚1:3水泥砂
浆结合层
C20细石混凝土找
平层(根据项目需求确定)
防水层
10 mm厚1:3水泥砂
浆防水保护层
纯水泥浆扫底
或涂刷界面剂
石材饰面
石材饰面加金属托架
石材饰面
瓷砖饰面
10 mm厚素水泥黏结层
或专用胶黏剂
水泥砂浆结合层
防水层
原始建筑结构
20
250
20
250
坡度
排水口

泳池隐形式排水槽节点图

比例 1 ： 5

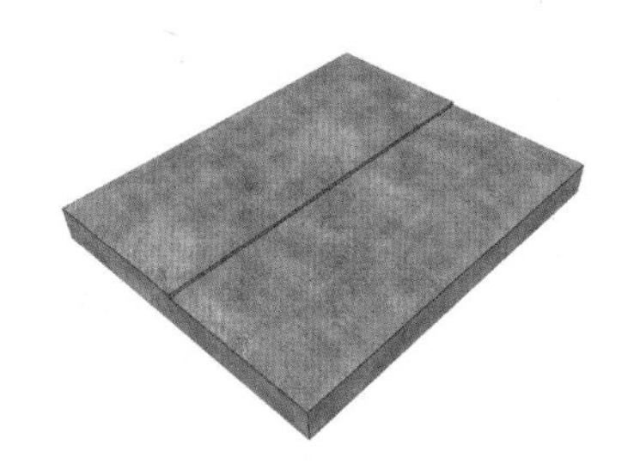

① 原建筑楼板

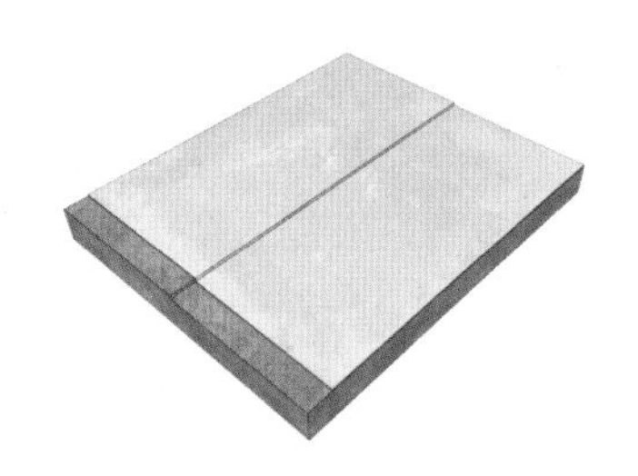

② 清底、湿润，纯水泥浆扫底或专用界面剂涂刷

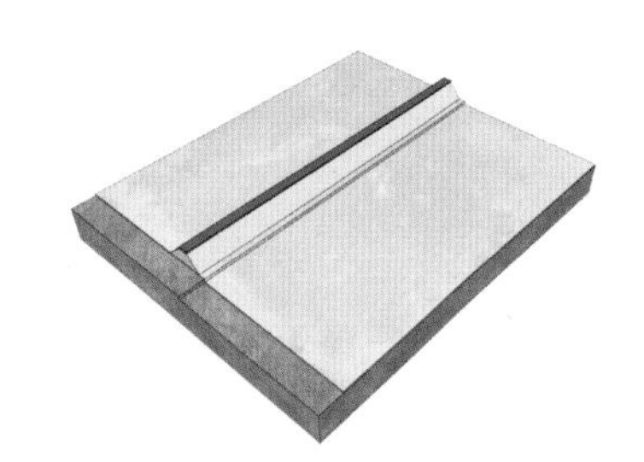

③ 细石混凝土挡水坎

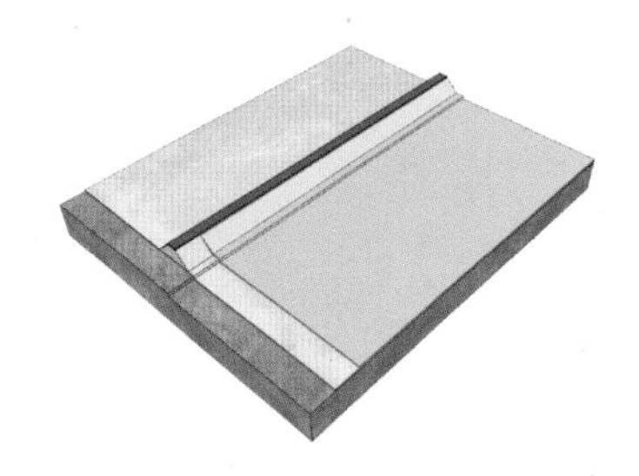

④ 双层 JS 或聚氨酯涂膜防水层涂刷

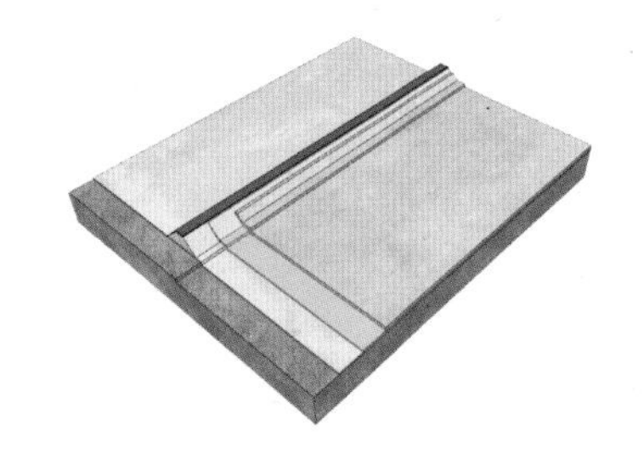

⑤ 10 mm 厚 1 ： 3 水泥砂浆防水保护层铺设

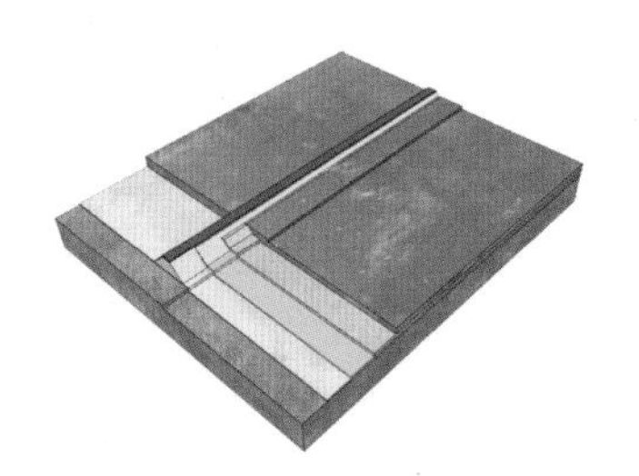

⑥ 20 mm 厚 1 ： 3 干硬性水泥砂浆结合层铺设

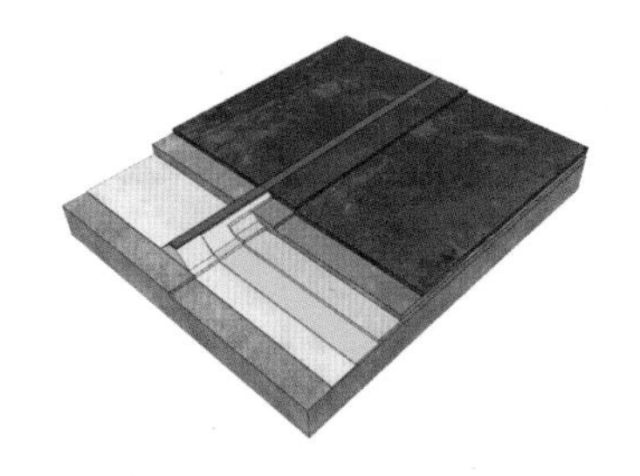

⑦ 10 mm 厚素水泥黏结层或专用胶黏剂

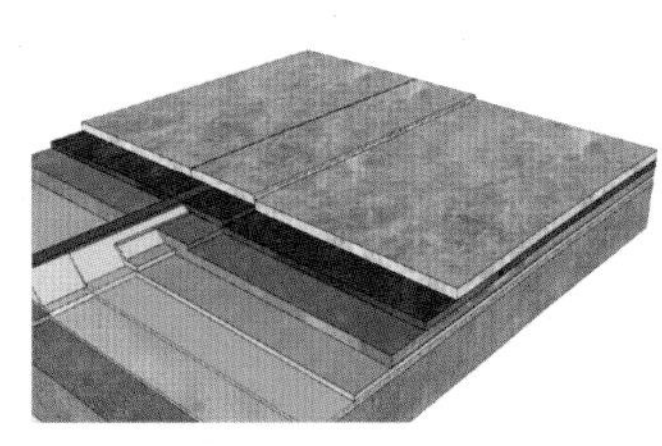

⑧ 石材饰面铺贴

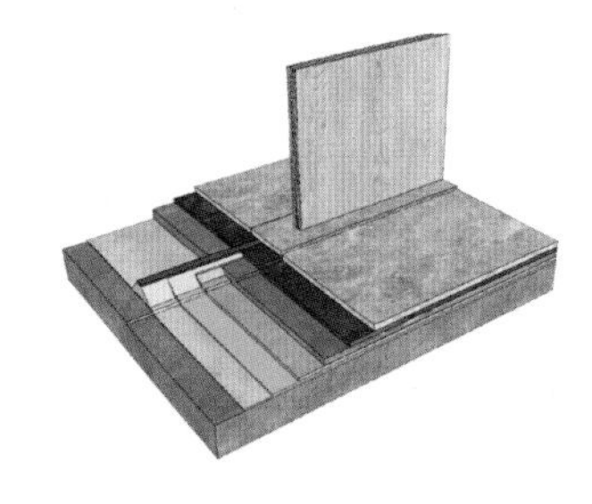

⑨ 门扇位置

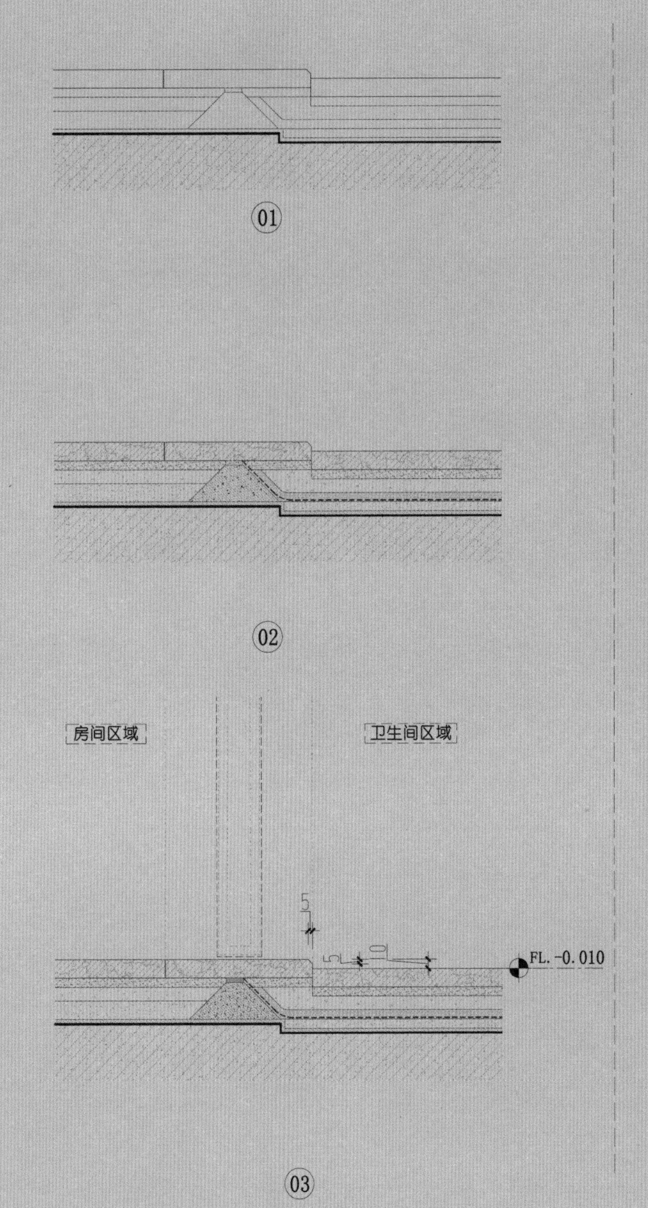
01
02
房间区域
卫生间区域
FL. -0.010
03

绘图步骤

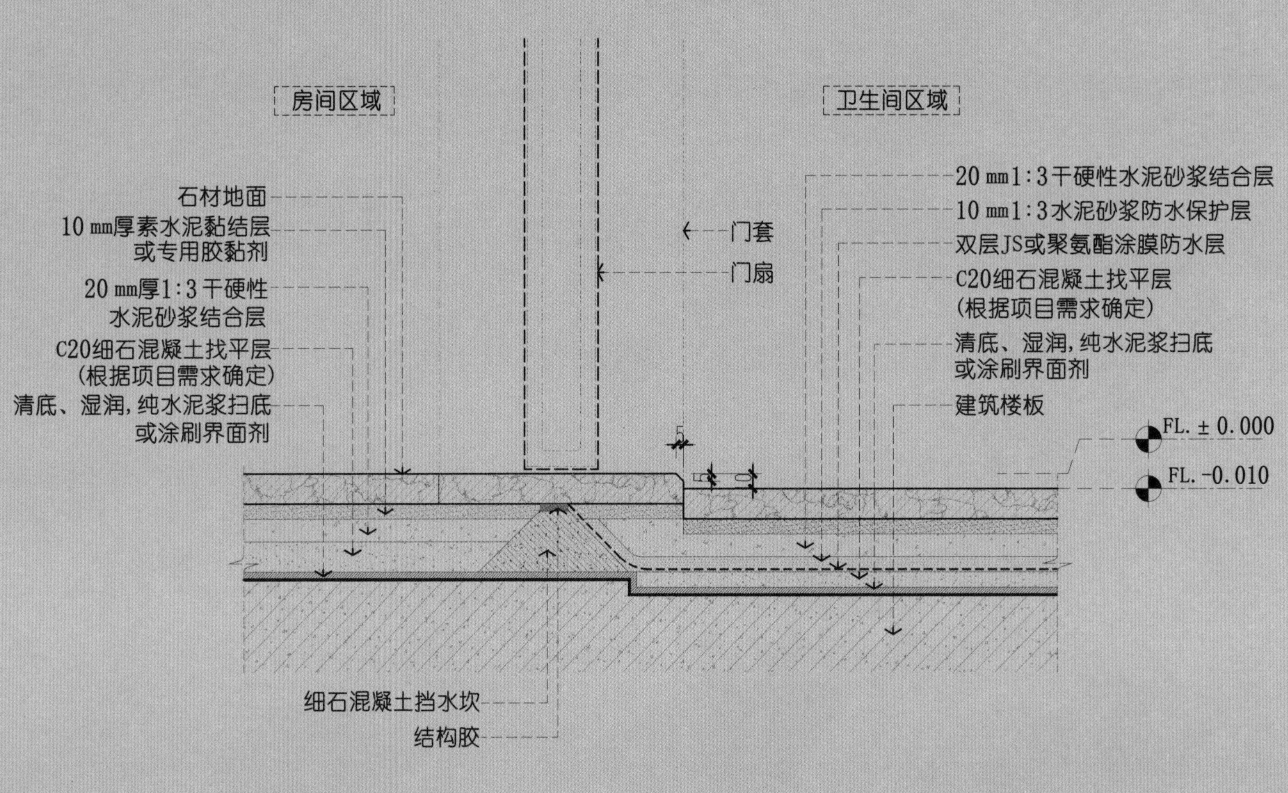
房间区域
卫生间区域
石材地面
10 mm厚素水泥黏结层
或专用胶黏剂
20 mm厚1:3 干硬性
水泥砂浆结合层
C20细石混凝土找平层
(根据项目需求确定)
清底、湿润,纯水泥浆扫底
或涂刷界面剂
门套
门扇
20 mm1:3干硬性水泥砂浆结合层
10 mm1:3水泥砂浆防水保护层
双层JS或聚氨酯涂膜防水层
C20细石混凝土找平层
(根据项目需求确定)
清底、湿润,纯水泥浆扫底
或涂刷界面剂
建筑楼板
FL. ± 0.000
FL. -0.010
细石混凝土挡水坎
结构胶

卫生间门槛石地坪节点图

比例 1 : 5

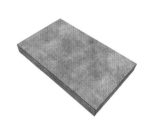

① 原建筑楼板

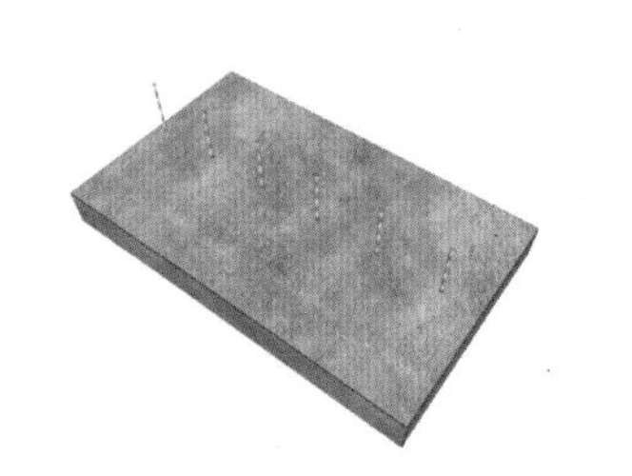

② Φ6 mm 钢筋植筋

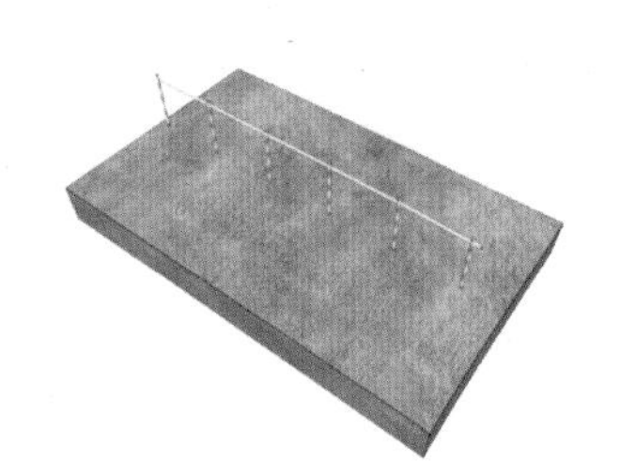

③ 横向绑扎钢筋

④ 支设模板

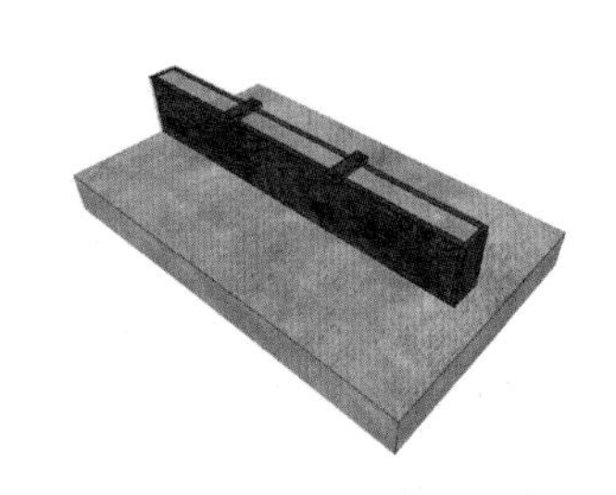

⑤ 浇筑 C20 细石混凝土

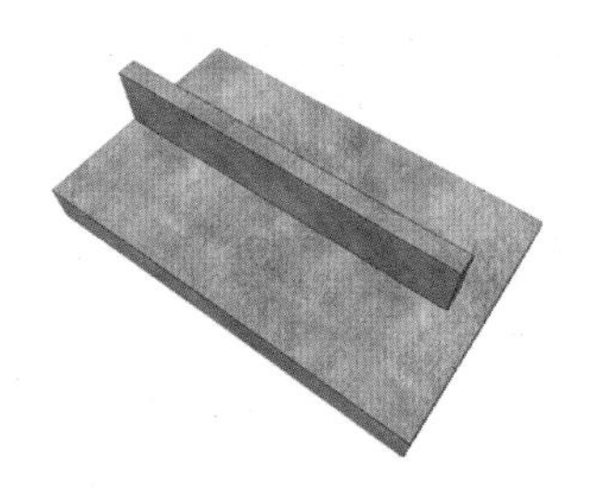

⑥ 拆除模板

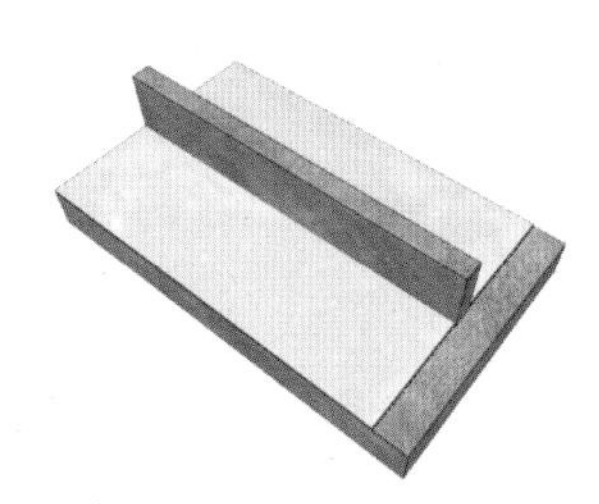

⑦ 清底、湿润，纯水泥浆扫底或专用界面剂涂刷

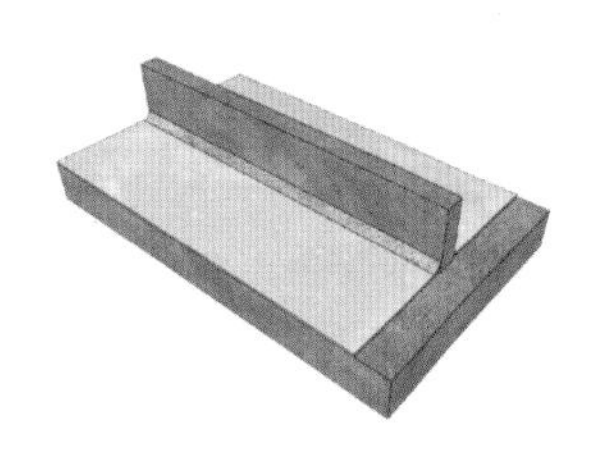

⑧ 水泥倒角处理

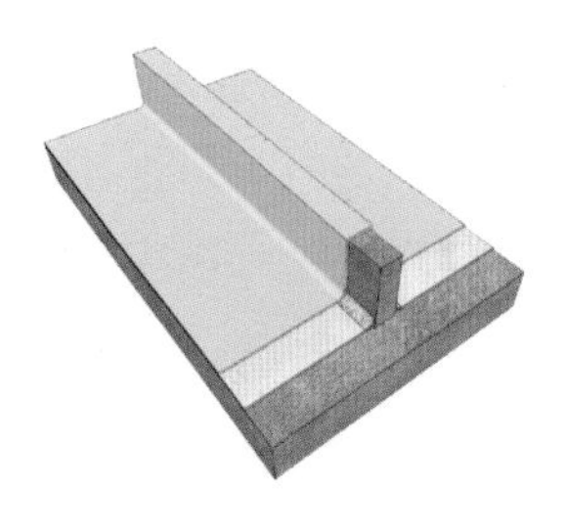

⑨ 双层 JS 或聚氨酯涂膜防水层涂刷

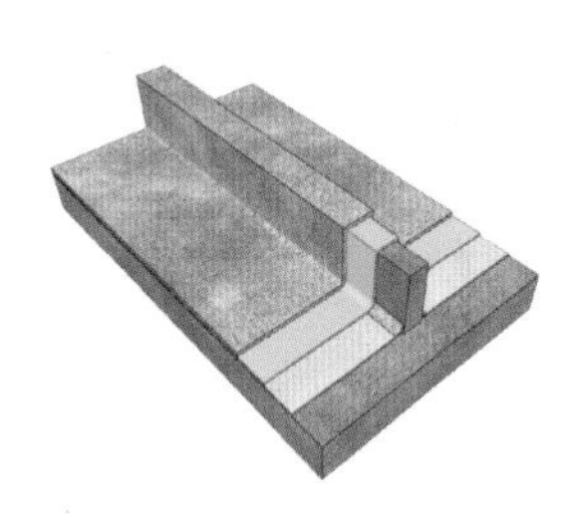

⑩ 10 mm 厚 1 ： 3 水泥砂浆防水保护层铺设

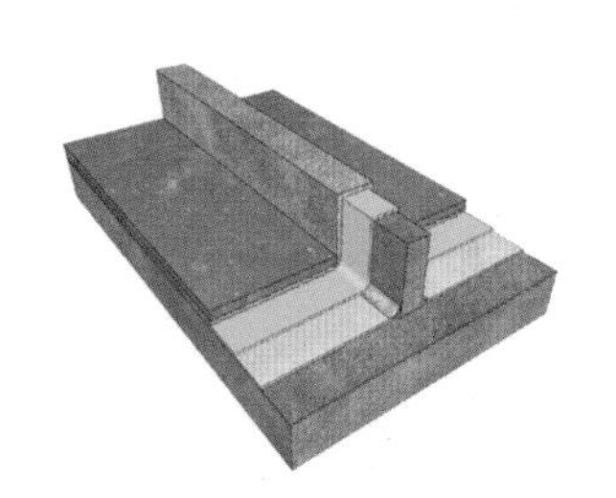

⑪ 20 mm 厚 1 ： 3 干硬性水泥砂浆结合层铺设

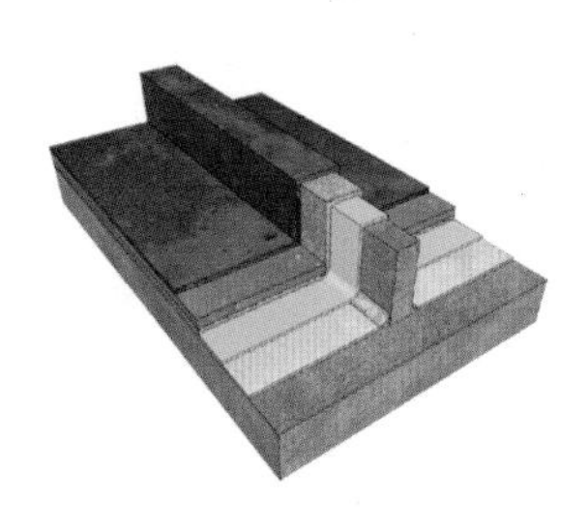

⑫ 10 mm 厚素水泥黏结层或专用胶黏剂

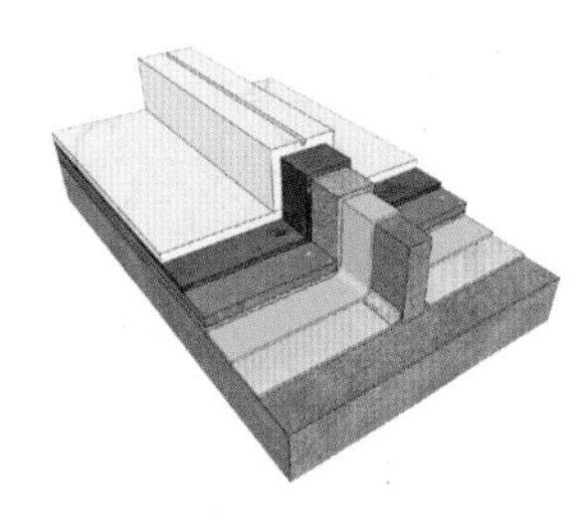

⑬ 石材铺贴

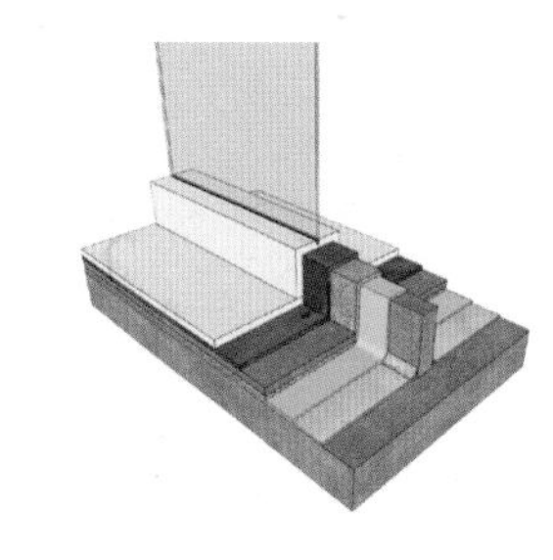

⑭ 钢化玻璃安装

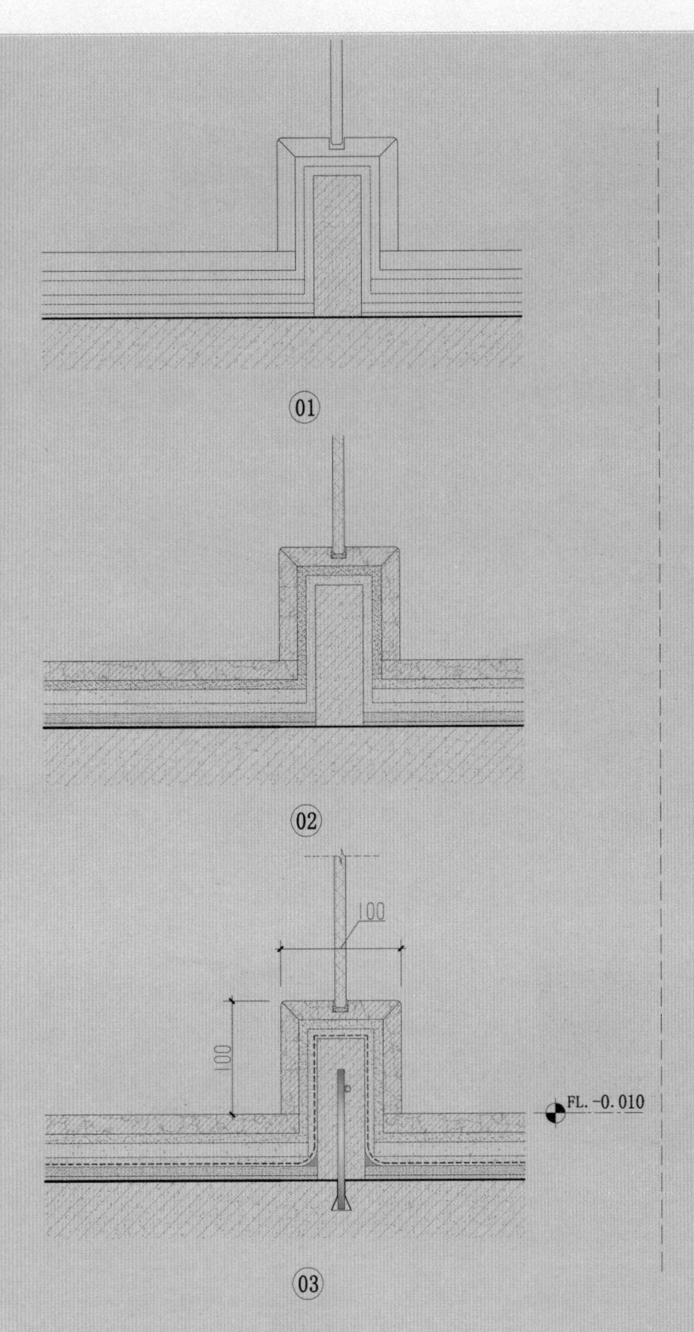
01
02
100
100
FL. -0.010
03

绘图步骤

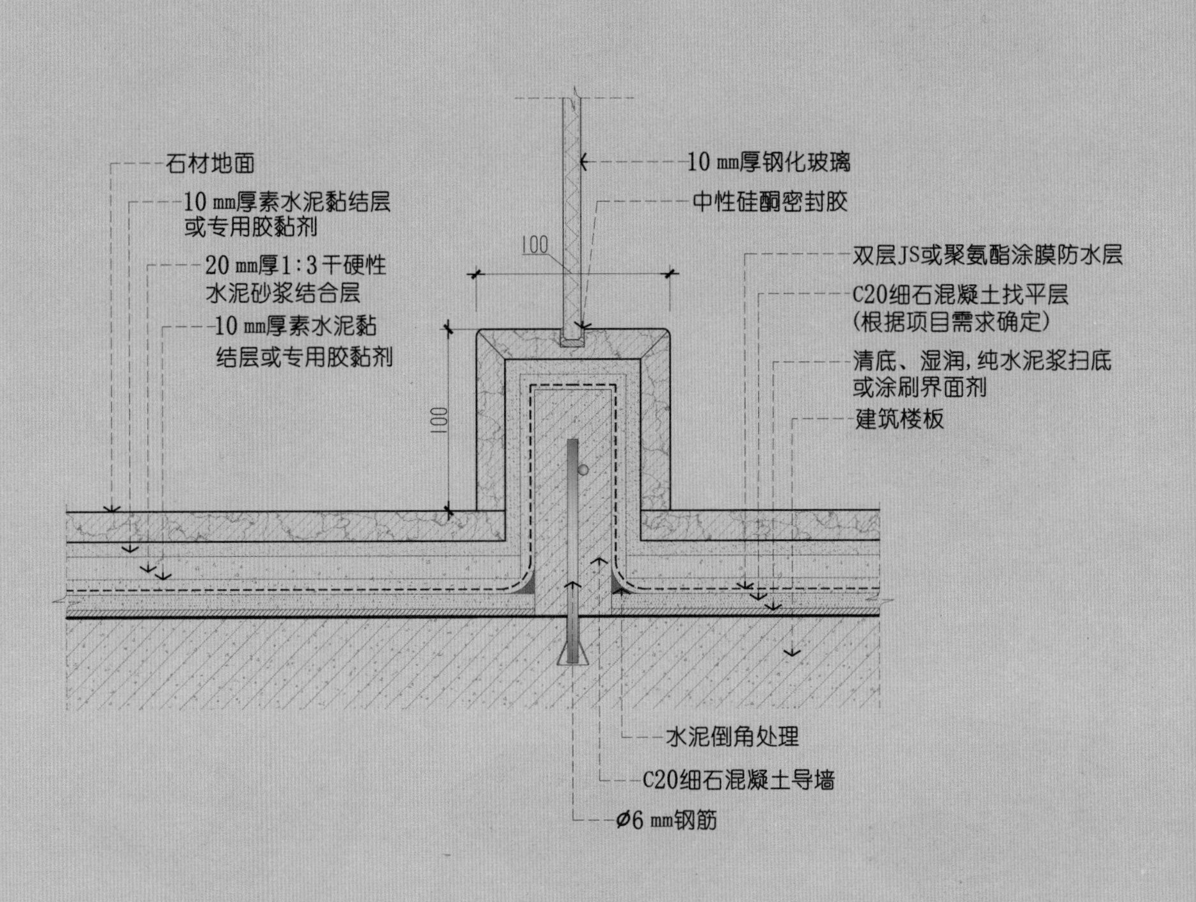
石材地面
10 mm厚素水泥黏结层
或专用胶黏剂
20 mm厚1:3干硬性
水泥砂浆结合层
10 mm厚素水泥黏
结层或专用胶黏剂
10 mm厚钢化玻璃
中性硅酮密封胶
100
100
双层JS或聚氨酯涂膜防水层
C20细石混凝土找平层
(根据项目需求确定)
清底、湿润,纯水泥浆扫底
或涂刷界面剂
建筑楼板
水泥倒角处理
C20细石混凝土导墙
∅6 mm钢筋

淋浴区挡水槛地坪节点图

比例1 ： 5

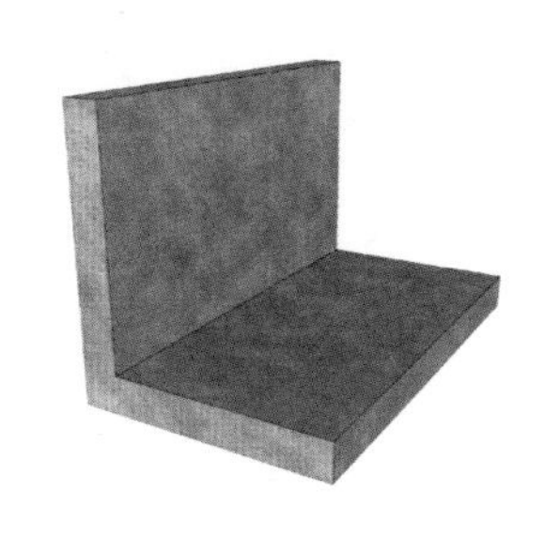
① 原建筑楼板、墙

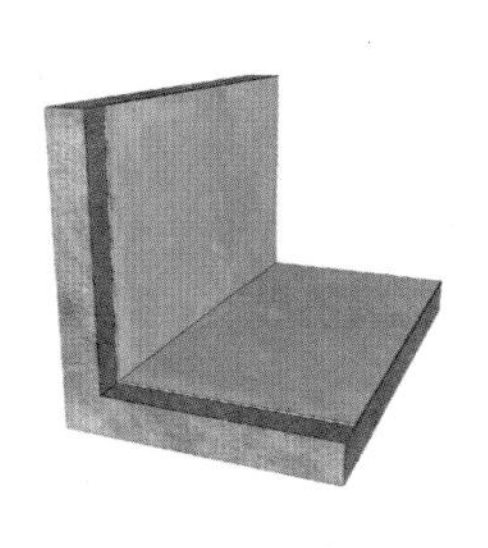
② 清底、湿润，纯水泥浆扫底或专用界面剂涂刷

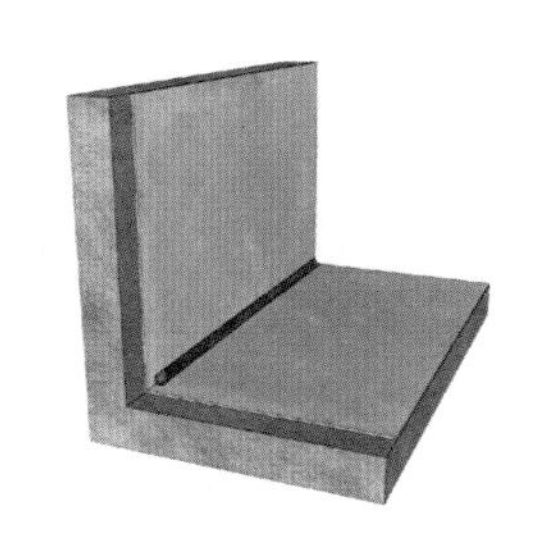
③ 水泥倒角处理

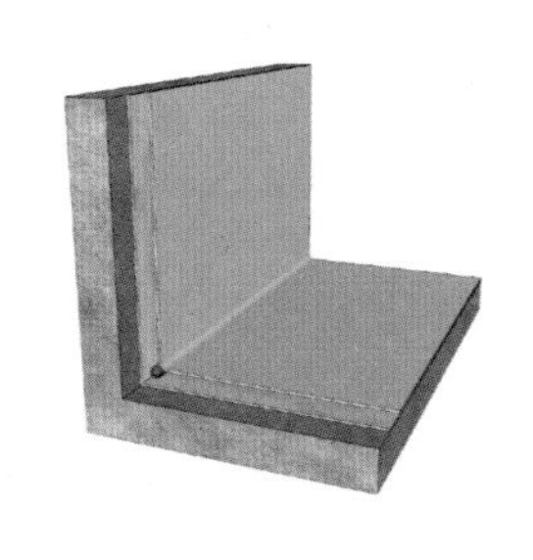
④ 双层 JS 或聚氨酯涂膜防水层涂刷

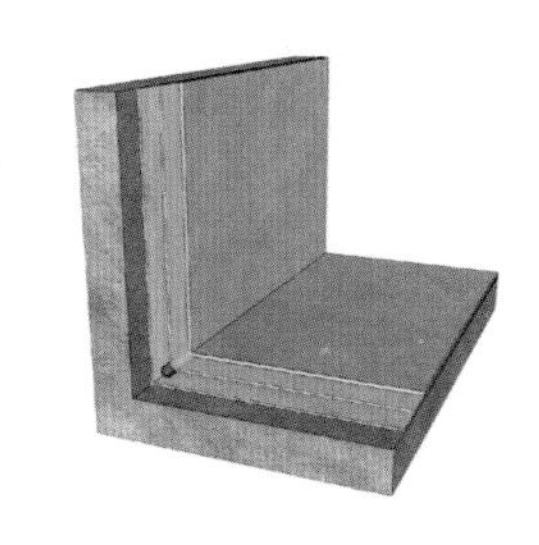
⑤ 10 mm 厚 1 ： 3 水泥砂浆防水保护层铺设

⑥ 绝热条及 20 mm 厚绝热层

⑦ 铝箔反射热层铺设

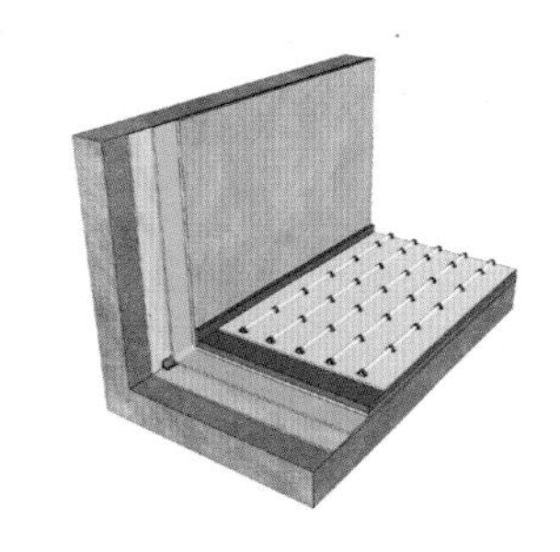
⑧ 加热水管安装

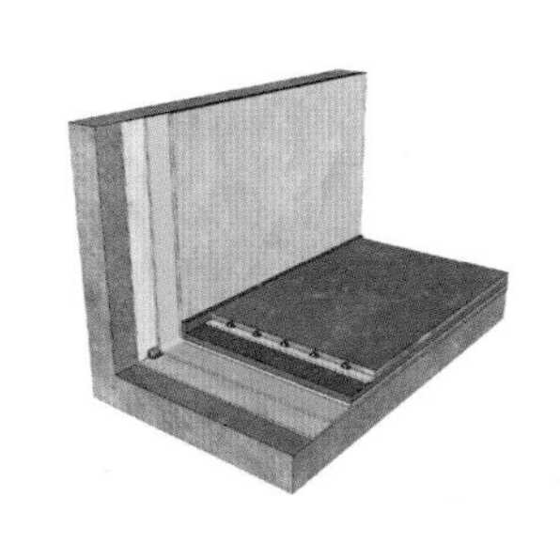
⑨ 细石混凝土填充层

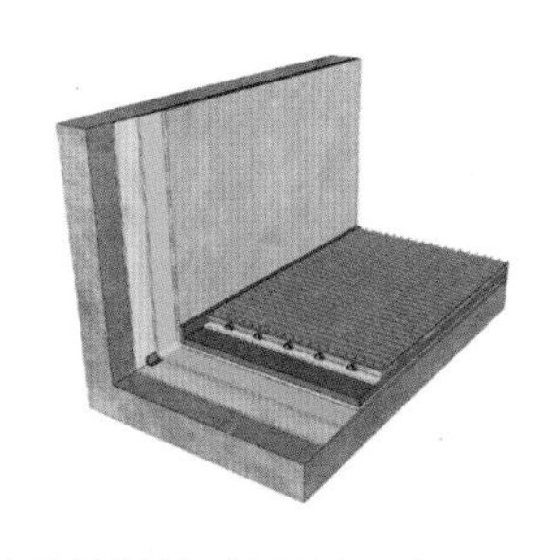
⑩ 低碳镀锌钢丝网片固定

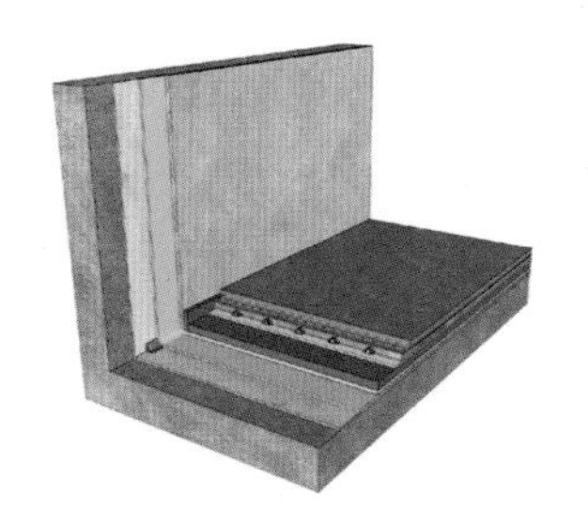
⑪ 20 mm 厚 1 ： 3 干硬性水泥砂浆结合层铺设

⑫ 10 mm 厚素水泥黏结层或专用胶黏剂

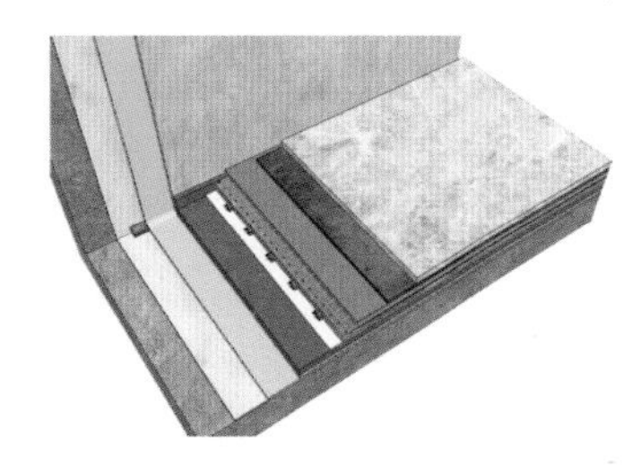
⑬ 石材地面铺贴

⑭ 墙面找平，专用粘贴剂涂刷

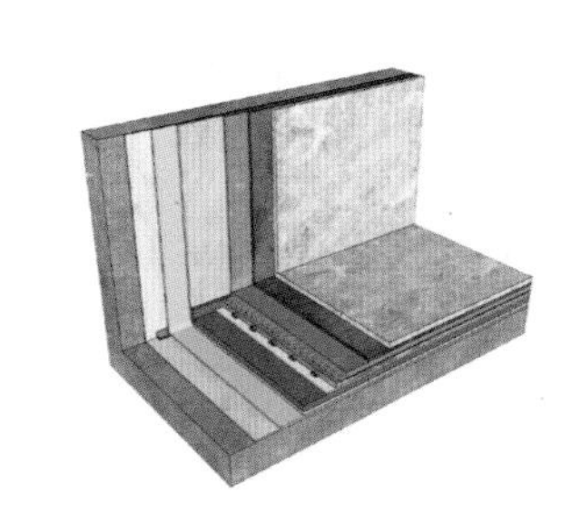
⑮ 石材饰面

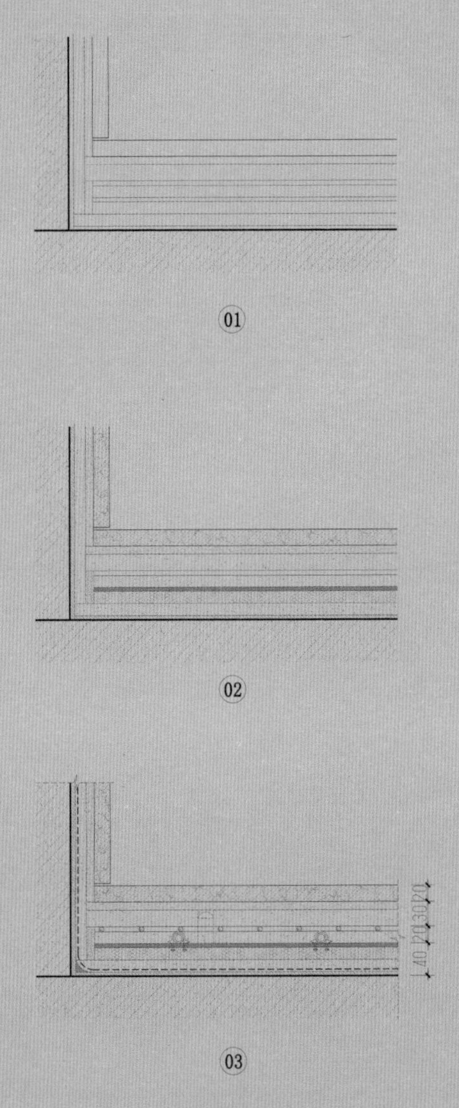
01
02
20
30
20
40
03

绘图步骤

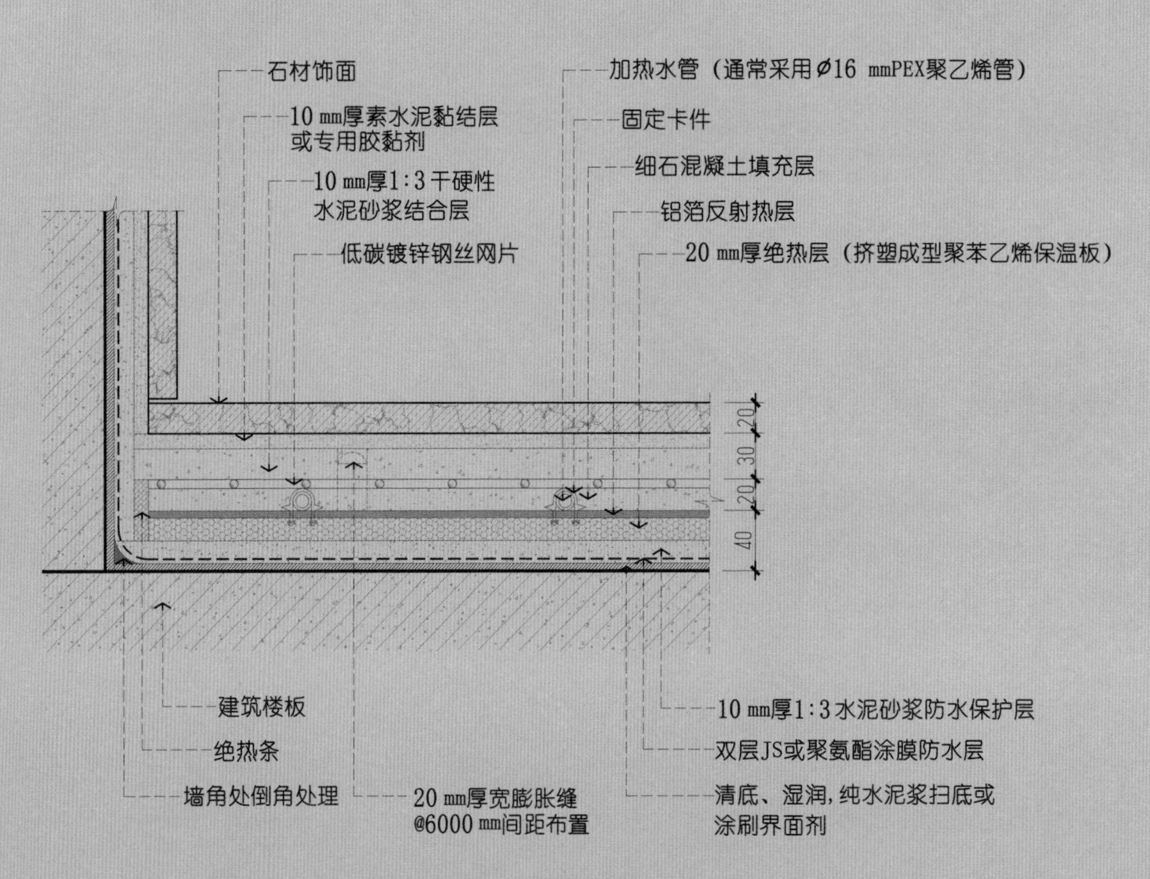
石材饰面
10 mm厚素水泥黏结层
或专用胶黏剂
10 mm厚1:3干硬性
水泥砂浆结合层
低碳镀锌钢丝网片
加热水管（通常采用Ø16 mmPEX聚乙烯管）
固定卡件
细石混凝土填充层
铝箔反射热层
20 mm厚绝热层（挤塑成型聚苯乙烯保温板）
20
30
20
40
建筑楼板
绝热条
墙角处倒角处理
20 mm厚宽膨胀缝
@6000 mm间距布置
10 mm厚1:3水泥砂浆防水保护层
双层JS或聚氨酯涂膜防水层
清底、湿润，纯水泥浆扫底或
涂刷界面剂

地暖及石材地坪节点图

比例1 : 5

① 原建筑楼板

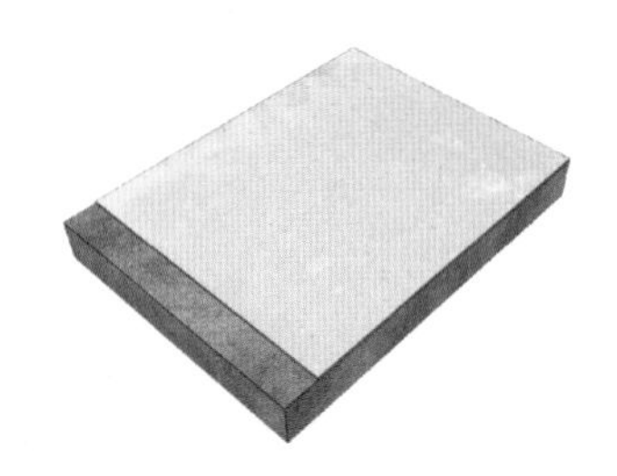

② 清底、湿润，纯水泥浆扫底或专用界面剂涂刷

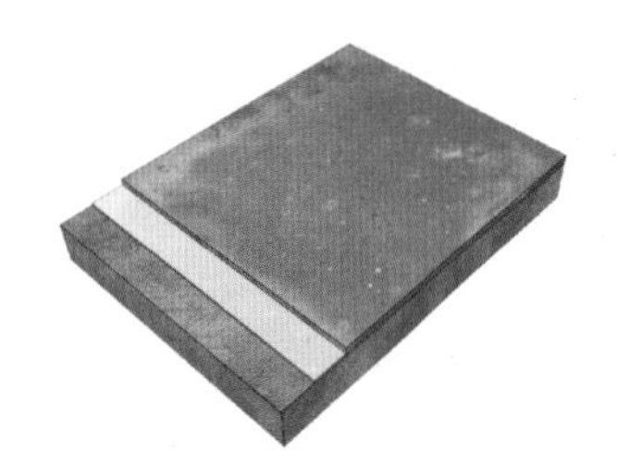

③ 细石混凝土找平层

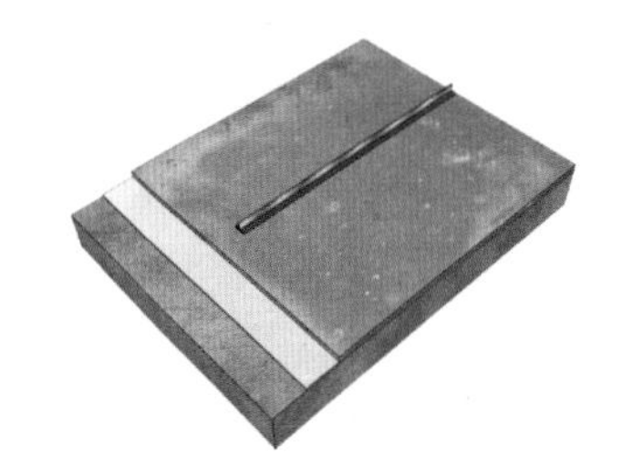

④ 设置金属分隔条

⑤ 现浇水磨石（1）（预制板则无此步骤）

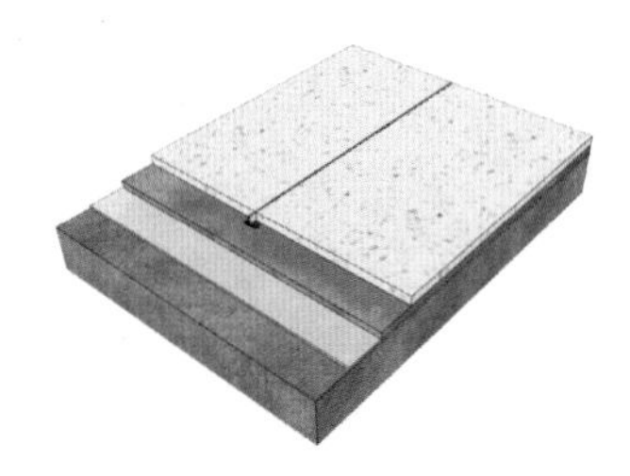

⑥ 现浇水磨石（2）（预制板则无此步骤）

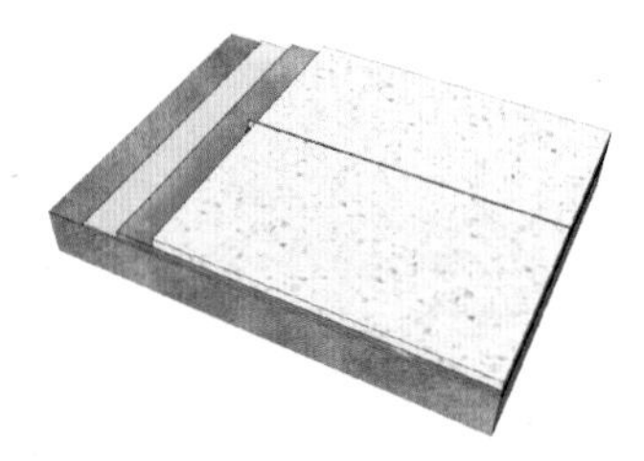

⑦ 打磨、抛光

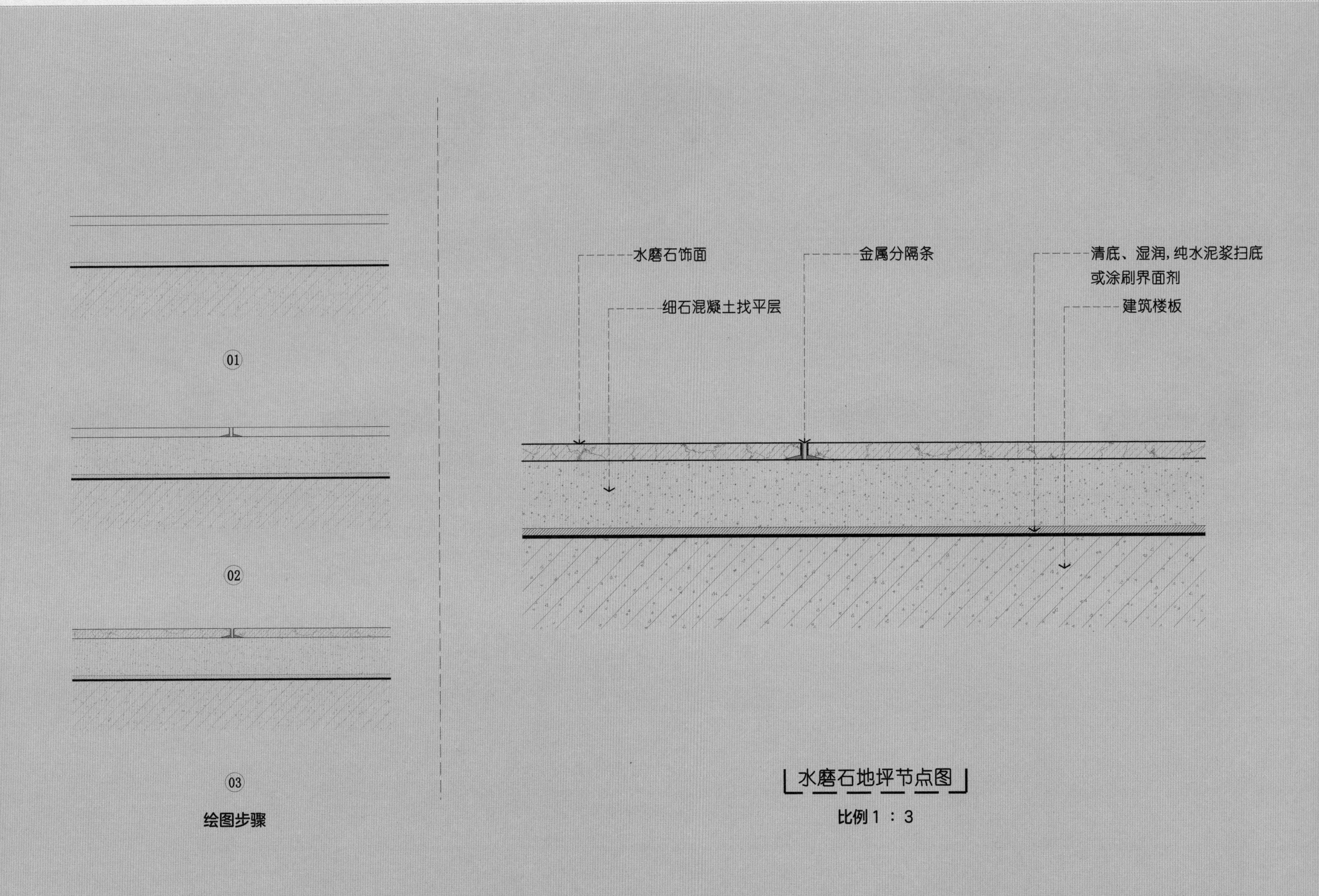
01
02
03
水磨石饰面
金属分隔条
清底、湿润，纯水泥浆扫底
或涂刷界面剂
细石混凝土找平层
建筑楼板

绘图步骤

水磨石地坪节点图

比例 1 ：3

① 原建筑楼板、墙

② 清底、湿润，纯水泥浆扫底或专用界面剂涂刷

③ 细石混凝土找平层

④ 墙体饰面

⑤ 水泥自流平

⑥ 专用胶黏剂涂刷

⑦ 塑胶地板铺装

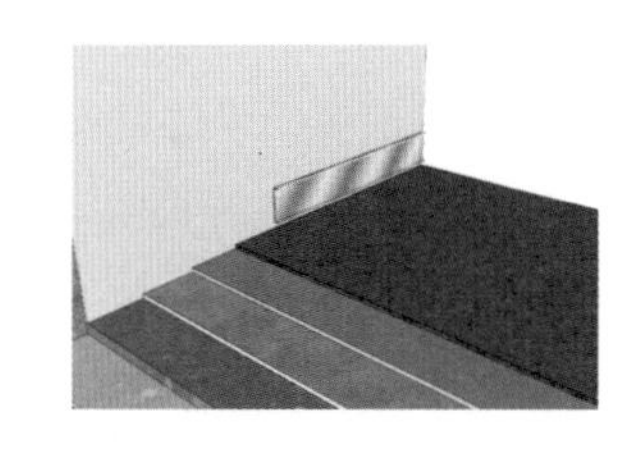

⑧ 成品金属踢脚线的底板安装

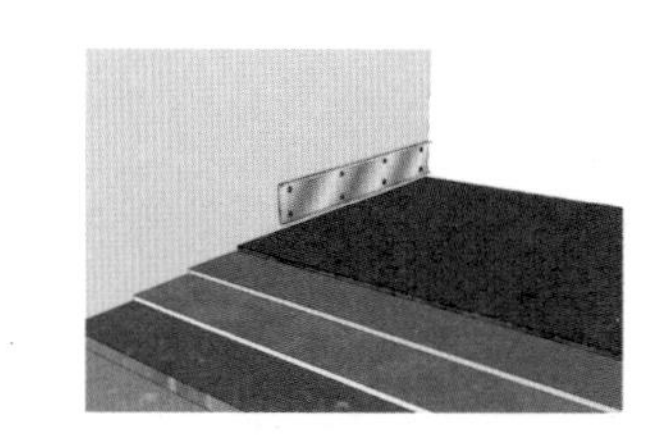

⑨ 塑料紧固件（膨胀管）、自攻螺钉固定

⑩ 金属踢脚线安装

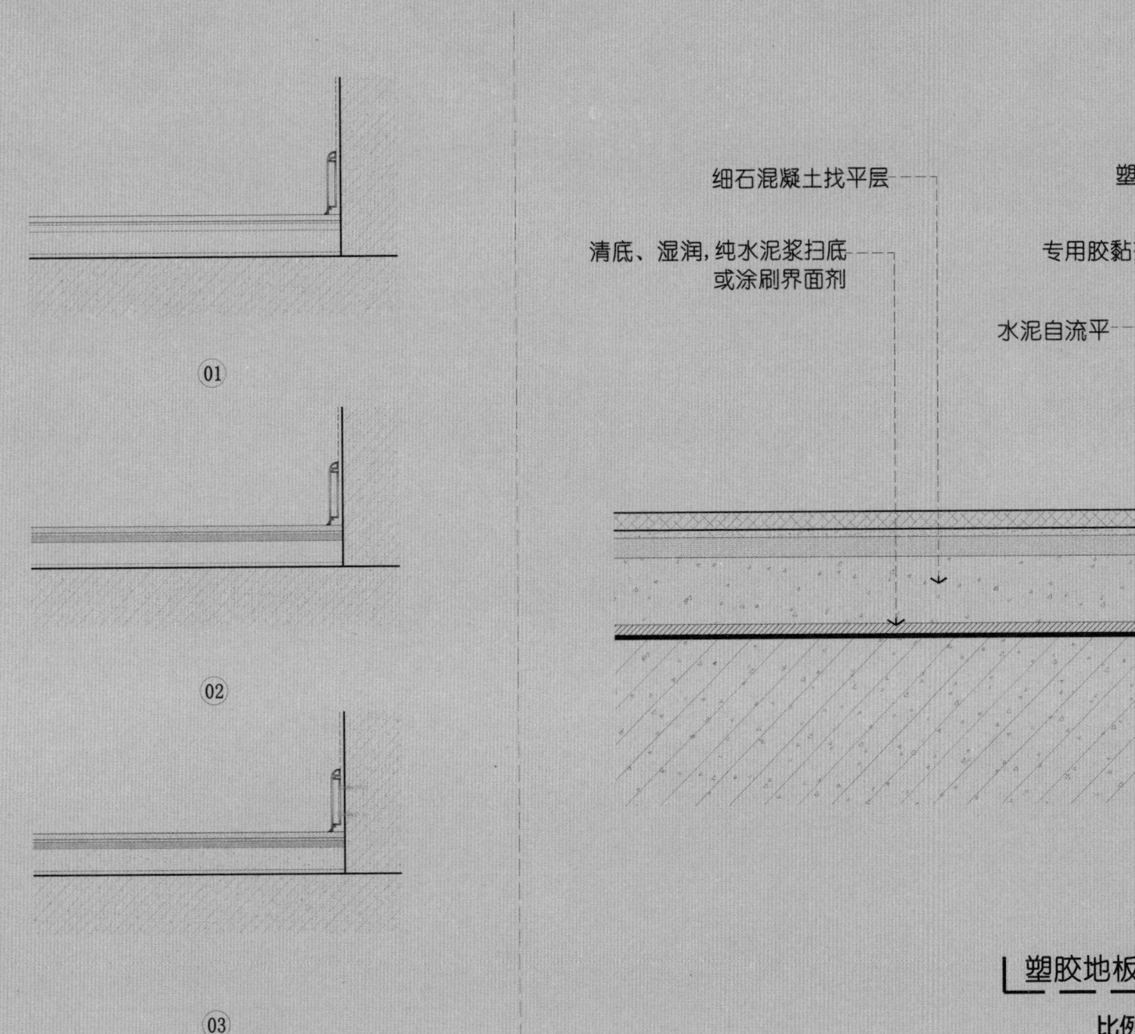
01
02
03

绘图步骤

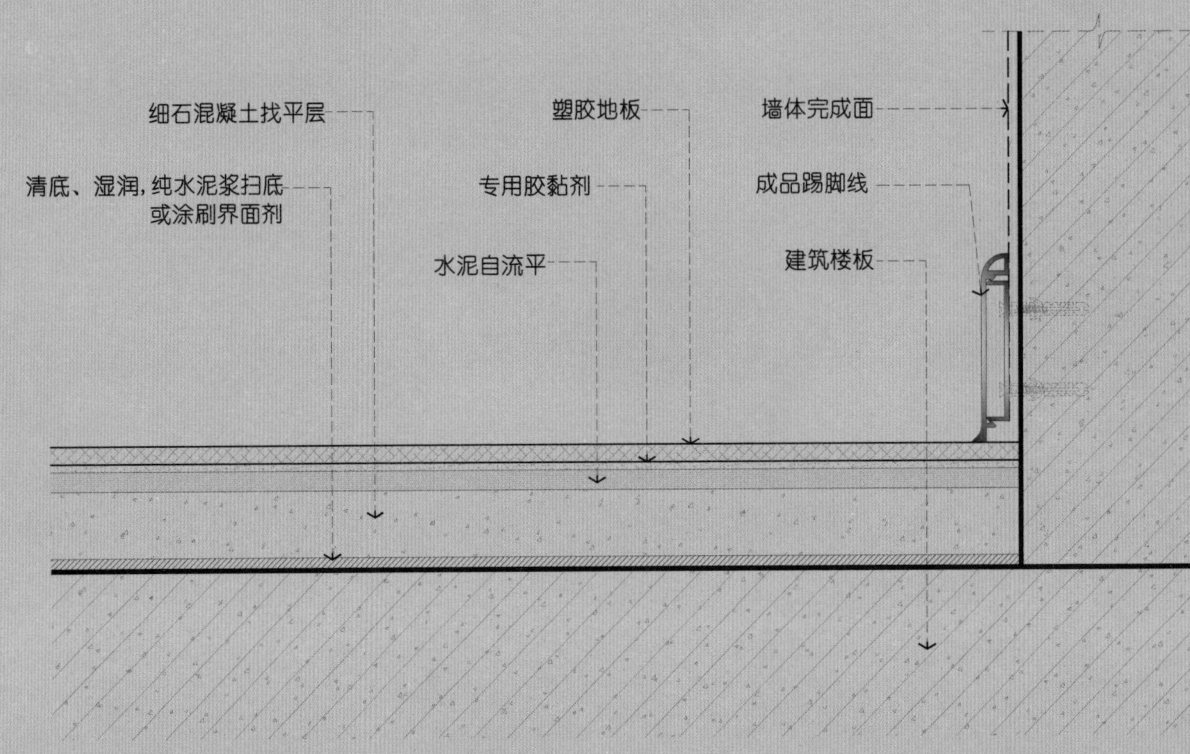
细石混凝土找平层
清底、湿润，纯水泥浆扫底
或涂刷界面剂
塑胶地板
专用胶黏剂
水泥自流平
墙体完成面
成品踢脚线
建筑楼板

塑胶地板地坪节点图

比例 1 ： 3

① 原建筑楼板

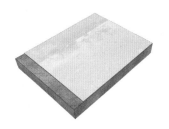

② 清底、湿润，纯水泥浆扫底或专用界面剂涂刷

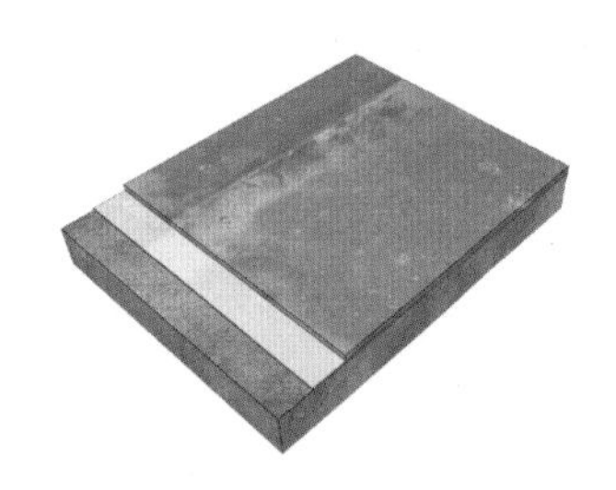

③ 细石混凝土找平层（厚度根据现场确定）

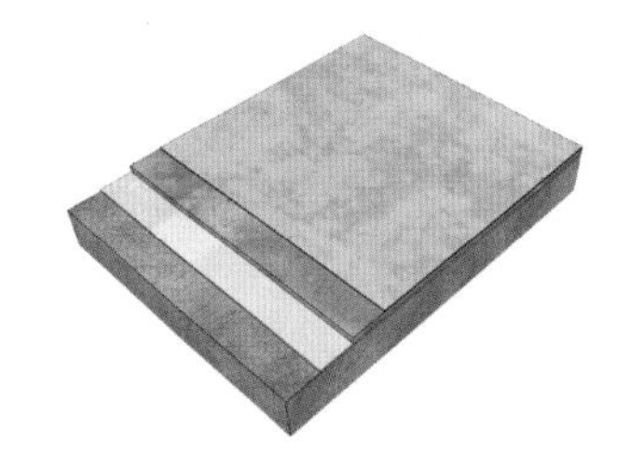

④ 水泥自流平

⑤ 打磨清理，批涂底漆

⑥ 面涂第一遍环氧地坪漆

⑦ 面涂第二遍环氧地坪漆

01

02

03

绘图步骤

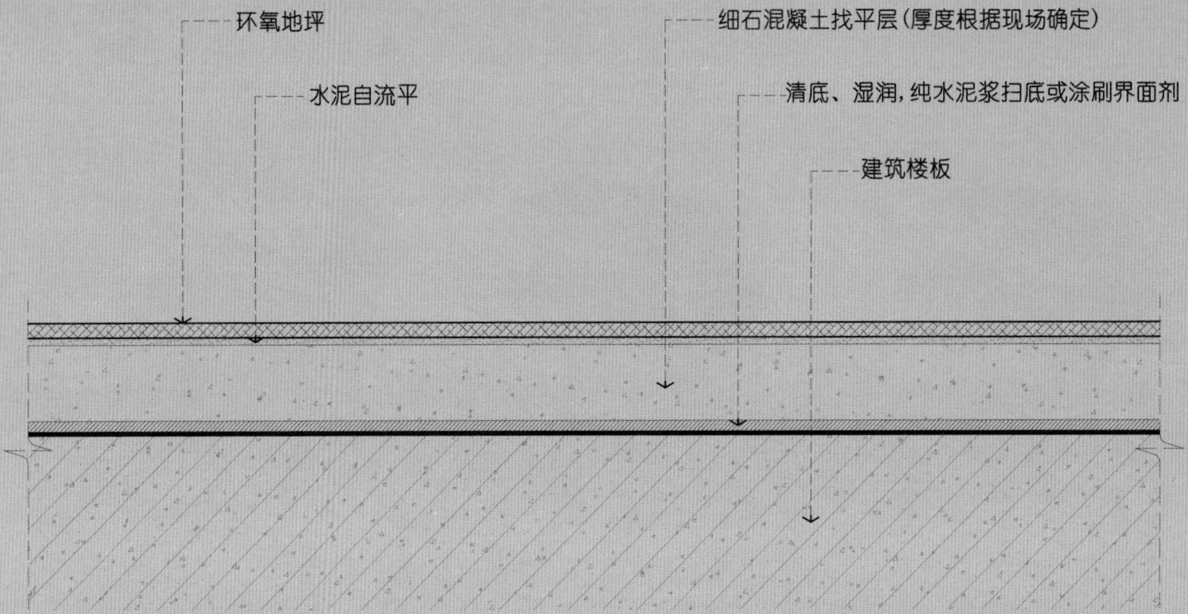

环氧地坪

水泥自流平

细石混凝土找平层(厚度根据现场确定)

清底、湿润,纯水泥浆扫底或涂刷界面剂

建筑楼板

环氧地坪节点图

比例1 : 3

① 原建筑楼板

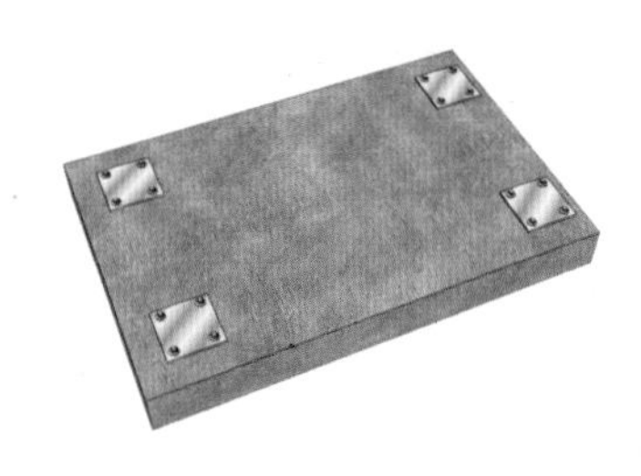

② 150 mm×150 mm×8 mm 镀锌钢板埋件，M8 膨胀螺栓固定

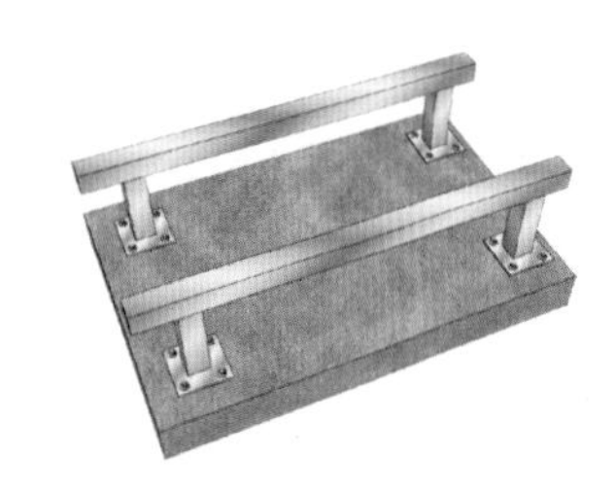

③ 5 号镀锌方钢横向、竖向焊接固定，横向距离 600 mm，竖向间距 800 mm

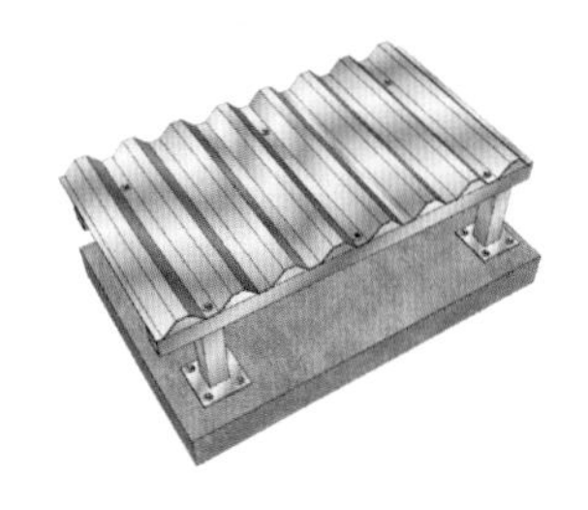

④ 镀锌压型钢板固定

⑤ Φ8 mm 螺纹钢网间距 200 mm

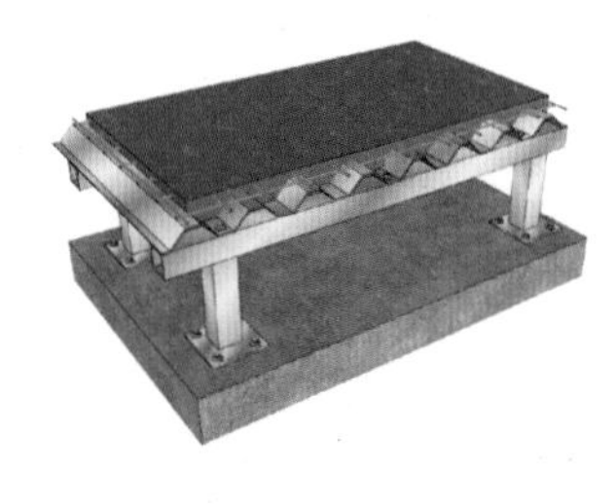

⑥ 细石混凝土找平层

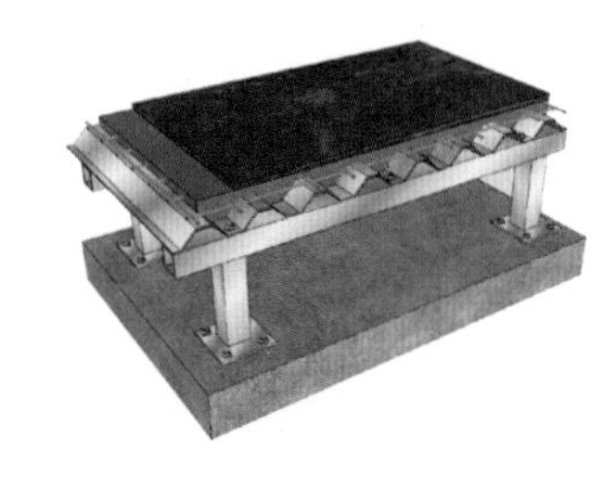

⑦ 10 mm 厚素水泥黏结层或专用胶黏剂

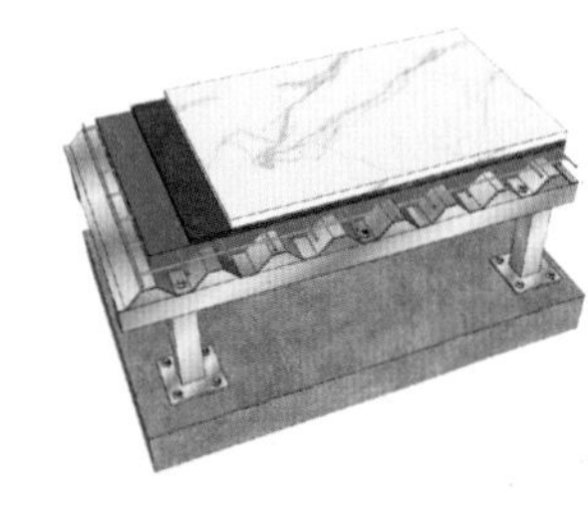

⑧ 石材地面铺装

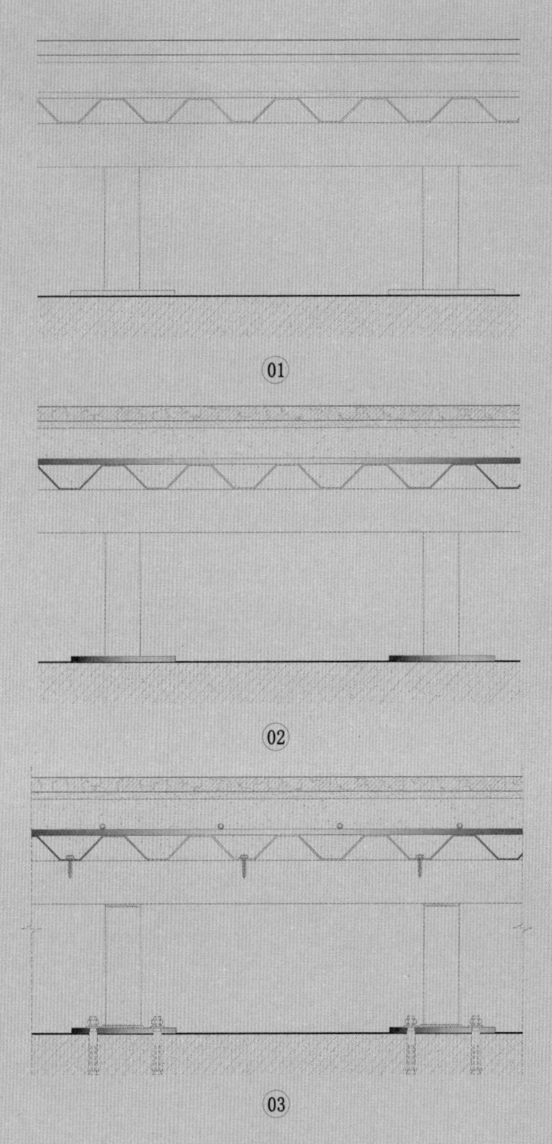
01
02
03

绘图步骤

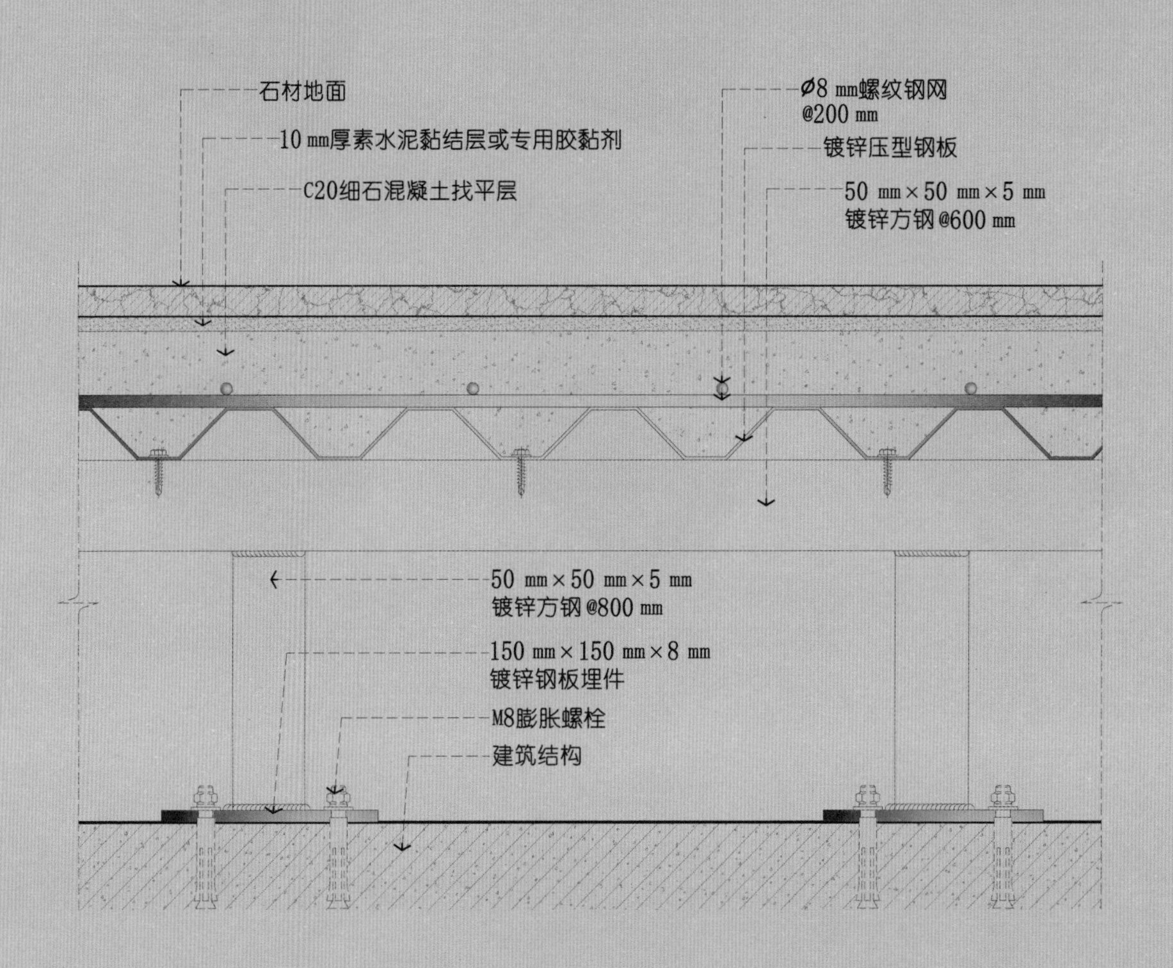
石材地面
10 mm厚素水泥黏结层或专用胶黏剂
C20细石混凝土找平层
Ø8 mm螺纹钢网
@200 mm
镀锌压型钢板
50 mm×50 mm×5 mm
镀锌方钢@600 mm
50 mm×50 mm×5 mm
镀锌方钢@800 mm
150 mm×150 mm×8 mm
镀锌钢板埋件
M8膨胀螺栓
建筑结构

钢结构地台石材地面节点图

比例1：5

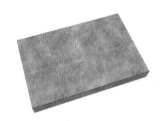

① 原建筑混凝土楼板

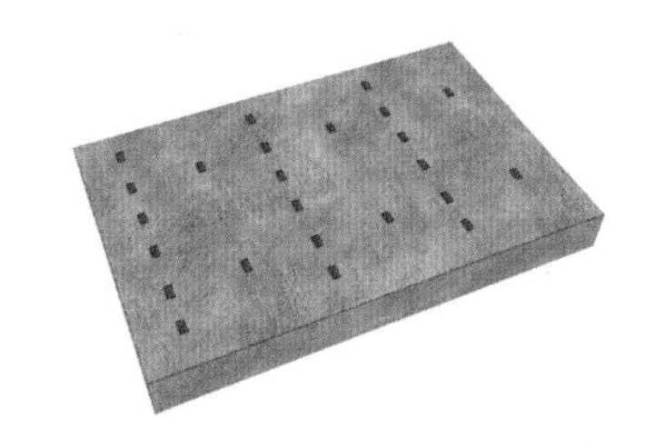

② 钻孔固定木楔（防腐处理）

③ 防腐木龙骨

④ 钢钉固定

⑤ 防腐木铺装，不锈钢螺钉固定（1）

⑥ 防腐木铺装，不锈钢螺钉固定（2）

⑦ 防腐木铺装，不锈钢螺钉固定（3）

⑧ 防腐木铺装，不锈钢螺钉固定完工效果

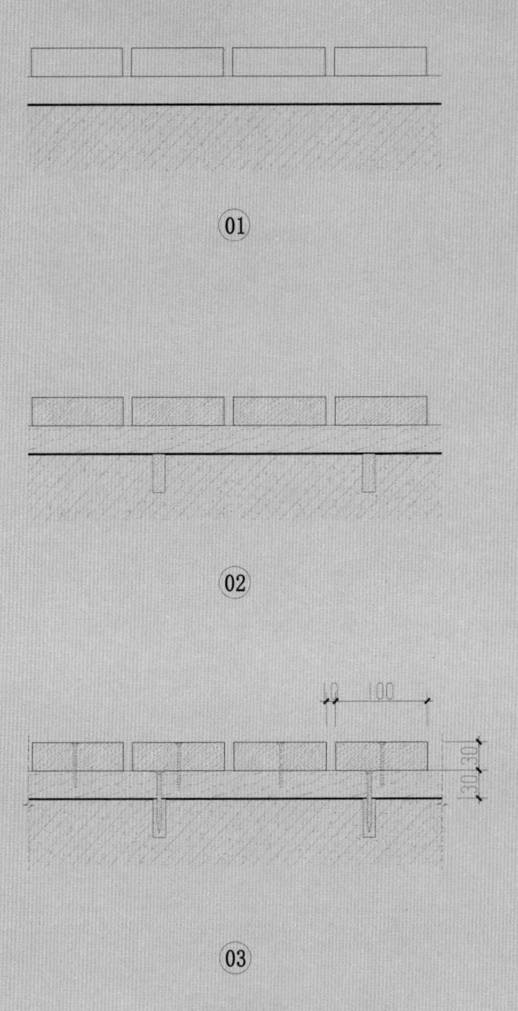
01
02
10
100
30
30
03

绘图步骤

防腐木
不锈钢螺钉固定
防腐木龙骨
原建筑楼板
10
100
30
30

防腐木地坪节点图

比例 1 ：3

① 原建筑楼板

② 成品构件安装

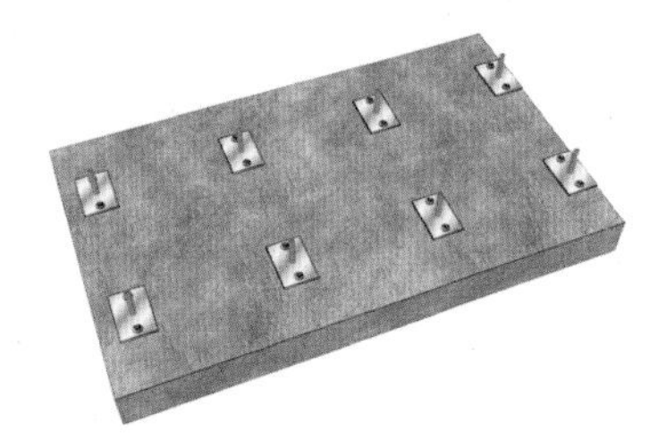

③ M8 膨胀螺栓固定

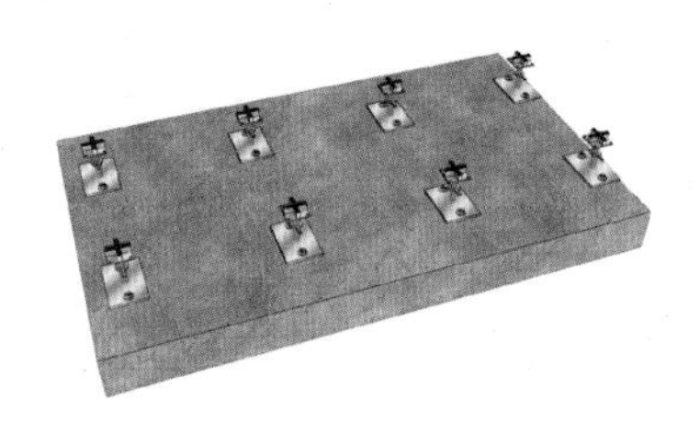

④ 成品支架安装

⑤ 架空地板安装

⑥ 专用胶黏剂涂刷

⑦ 块毯铺装

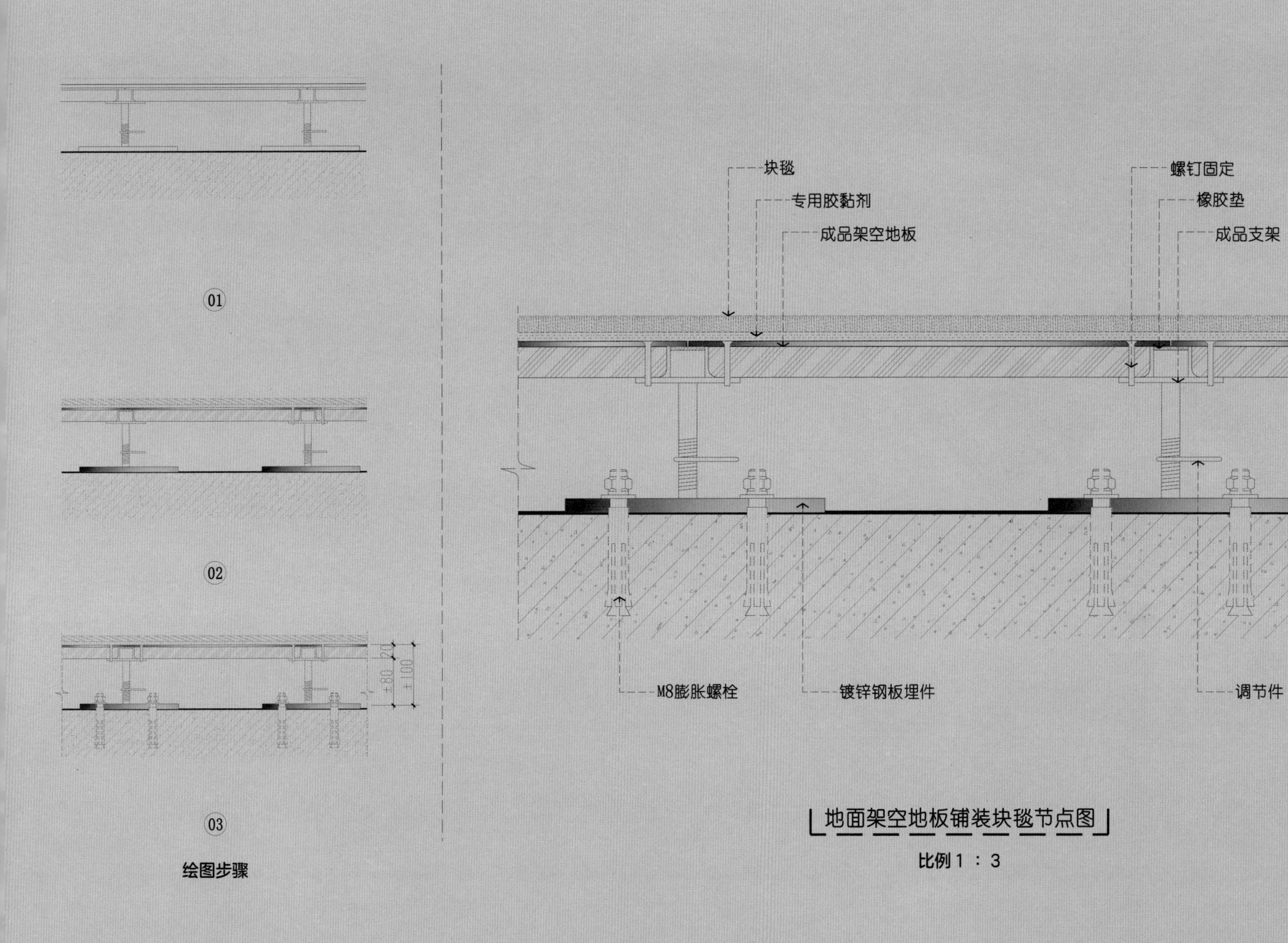
01
02
03
绘图步骤
20
±80
±100
块毯
专用胶黏剂
成品架空地板
螺钉固定
橡胶垫
成品支架
M8膨胀螺栓
镀锌钢板埋件
调节件

地面架空地板铺装块毯节点图

比例 1 ： 3

① 原建筑楼板

② 4 号镀锌角码固定件

③ 螺栓固定

④ 金属型材固定

⑤ 橡胶垫片

⑥ 夹胶安全玻璃

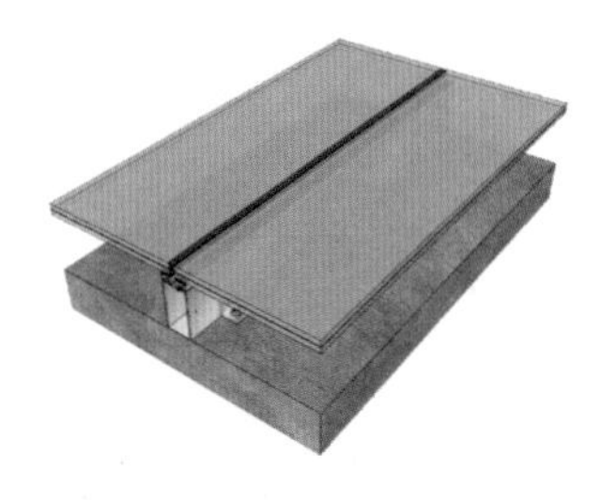

⑦ 专用胶黏剂及伸缩胶条

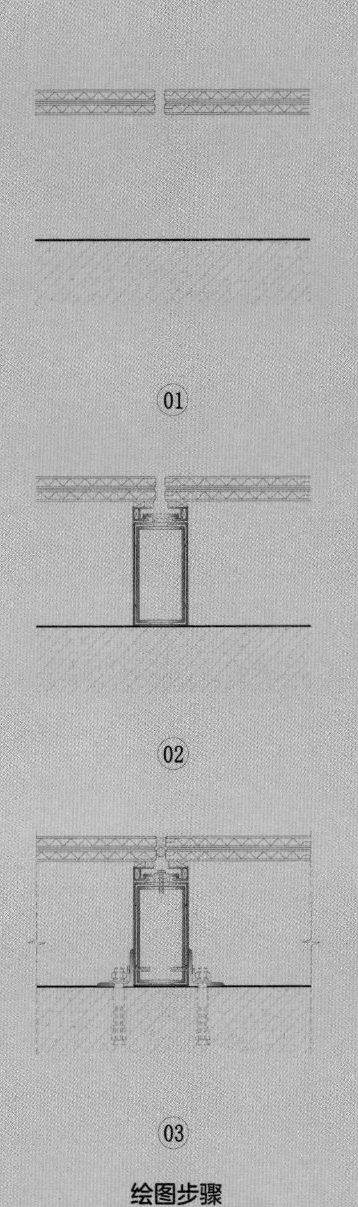
01
02
03

绘图步骤

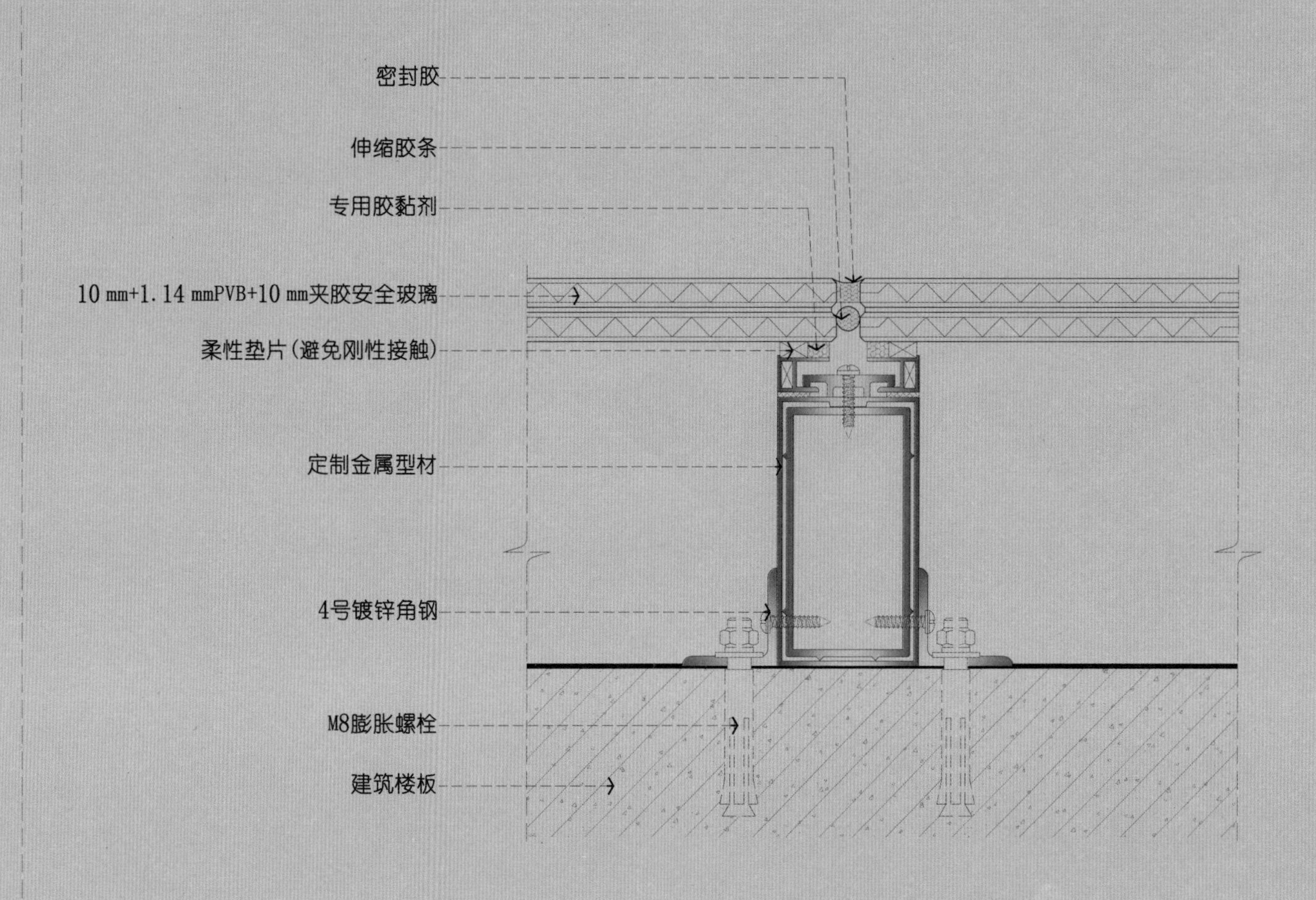
密封胶
伸缩胶条
专用胶黏剂
10 mm+1.14 mmPVB+10 mm夹胶安全玻璃
柔性垫片(避免刚性接触)
定制金属型材
4号镀锌角钢
M8膨胀螺栓
建筑楼板

玻璃地台地坪节点图

比例1 ：3

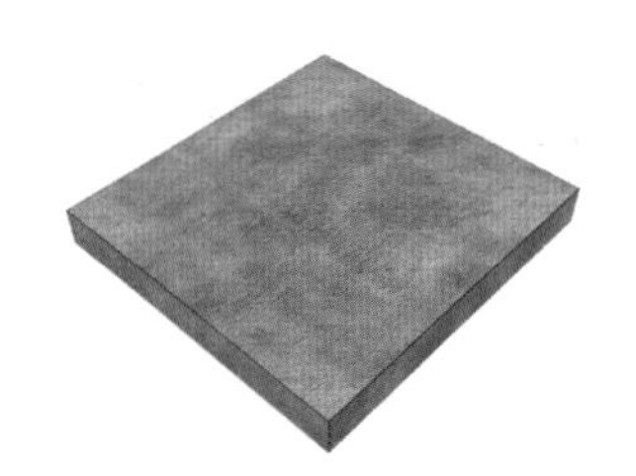

① 原建筑楼板

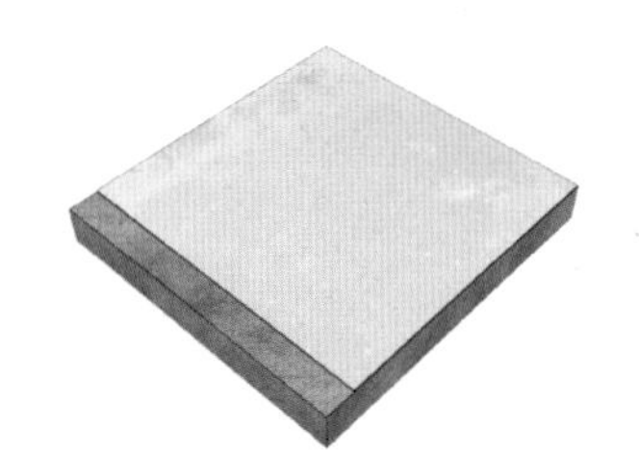

② 清底、湿润，纯水泥浆扫底或专用界面剂涂刷

③ 20 mm 厚 1 ∶ 3 干硬性水泥砂浆结合层铺设

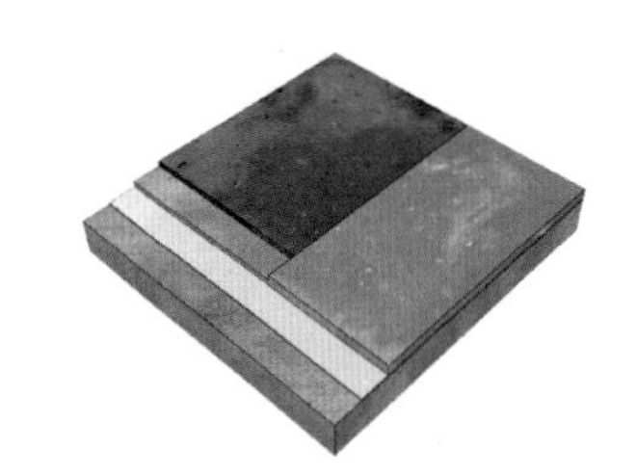

④ 10 mm 厚素水泥黏结层或专用胶黏剂

⑤ 石材铺贴饰面

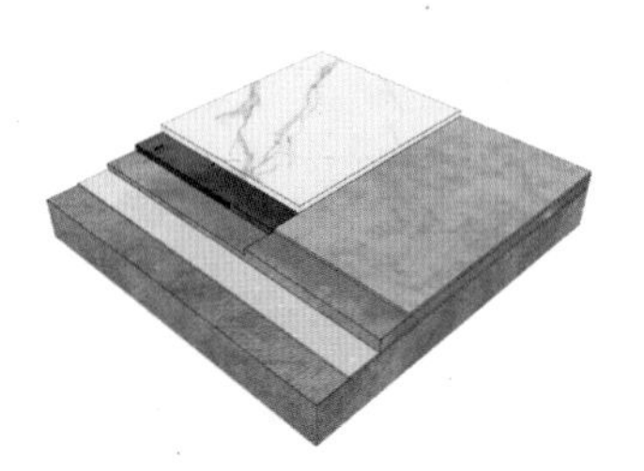

⑥ 水泥自流平

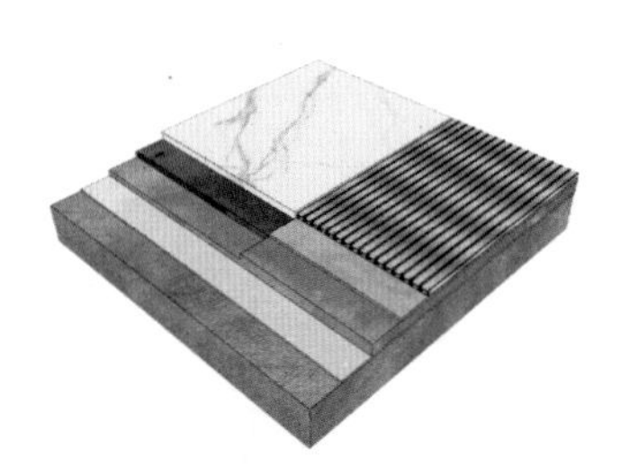

⑦ 成品除尘地毯铺装

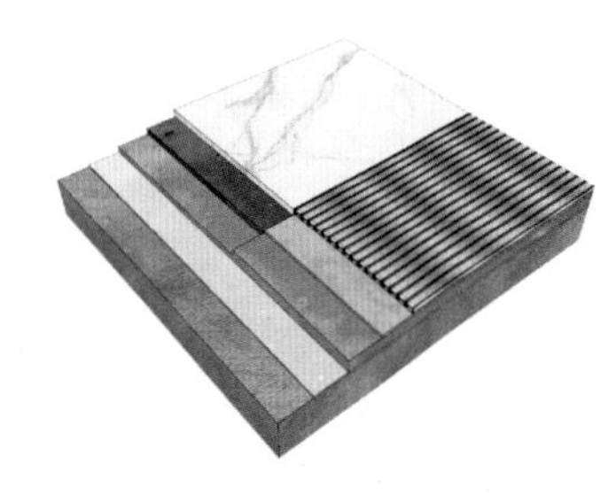

⑧ 密封胶填缝

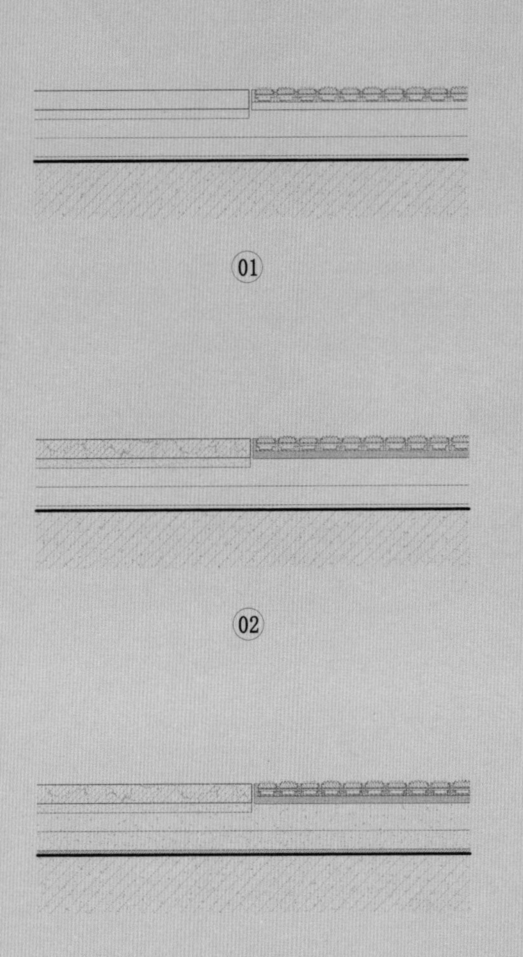
01
02
03

绘图步骤

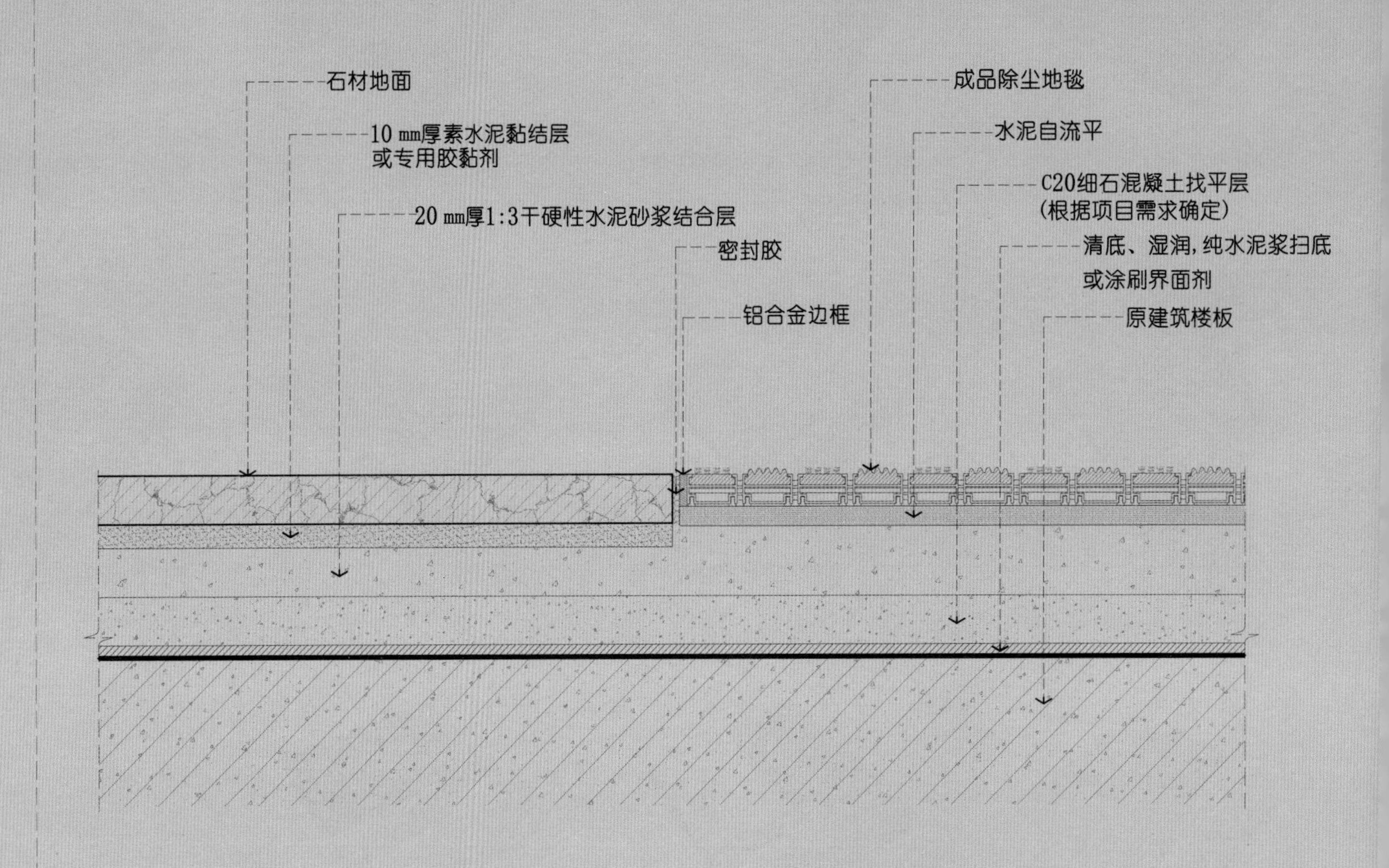
石材地面
10 mm厚素水泥黏结层
或专用胶黏剂
20 mm厚1:3干硬性水泥砂浆结合层
密封胶
铝合金边框
成品除尘地毯
水泥自流平
C20细石混凝土找平层
(根据项目需求确定)
清底、湿润，纯水泥浆扫底
或涂刷界面剂
原建筑楼板

石材地面与除尘地毯收口地坪节点图

比例1 ∶ 3

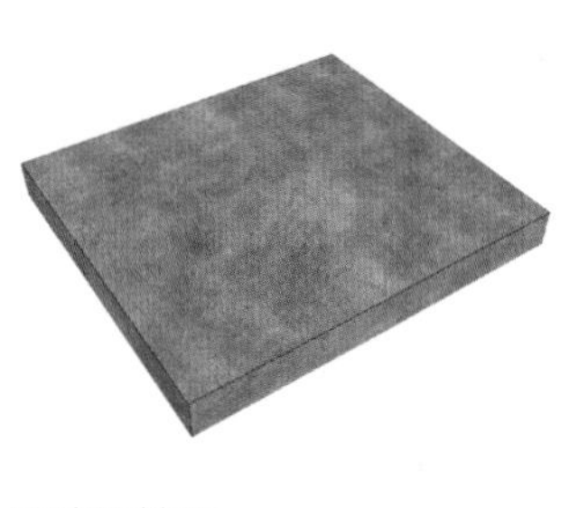

① 原建筑楼板

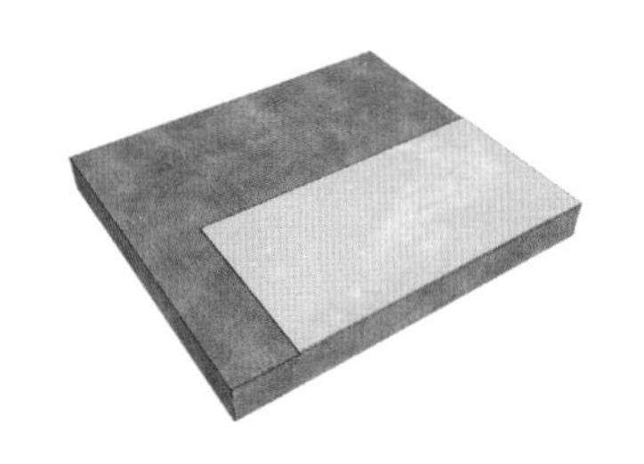

② 清底、湿润，纯水泥浆扫底或专用界面剂涂刷

③ 细石混凝土找平层

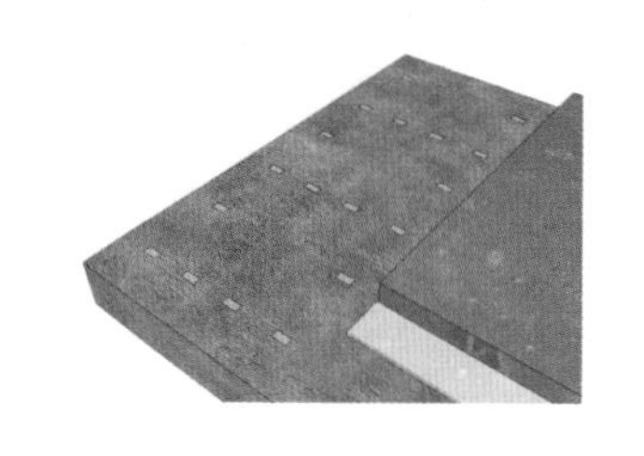

④ 钻孔固定木楔（防腐处理）

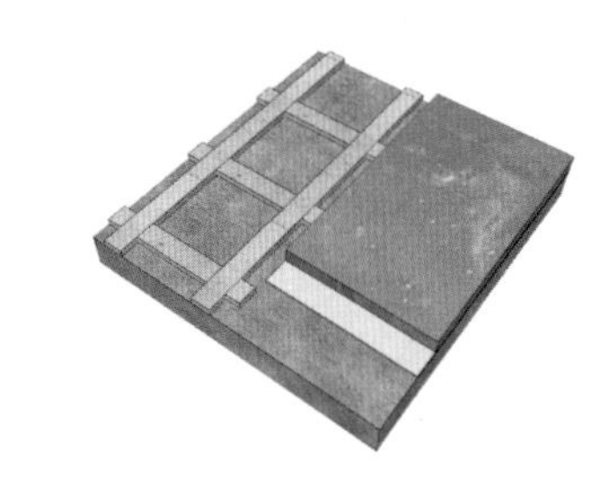

⑤ 木龙骨防腐阻燃处理

⑥ 钢钉固定

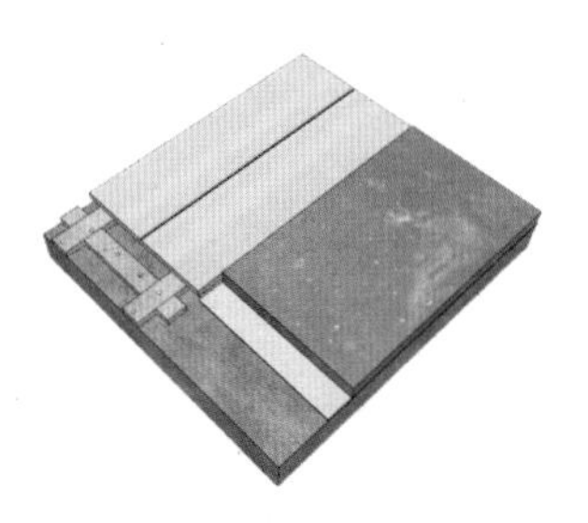

⑦ 18 mm 厚阻燃板基层铺设

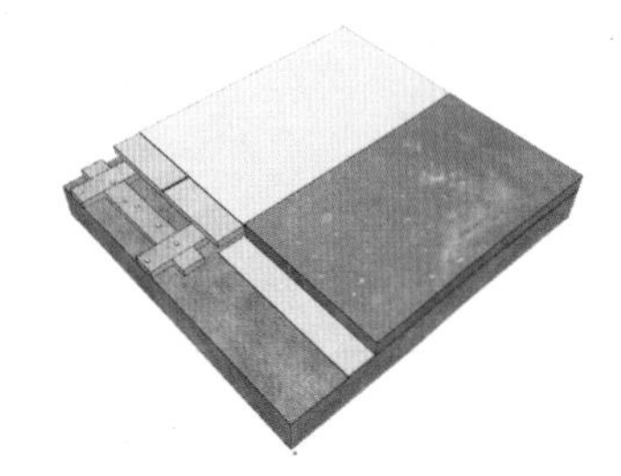

⑧ 防潮膜铺设

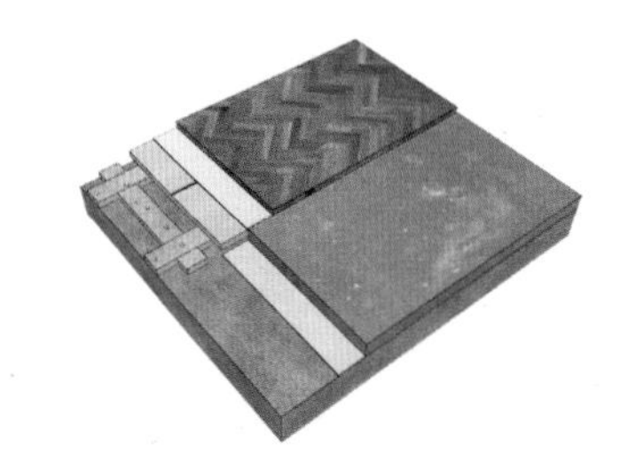

⑨ 木地板铺装

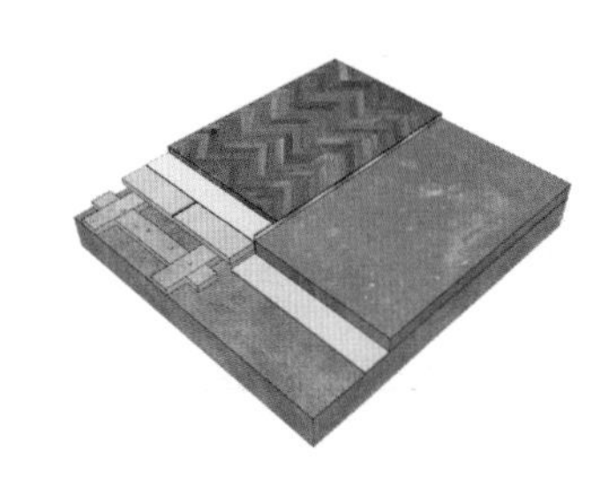

⑩ 3 mm 厚金属收边条固定

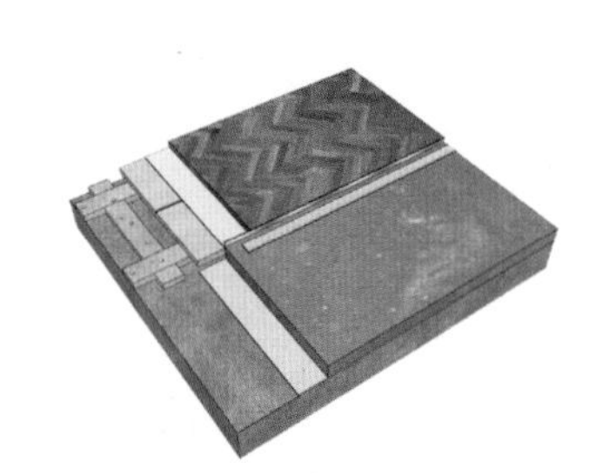

⑪ 倒刺条固定

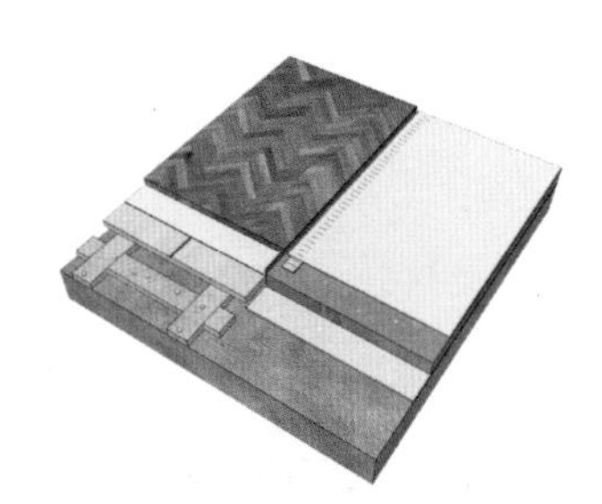

⑫ 地毯专用胶垫铺设

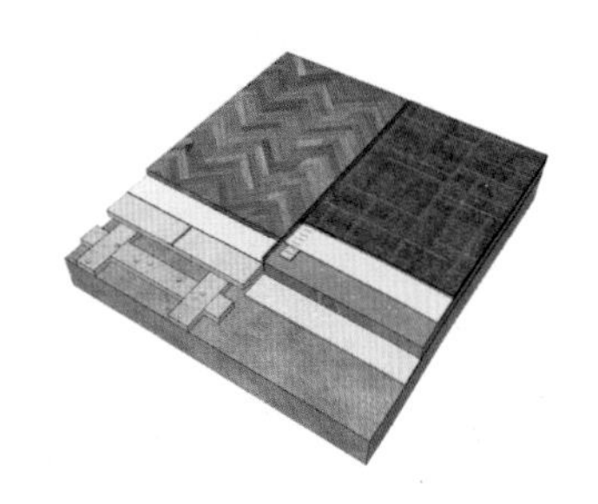

⑬ 地毯铺装

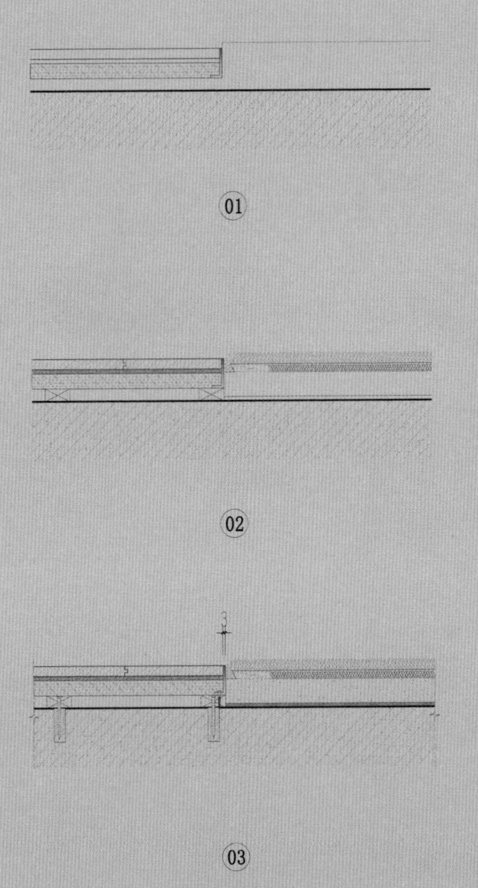

01
02
3
03

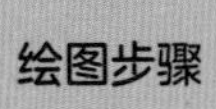
绘图步骤

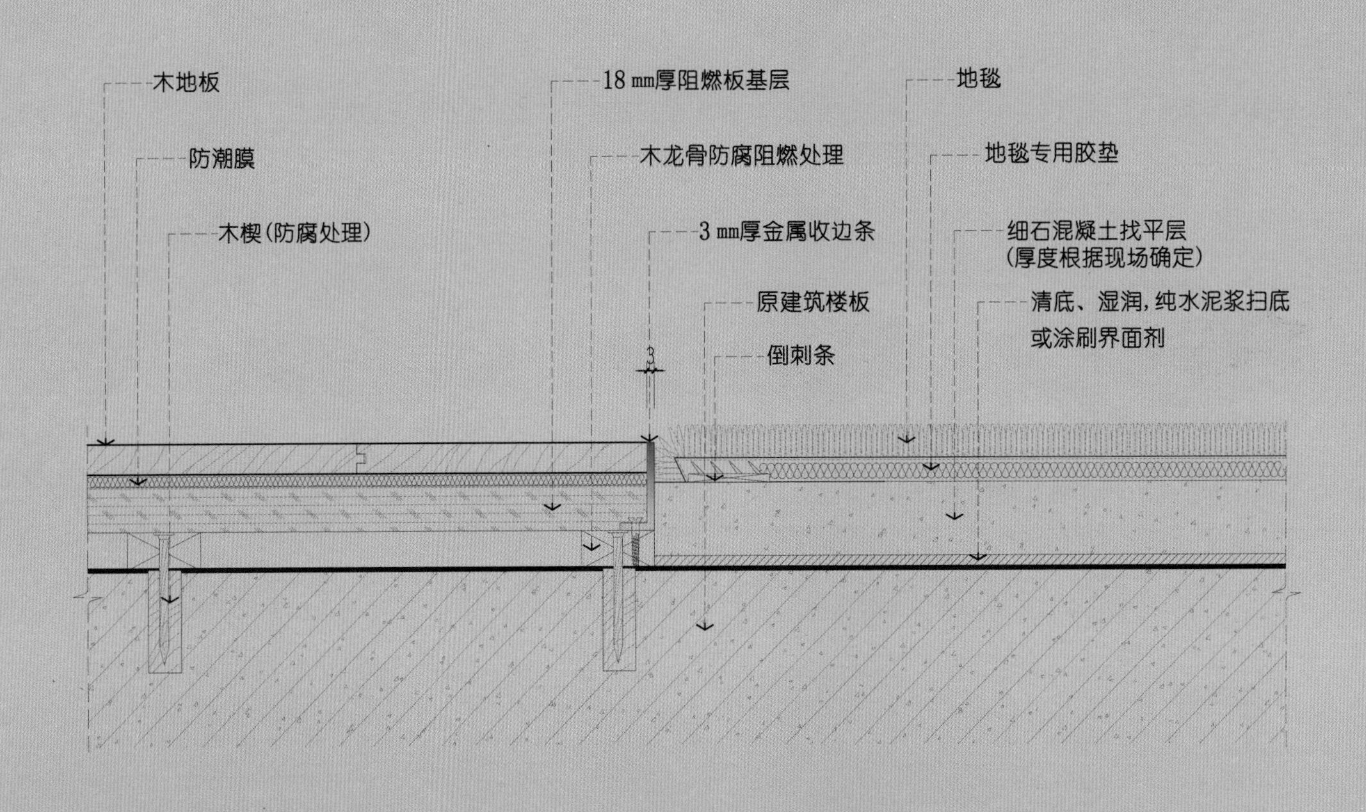

木地板
防潮膜
木楔（防腐处理）
18 mm厚阻燃板基层
木龙骨防腐阻燃处理
3 mm厚金属收边条
原建筑楼板
倒刺条
地毯
地毯专用胶垫
细石混凝土找平层
（厚度根据现场确定）
清底、湿润，纯水泥浆扫底
或涂刷界面剂
3

木地板与卷材地毯交接收口节点图

比例 1 ：3

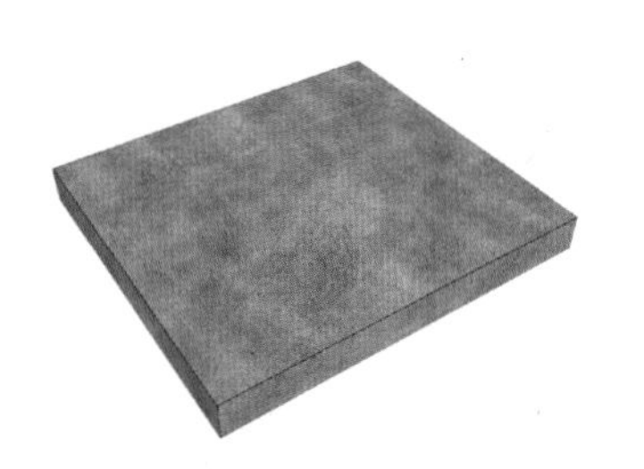

① 原建筑楼板

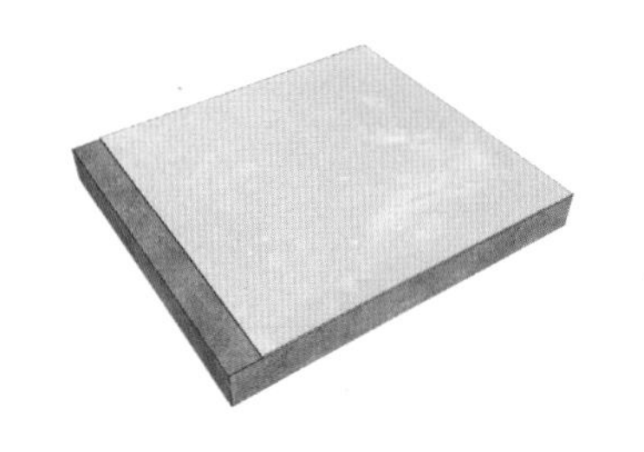

② 清底、湿润，纯水泥浆扫底或专用界面剂涂刷

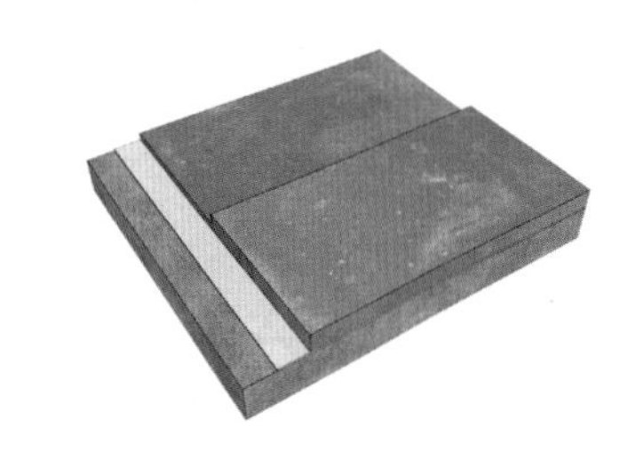

③ C20 细石混凝土找平层

④ 3 mm 厚金属收边条固定

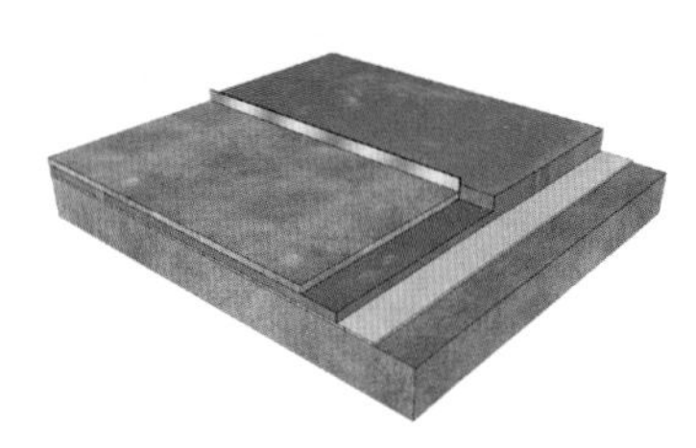

⑤ 20 mm 厚 1 ： 3 干硬性水泥砂浆结合层铺设

⑥ 10 mm 厚素水泥黏结层或专用胶黏剂

⑦ 石材饰面铺贴

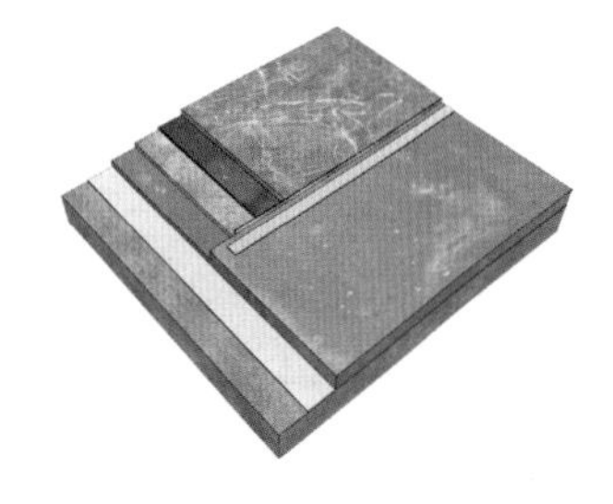

⑧ 倒刺条固定

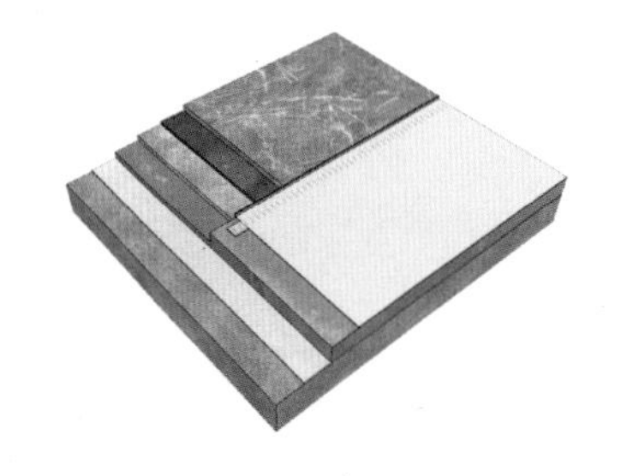

⑨ 地毯专用胶垫铺设

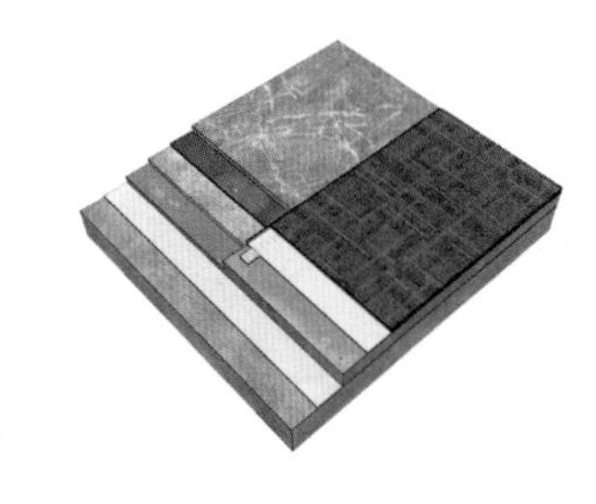

⑩ 地毯铺装

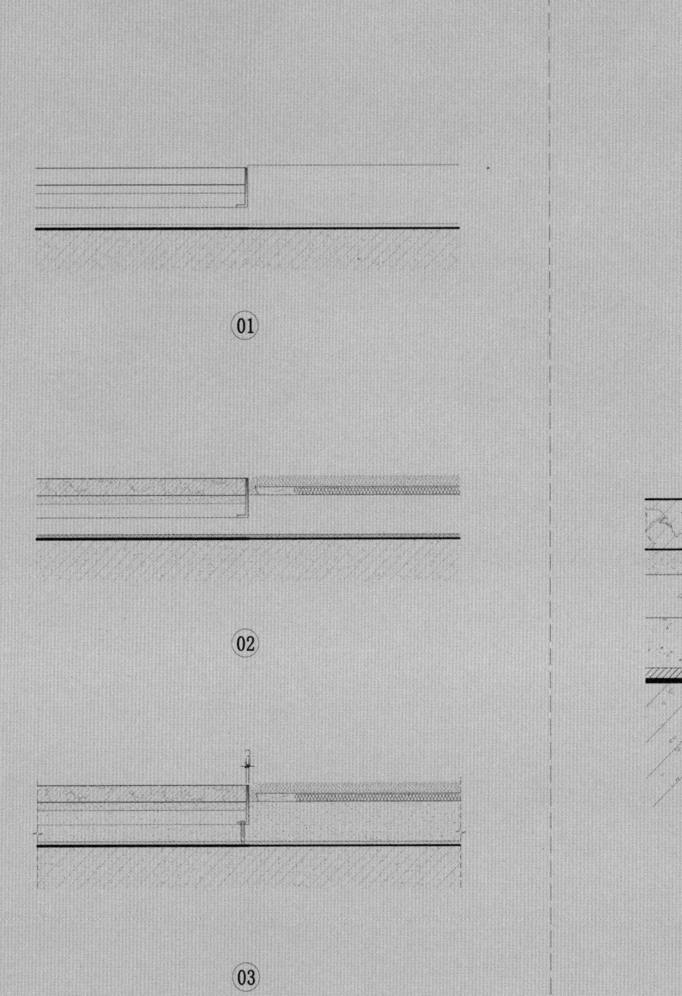
01
02
03

绘图步骤

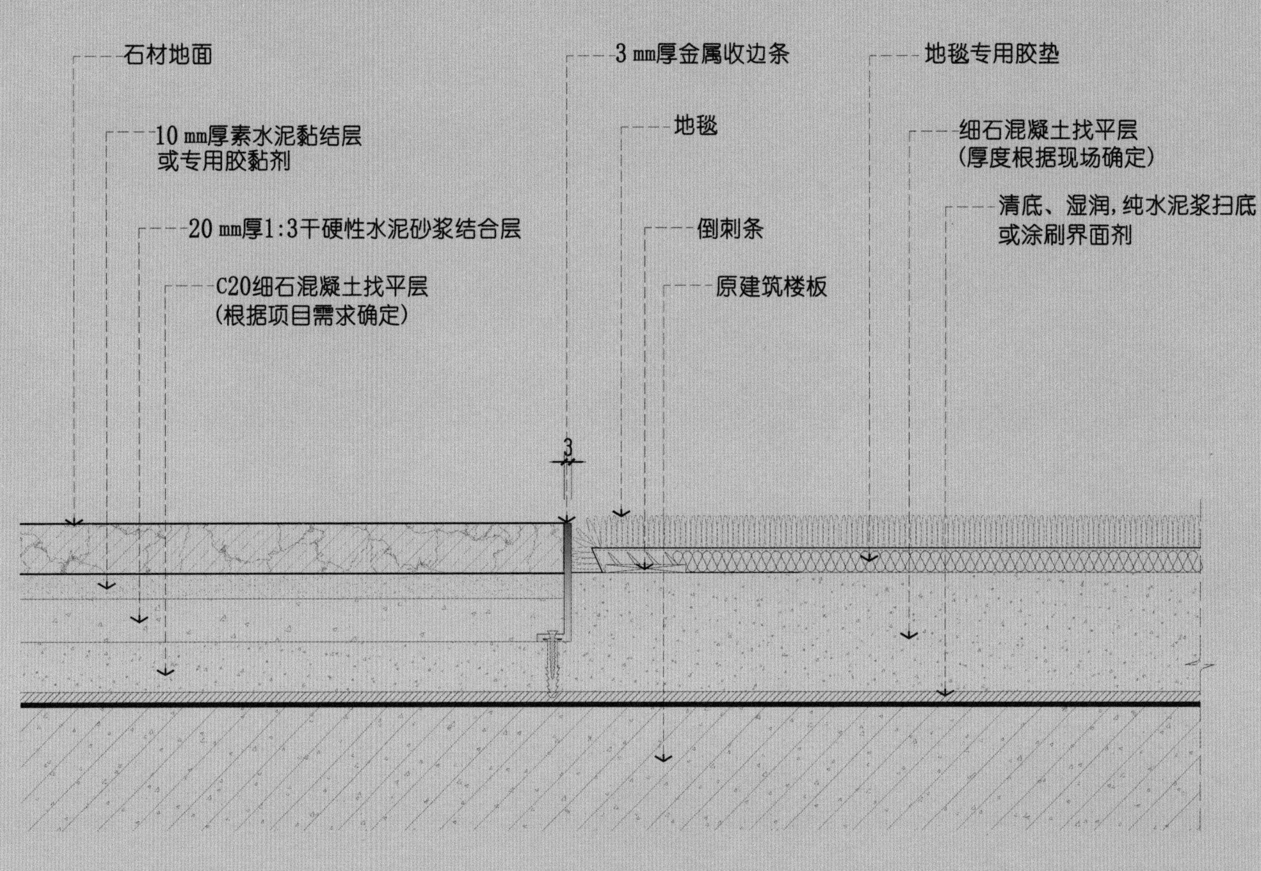
石材地面
10 mm厚素水泥黏结层
或专用胶黏剂
20 mm厚1:3干硬性水泥砂浆结合层
C20细石混凝土找平层
(根据项目需求确定)
3 mm厚金属收边条
地毯
倒刺条
原建筑楼板
地毯专用胶垫
细石混凝土找平层
(厚度根据现场确定)
清底、湿润,纯水泥浆扫底
或涂刷界面剂
3

石材地坪与卷材地毯交接收口节点图

比例 1 ： 3

① 原建筑楼板

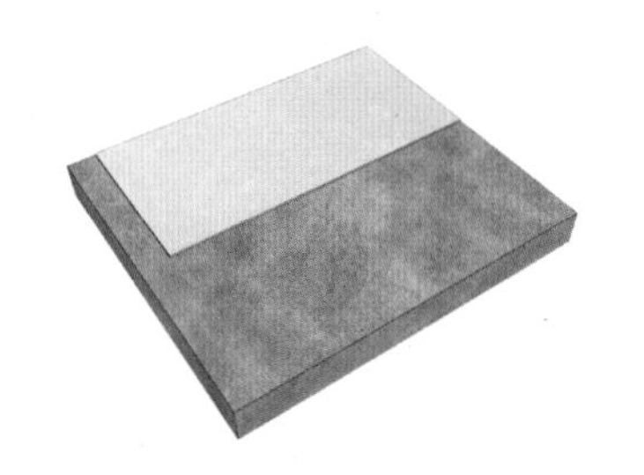

② 清底、湿润，纯水泥浆扫底或专用界面剂涂刷

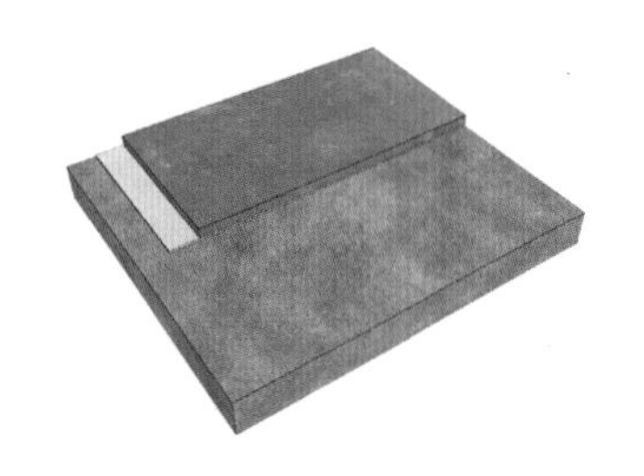

③ 20 mm 厚 1 ： 3 干硬性水泥砂浆结合层铺设

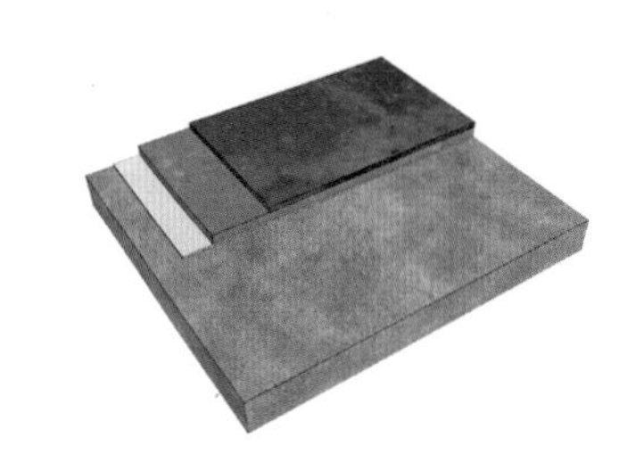

④ 10 mm 厚素水泥黏结层或专用胶黏剂

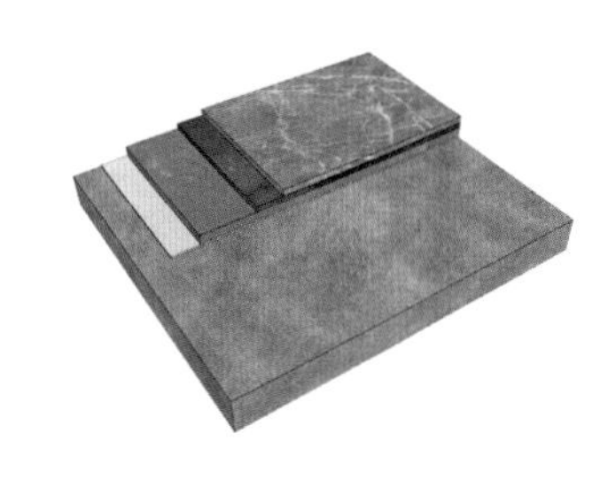

⑤ 石材饰面铺贴

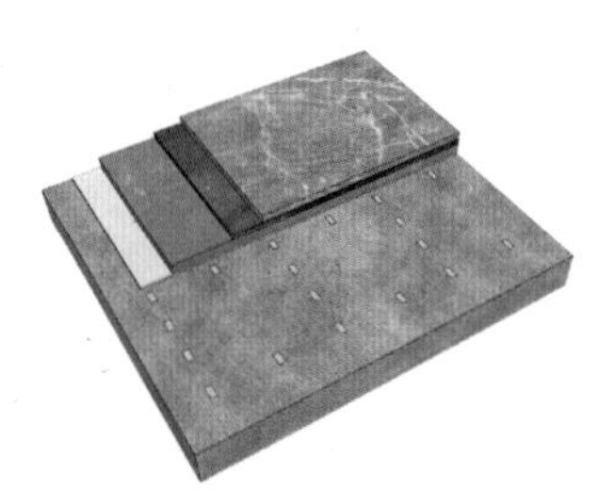

⑥ 钻孔固定木楔（防腐处理）

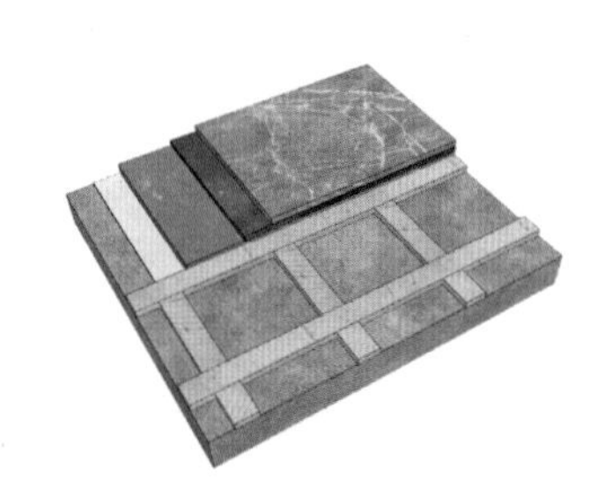

⑦ 木龙骨防腐阻燃处理

⑧ 钢钉固定

⑨ 3 mm 厚金属收口条固定

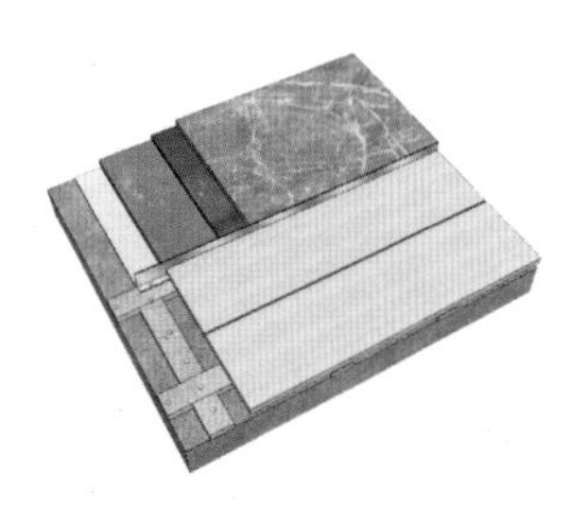

⑩ 18 mm 厚阻燃板基层铺设

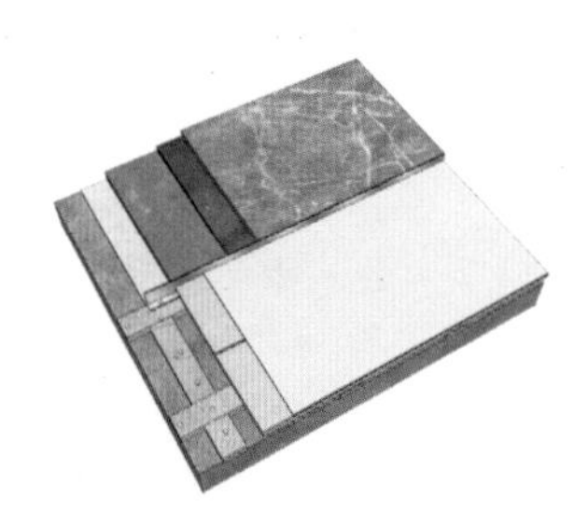

⑪ 防潮膜铺设

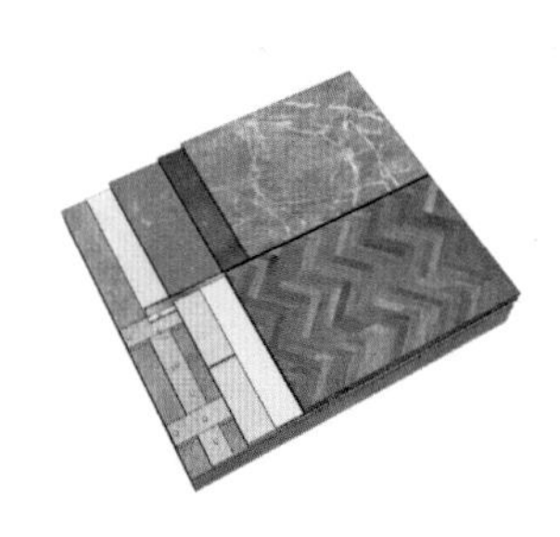

⑫ 木地板铺装

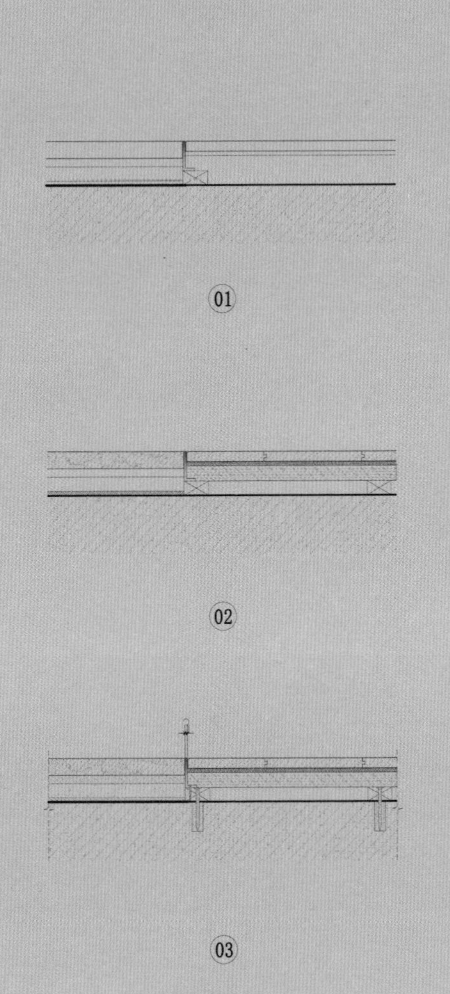
01
02
3
03

绘图步骤

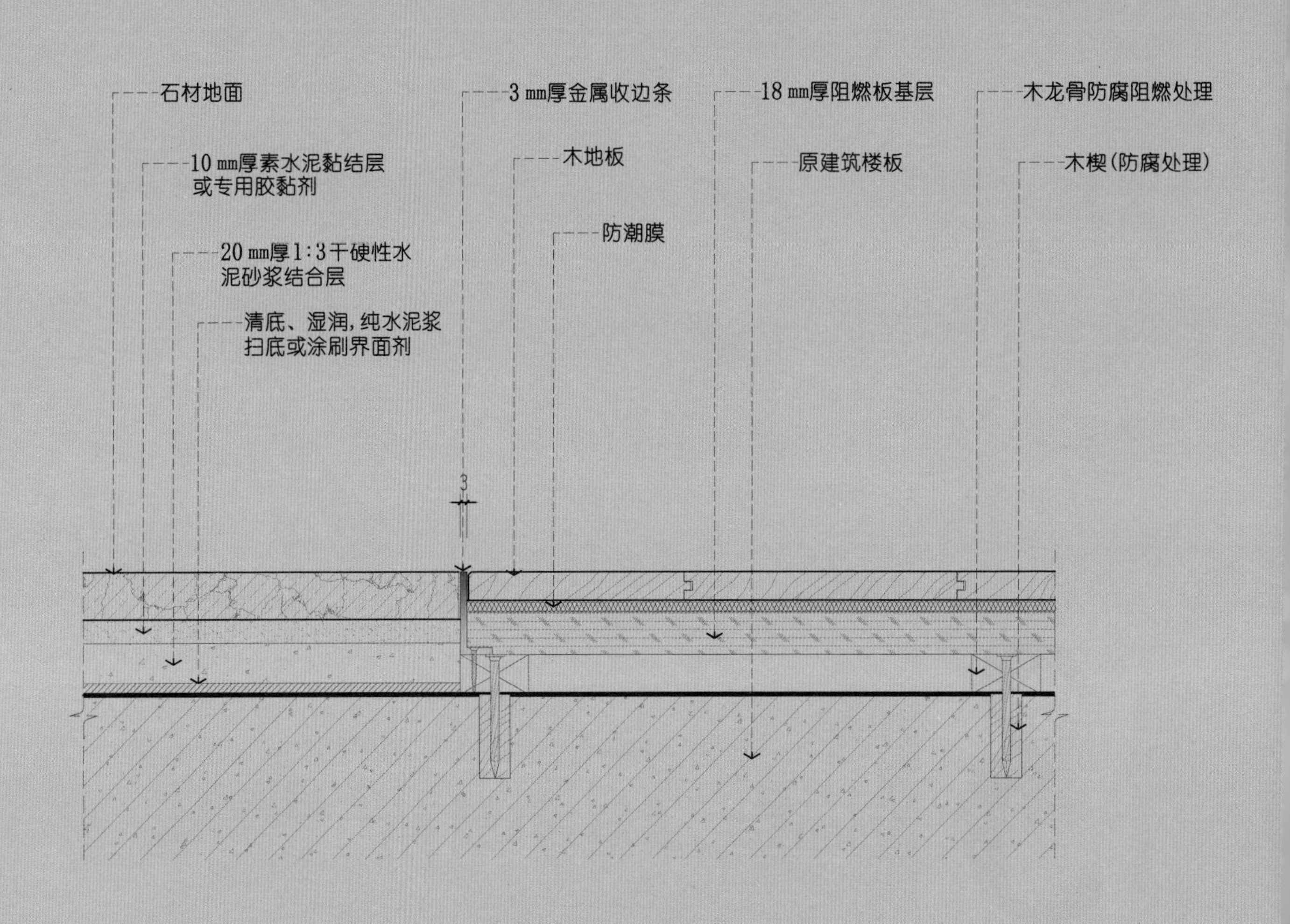
石材地面
10 mm厚素水泥黏结层
或专用胶黏剂
20 mm厚1:3干硬性水
泥砂浆结合层
清底、湿润，纯水泥浆
扫底或涂刷界面剂
3 mm厚金属收边条
木地板
防潮膜
18 mm厚阻燃板基层
原建筑楼板
木龙骨防腐阻燃处理
木楔(防腐处理)
3

石材地坪与木地板交接收口节点图

比例 1 ： 3

3 墙身饰面篇

场景工艺展示 + 施工图节点绘制

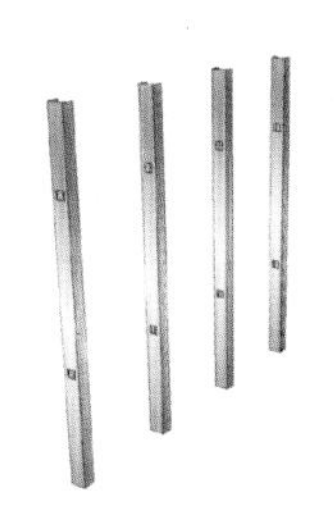

① 竖向龙骨安装，间距不大于 400 mm

② 穿心龙骨安装，间距不大于 1000 mm

③ 安装防火隔声岩棉（容重需符合设计要求）

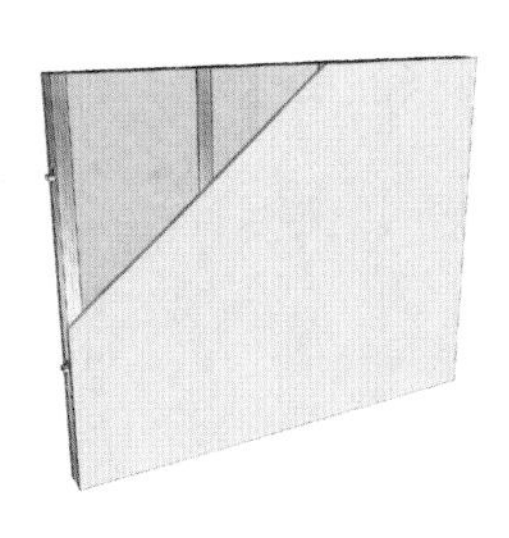

④ 单层 9.5 mm 厚纸面石膏板安装，石膏板长边沿纵向龙骨铺设

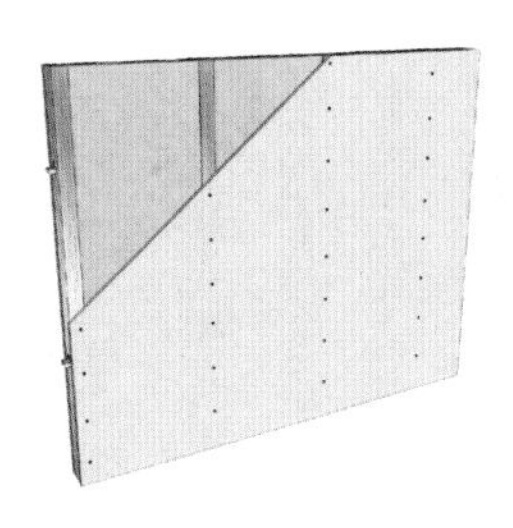

⑤ 自攻螺钉固定，双层石膏板隔墙的首层石膏板板边螺钉间距不大于 400 mm，板中螺钉间距不大于 600 mm（注：若为单层石膏板隔，则墙螺钉间距不同）

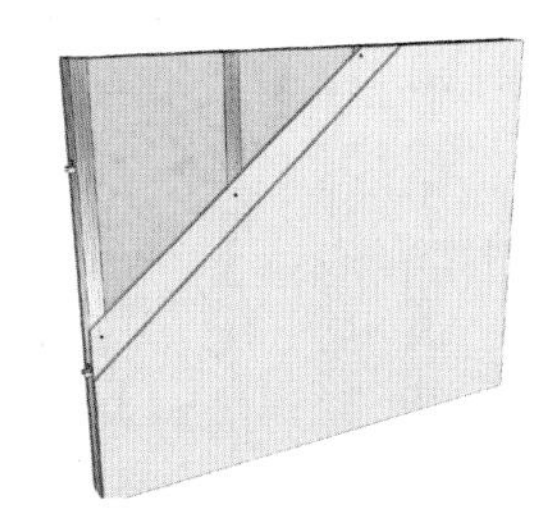

⑥ 双层 9.5 mm 厚纸面石膏板安装，面层板与基层板接缝需错开，接缝不得设置在同一根龙骨上

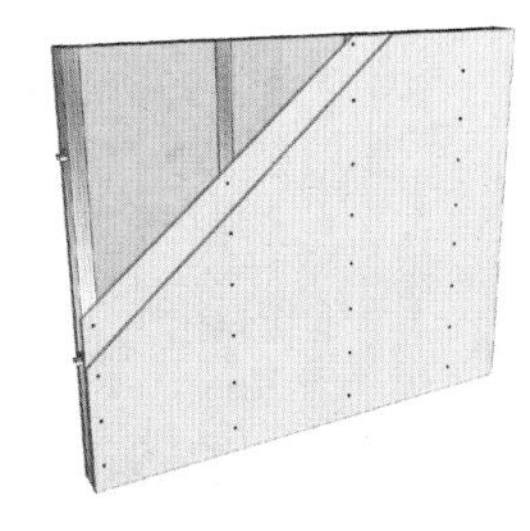

⑦ 自攻螺钉固定，板边螺钉间距不大于 200 mm，板中螺钉间距不大于 300 mm，与内层错开铺钉

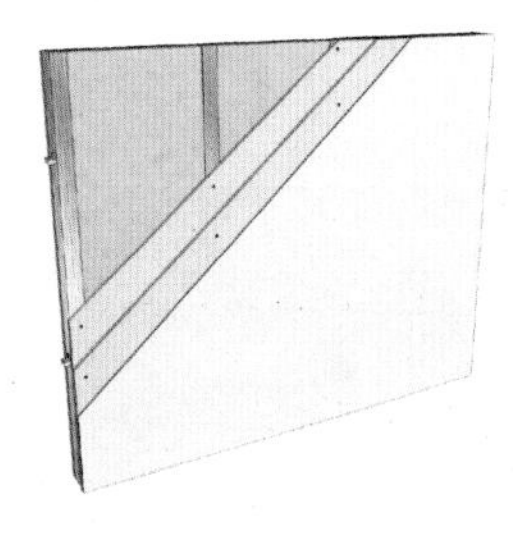

⑧ 石膏补缝、贴接缝网带，批嵌腻子 2 ～ 3 遍，打磨

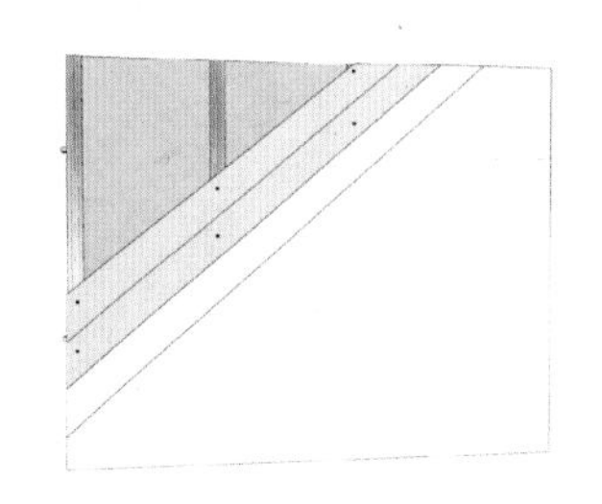

⑨ 涂刷乳胶漆 2 ～ 3 遍

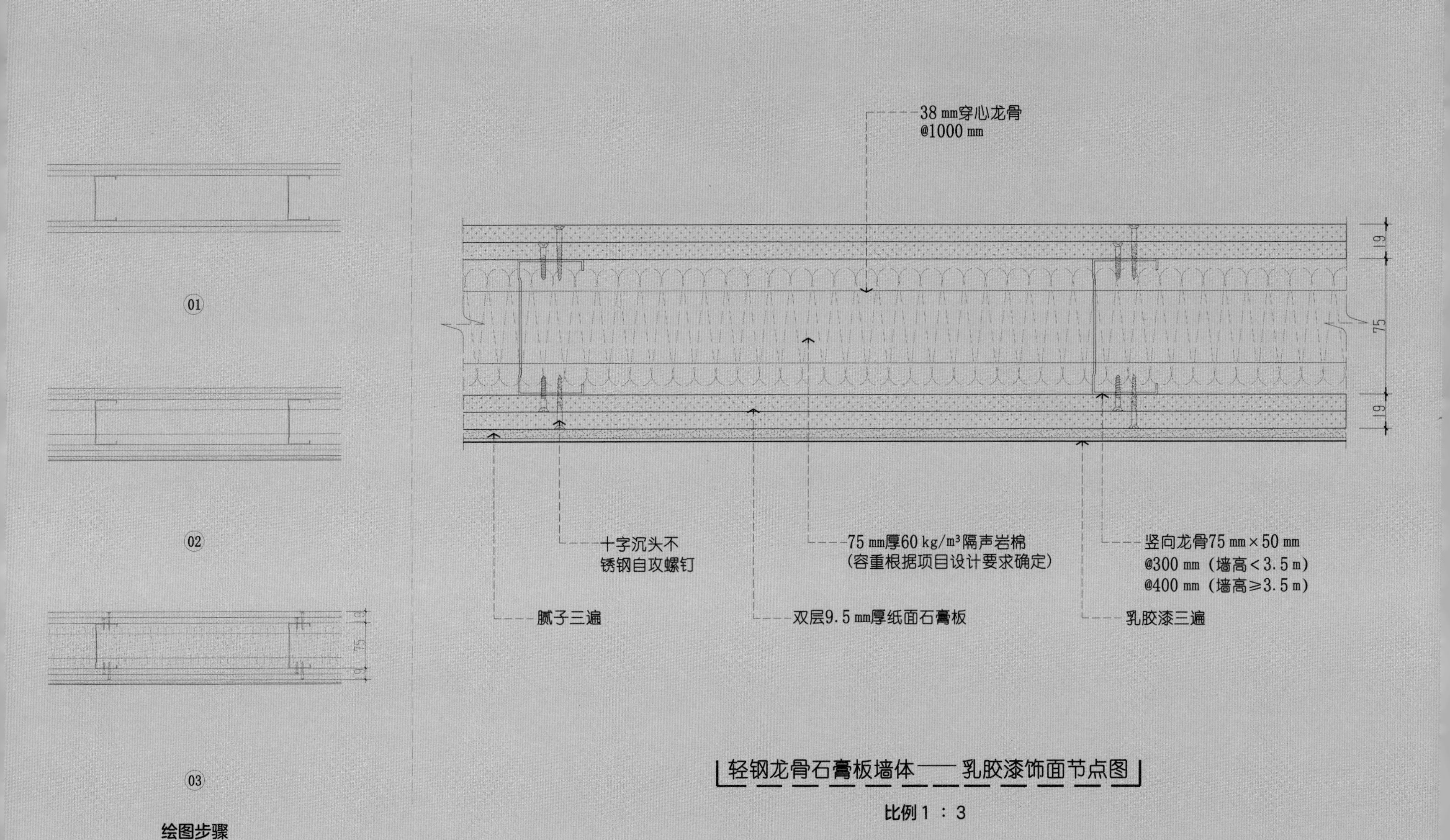

38 mm穿心龙骨
@1000 mm
19
75
19
01
02
03
十字沉头不
锈钢自攻螺钉
75 mm厚60 kg/m³隔声岩棉
(容重根据项目设计要求确定)
竖向龙骨75 mm×50 mm
@300 mm (墙高<3.5 m)
@400 mm (墙高≥3.5 m)
腻子三遍
双层9.5 mm厚纸面石膏板
乳胶漆三遍

绘图步骤

轻钢龙骨石膏板墙体——乳胶漆饰面节点图

比例1：3

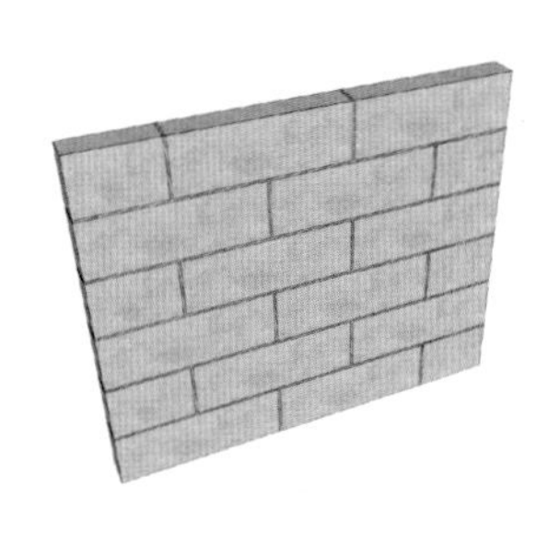
❶ 原有砌块墙体

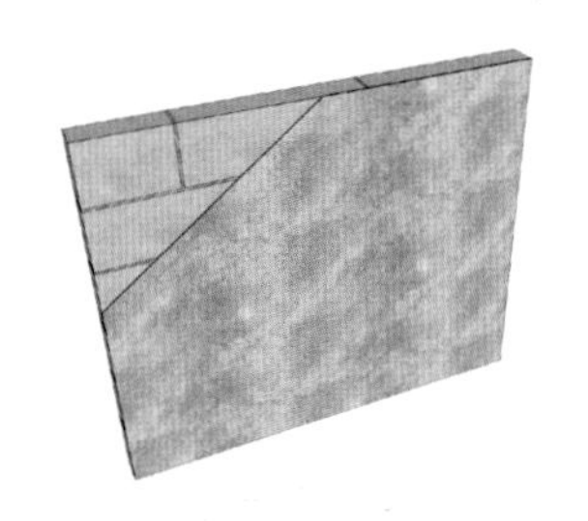
❷ 清理墙体，涂刷界面剂

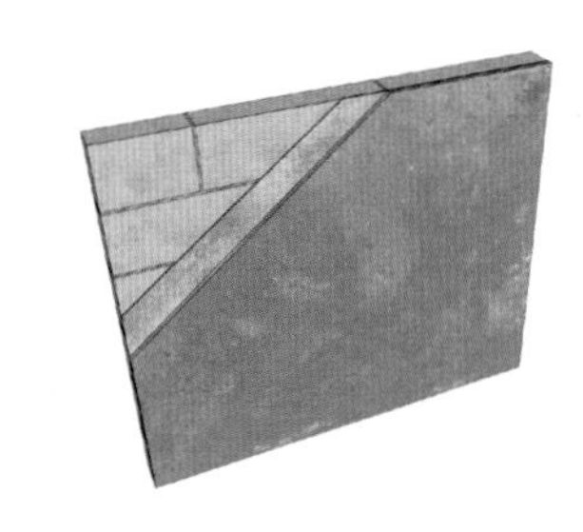
❸ 水泥砂浆粉刷找平层

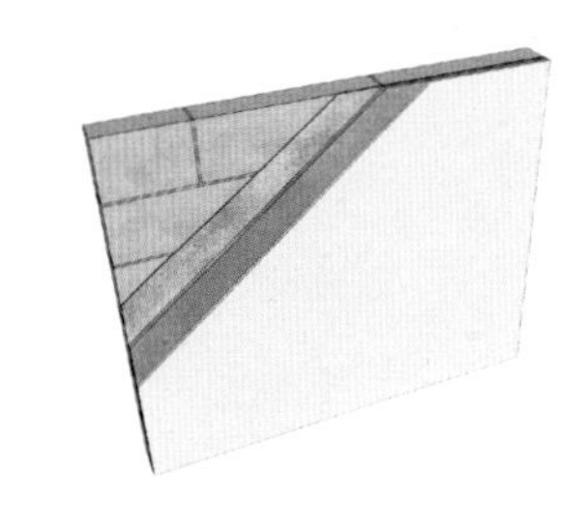
❹ 墙面批嵌腻子 2 ~ 3 遍

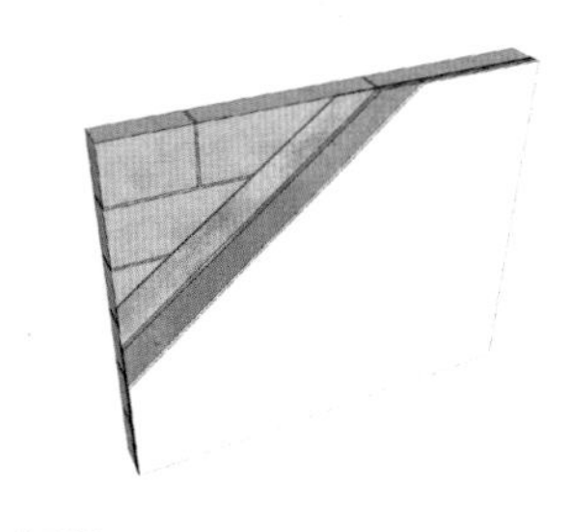
❺ 打磨

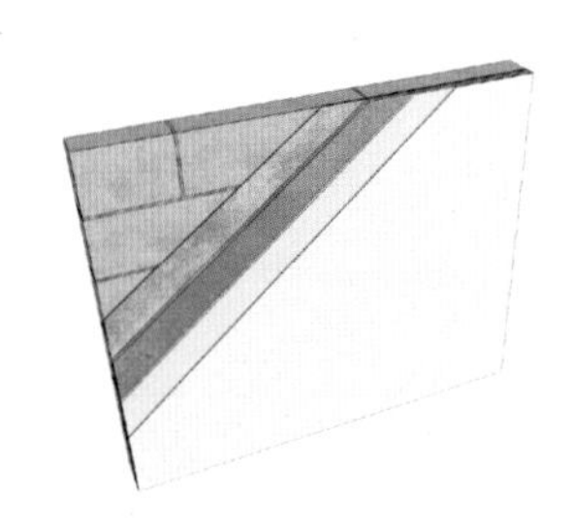
❻ 涂刷乳胶漆（底层）

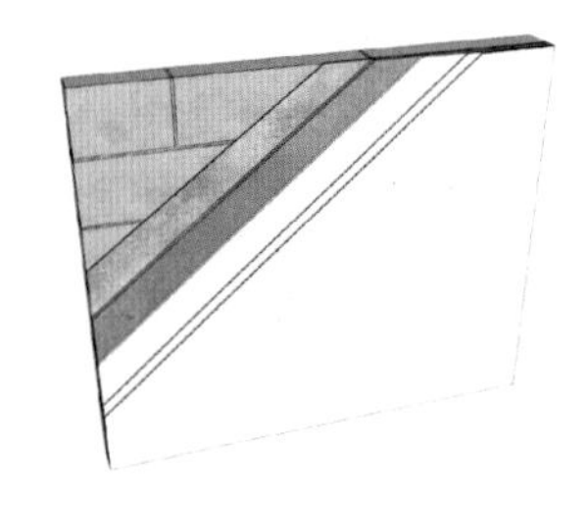
❼ 涂刷乳胶漆（面层）

01

02

03

绘图步骤

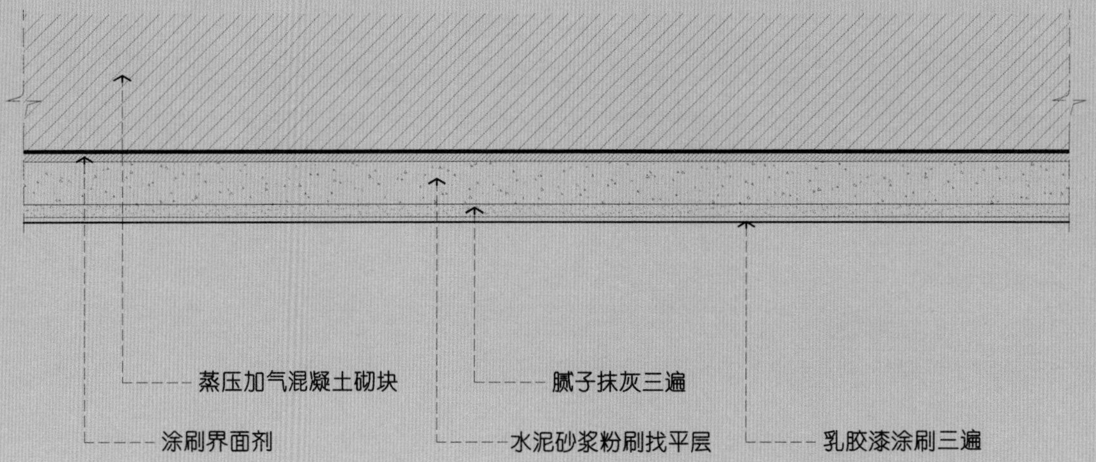

蒸压加气混凝土砌块

腻子抹灰三遍

涂刷界面剂

水泥砂浆粉刷找平层

乳胶漆涂刷三遍

混凝土及砌块墙体——乳胶漆饰面节点图

比例 1 ： 3

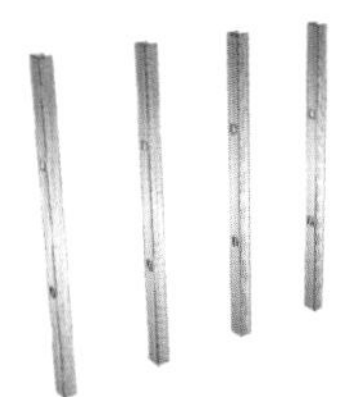

① 沿顶、地轻钢龙骨安装，竖向龙骨安装（间距不大于 400 mm）

② 穿心龙骨安装，间距不大于 1000 mm

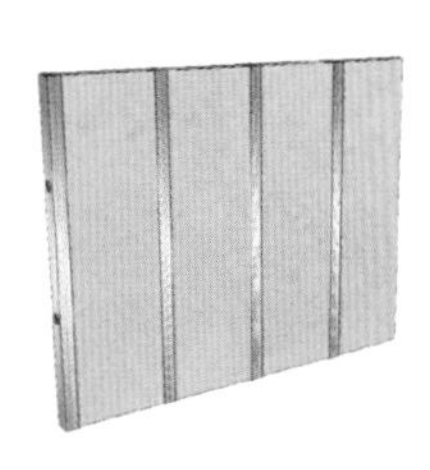

③ 安装防火隔声岩棉（容重需符合设计要求）

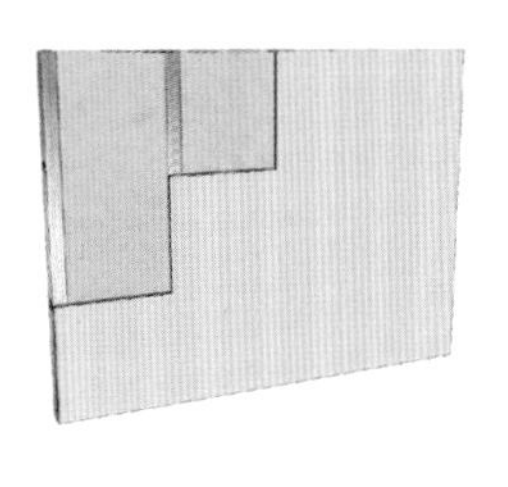

④ 12 mm 厚阻燃夹板基层铺设

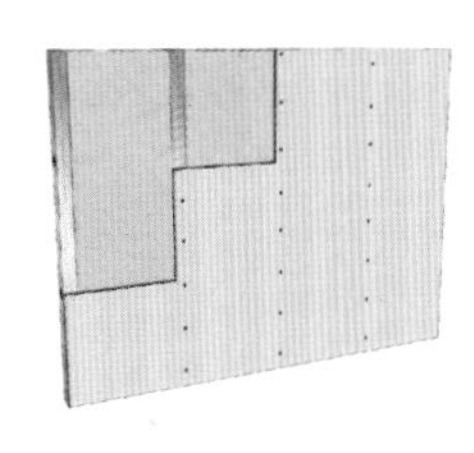

⑤ 自攻螺钉固定

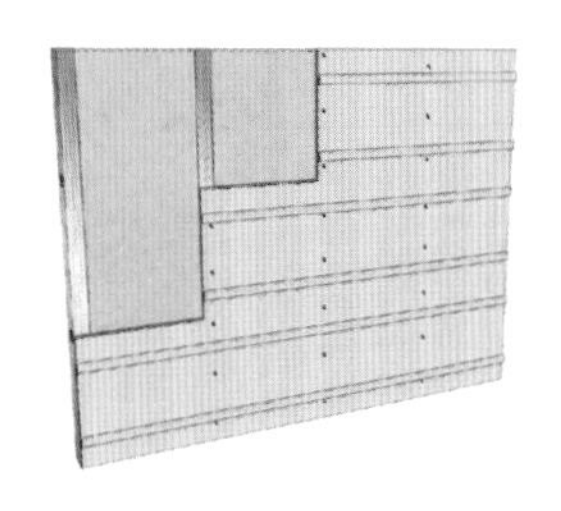

⑥ 木挂件阻燃处理，自攻螺钉固定

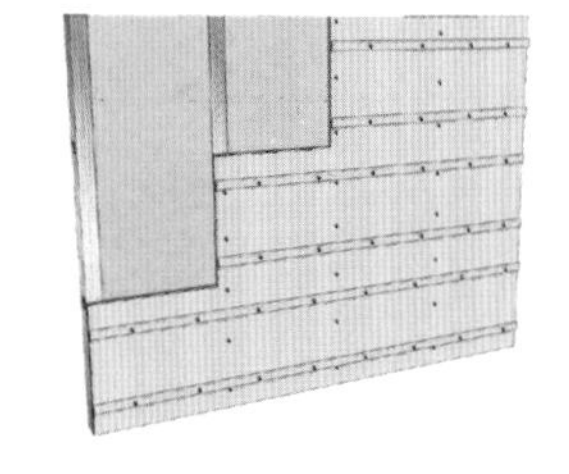

⑦ 12 mm 厚密度板基层铺设

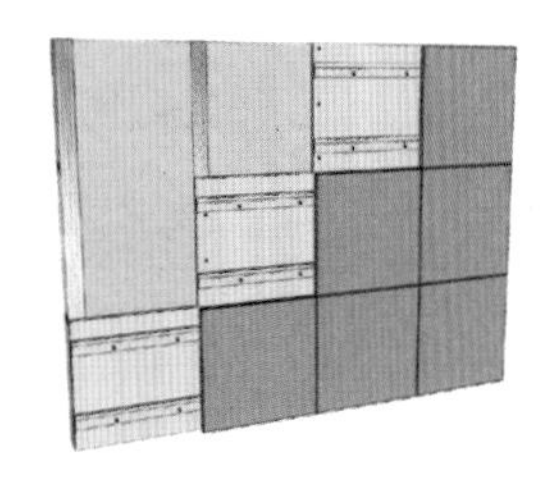

⑧ 布艺硬包饰面

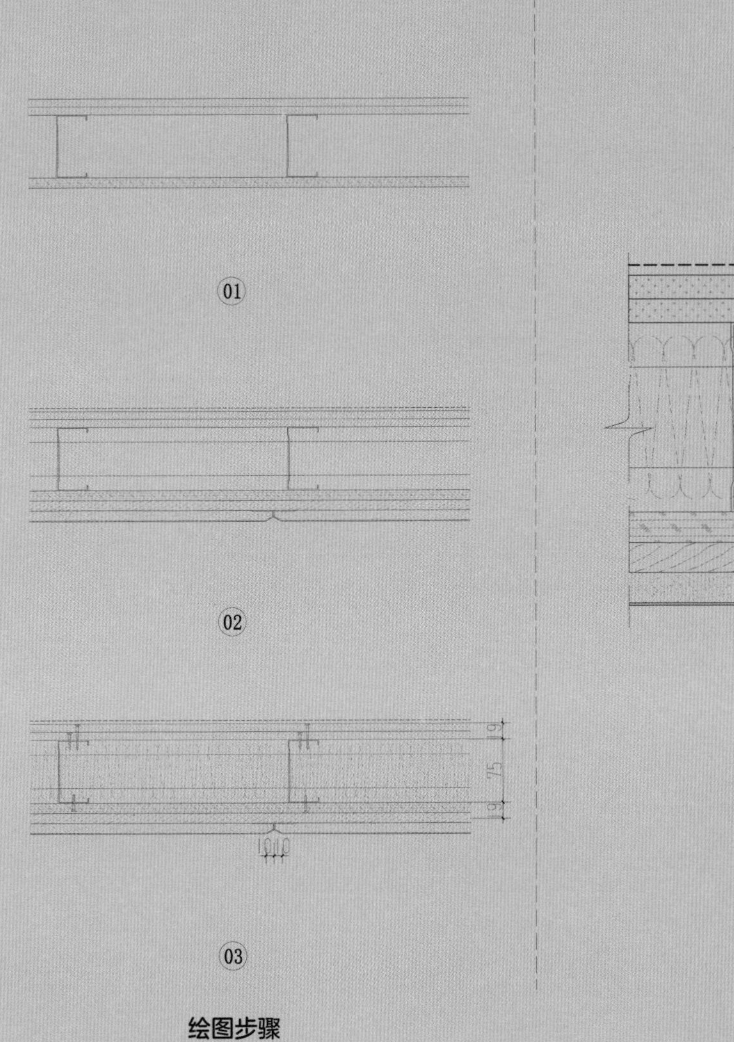
01
02
19
75
19
10 10
03

绘图步骤

墙体完成面

75 mm厚60 kg/m³隔声岩棉
(容重根据项目设计要求确定)

竖向龙骨75 mm×50 mm
@300 mm（墙高<3.5 m）
@400 mm（墙高≥3.5 m）

19
75
12
12
12
10 10

12 mm厚阻燃夹板

38 mm穿心龙骨
@1000 mm

布艺硬包

十字沉头不锈钢自攻螺钉

木挂件阻燃处理

12 mm厚密度板

轻钢龙骨墙体——硬包饰面干挂节点图

比例1 ：3

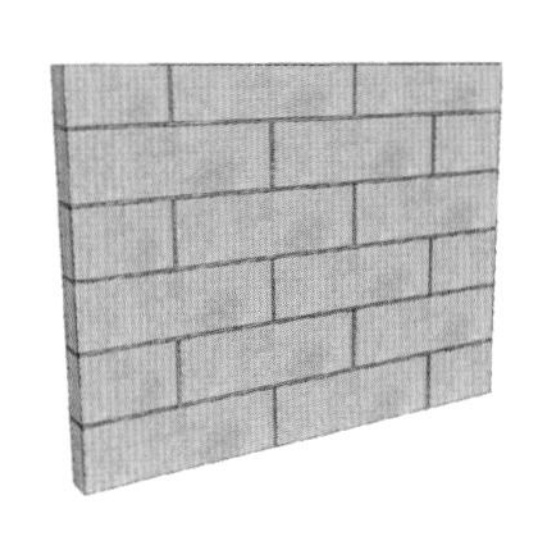

① 蒸压加气混凝土砌块墙体

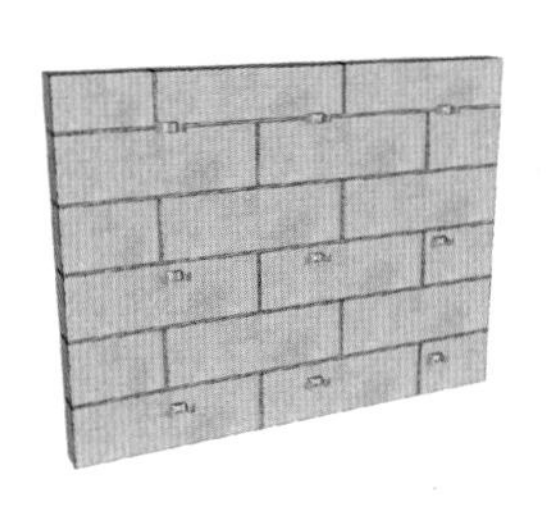

② 龙骨支撑固定卡件

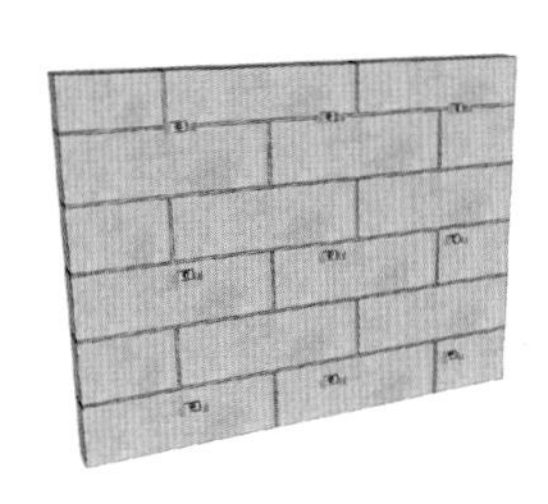

③ 塑料紧固件（膨胀管）、自攻螺钉固定

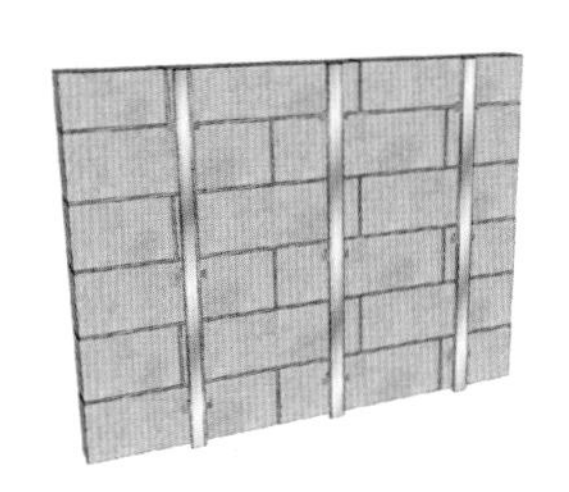

④ 50 mm 竖向龙骨间距 400 mm，自攻螺钉固定

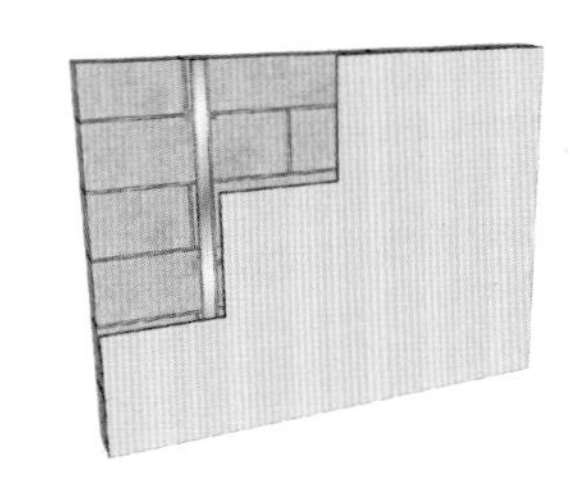

⑤ 12 mm 厚阻燃夹板基层铺设

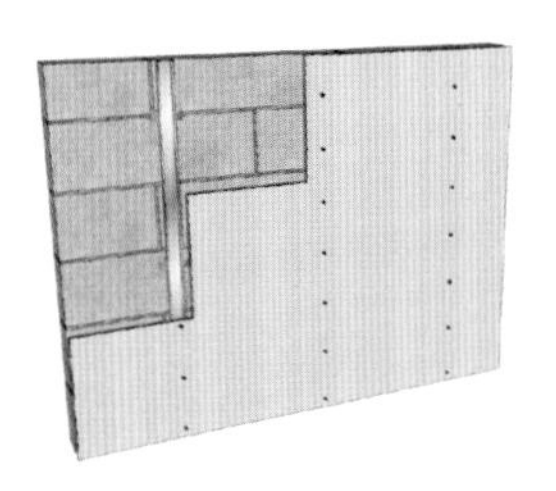

⑥ 自攻螺钉固定

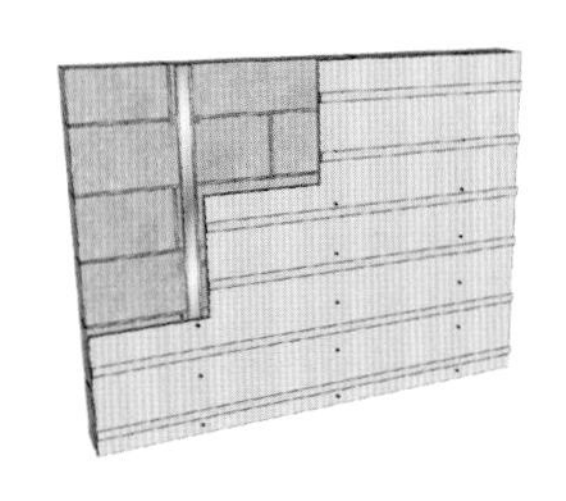

⑦ 木挂件阻燃处理

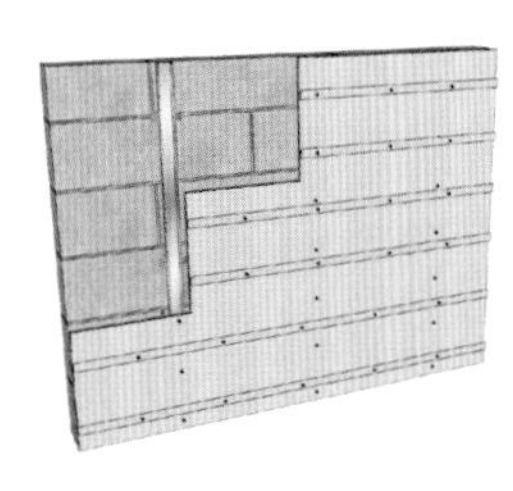

⑧ 自攻螺钉固定

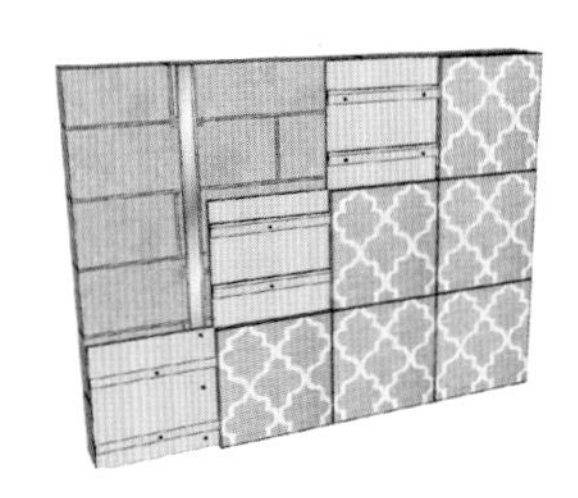

⑨ 12 mm 厚密度板基层铺设，布艺硬包饰面

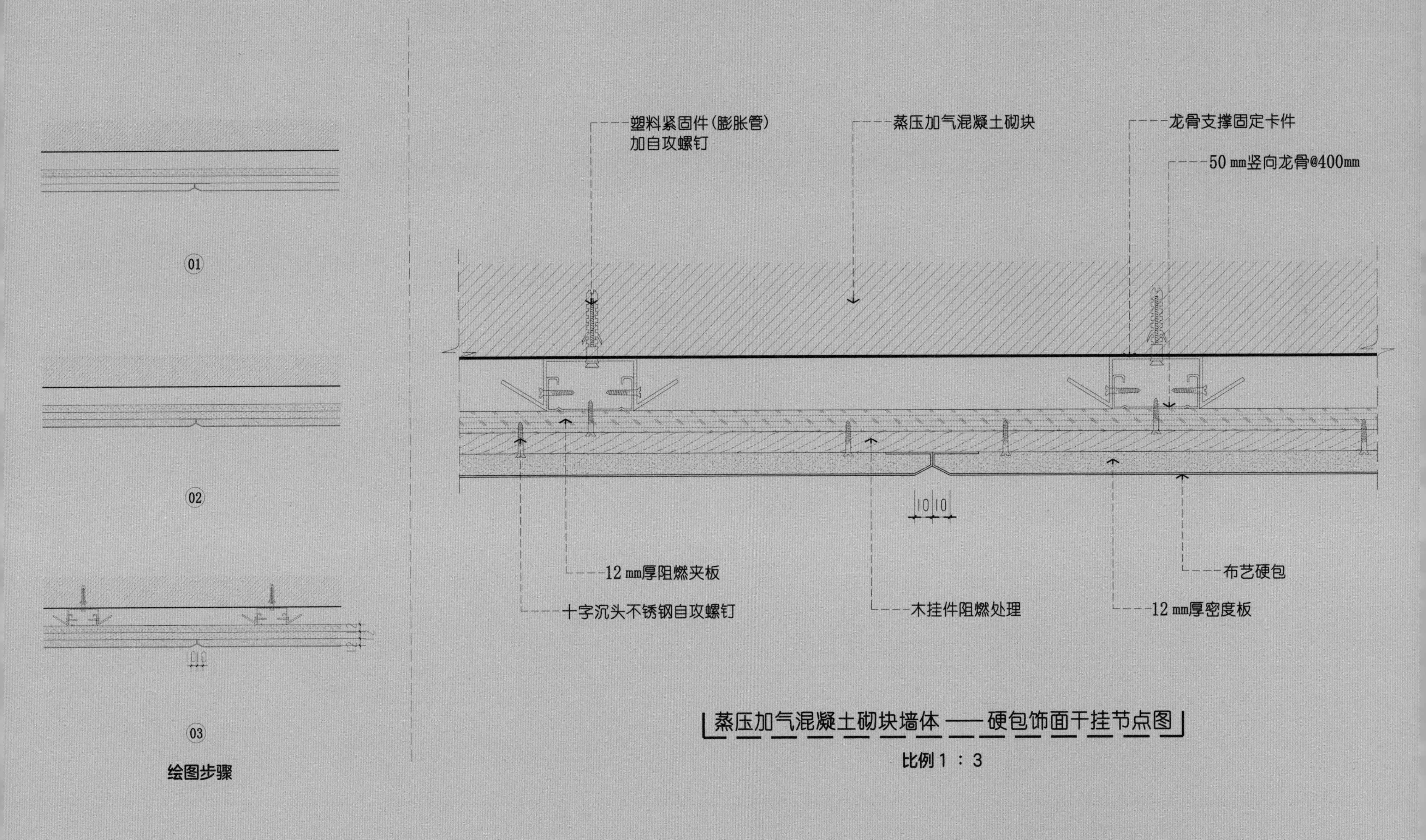

01
02
03
绘图步骤
塑料紧固件(膨胀管)
加自攻螺钉
蒸压加气混凝土砌块
龙骨支撑固定卡件
50 mm竖向龙骨@400mm
10
10
12 mm厚阻燃夹板
十字沉头不锈钢自攻螺钉
木挂件阻燃处理
12 mm厚密度板
布艺硬包

蒸压加气混凝土砌块墙体 —— 硬包饰面干挂节点图

比例 1 ： 3

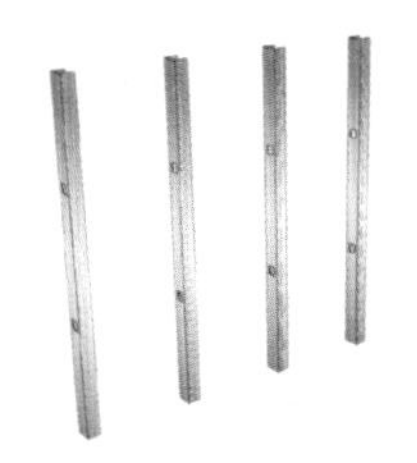

① 沿顶、地轻钢龙骨安装，竖向龙骨安装（间距不大于 400 mm）

② 穿心龙骨安装，间距不大于 1000 mm

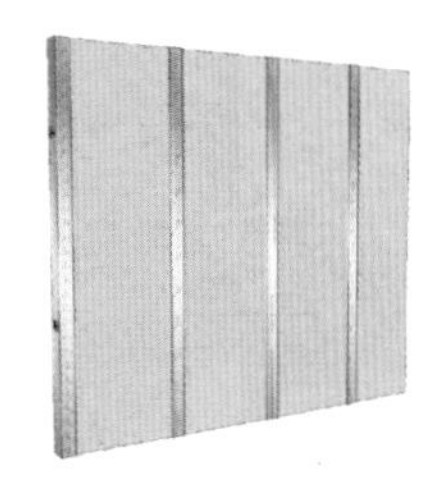

③ 安装防火隔声岩棉（容重需符合设计要求）

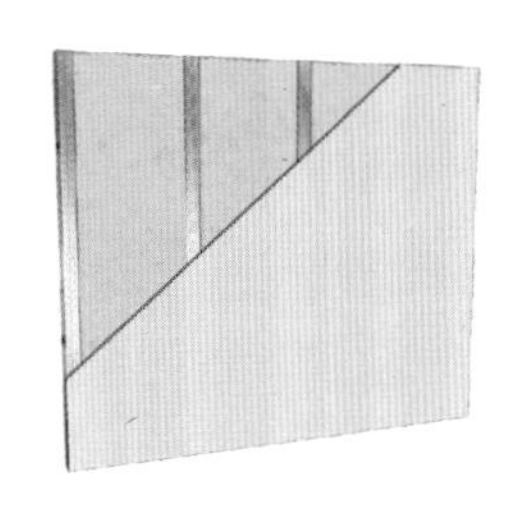

④ 12 mm 厚阻燃夹板基层铺设

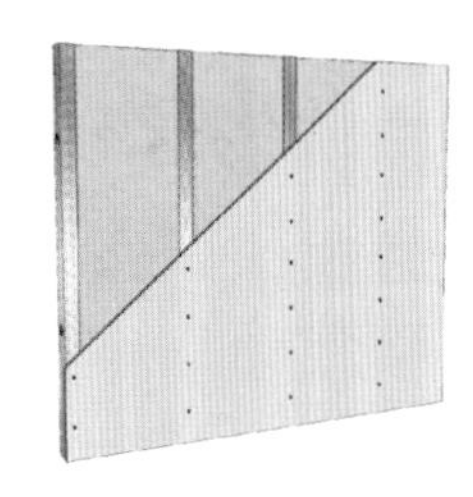

⑤ 自攻螺钉固定

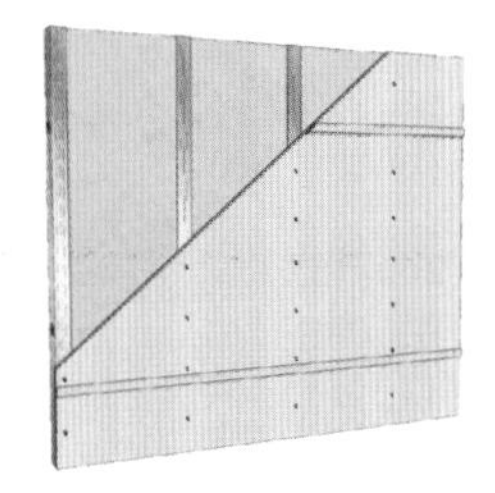

⑥ 木挂件阻燃处理

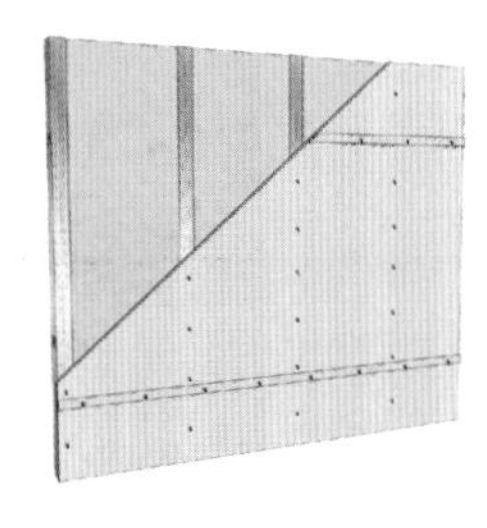

⑦ 自攻螺钉固定

⑧ 干挂木饰面

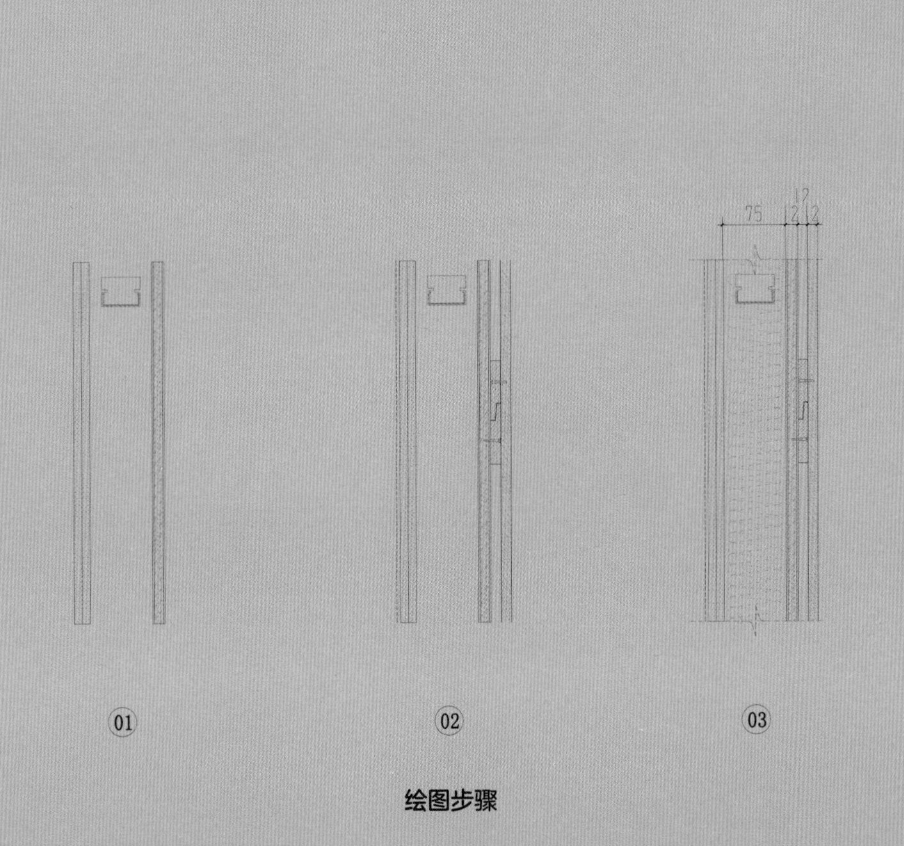
75
01
02
03

绘图步骤

75 12 12 12

成品免漆木饰面

38 mm穿心龙骨
@1000 mm

竖向龙骨75 mm × 50 mm
@300 mm（墙高 < 3.5 m）
@400 mm（墙高 ≥ 3.5 m）

木挂条阻燃处理

木挂条阻燃处理

12 mm厚阻燃夹板

75 mm厚60 kg/m³隔声岩棉
（容重根据项目设计要求确定）

轻钢龙骨墙体——木饰面干挂节点图

比例 1 ： 5

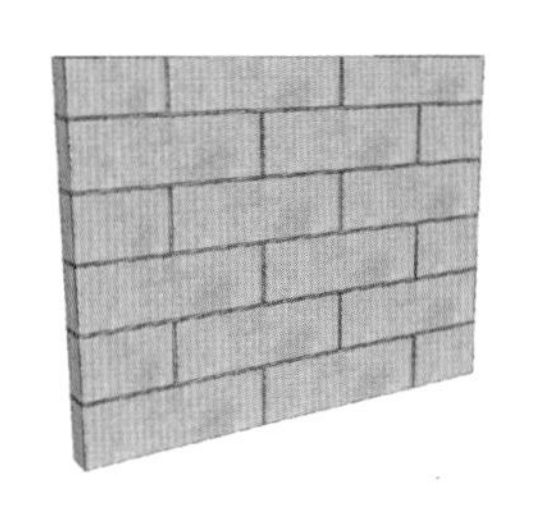

① 蒸压加气混凝土砌块墙体

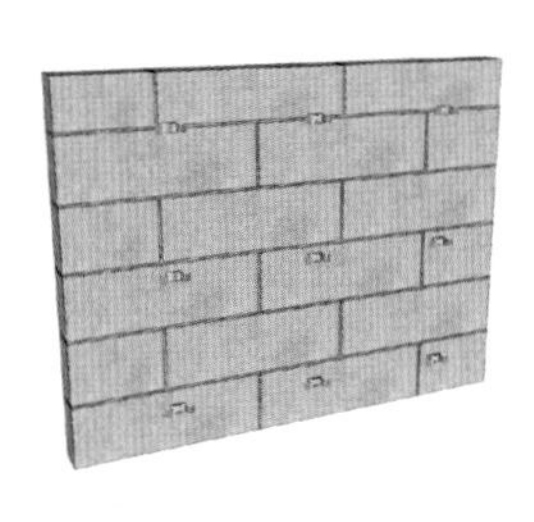

② 龙骨支撑固定卡件

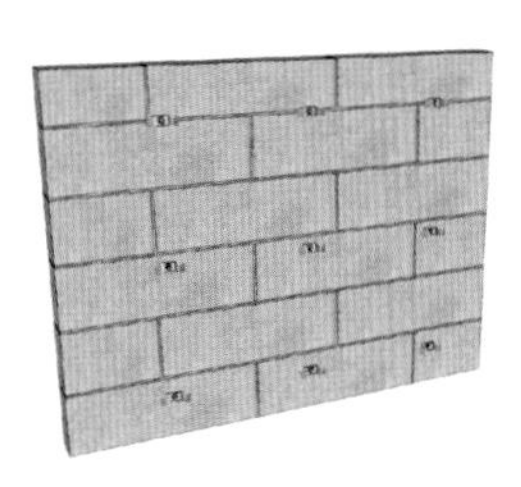

③ 塑料紧固件（膨胀管）、自攻螺钉固定

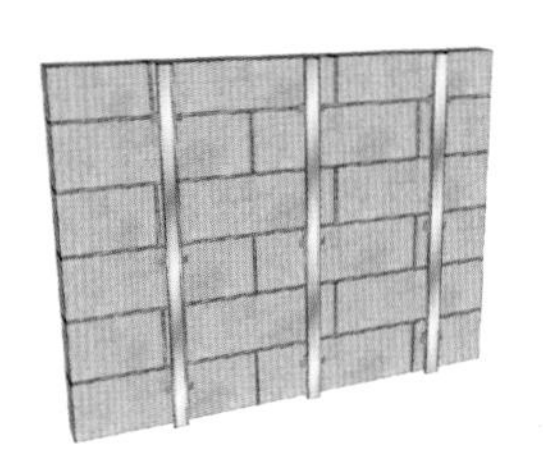

④ 50 mm 竖向龙骨间距 400 mm，自攻螺钉固定

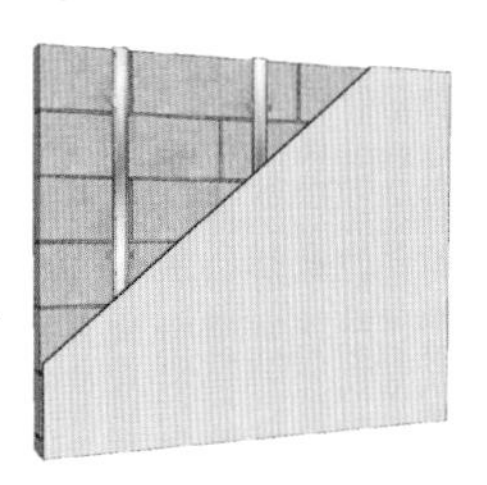

⑤ 12 mm 厚阻燃夹板基层铺设

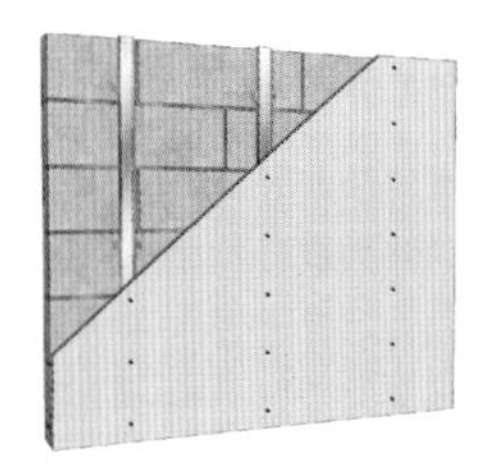

⑥ 自攻螺钉固定

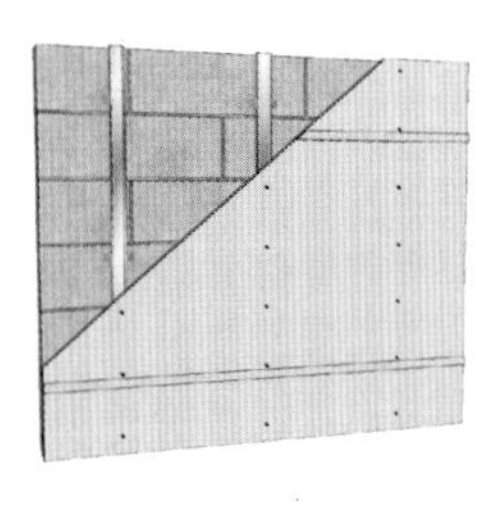

⑦ 木挂件阻燃处理

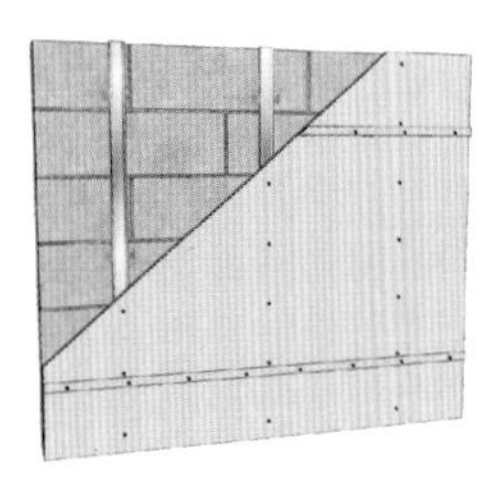

⑧ 自攻螺钉固定

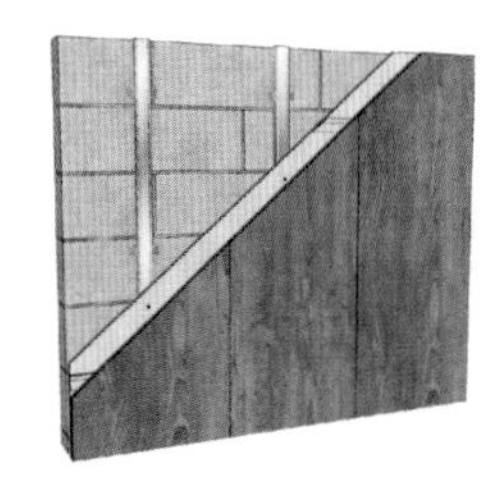

⑨ 干挂木饰面

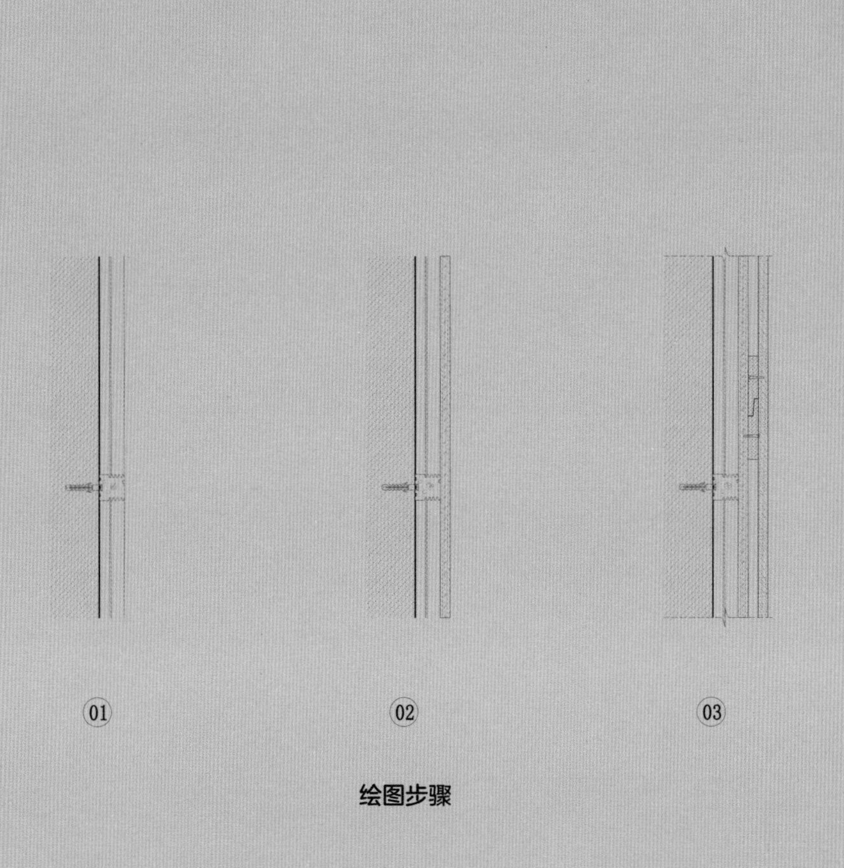
01
02
03

绘图步骤

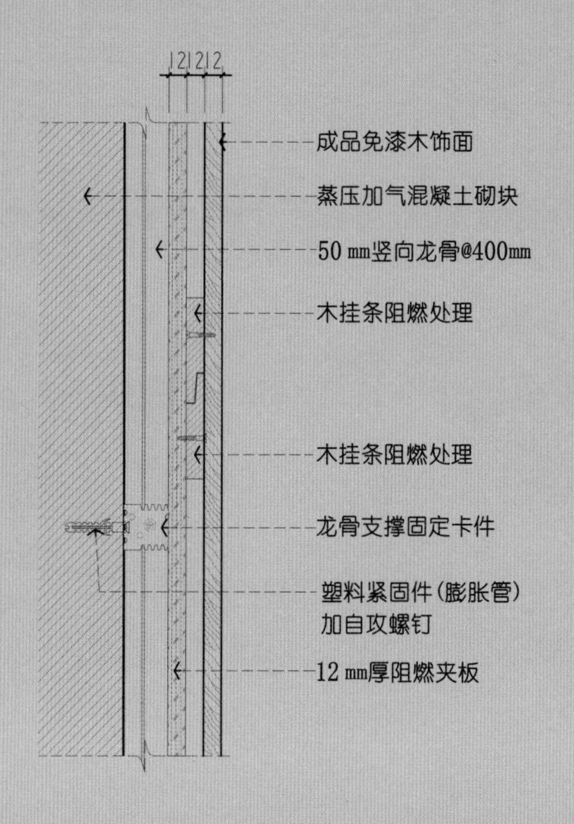
12
12
12
成品免漆木饰面
蒸压加气混凝土砌块
50 mm竖向龙骨@400mm
木挂条阻燃处理
木挂条阻燃处理
龙骨支撑固定卡件
塑料紧固件（膨胀管）
加自攻螺钉
12 mm厚阻燃夹板

蒸压加气混凝土砌块墙体 —— 木饰面干挂节点图

比例 1 ： 5

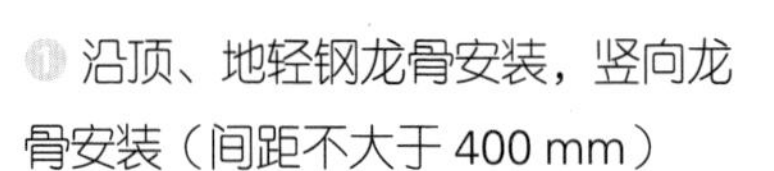

❶ 沿顶、地轻钢龙骨安装，竖向龙骨安装（间距不大于 400 mm）

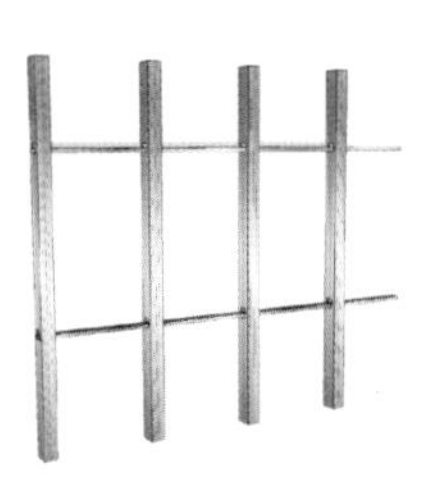

❷ 穿心龙骨安装，间距不大于 1000 mm

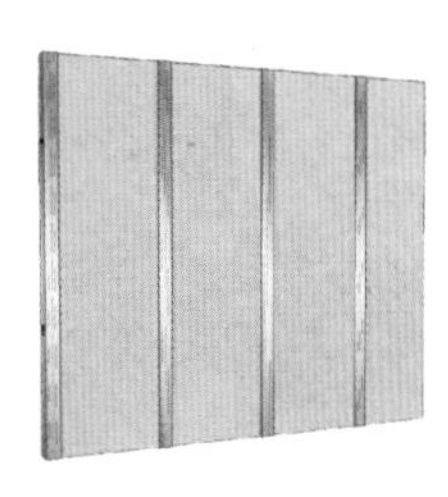

❸ 安装防火隔声岩棉（容重需符合设计要求）

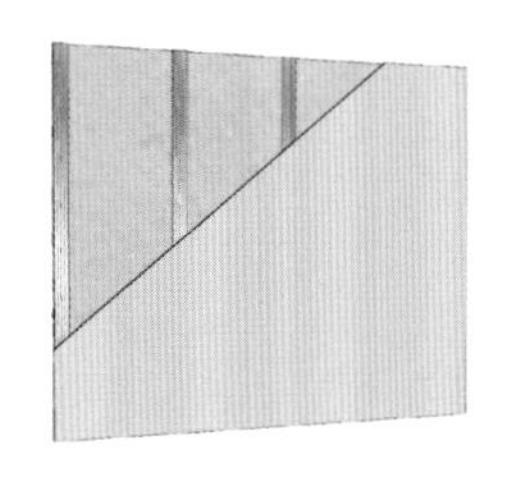

❹ 12 mm 厚阻燃夹板基层铺设

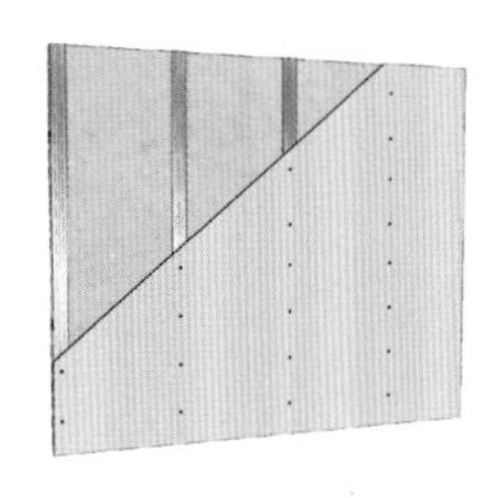

❺ 自攻螺钉固定

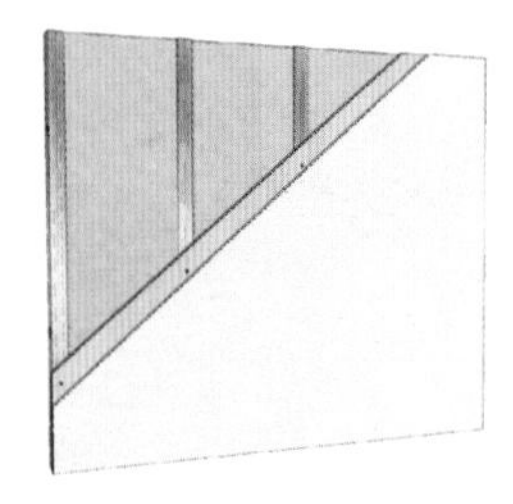

❻ 专用胶黏剂

❼ 木饰面粘贴固定

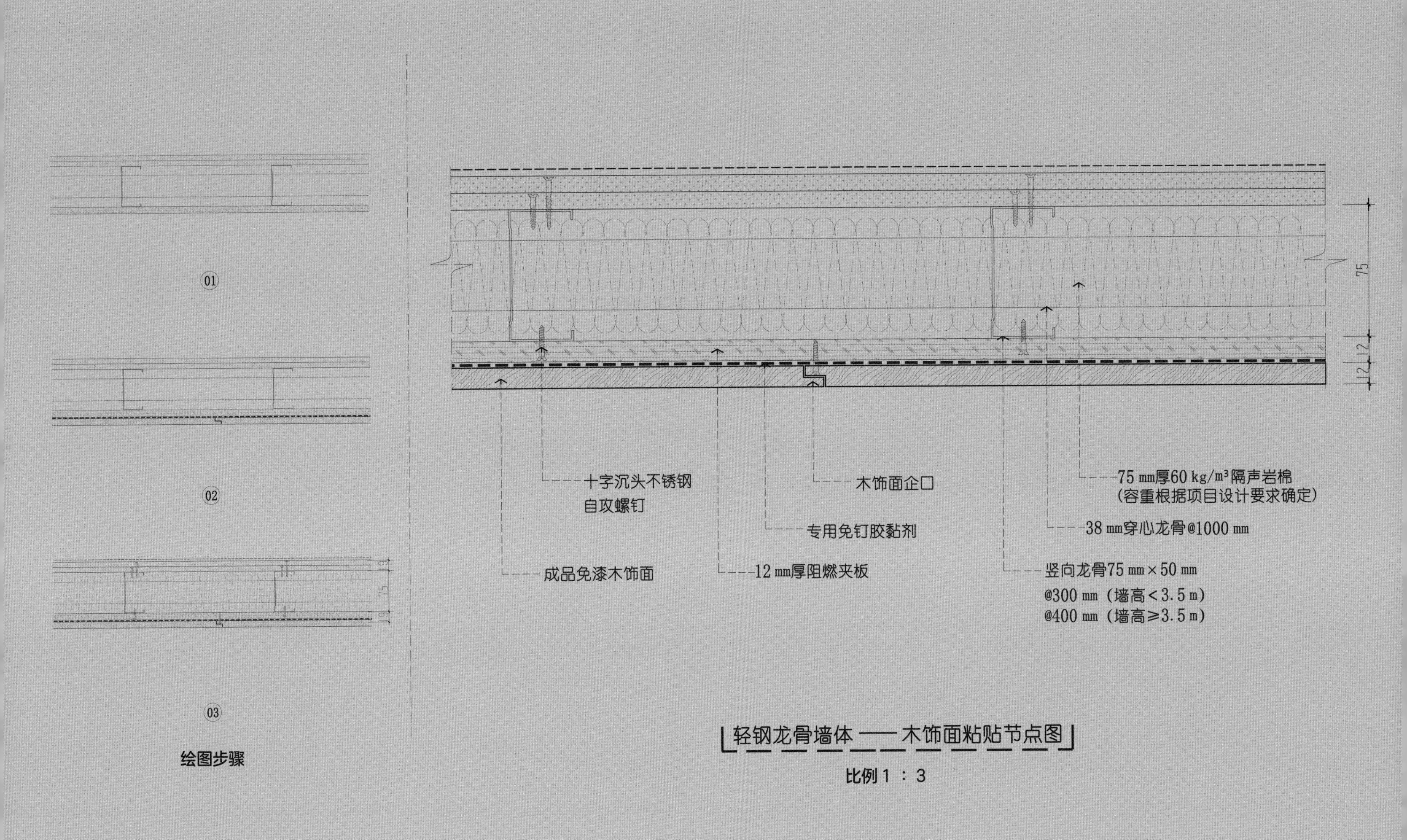
01
02
19
75
19
03
绘图步骤
75
12
12
十字沉头不锈钢
自攻螺钉
木饰面企口
75 mm厚60 kg/m³隔声岩棉
(容重根据项目设计要求确定)
专用免钉胶黏剂
38 mm穿心龙骨@1000 mm
成品免漆木饰面
12 mm厚阻燃夹板
竖向龙骨75 mm×50 mm
@300 mm (墙高<3.5 m)
@400 mm (墙高≥3.5 m)
轻钢龙骨墙体 —— 木饰面粘贴节点图
比例1 : 3

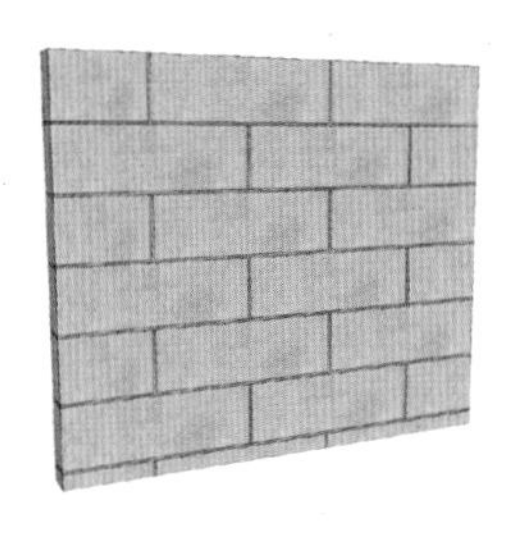

① 蒸压加气混凝土砌块墙体

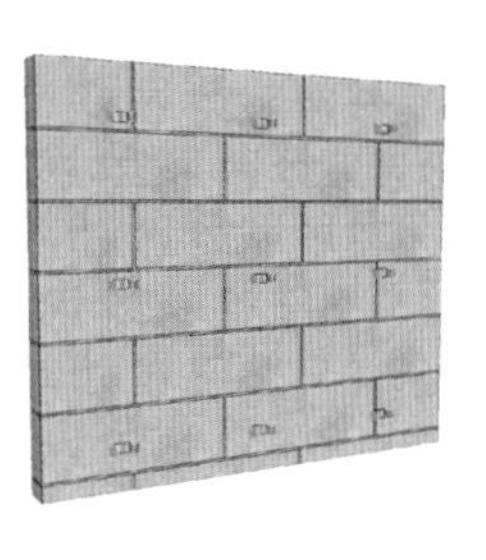

② 龙骨支撑固定卡件

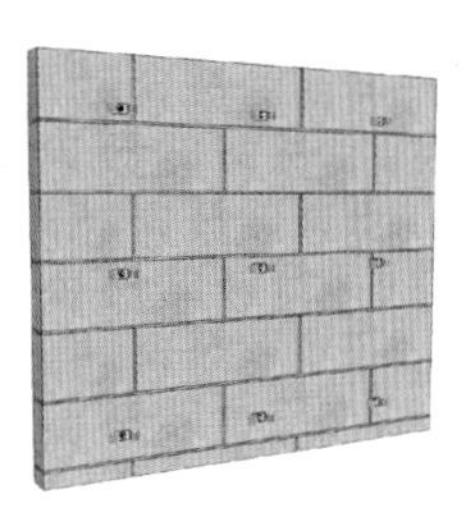

③ 塑料紧固件（膨胀管）、自攻螺钉固定

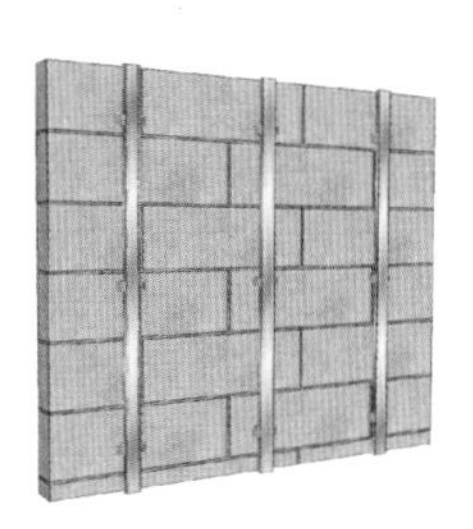

④ 50 mm 竖向龙骨间距 400 mm，自攻螺钉固定

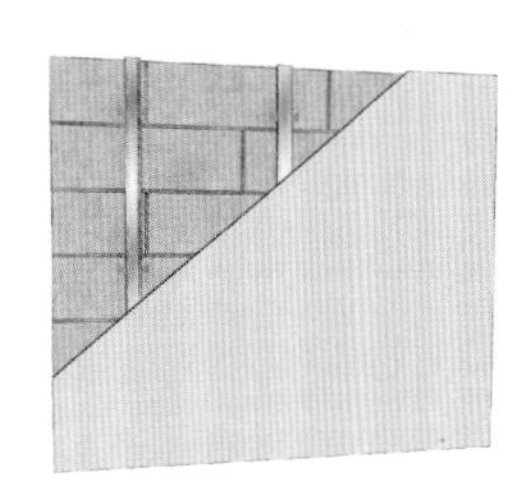

⑤ 12 mm 厚阻燃夹板基层铺设

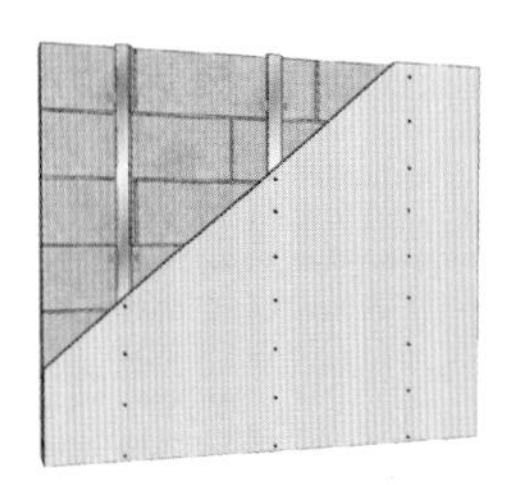

⑥ 自攻螺钉固定

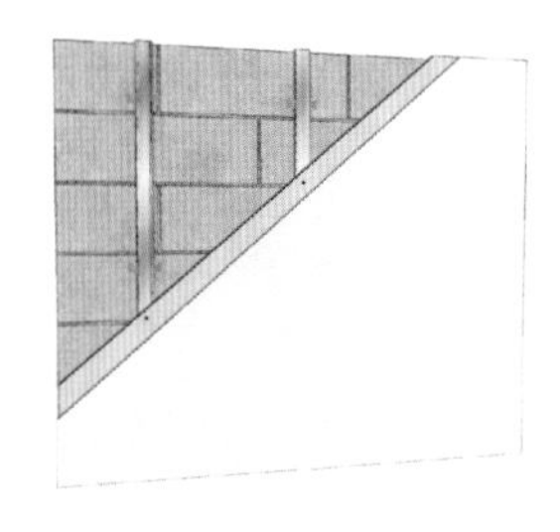

⑦ 专用胶黏剂涂刷

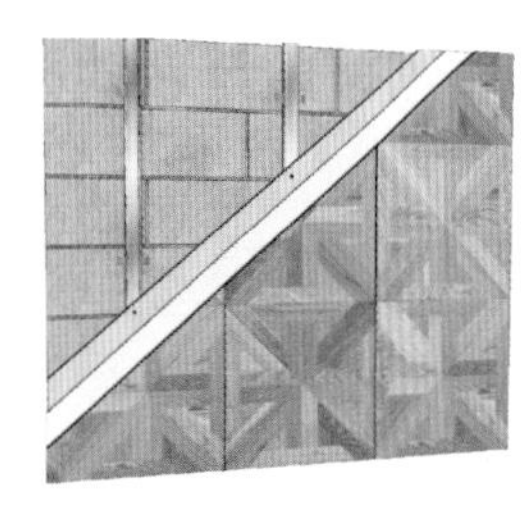

⑧ 木饰面粘贴固定

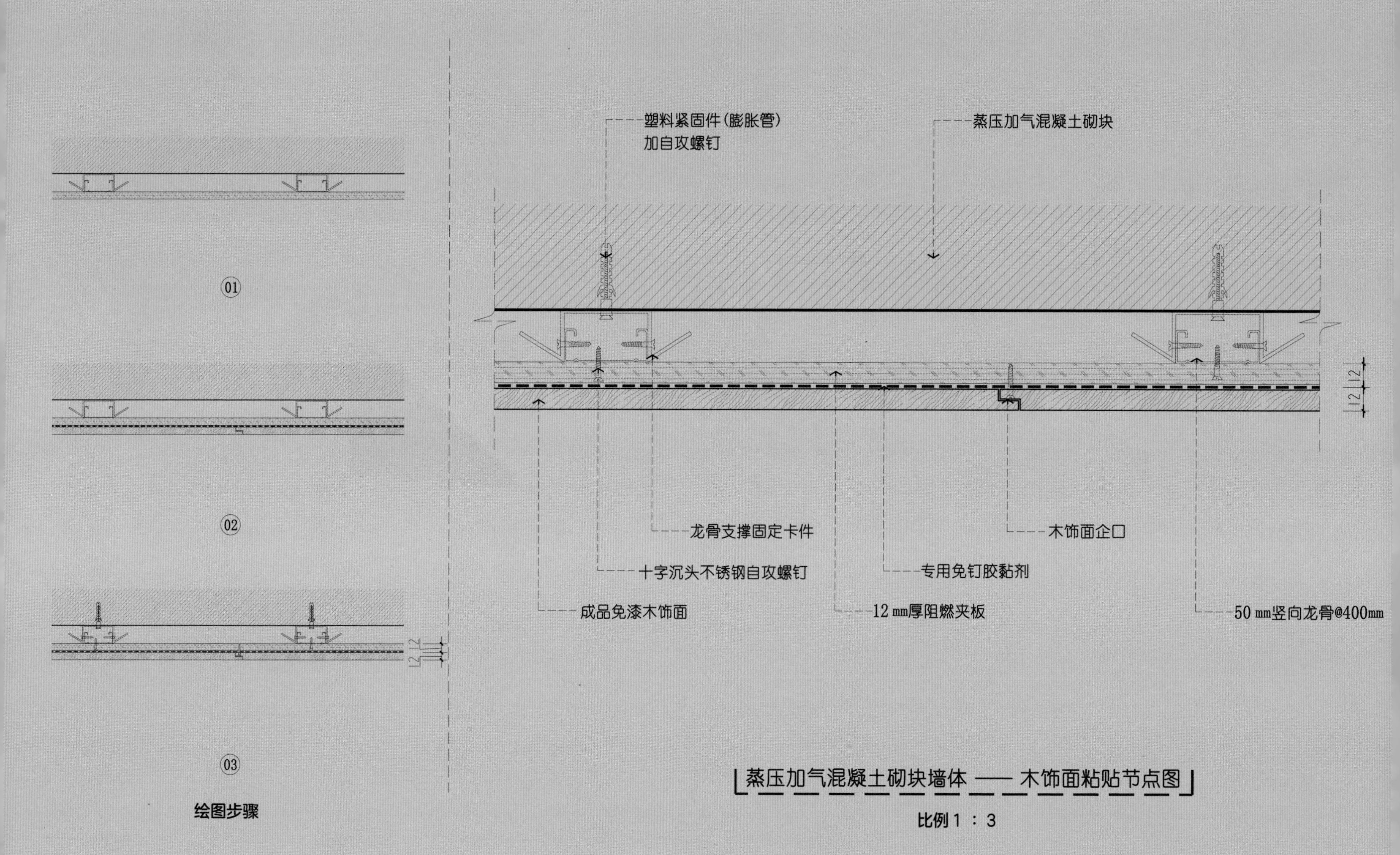

塑料紧固件(膨胀管)
加自攻螺钉
蒸压加气混凝土砌块
01
02
03
12
12
龙骨支撑固定卡件
木饰面企口
十字沉头不锈钢自攻螺钉
专用免钉胶黏剂
成品免漆木饰面
12 mm厚阻燃夹板
50 mm竖向龙骨@400mm

绘图步骤

蒸压加气混凝土砌块墙体 —— 木饰面粘贴节点图

比例 1 ：3

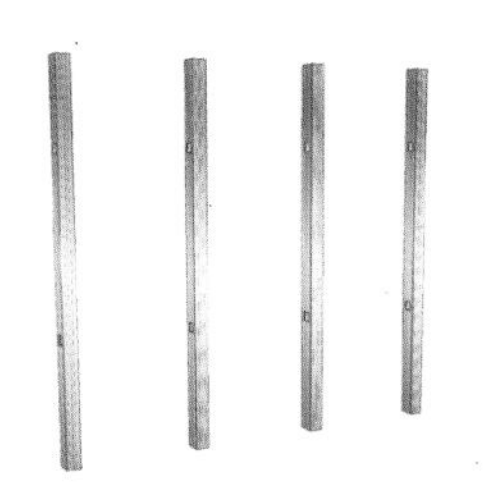

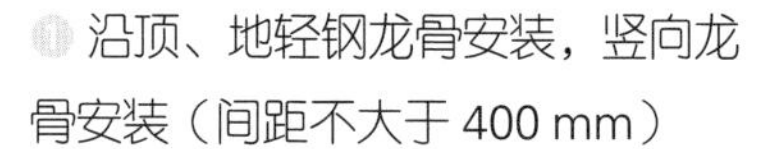

① 沿顶、地轻钢龙骨安装，竖向龙骨安装（间距不大于 400 mm）

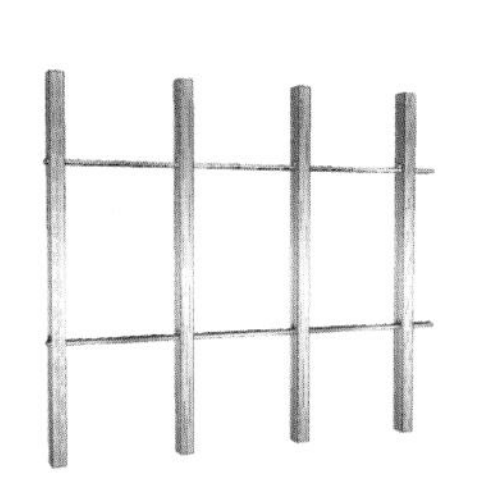

② 穿心龙骨安装，间距不大于 1000 mm

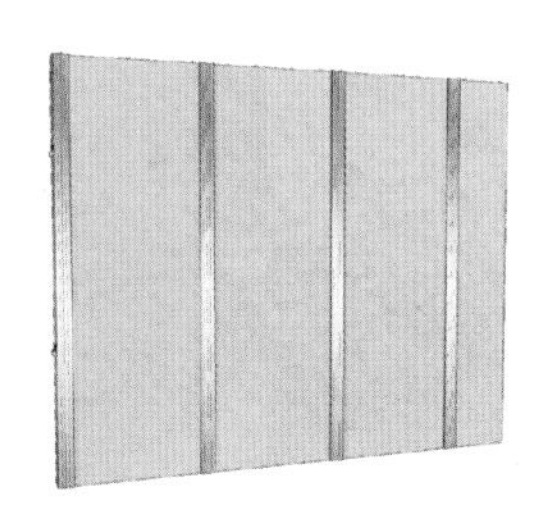

③ 安装防火隔声岩棉（容重需符合设计要求）

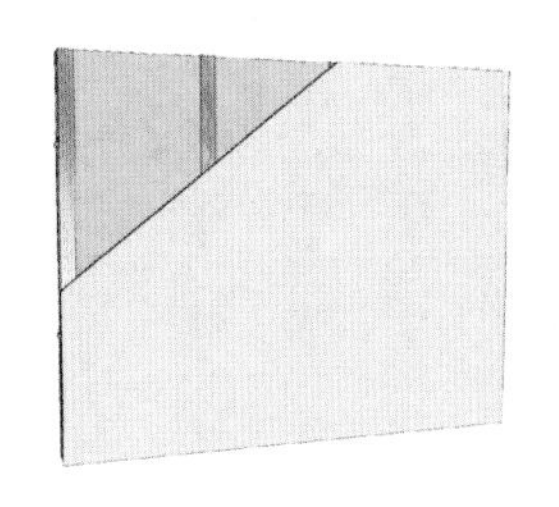

④ 单层 9.5 mm 厚纸面石膏板安装，石膏板长边沿纵向龙骨铺设

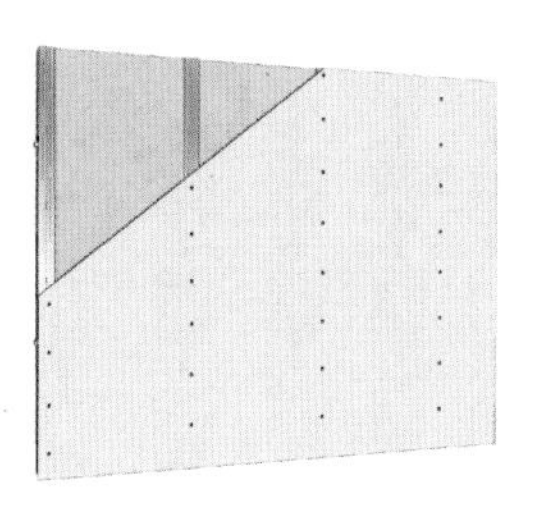

⑤ 自攻螺钉固定，双层石膏板隔墙的首层石膏板板边螺钉间距不大于 400 mm，板中螺钉间距不大于 600 mm（注：若为单层石膏板隔墙，螺钉间距则不同）

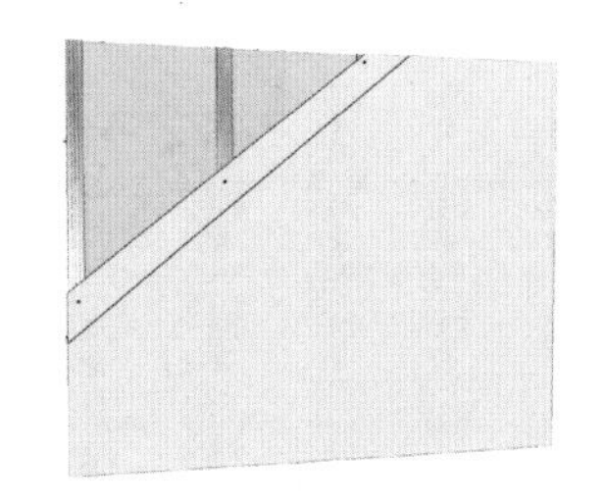

⑥ 双层 9.5 mm 厚纸面石膏板安装，面层板与基层板接缝需错开，接缝不得设置在同一根龙骨上

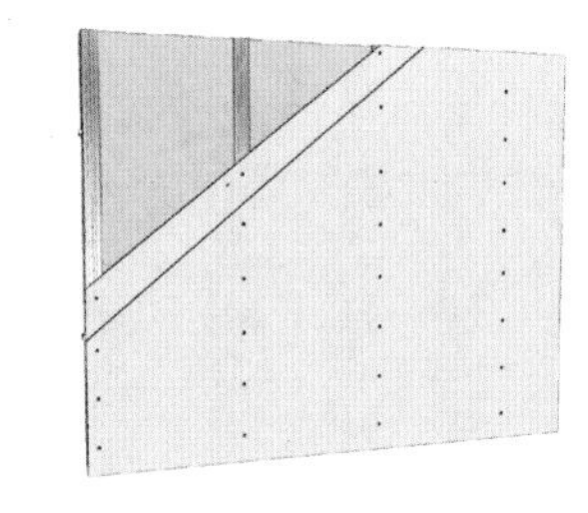

⑦ 自攻螺钉固定，板边螺钉间距不大于 200 mm，板中螺钉间距不大于 300 mm，与内层错开铺钉

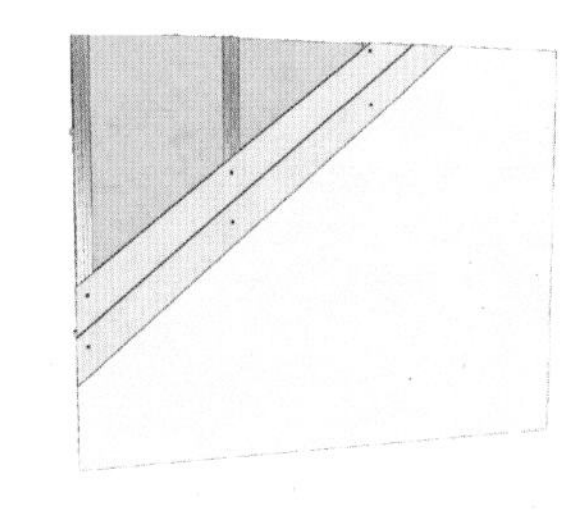

⑧ 石膏补缝、贴接缝网带，批嵌腻子、打磨、涂刷基膜

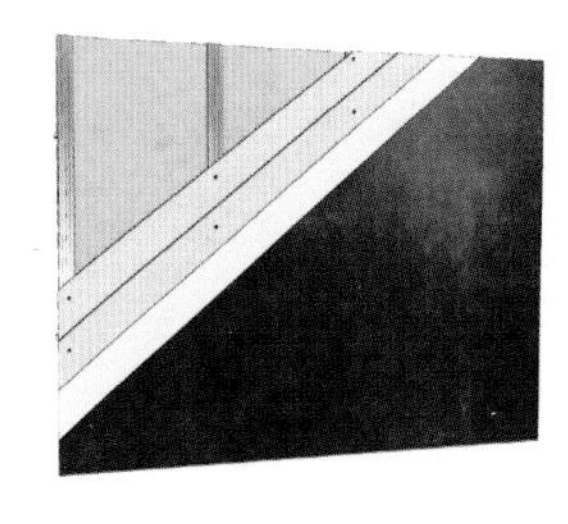

⑨ 粘贴壁纸饰面

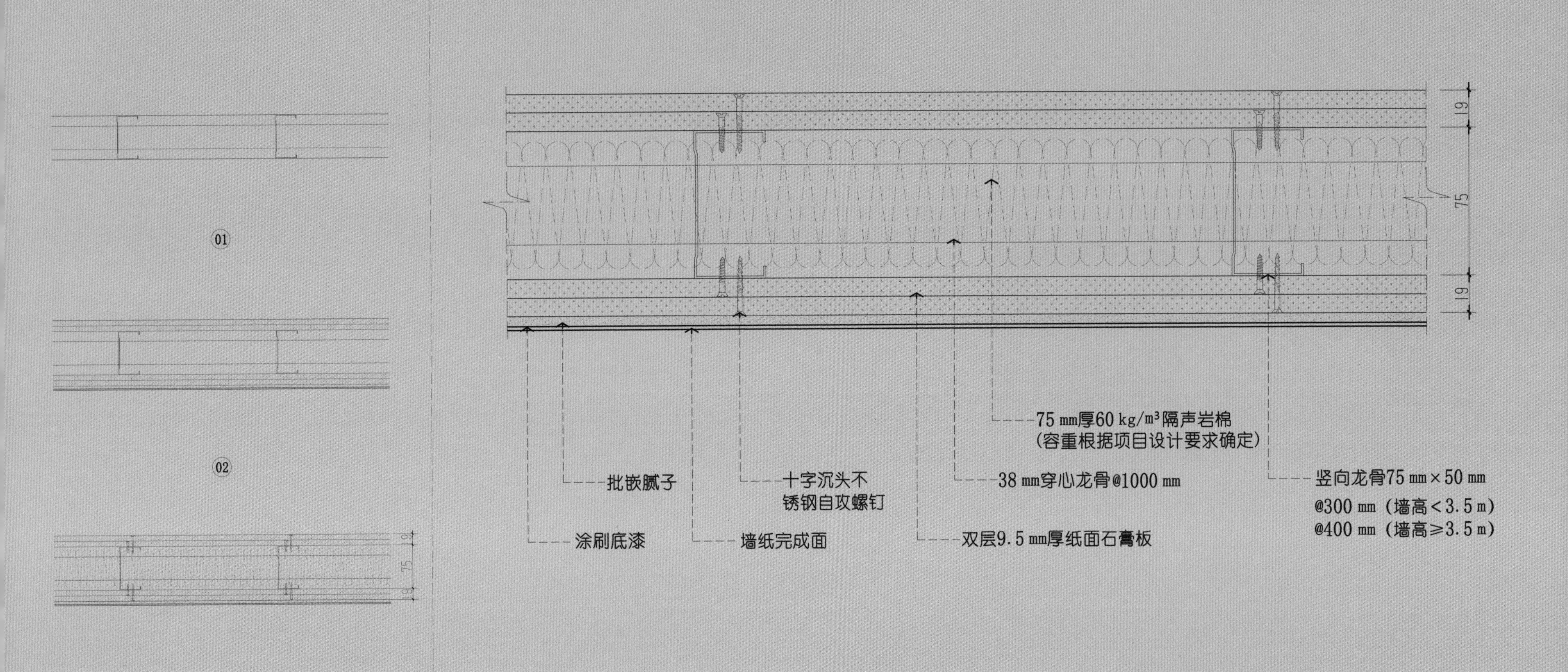
01
02
03
19
75
19
75 mm厚60 kg/m³隔声岩棉
(容重根据项目设计要求确定)
批嵌腻子
十字沉头不
锈钢自攻螺钉
38 mm穿心龙骨@1000 mm
竖向龙骨75 mm×50 mm
@300 mm (墙高<3.5 m)
@400 mm (墙高≥3.5 m)
涂刷底漆
墙纸完成面
双层9.5 mm厚纸面石膏板

绘图步骤

轻钢龙骨石膏板墙体 —— 壁纸饰面节点图

比例1 : 3

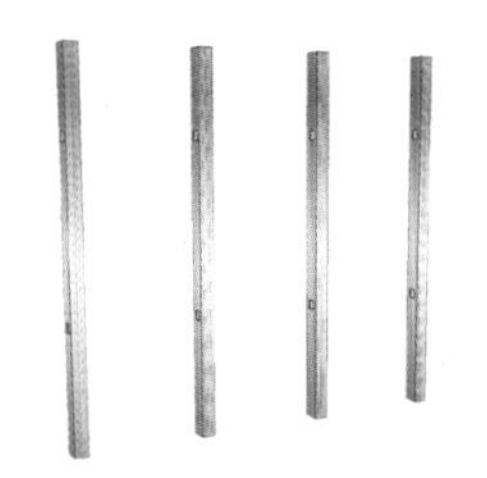

① 沿顶、地轻钢龙骨安装，竖向龙骨安装（间距不大于 400 mm）

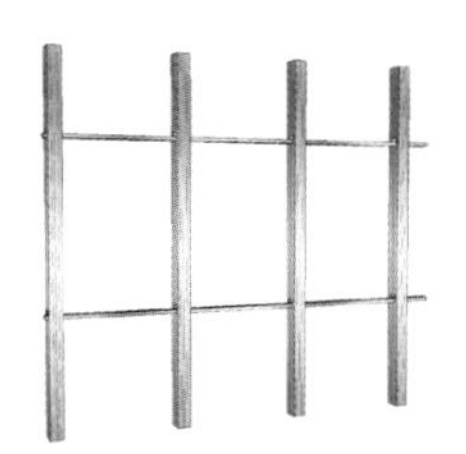

② 穿心龙骨安装，间距不大于 1000 mm

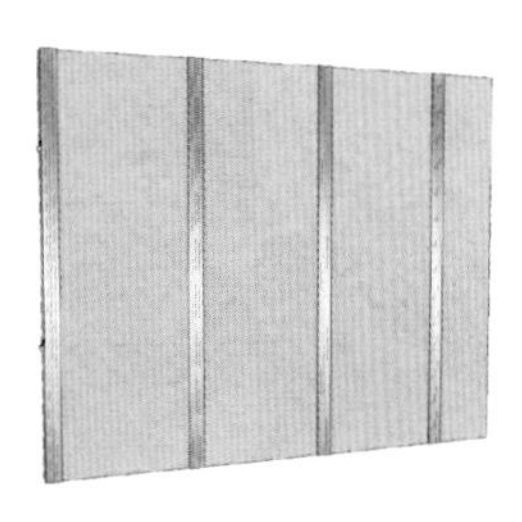

③ 安装防火隔声岩棉（容重需符合设计要求）

④ 12 mm 厚阻燃夹板基层铺设

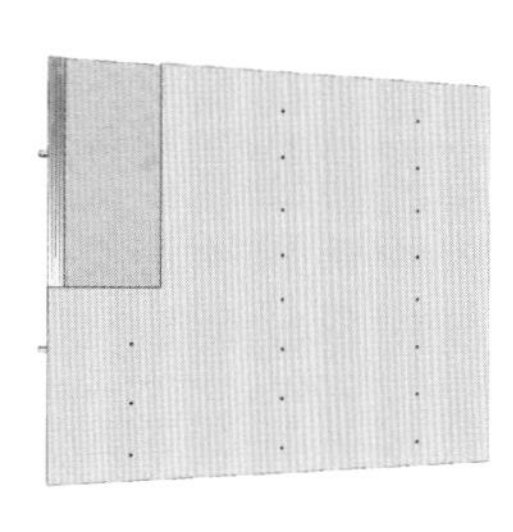

⑤ 自攻螺钉固定

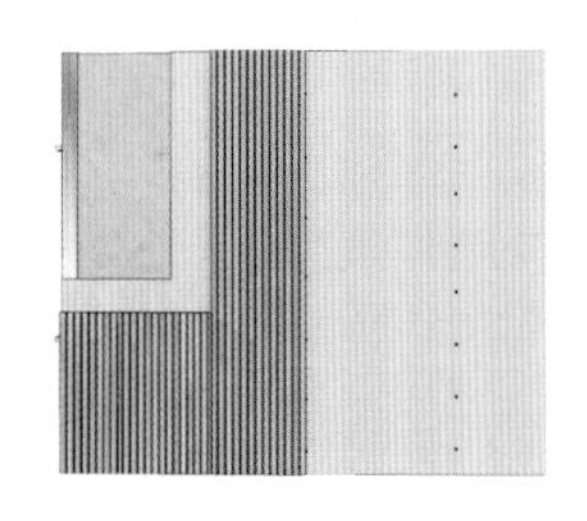

⑥ 木质吸声板安装，自攻螺钉固定

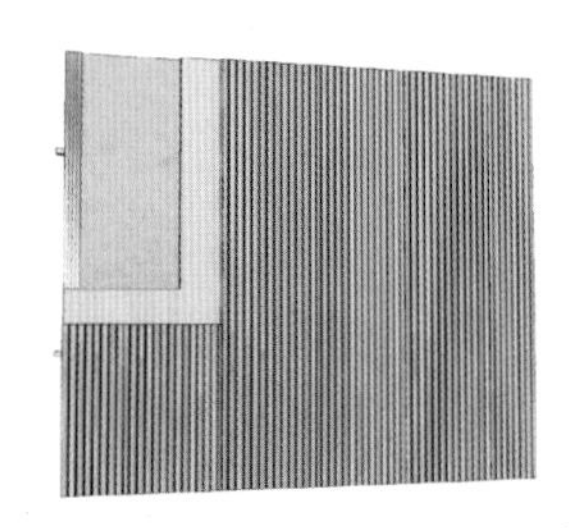

⑦ 最终效果

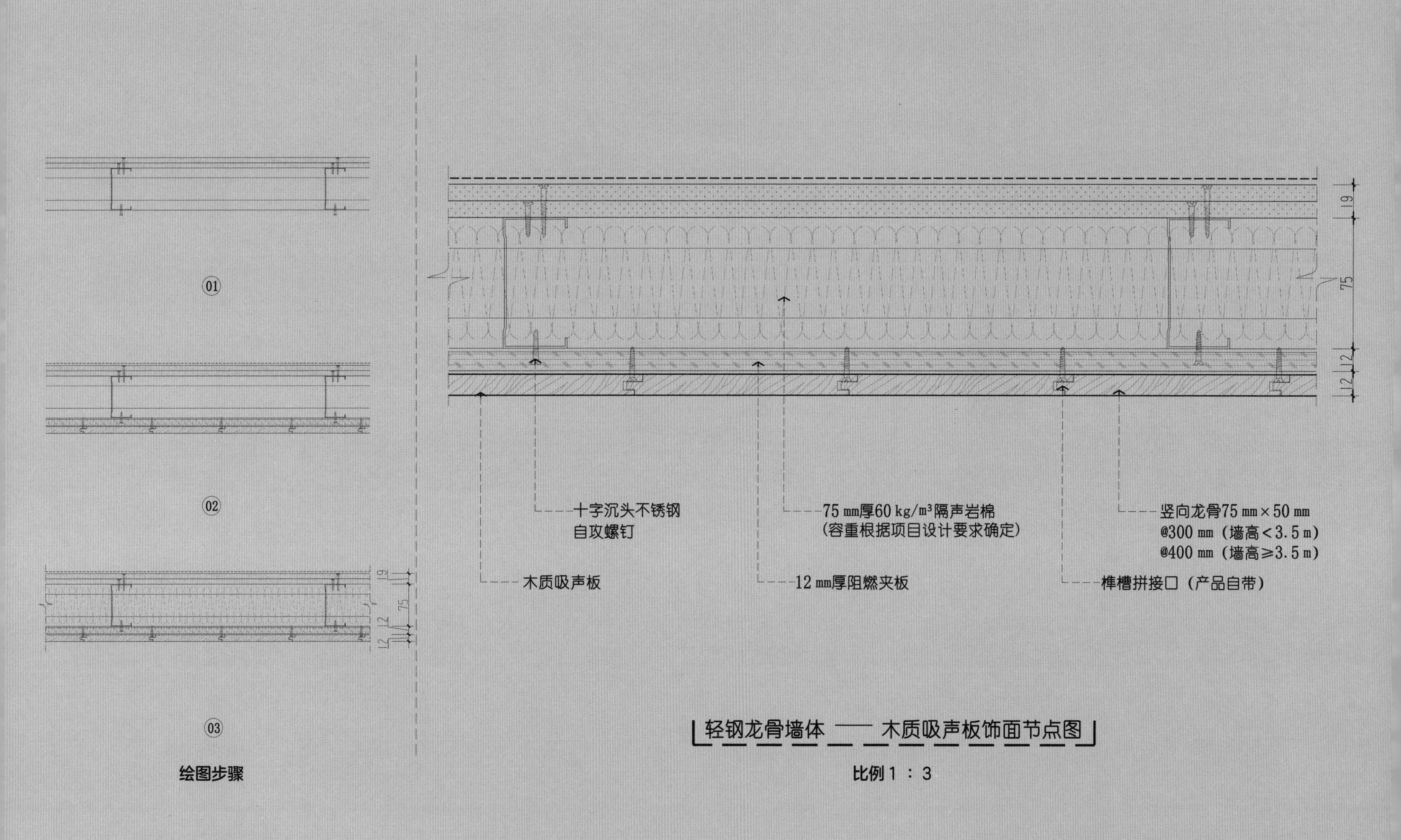

01
02
19
75
12
12
03
绘图步骤
十字沉头不锈钢
自攻螺钉
75 mm厚60 kg/m³隔声岩棉
(容重根据项目设计要求确定)
竖向龙骨75 mm×50 mm
@300 mm (墙高<3.5 m)
@400 mm (墙高≥3.5 m)
木质吸声板
12 mm厚阻燃夹板
榫槽拼接口 (产品自带)

轻钢龙骨墙体 —— 木质吸声板饰面节点图

比例 1 : 3

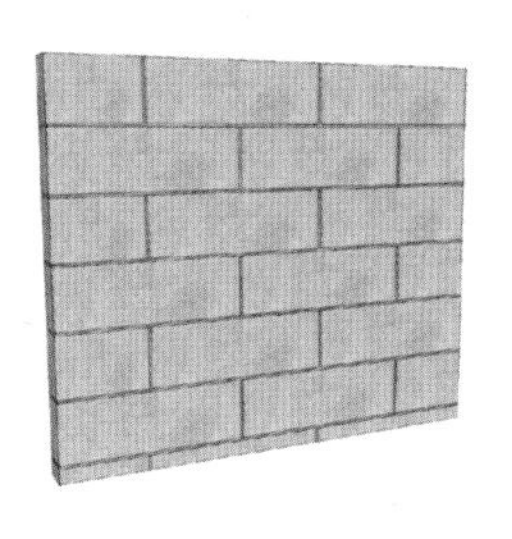

① 蒸压加气混凝土砌块墙体

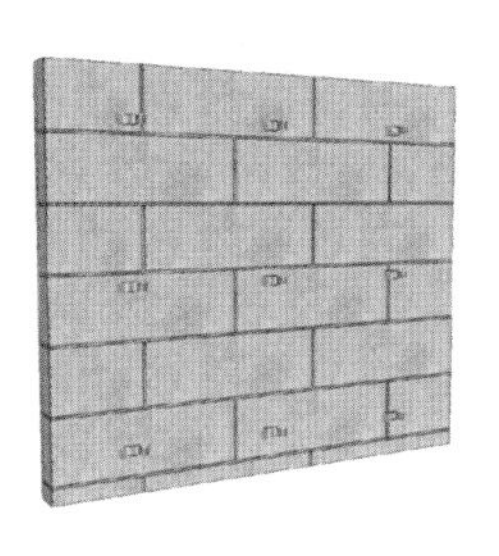

② 龙骨支撑固定卡件

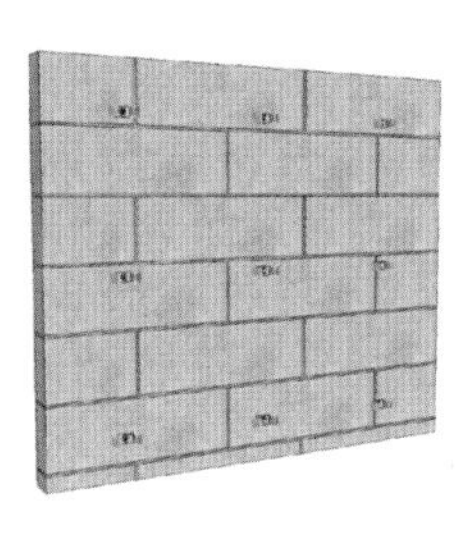

③ 塑料紧固件（膨胀管）、自攻螺钉固定

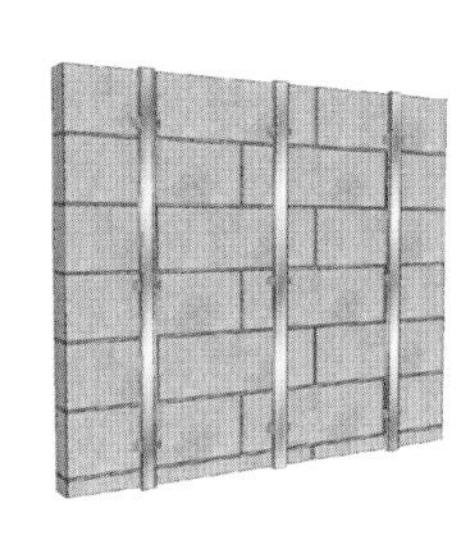

④ 50 mm 竖向龙骨间距 400 mm，自攻螺钉固定

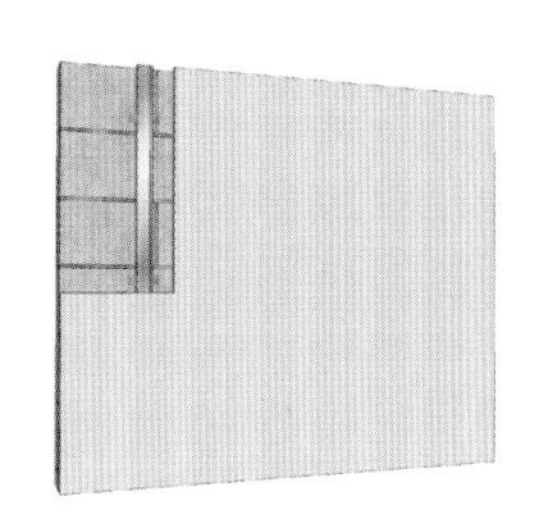

⑤ 12 mm 厚阻燃夹板基层铺设

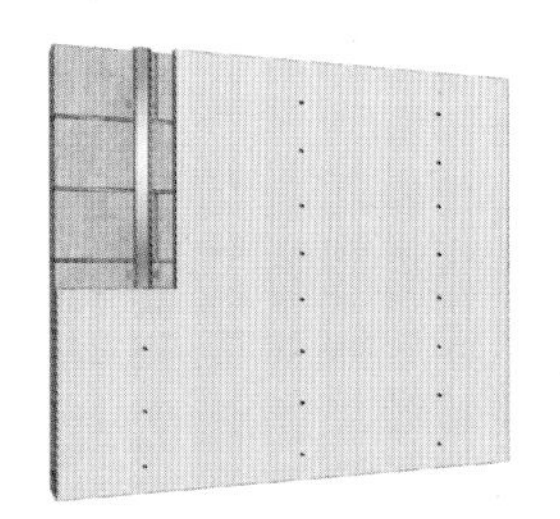

⑥ 自攻螺钉固定

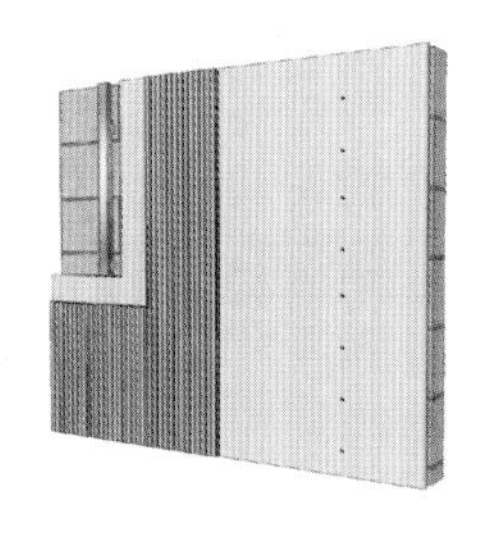

⑦ 木质吸声板安装，自攻螺钉固定

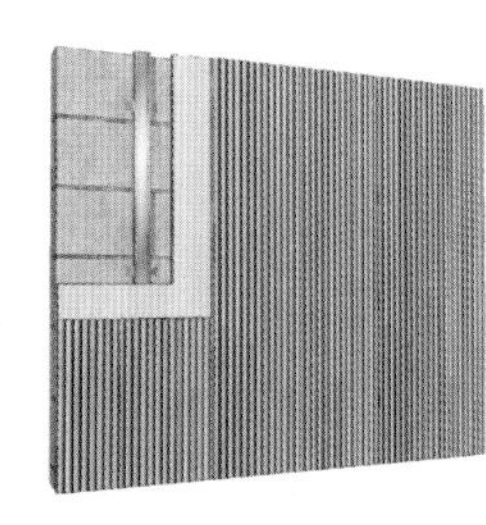

⑧ 最终效果

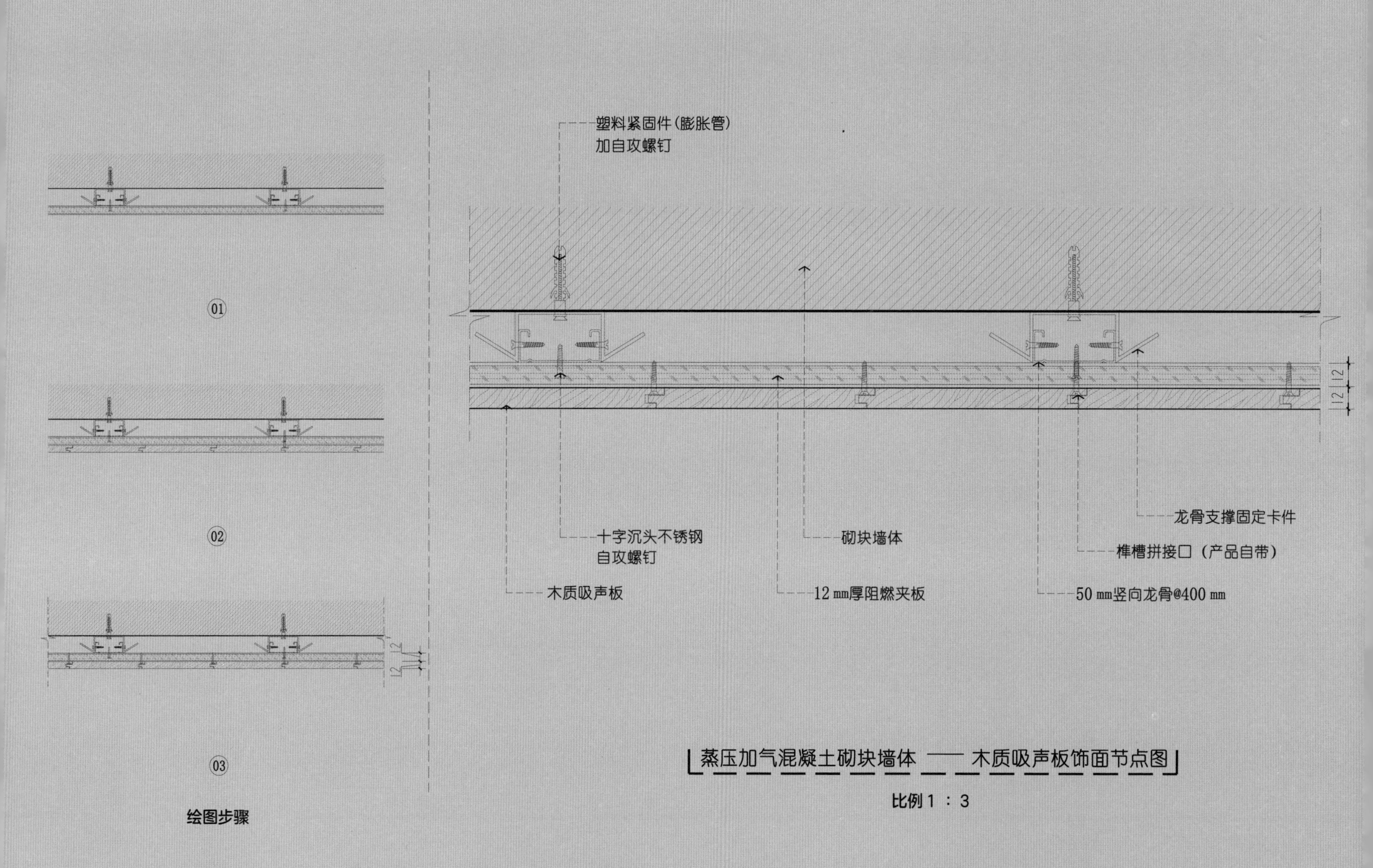

塑料紧固件（膨胀管）
加自攻螺钉
十字沉头不锈钢
自攻螺钉
砌块墙体
龙骨支撑固定卡件
榫槽拼接口（产品自带）
木质吸声板
12 mm厚阻燃夹板
50 mm竖向龙骨@400 mm
12
12
01
02
03

绘图步骤

蒸压加气混凝土砌块墙体 —— 木质吸声板饰面节点图

比例 1 ：3

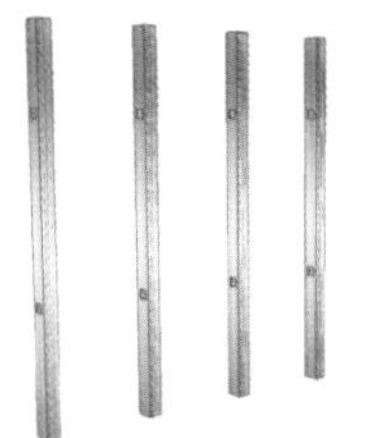

① 沿顶、地轻钢龙骨安装，竖向龙骨安装（间距不大于 400 mm）

② 穿心龙骨安装，间距不大于 1000 mm

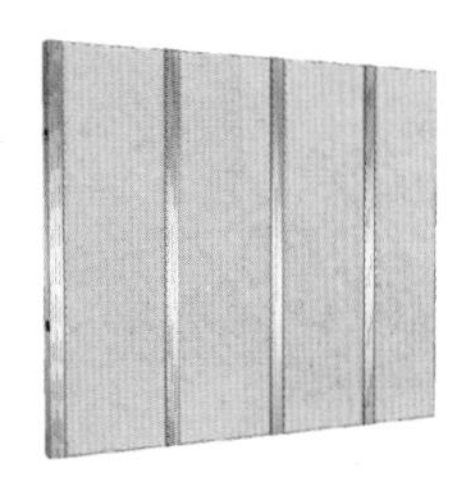

③ 安装防火隔声岩棉（容重需符合设计要求）

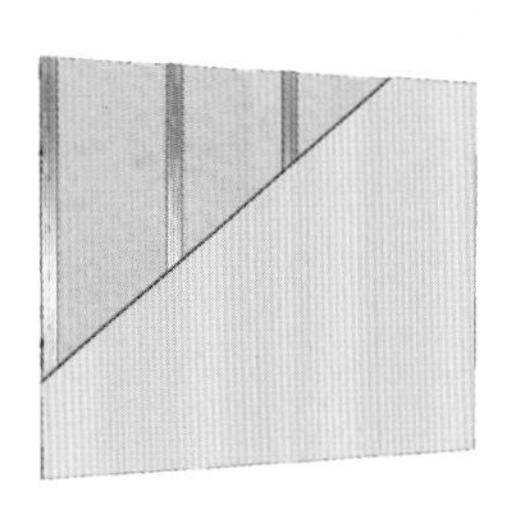

④ 12 mm 厚阻燃夹板基层铺设

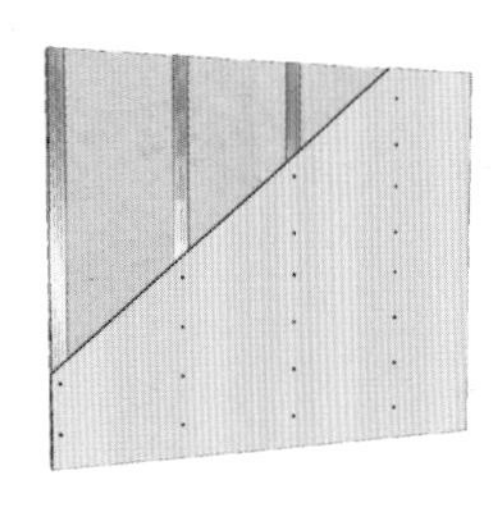

⑤ 自攻螺钉固定

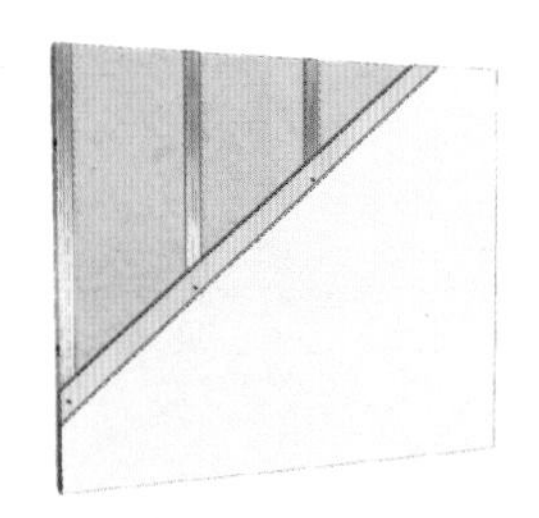

⑥ 专用胶黏剂涂刷

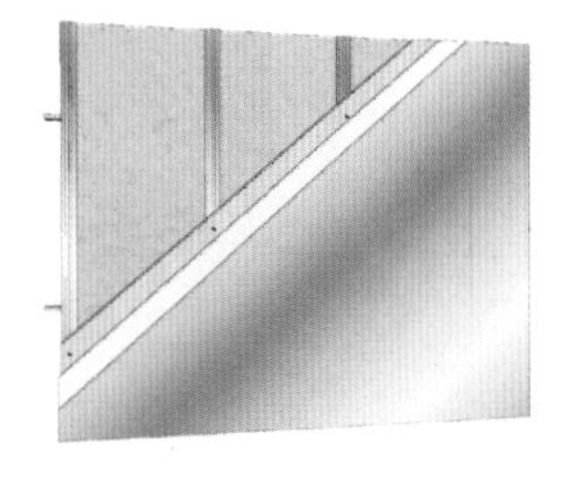

⑦ 金属板饰面

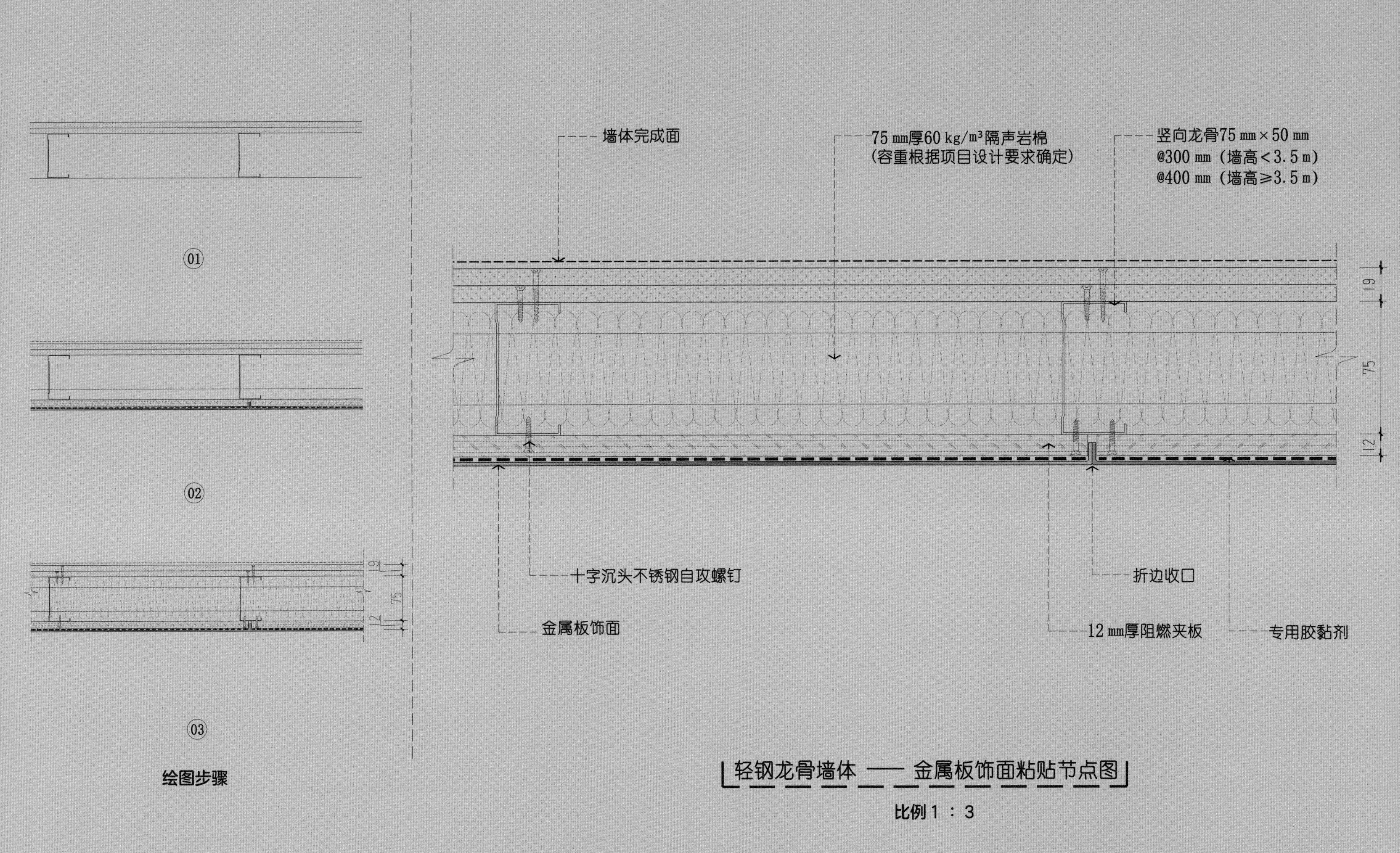

01
02
19
75
12
03
绘图步骤
墙体完成面
75 mm厚60 kg/m³隔声岩棉
(容重根据项目设计要求确定)
竖向龙骨75 mm×50 mm
@300 mm (墙高<3.5 m)
@400 mm (墙高≥3.5 m)
19
75
12
十字沉头不锈钢自攻螺钉
折边收口
金属板饰面
12 mm厚阻燃夹板
专用胶黏剂

轻钢龙骨墙体 —— 金属板饰面粘贴节点图

比例 1 : 3

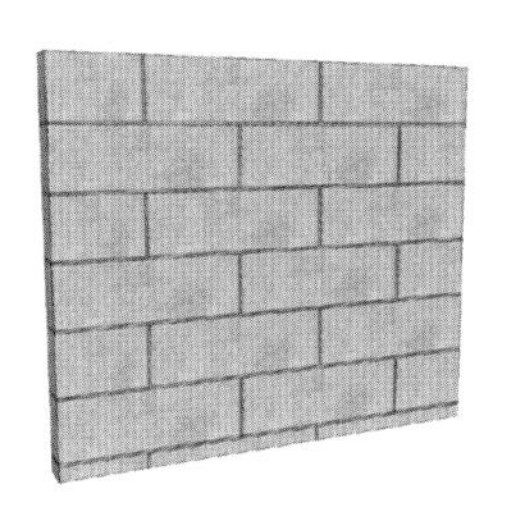

① 蒸压加气混凝土砌块墙体

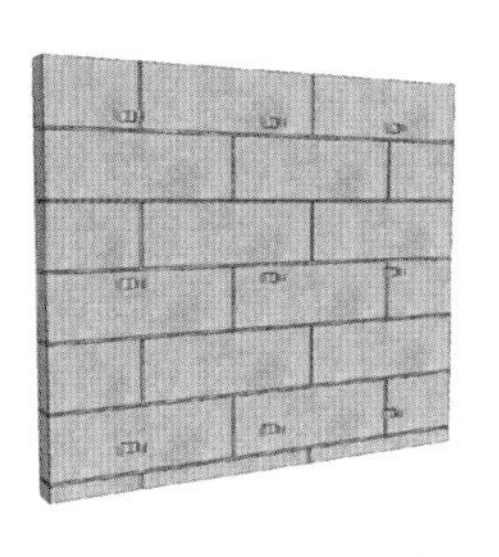

② 龙骨支撑固定卡件

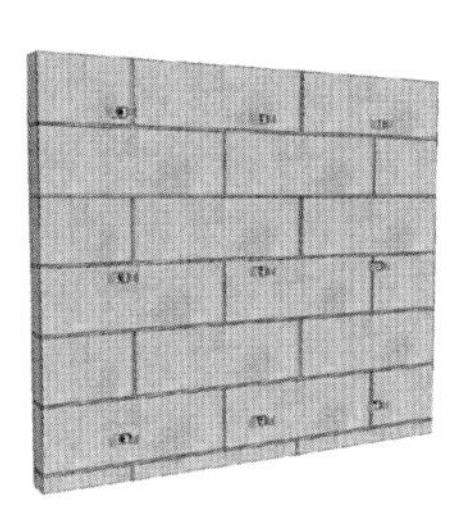

③ 塑料紧固件（膨胀管）、自攻螺钉固定

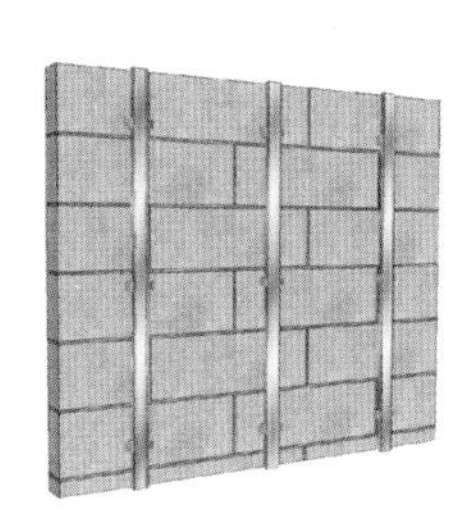

④ 50 mm 竖向龙骨间距 400 mm，自攻螺钉固定

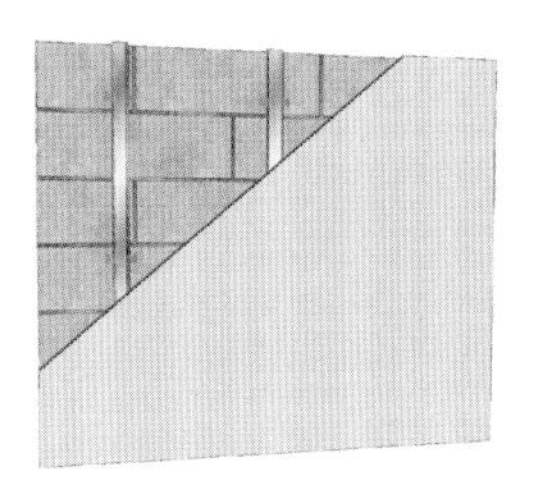

⑤ 12 mm 厚阻燃夹板基层铺设

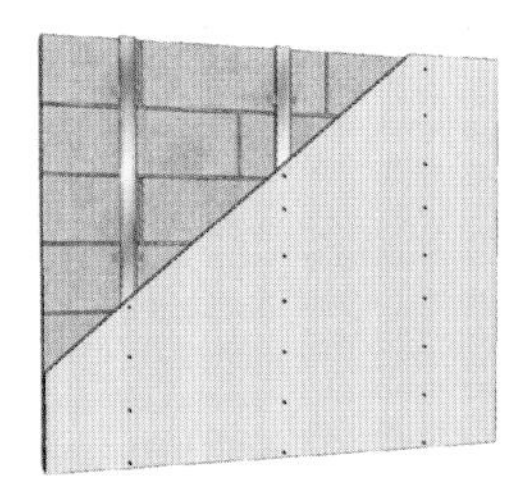

⑥ 自攻螺钉固定

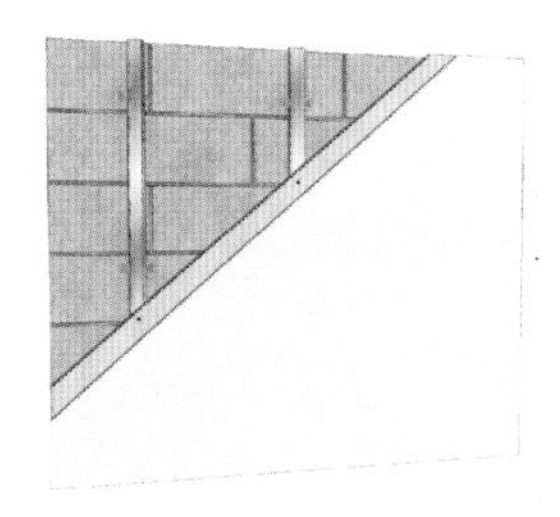

⑦ 专用胶黏剂涂刷

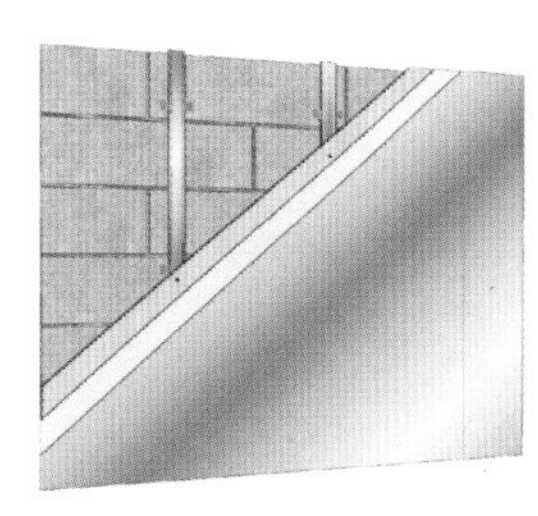

⑧ 金属板饰面

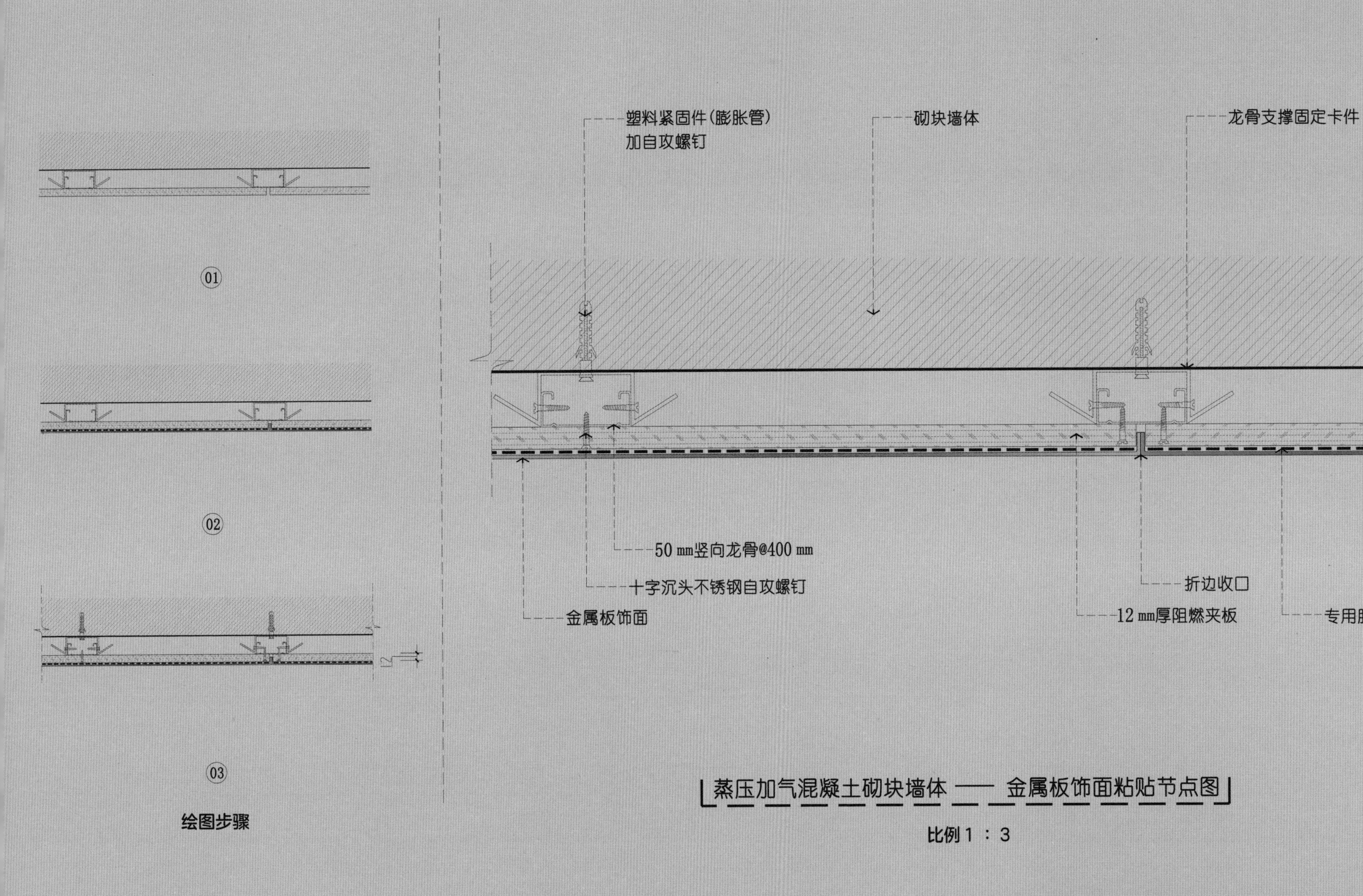

塑料紧固件(膨胀管)
加自攻螺钉
砌块墙体
龙骨支撑固定卡件
12
50 mm竖向龙骨@400 mm
十字沉头不锈钢自攻螺钉
折边收口
金属板饰面
12 mm厚阻燃夹板
专用胶黏剂
01
02
03

绘图步骤

蒸压加气混凝土砌块墙体 —— 金属板饰面粘贴节点图

比例 1 : 3

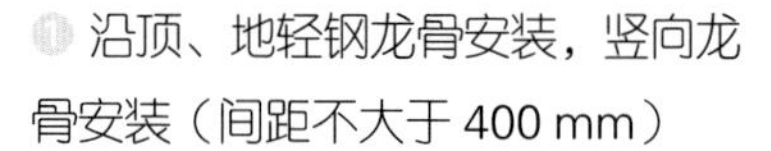

① 沿顶、地轻钢龙骨安装，竖向龙骨安装（间距不大于 400 mm）

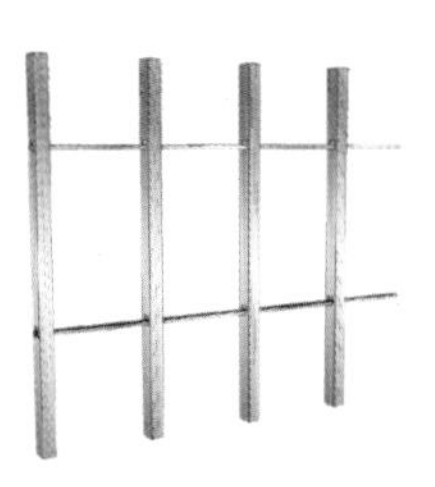

② 穿心龙骨安装，间距不大于 1000 mm

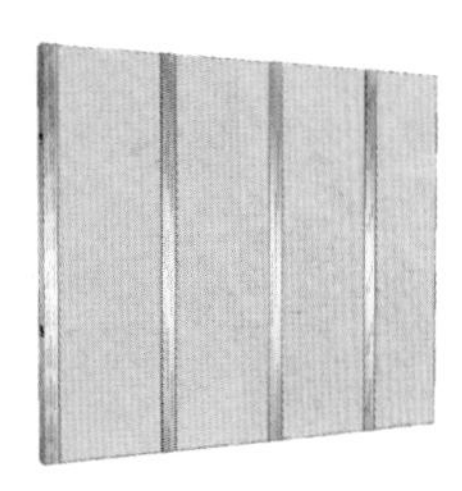

③ 安装防火隔声岩棉（容重需符合设计要求）

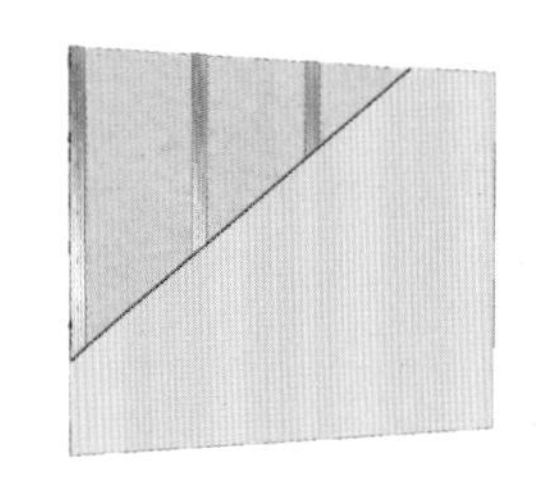

④ 12 mm 厚阻燃夹板基层铺设

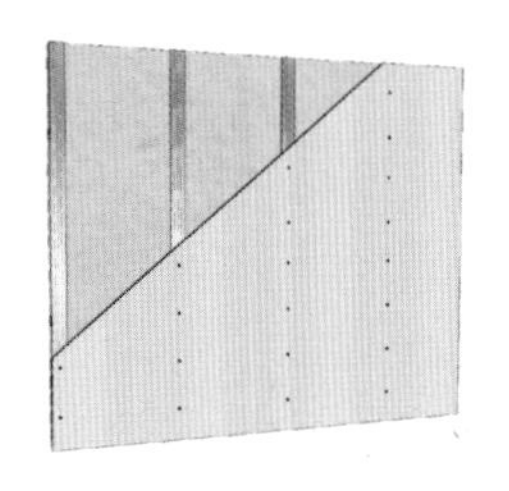

⑤ 自攻螺钉固定

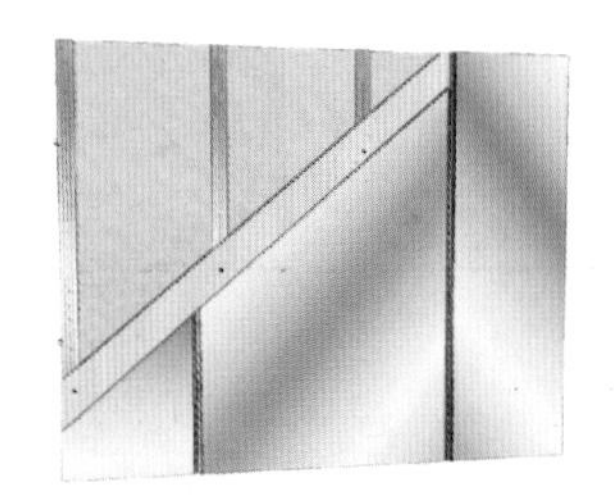

⑥ 金属板安装

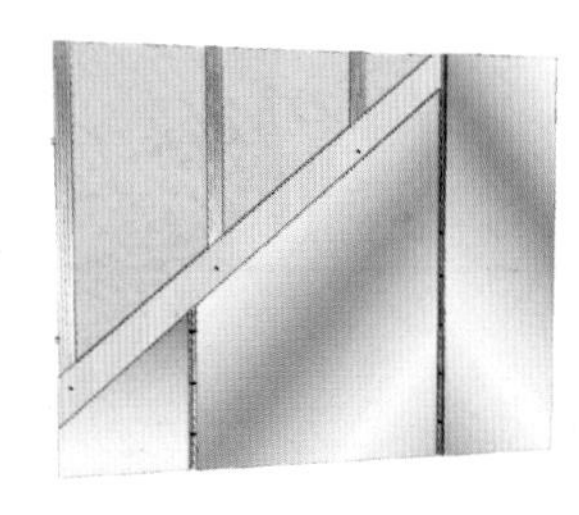

⑦ 自攻螺钉固定

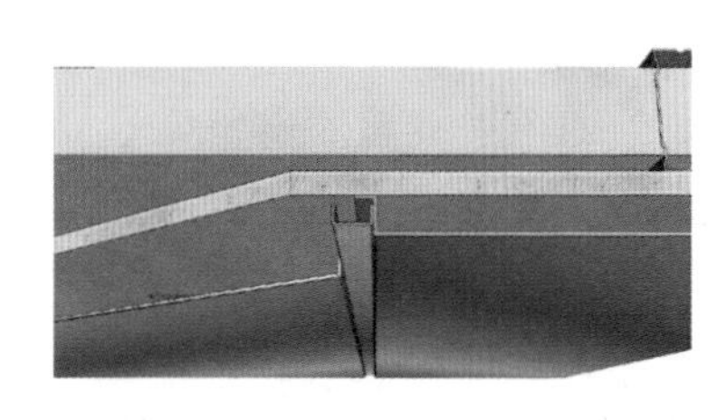

⑧ 金属盖板条安装

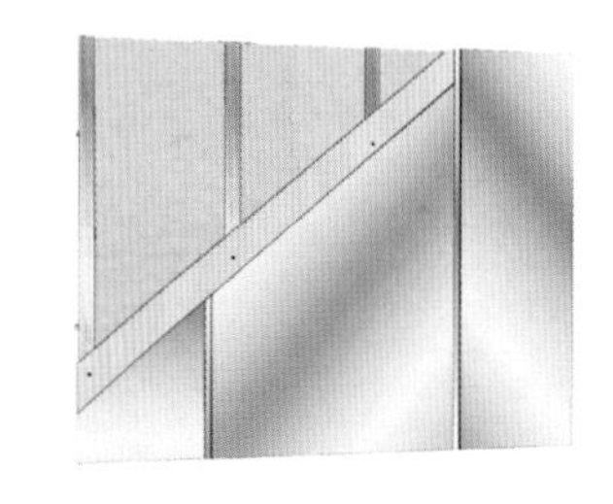

⑨ 最终效果

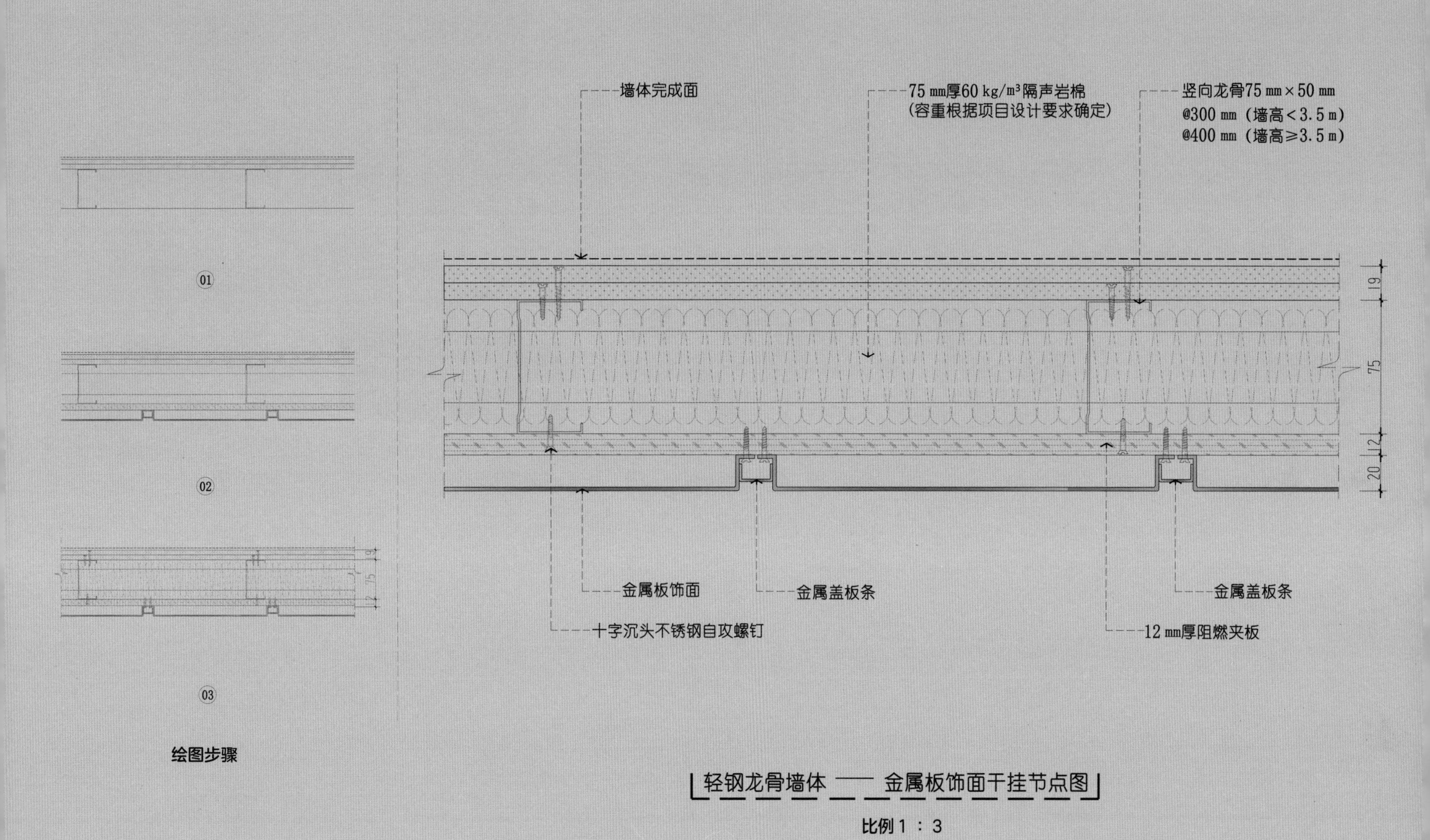

墙体完成面
75 mm厚60 kg/m³隔声岩棉
(容重根据项目设计要求确定)
竖向龙骨75 mm × 50 mm
@300 mm (墙高 < 3.5 m)
@400 mm (墙高 ≥ 3.5 m)
19
75
12
20
金属板饰面
金属盖板条
金属盖板条
十字沉头不锈钢自攻螺钉
12 mm厚阻燃夹板
01
02
03
绘图步骤

轻钢龙骨墙体 —— 金属板饰面干挂节点图

比例 1 ： 3

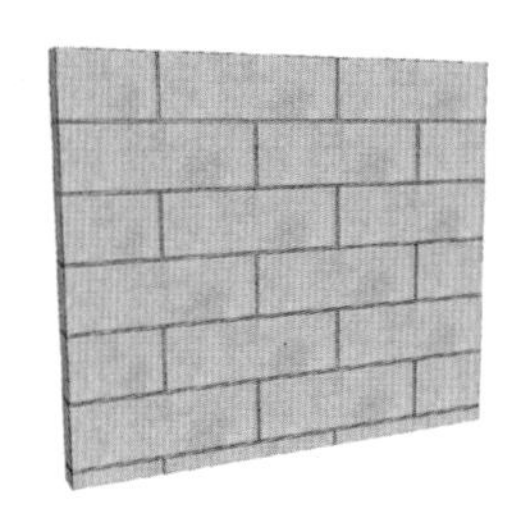
① 蒸压加气混凝土砌块墙体

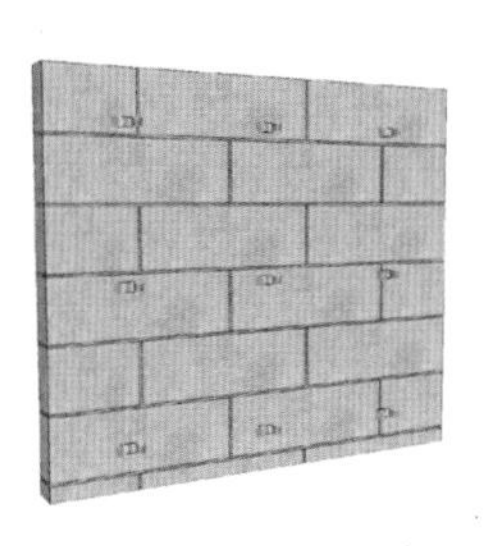
② 龙骨支撑固定卡件

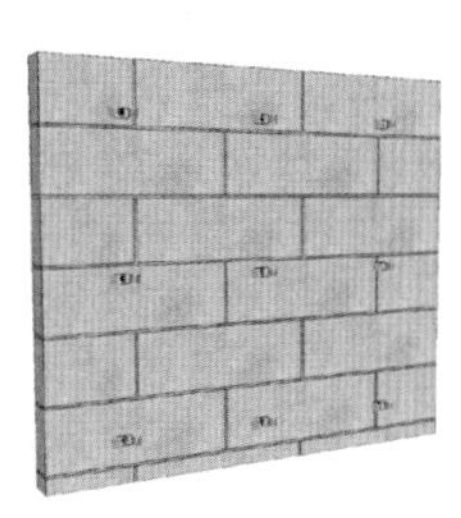
③ 塑料紧固件（膨胀管）、自攻螺钉固定

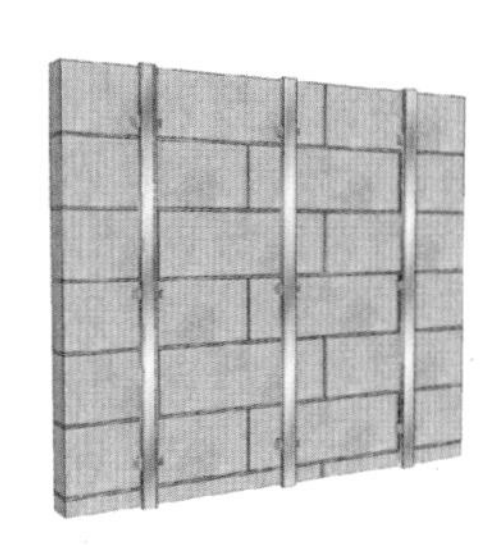
④ 50 mm 竖向龙骨间距 400 mm，自攻螺钉固定

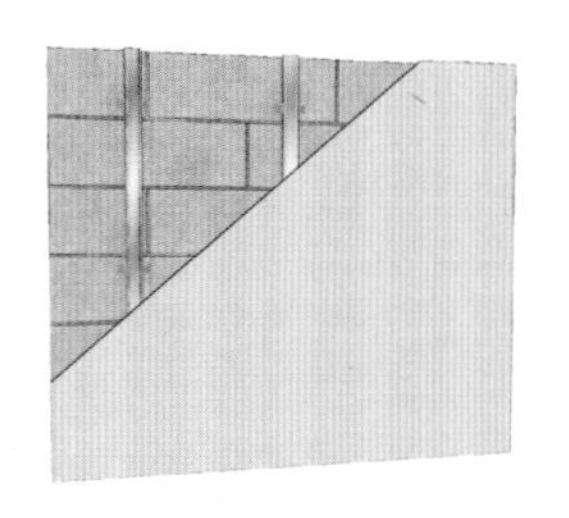
⑤ 12 mm 厚阻燃夹板基层铺设

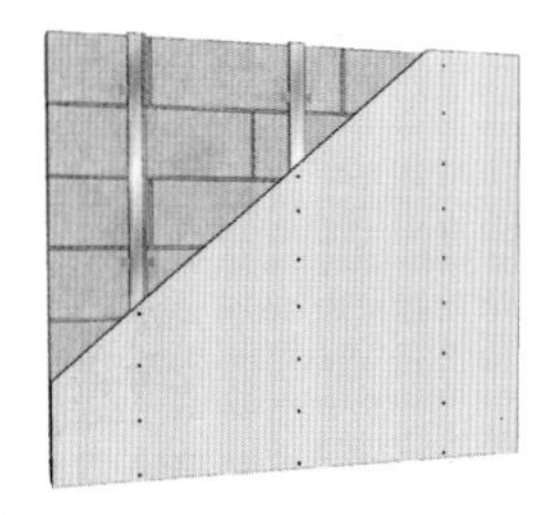
⑥ 自攻螺钉固定

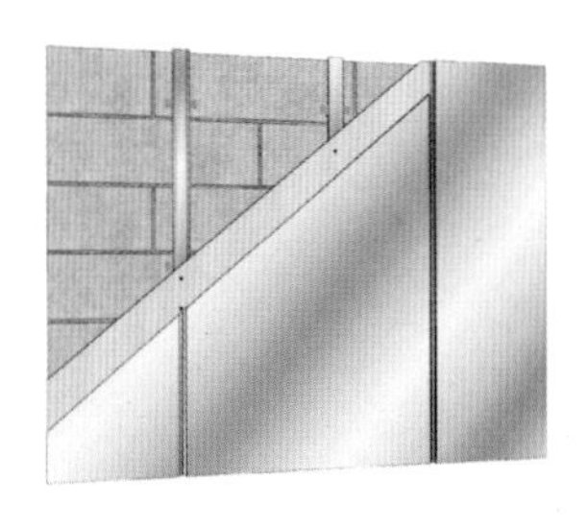
⑦ 金属板安装

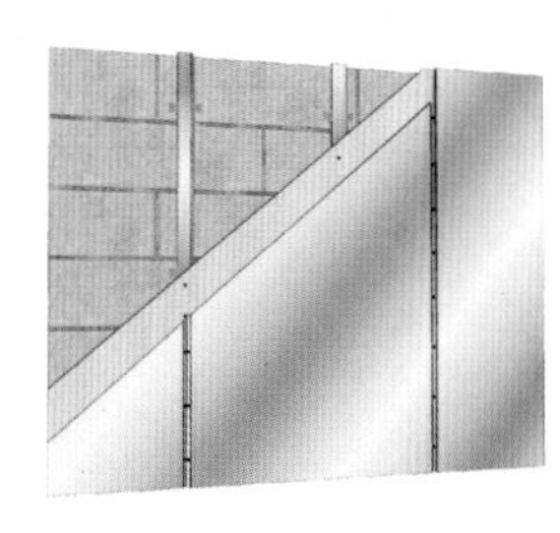
⑧ 自攻螺钉固定

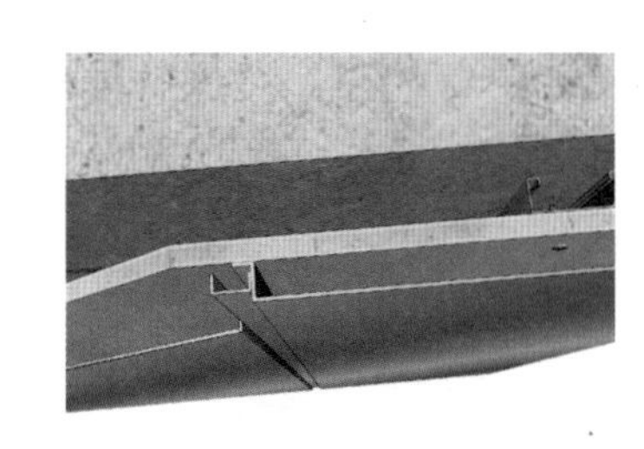
⑨ 金属盖板条安装

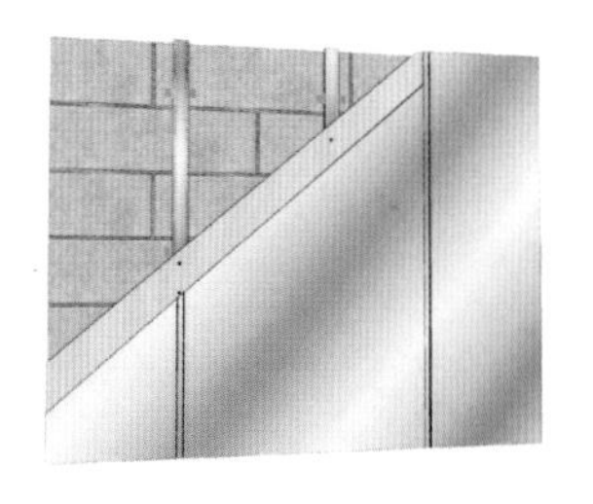
⑩ 最终效果

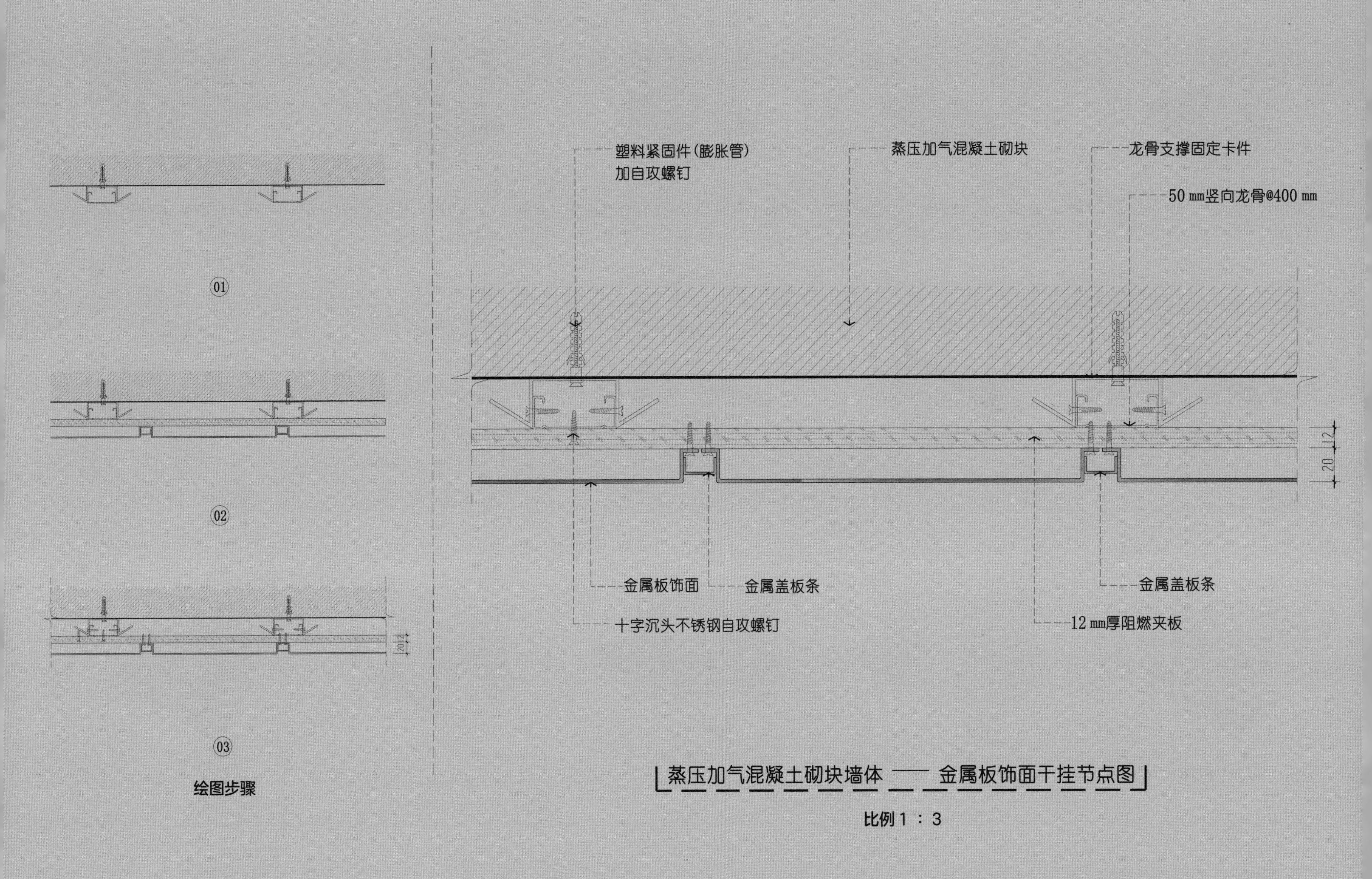

01
02
03
绘图步骤
塑料紧固件(膨胀管)
加自攻螺钉
蒸压加气混凝土砌块
龙骨支撑固定卡件
50 mm竖向龙骨@400 mm
12
20
金属板饰面
金属盖板条
十字沉头不锈钢自攻螺钉
金属盖板条
12 mm厚阻燃夹板

蒸压加气混凝土砌块墙体 —— 金属板饰面干挂节点图

比例 1 ： 3

① 原建筑楼板

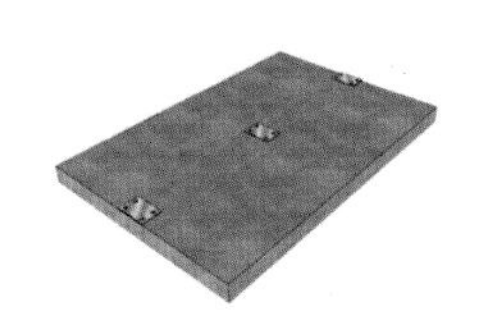

② 150 mm × 150 mm × 8 mm 镀锌钢板埋件，M8 膨胀螺栓固定

③ 40 mm × 40 mm × 5 mm 镀锌方钢横向、竖向固定

④ 20 mm × 40 mm 镀锌方钢横向固定（间距 600 mm）

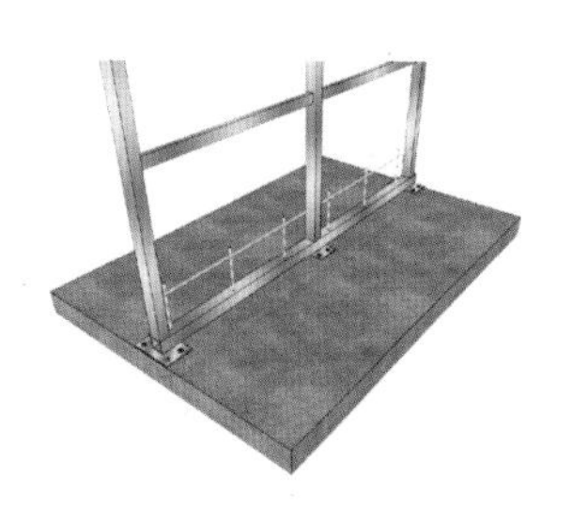

⑤ Φ8 mm 螺纹钢筋横竖向焊接绑扎固定

⑥ 支设模板

⑦ 浇筑 C20 细石混凝土导墙

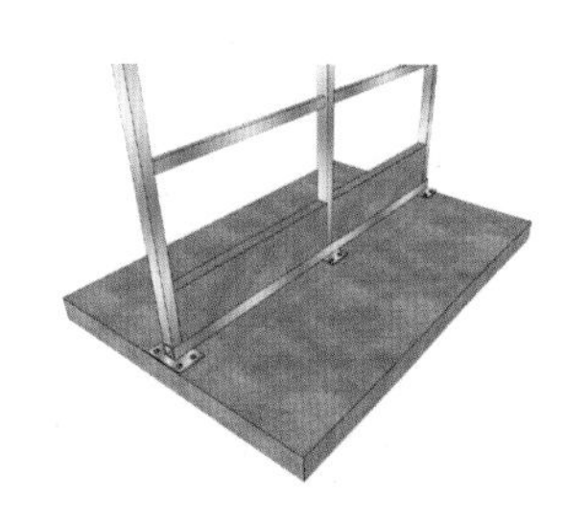

⑧ 达到设计强度后拆除模板

⑨ Φ8 mm 横圆筋焊接固定

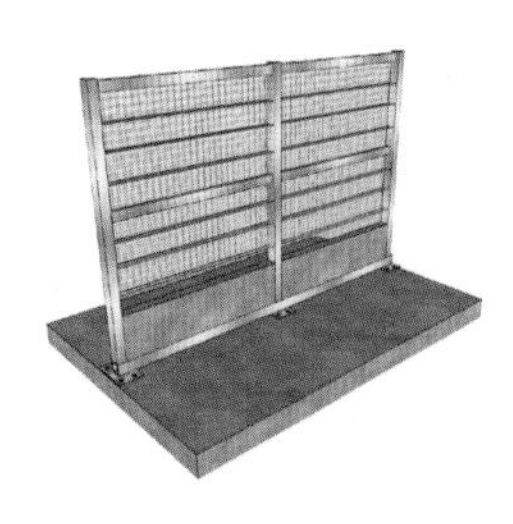

⑩ 双层镀锌钢丝网满铺固定

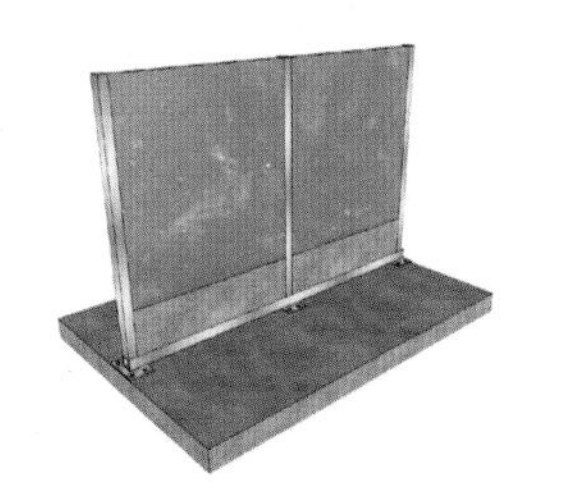

⑪ 双面水泥砂浆粉刷层

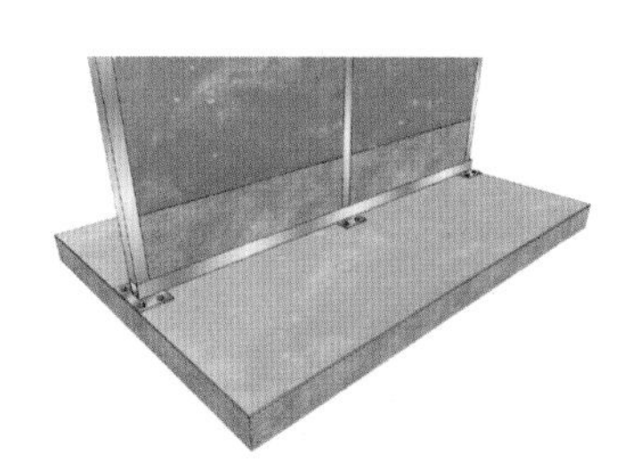

⑫ 地面清底、湿润，涂刷界面剂

⑬ 1 ： 3 干硬性水泥砂浆结合层铺设

⑭ 10 mm 厚素水泥黏结层或专用胶黏剂，地面石材铺贴

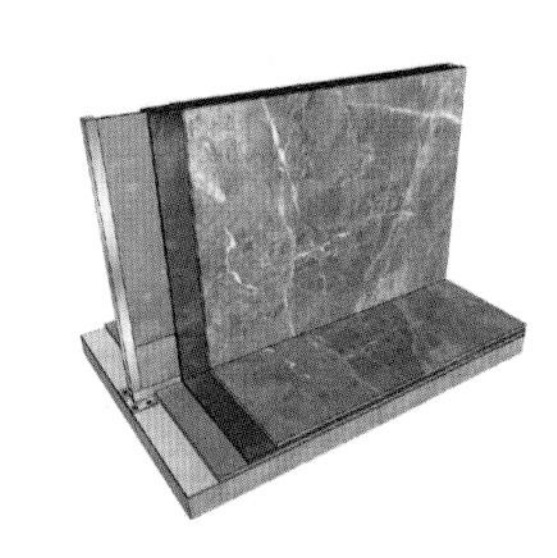

⑮ 10 mm 厚素水泥黏结层或专用胶黏剂，墙面石材铺贴

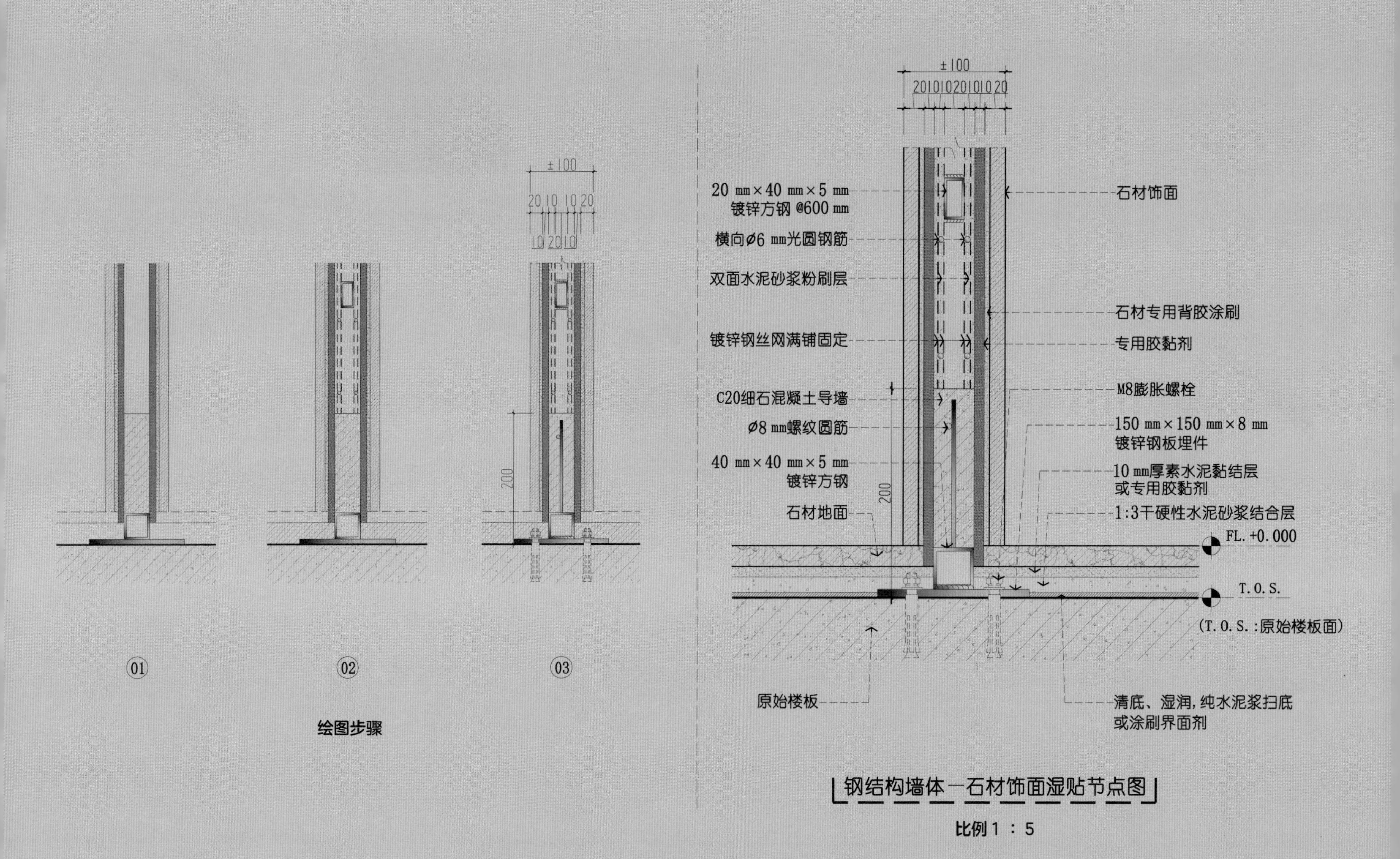
±100
20 10 10 20
10 20 10
200
01
02
03
20 10 10 20 10 10 20
20 mm×40 mm×5 mm
镀锌方钢 @600 mm
横向Ø6 mm光圆钢筋
双面水泥砂浆粉刷层
镀锌钢丝网满铺固定
C20细石混凝土导墙
Ø8 mm螺纹圆筋
40 mm×40 mm×5 mm
镀锌方钢
石材地面
原始楼板
石材饰面
石材专用背胶涂刷
专用胶黏剂
M8膨胀螺栓
150 mm×150 mm×8 mm
镀锌钢板埋件
10 mm厚素水泥黏结层
或专用胶黏剂
1:3干硬性水泥砂浆结合层
FL. +0.000
T. O. S.
(T. O. S. :原始楼板面)
清底、湿润，纯水泥浆扫底
或涂刷界面剂

绘图步骤

钢结构墙体—石材饰面湿贴节点图

比例 1 ：5

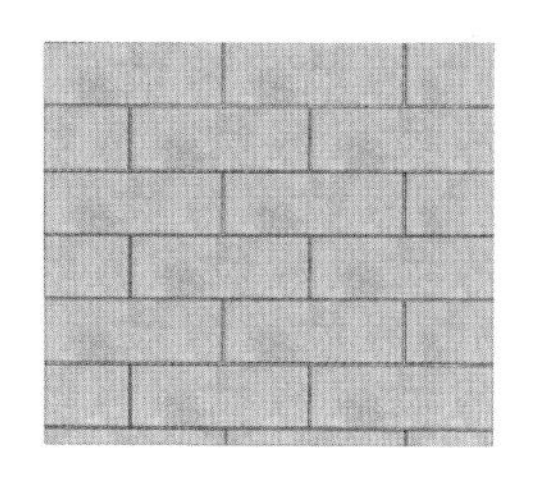
① 原有砌块墙体

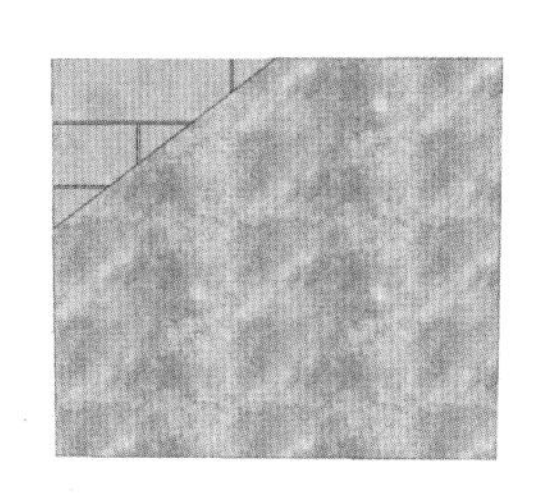
② 清理墙体，涂刷界面剂

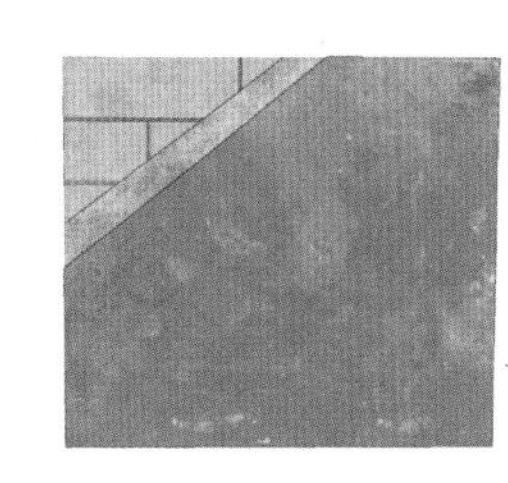
③ 水泥砂浆粉刷找平层

④ 石材 / 砖专用胶黏剂涂刷

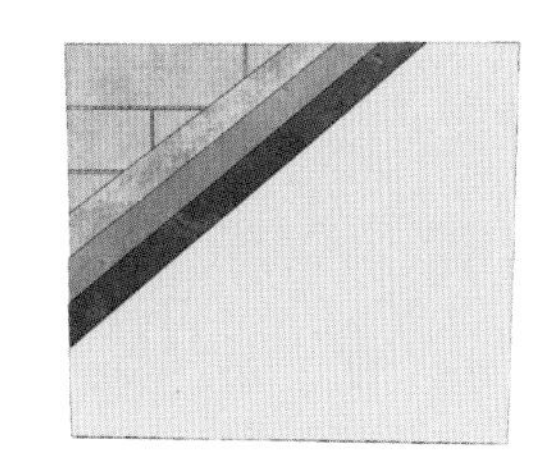
⑤ 背部涂刷专用背胶

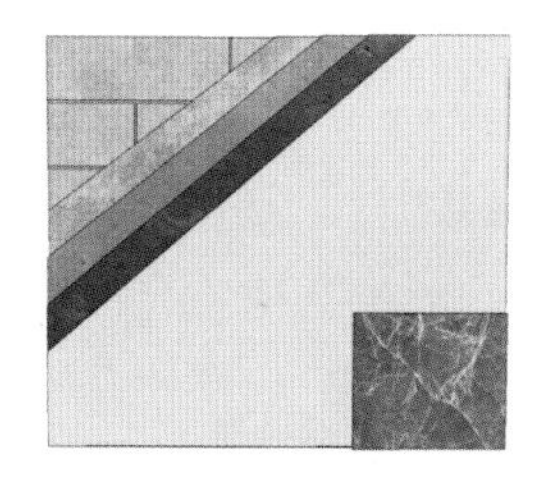
⑥ 石材 / 瓷砖饰面（1）

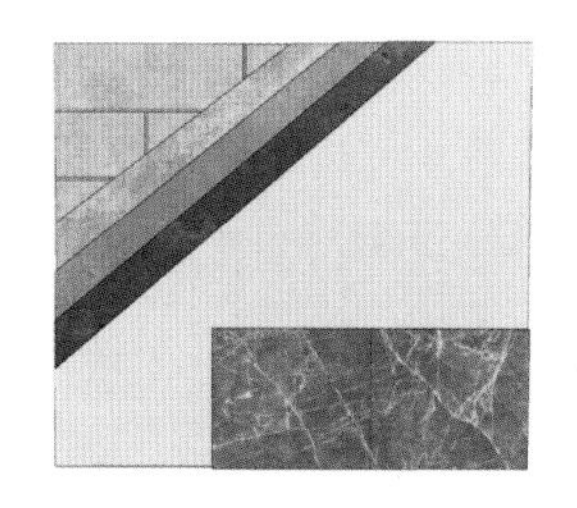
⑦ 石材 / 瓷砖饰面（2）

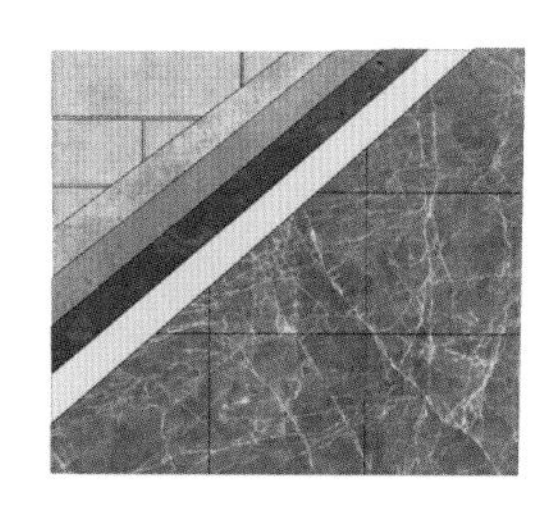
⑧ 石材 / 瓷砖饰面完工效果

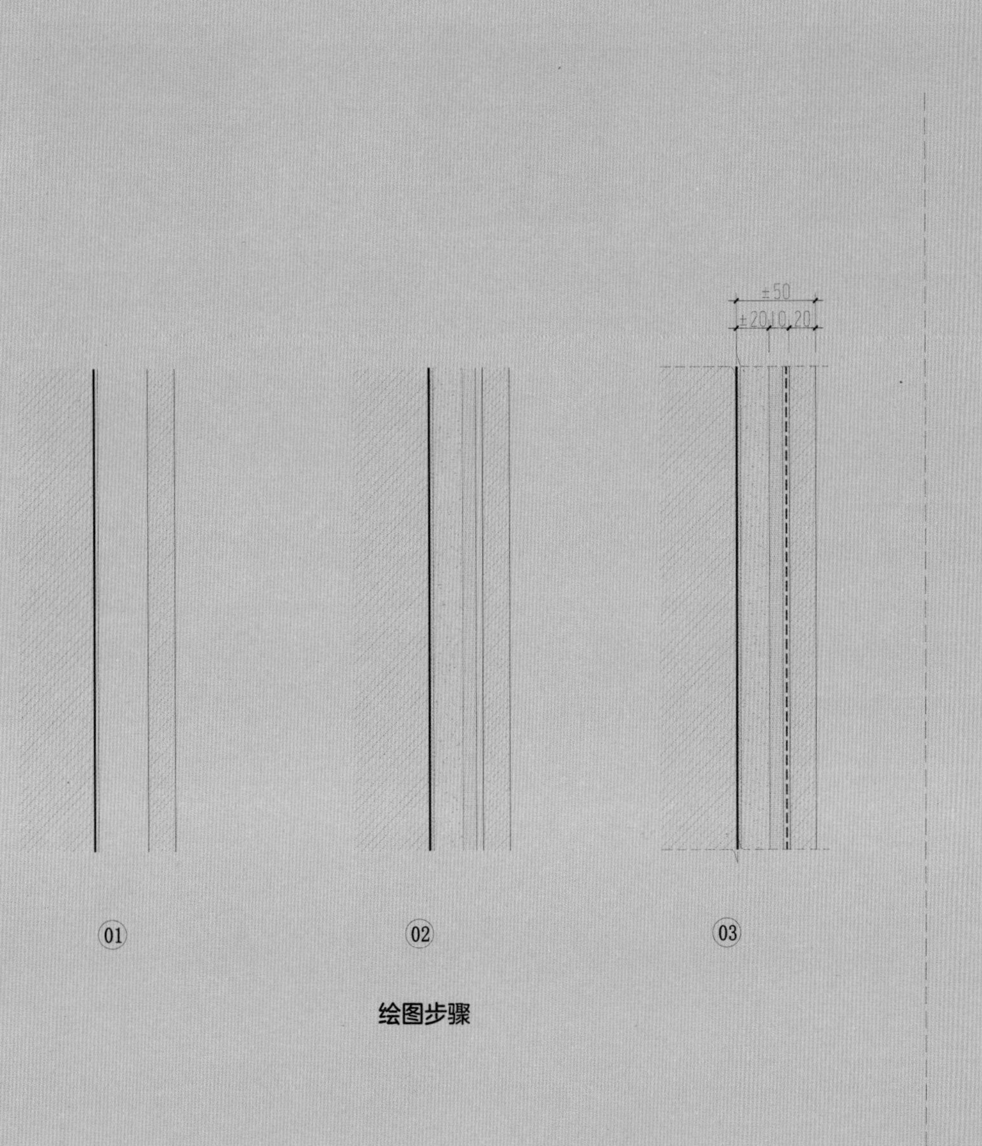
±50
±20 10 20
01
02
03

绘图步骤

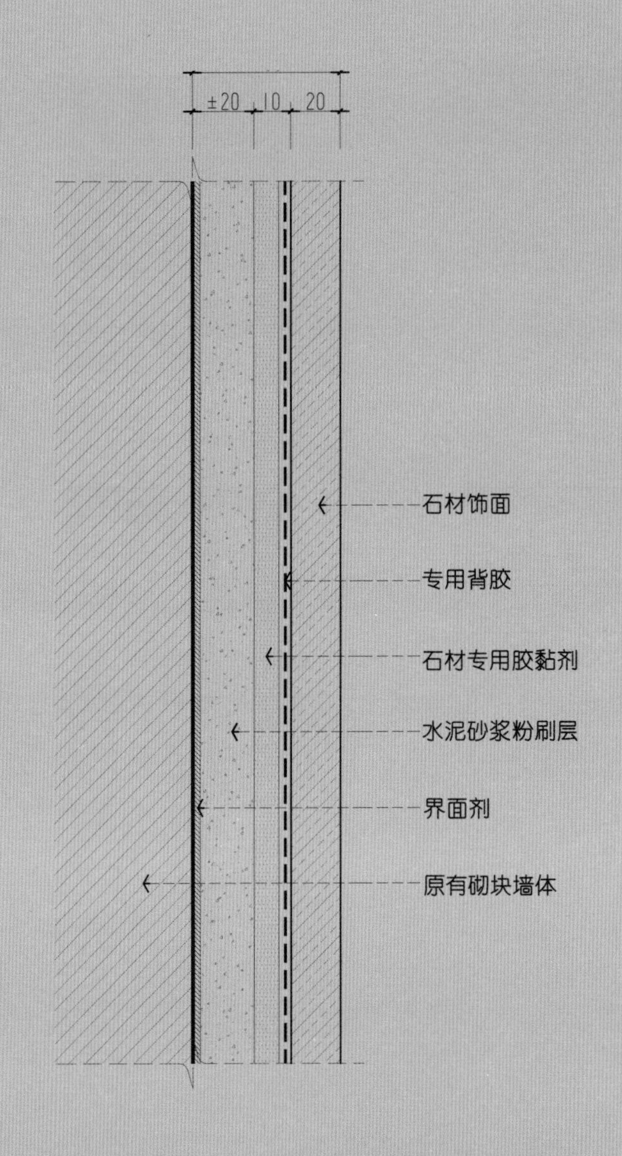
±20
10
20
石材饰面
专用背胶
石材专用胶黏剂
水泥砂浆粉刷层
界面剂
原有砌块墙体

砌块墙体 —— 石材饰面湿贴节点图

比例 1 ： 5

① 混凝土结构墙体

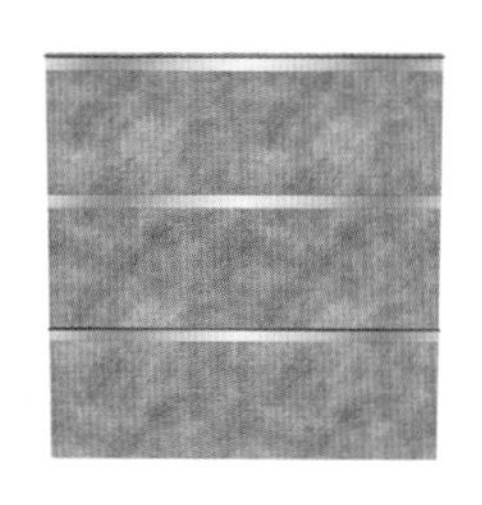

② L 形 50 mm × 50 mm × 5 mm 镀锌角钢

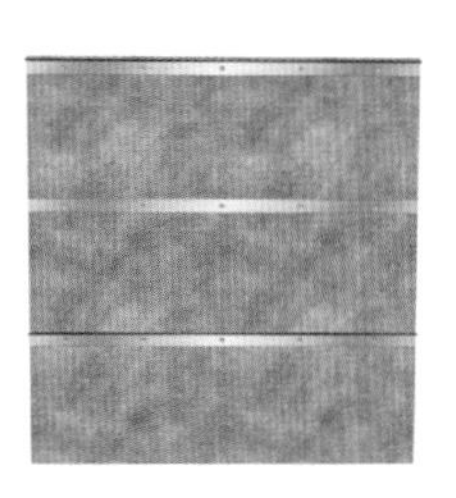

③ M10 膨胀螺栓固定

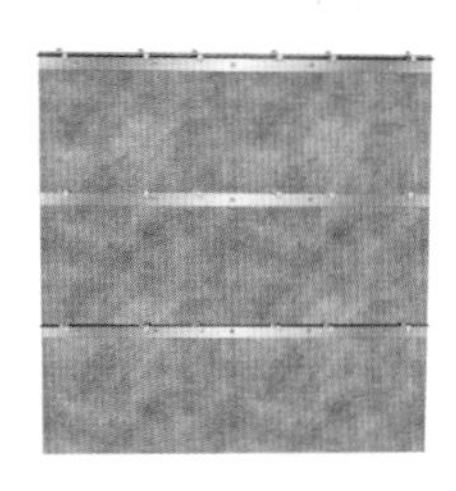

④ T 形 70 mm × 50 mm × 4 mm 不锈钢挂件（间距根据石材排布）

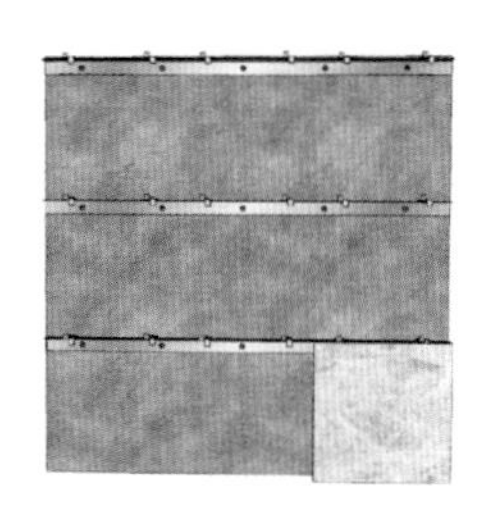

⑤ 干挂石材（1）

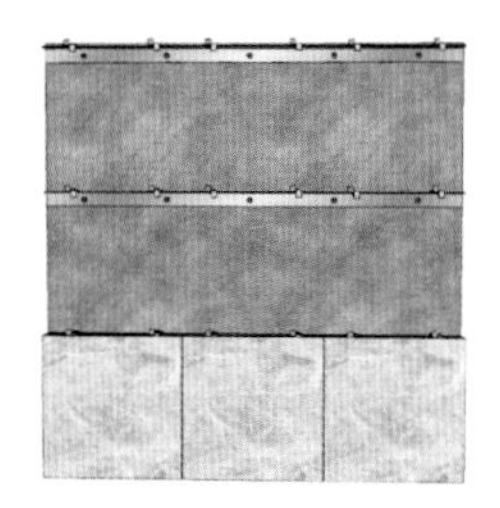

⑥ 干挂石材（2）

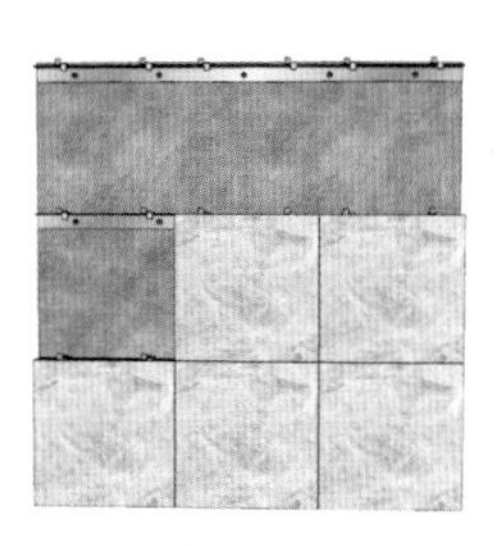

⑦ 干挂石材（3）

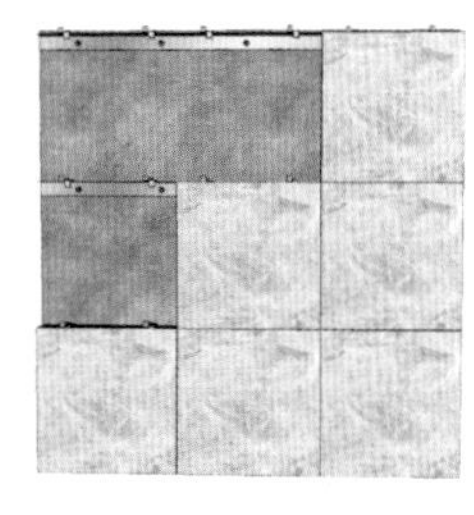

⑧ 干挂石材完工效果

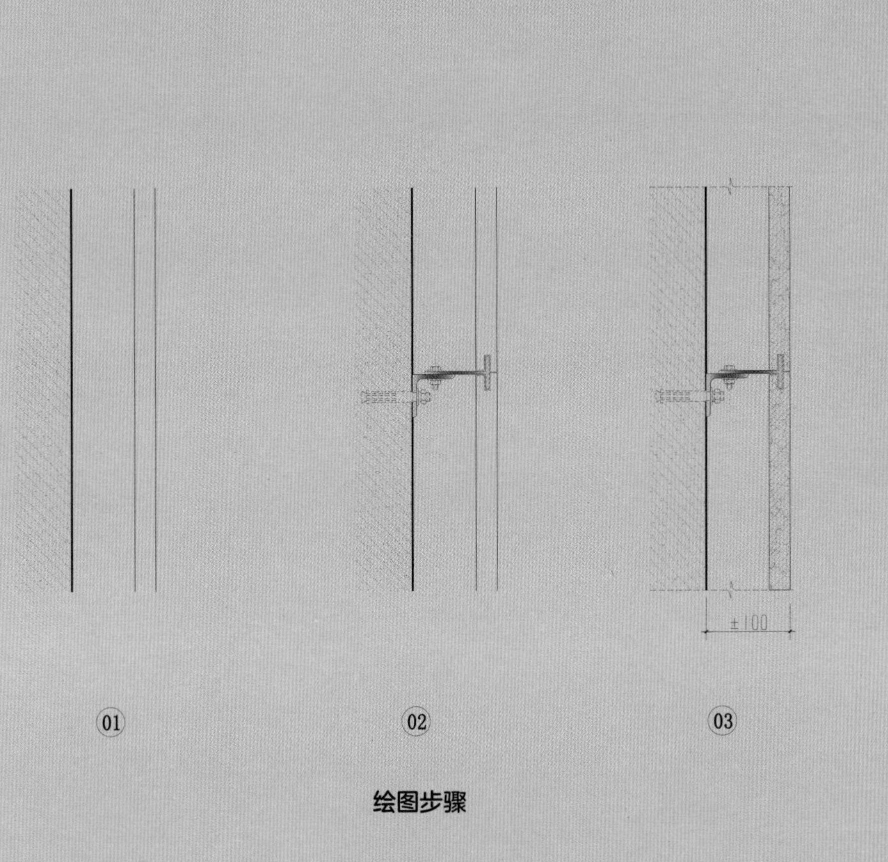
±100
01
02
03

绘图步骤

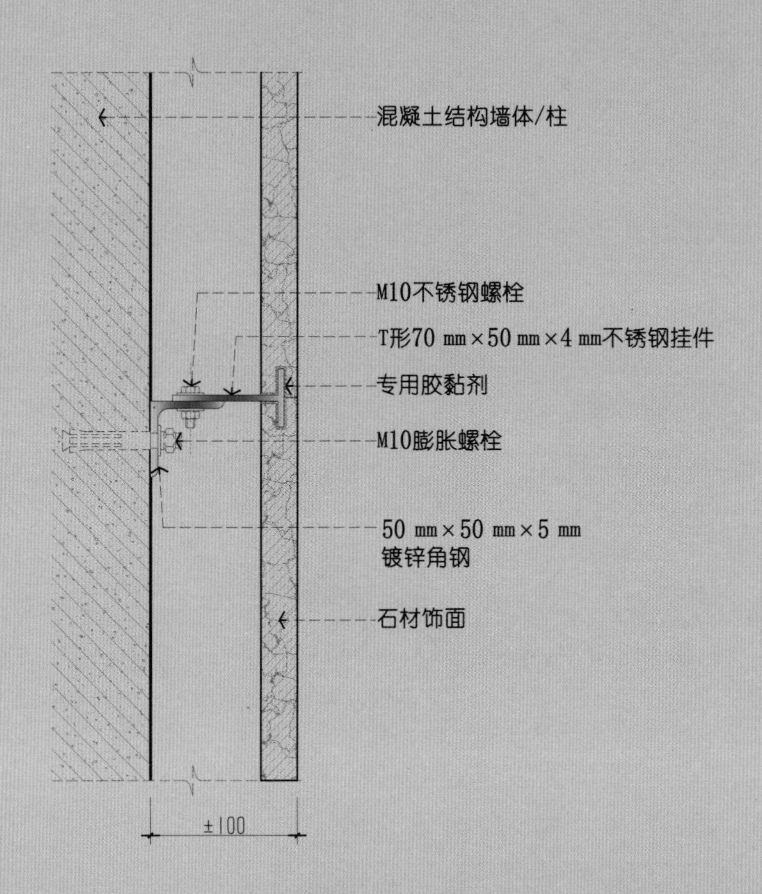
混凝土结构墙体/柱
M10不锈钢螺栓
T形70 mm×50 mm×4 mm不锈钢挂件
专用胶黏剂
M10膨胀螺栓
50 mm×50 mm×5 mm
镀锌角钢
石材饰面
±100

混凝土结构墙体 —— 石材饰面干挂节点图

比例1 ：5

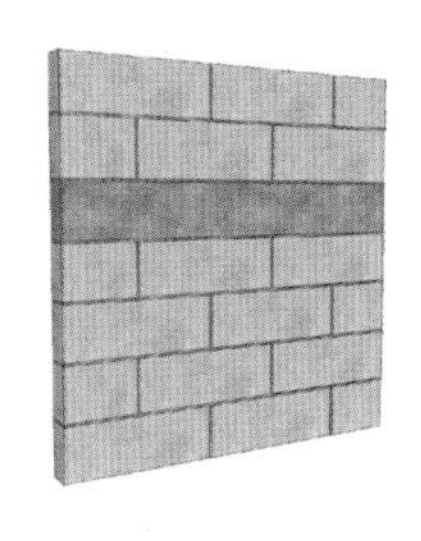

① 蒸压加气混凝土砌块墙体

② 200 mm × 200 mm × 8 mm 镀锌钢板埋件

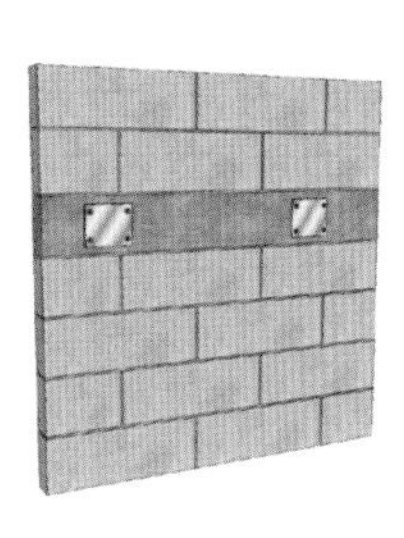

③ M10 膨胀螺栓固定于圈梁

④ 8 号镀锌槽钢转接件焊接固定

⑤ 8 号镀锌槽钢竖向焊接固定

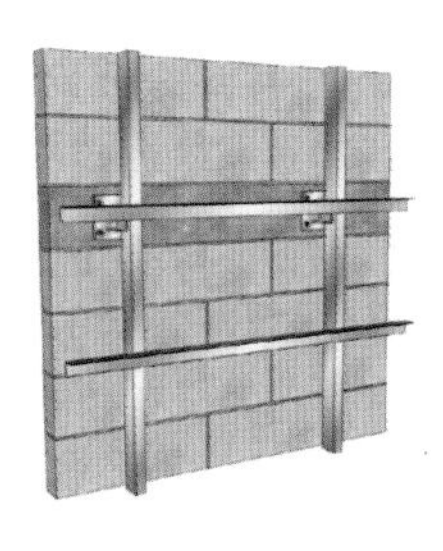

⑥ L 形 50 mm × 50 mm × 5 mm 镀锌角钢

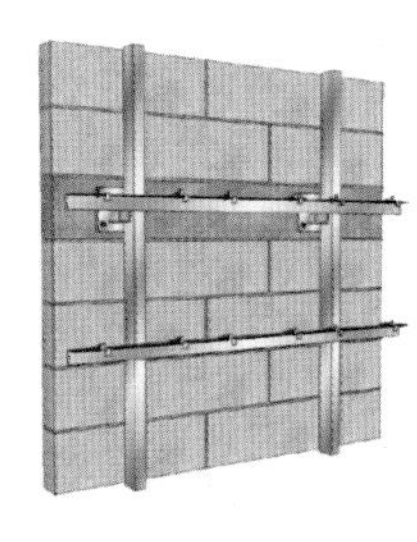

⑦ T 形 70 mm × 50 mm × 4 mm 不锈钢挂件（间距根据石材板块排布）

⑧ 干挂石材

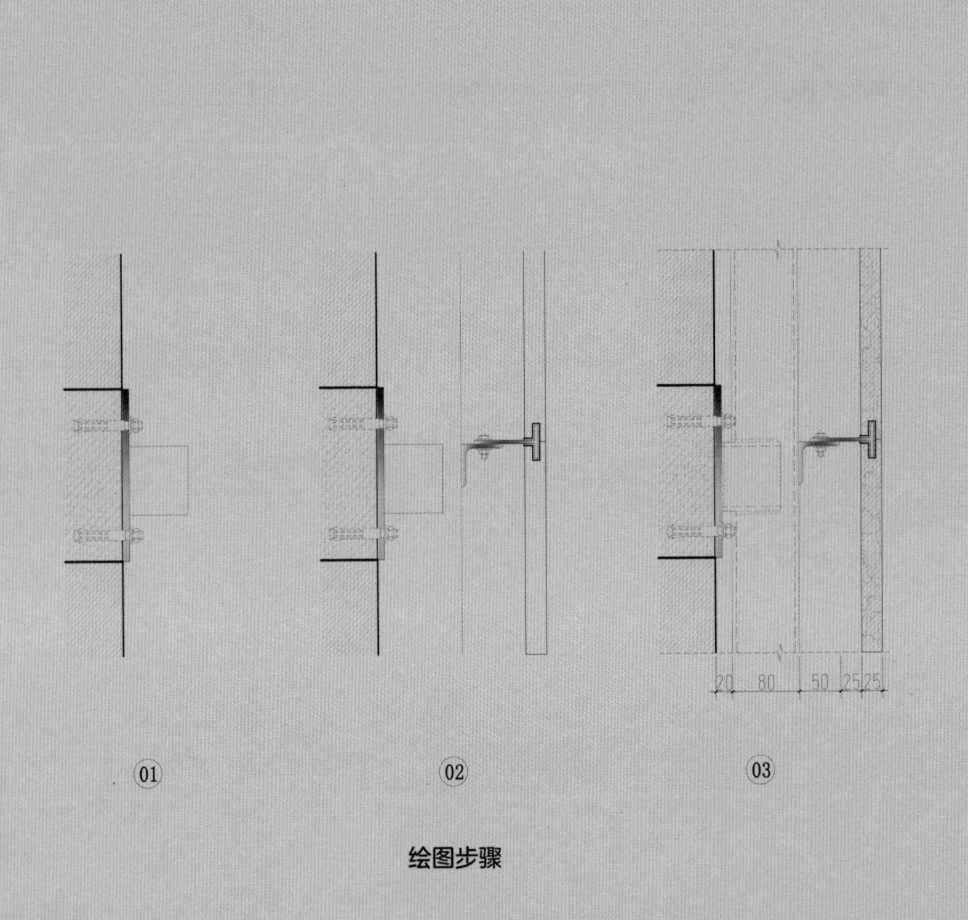
20 80 50 25 25
01
02
03

绘图步骤

混凝土结构墙体/柱

8号镀锌槽钢

M10不锈钢螺栓

T形70 mm×50 mm×4 mm
不锈钢挂件

专用胶黏剂

8号镀锌槽钢转接件

50 mm×50 mm×5 mm
镀锌角钢

200 mm×200 mm×8 mm镀锌钢板埋件

M10膨胀螺栓

混凝土圈梁

石材饰面

20 80 50 25 25

蒸压加气混凝土砌块墙体—石材饰面干挂节点图

比例1 ： 5

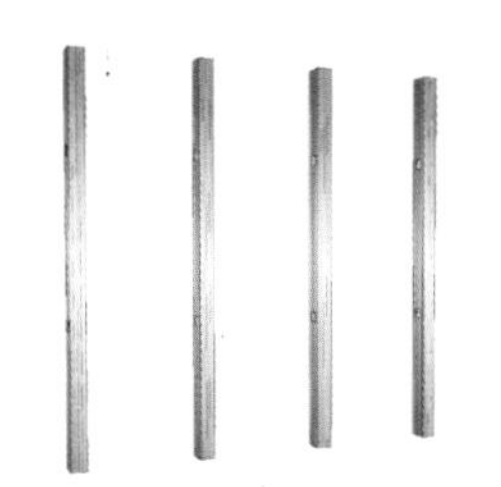

① 沿顶、地轻钢龙骨安装，竖向龙骨安装（间距不大于 400 mm）

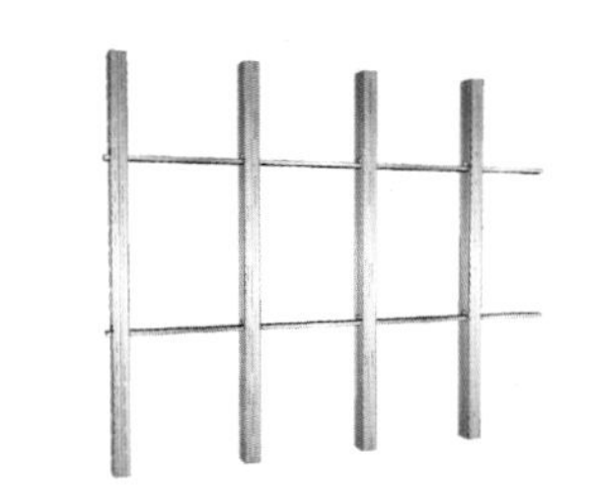

② 穿心龙骨安装，间距不大于 1000 mm

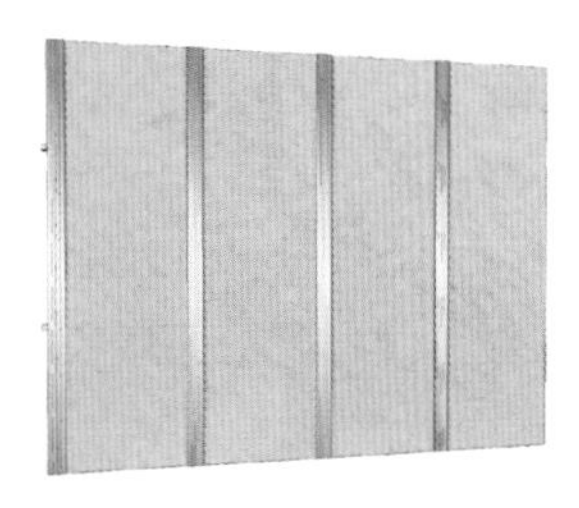

③ 安装防火隔声岩棉（容重需符合设计要求）

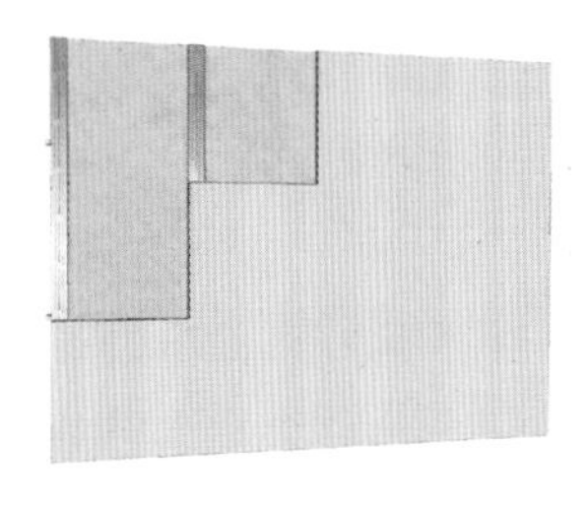

④ 12 mm 厚阻燃夹板基层铺设

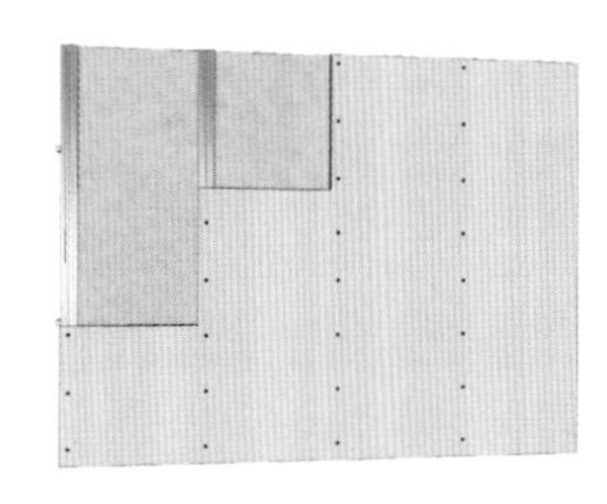

⑤ 自攻螺钉固定

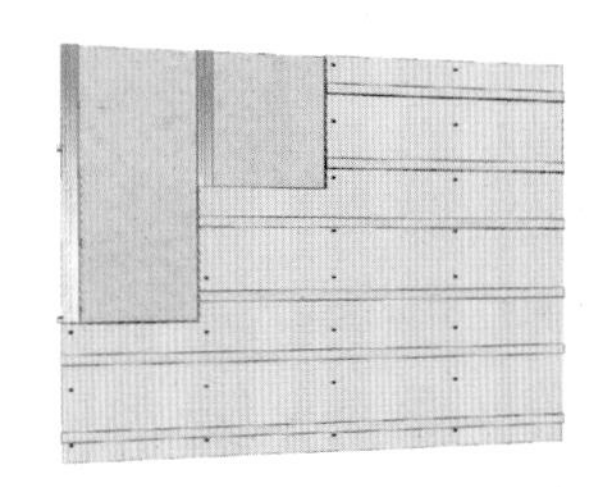

⑥ 木挂件阻燃处理

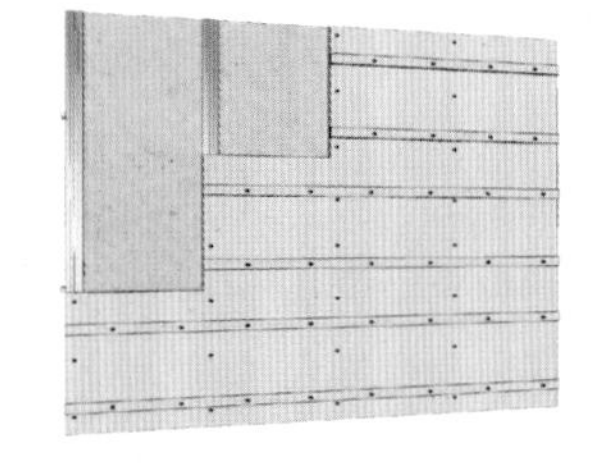

⑦ 自攻螺钉固定

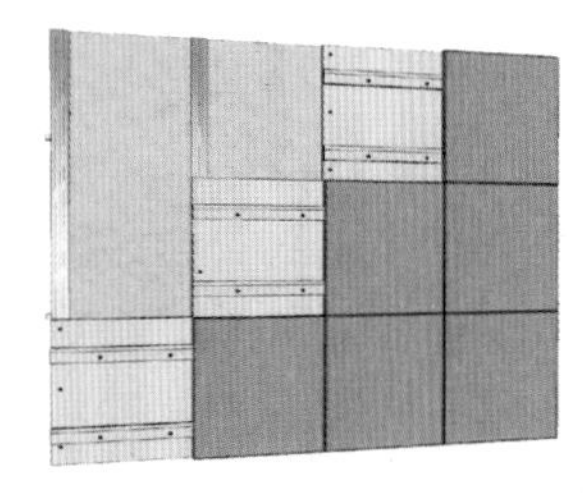

⑧ 9 mm 厚阻燃夹板基层铺设，布艺软包饰面

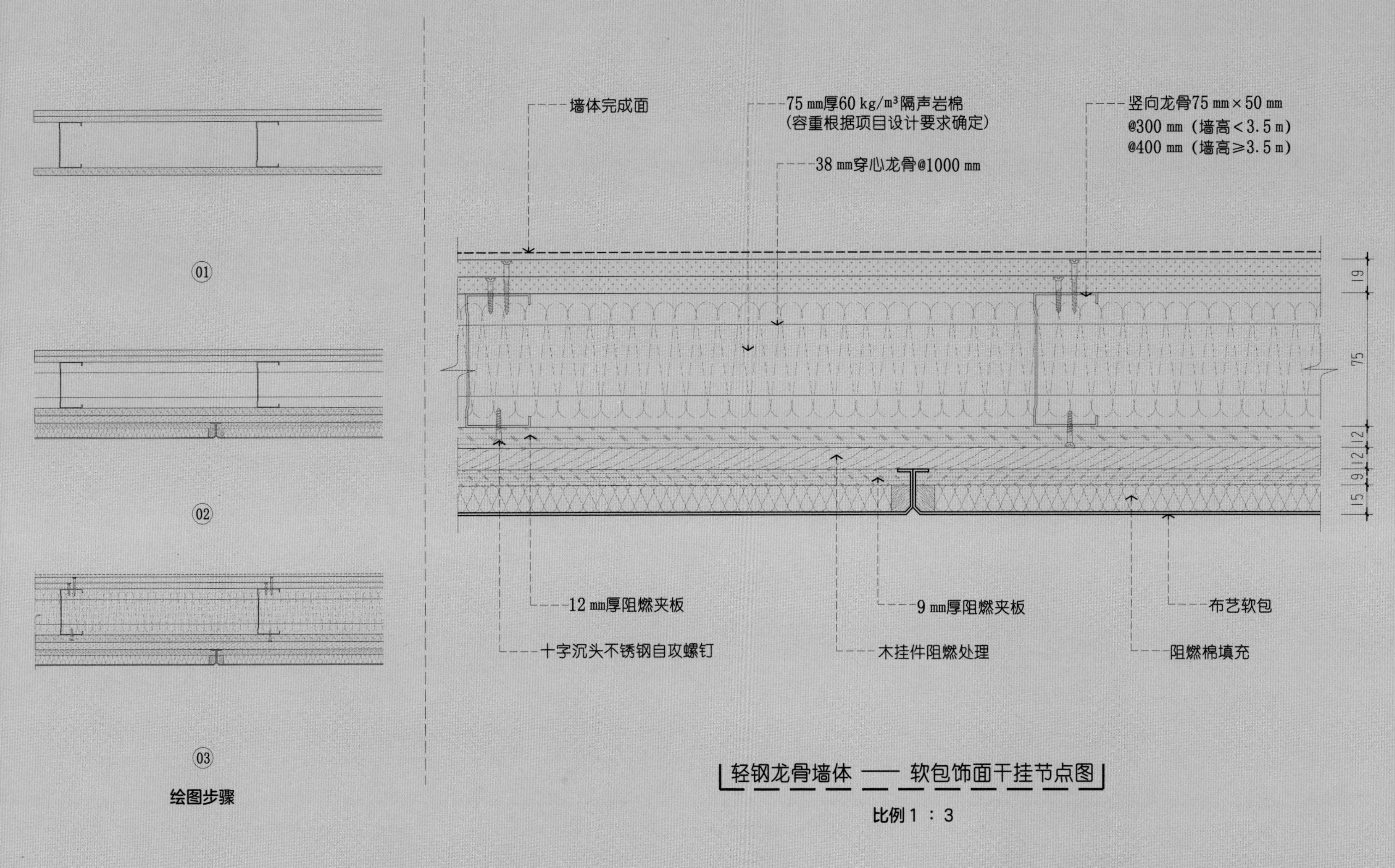

01
02
03
绘图步骤
墙体完成面
75 mm厚60 kg/m³隔声岩棉
(容重根据项目设计要求确定)
38 mm穿心龙骨@1000 mm
竖向龙骨75 mm×50 mm
@300 mm（墙高＜3.5 m）
@400 mm（墙高≥3.5 m）
19
75
12
12
9
15
12 mm厚阻燃夹板
十字沉头不锈钢自攻螺钉
9 mm厚阻燃夹板
木挂件阻燃处理
布艺软包
阻燃棉填充

轻钢龙骨墙体 —— 软包饰面干挂节点图

比例 1 ： 3

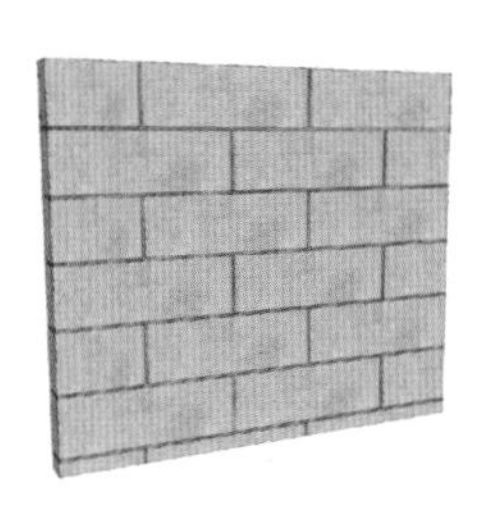

① 蒸压加气混凝土砌块墙体

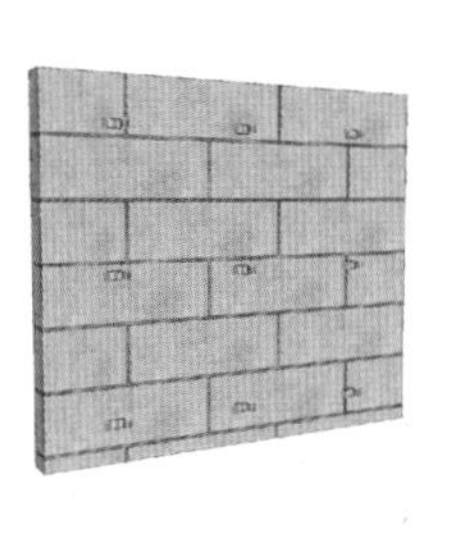

② 龙骨支撑固定卡件

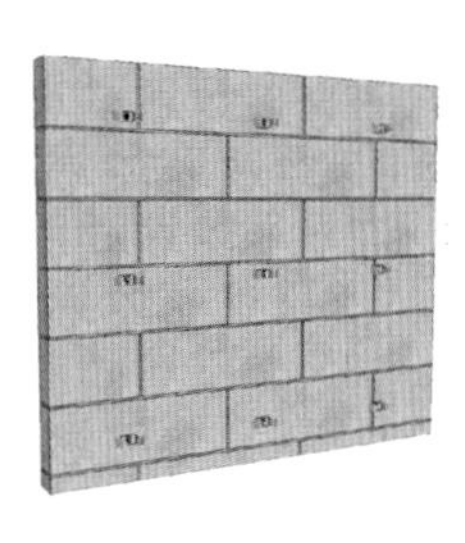

③ 塑料紧固件（膨胀管）、自攻螺钉固定

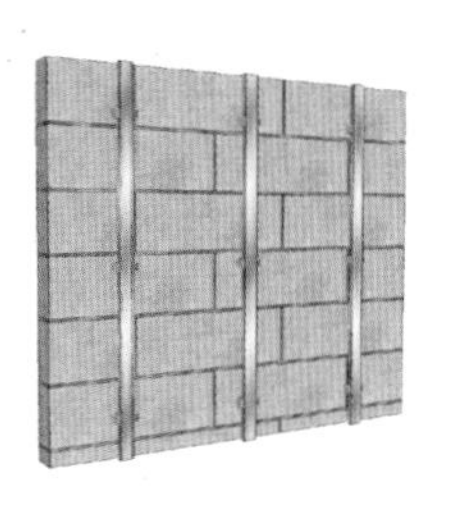

④ 50 mm 竖向龙骨间距 400 mm，自攻螺钉固定

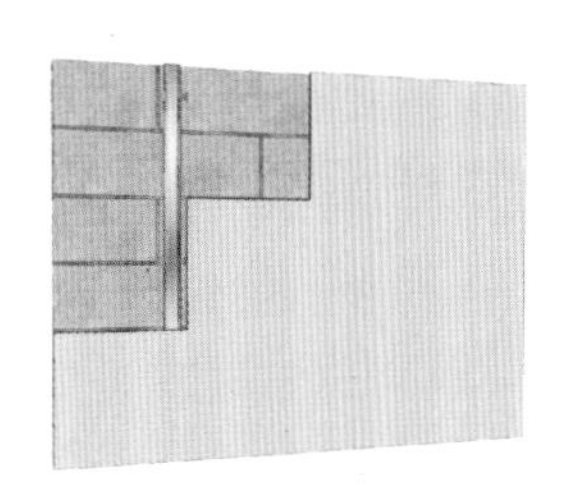

⑤ 12 mm 厚阻燃夹板基层铺设

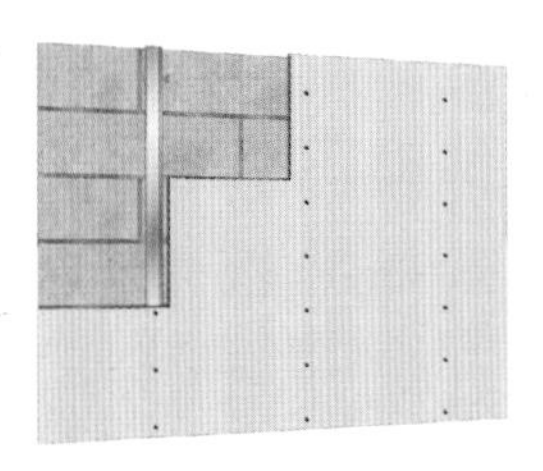

⑥ 自攻螺钉固定

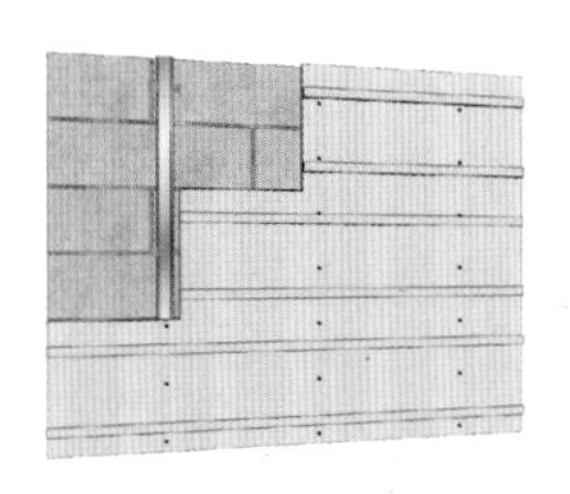

⑦ 木挂件阻燃处理

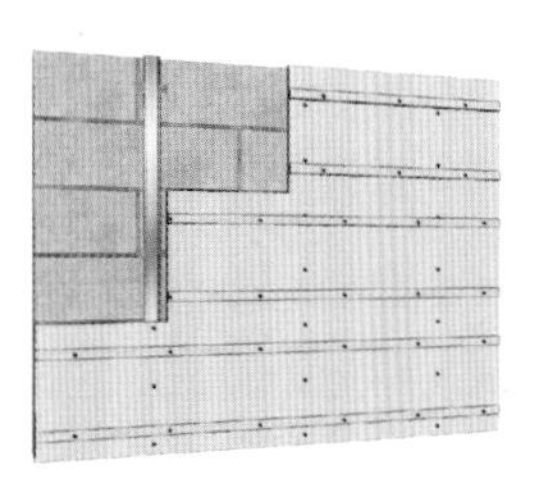

⑧ 自攻螺钉固定

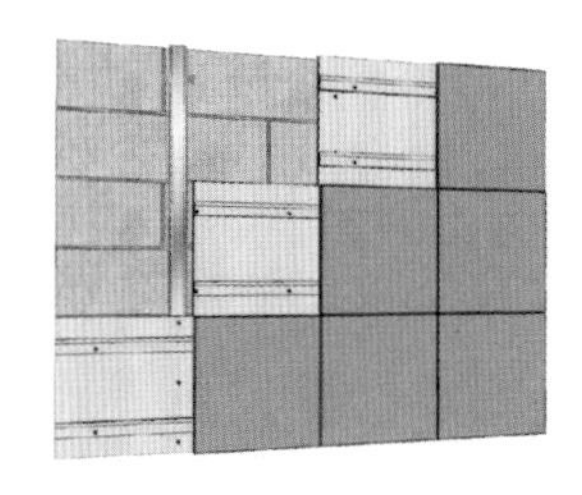

⑨ 9 mm 厚阻燃夹板基层，布艺软包饰面

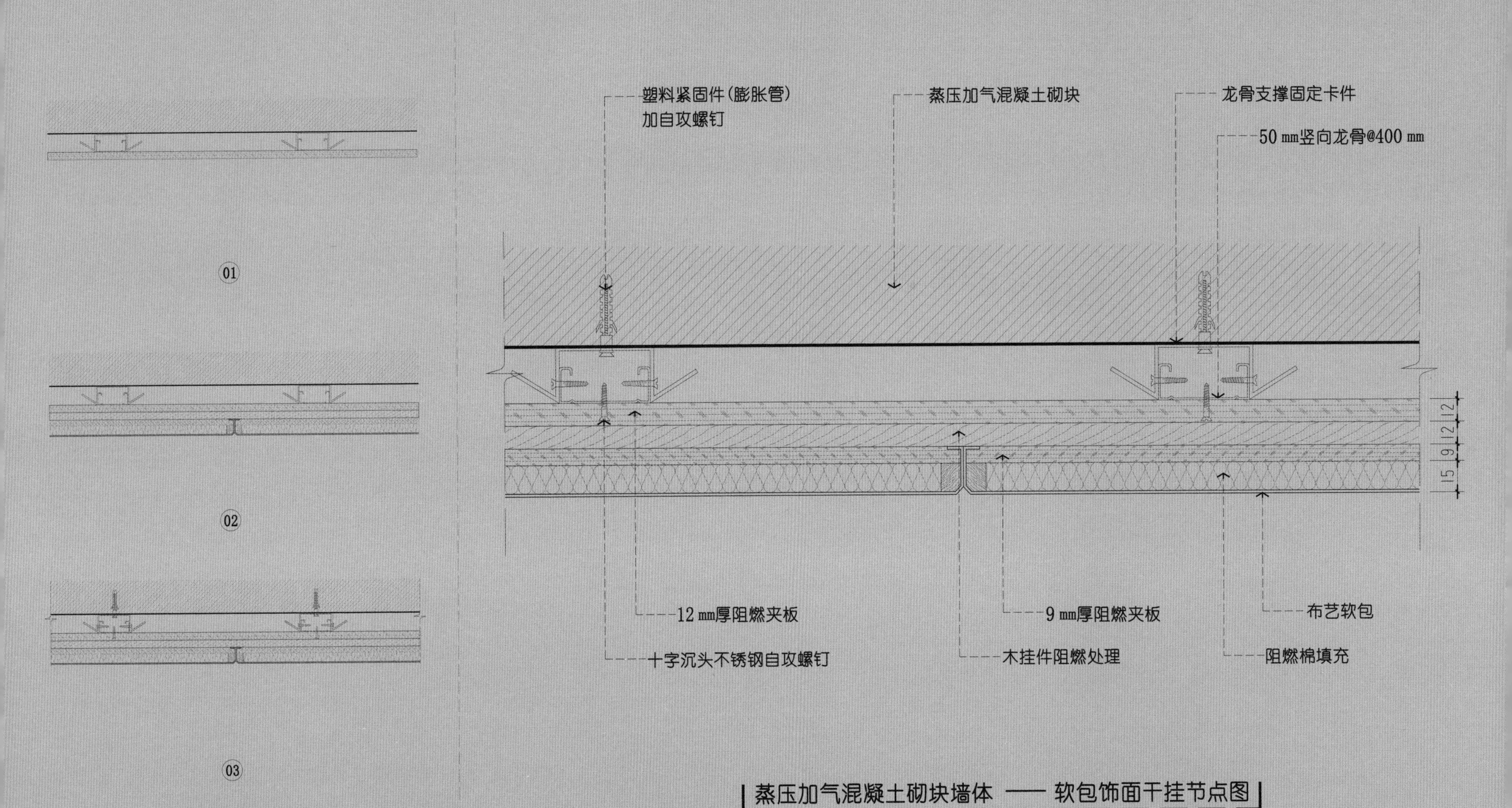
塑料紧固件（膨胀管）
加自攻螺钉
蒸压加气混凝土砌块
龙骨支撑固定卡件
50 mm竖向龙骨@400 mm
12
12
9
15
12 mm厚阻燃夹板
十字沉头不锈钢自攻螺钉
9 mm厚阻燃夹板
木挂件阻燃处理
布艺软包
阻燃棉填充
01
02
03

绘图步骤

蒸压加气混凝土砌块墙体 —— 软包饰面干挂节点图

比例 1 ：3

① 沿顶、地轻钢龙骨安装，竖向龙骨安装（间距不大于 400 mm）

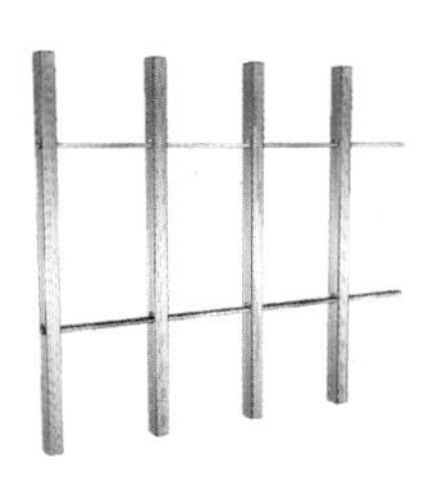

② 穿心龙骨安装，间距不大于 1000 mm

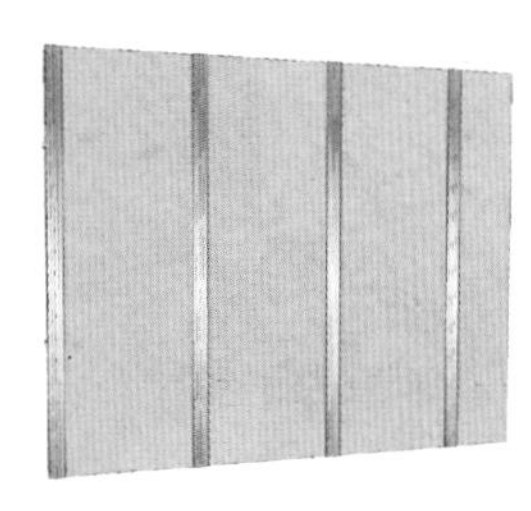

③ 安装防火隔声岩棉（容重需符合设计要求）

④ 9.5 mm 厚单层石膏板固定

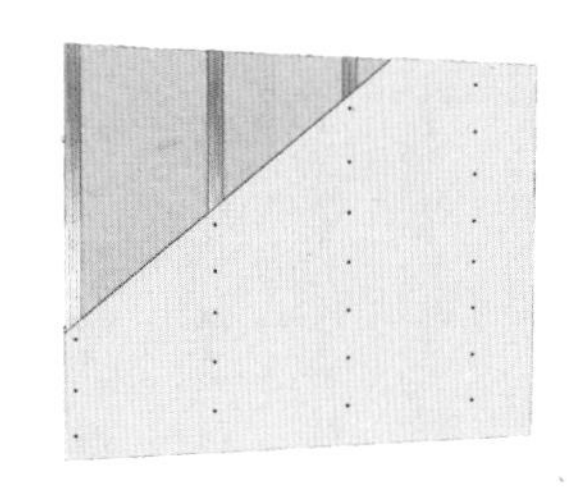

⑤ 板边螺钉间距不大于 200 mm，板中螺钉间距不大于 300 mm

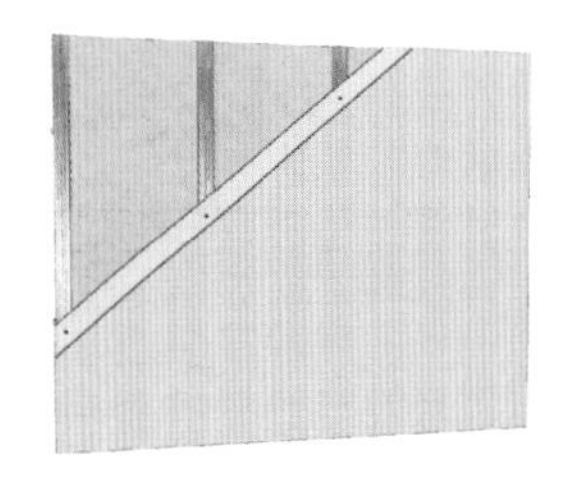

⑥ 12 mm 厚阻燃夹板基层铺设

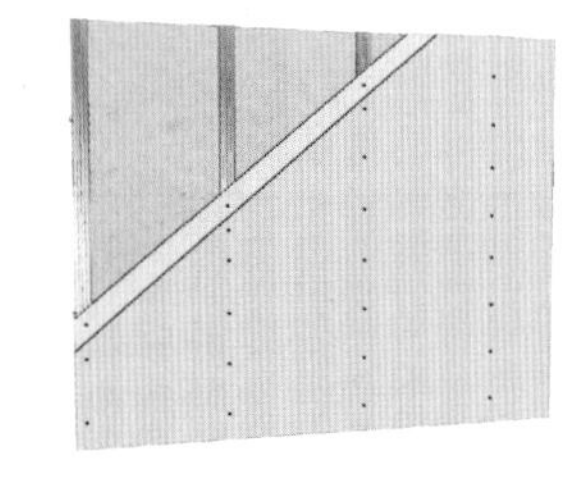

⑦ 自攻螺钉固定

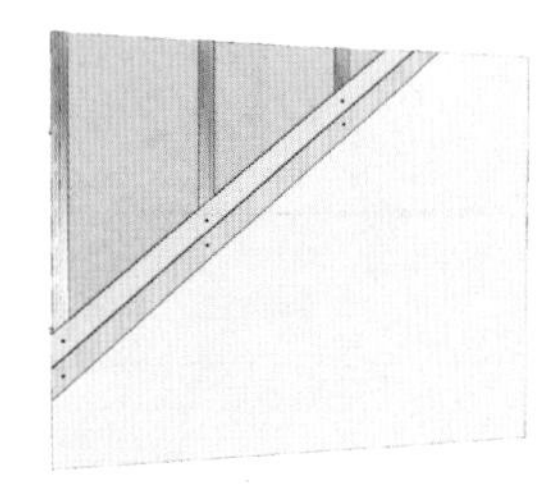

⑧ 专用胶黏剂涂刷

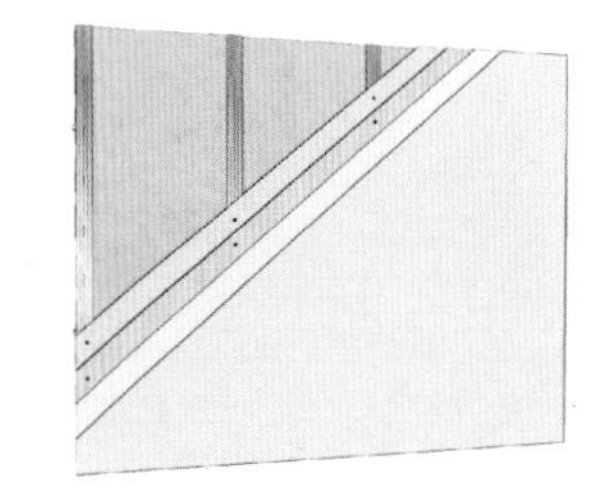

⑨ 6 mm 厚玻璃饰面粘贴固定

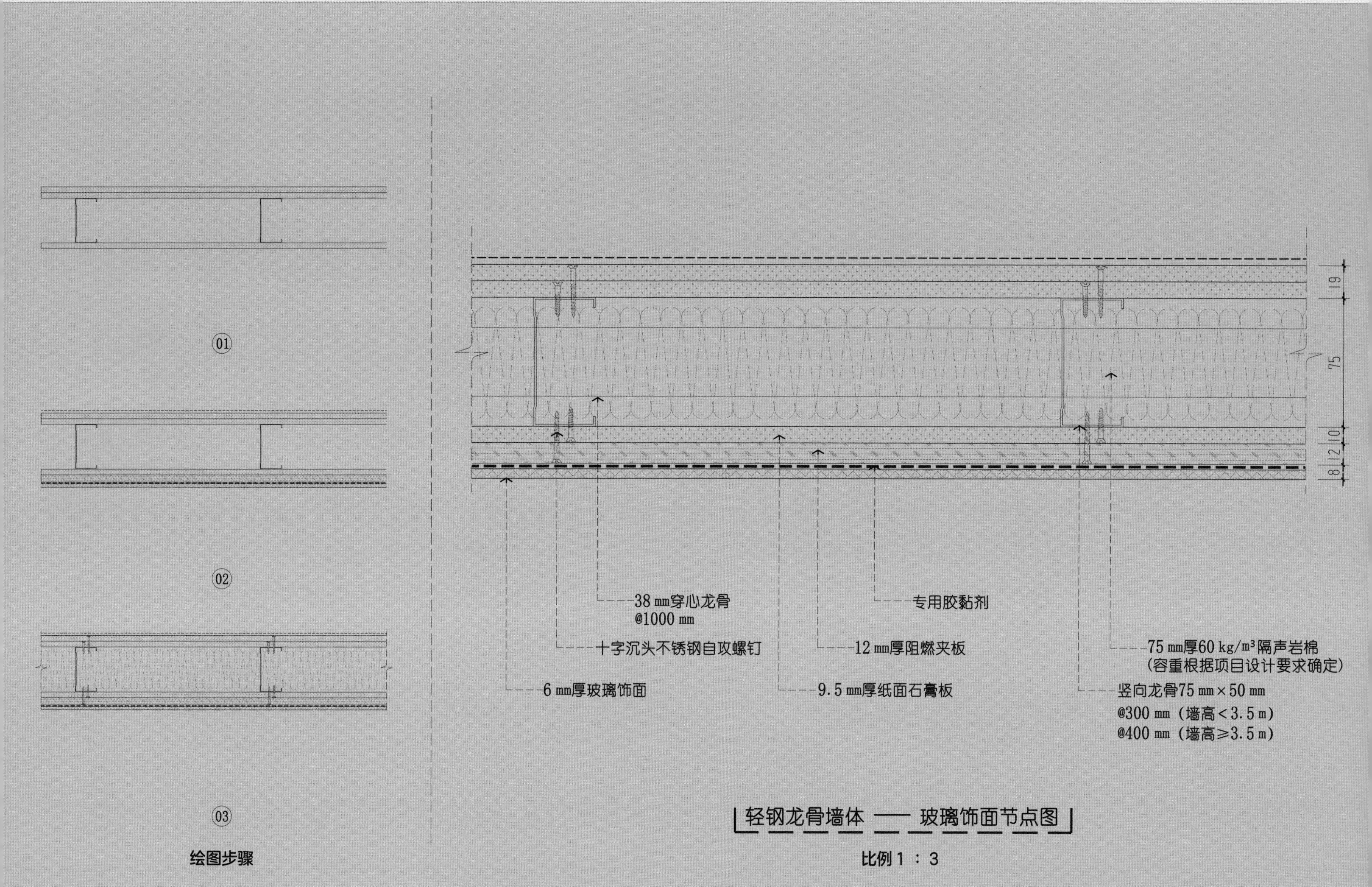

01
02
03
绘图步骤
19
75
10
12
8
38 mm穿心龙骨
@1000 mm
十字沉头不锈钢自攻螺钉
6 mm厚玻璃饰面
专用胶黏剂
12 mm厚阻燃夹板
9.5 mm厚纸面石膏板
75 mm厚60 kg/m³隔声岩棉
(容重根据项目设计要求确定)
竖向龙骨75 mm×50 mm
@300 mm（墙高＜3.5 m）
@400 mm（墙高≥3.5 m）

轻钢龙骨墙体 —— 玻璃饰面节点图

比例1 ：3

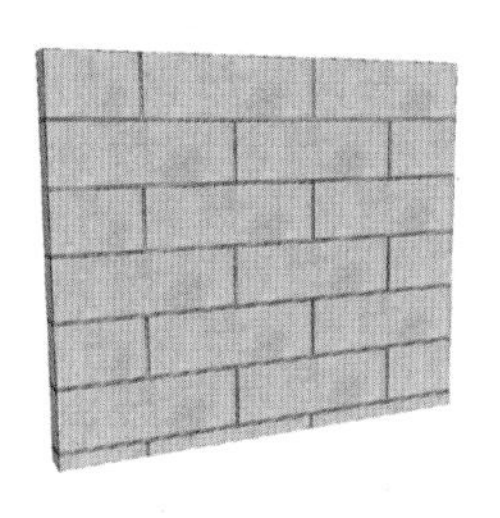

① 蒸压加气混凝土砌块墙体

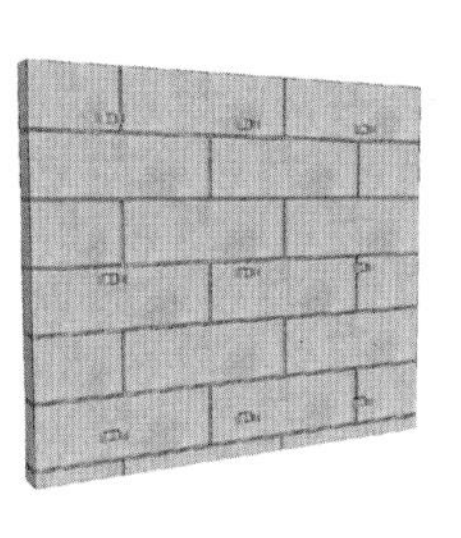

② 龙骨支撑固定卡件

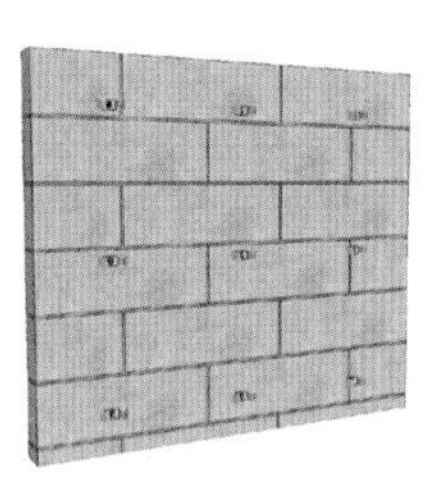

③ 塑料紧固件（膨胀管）、自攻螺钉固定

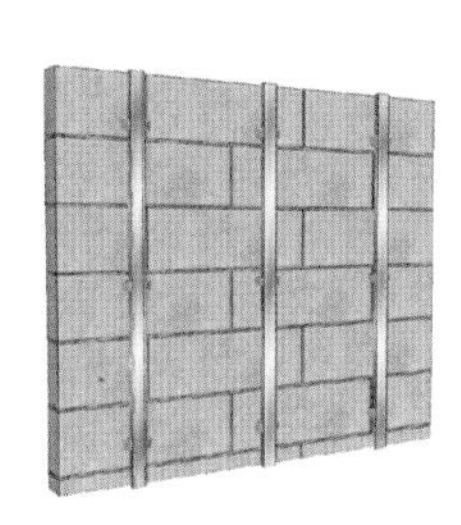

④ 50 mm 竖向龙骨间距 400 mm，自攻螺钉固定

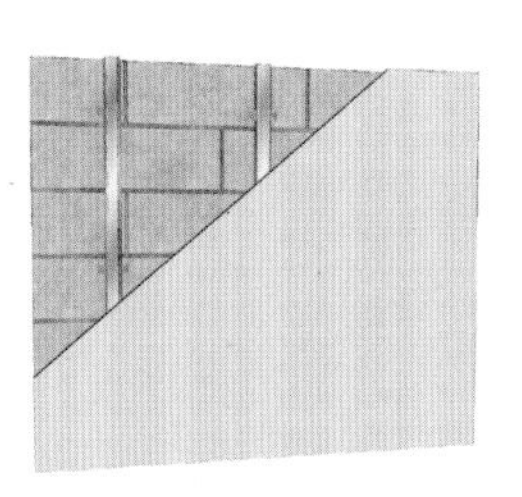

⑤ 12 mm 厚阻燃夹板基层铺设

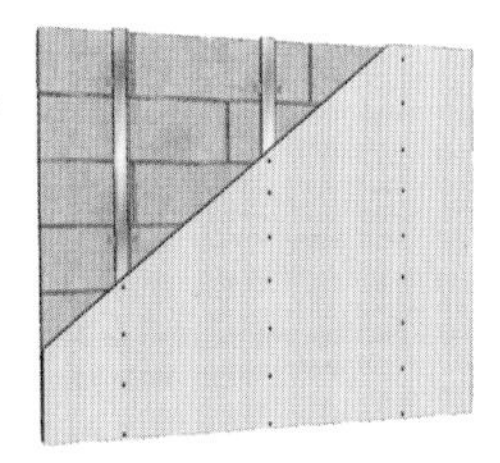

⑥ 自攻螺钉固定

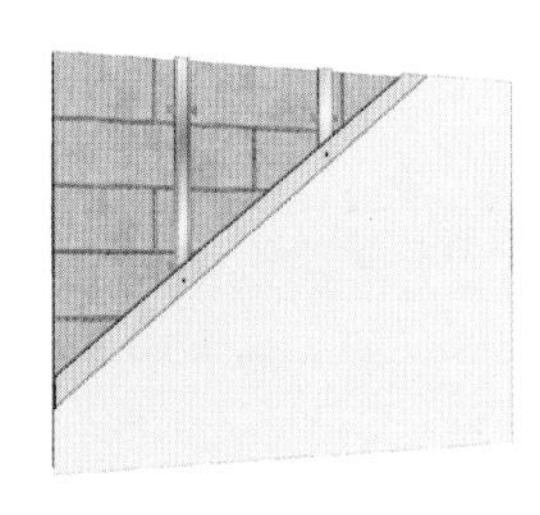

⑦ 专用胶黏剂涂刷

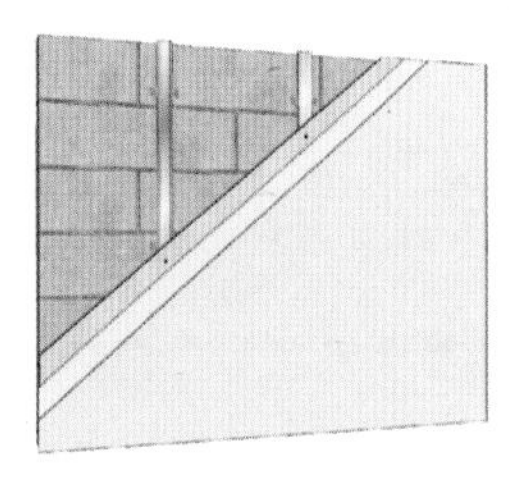

⑧ 6 mm 厚玻璃饰面粘贴固定

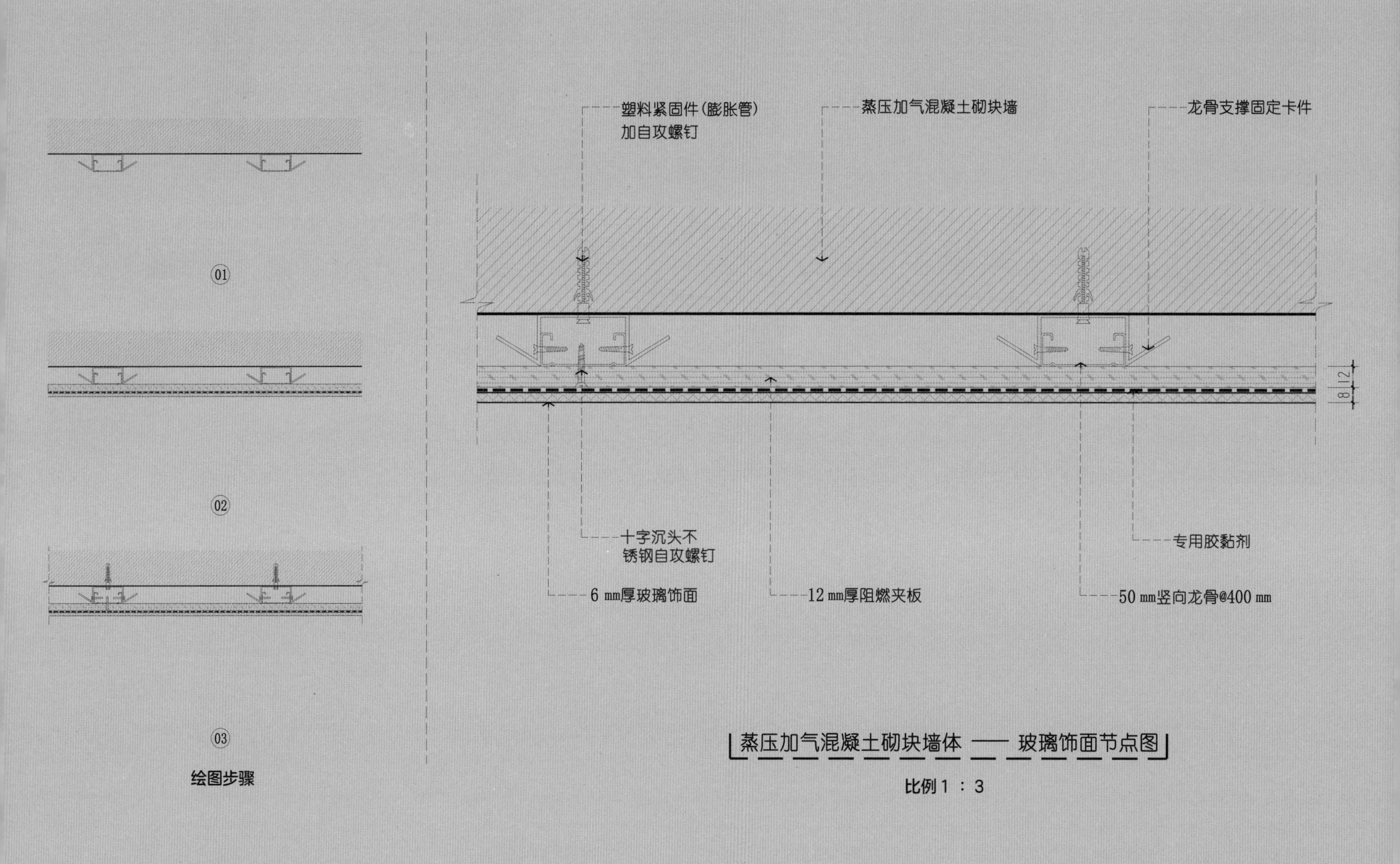
塑料紧固件(膨胀管)
加自攻螺钉
蒸压加气混凝土砌块墙
龙骨支撑固定卡件
12
8
十字沉头不
锈钢自攻螺钉
专用胶黏剂
6 mm厚玻璃饰面
12 mm厚阻燃夹板
50 mm竖向龙骨@400 mm
01
02
03
绘图步骤

蒸压加气混凝土砌块墙体 —— 玻璃饰面节点图

比例 1 ： 3

① 混凝土结构墙体

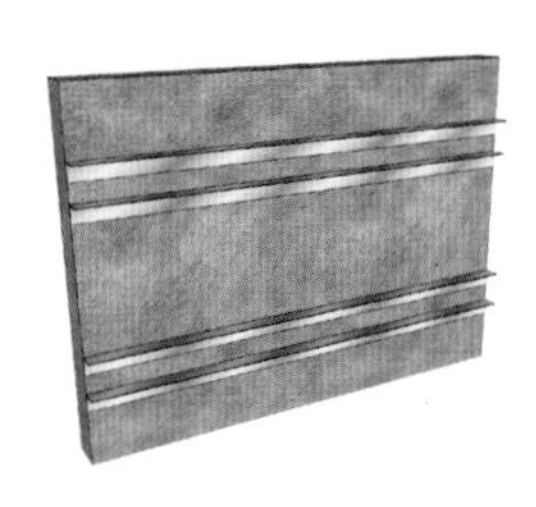

② L 形 50 mm × 50 mm × 5 mm 镀锌角钢

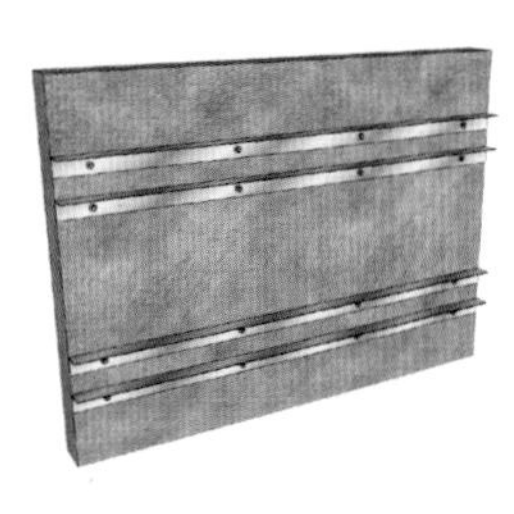

③ M10 膨胀螺栓固定

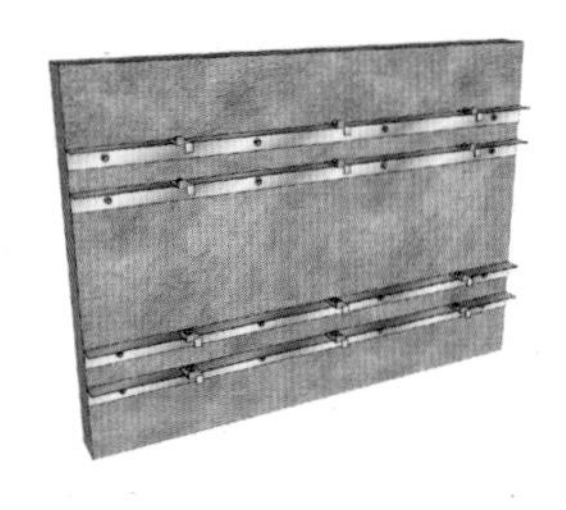

④ T 形 70 mm × 50 mm × 4 mm 不锈钢挂件

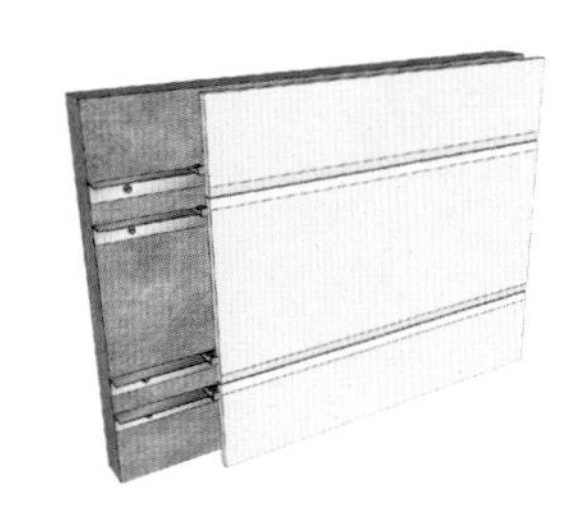

⑤ 干挂 GRG 挂板

⑥ 专用嵌缝腻子

⑦ 粘贴网格接缝带

⑧ 涂料饰面

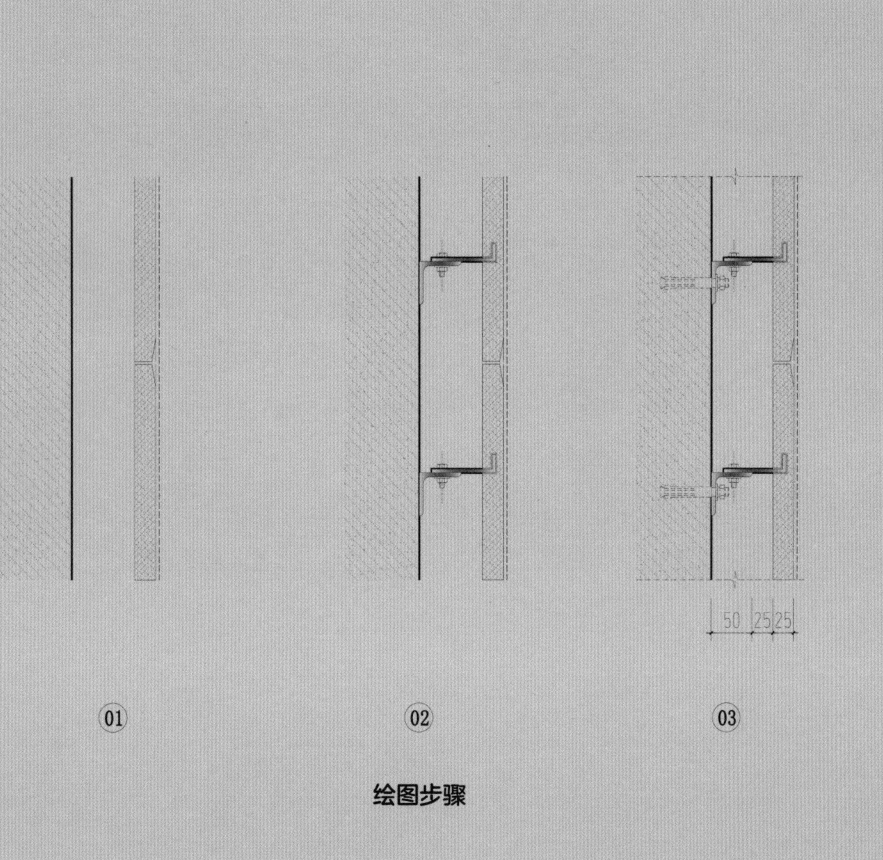
50
25
25
01
02
03

绘图步骤

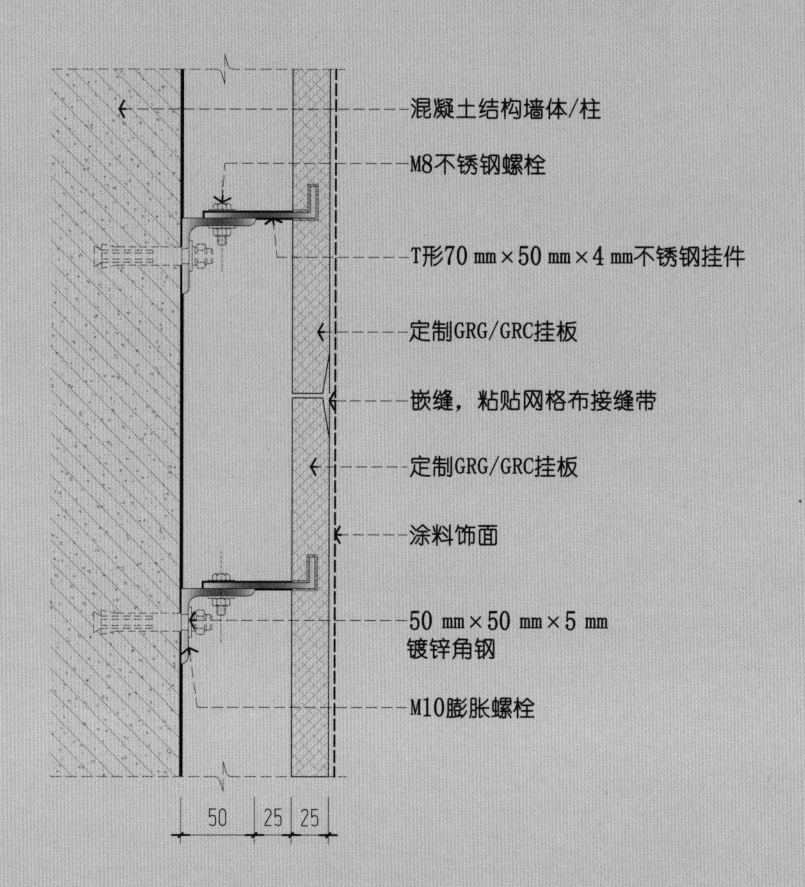
混凝土结构墙体/柱
M8不锈钢螺栓
T形70 mm×50 mm×4 mm不锈钢挂件
定制GRG/GRC挂板
嵌缝，粘贴网格布接缝带
定制GRG/GRC挂板
涂料饰面
50 mm×50 mm×5 mm
镀锌角钢
M10膨胀螺栓
50
25
25

混凝土结构墙体 —— GRG饰面干挂节点图

比例 1 ∶ 5

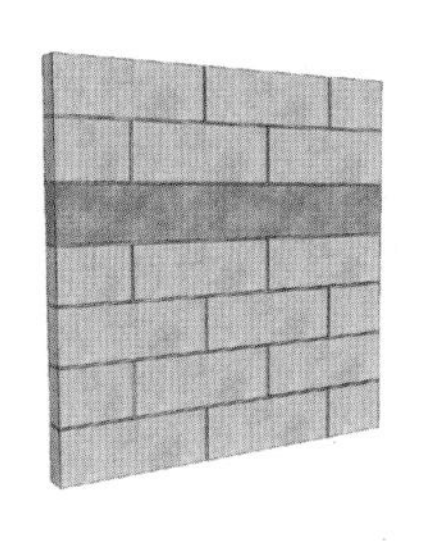

① 蒸压加气混凝土砌块墙体

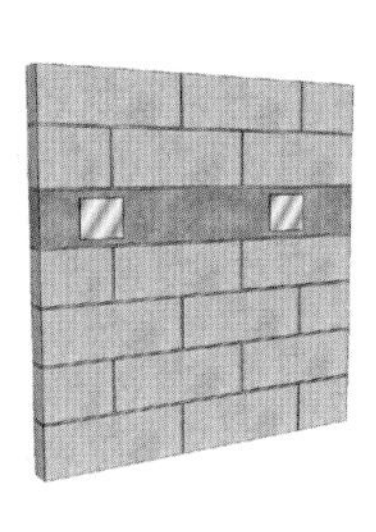

② 200 mm × 200 mm × 8 mm 镀锌钢板埋件

③ M10 膨胀螺栓固定于圈梁

④ 8 号镀锌槽钢转接件焊接固定

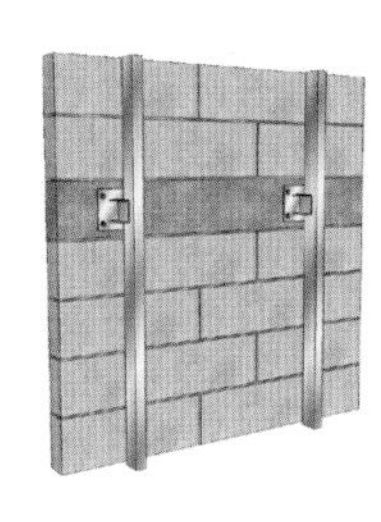

⑤ 8 号镀锌槽钢竖向焊接固定

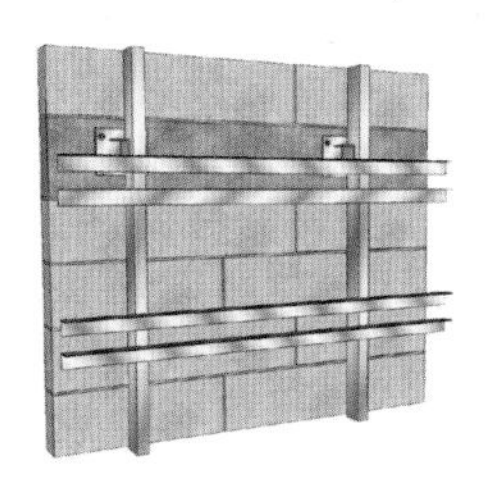

⑥ L 形 50 mm × 50 mm × 5 mm 镀锌角钢横向焊接固定

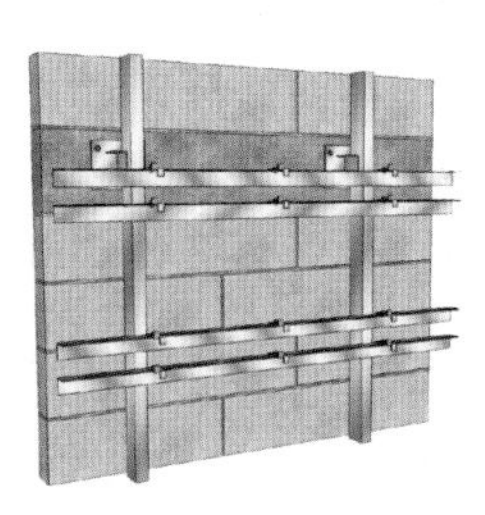

⑦ T 形 70 mm × 50 mm × 4 mm 不锈钢挂件

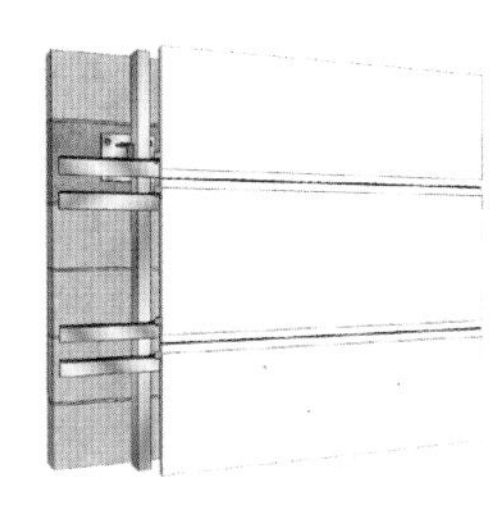

⑧ 干挂 GRG 挂板

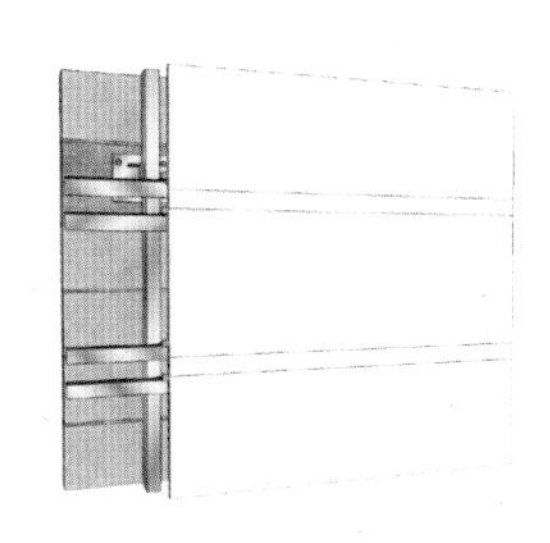

⑨ 专用嵌缝腻子

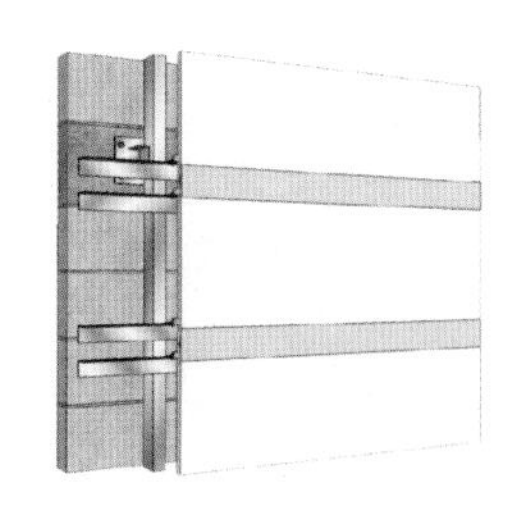

⑩ 粘贴网格接缝带

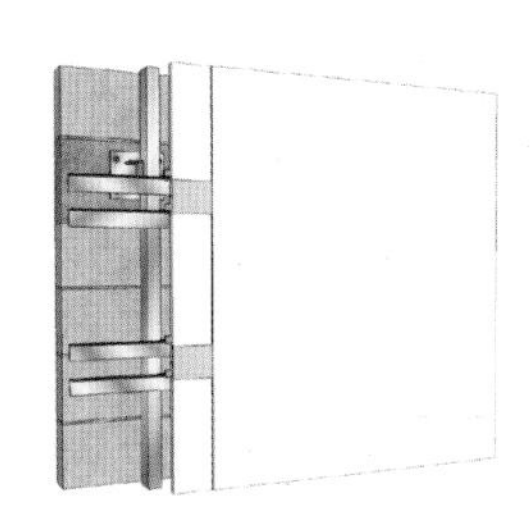

⑪ 涂料饰面

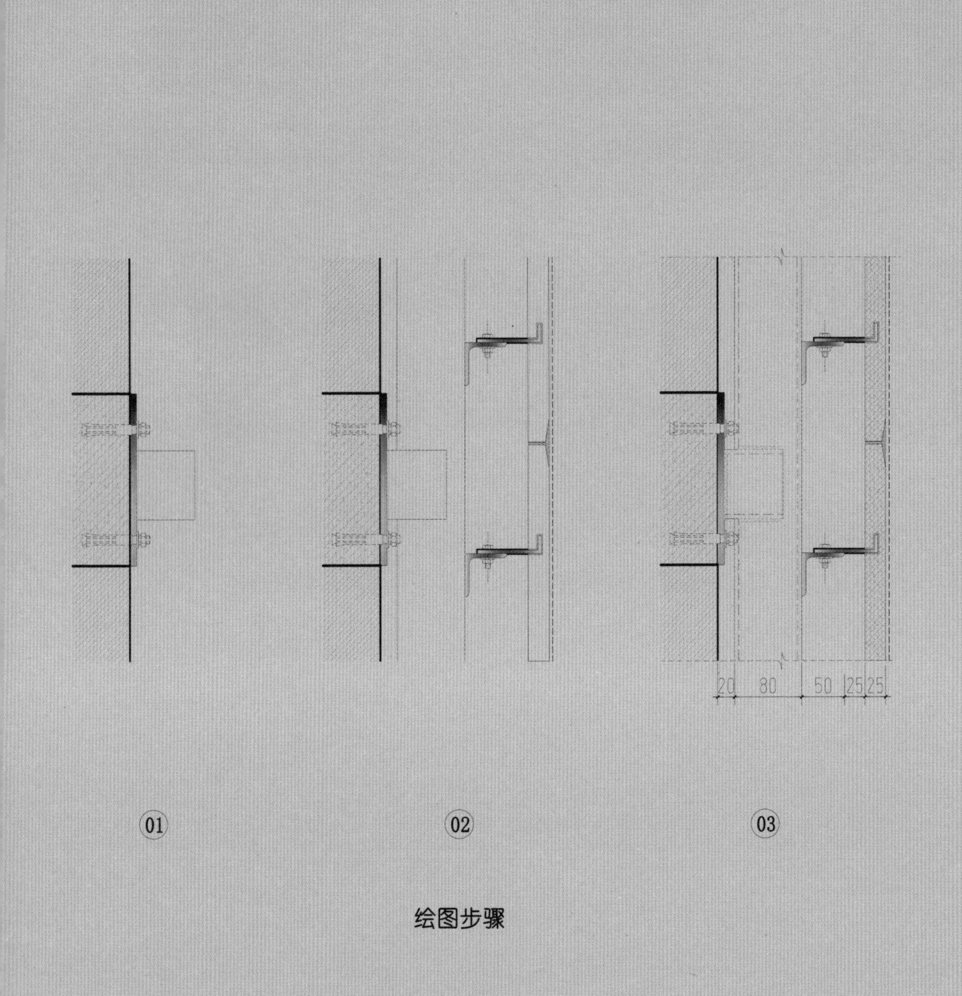
20
80
50
25
25
01
02
03

绘图步骤

蒸压加气混凝土砌块

圈梁

200 mm×200 mm×8 mm
镀锌钢板埋件

M10膨胀螺栓

8号镀锌槽钢

M8不锈钢螺栓

定制GRG/GRC挂板

嵌缝，网格布粘贴
(防开裂)

8号镀锌槽钢转接件

T形70 mm×50 mm×4 mm
不锈钢挂件

50 mm×50 mm×5 mm
镀锌角钢

涂料饰面

20　80　50　25　25

蒸压加气混凝土砌块墙体——GRG饰面干挂节点图

比例1 : 5

① 混凝土结构墙体

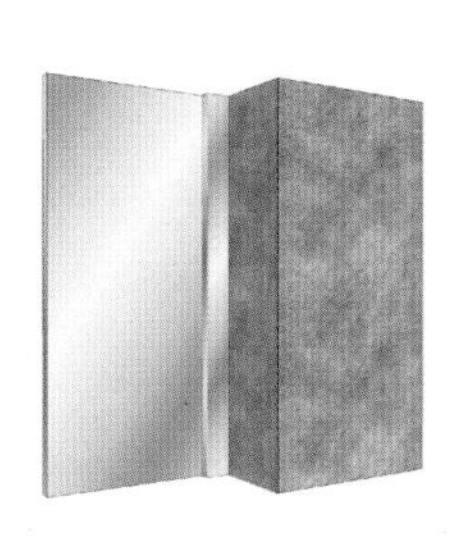

② 电梯门、门套

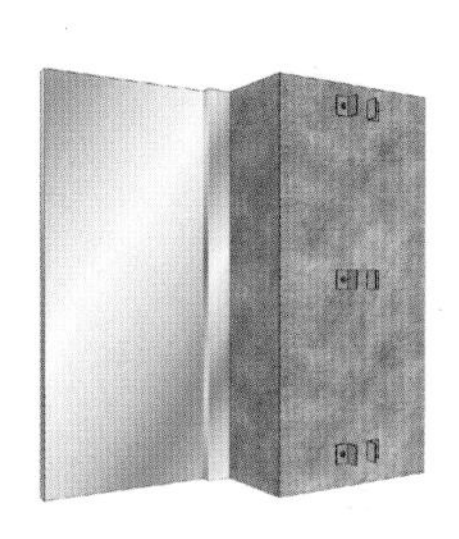

③ 5 号镀锌角钢转接件，M10 膨胀螺栓固定

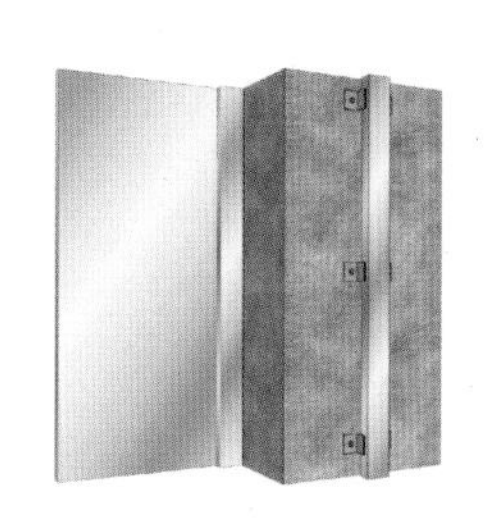

④ 8 号镀锌槽钢焊接固定

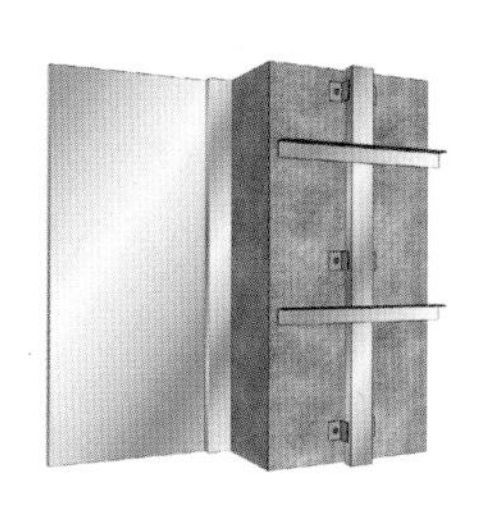

⑤ 5 号镀锌角钢横向焊接固定

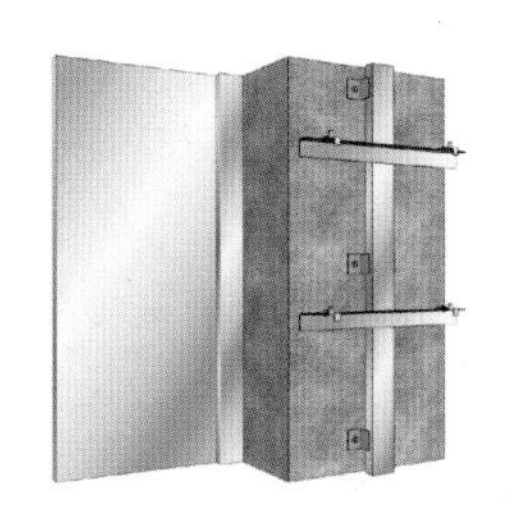

⑥ T 形 70 mm × 50 mm × 4 mm 不锈钢挂件（根据石材排布）

⑦ 5 号镀锌方钢

⑧ 干挂石材

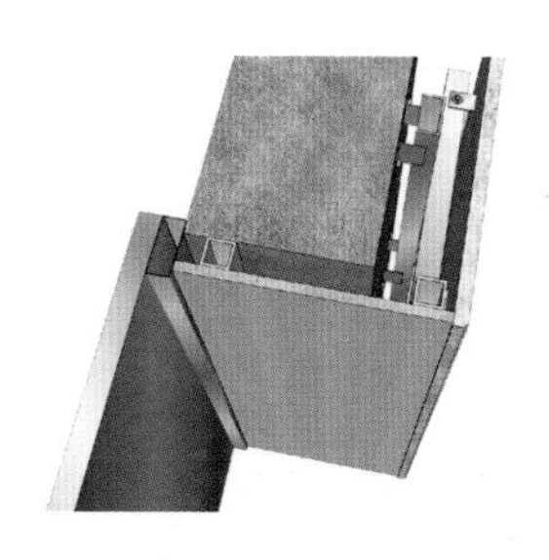

⑨ 18 mm 厚阻燃板基层铺设

⑩ 专用胶黏剂涂刷

⑪ 金属板饰面

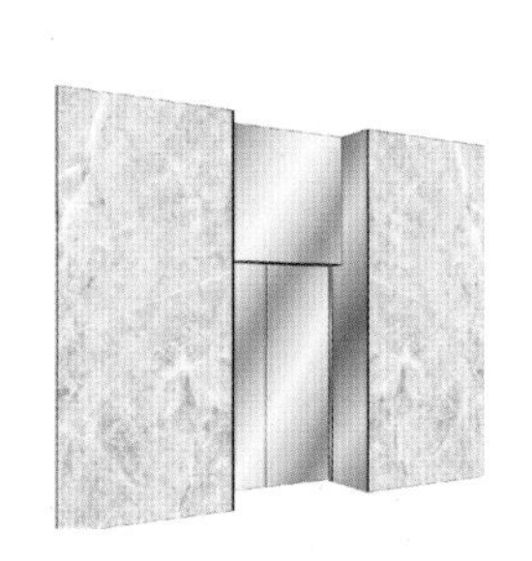

⑫ 最终效果

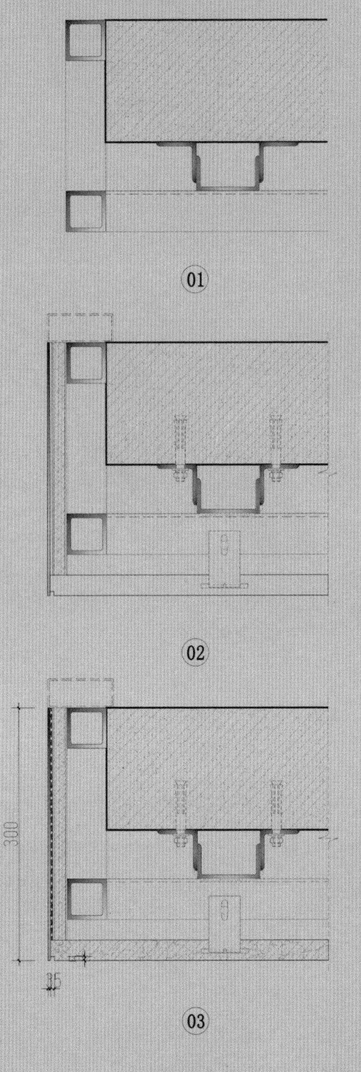
01
02
300
03
300
35

绘图步骤

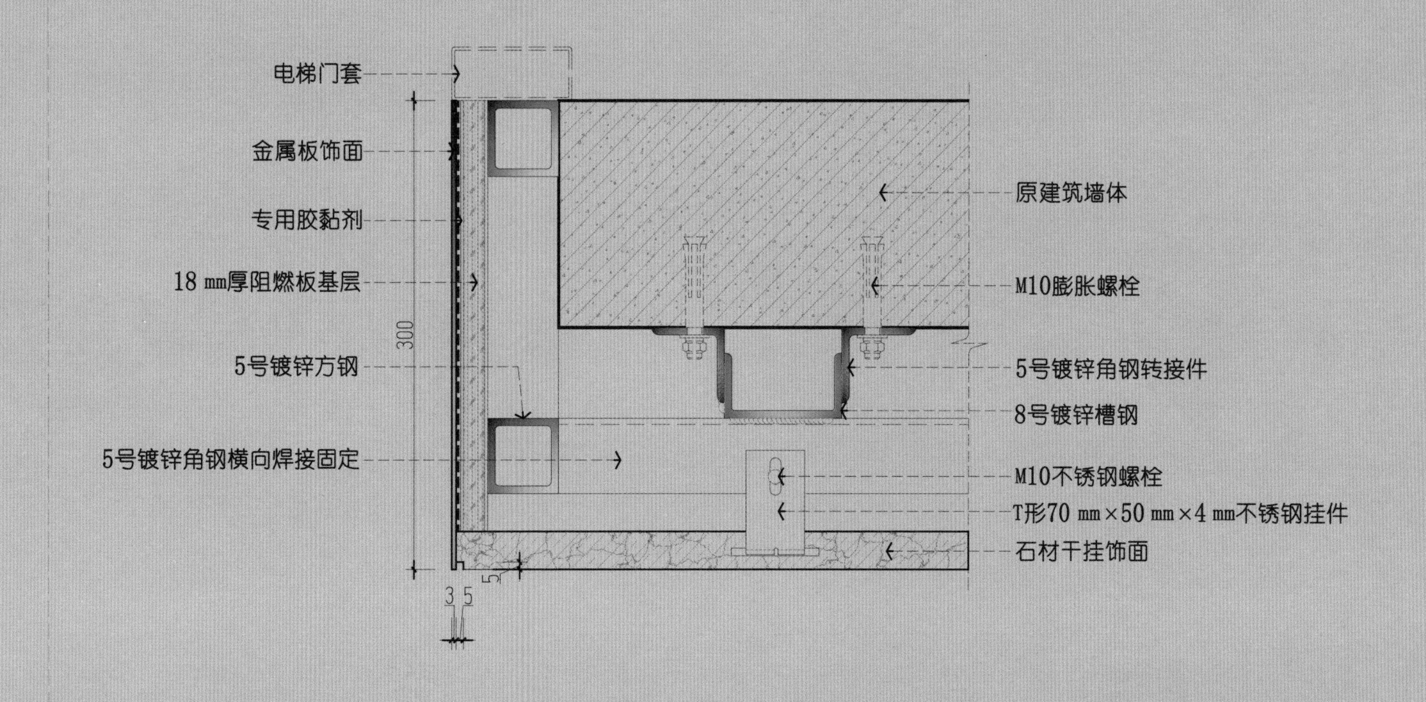
电梯门套
金属板饰面
专用胶黏剂
18 mm厚阻燃板基层
5号镀锌方钢
5号镀锌角钢横向焊接固定
300
3 5
5
原建筑墙体
M10膨胀螺栓
5号镀锌角钢转接件
8号镀锌槽钢
M10不锈钢螺栓
T形70 mm×50 mm×4 mm不锈钢挂件
石材干挂饰面

电梯金属门套与墙面石材饰面节点图

比例1 : 5

① 混凝土结构墙体

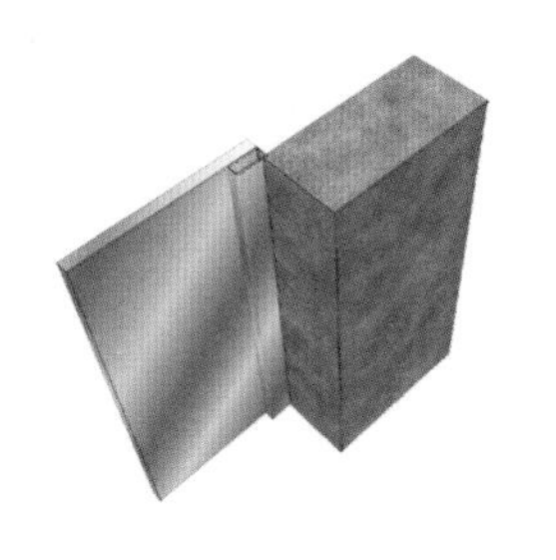

② 电梯门、门套

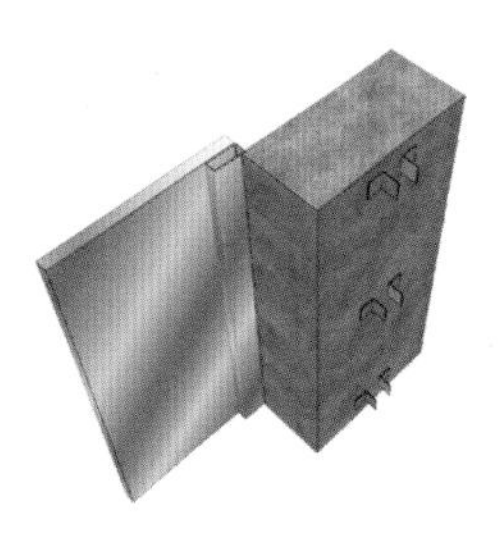

③ 5 号镀锌角钢转接件

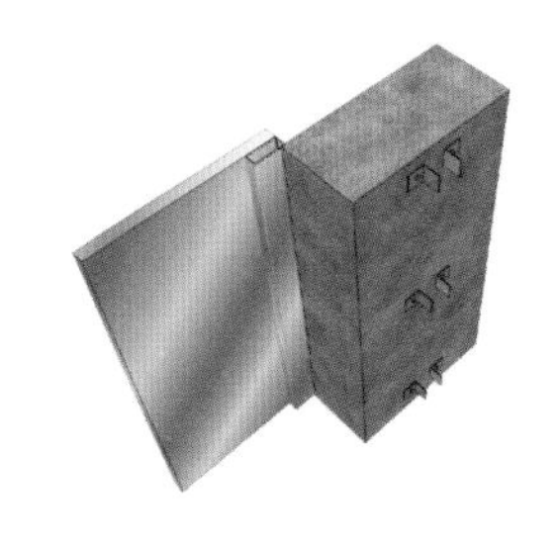

④ M10 膨胀螺栓固定

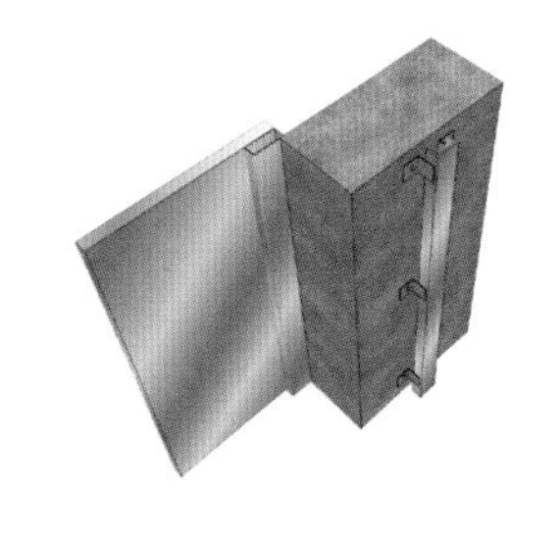

⑤ 8 号镀锌槽钢焊接固定

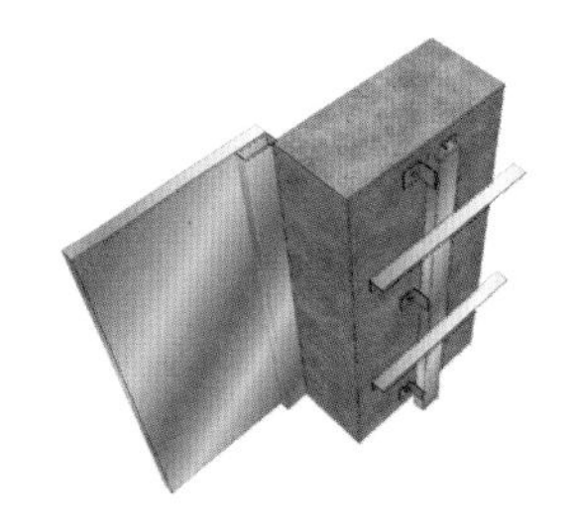

⑥ 5 号镀锌角钢横向焊接固定

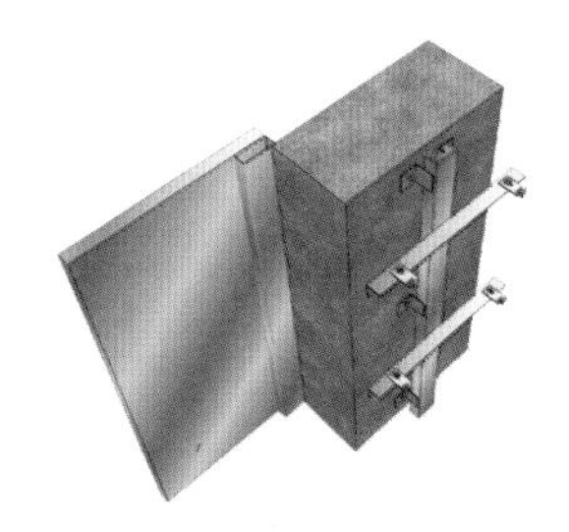

⑦ T 形 70 mm × 50 mm × 4 mm 不锈钢挂件（根据石材排布）

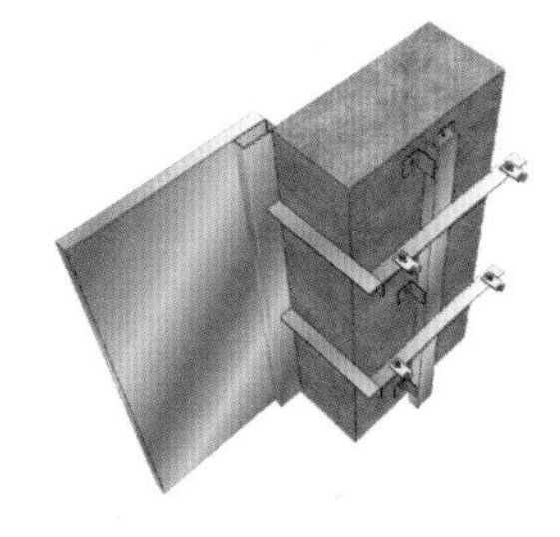

⑧ 5 号镀锌角钢，M10 膨胀螺栓固定

⑨ 不锈钢挂件

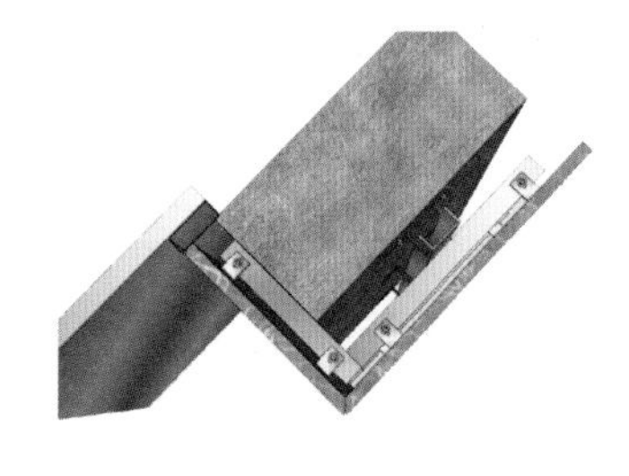

⑩ 干挂石材

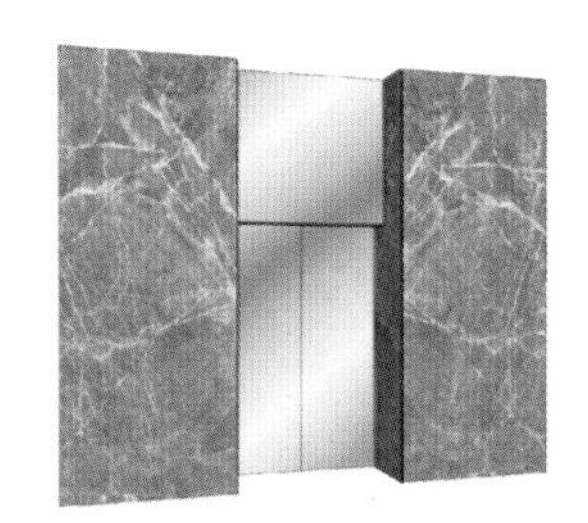

⑪ 最终效果

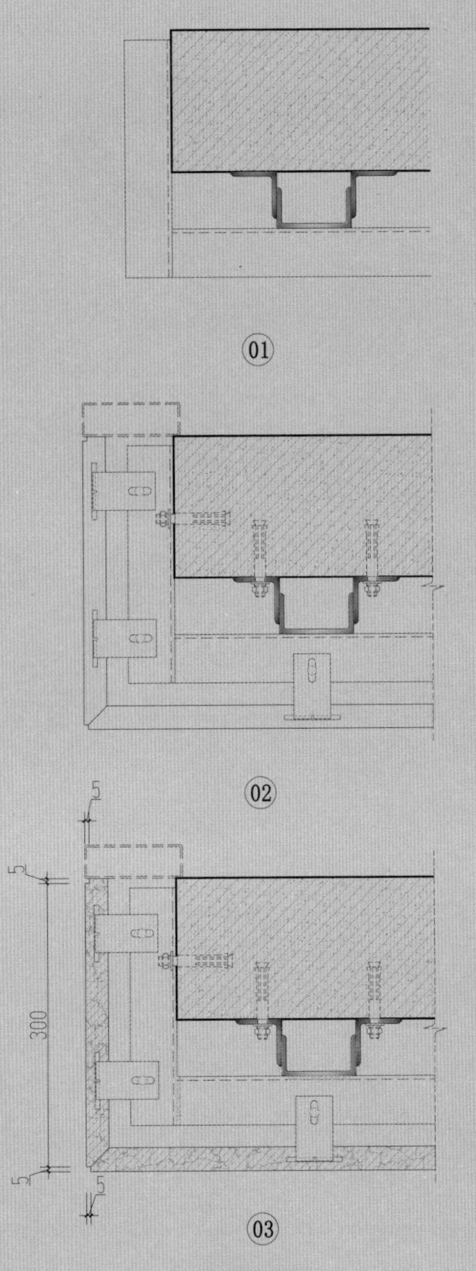
01
02
03
5
5
5
300

绘图步骤

5
电梯门套
石材饰面
不锈钢干挂件
M10膨胀螺栓
5号镀锌方钢
5号镀锌角钢横向焊接固定
300
原建筑墙体
M10膨胀螺栓
5号镀锌角钢转接件
8号镀锌槽钢
M10不锈钢螺栓
T形70 mm×50 mm×4 mm不锈钢挂件
石材饰面

电梯石材门套与墙面石材饰面节点图

比例1 ：5

① 原建筑墙体

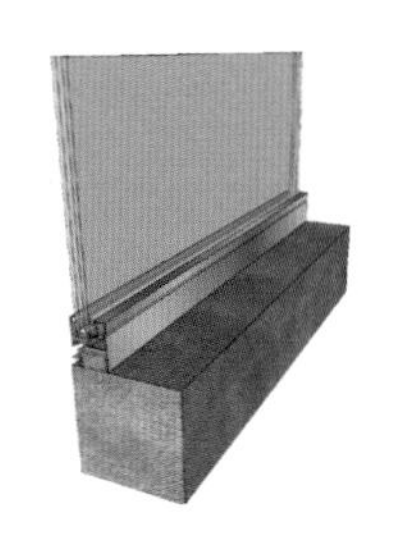

② 幕墙 / 窗

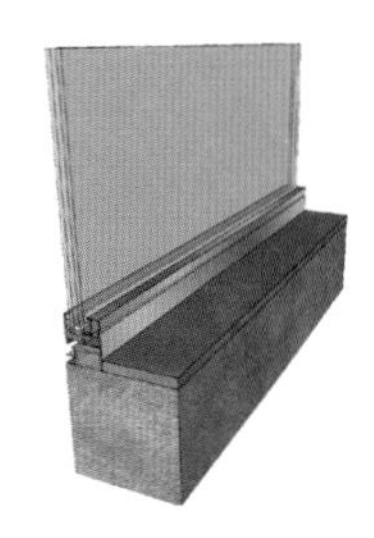

③ 1 ：3 干硬性水泥砂浆找平层

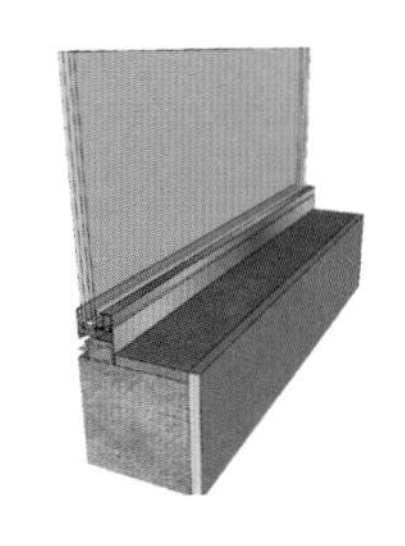

④ 墙体饰面基层

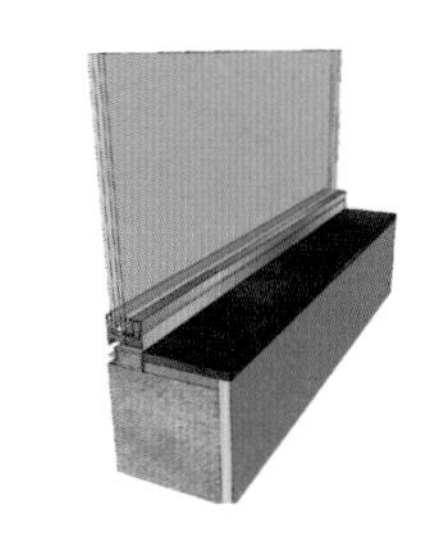

⑤ 专用胶黏剂涂刷

⑥ 大理石窗台板

⑦ 墙体饰面材料

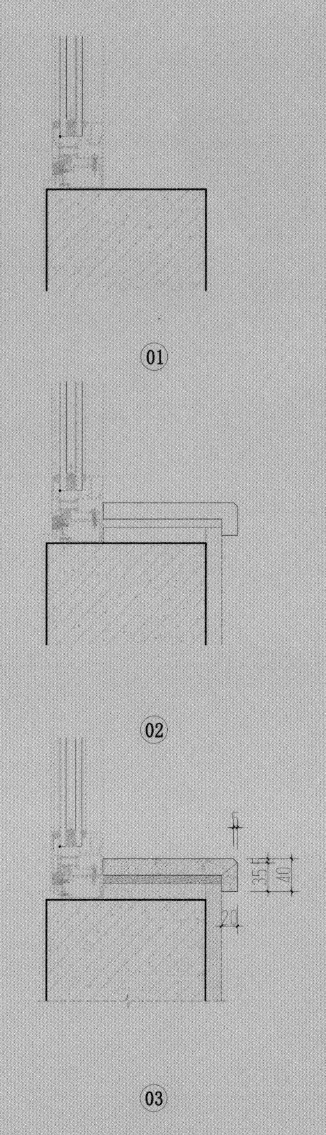
01
02
5
35
40
20
03

绘图步骤

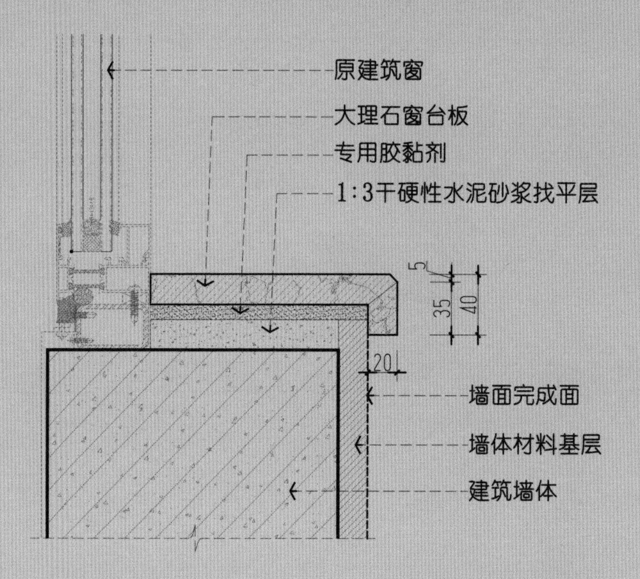
原建筑窗
大理石窗台板
专用胶黏剂
1:3干硬性水泥砂浆找平层
5
35
40
20
墙面完成面
墙体材料基层
建筑墙体

建筑幕墙窗 —— 石材窗台板湿贴节点图

比例1 ：5

① 原建筑墙体、幕墙 / 窗

② 18 mm 厚阻燃板基层

③ 钢钉固定

④ 墙体饰面基层

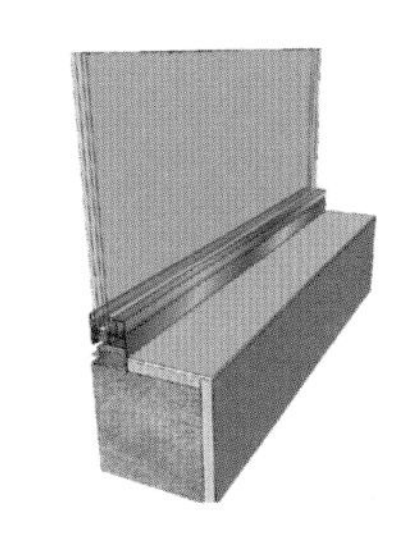
⑤ 专用胶黏剂涂刷

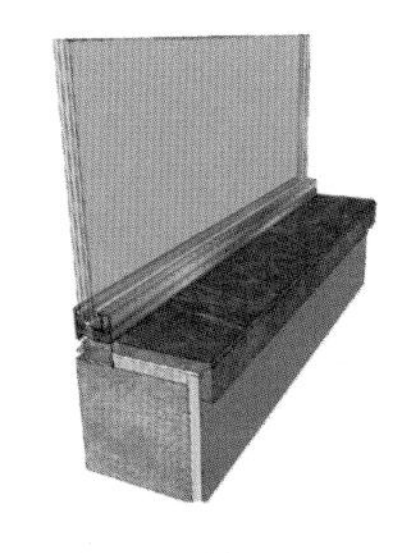
⑥ 大理石窗台板铺设

⑦ 墙体饰面材料

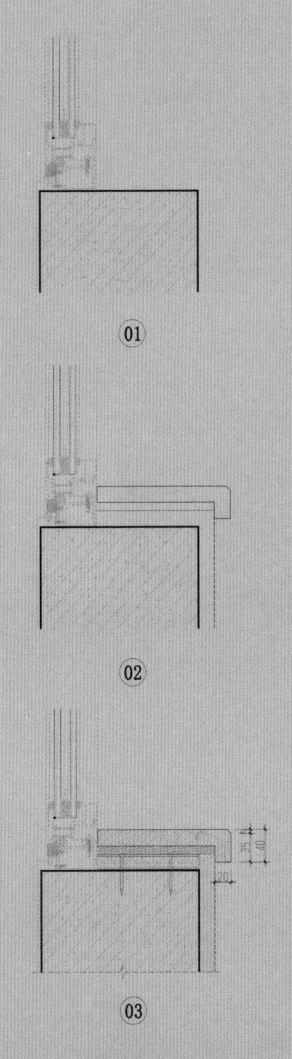
01
02
35
40
20
03

绘图步骤

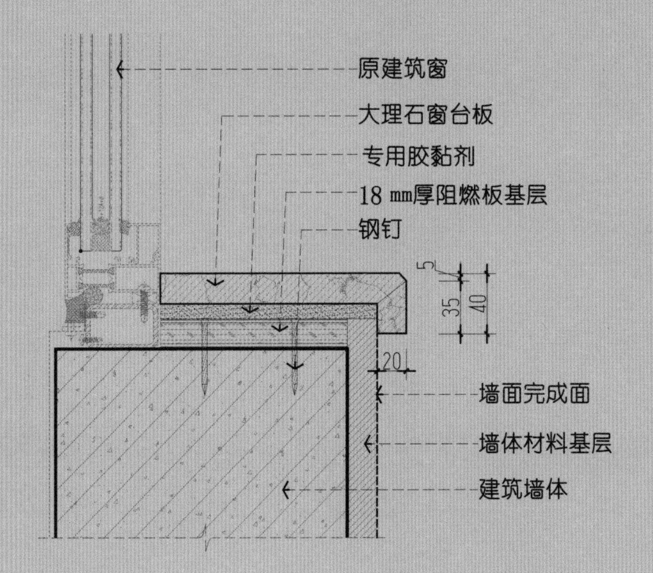
原建筑窗
大理石窗台板
专用胶黏剂
18 mm厚阻燃板基层
钢钉
5
35
40
20
墙面完成面
墙体材料基层
建筑墙体

建筑幕墙窗 —— 石材窗台板粘贴节点图

比例 1 ： 5

① 原有砌块墙体

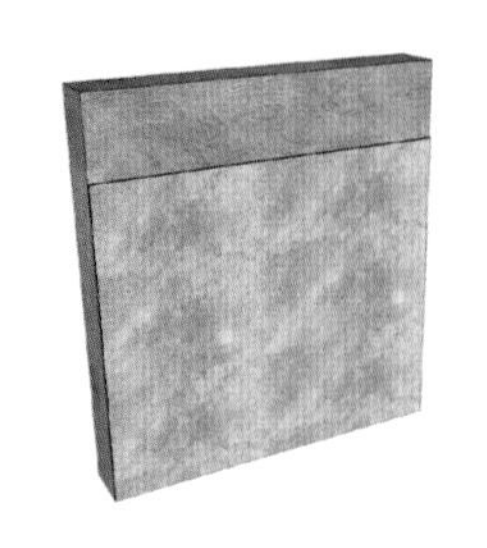

② 基层清理，涂刷界面剂

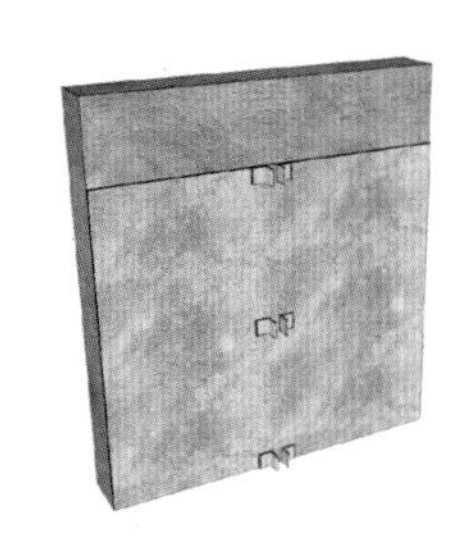

③ 金属角码

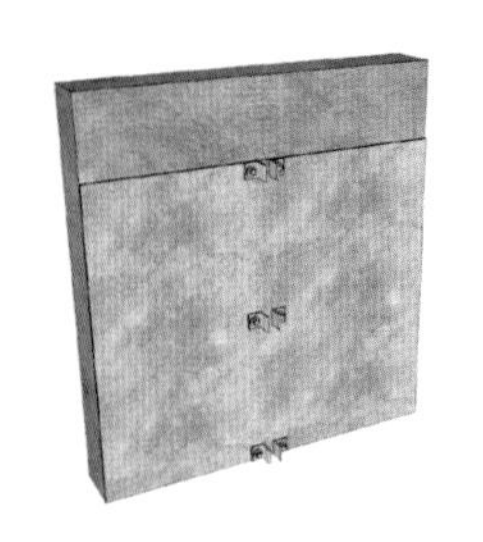

④ 膨胀螺栓固定

⑤ 防水层铺设

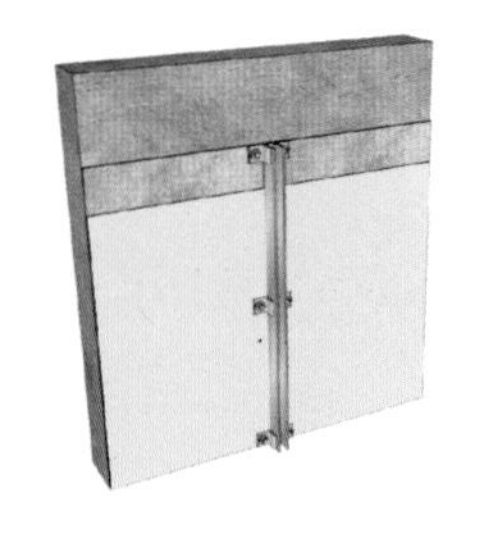

⑥ 不锈钢 U 形槽固定

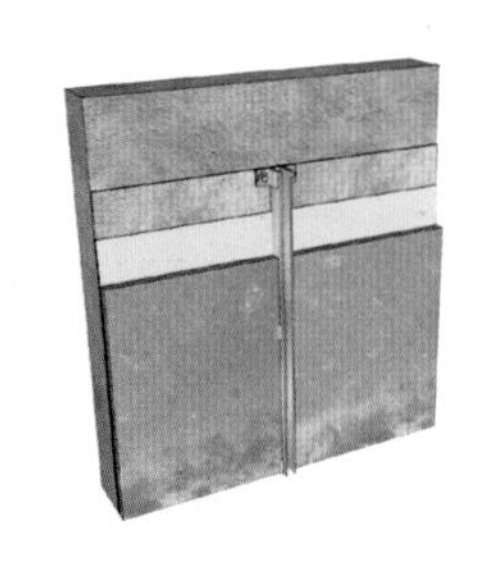

⑦ 水泥砂浆粉刷找平层

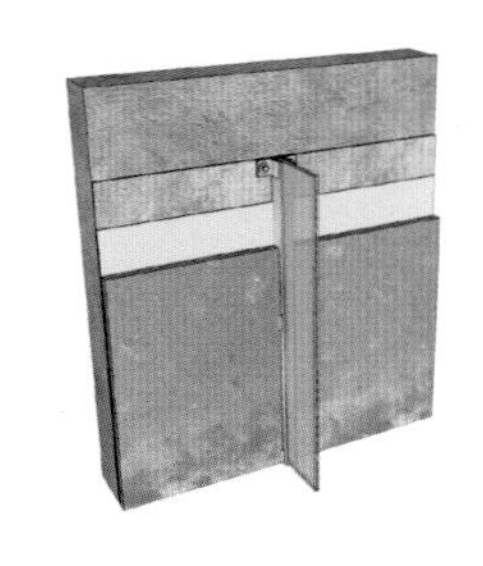

⑧ 夹胶安全玻璃隔断

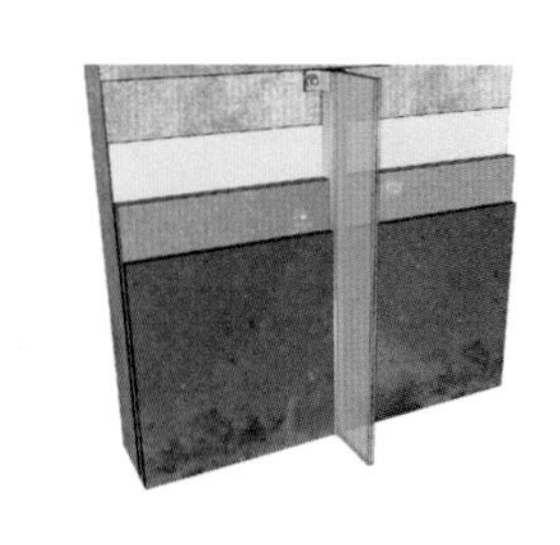

⑨ 石材 / 砖专用胶黏剂涂刷

⑩ 石材 / 砖饰面

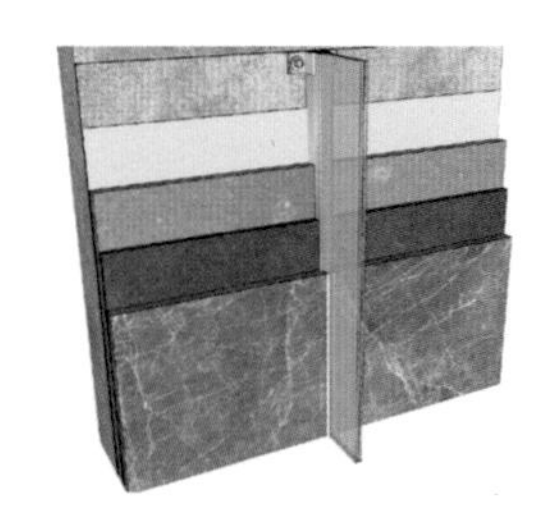

⑪ 密封胶填缝

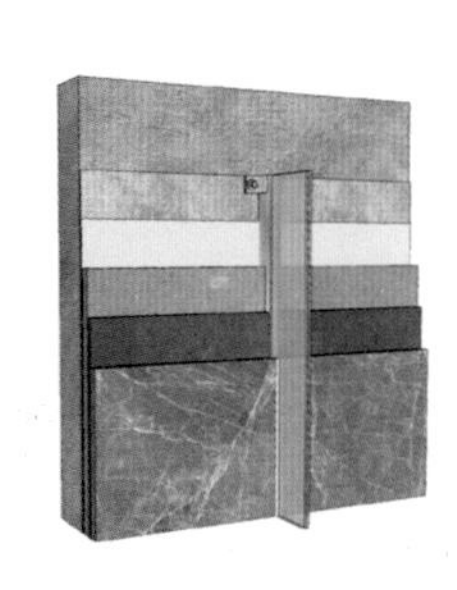

⑫ 最终效果

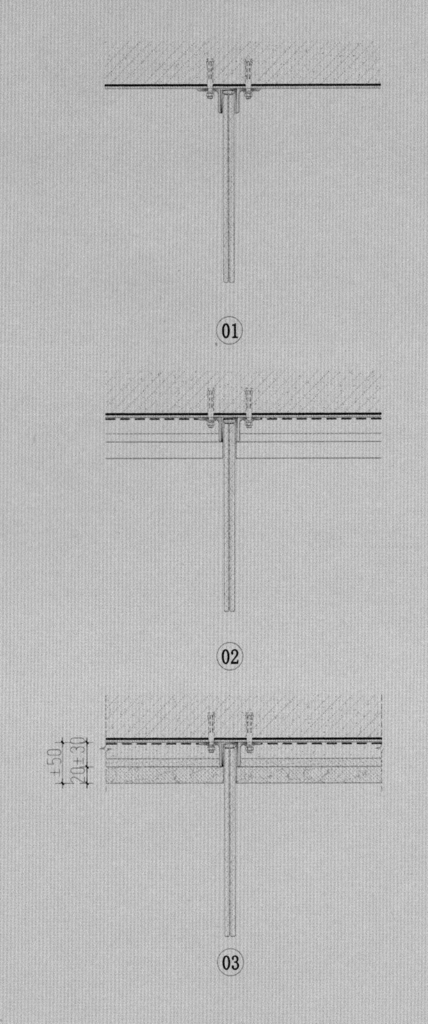
01
02
±50
20±30
03

绘图步骤

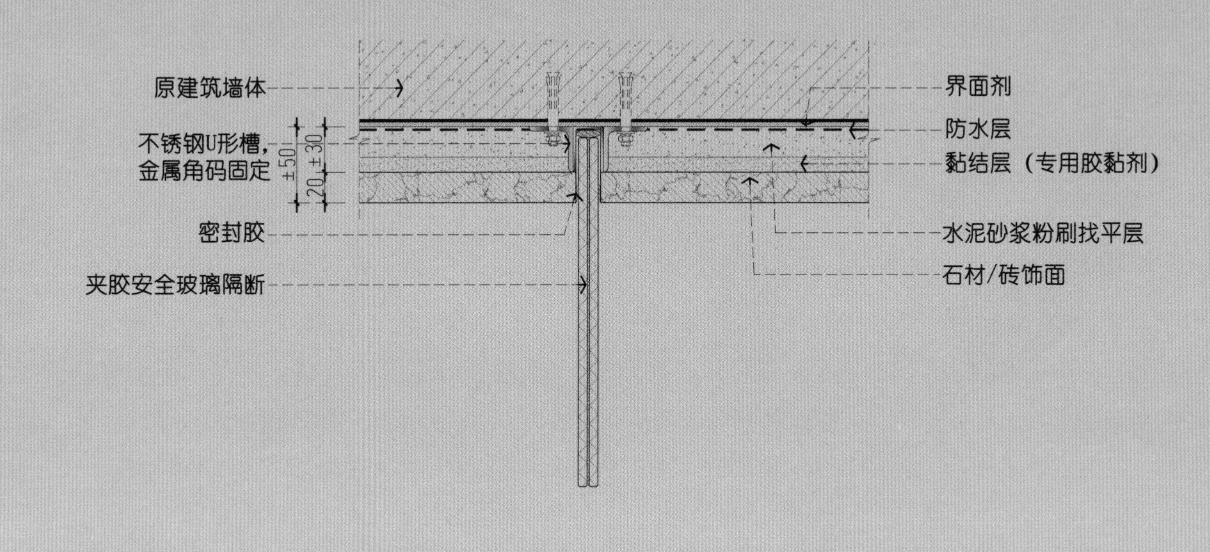
原建筑墙体
不锈钢U形槽，
金属角码固定
±50
20±30
密封胶
夹胶安全玻璃隔断
界面剂
防水层
黏结层（专用胶黏剂）
水泥砂浆粉刷找平层
石材/砖饰面

石材墙面与淋浴玻璃隔断固定收口节点图

比例 1 ：5

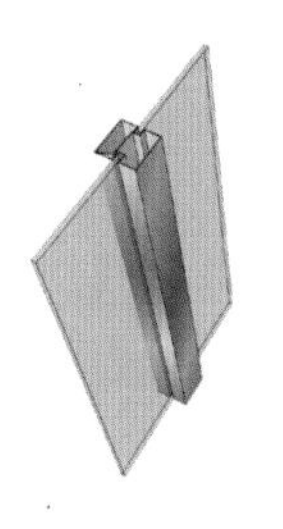

① 玻璃幕墙

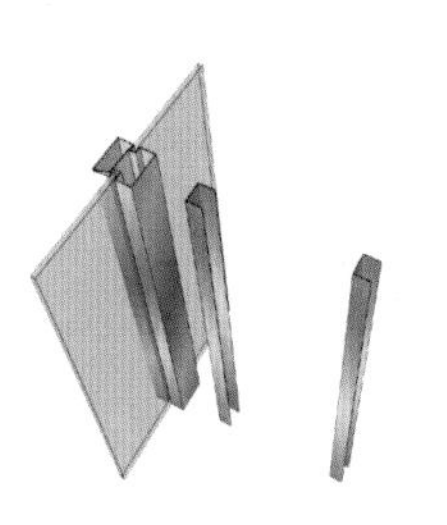

② 沿顶、地轻钢龙骨安装，竖向龙骨安装（间距不大于 400 mm）

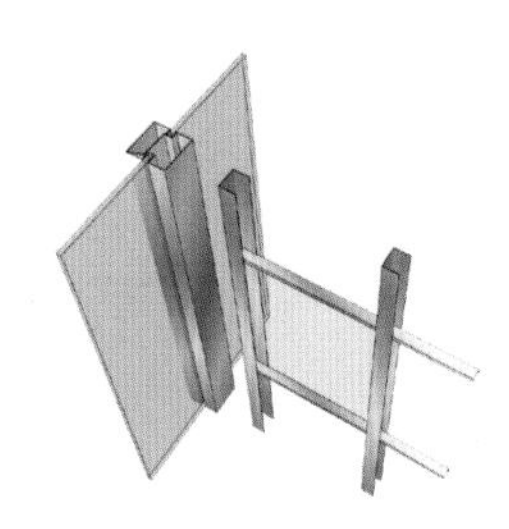

③ 穿心龙骨安装，间距不大于 1000 mm

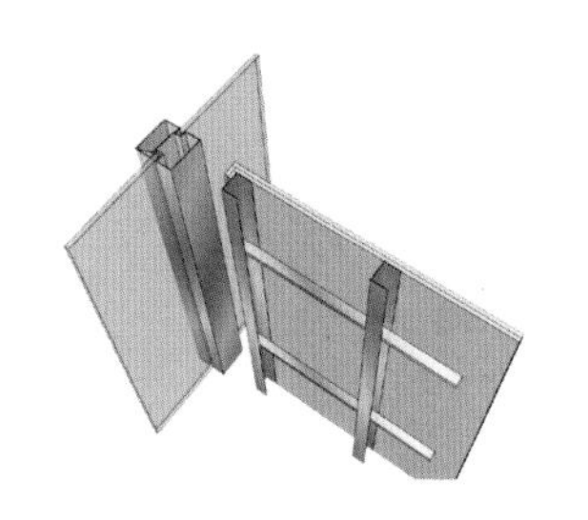

④ 安装一侧罩面板：双层 9.5 mm 厚纸面石膏板安装

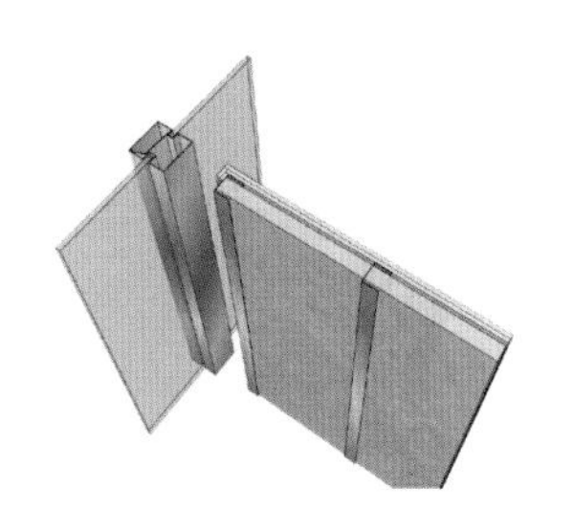

⑤ 安装防火隔声岩棉（容重需符合设计要求）

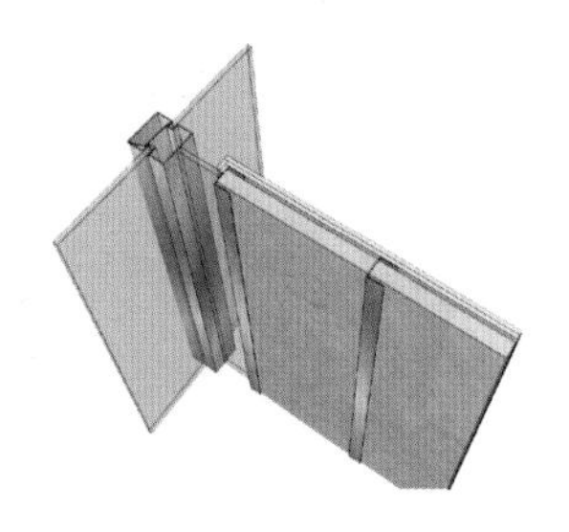

⑥ 安装玻璃隔断

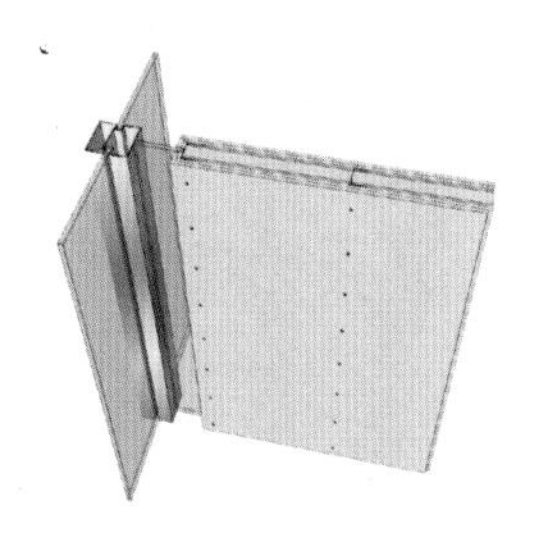

⑦ 安装另外一侧罩面板：双层 9.5 mm 厚纸面石膏板安装，自攻螺钉固定

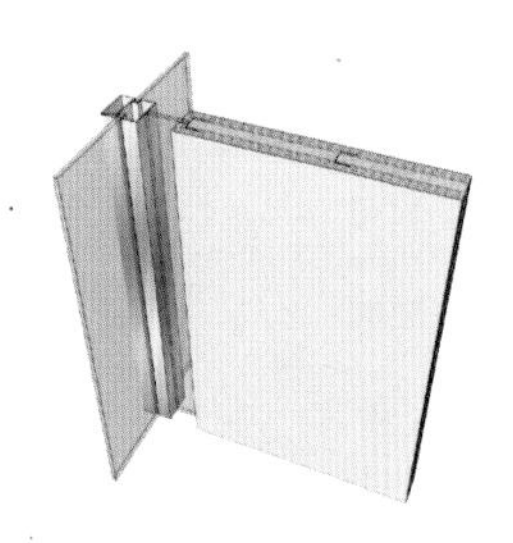

⑧ 石膏补缝、贴接缝网带，批嵌腻子、打磨、涂刷乳胶漆 2 ~ 3 遍

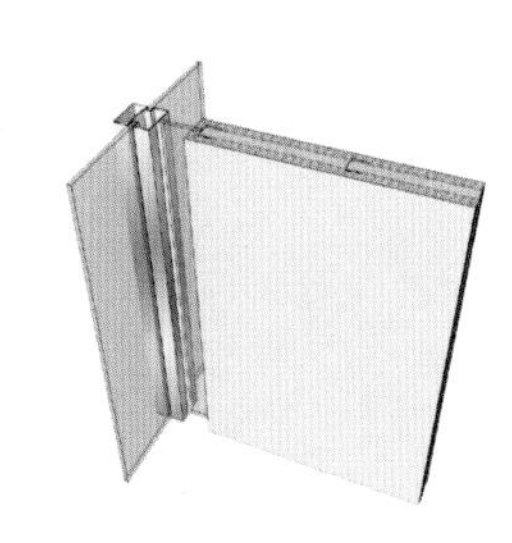

⑨ 打注玻璃密封胶

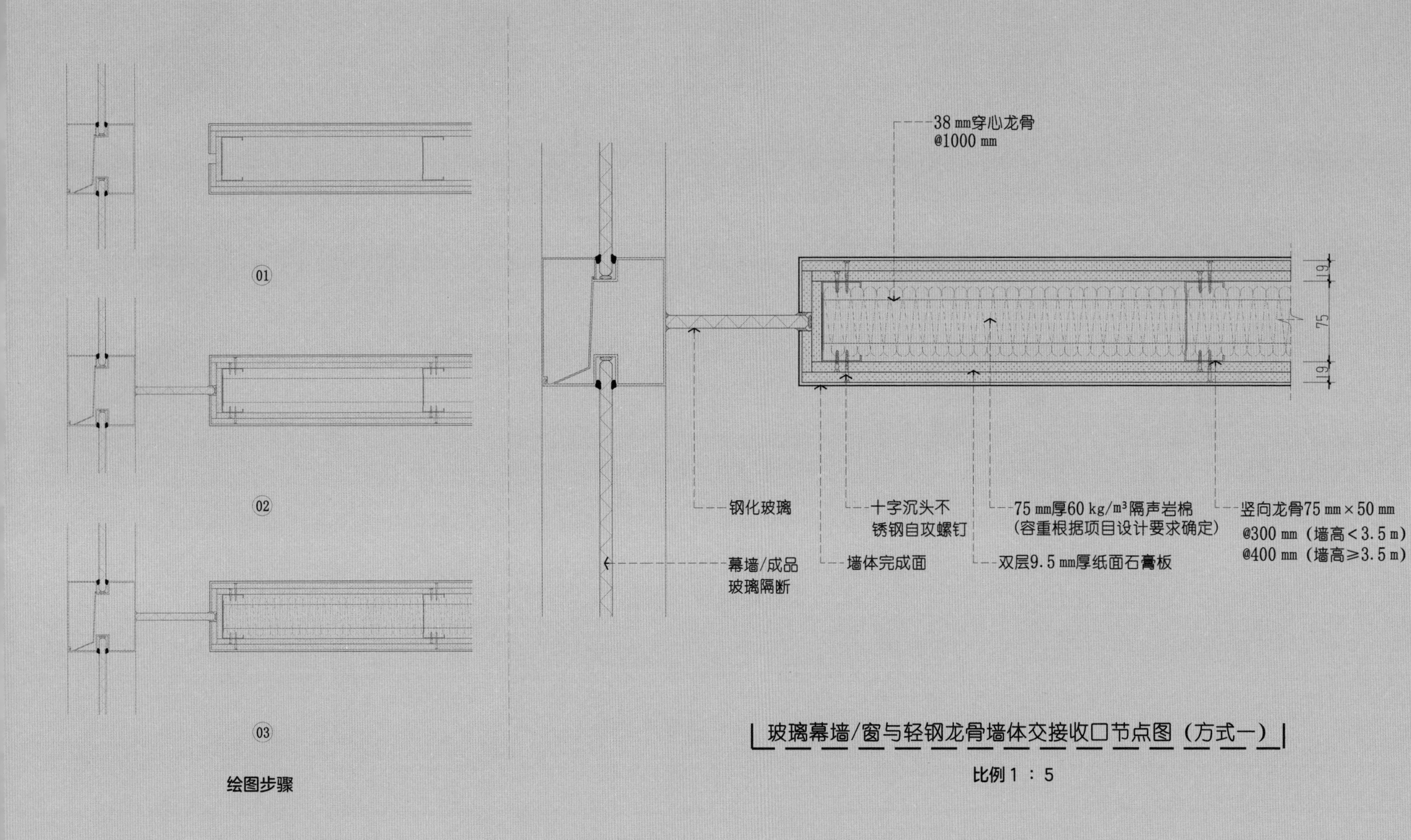
01
02
03
38 ㎜穿心龙骨
@1000 ㎜
19
75
19
钢化玻璃
十字沉头不
锈钢自攻螺钉
75 ㎜厚60 kg/m³隔声岩棉
(容重根据项目设计要求确定)
竖向龙骨75 ㎜×50 ㎜
@300 ㎜ (墙高＜3.5 m)
@400 ㎜ (墙高≥3.5 m)
幕墙/成品
玻璃隔断
墙体完成面
双层9.5 ㎜厚纸面石膏板

绘图步骤

玻璃幕墙/窗与轻钢龙骨墙体交接收口节点图（方式一）

比例1 ：5

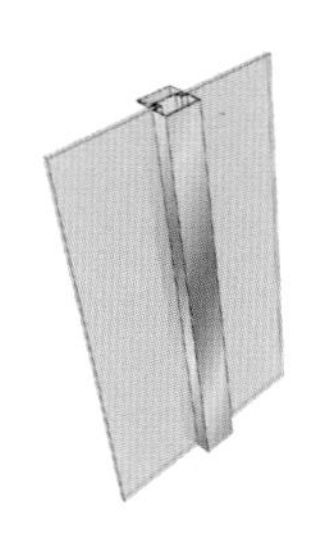

① 玻璃幕墙

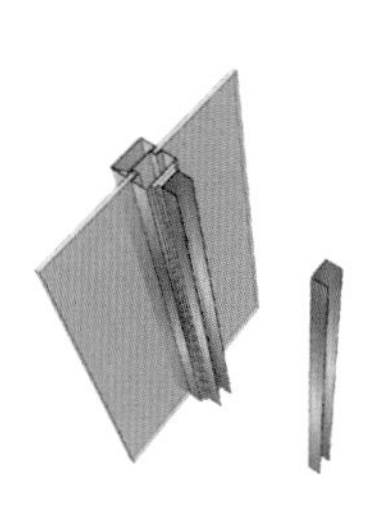

② 沿顶、地轻钢龙骨安装，竖向龙骨安装（间距不大于 400 mm）

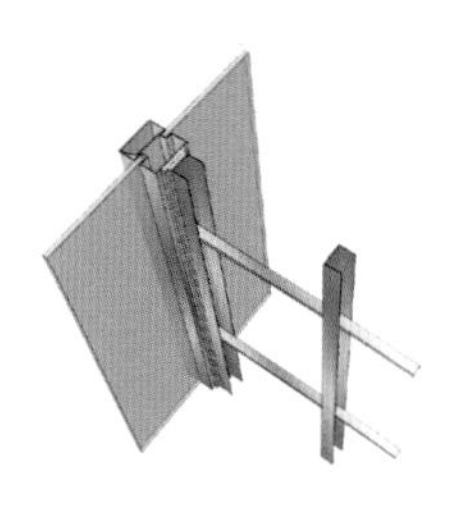

③ 穿心龙骨安装，间距不大于 1000 mm

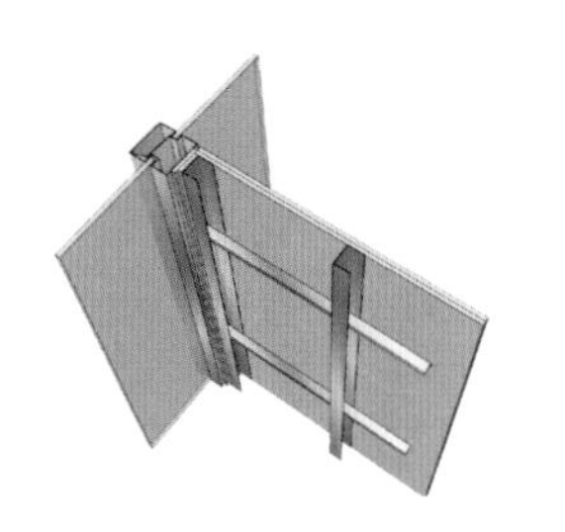

④ 安装一侧罩面板：双层 9.5 mm 厚纸面石膏板安装

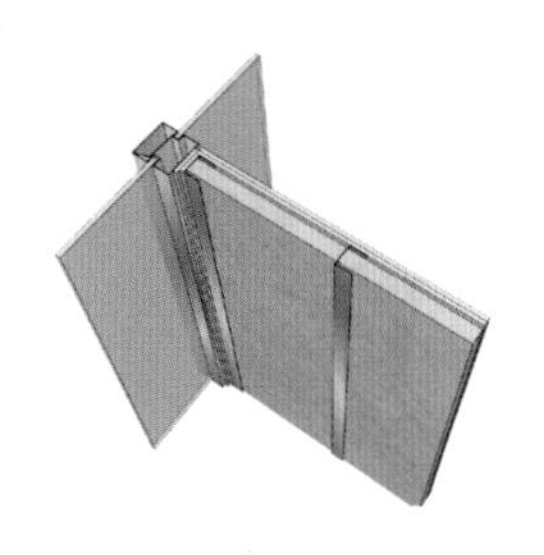

⑤ 安装防火隔声岩棉（容重需符合设计要求）

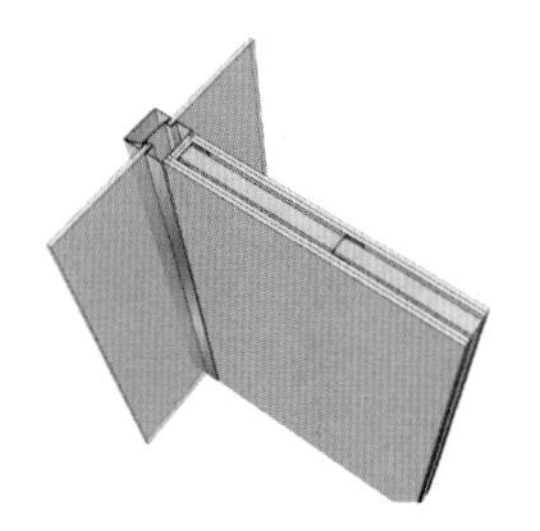

⑥ 安装另外一侧罩面板：双层 9.5 mm 厚纸面石膏板安装

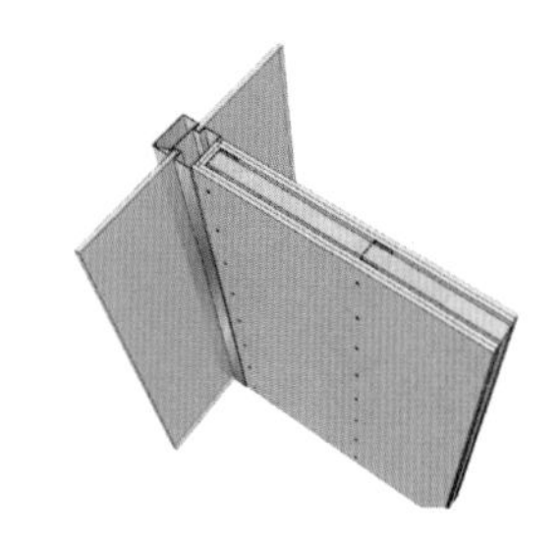

⑦ 自攻螺钉固定

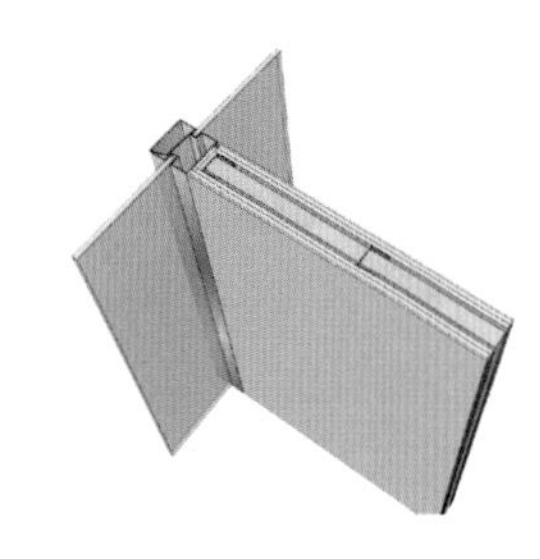

⑧ 石膏补缝、贴接缝网带，批嵌腻子、打磨、涂刷乳胶漆 2 ~ 3 遍

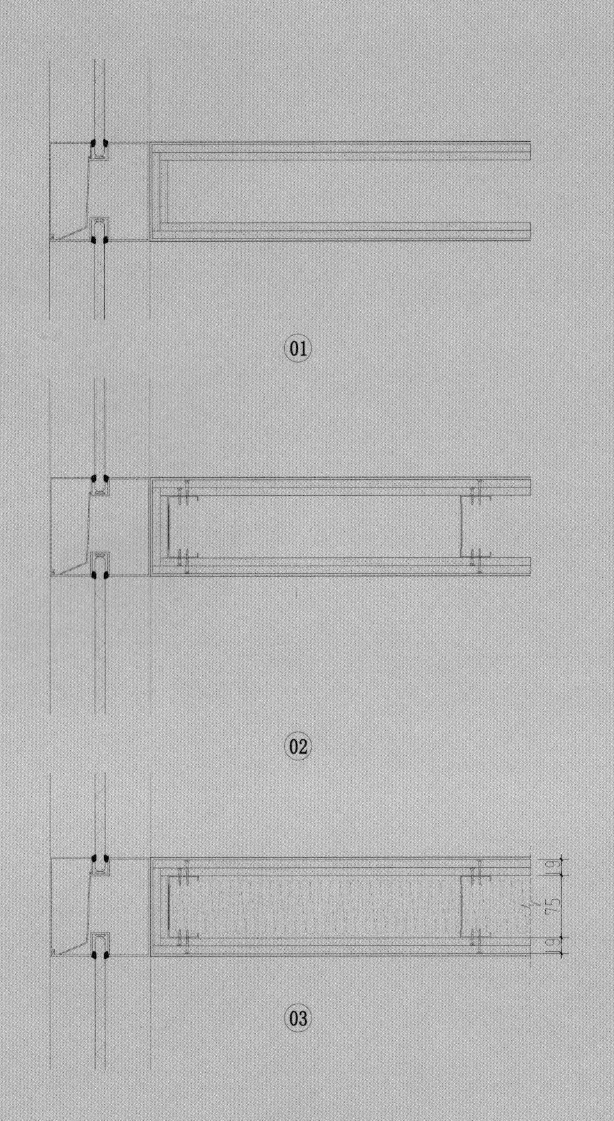
01
02
03
19
75
19

绘图步骤

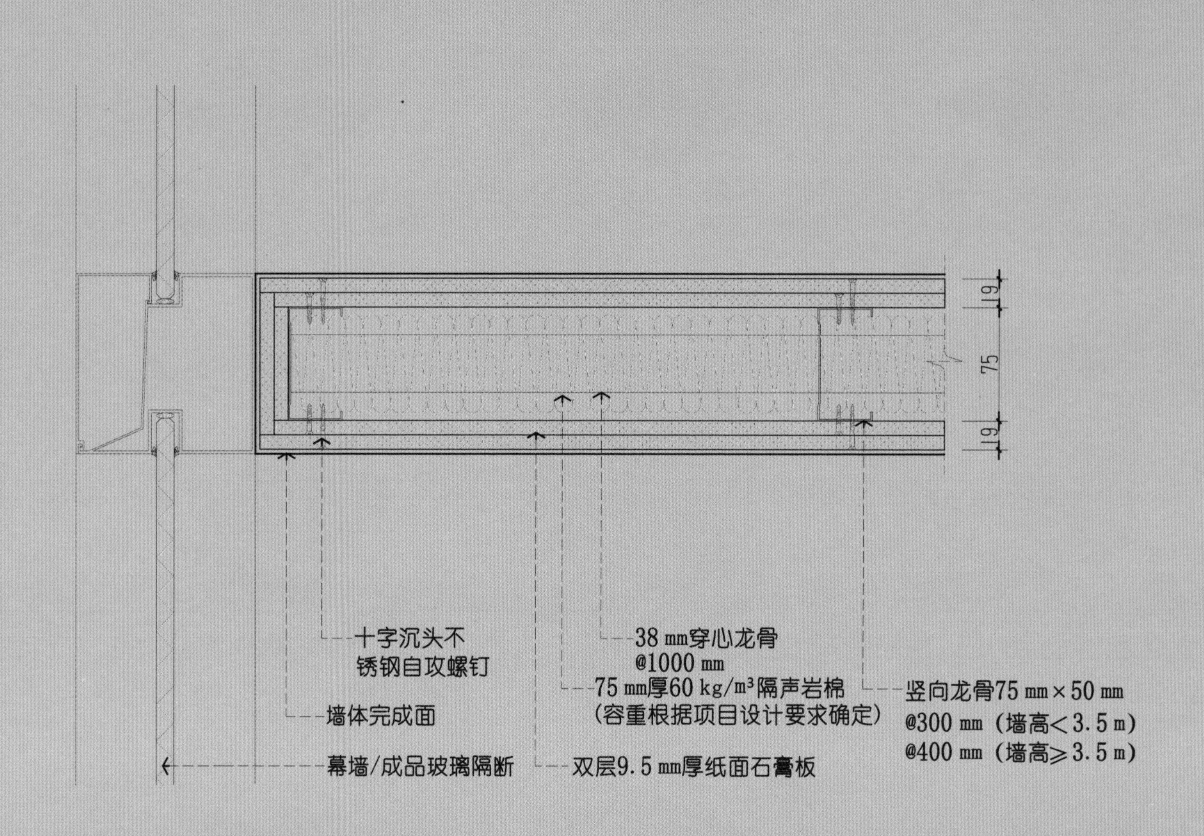
19
75
19
十字沉头不
锈钢自攻螺钉
38 mm穿心龙骨
@1000 mm
75 mm厚60 kg/m³隔声岩棉
(容重根据项目设计要求确定)
竖向龙骨75 mm×50 mm
@300 mm (墙高<3.5 m)
@400 mm (墙高≥3.5 m)
墙体完成面
幕墙/成品玻璃隔断
双层9.5 mm厚纸面石膏板

玻璃幕墙/窗与轻钢龙骨墙体交接收口节点图(方式二)

比例 1 : 5

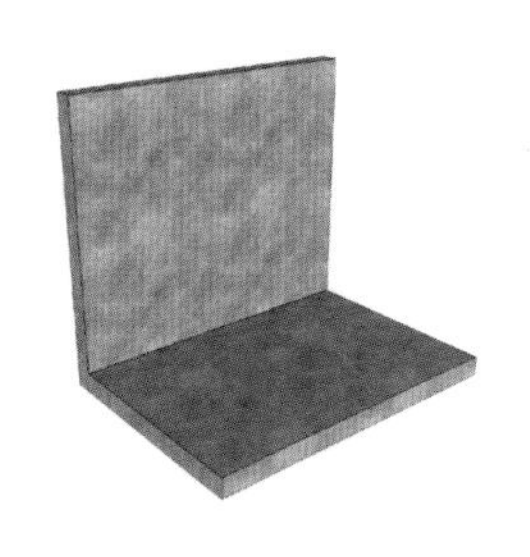

① 原建筑楼板、墙

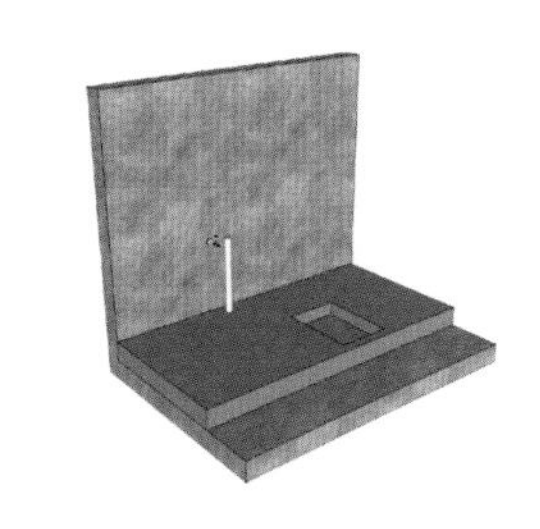

② 砌块或混凝土垫层

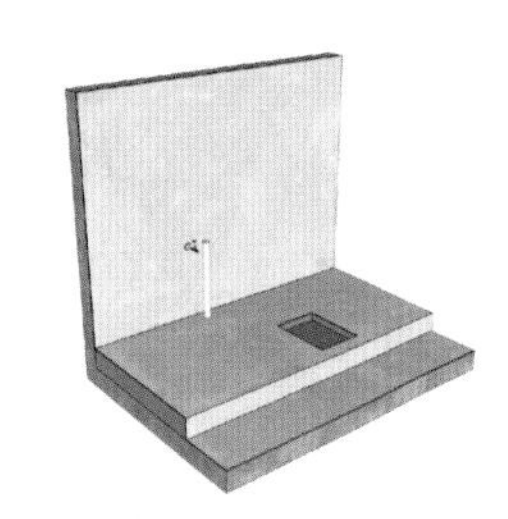

③ 清底、湿润，涂刷界面剂

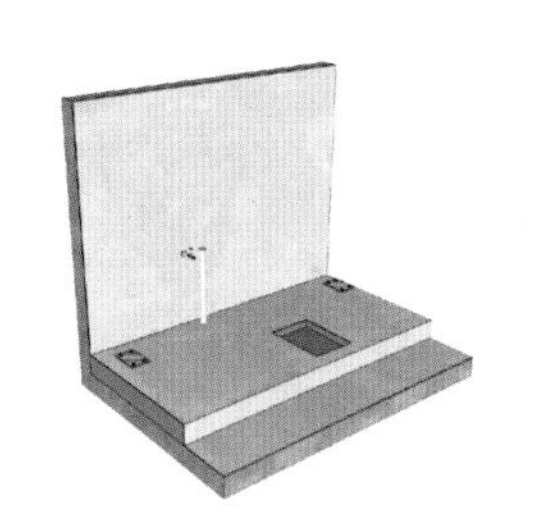

④ 镀锌钢板埋件

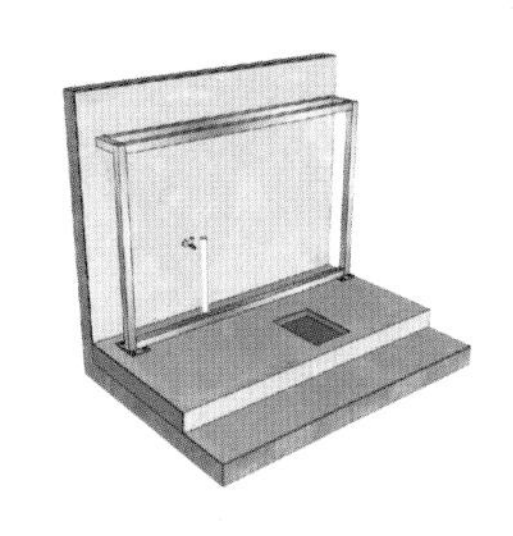

⑤ 5 号镀锌方钢固定

⑥ L 形 50 mm × 50 mm × 5 mm 镀锌角钢

⑦ 不锈钢干挂件

⑧ 双层 JS 或聚氨酯涂膜防水层涂刷

⑨ 水泥砂浆防水保护层铺设

⑩ 1 ：3 干硬性水泥砂浆结合层铺设

⑪ 专用胶黏剂涂刷

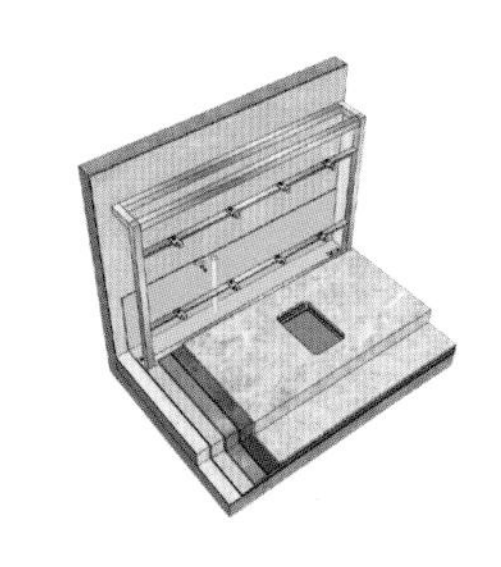

⑫ 石材地面铺贴

⑬ 墙面水泥砂浆找平层，专用胶黏剂涂刷

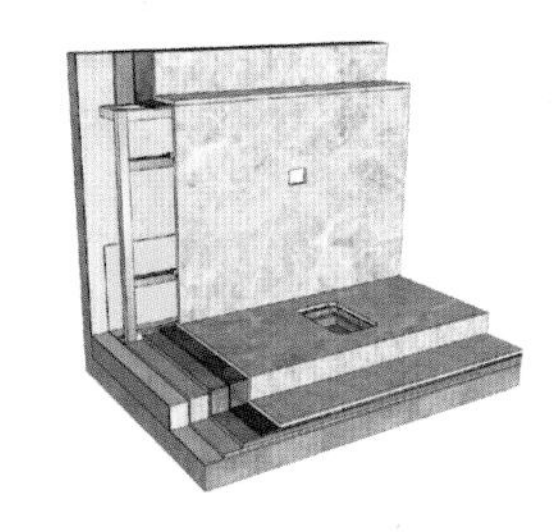

⑭ 石材饰面

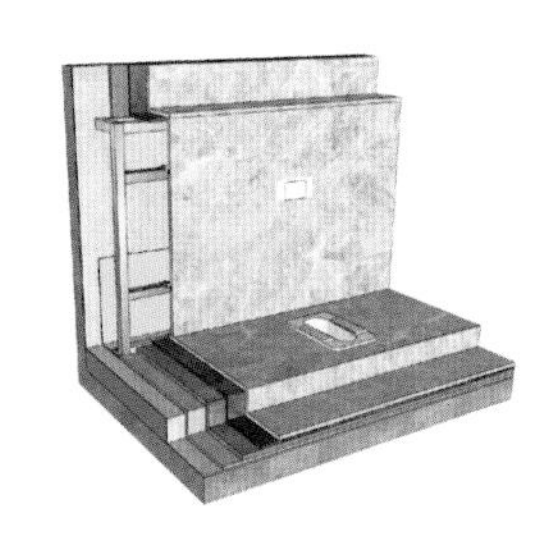

⑮ 洁具安装

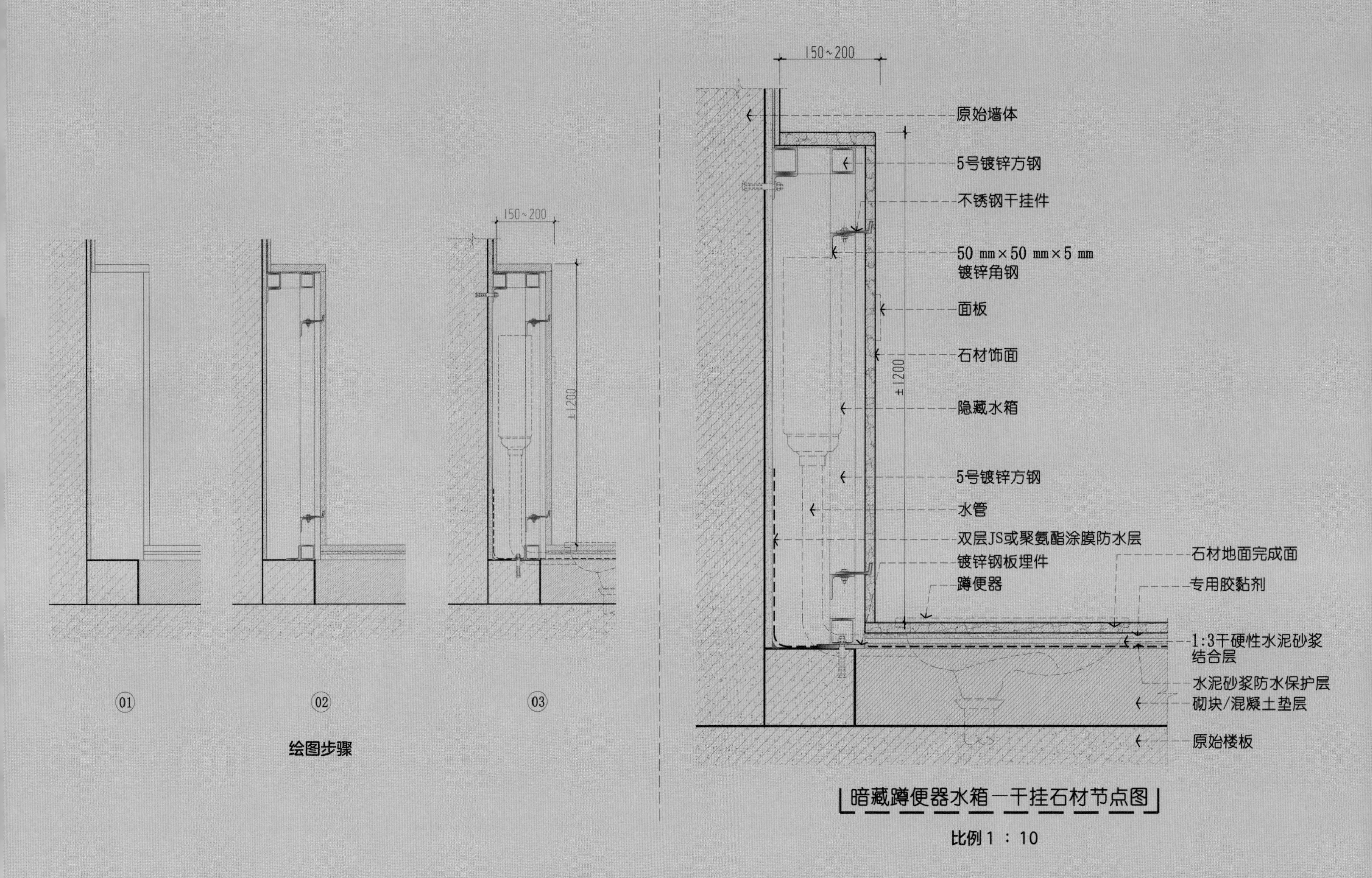
150~200
±1200
01
02
03
绘图步骤
原始墙体
5号镀锌方钢
不锈钢干挂件
50 mm×50 mm×5 mm
镀锌角钢
面板
石材饰面
隐藏水箱
5号镀锌方钢
水管
双层JS或聚氨酯涂膜防水层
镀锌钢板埋件
蹲便器
石材地面完成面
专用胶黏剂
1:3干硬性水泥砂浆
结合层
水泥砂浆防水保护层
砌块/混凝土垫层
原始楼板

暗藏蹲便器水箱—干挂石材节点图

比例1 ： 10

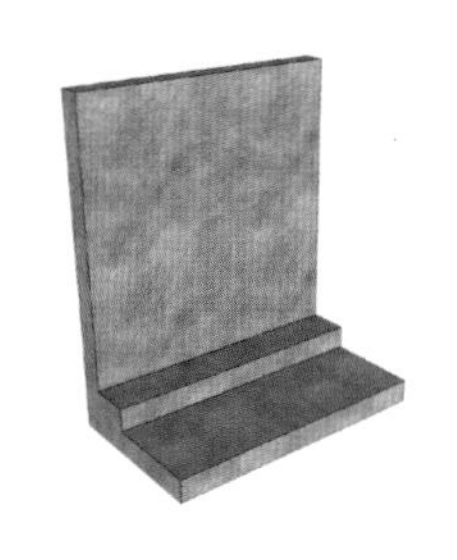

① 原建筑楼板、墙

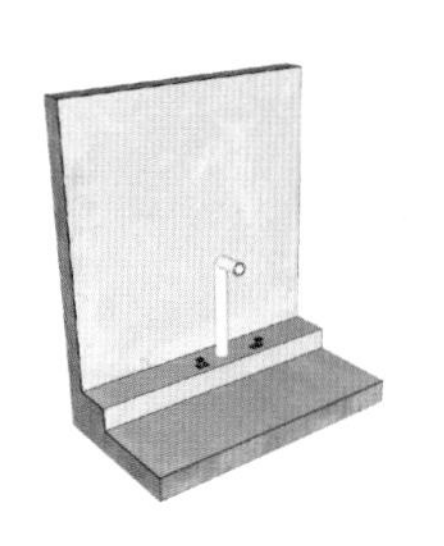

② 清底、湿润，涂刷界面剂，金属预埋件

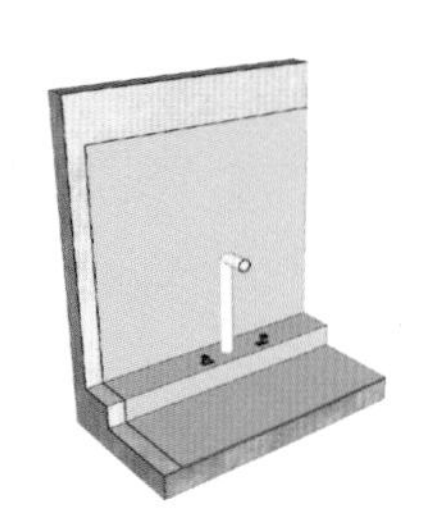

③ 双层 JS 或聚氨酯涂膜防水层涂刷

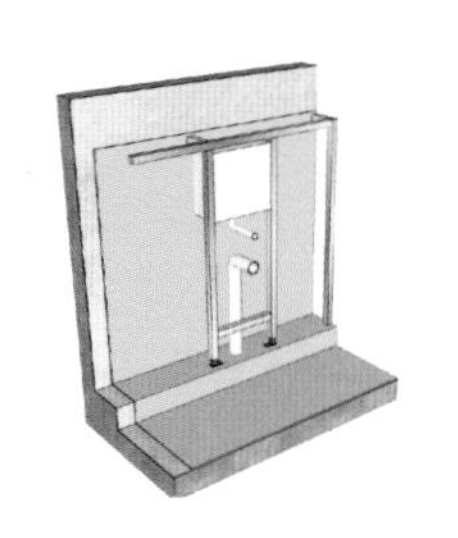

④ 5 号镀锌方钢

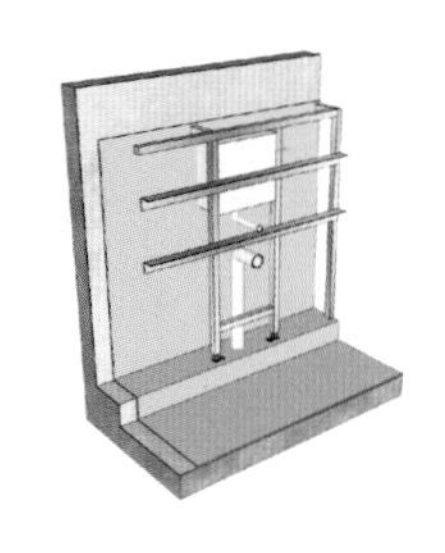

⑤ 5 号镀锌角钢

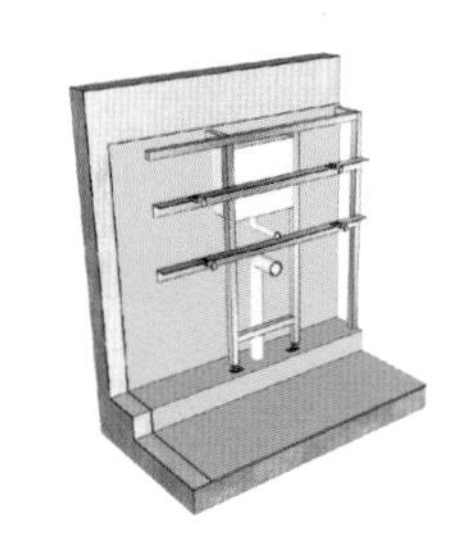

⑥ 不锈钢干挂件

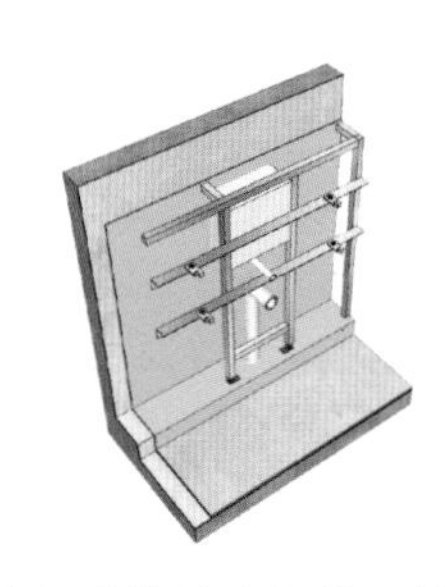

⑦ 水泥砂浆防水保护层铺设

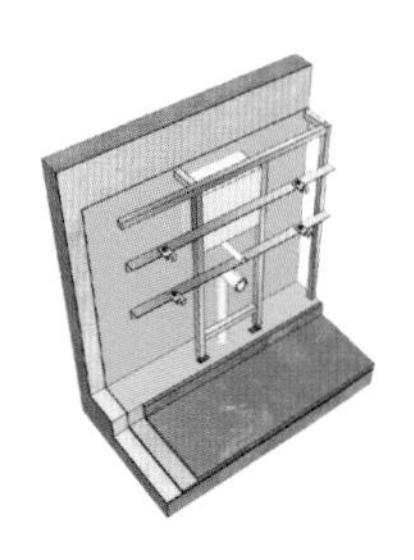

⑧ 1 ：3 干硬性水泥砂浆结合层铺设

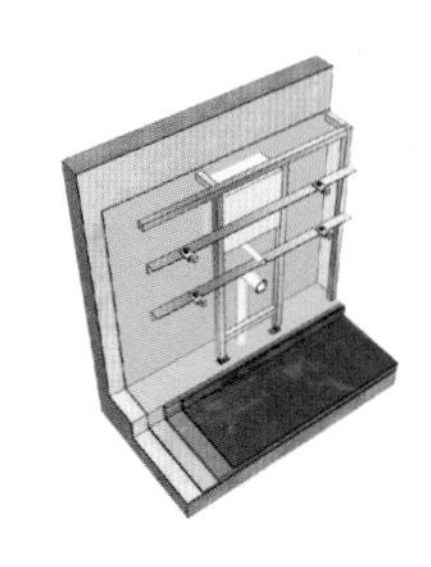

⑨ 专用胶黏剂涂刷

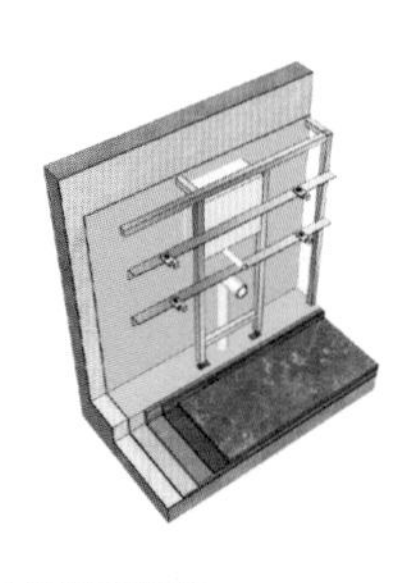

⑩ 石材地面铺贴

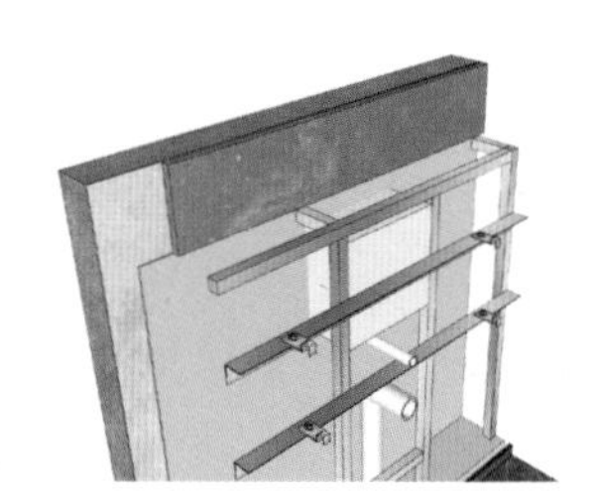

⑪ 水泥砂浆找平层

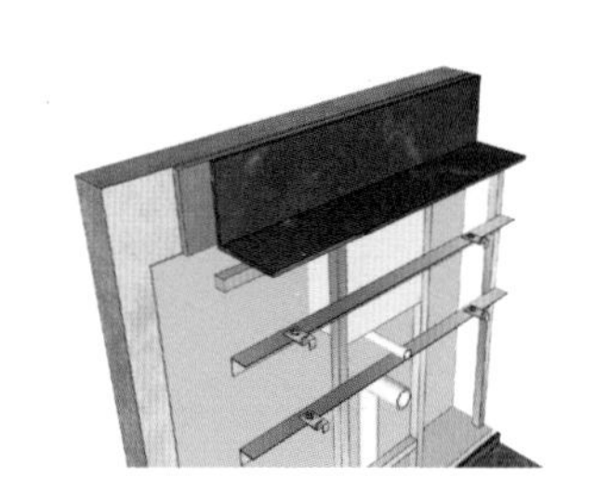

⑫ 专用胶黏剂涂刷

⑬ 石材饰面

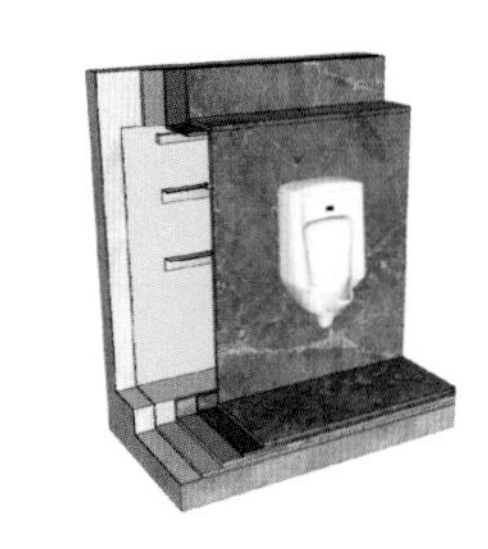

⑭ 洁具安装

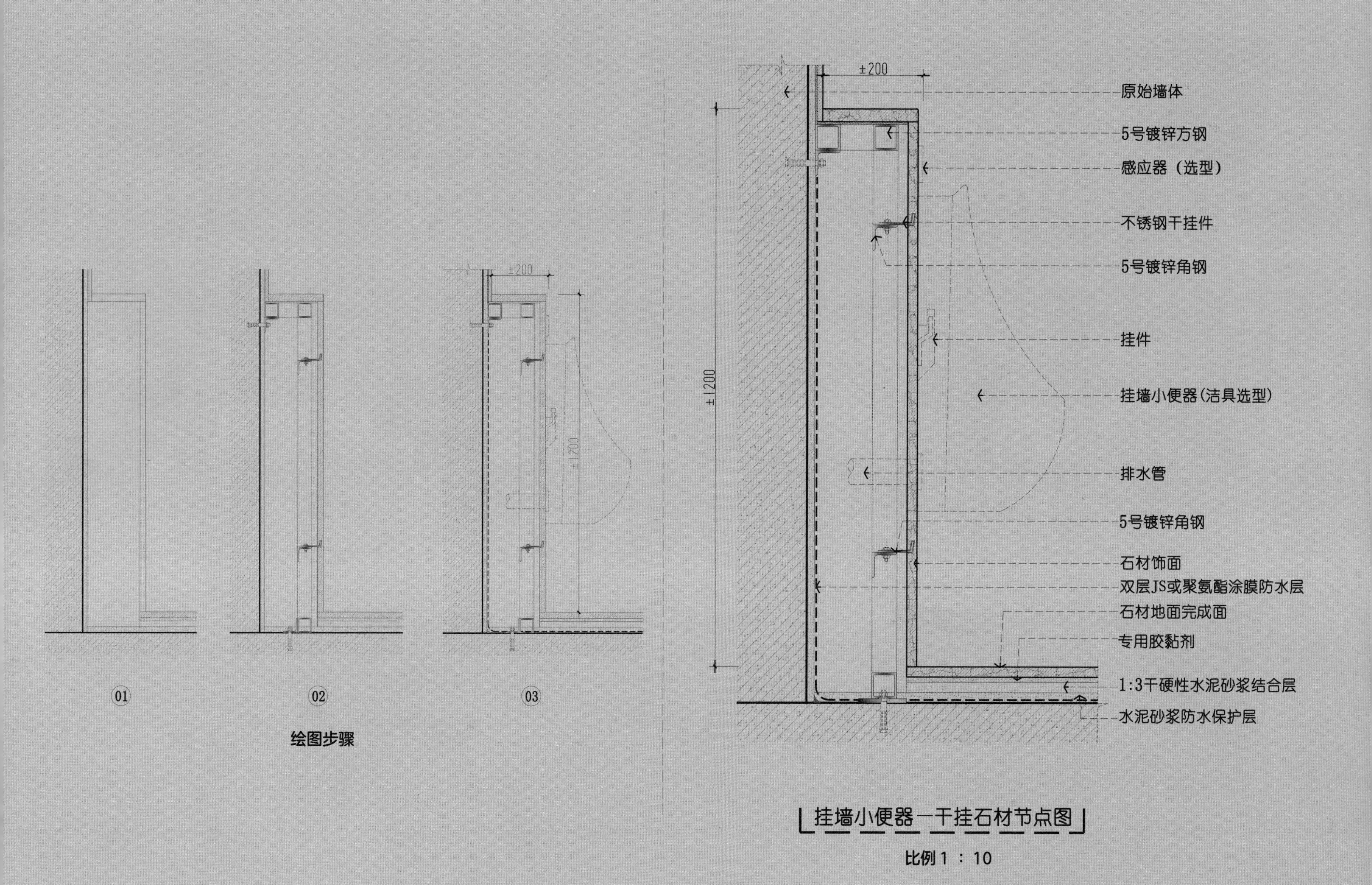
±200
±1200
01
02
03
原始墙体
5号镀锌方钢
感应器（选型）
不锈钢干挂件
5号镀锌角钢
挂件
挂墙小便器(洁具选型)
排水管
5号镀锌角钢
石材饰面
双层JS或聚氨酯涂膜防水层
石材地面完成面
专用胶黏剂
1:3干硬性水泥砂浆结合层
水泥砂浆防水保护层

绘图步骤

挂墙小便器—干挂石材节点图

比例1 ： 10

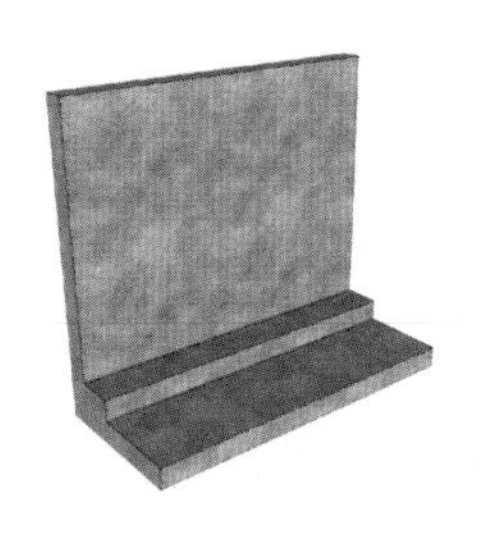

① 原建筑楼板、墙

② 清底、湿润，涂刷界面剂

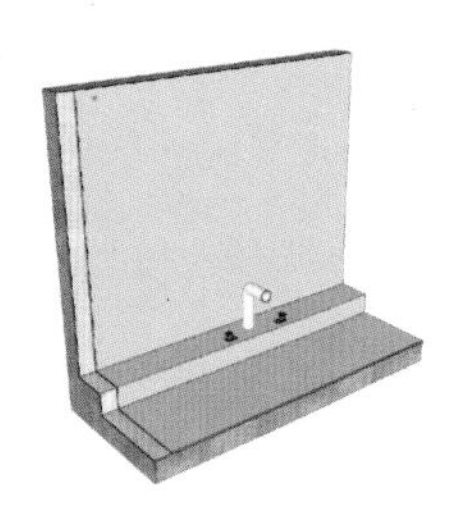

③ 双层 JS 或聚氨酯涂膜防水层涂刷

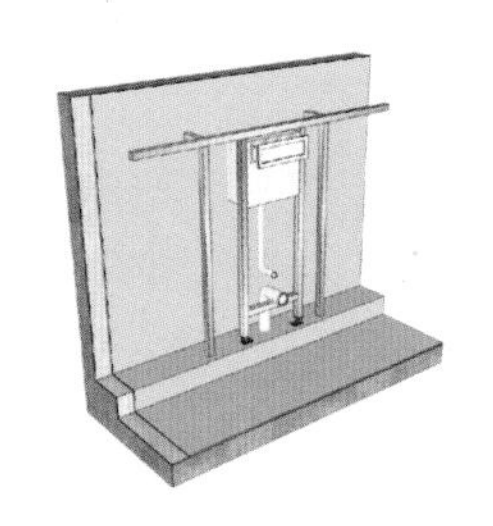

④ 5 号镀锌方钢

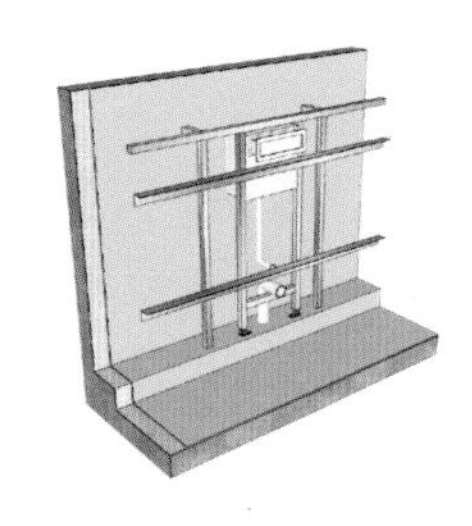

⑤ 5 号镀锌角钢

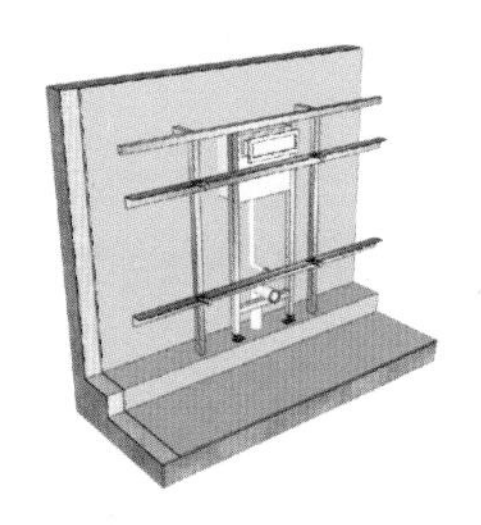

⑥ 不锈钢干挂件

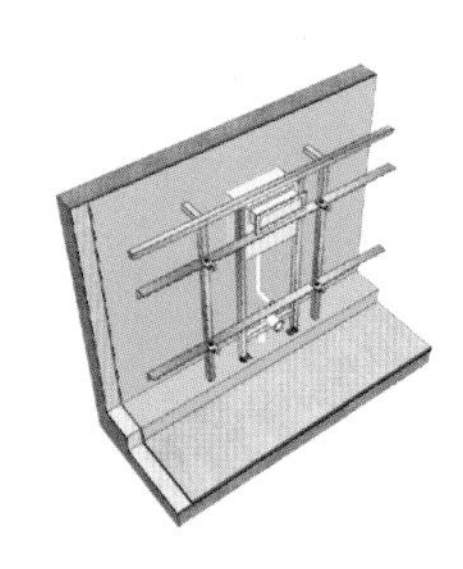

⑦ 水泥砂浆防水保护层铺设

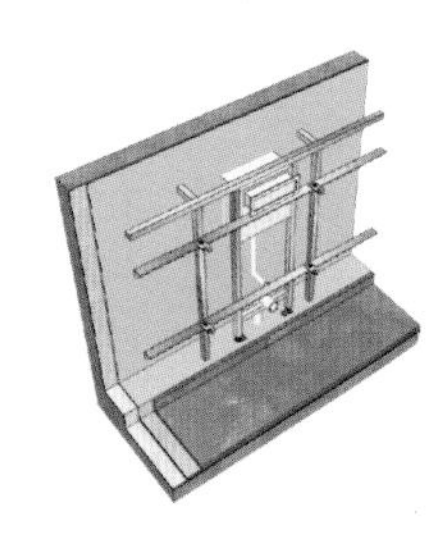

⑧ 1 ： 3 干硬性水泥砂浆结合层铺设

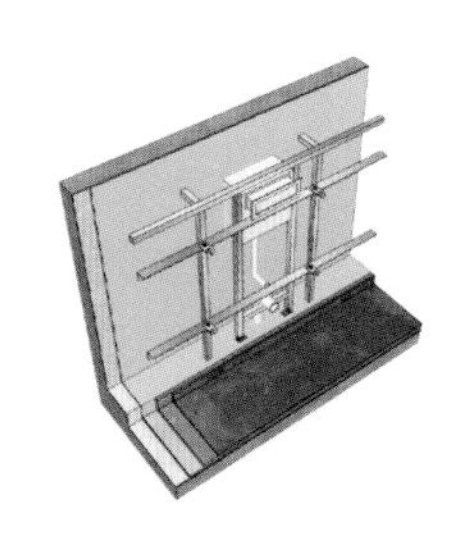

⑨ 专用胶黏剂涂刷

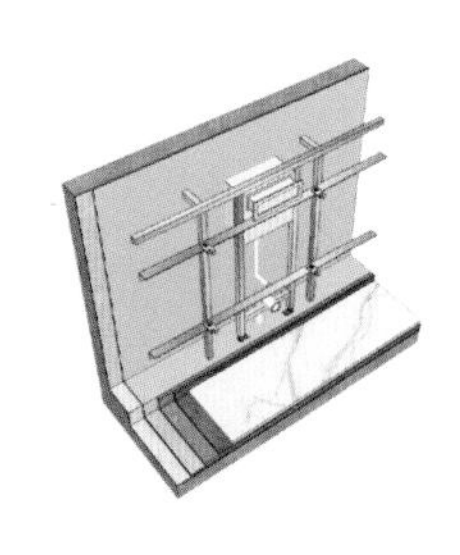

⑩ 石材地面铺贴

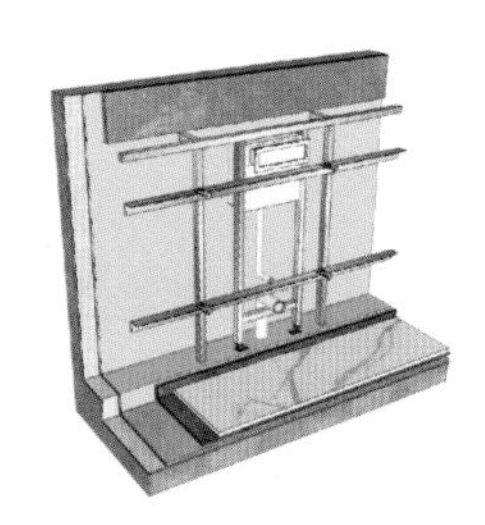

⑪ 墙面水泥砂浆找平层

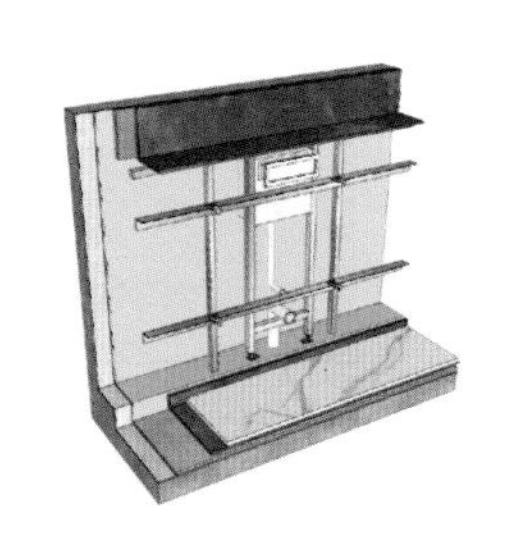

⑫ 专用胶黏剂涂刷

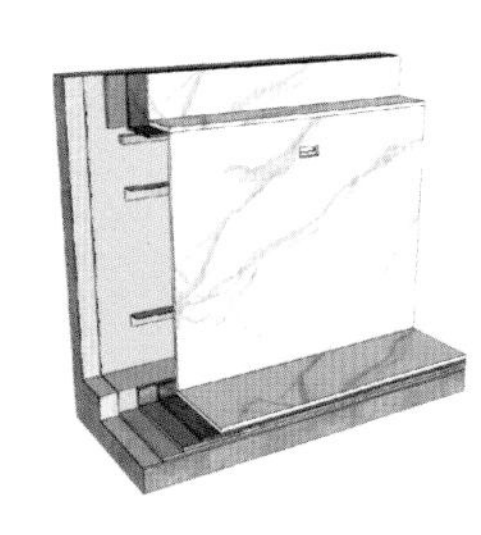

⑬ 石材饰面

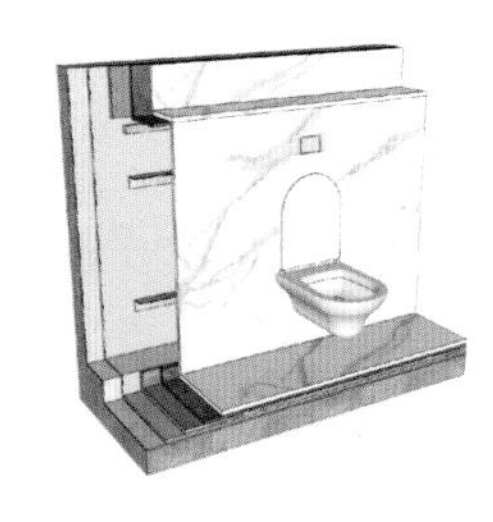

⑭ 洁具安装

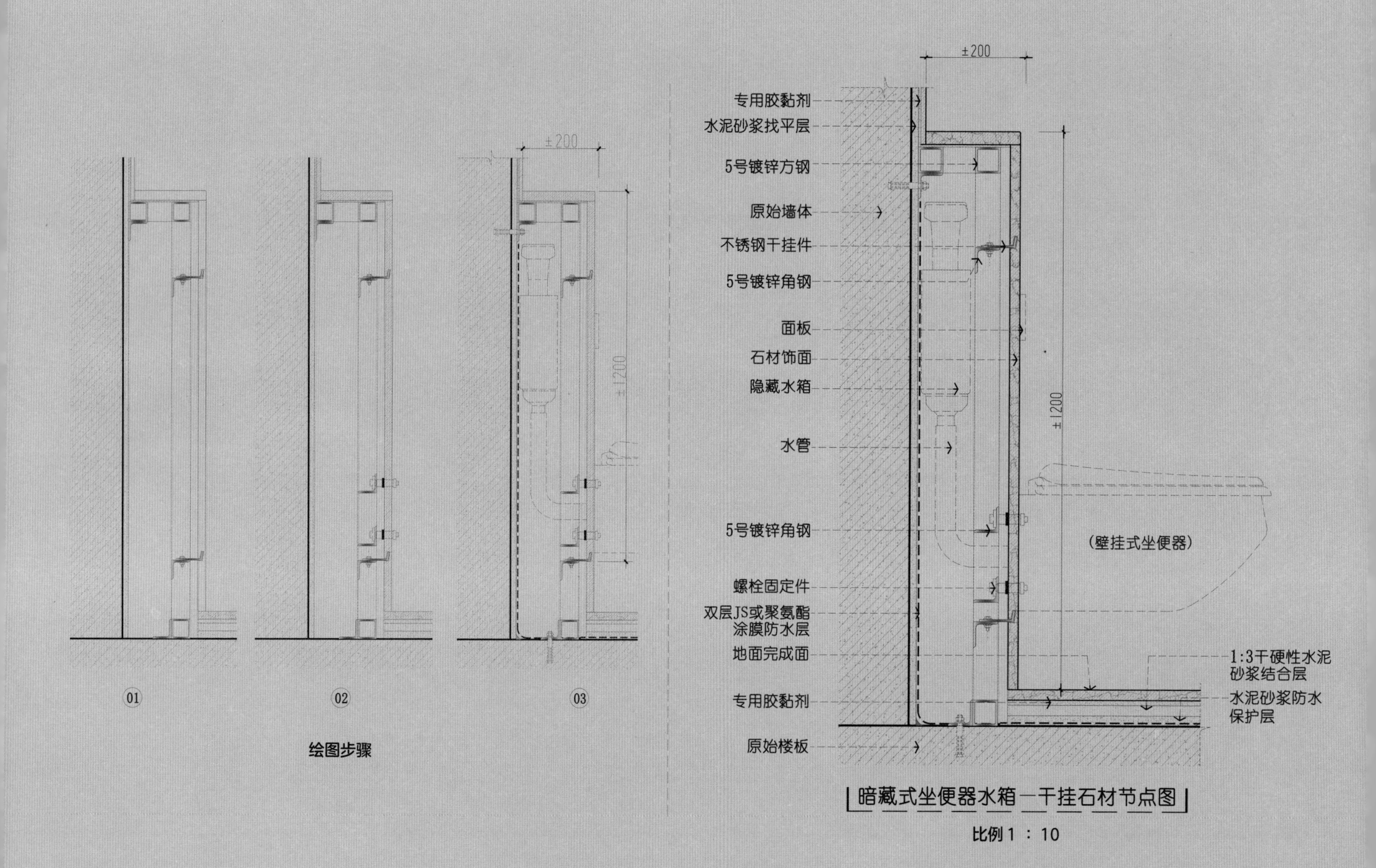
±200
±1200
01
02
03
绘图步骤
±200
±1200
专用胶黏剂
水泥砂浆找平层
5号镀锌方钢
原始墙体
不锈钢干挂件
5号镀锌角钢
面板
石材饰面
隐藏水箱
水管
5号镀锌角钢
(壁挂式坐便器)
螺栓固定件
双层JS或聚氨酯
涂膜防水层
地面完成面
1:3干硬性水泥
砂浆结合层
专用胶黏剂
水泥砂浆防水
保护层
原始楼板

暗藏式坐便器水箱—干挂石材节点图

比例 1 ： 10

① 原建筑楼板

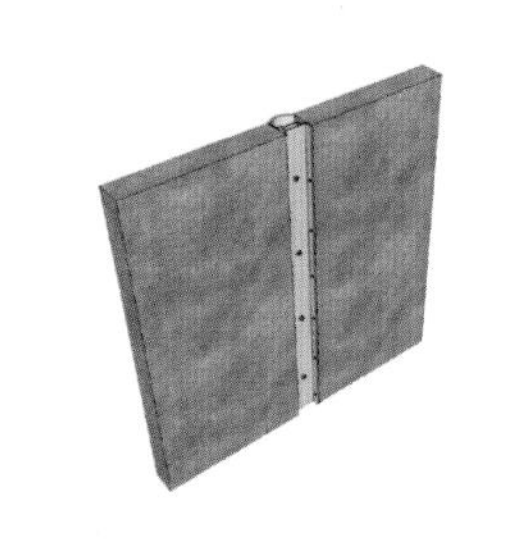

② 沉降缝金属盖板、防火隔离带

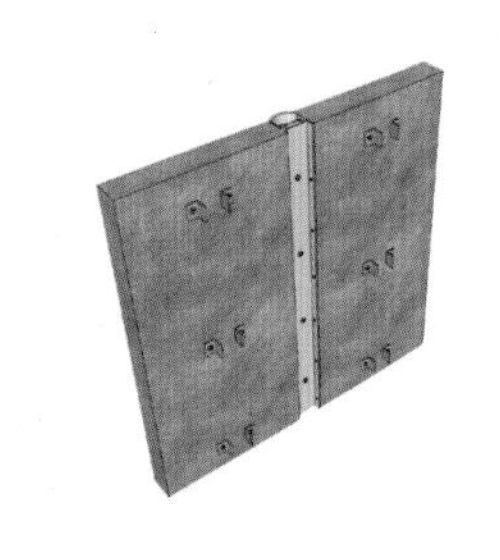

③ 5 号镀锌角钢转接件

④ 8 号镀锌槽钢竖向固定

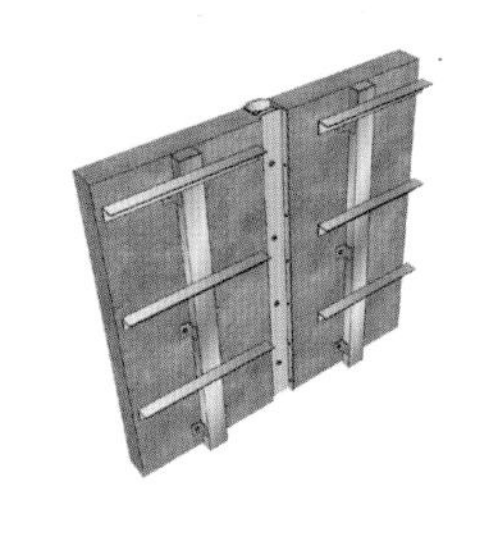

⑤ 5 号镀锌角钢横向固定

⑥ T 形 70 mm × 50 mm × 4 mm 不锈钢挂件

⑦ 石材饰面

⑧ 专用胶黏剂涂刷

⑨ 弹性填充料，密封胶

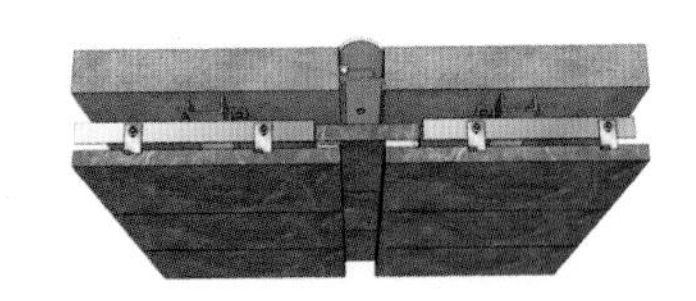

⑩ 最终效果

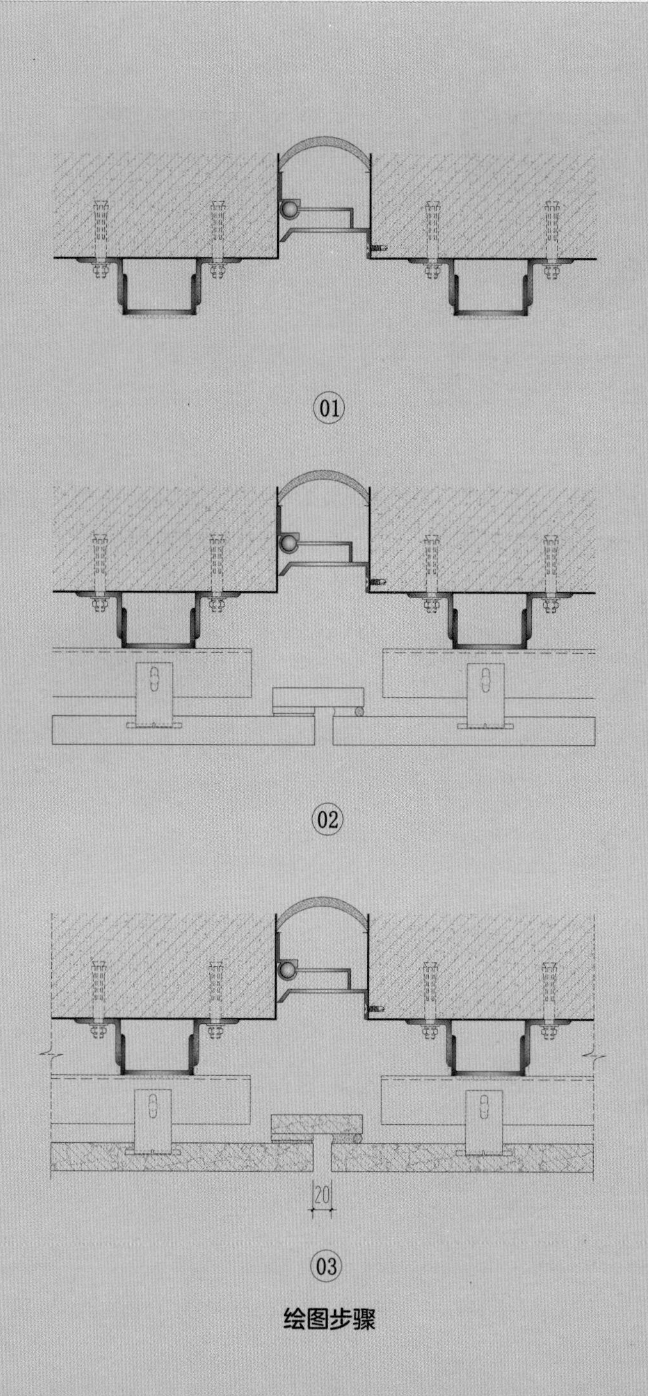
01
02
20
03

绘图步骤

M10膨胀螺栓
5号镀锌角钢转接件
原建筑墙体
不锈钢滑动杆
防火隔离带
沉降缝成品
金属盖板
8号镀锌槽钢
5号镀锌角钢
5号镀锌角钢转接件
±20
弹性填充料
石材饰面
密封胶
M10不锈钢螺栓
5号镀锌角钢
专用胶黏剂
T形70 mm×50 mm×4 mm
不锈钢挂件

墙面干挂石材—沉降缝收口节点图

比例1：5

① 原建筑楼板、墙

② 地面清底、湿润，纯水泥浆扫底或专用界面剂涂刷

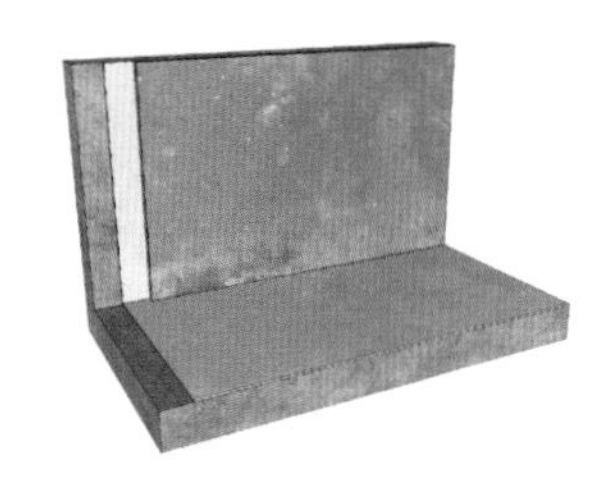

③ 水泥砂浆粉刷找平层

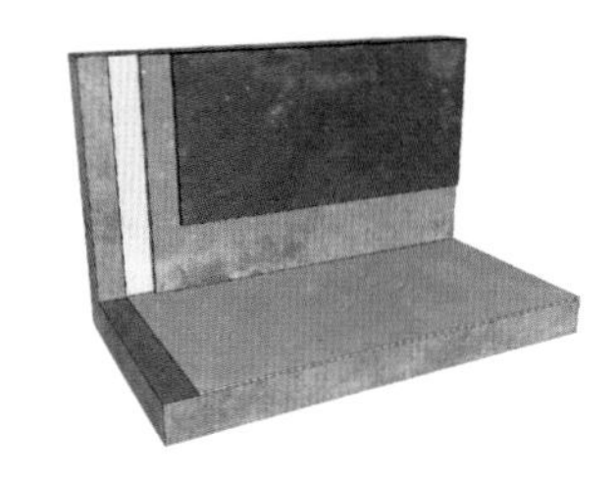

④ 石材专用胶黏剂涂刷

⑤ 石材铺贴

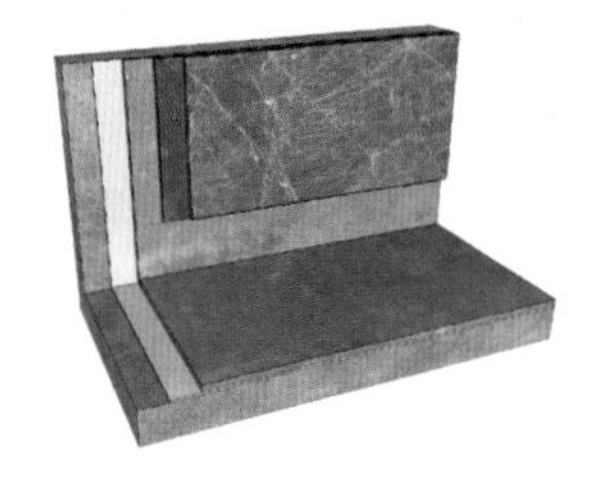

⑥ 1 ：3 干硬性水泥砂浆结合层铺设

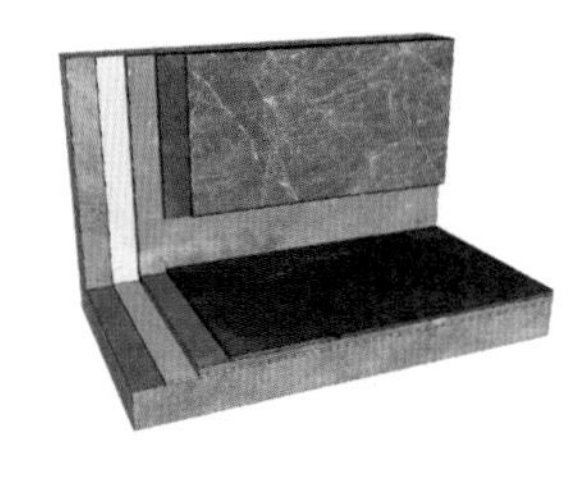

⑦ 10 mm 厚素水泥黏结层或专用胶黏剂

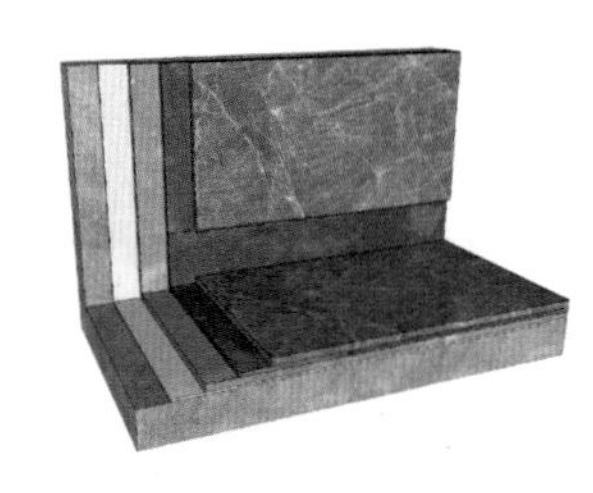

⑧ 石材地面铺贴

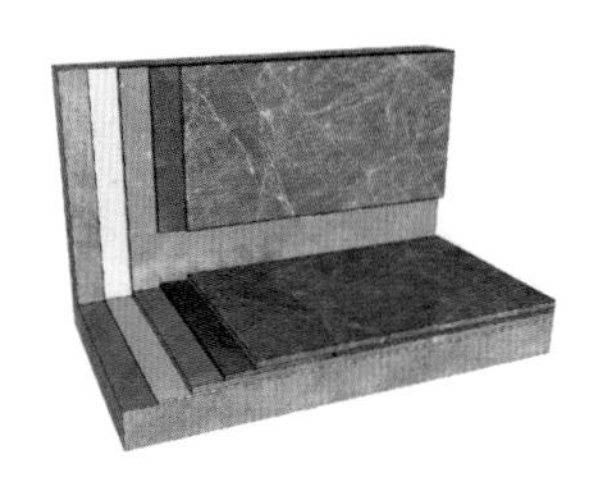

⑨ 10 mm 厚素水泥胶黏层或专用胶黏剂

⑩ 石材踢脚线铺贴

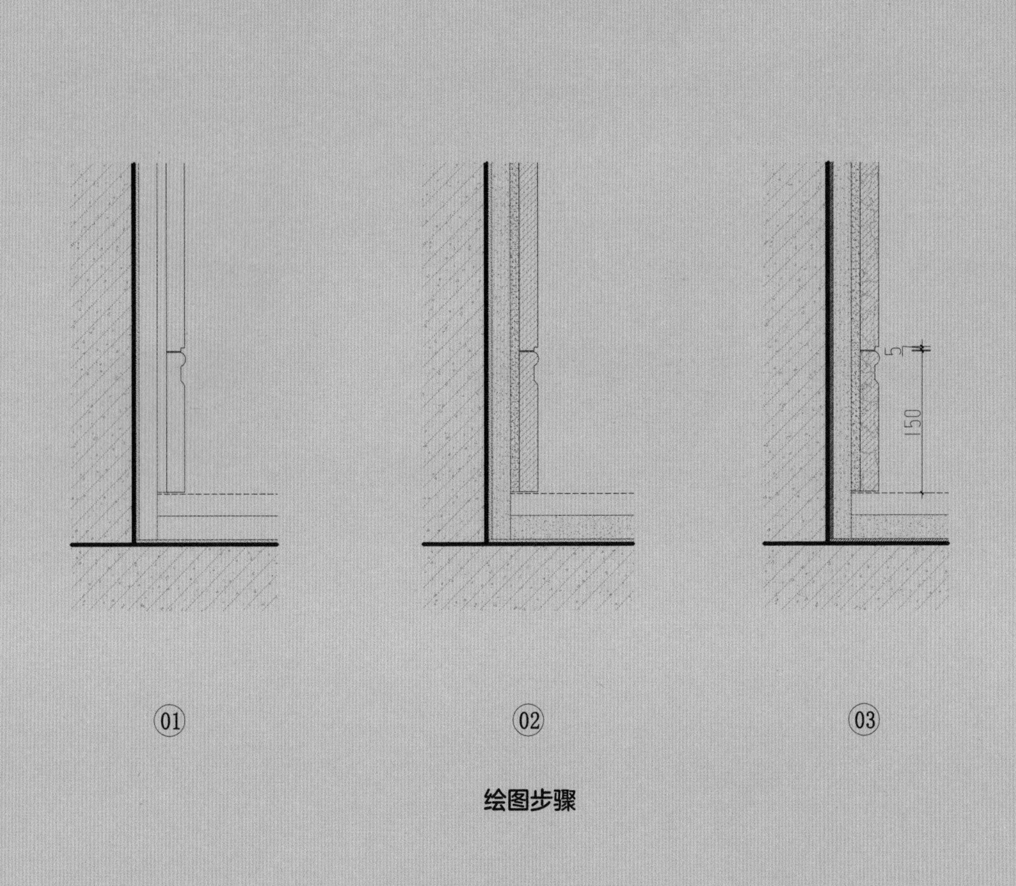

5
150
01
02
03

绘图步骤

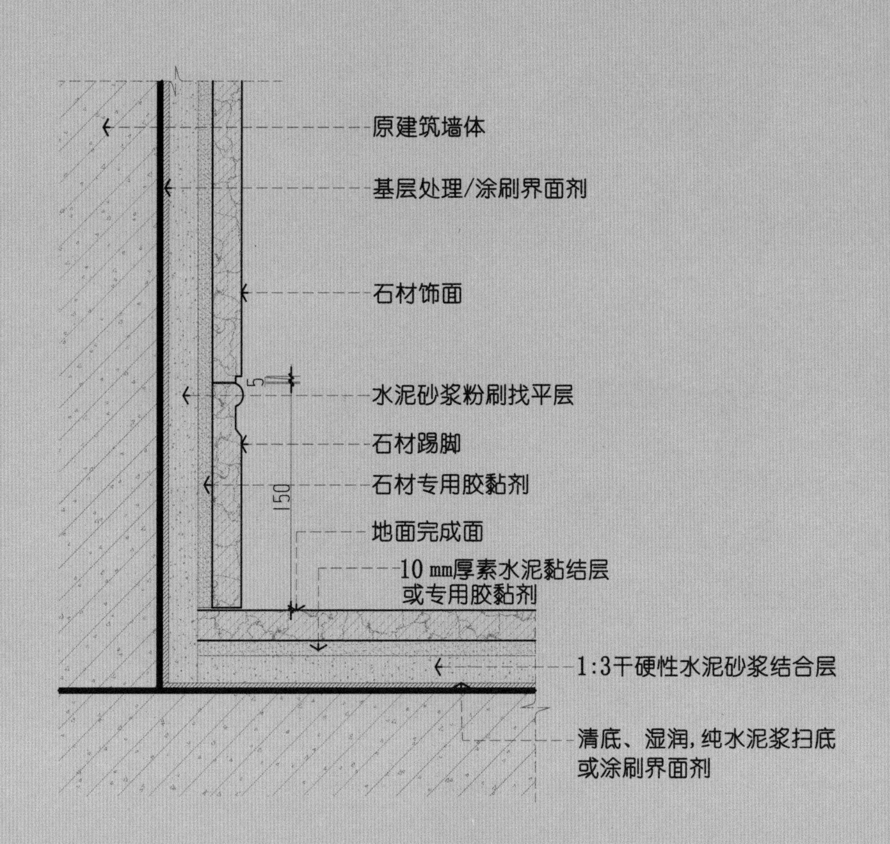

原建筑墙体
基层处理/涂刷界面剂
石材饰面
水泥砂浆粉刷找平层
石材踢脚
石材专用胶黏剂
地面完成面
10 mm厚素水泥黏结层
或专用胶黏剂
1:3干硬性水泥砂浆结合层
清底、湿润,纯水泥浆扫底
或涂刷界面剂
5
150

石材墙面与石材踢脚线平收口节点图

比例 1 ： 5

① 原建筑楼板、墙

② 地面清底、湿润，纯水泥浆扫底或专用界面剂涂刷

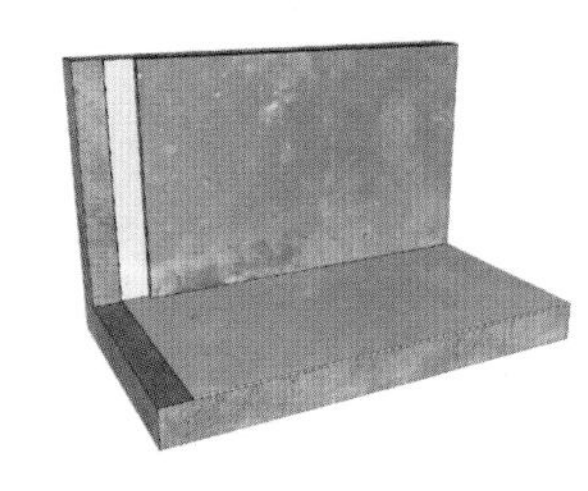

③ 水泥砂浆粉刷找平层

④ 石材专用胶黏剂涂刷

⑤ 石材铺贴

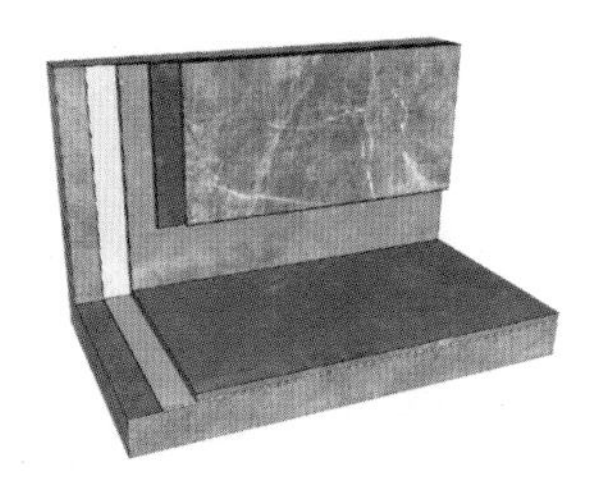

⑥ 1 ： 3 干硬性水泥砂浆结合层铺设

⑦ 10 mm 厚素水泥黏结层或专用胶黏剂

⑧ 石材地面铺贴

⑨ 10 mm 厚素水泥黏结层或专用胶黏剂

⑩ 石材踢脚线铺贴

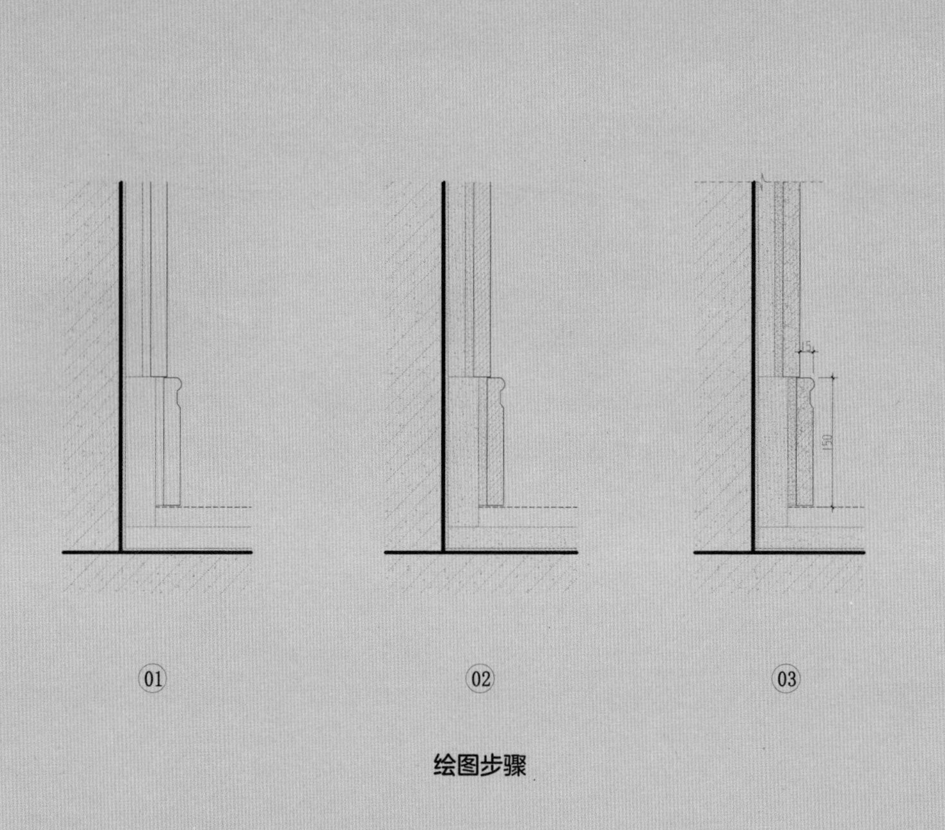

01
02
03
150

绘图步骤

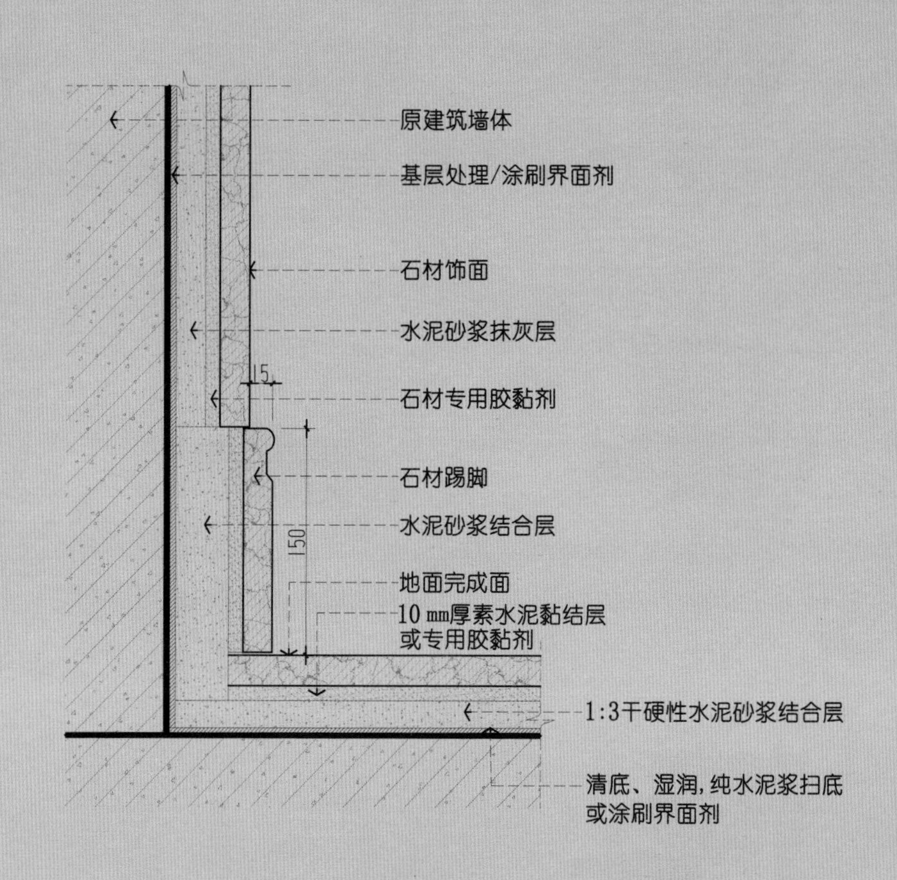

原建筑墙体
基层处理/涂刷界面剂
石材饰面
水泥砂浆抹灰层
15
石材专用胶黏剂
石材踢脚
水泥砂浆结合层
150
地面完成面
10 mm厚素水泥黏结层
或专用胶黏剂
1:3干硬性水泥砂浆结合层
清底、湿润，纯水泥浆扫底
或涂刷界面剂

石材墙面与石材踢脚线凸收口节点图

比例 1 ：5

39 石材墙面与内凹金属踢脚线收口

| 场景工艺展示

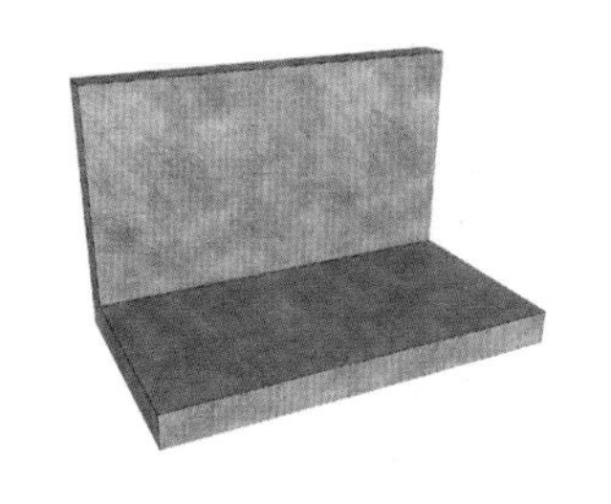

① 原建筑楼板、墙

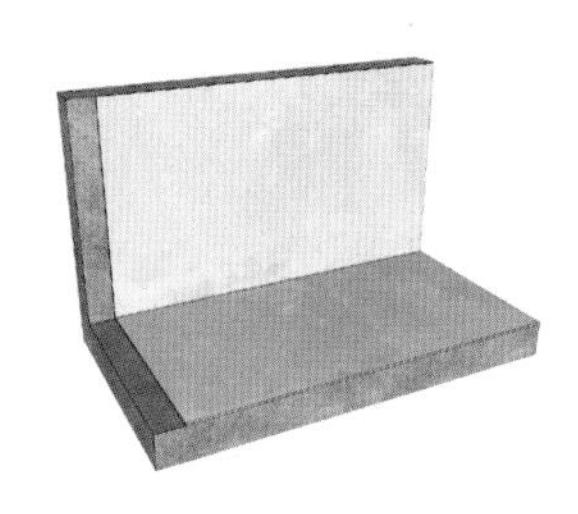

② 地面清底、湿润，纯水泥浆扫底或专用界面剂涂刷

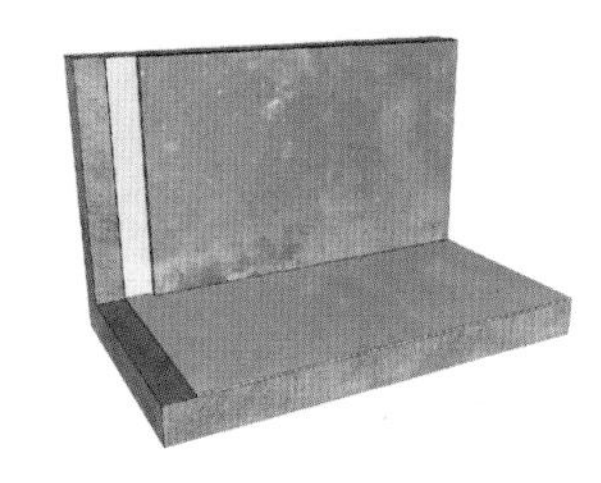

③ 水泥砂浆粉刷找平层

④ 石材专用胶黏剂涂刷

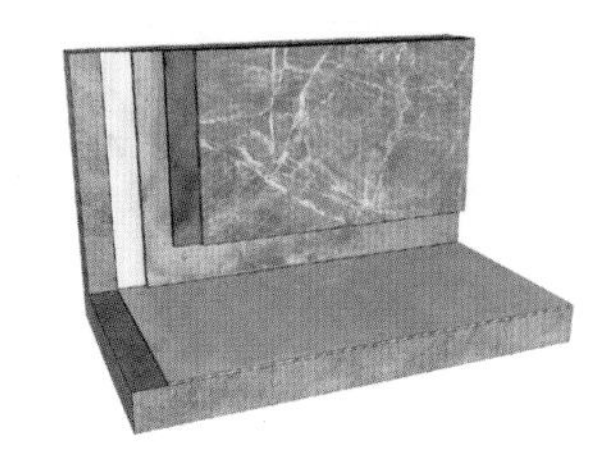

⑤ 石材铺贴

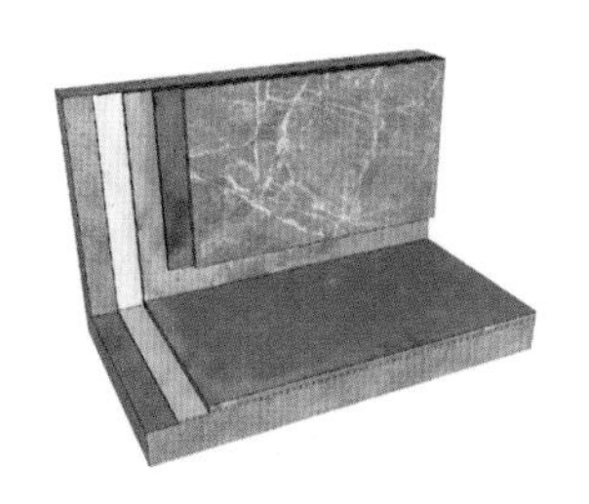

⑥ 1 ： 3 干硬性水泥砂浆结合层铺设

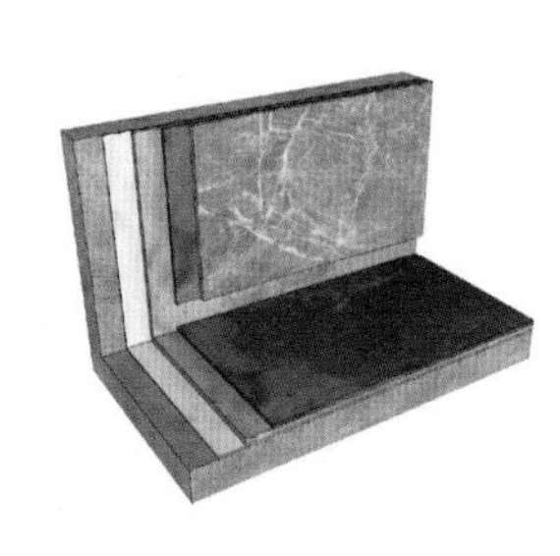

⑦ 10 mm 厚素水泥黏结层或专用胶黏剂

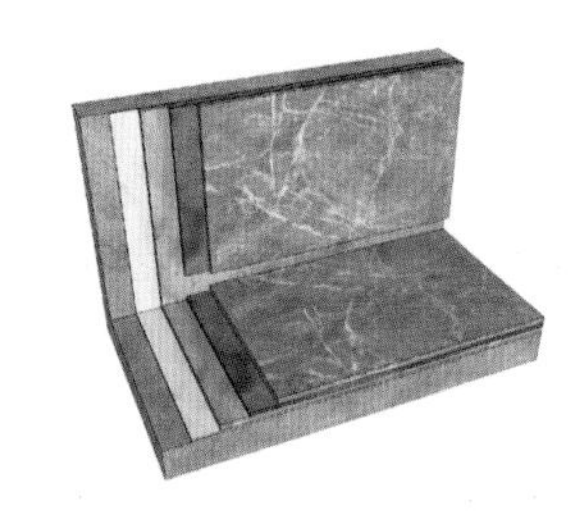

⑧ 石材地面铺贴

⑨ 18 mm 厚阻燃板基层铺设

⑩ 专用胶黏剂涂刷

⑪ 金属踢脚线粘贴固定

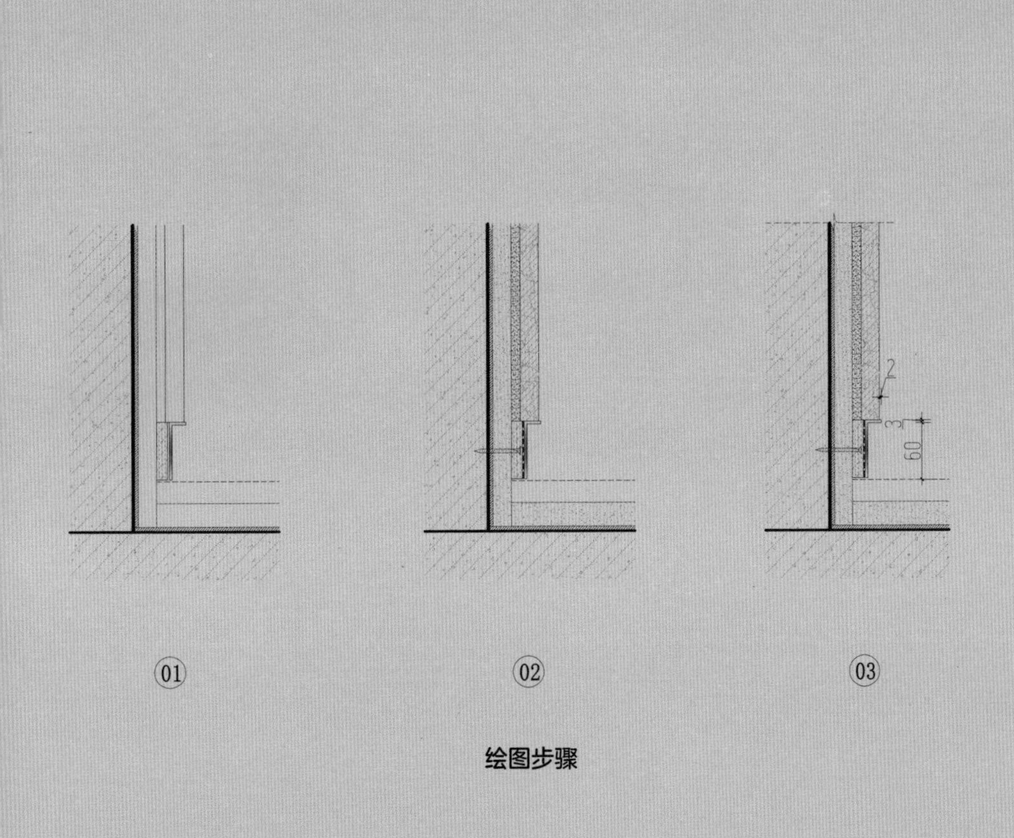
2
3
60
01
02
03

绘图步骤

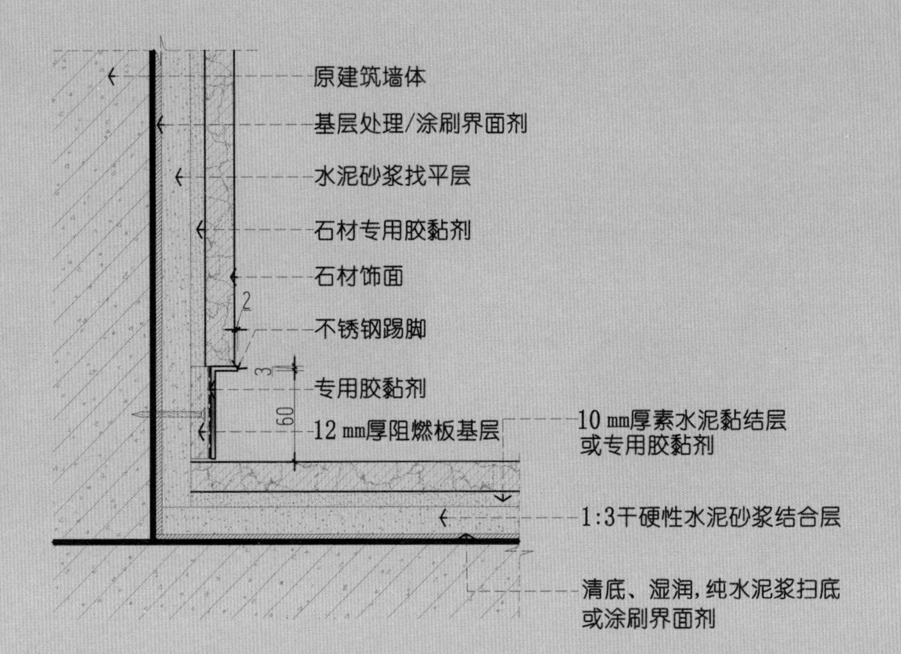
原建筑墙体
基层处理/涂刷界面剂
水泥砂浆找平层
石材专用胶黏剂
石材饰面
2
不锈钢踢脚
3
专用胶黏剂
60
12 mm厚阻燃板基层
10 mm厚素水泥黏结层
或专用胶黏剂
1:3干硬性水泥砂浆结合层
清底、湿润，纯水泥浆扫底
或涂刷界面剂

石材墙面与内凹金属踢脚线节点图

比例 1 ∶ 5

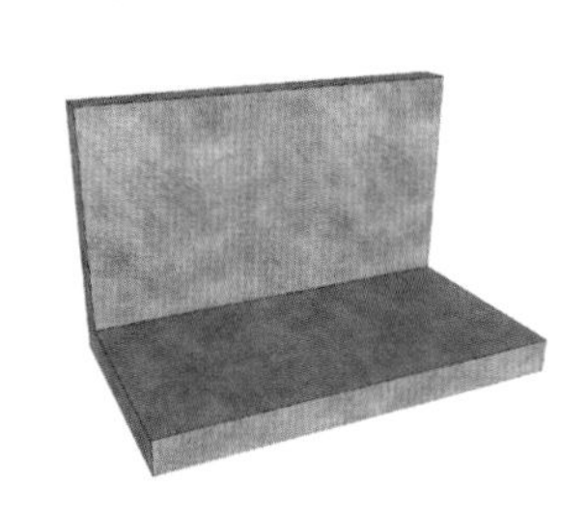

① 原建筑楼板、墙

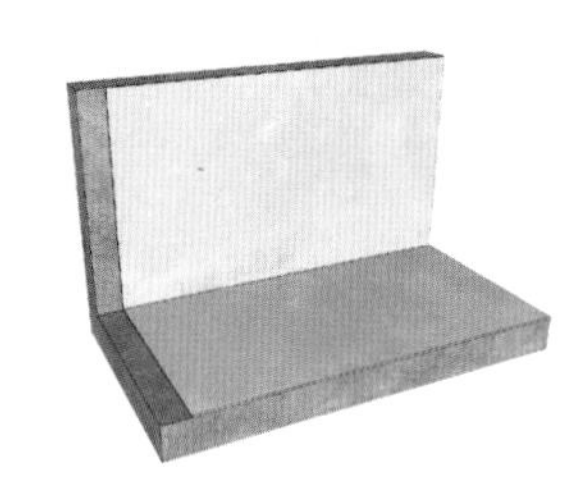

② 地面清底、湿润，纯水泥浆扫底或专用界面剂涂刷

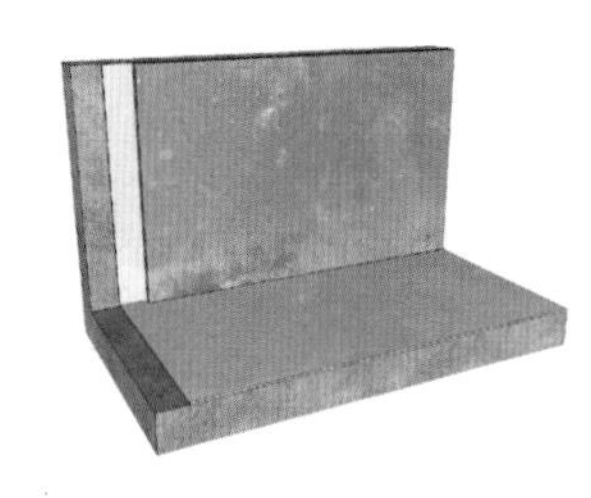

③ 水泥砂浆粉刷找平层

④ 石材专用胶黏剂涂刷

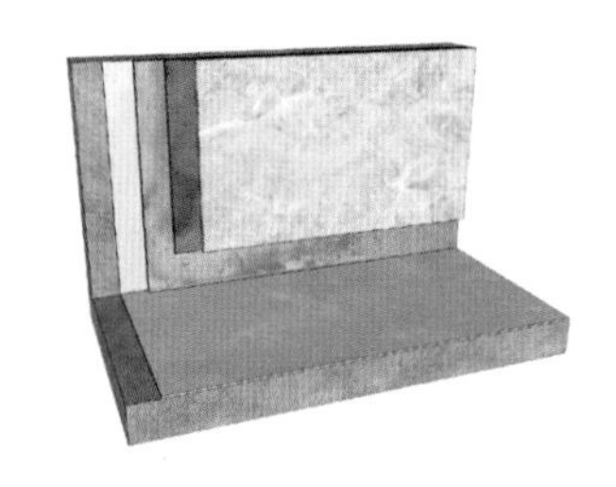

⑤ 石材铺贴

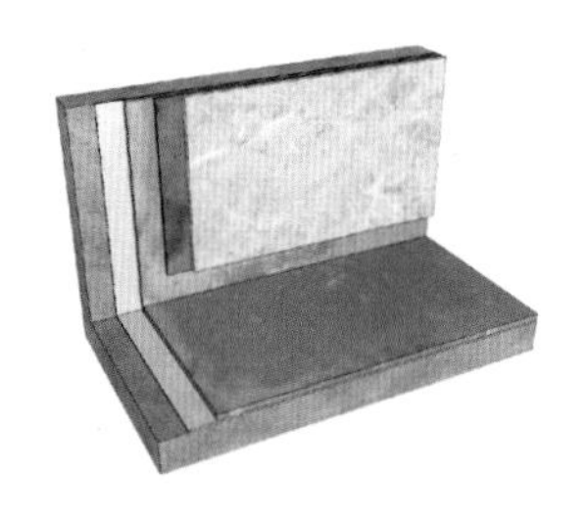

⑥ 1 ： 3 干硬性水泥砂浆结合层铺设

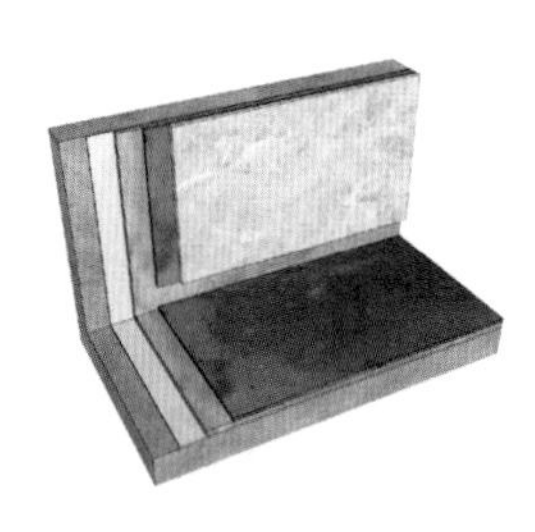

⑦ 10 mm 厚素水泥黏结层或专用胶黏剂

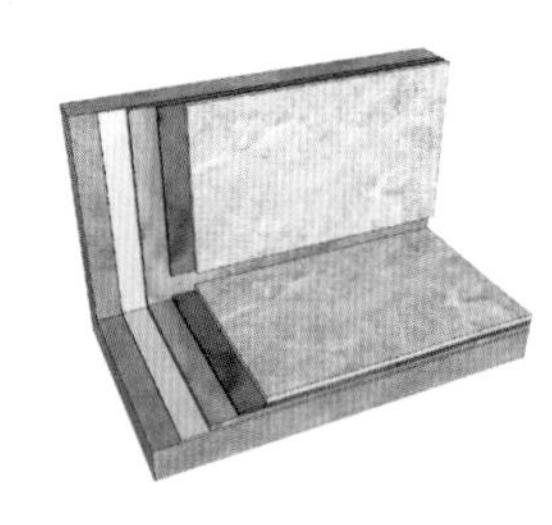

⑧ 石材地面铺贴

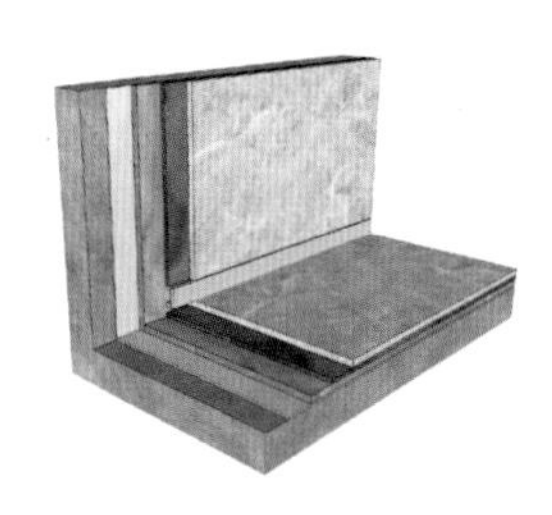

⑨ 18 mm 厚阻燃板基层铺设

⑩ 专用胶黏剂涂刷

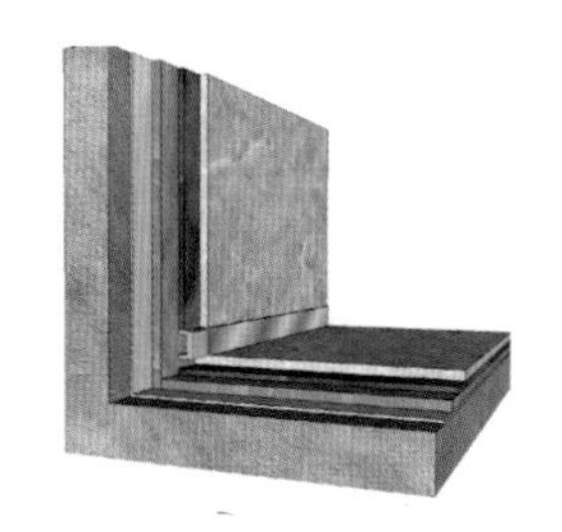

⑪ 金属踢脚线粘贴固定

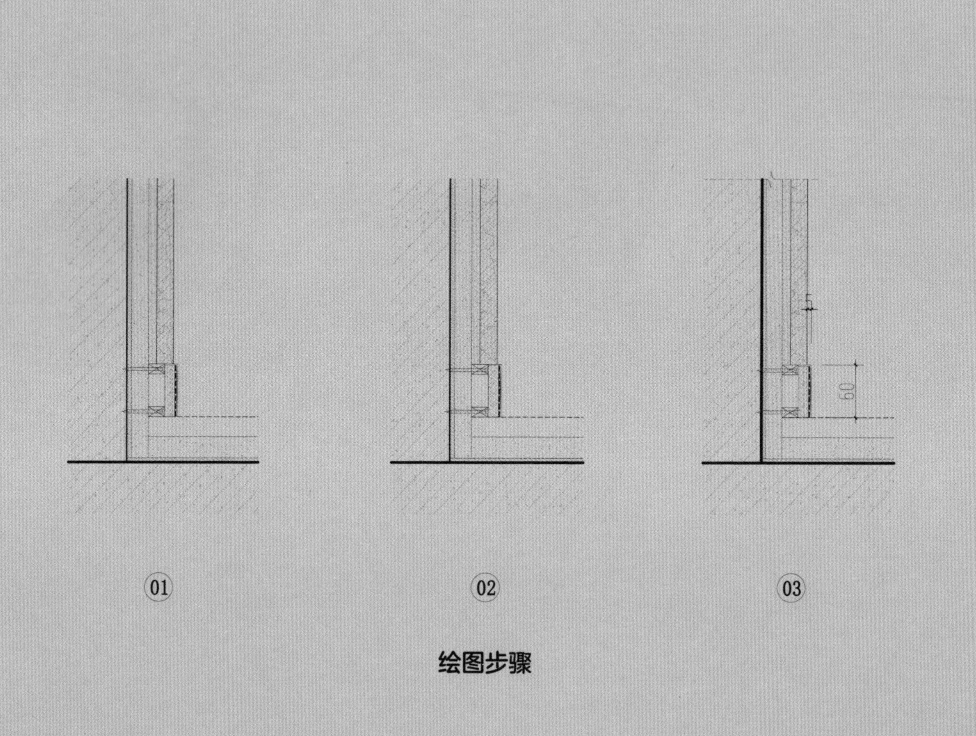
60
01
02
03

绘图步骤

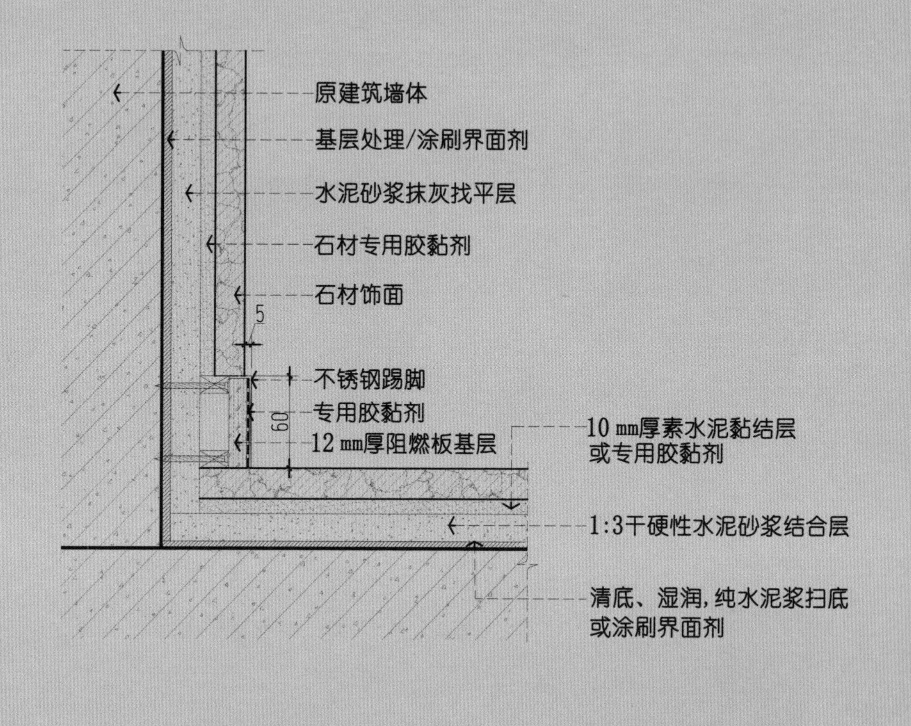
原建筑墙体
基层处理/涂刷界面剂
水泥砂浆抹灰找平层
石材专用胶黏剂
石材饰面
5
不锈钢踢脚
专用胶黏剂
60
12 mm厚阻燃板基层
10 mm厚素水泥黏结层
或专用胶黏剂
1:3干硬性水泥砂浆结合层
清底、湿润,纯水泥浆扫底
或涂刷界面剂

石材墙面与凸出金属踢脚线节点图

比例 1 : 5

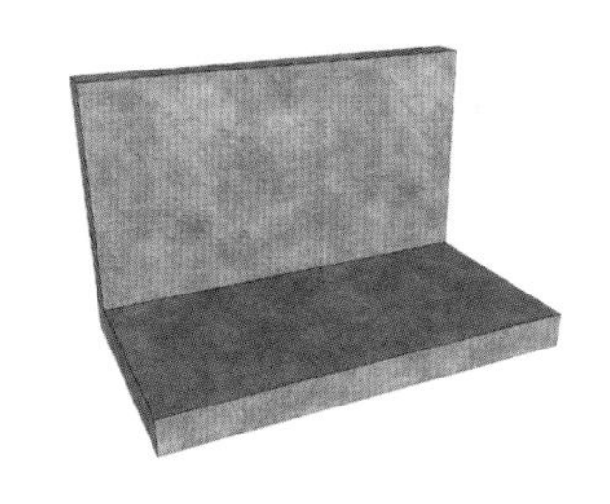

① 原建筑楼板、墙

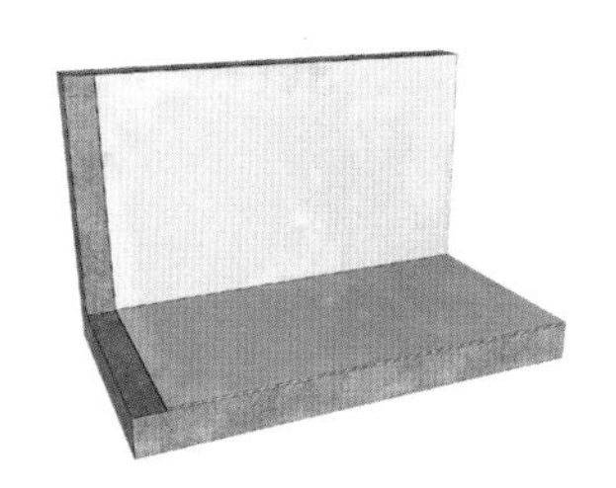

② 清底、湿润，纯水泥浆扫底或专用界面剂涂刷

③ 水泥倒角

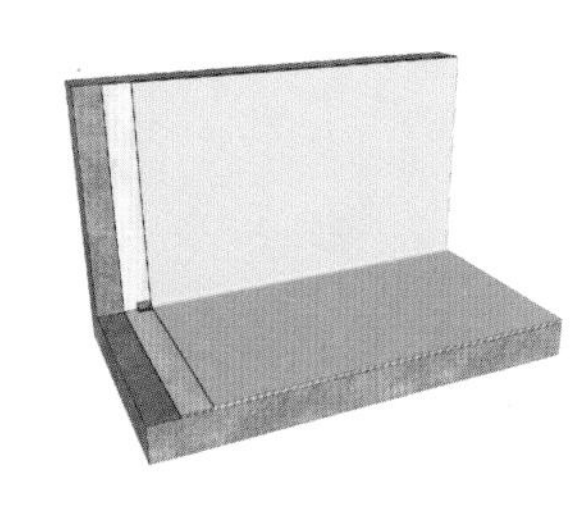

④ 双层 JS 或聚氨酯涂膜防水层涂刷

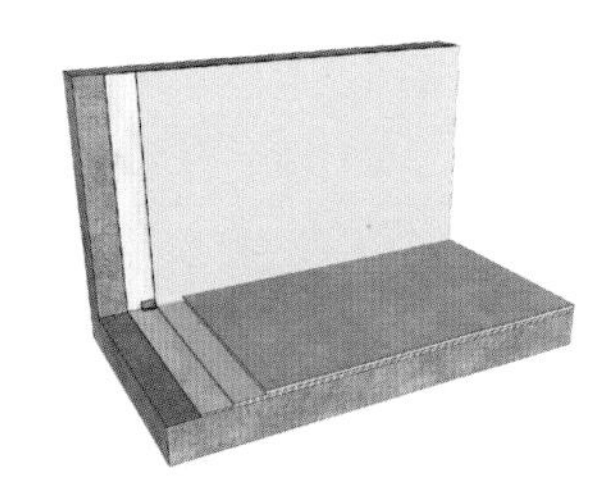

⑤ 水泥砂浆防水保护层铺设

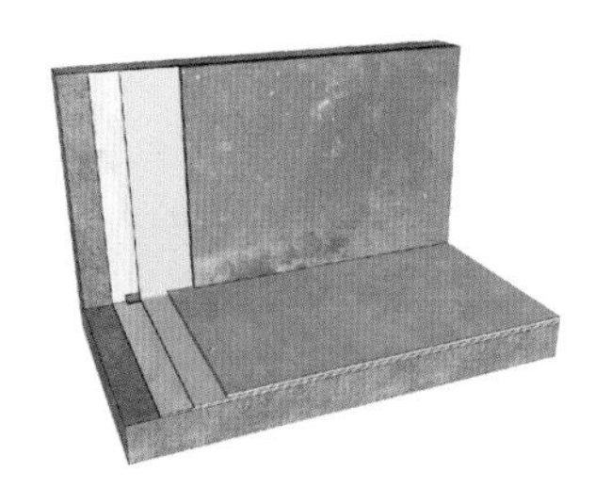

⑥ 水泥砂浆粉刷找平层

⑦ 石材专用胶黏剂涂刷

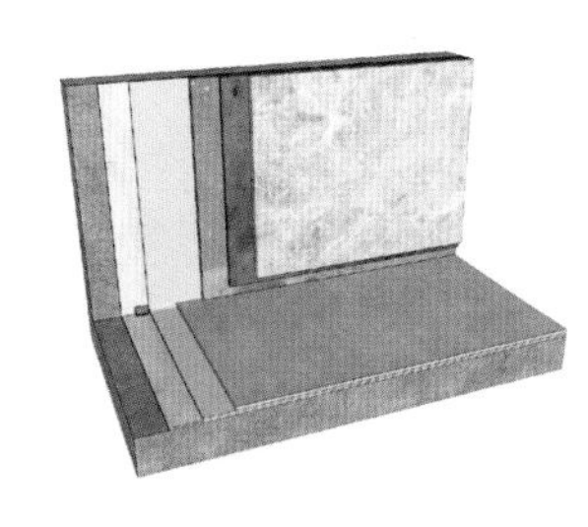

⑧ 石材铺贴

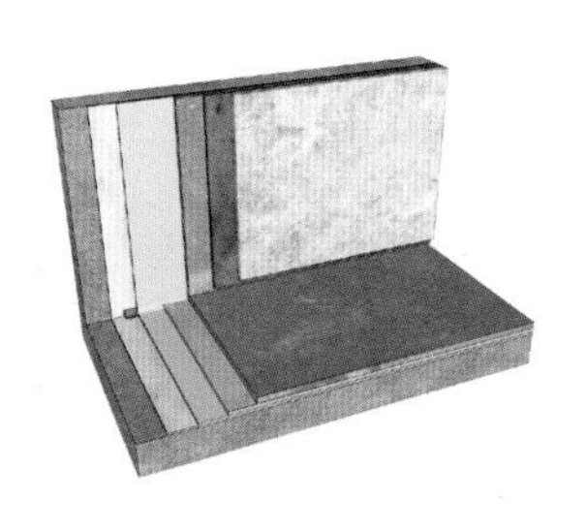

⑨ 1 ： 3 干硬性水泥砂浆结合层铺设

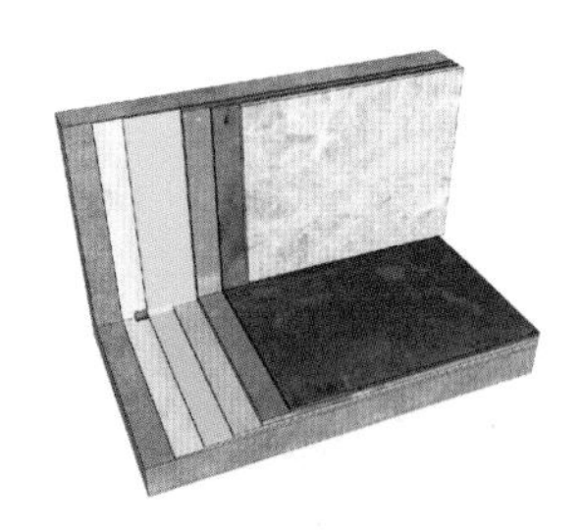

⑩ 10 mm 厚素水泥黏结层或专用胶黏剂

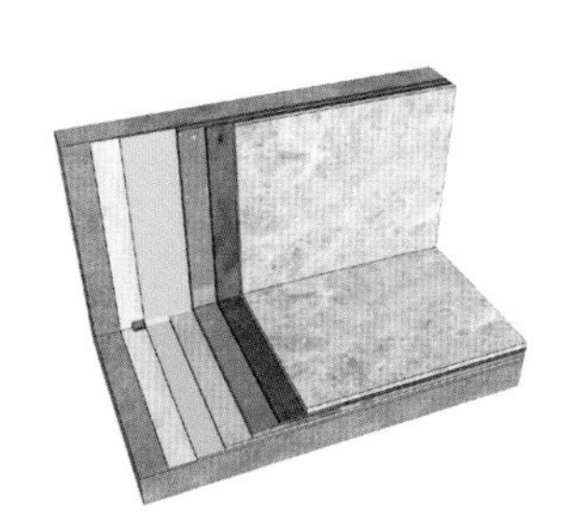

⑪ 石材地面铺贴

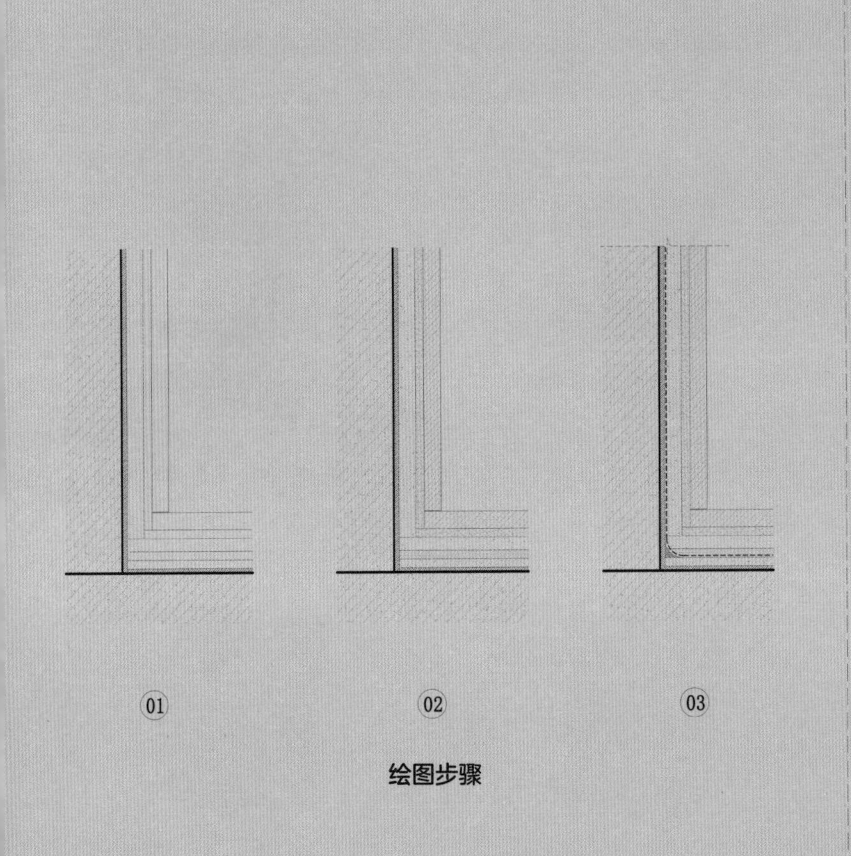
01
02
03

绘图步骤

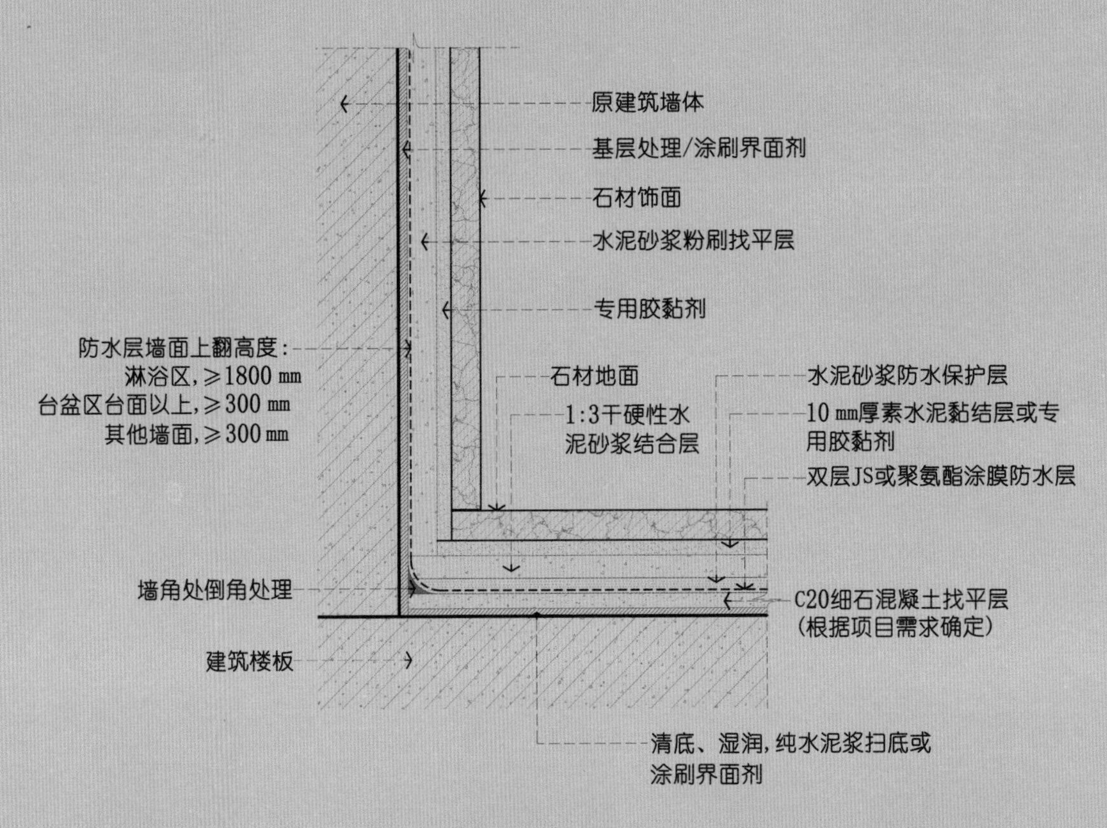
原建筑墙体
基层处理/涂刷界面剂
石材饰面
水泥砂浆粉刷找平层
专用胶黏剂
防水层墙面上翻高度：
淋浴区，≥1800 mm
台盆区台面以上，≥300 mm
其他墙面，≥300 mm
石材地面
1:3干硬性水
泥砂浆结合层
水泥砂浆防水保护层
10 mm厚素水泥黏结层或专
用胶黏剂
双层JS或聚氨酯涂膜防水层
墙角处倒角处理
C20细石混凝土找平层
(根据项目需求确定)
建筑楼板
清底、湿润，纯水泥浆扫底或
涂刷界面剂

墙地面湿贴石材及防水节点图

比例 1 : 5

42 干挂石材消火栓暗门

场景工艺展示

① 原建筑楼板、墙，消火栓箱

② 200 mm × 200 mm × 8 mm 镀锌钢板埋件，M10 膨胀螺栓固定

③ 8 号镀锌槽钢转接件

④ 8 号镀锌槽钢竖向焊接固定

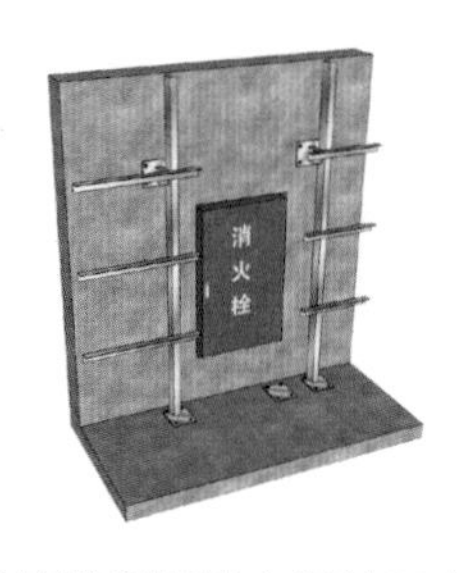

⑤ 5 号镀锌角钢横向焊接固定

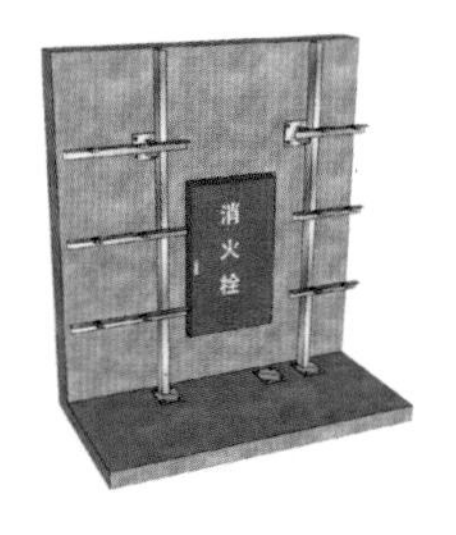

⑥ T 形 70 mm × 50 mm × 4 mm 不锈钢挂件（根据石材板块规格排布）

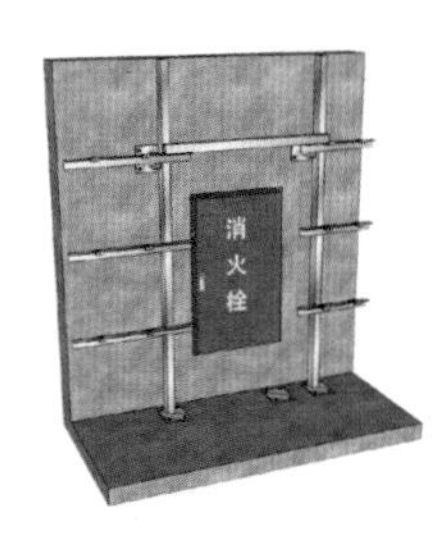

⑦ 50 mm × 50 mm × 5 mm 镀锌方钢

⑧ Φ22 mm 钢立轴（高 80 mm）顶地焊接固定

⑨ 5 号镀锌方钢暗门框架

⑩ 5 号镀锌角钢，T 形 70 mm × 50 mm × 4 mm 不锈钢挂件

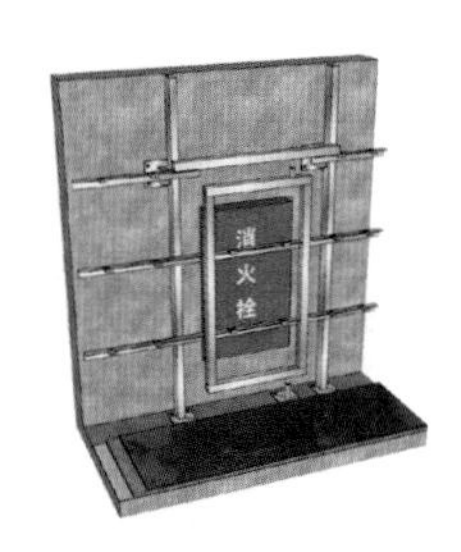

⑪ 楼板面清底、湿润，纯水泥浆扫底或专用界面剂涂刷，1 ： 3 干硬性水泥砂浆结合层，10 mm 厚素水泥黏结层或专用胶黏剂

⑫ 地面石材饰面铺贴

⑬ 墙面干挂石材

⑭ 暗门干挂石材

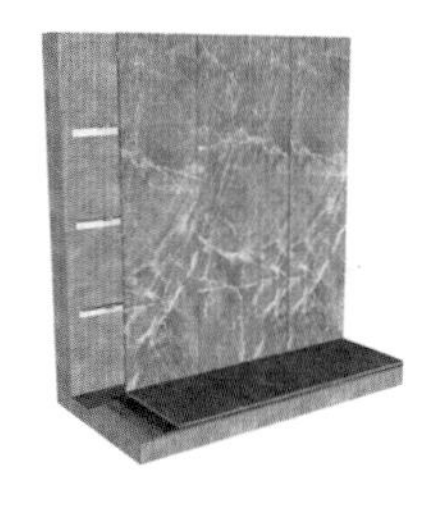

⑮ 完工效果

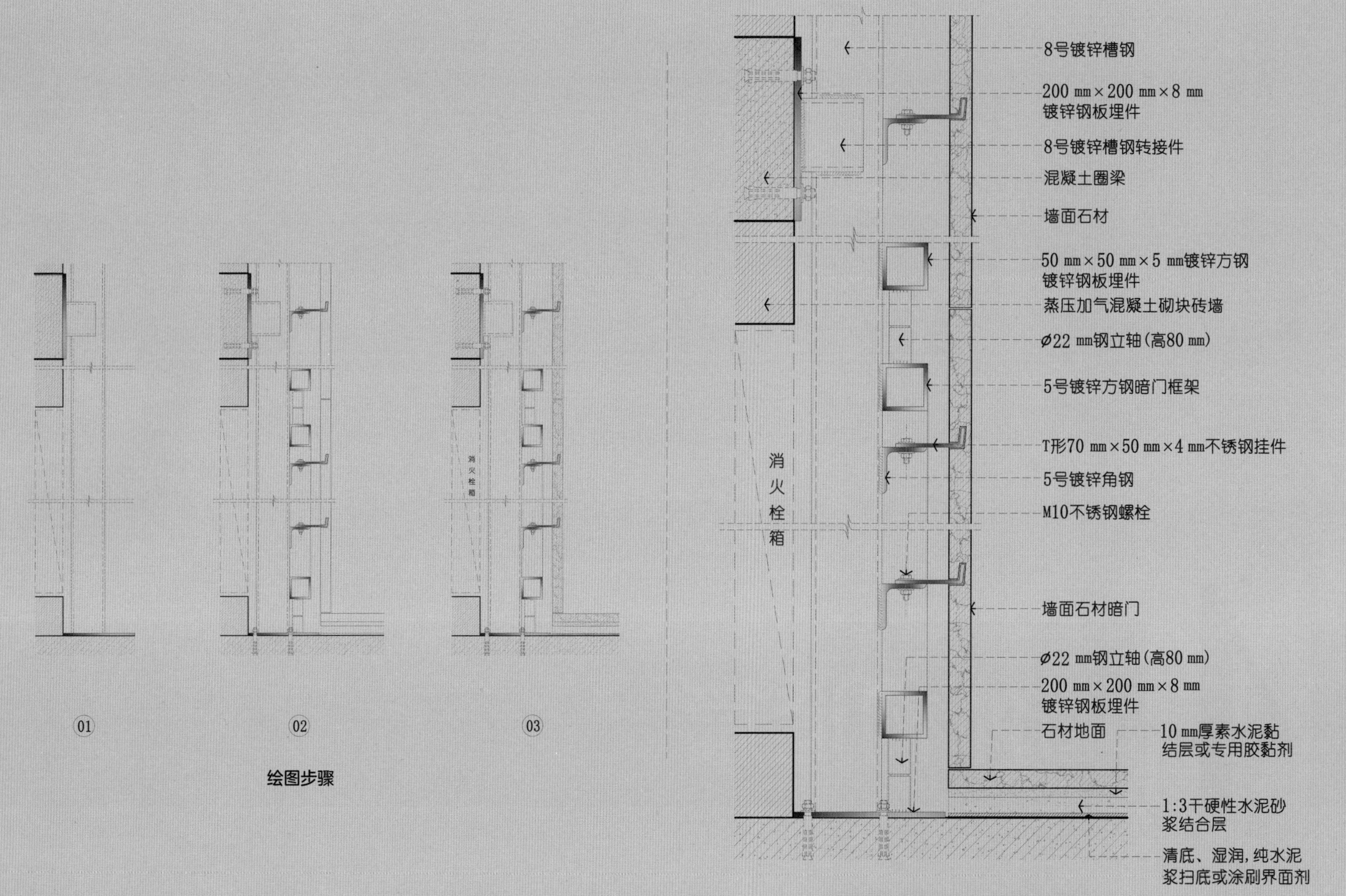
01
02
03
绘图步骤
消火栓箱
8号镀锌槽钢
200 mm×200 mm×8 mm
镀锌钢板埋件
8号镀锌槽钢转接件
混凝土圈梁
墙面石材
50 mm×50 mm×5 mm镀锌方钢
镀锌钢板埋件
蒸压加气混凝土砌块砖墙
⌀22 mm钢立轴(高80 mm)
5号镀锌方钢暗门框架
T形70 mm×50 mm×4 mm不锈钢挂件
5号镀锌角钢
M10不锈钢螺栓
墙面石材暗门
⌀22 mm钢立轴(高80 mm)
200 mm×200 mm×8 mm
镀锌钢板埋件
石材地面
10 mm厚素水泥黏
结层或专用胶黏剂
1:3干硬性水泥砂
浆结合层
清底、湿润，纯水泥
浆扫底或涂刷界面剂

干挂石材消防栓暗门节点图

比例 1 ： 5

4 墙体构造篇

场景工艺展示 + 施工图节点绘制

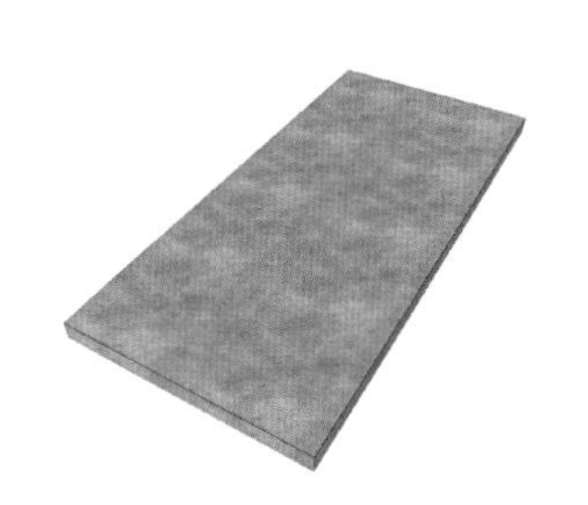
① 原建筑楼板

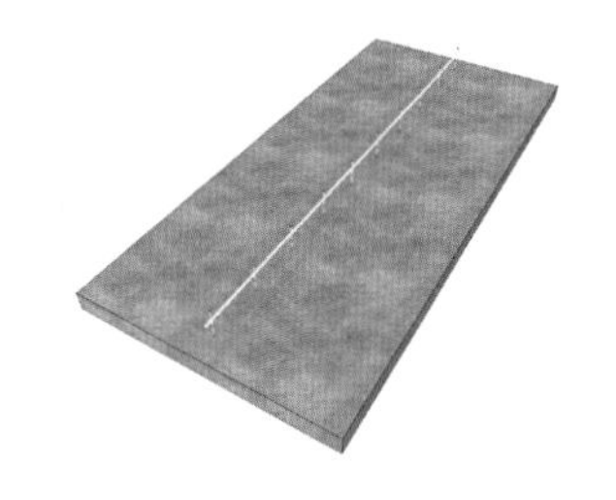
② Φ8 mm 螺纹钢筋竖向植筋，横向绑扎钢筋

③ 支设模板

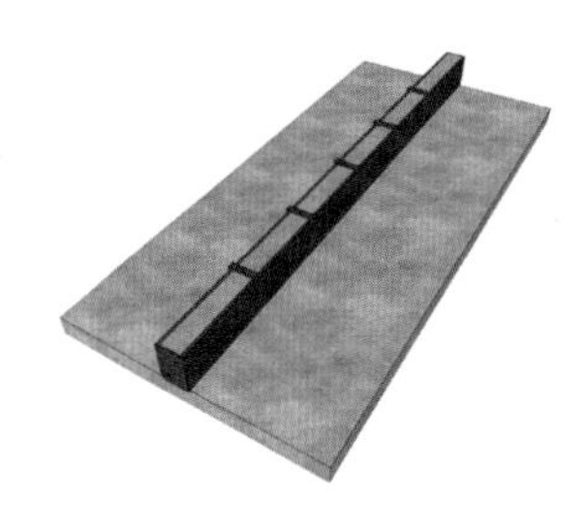
④ 浇筑 C20 细石混凝土导墙

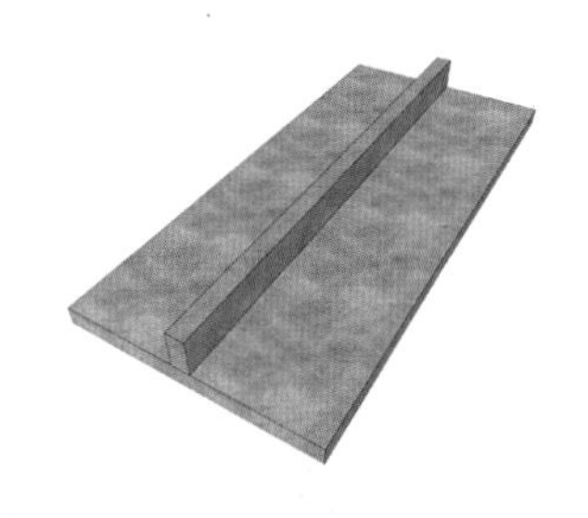
⑤ 达到设计强度后拆除模板

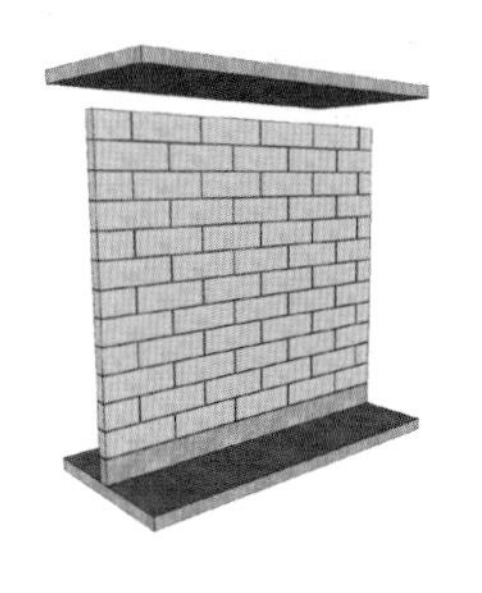
⑥ 蒸压加气混凝土砌块填充墙砌筑

⑦ 梁板下口最后 3 皮砖在下部墙体砌筑完成 14 天后方可砌筑，并由中间开始向两边斜砌

⑧ 镀锌钢丝网固定

⑨ 水泥砂浆粉刷层

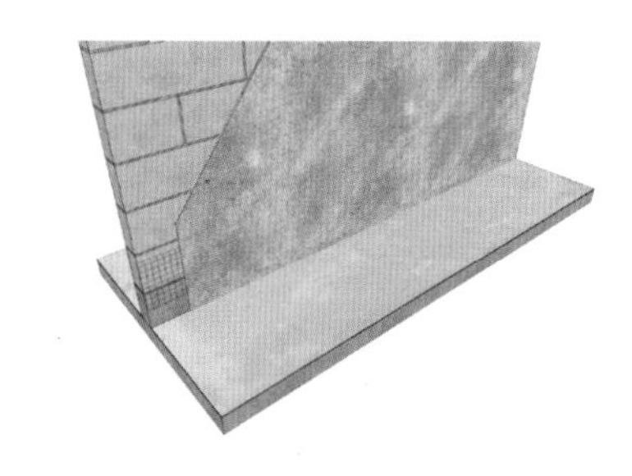
⑩ 地面清底、湿润，纯水泥浆扫底或专用界面剂涂刷

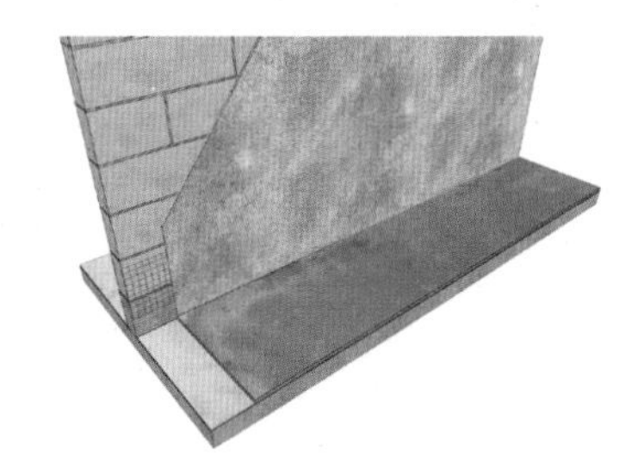
⑪ 1 ： 3 干硬性水泥砂浆结合层铺设

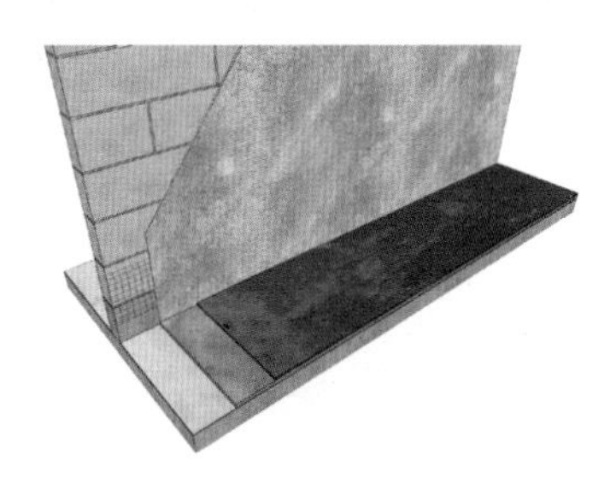
⑫ 10 mm 厚素水泥黏结层或专用胶黏剂

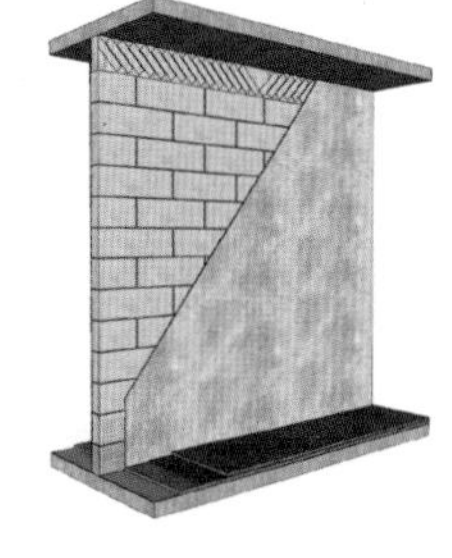
⑬ 石材地面铺贴

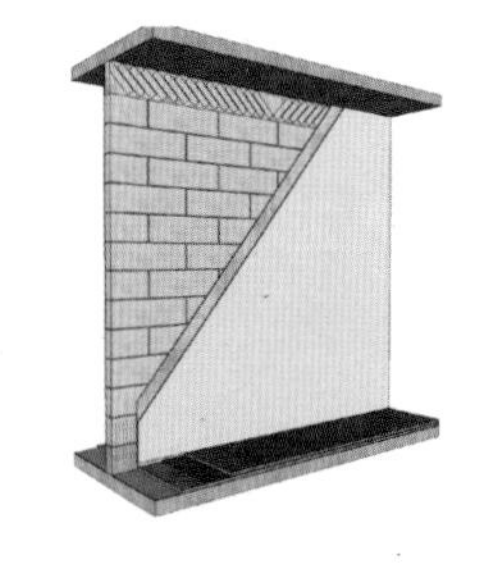
⑭ 墙面批嵌腻子

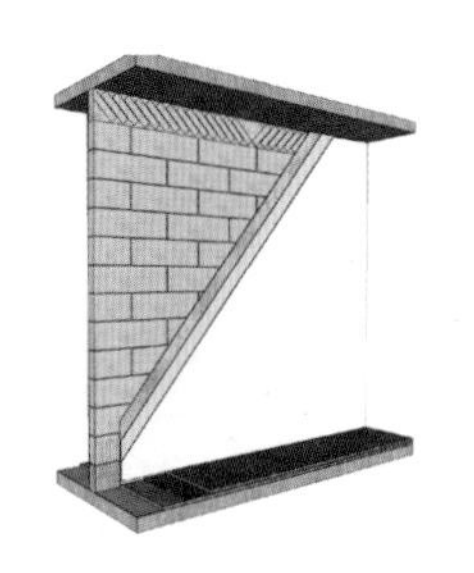
⑮ 涂刷乳胶漆 2 ～ 3 遍

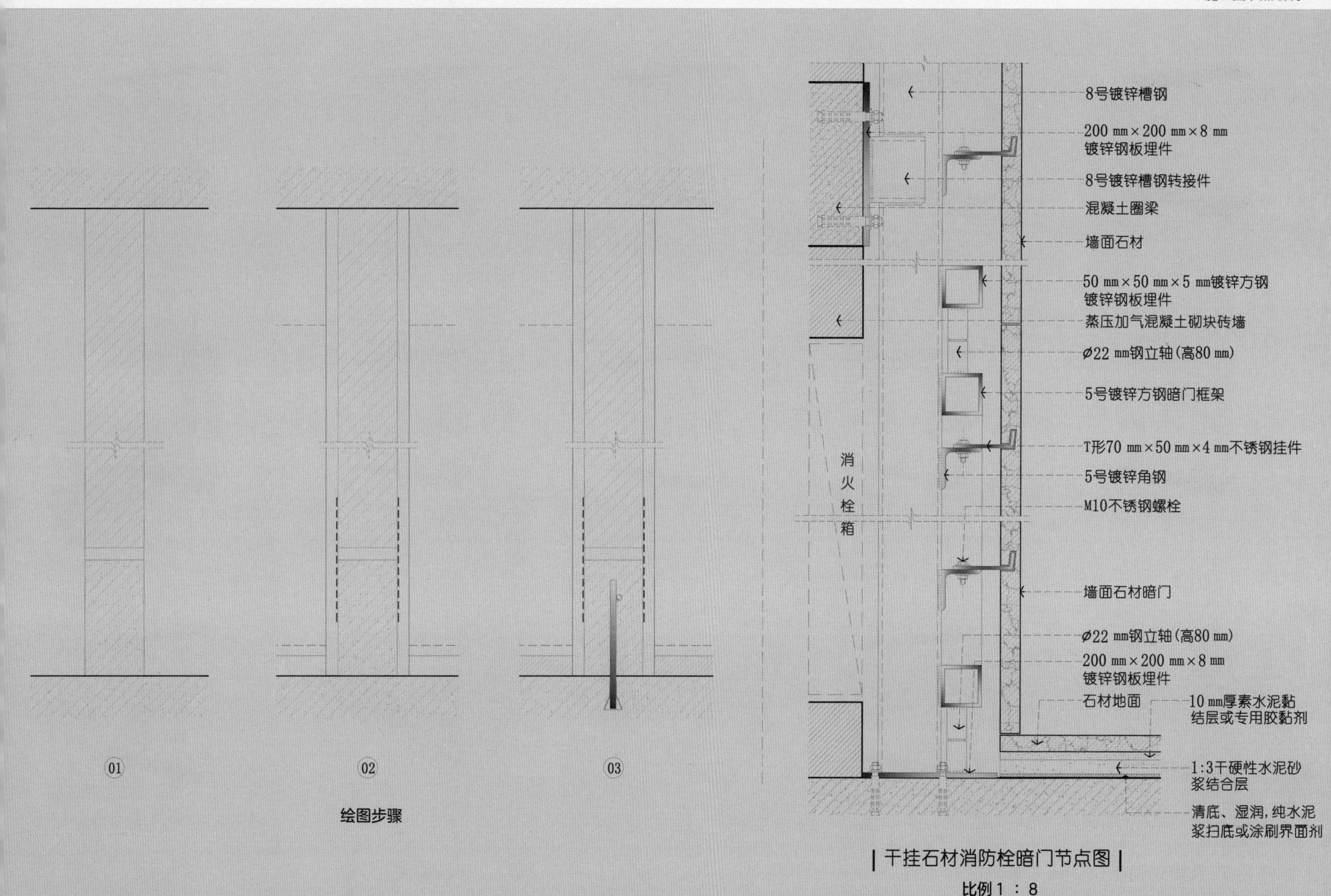
01
02
03
绘图步骤
8号镀锌槽钢
200 mm×200 mm×8 mm
镀锌钢板埋件
8号镀锌槽钢转接件
混凝土圈梁
墙面石材
50 mm×50 mm×5 mm镀锌方钢
镀锌钢板埋件
蒸压加气混凝土砌块砖墙
ø22 mm钢立轴(高80 mm)
5号镀锌方钢暗门框架
T形70 mm×50 mm×4 mm不锈钢挂件
5号镀锌角钢
M10不锈钢螺栓
消火栓箱
墙面石材暗门
ø22 mm钢立轴(高80 mm)
200 mm×200 mm×8 mm
镀锌钢板埋件
石材地面
10 mm厚素水泥黏结层或专用胶黏剂
1:3干硬性水泥砂浆结合层
清底、湿润，纯水泥浆扫底或涂刷界面剂

| 干挂石材消防栓暗门节点图 |

比例1 ： 8

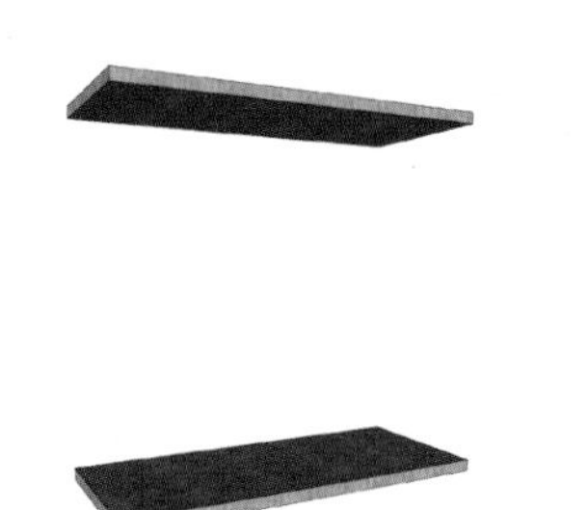

① 原建筑楼板

② 通长设置 6 mm 厚橡胶垫片，75 mm 系列沿顶、地轻钢龙骨安装，M8 膨胀螺栓固定

③ 75 mm 系列竖向龙骨安装，间距不大于 400 mm

④ 38 mm 穿心龙骨安装，间距不大于 1000 mm

⑤ 安装一侧罩面板

⑥ 安装防火隔声岩棉（容重需符合设计要求）

⑦ 单层 9.5 mm 厚纸面石膏板安装，自攻螺钉固定

⑧ 双排轻钢龙骨墙体：沿顶、地龙骨，竖向龙骨，穿心龙骨安装

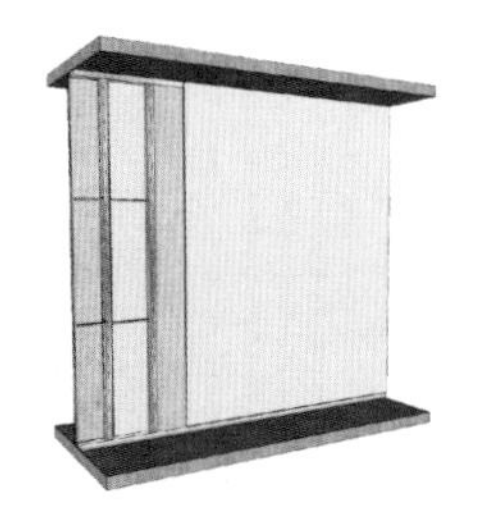

⑨ 防火隔声岩棉、单层 9.5 mm 厚纸面石膏板安装，石膏板长边沿纵向龙骨铺设

⑩ 自攻螺钉固定，双层石膏板隔墙的首层石膏板板边螺钉间距不大于 400 mm，板中螺钉间距不大于 600 mm

⑪ 双层 9.5 mm 厚纸面石膏板安装，面层板与基层板接缝需错开，接缝不得设置在同一根龙骨上

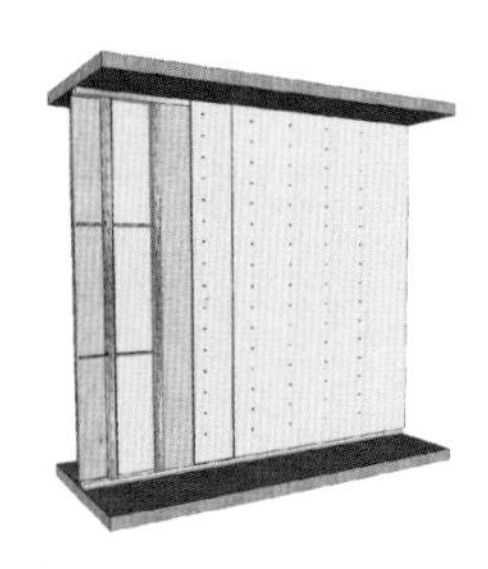

⑫ 自攻螺钉固定，板边螺钉间距不大于 200 mm，板中螺钉间距不大于 300 mm，与内层错开铺钉

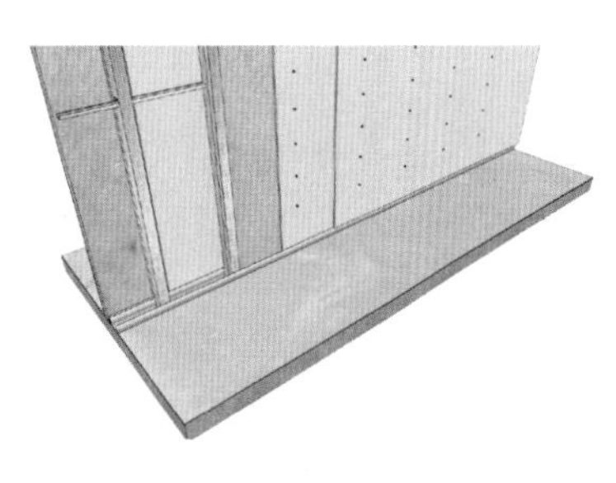

⑬ 地面清底、湿润，纯水泥浆扫底或专用界面剂涂刷

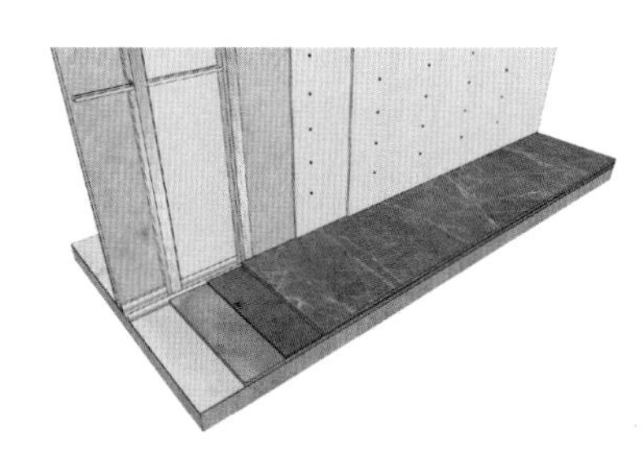

⑭ 1 ：3 干硬性水泥砂浆结合层、10 mm 厚素水泥黏结层或专用胶黏剂，石材地面铺贴

⑮ 墙面批嵌腻子，打磨，涂刷基膜，壁纸饰面

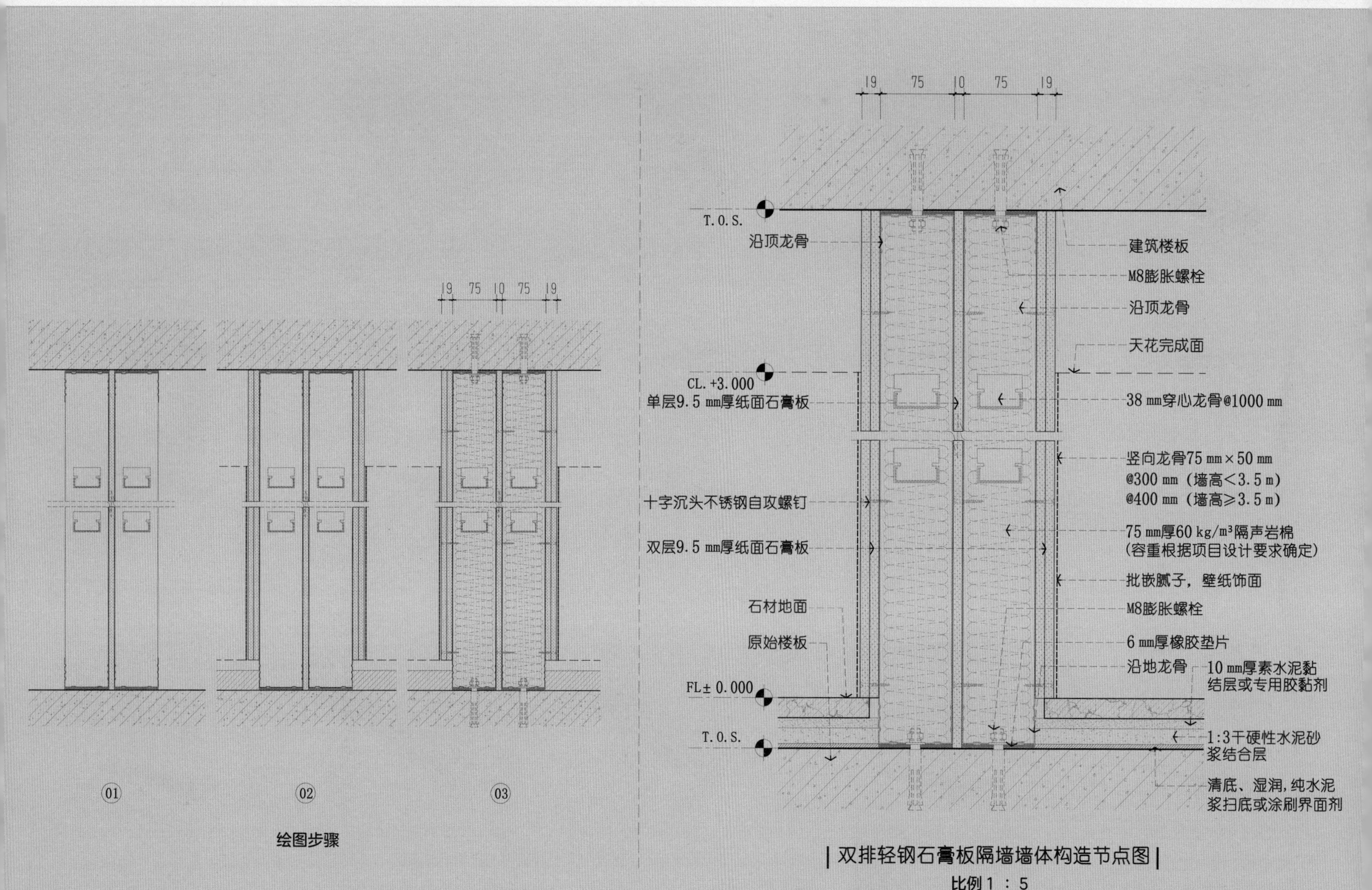
19
75
10
75
19
01
02
03
T.O.S.
沿顶龙骨
建筑楼板
M8膨胀螺栓
沿顶龙骨
天花完成面
CL. +3.000
单层9.5 mm厚纸面石膏板
38 mm穿心龙骨@1000 mm
竖向龙骨75 mm×50 mm
@300 mm（墙高<3.5 m）
@400 mm（墙高≥3.5 m）
十字沉头不锈钢自攻螺钉
75 mm厚60 kg/m³隔声岩棉
(容重根据项目设计要求确定)
双层9.5 mm厚纸面石膏板
批嵌腻子，壁纸饰面
石材地面
M8膨胀螺栓
原始楼板
6 mm厚橡胶垫片
沿地龙骨
10 mm厚素水泥黏
结层或专用胶黏剂
FL± 0.000
1:3干硬性水泥砂
浆结合层
T.O.S.
清底、湿润，纯水泥
浆扫底或涂刷界面剂

绘图步骤

| 双排轻钢石膏板隔墙墙体构造节点图 |

比例 1 ： 5

① 原建筑楼板

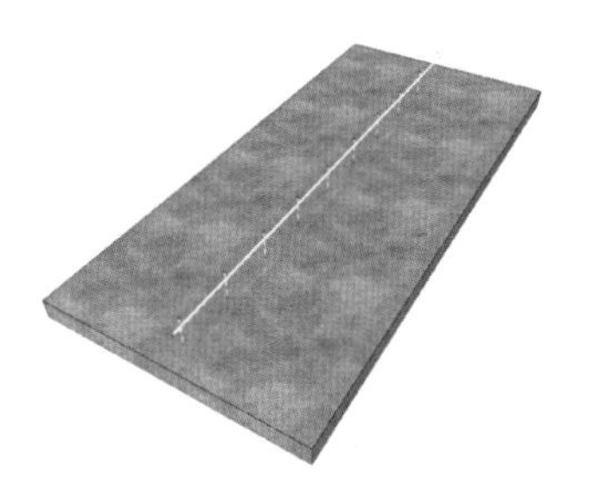

② Φ8 ～ Φ10 mm 螺纹钢筋竖向植筋，横向绑扎钢筋

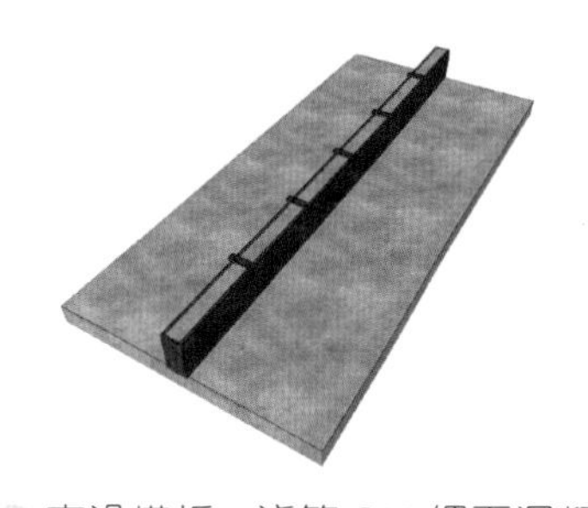

③ 支设模板，浇筑 C20 细石混凝土导墙

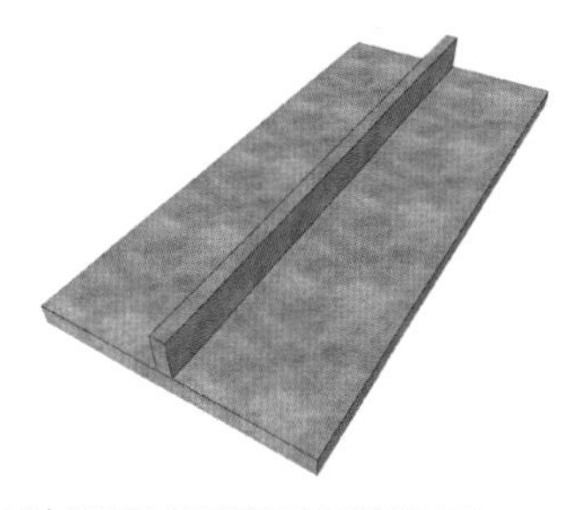

④ 达到设计强度后拆除模板

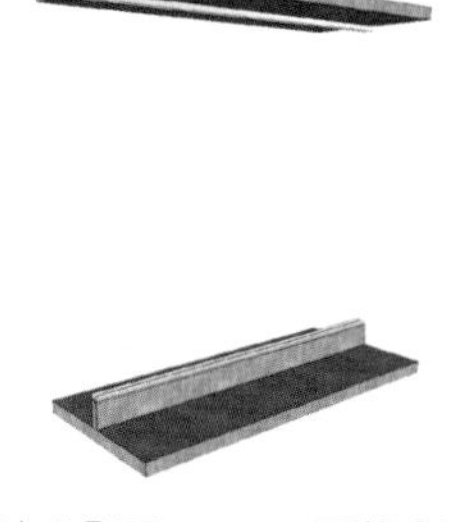

⑤ 通长设置 6 mm 厚橡胶垫片，75 mm 系列沿顶、地轻钢龙骨安装，M8 膨胀螺栓固定

⑥ 75 mm 系列竖向龙骨安装，间距不大于 400 mm

⑦ 38 mm 穿心龙骨安装，间距不大于 1000 mm

⑧ 安装一侧罩面板，安装防火隔声岩棉（容重需符合设计要求）

⑨ 防火隔声岩棉、单层 9.5 mm 厚纸面石膏板安装，石膏板长边沿纵向龙骨铺设

⑩ 自攻螺钉固定，双层石膏板隔墙的首层石膏板板边螺钉间距不大于 400 mm，板中螺钉间距不大于 600 mm

⑪ 双层 9.5 mm 厚纸面石膏板安装，面层板与基层板接缝需错开，接缝不得设置在同一根龙骨上

⑫ 自攻螺钉固定，板边螺钉间距不大于 200 mm，板中螺钉间距不大于 300 mm，与内层错开铺钉

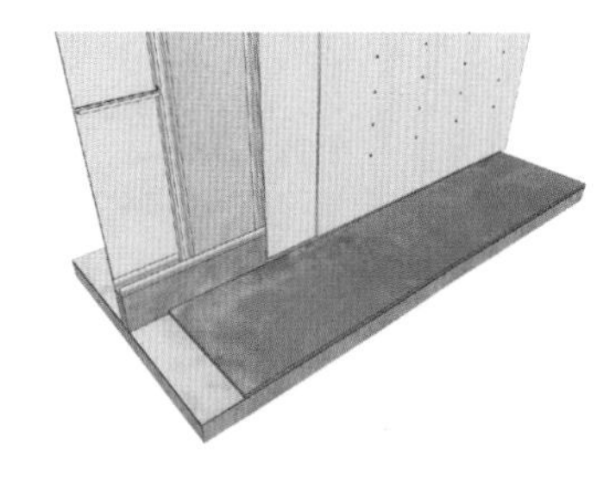

⑬ 地面清底、湿润，纯水泥浆扫底或专用界面剂涂刷，1 ： 3 干硬性水泥砂浆结合层

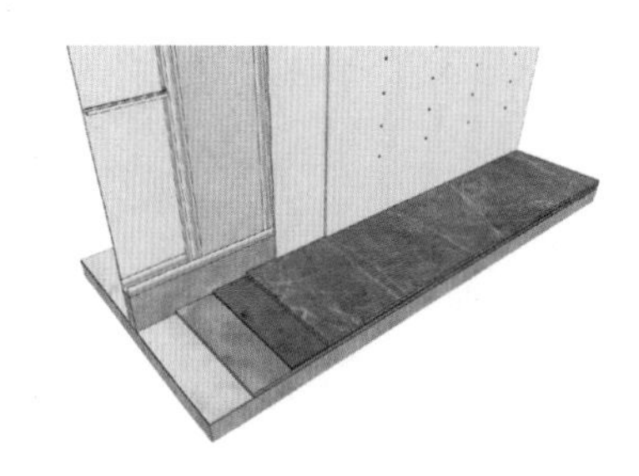

⑭ 10 mm 厚素水泥黏结层或专用胶黏剂，石材地面铺贴

⑮ 墙面批嵌腻子，打磨，涂刷基膜，壁纸饰面

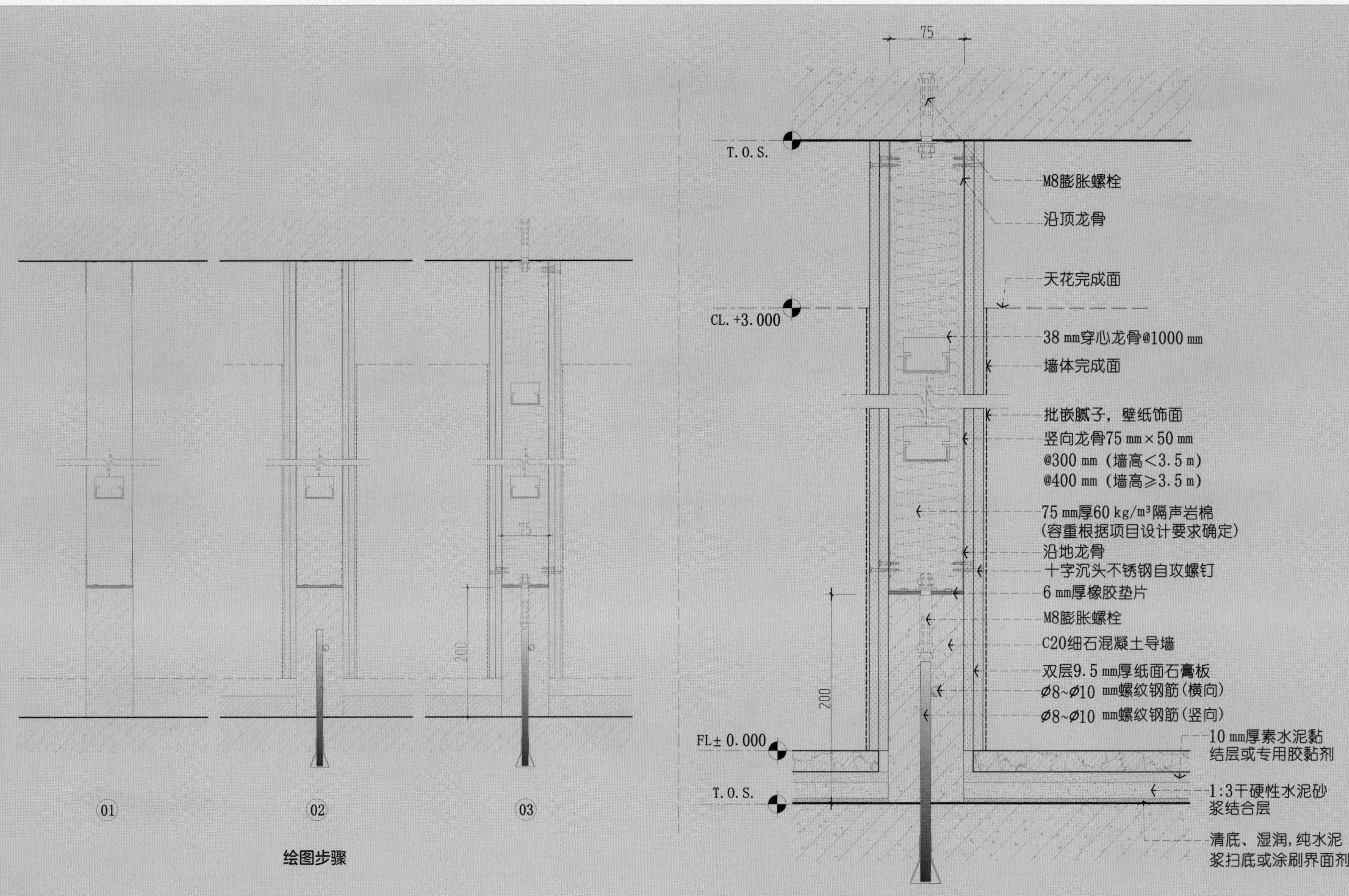
75
T.O.S.
M8膨胀螺栓
沿顶龙骨
天花完成面
CL.+3.000
38 mm穿心龙骨@1000 mm
墙体完成面
批嵌腻子，壁纸饰面
竖向龙骨75 mm×50 mm
@300 mm（墙高<3.5 m）
@400 mm（墙高≥3.5 m）
75 mm厚60 kg/m³隔声岩棉
（容重根据项目设计要求确定）
沿地龙骨
十字沉头不锈钢自攻螺钉
6 mm厚橡胶垫片
M8膨胀螺栓
C20细石混凝土导墙
双层9.5 mm厚纸面石膏板
Ø8~Ø10 mm螺纹钢筋（横向）
Ø8~Ø10 mm螺纹钢筋（竖向）
200
FL± 0.000
10 mm厚素水泥黏结层或专用胶黏剂
T.O.S.
1:3干硬性水泥砂浆结合层
清底、湿润，纯水泥浆扫底或涂刷界面剂
75
200
01
02
03

绘图步骤

混凝土导墙轻钢石膏板隔墙墙体构造节点图

比例1：5

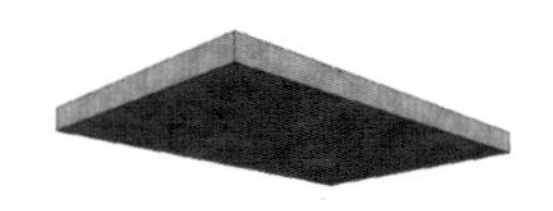

① 原建筑楼板

② 150 mm × 150 mm × 8 mm 镀锌钢板埋件，M8 膨胀螺栓固定

③ 50 mm × 50 mm × 5 mm 镀锌方钢横竖向排布

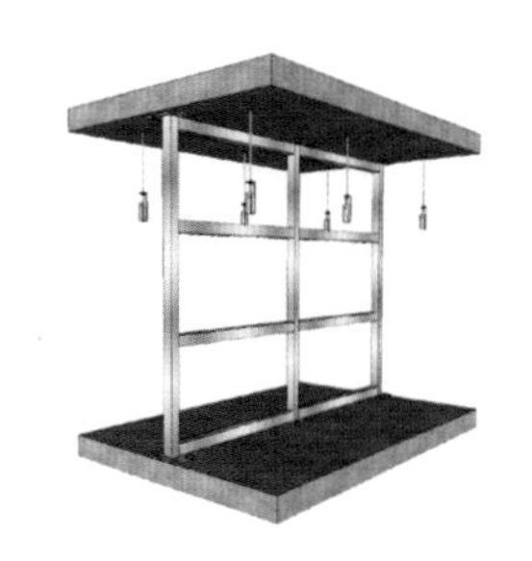

④ Φ8 mm 全丝吊杆、吊件安装

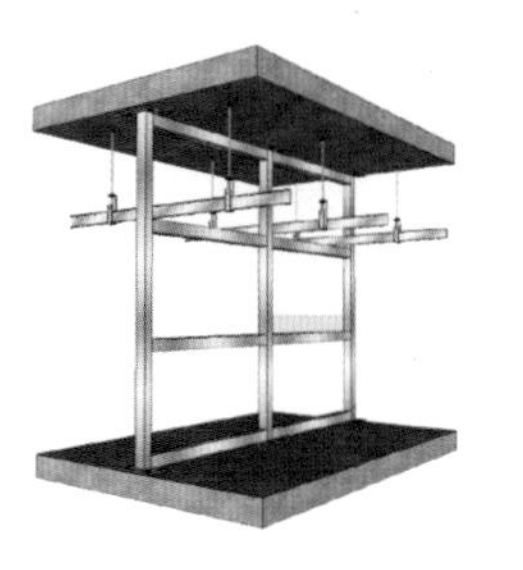

⑤ D50 mm 或 D60 mm 轻钢龙骨主龙骨安装，间距不大于 1200 mm

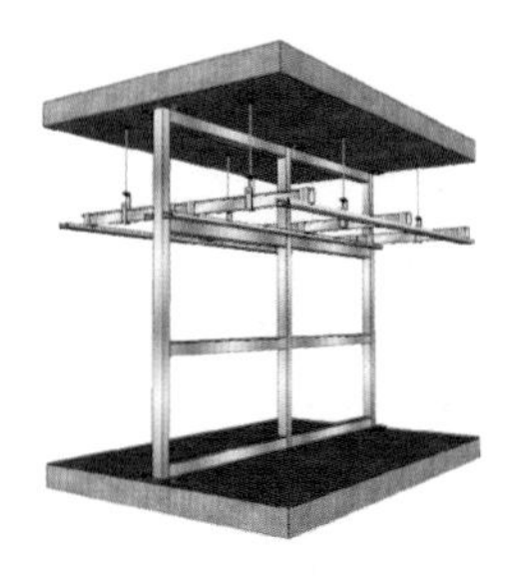

⑥ 50 mm 挂件安装，D50 mm 轻钢龙骨副龙骨安装，间距不大于 600 mm

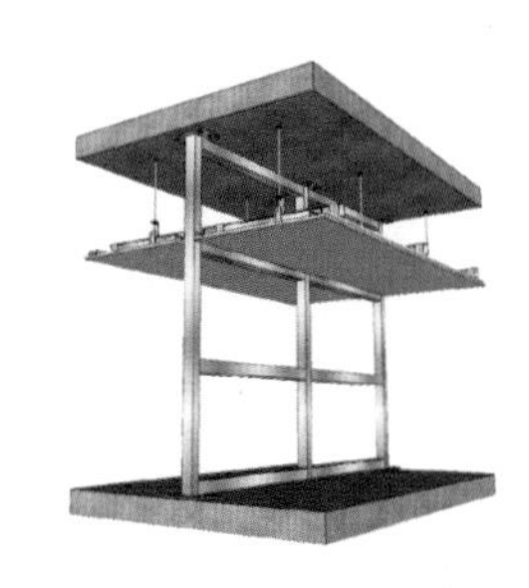

⑦ 单层 9.5mm 厚纸面石膏板安装，石膏板长边沿纵向次龙骨铺设

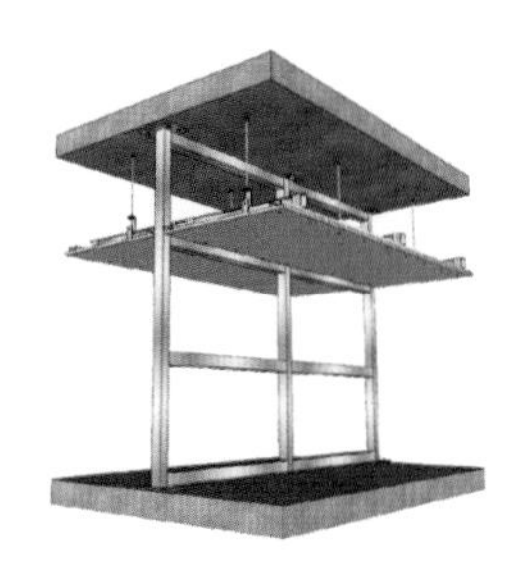

⑧ 自攻螺钉固定，螺钉间距 150 ～ 170 mm

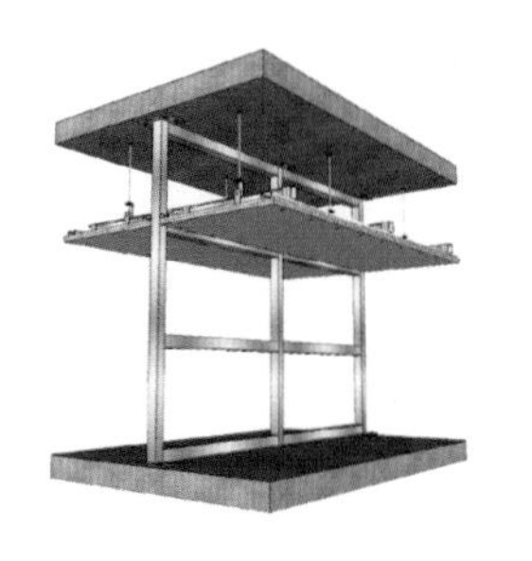

⑨ 双层 9.5 mm 厚纸面石膏板安装，面层板与基层板接缝需错开，不得设置在同一根龙骨上，自攻螺钉固定，螺钉间距 150 ～ 170 mm

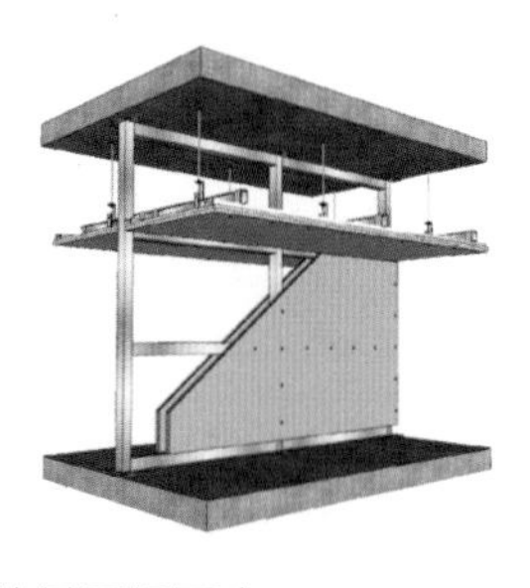

⑩ 墙体基层板固定

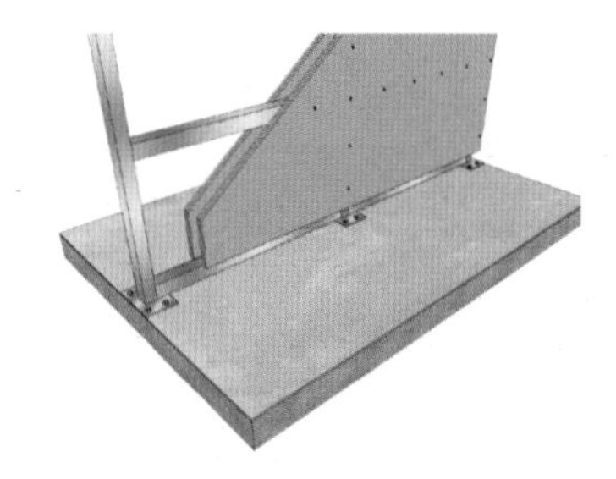

⑪ 地面清底、湿润，涂刷界面剂

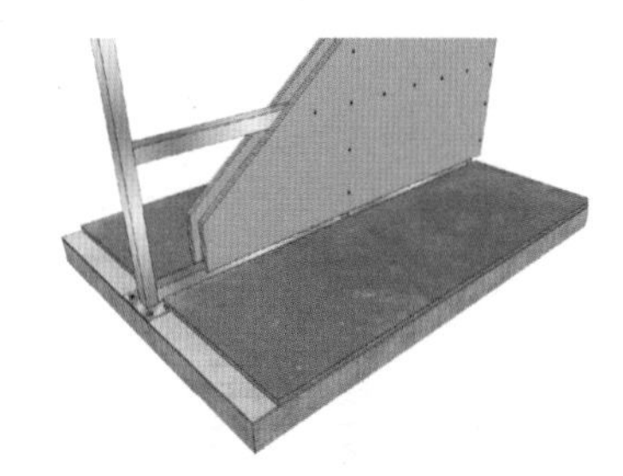

⑫ 1 ：3 干硬性水泥砂浆结合层铺设

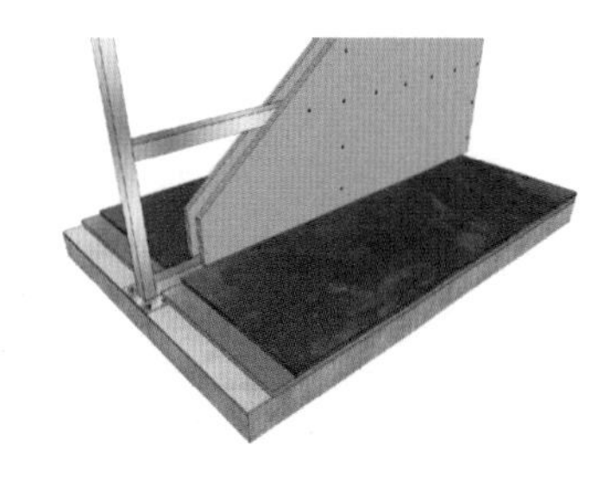

⑬ 10 mm 厚素水泥黏结层或专用胶黏剂

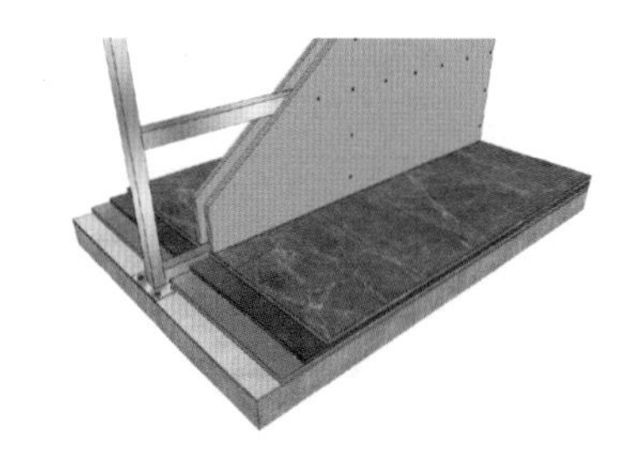

⑭ 石材地面铺贴

⑮ 天花批嵌腻子、涂刷乳胶漆 2 ～ 3 遍，墙体饰面

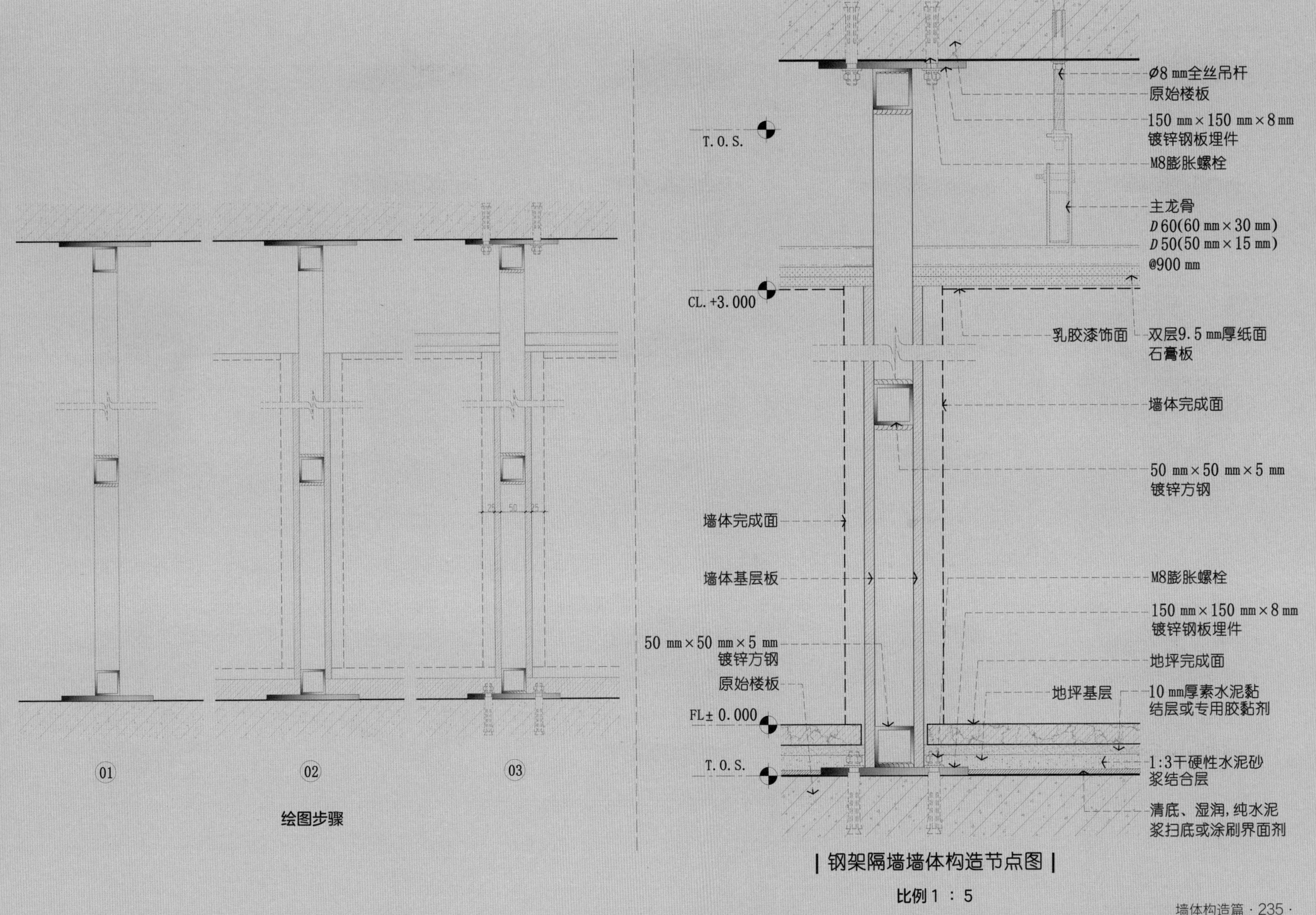

01
02
03
25
50
25
T.O.S.
CL.+3.000
FL± 0.000
T.O.S.
Ø8 mm全丝吊杆
原始楼板
150 mm×150 mm×8 mm
镀锌钢板埋件
M8膨胀螺栓
主龙骨
D60(60 mm×30 mm)
D50(50 mm×15 mm)
@900 mm
乳胶漆饰面
双层9.5 mm厚纸面
石膏板
墙体完成面
50 mm×50 mm×5 mm
镀锌方钢
墙体完成面
墙体基层板
M8膨胀螺栓
150 mm×150 mm×8 mm
镀锌钢板埋件
50 mm×50 mm×5 mm
镀锌方钢
地坪完成面
原始楼板
地坪基层
10 mm厚素水泥黏
结层或专用胶黏剂
1:3干硬性水泥砂
浆结合层
清底、湿润，纯水泥
浆扫底或涂刷界面剂

绘图步骤

| 钢架隔墙墙体构造节点图 |

比例 1 ： 5

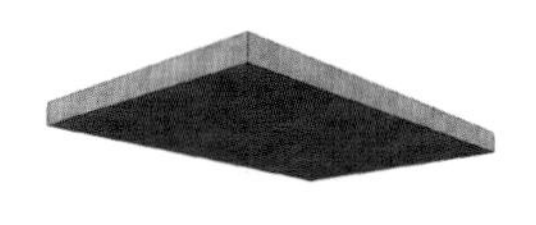

① 原建筑楼板

② 150 mm × 150 mm × 8 mm 镀锌钢板埋件，M8 膨胀螺栓固定

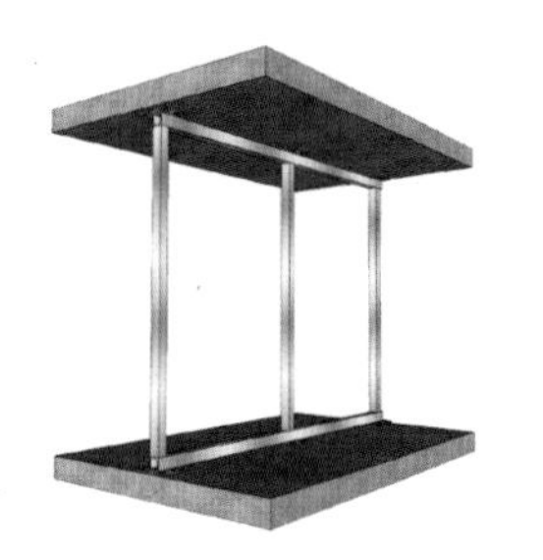

③ 50 mm × 50 mm × 5 mm 镀锌方钢横竖向固定

④ 20 mm × 40 mm × 4 mm 镀锌方钢横向固定

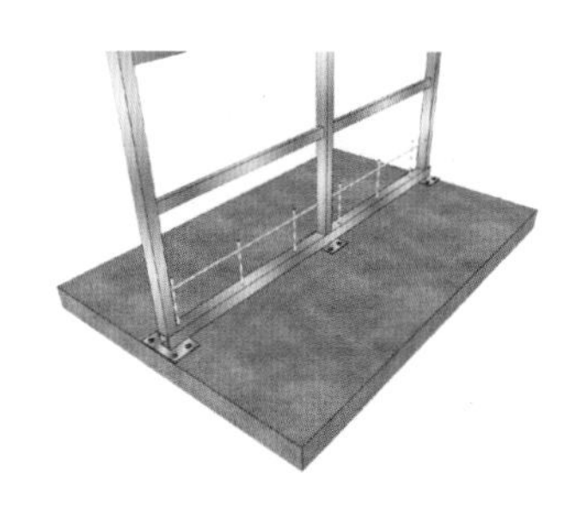

⑤ Φ8 mm 螺纹钢筋横向、竖向焊接绑扎固定

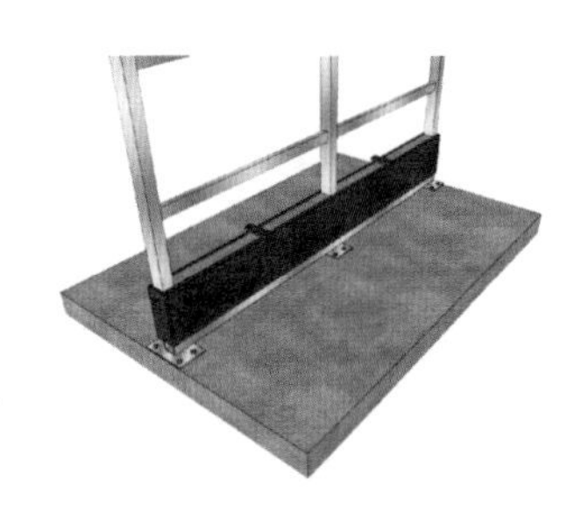

⑥ 支设模板，浇筑 C20 细石混凝土导墙

⑦ 达到设计强度后拆除模板，Φ8 mm 横圆筋焊接固定

⑧ 双层镀锌钢丝网满铺固定

⑨ 双面水泥砂浆粉刷层

⑩ M8 膨胀螺栓、Φ8 mm 全丝吊杆、吊件安装，D50 mm 或 D60 mm 轻钢龙骨主龙骨安装，50 mm 挂件安装，副龙骨安装

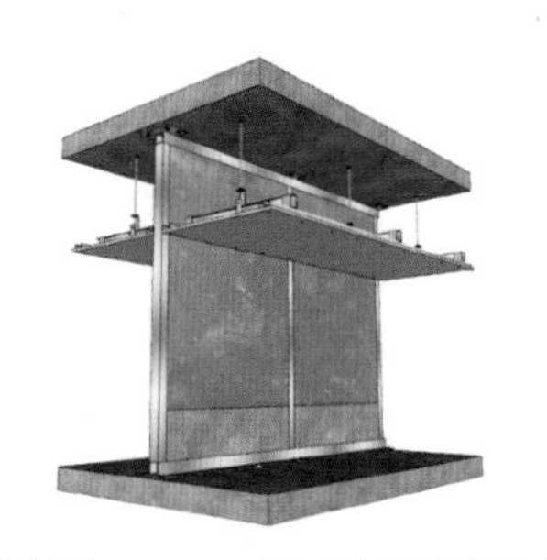

⑪ 单层 9.5 mm 厚纸面石膏板安装，石膏板长边沿纵向次龙骨铺设，自攻螺钉固定，螺钉间距 150 ~ 170 mm

⑫ 双层 9.5 mm 厚纸面石膏板安装，面层板与基层板接缝需错开，不得设置在同一根龙骨上，自攻螺钉固定，螺钉间距 150 ~ 170 mm

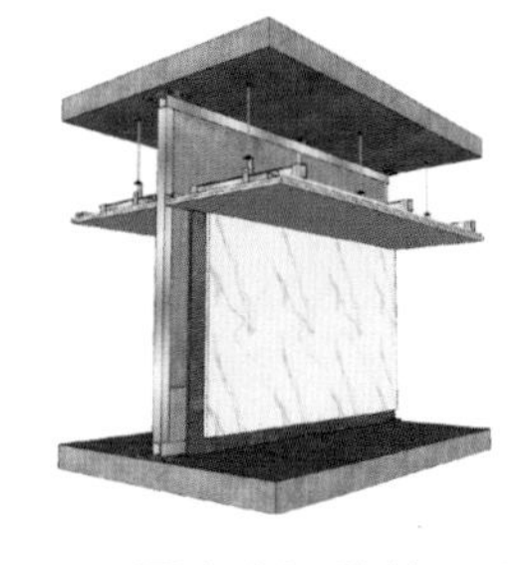

⑬ 10 mm 厚素水泥黏结层或专用胶黏剂，墙面石材铺贴

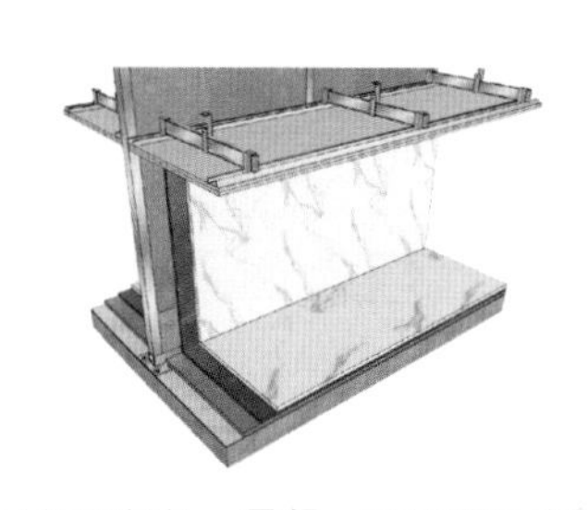

⑭ 地面清底、湿润，涂刷界面剂，1 ： 3 干硬性水泥砂浆结合层，10 mm 厚素水泥黏结层或专用胶黏剂，墙地面石材铺贴

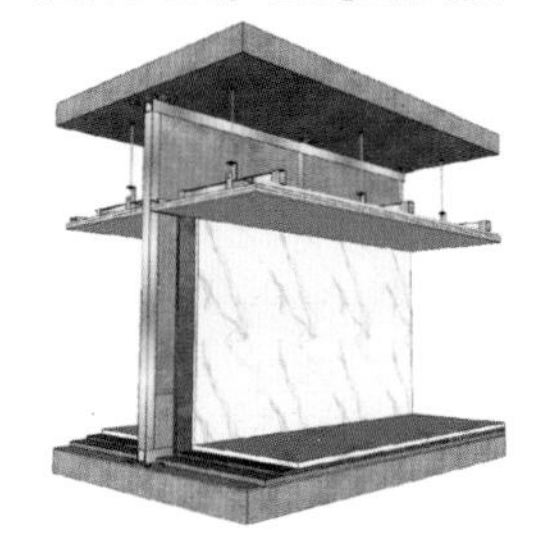

⑮ 天花批嵌腻子、涂刷乳胶漆 2 ~ 3 遍

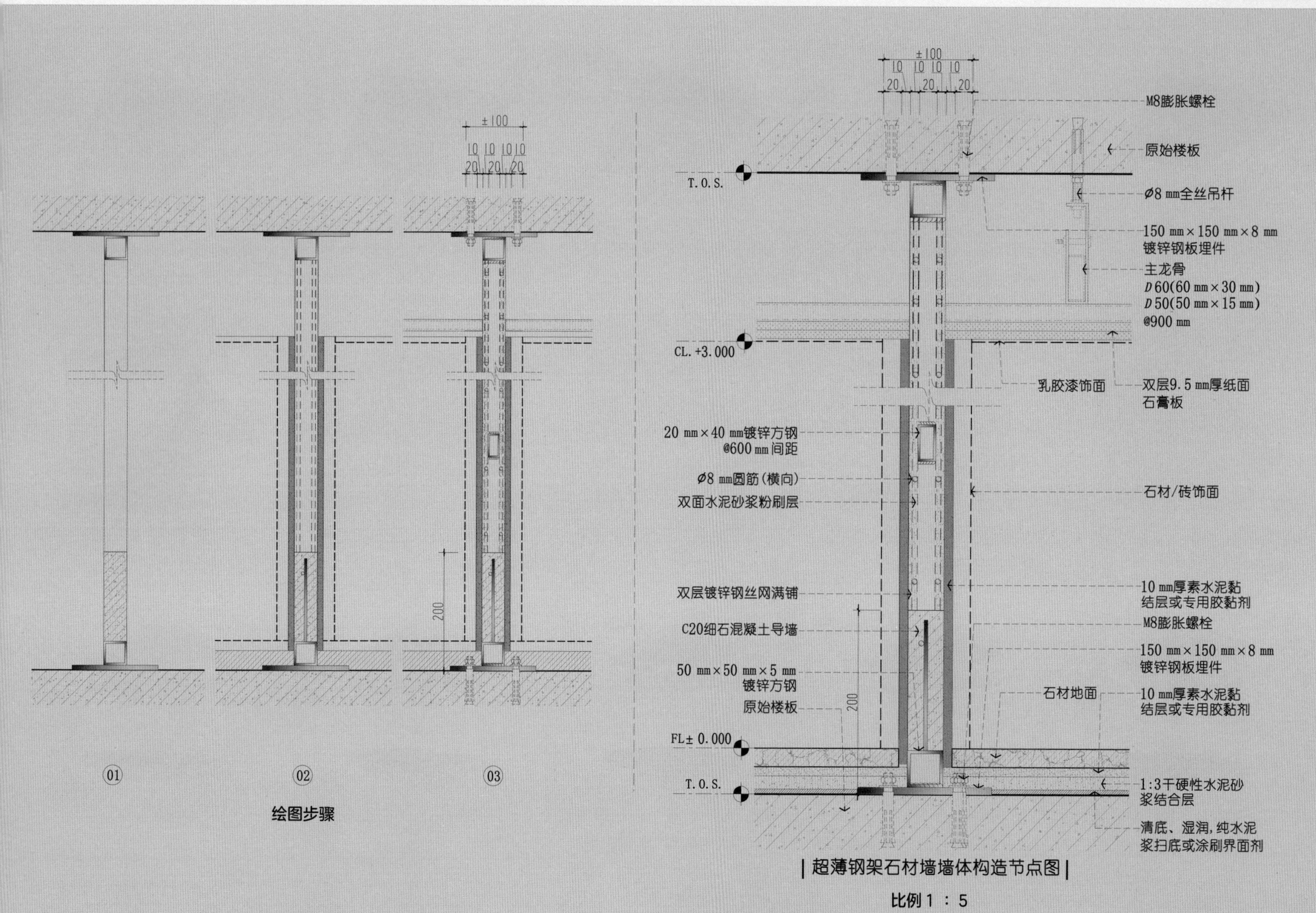
±100
10 10 10 10
20 20 20
01
02
03
200
绘图步骤
T.O.S.
CL.+3.000
FL± 0.000
M8膨胀螺栓
原始楼板
Ø8 mm全丝吊杆
150 mm×150 mm×8 mm
镀锌钢板埋件
主龙骨
D60(60 mm×30 mm)
D50(50 mm×15 mm)
@900 mm
乳胶漆饰面
双层9.5 mm厚纸面
石膏板
20 mm×40 mm镀锌方钢
@600 mm间距
Ø8 mm圆筋(横向)
双面水泥砂浆粉刷层
石材/砖饰面
双层镀锌钢丝网满铺
10 mm厚素水泥黏
结层或专用胶黏剂
C20细石混凝土导墙
M8膨胀螺栓
50 mm×50 mm×5 mm
镀锌方钢
150 mm×150 mm×8 mm
镀锌钢板埋件
石材地面
原始楼板
10 mm厚素水泥黏
结层或专用胶黏剂
1:3干硬性水泥砂
浆结合层
清底、湿润,纯水泥
浆扫底或涂刷界面剂

| 超薄钢架石材墙墙体构造节点图 |

比例 1 ：5

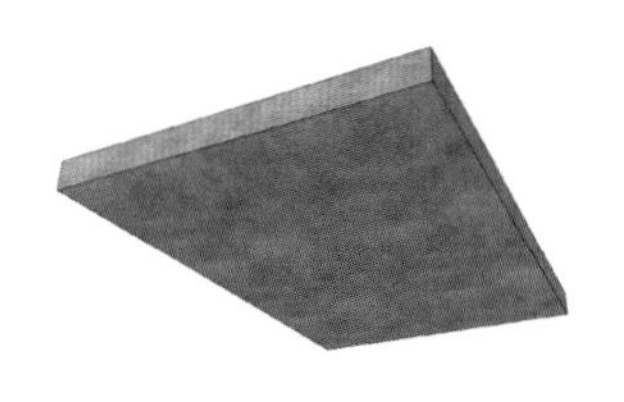

① 原建筑楼板

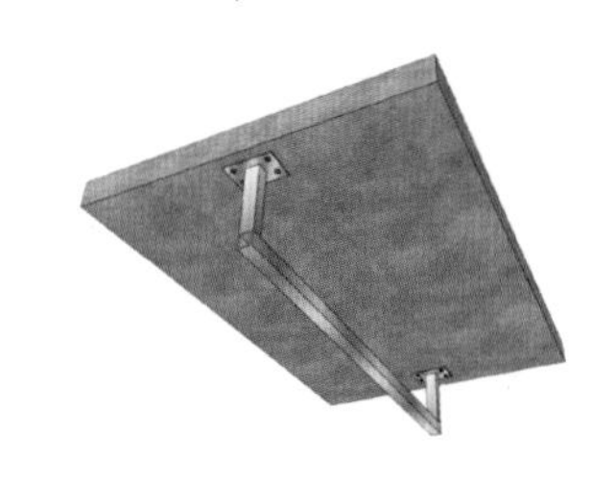

② 150 mm × 150 mm × 8 mm 镀锌钢板埋件、50mm × 50 mm × 5 mm 镀锌方钢

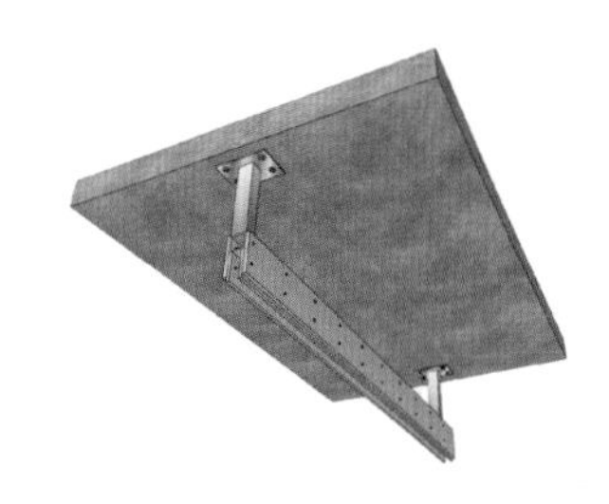

③ 18 mm 厚阻燃板基层铺设，自攻螺钉固定

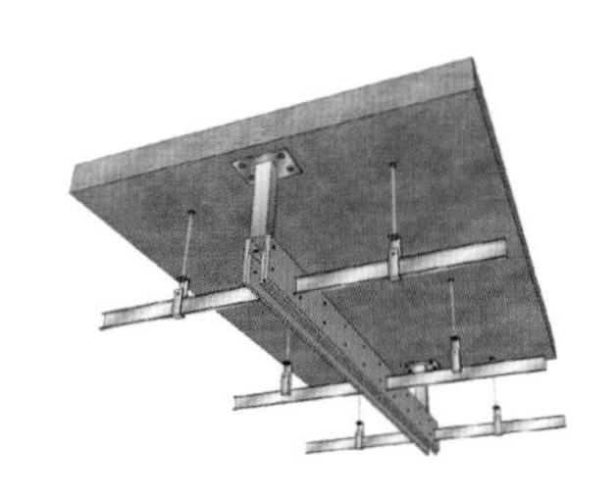

④ M8 膨胀螺栓、Φ8 mm 全丝吊杆、吊件安装，D50 mm 或 D60 mm 轻钢龙骨主龙骨安装，间距不大于 1200 mm

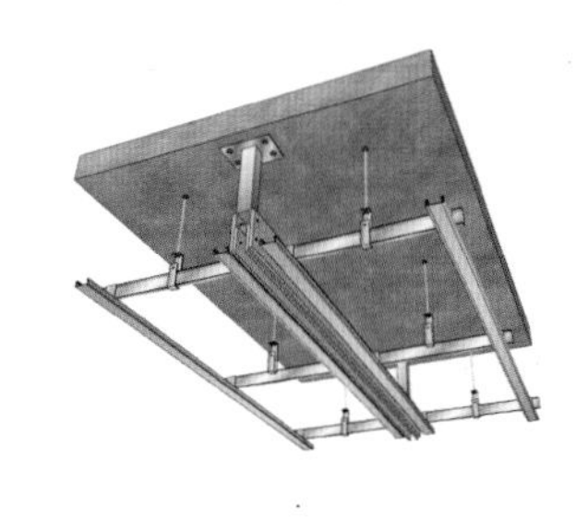

⑤ 50 mm 挂件安装，副龙骨安装，间距不大于 600 mm

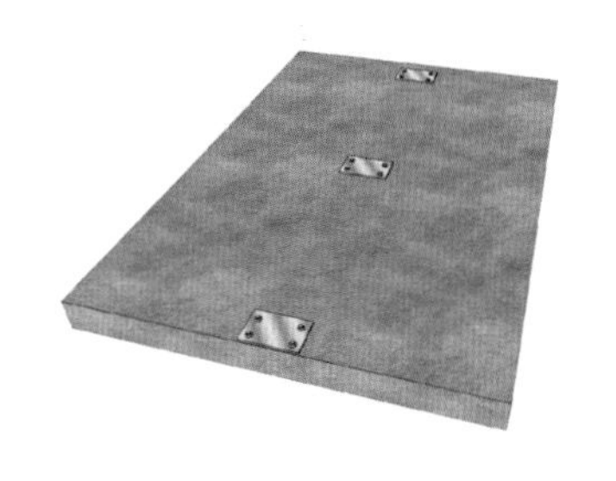

⑥ 原始楼板，150 mm × 150 mm × 8 mm 镀锌钢板埋件

⑦ 地面清底、湿润，涂刷界面剂，金属角码固定件

⑧ 预埋不锈钢 U 形槽，柔性垫片固定

⑨ 1 ： 3 干硬性水泥砂浆结合层铺设

⑩ 10 mm 厚素水泥黏结层或专用胶黏剂，地面石材铺贴

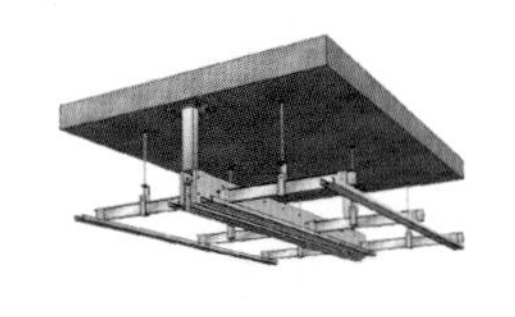

⑪ 天花不锈钢 U 形槽固定

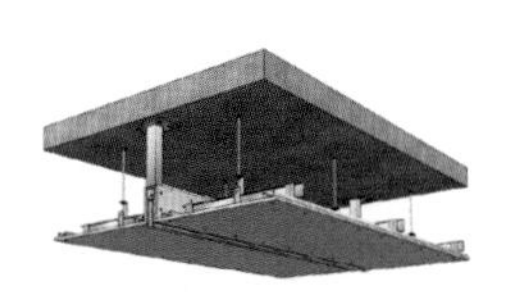

⑫ 单层 9.5 mm 厚纸面石膏板安装，石膏板长边沿纵向次龙骨铺设，自攻螺钉固定，螺钉间距 150 ~ 170 mm

⑬ 双层 9.5 mm 厚纸面石膏板安装，面层板与基层板接缝需错开，不得设置在同一根龙骨上，自攻螺钉固定，螺钉间距 150 ~ 170 mm

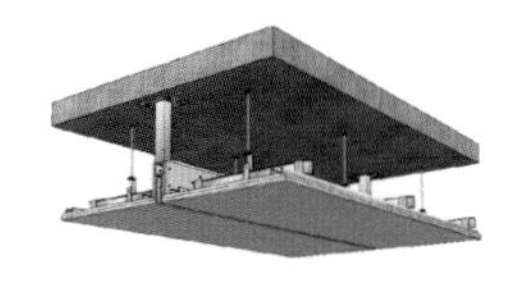

⑭ 天花批嵌腻子、涂刷乳胶漆 2 ~ 3 遍

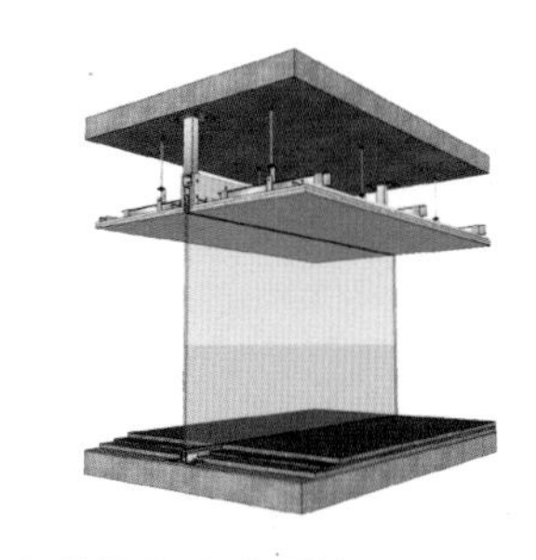

⑮ 安装钢化玻璃隔墙

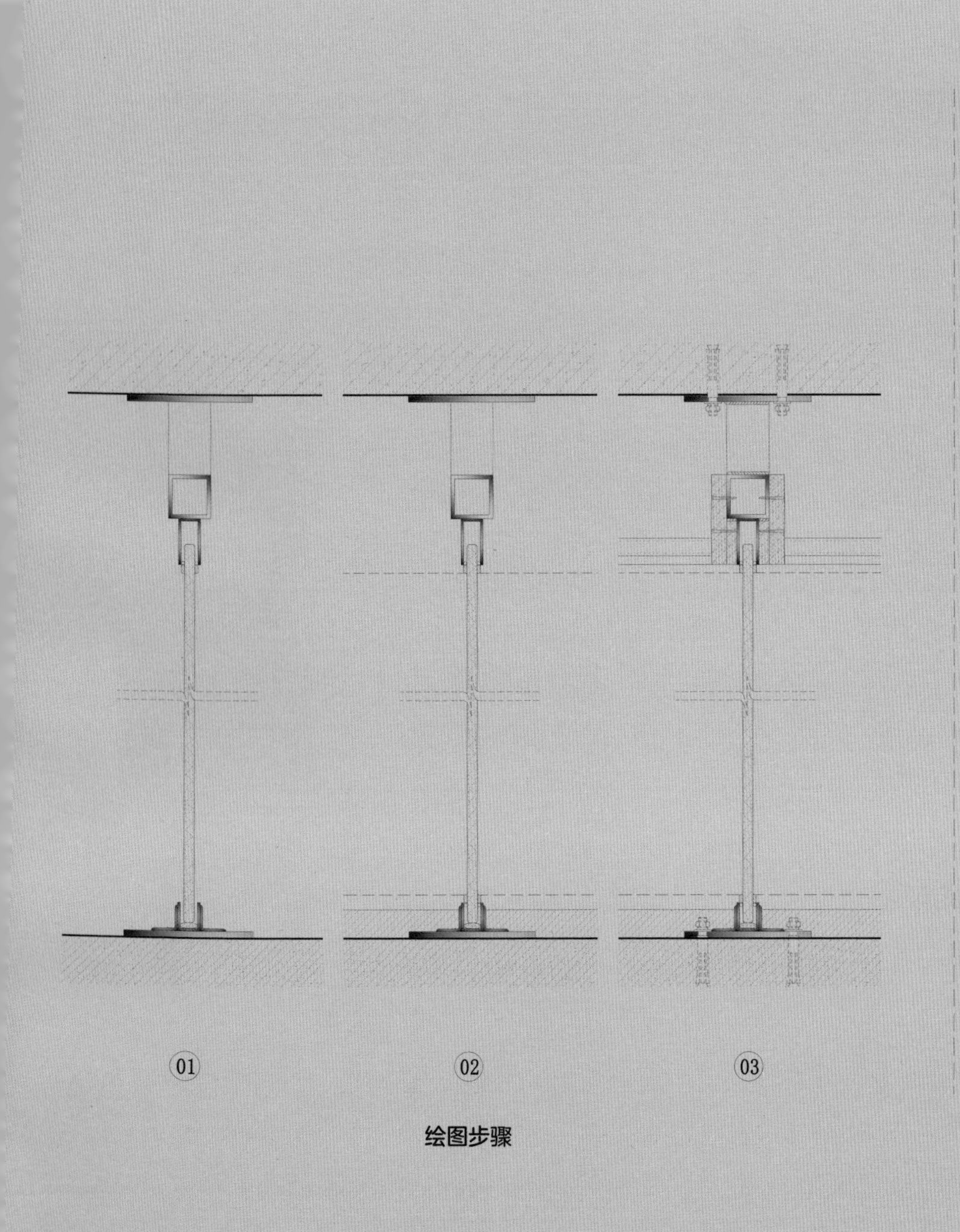
01
02
03

绘图步骤

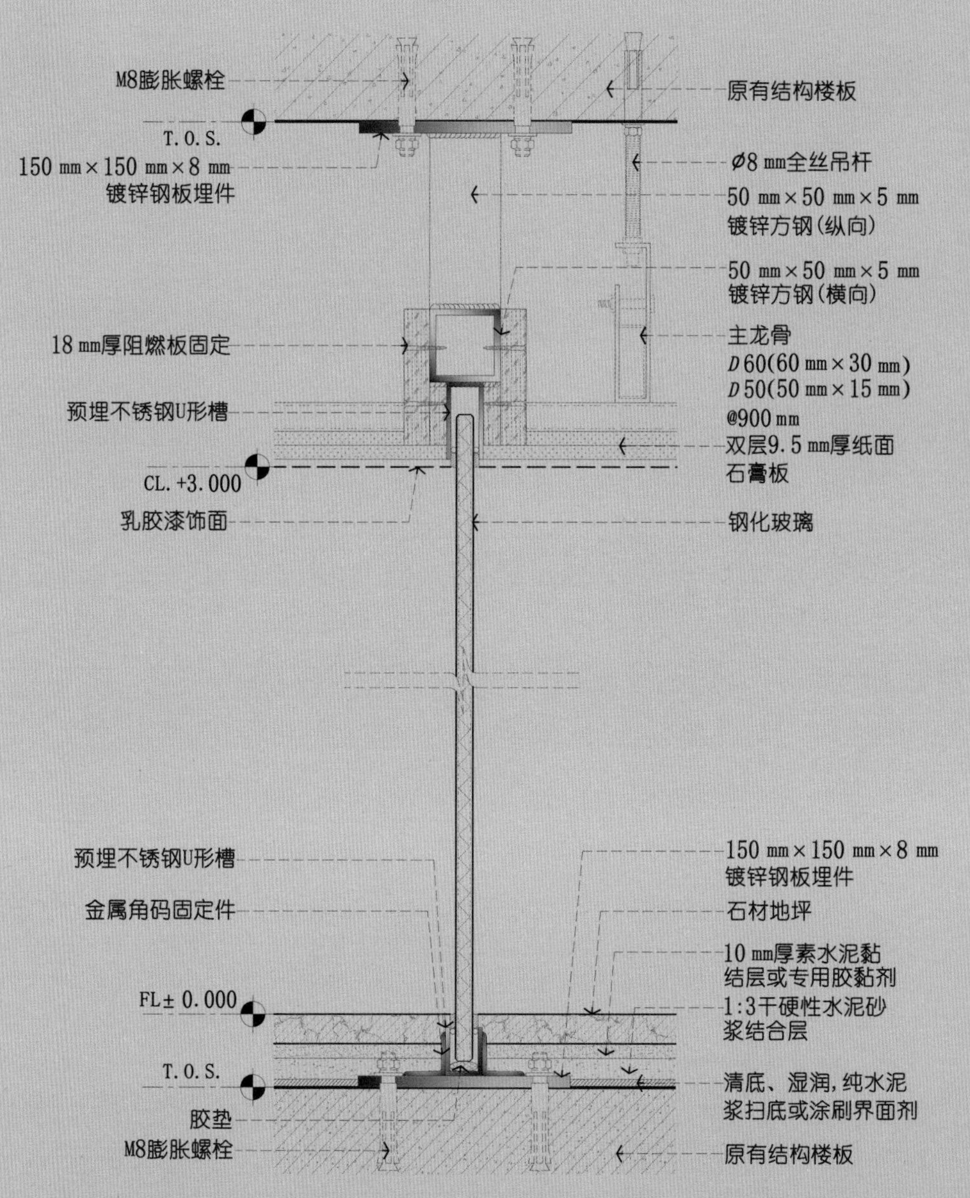
M8膨胀螺栓
T. O. S.
150 mm×150 mm×8 mm
镀锌钢板埋件
18 mm厚阻燃板固定
预埋不锈钢U形槽
CL. +3. 000
乳胶漆饰面
原有结构楼板
Ø8 mm全丝吊杆
50 mm×50 mm×5 mm
镀锌方钢(纵向)
50 mm×50 mm×5 mm
镀锌方钢(横向)
主龙骨
D60(60 mm×30 mm)
D50(50 mm×15 mm)
@900 mm
双层9.5 mm厚纸面
石膏板
钢化玻璃
预埋不锈钢U形槽
金属角码固定件
FL± 0.000
T. O. S.
胶垫
M8膨胀螺栓
150 mm×150 mm×8 mm
镀锌钢板埋件
石材地坪
10 mm厚素水泥黏
结层或专用胶黏剂
1:3干硬性水泥砂
浆结合层
清底、湿润,纯水泥
浆扫底或涂刷界面剂
原有结构楼板

| 玻璃隔墙墙体构造节点图 |

比例1 : 5